国家出版基金资助项目

现代数学中的著名定理纵横谈丛书

丛书主编　王梓坤

SCHRÖDINGER EQUATION

Schrödinger方程

刘培杰数学工作室　编

哈爾濱工業大學出版社
HARBIN INSTITUTE OF TECHNOLOGY PRESS

内容简介

本书共分四部分,主要介绍了线性 Schrödinger 方程的解法、Schrödinger 方程的特殊解法、非线性 Schrödinger 方程的解法、分数阶 Schrödinger 方程的解法和 Schrödinger 方程的其他研究.

本书适合大、中学师生及数学爱好者参考阅读.

图书在版编目(CIP)数据

Schrodinger 方程/刘培杰数学工作室编. 一哈尔滨:哈尔滨工业大学出版社,2024.3

(现代数学中的著名定理纵横谈丛书) ISBN 978-7-5767-0310-8

I.①S··· Ⅱ.①刘··· Ⅲ.①薛定谔方程 Ⅳ.①O175.24

中国版本图书馆 CIP 数据核字(2022)第 134314 号

SCHRÖDINGER FANGCHENG

策划编辑 刘培杰 张永芹

责任编辑 聂兆慈

封面设计 孙茵艾

出版发行 哈尔滨工业大学出版社

社 址 哈尔滨市南岗区复华四道街 10 号 邮编 150006

传 真 0451-86414749

网 址 http://hitpress. hit. edu. cn

印 刷 辽宁新华印务有限公司

开 本 787 mm×960 mm 1/16 印张 46.5 字数 526 千字

版 次 2024年3月第1版 2024年3月第1次印刷

书 号 ISBN 978-7-5767-0310-8

定 价 198.00元

(如因印装质量问题影响阅读,我社负责调换)

⊙代序

读书的乐趣

你最喜爱什么——书籍.

你经常去哪里——书店.

你最大的乐趣是什么——读书.

这是友人提出的问题和我的回答.真的,我这一辈子算是和书籍,特别是好书结下了不解之缘.有人说,读书要费那么大的劲,又发不了财,读它做什么?我却至今不悔,不仅不悔,反而情趣越来越浓.想当年,我也曾爱打球,也曾爱下棋,对操琴也有兴趣,还登台伴奏过.但后来却都一一断交,"终身不复鼓琴".那原因便是怕花费时间,玩物丧志,误了我的大事——求学.这当然过激了一些.剩下来唯有读书一事,自幼至今,无日少废,谓之书痴也可,谓之书橱也可,管它呢,人各有志,不可相强.我的一生大志,便是教书,而当教师,不多读书是不行的.

读好书是一种乐趣,一种情操;一种向全世界古往今来的伟人和名人求教的方法，一种和他们展开讨论的方式；一封出席各种活动、体验各种生活、结识各种人物的邀请信；一张迈进科学宫殿和未知世界的入场券；一股改造自己、丰富自己的强大力量.书籍是全人类有史以来共同创造的财富，是永不枯竭的智慧的源泉.失意时读书，可以使人重整旗鼓；得意时读书，可以使人头脑清醒；疑难时读书，可以得到解答或启示；年轻人读书，可明奋进之道；年老人读书，能知健神之理.浩浩乎！洋洋乎！如临大海，或波涛汹涌，或清风微拂，取之不尽，用之不竭.吾于读书，无疑义矣，三日不读，则头脑麻木，心摇摇无主.

潜能需要激发

我和书籍结缘，开始于一次非常偶然的机会.大概是八九岁吧，家里穷得揭不开锅，我每天从早到晚都要去田园里帮工.一天，偶然从旧木柜阴湿的角落里，找到一本蜡光纸的小书，自然很破了.屋内光线暗淡，又是黄昏时分，只好拿到大门外去看.封面已经脱落，扉页上写的是《薛仁贵征东》.管它呢，且往下看.第一回的标题已忘记，只是那首开卷诗不知为什么至今仍记忆犹新：

日出遥遥一点红，飘飘四海影无踪.

三岁孩童千两价，保主跨海去征东.

第一句指山东，二、三两句分别点出薛仁贵（雪、人贵）.那时识字很少，半看半猜，居然引起了我极大的兴趣，同时也教我认识了许多生字.这是我有生以来独立看的第一本书.尝到甜头以后，我便千方百计去找书，向小朋友借，到亲友家找，居然断断续续看了《薛丁山征西》《彭公案》《二度梅》等，樊梨花便成了我心中的女英雄. 我真入迷了. 从此,放牛也罢,车水也罢,我总要带一本书,还练出了边走田间小路边读书的本领,读得津津有味,不知人间别有他事.

当我们安静下来回想往事时,往往会发现一些偶然的小事却影响了自己的一生. 如果不是找到那本《薛仁贵征东》,我的好学心也许激发不起来. 我这一生,也许会走另一条路. 人的潜能,好比一座汽油库,星星之火,可以使它雷声隆隆、光照天地;但若少了这粒火星,它便会成为一潭死水,永归沉寂.

抄,总抄得起

好不容易上了中学,做完功课还有点时间,便常光顾图书馆. 好书借了实在舍不得还,但买不到也买不起,便下决心动手抄书. 抄,总抄得起. 我抄过林语堂写的《高级英文法》,抄过英文的《英文典大全》,还抄过《孙子兵法》,这本书实在爱得狠了,竟一口气抄了两份. 人们虽知抄书之苦,未知抄书之益,抄完毫末俱见,一览无余,胜读十遍.

始于精于一,返于精于博

关于康有为的教学法,他的弟子梁启超说:"康先生之教,专标专精、涉猎二条,无专精则不能成,无涉猎则不能通也."可见康有为强烈要求学生把专精和广博(即"涉猎")相结合.

在先后次序上,我认为要从精于一开始. 首先应集中精力学好专业,并在专业的科研中做出成绩,然后逐步扩大领域,力求多方面的精. 年轻时,我曾精读杜布(J. L. Doob)的《随机过程论》,哈尔莫斯(P. R. Halmos)的《测度论》等世界数学名著,使我终身受益. 简言之,即"始于精于一,返于精于博". 正如中国革命一样,必须先有一块根据地,站稳后再开创几块,最后连成一片.

丰富我文采,澡雪我精神

辛苦了一周,人相当疲劳了,每到星期六,我便到旧书店走走,这已成为生活中的一部分,多年如此.一次,偶然看到一套《纲鉴易知录》,编者之一便是选编《古文观止》的吴楚材.这部书提纲挈领地讲中国历史,上自盘古氏,直到明末,记事简明,文字古雅,又富于故事性,便把这部书从头到尾读了一遍.从此启发了我读史书的兴趣.

我爱读中国的古典小说,例如《三国演义》和《东周列国志》.我常对人说,这两部书简直是世界上政治阴谋诡计大全.即以近年来极时髦的人质问题(伊朗人质、劫机人质等),这些书中早就有了,秦始皇的父亲便是受害者,堪称“人质之父”.

《庄子》超尘绝俗,不屑于名利.其中“秋水”“解牛”诸篇,诚绝唱也.《论语》束身严谨,勇于面世,“己所不欲,勿施于人”,有长者之风.司马迁的《报任少卿书》,读之我心两伤,既伤少卿,又伤司马;我不知道少卿是否收到这封信,希望有人做点研究.我也爱读鲁迅的杂文,果戈理、梅里美的小说.我非常敬重文天祥、秋瑾的人品,常记他们的诗句:“人生自古谁无死,留取丹心照汗青”“休言女子非英物,夜夜龙泉壁上鸣”.唐诗、宋词、《西厢记》《牡丹亭》,丰富我文采,澡雪我精神,其中精粹,实是人间神品.

读了邓拓的《燕山夜话》,既叹服其广博,也使我动了写《科学发现纵横谈》的心.不料这本小册子竟给我招来了上千封鼓励信.以后人们便写出了许许多多的“纵横谈”.

从学生时代起，我就喜读方法论方面的论著. 我想，做什么事情都要讲究方法，追求效率、效果和效益，方法好能事半而功倍. 我很留心一些著名科学家、文学家写的心得体会和经验. 我曾惊讶为什么巴尔扎克在51年短短的一生中能写出上百本书，并从他的传记中去寻找答案. 文史哲和科学的海洋无边无际，先哲们的明智之光沐浴着人们的心灵，我衷心感谢他们的恩惠.

读书的另一面

以上我谈了读书的好处，现在要回过头来说说事情的另一面.

读书要选择. 世上有各种各样的书：有的不值一看，有的只值看20分钟，有的可看5年，有的可保存一辈子，有的将永远不朽. 即使是不朽的超级名著，由于我们的精力与时间有限，也必须加以选择. 决不要看坏书，对一般书，要学会速读.

读书要多思考. 应该想想，作者说得对吗？完全吗？适合今天的情况吗？从书本中迅速获得效果的好办法是有的放矢地读书，带着问题去读，或偏重某一方面去读. 这时我们的思维处于主动寻找的地位，就像猎人追找猎物一样主动，很快就能找到答案，或者发现书中的问题.

有的书浏览即止，有的要读出声来，有的要心头记住，有的要笔头记录. 对重要的专业书或名著，要勤做笔记，“不动笔墨不读书”. 动脑加动手，手脑并用，既可加深理解，又可避忘备查，特别是自己的灵感，更要及时抓住. 清代章学诚在《文史通义》中说：“札记之功必不可少，如不札记，则无穷妙绪如雨珠落大海矣.”

许多大事业、大作品，都是长期积累和短期突击相结合的产物. 涓涓不息，将成江河；无此涓涓，何来江河？

爱好读书是许多伟人的共同特性，不仅学者专家如此，一些大政治家、大军事家也如此. 曹操、康熙、拿破仑、毛泽东都是手不释卷，嗜书如命的人. 他们的巨大成就与毕生刻苦自学密切相关.

王梓坤

目录

第一编

线性 Schrödinger 方程的解法

通过有限差分和 MATLAB 矩阵运算直接求解一维 Schrödinger 方程

第一章

昆明物理研究所的王忆锋、唐利斌两位研究员 2010 年根据有限差分法原理，将求解范围划分为一系列等间距的离散节点后，一维 Schrödinger 方程转化为可以用一个矩阵方程表示的节点线性方程组．利用 MATLAB 提供的矩阵左除命令，即可得到各未知节点的函数近似值．该方法概念简单，使用方便，不需要花费较多精力编程即可求解大型线性方程组．

1　引　言

Schrödinger 方程是量子力学中最基本的方程，其地位犹如经典力学中的 Newton 第三定律、电磁学中的 Maxwell 方程．碲镉汞等半导体能带结构的计算就需要求解 Schrödinger 方程. 一般情况下, Schrödinger 方程没有解析解,需要对其做数值计算,其求解也一直作为一个典型的数学物理问题被反复分析讨论,且形成了各种解决方案. 这些方案无一例外地要解决两个基本问题,一个是算法设计,另一个是通过编写程序来实现算法.

MATLAB 应用的简捷性不仅体现于特殊函数的计算[1,2],也反映在部分数学物理方程的求解过程中[3]. 利用 MATLAB 强大的矩阵计算功能,可以大幅减少求解一维 Schrödinger 方程所需的工作量.

2　一维 Schrödinger 方程的求解过程分析

一维定态 Schrödinger 波动方程如下

$$\frac{d^2\varphi}{dx^2}+f(x)\varphi=0 \tag{1}$$

式中, $\varphi(x)$ 是波函数 $\varphi(x,t)$ 的空间部分. 另有

$$f(x)=\frac{2m}{\hbar^2}[E-V(x)] \tag{2}$$

式中, $V(x)$ 为势能函数, $\hbar$ 为约化 Planck 常数, m 为粒子质量, E 为能量.

式(1) 为泛定方程,利用 MATLAB 的 dsolve(　) 命令,可以求出其通解为

$$\varphi(x)=C_1\sin(x\sqrt{f(x)})+C_2\cos(x\sqrt{f(x)}) \tag{3}$$

泛定方程附加一些条件(如已知开始运动时的情况或边界上受到的外界约束)后,就能完全确定运动状态,这样的条件被称为定解条件. 利用 MATLAB 的

dsolve(　) 命令容易看出 Schrödinger 方程的定解问题是否有解析解. 事实上，能做解析计算的 Schrödinger 方程并不多，它在大多数情况下只能进行数值计算.

Schrödinger 方程一般是在定解条件下讨论的. 表示开始情况的附加条件称为初始条件，相应的定解问题称为初值问题；表示在边界上受到的约束条件称为边界条件，相应的问题称为边值问题. MATLAB 提供了若干个求解一阶微分方程初值问题的函数，其中最常用的是基于变步长四阶五级Runge-Kutta-Felhberg算法的 ode45(　) 函数. 边值问题无法用 ode45(　) 类函数来直接求解，但是可以借助于打靶法将边值问题转化为初值问题，随后调用 ode45(　) 函数求解.

3　利用 MATLAB 矩阵除法求解一维 Schrödinger 方程

一维 Schrödinger 方程的求解不仅需要给出 $\varphi(x)$ 的边界条件，还需要确定 E 和 $V(x)$. 其中，E 为本征值或本征函数. 这里讨论 E 和 $V(x)$ 均为已知的情况. 如图 1 所示，以步长 Δx 将区间 $[a,b]$ 等间距离散化为 N 个小区间，并有

$$\Delta x=\frac{b-a}{N} \tag{4}$$

式中，a 和 b 分别为两个边界点的坐标. 节点数为 $N+1$，各节点的坐标分别为 $x_1=a,x_2=a+\Delta x,x_3=a+2\Delta x,\cdots,x_N=a+(N-1)\Delta x,x_{N+1}=b$. 去除两端边界

上已知的函数值 $\varphi(a)=V_a$ 和 $\varphi(b)=V_b$，于是问题转化为求出在其中 $N-1$ 个节点上的近似值 $\varphi(x_i)$. 显然，节点数越多，近似值的精度就越高.

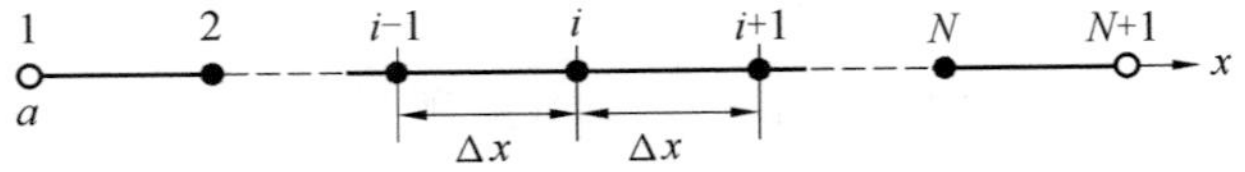

图 1　按顺序排列的等间距网格节点

对于节点 i，有

$$\left.\frac{\mathrm{d}^2\varphi}{\mathrm{d}x^2}\right|_i+f(x_i)\varphi(i)=0, i=2,3,\cdots,N \tag{5}$$

有限差分法的基础是 Taylor 级数理论. 在节点 $(i-1)$ 和节点 $(i+1)$ 上分别作 Taylor 级数展开，可以写出

$$\varphi(i-1)=\varphi(i)-\Delta x\left.\frac{\mathrm{d}\varphi}{\mathrm{d}x}\right|_i+\frac{(\Delta x)^2}{2!}\left.\frac{\mathrm{d}^2\varphi}{\mathrm{d}x^2}\right|_i-\frac{(\Delta x)^3}{3!}\left.\frac{\mathrm{d}^3\varphi}{\mathrm{d}x^3}\right|_i+\frac{(\Delta x)^4}{4!}\left.\frac{\mathrm{d}^4\varphi}{\mathrm{d}x^4}\right|_i-\cdots \tag{6}$$

$$\varphi(i+1)=\varphi(i)+\Delta x\left.\frac{\mathrm{d}\varphi}{\mathrm{d}x}\right|_i+\frac{(\Delta x)^2}{2!}\left.\frac{\mathrm{d}^2\varphi}{\mathrm{d}x^2}\right|_i+\frac{(\Delta x)^3}{3!}\left.\frac{\mathrm{d}^3\varphi}{\mathrm{d}x^3}\right|_i+\frac{(\Delta x)^4}{4!}\left.\frac{\mathrm{d}^4\varphi}{\mathrm{d}x^4}\right|_i+\cdots \tag{7}$$

两式相加，并略去高次项，有

$$\left.\frac{\mathrm{d}^2\varphi}{\mathrm{d}x^2}\right|_i=\frac{\varphi(i+1)+\varphi(i-1)-2\varphi(i)}{(\Delta x)^2} \tag{8}$$

将式(8) 代入式(5)，可得

$$\varphi(i-1)-[2-(\Delta x)^2f(x_i)]\varphi(i)+\varphi(i+1)=0 \tag{9}$$

上述方程可以用矩阵形式记为

$$\boldsymbol{K\Phi}=\boldsymbol{B} \tag{10}$$

式中

$$\boldsymbol{K}=\begin{bmatrix} -[2-(\Delta x)^2 f(x_2)] & 1 & & & & \\ 1 & -[2-(\Delta x)^2 f(x_3)] & 1 & & & \\ & 1 & -[2-(\Delta x)^2 f(x_4)] & 1 & & \\ & & 1 & \ddots & \ddots & \\ & & & \ddots & & 1 \\ & & & & 1 & -[2-(\Delta x)^2 f(x_N)] \end{bmatrix} \tag{11}$$

$$\boldsymbol{\Phi}=\begin{bmatrix} \varphi(2) \\ \varphi(3) \\ \vdots \\ \varphi(N-1) \\ \varphi(N) \end{bmatrix},\boldsymbol{B}=\begin{bmatrix} -\varphi(a) \\ 0 \\ \vdots \\ 0 \\ -\varphi(b) \end{bmatrix} \tag{12}$$

至此，求解式(5)所示的一维 Schrödinger 方程转化为求解式(10)所构成的线性方程组. 线性方程组的具体解法可参见各种资料，例如资料[4]等，本章不再涉及. 这些解法的一个共同点是要根据相应算法来编写和调试程序，因而有一定的工作量. 而利用 MATLAB 强大的矩阵计算功能，先分别定义好矩阵 $\boldsymbol{K}$ 和 $\boldsymbol{B}$，再采用如下表达式

$$\boldsymbol{\Phi}=\boldsymbol{K}\backslash\boldsymbol{B} \tag{13}$$

即可直接计算式(10). 其中的反斜线代表矩阵除法，它在 MATLAB 中称为矩阵的左除，比通过计算逆矩阵来求解式(10)具有更好的数值稳定性[5].

式(11)所示的 $\boldsymbol{K}$ 为稀疏矩阵，只在三条对角线上有非零元素. 借助于 MATLAB 提供的用带状向量生成稀疏矩阵的命令 spdiags(　)，容易构造 $N\times N$ 阶的三对角

线矩阵. 例如,构造一个 4×4 阶的三对角线矩阵

$$\boldsymbol{SF}=\begin{bmatrix}-4 & 1 & & \\ 1 & -4 & 1 & \\ & 1 & -4 & 1 \\ & & 1 & -4\end{bmatrix} \tag{14}$$

只需要输入下列语句即可:

```
N=4;
p=ones(N,1);
M=spdiags([p,-4*p,p],[-1,0,1],N,N);
%[p,-4*p,p] 为三条对角线上的线元素; [-1,0,1] 为三条对角线上元素的位置
SF=full(M)% 将稀疏矩阵转换为满矩阵,结果为
```

$$\boldsymbol{SF}=\begin{bmatrix}-4 & 1 & 0 & 0 \\ 1 & -4 & 1 & 0 \\ 0 & 1 & -4 & 1 \\ 0 & 0 & 1 & -4\end{bmatrix} \tag{15}$$

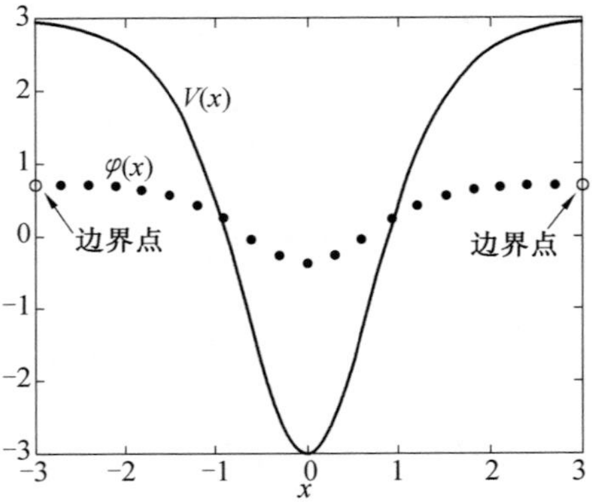

图 2　求解 19 元一次方程组时画出的 $\varphi(x)$ 曲线

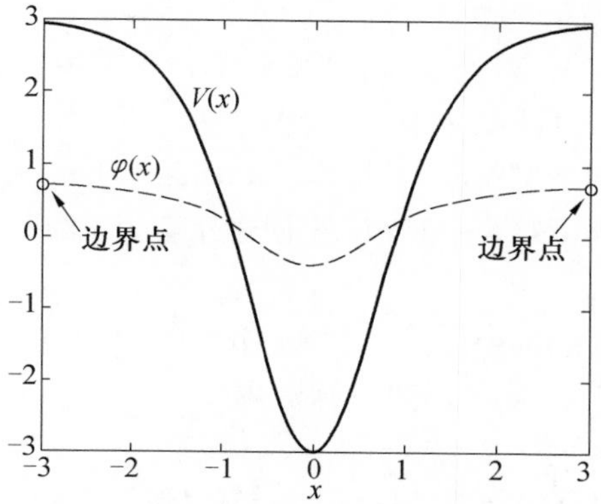

图 3　求解 99 元一次方程组时画出的 $\varphi(x)$ 曲线

作为一个算例，在式(1) 中考虑下面的势阱情况[6]

$$V(x)=\frac{\hbar^2}{2m}\alpha^2\lambda(\lambda-1)\left[\frac{1}{2}-\frac{1}{\cos h^2(\alpha x)}\right] \quad (16)$$

$$E_n=\frac{\hbar^2}{2m}\alpha^2\left[\frac{\lambda(\lambda-1)}{2}-(\lambda-1-n)^2\right] \quad (17)$$

取 $\alpha=1,\lambda=4,\hbar=1,m=1,n=0$. 执行下述程序，可以分别画出如图 2 和图 3 所示的曲线. 现有计算机的运算速度很快，如在本例中取 200 个、500 个甚至更多的节点，计算均几乎是瞬间完成. 只是各节点的分布已经密不可分，并呈现为一条连续的曲线.

```
close all;% 关闭所有窗口
clear all;% 清除所有内存变量
N=100;% 定义差分区间数
a=-3;b=3;% 定义边界坐标
deltax=(b-a)/N;% 计算区间步长
phia=0.7;phib=0.7;% 边界条件
alpha=1;h=1;lambda=4;m=1;n=3;% 势阱
```

参数

```
En = h^2/2/m * alpha^2 * (lambda * (lambda - 1)/2 - (lambda - 1 - n)^2);
Cv = h^2/2/m * alpha^2 * lambda * (lambda - 1);
p = ones(N - 1,1); % 创建元素为 1 的(N - 1)×1 阶矩阵
K = spdiags([p, - 2 * p,p],[- 1,0,1],N - 1, N - 1); % 生成三对角线稀疏矩阵
for i = 1:N - 1
   y1(i) = a + deltax * i; % 计算各节点的坐标值
   K(i,i) = -(2 - (deltax)^2 * (En - Cv * (1/2 - 1/(cosh(alpha * (a + deltax * i))^2)))); % 主对角线元素赋值
end
B = zeros(N - 1,1); % 创建元素为 0 的(N - 1)×1 阶矩阵
B(1) = B(1) - phia; B(N - 1) = B(N - 1) - phib; % 设定矩阵两端的元素值
phi = K\B; % 矩阵左除,计算各节点的函数近似值
x2 = a:0.01:b;
V2 = h^2/2/m * alpha^2 * lambda * (lambda - 1) * (1/2 - 1/(cosh(x2))^2);
plot(x2,V2) % 绘制函数 V(x) 的曲线
hold on;
plot(y1,phi,'.') % 绘制函数 phi(x) 的曲线
plot(a,phia,'ro',b,phib,'ro') % 标示出边界值所在位置
```

4　有限差分法的计算结果与波函数系数之间的关系

在两个相邻的差分节点(例如节点$(j-1)$和节点j)构成的区域$[x_{j-1},x_j]$上,将势能函数$V(x)$的平均值记为

$$\widetilde{V}_j=\frac{V(x_{j-1})+V(x_j)}{2} \tag{18}$$

当差分区间的划分步长Δx的值取得很小时,$\widetilde{V}_j$将趋于一个常数,这时式(1)的解可写为

$$\varphi_j(x)=A_j\exp(\mathrm{i}k_jx)+B_j\exp(-\mathrm{i}k_jx) \tag{19}$$

式中,第一项代表入射波,A_j为粒子的透射振幅;第二项代表反射波,B_j为反射振幅;k_j为波数,并有

$$k_j=\frac{\sqrt{2m(E-\widetilde{V}_j)}}{\hbar} \tag{20}$$

由于已计算出$\varphi_j(x_{j-1}),\varphi_j(x_j)$,故有

$$\begin{cases}\varphi_j(x_{j-1})=A_j\exp(\mathrm{i}k_jx_{j-1})+B_j\exp(-\mathrm{i}k_jx_{j-1})\\ \varphi_j(x_j)=A_j\exp(\mathrm{i}k_jx_j)+B_j\exp(-\mathrm{i}k_jx_j)\end{cases} \tag{21}$$

利用 MATLAB 提供的 solve(　) 命令可算出

$$\begin{cases}A_j=\dfrac{\varphi_j(x_{j-1})\exp(\mathrm{i}k_jx_{j-1})-\varphi_j(x_j)\exp(\mathrm{i}k_jx_j)}{\exp(\mathrm{i}2k_jx_{j-1})-\exp(\mathrm{i}2k_jx_j)}\\ B_j=-\dfrac{\varphi_j(x_{j-1})\exp[\mathrm{i}k_j(x_{j-1}+2x_j)]}{\exp(\mathrm{i}2k_jx_{j-1})}\rightarrow\\ \qquad\leftarrow\dfrac{-\varphi_j(x_j)\exp[\mathrm{i}k_j(x_j+2x_{j-1})]}{-\exp(\mathrm{i}2k_jx_j)}\end{cases} \tag{22}$$

以此为基础可进一步展开后续计算.

5 结 束 语

差分法是常用的数值解法之一. 通过选取网格化的节点,无论是常微分方程还是偏微分方程,初值问题还是边值问题,线性方程还是非线性方程,都可以用差分法将其转化为代数方程组,继而求出其近似数值解. 作为实际应用,节点必须达到一定的数量,才能获得较为理想的精度. 但是当节点较多时,手工备好各节点方程的工作量太大. 事实上,若在上述程序中插入相应的计时函数命令,如 clock 或 cputime 等,可以发现程序的运行时间主要耗费在矩阵准备上,而用在矩阵除法上的时间很短. 例如当 $N = 256 \times 256$ 时,完成矩阵除法所耗时间显示为 0.125 s(该值可能会因为软硬件环境的不同而变化). 换言之,由于求解线性方程组的算法已经趋于成熟和稳定,在某种程序上可以认为,用有限差分法求解一维 Schrödinger 方程的重点不在计算,而在于写出由众多节点构成的线性方程组. 这一过程的工作量可以利用本章介绍的方法大为简化.

参考资料

[1] 王忆锋,毛京湘. 用 MATLAB 实现普朗克函数积分的快捷计算[J]. 红外,2008,29(4):12-14.

[2] 王忆锋,毛京湘. 用 MATLAB 和数值逼近方法实现费米函数的简捷计算[J]. 红外,2008,29(8):34-36.

[3] 王忆锋，毛京湘. 用 MATLAB 和打靶法实现平面 PN 结一维泊松方程的简捷计算[J]. 红外，2010，31(2)：44-46.

[4] 任玉杰. 数值分析及其 MATLAB 实现[M]. 北京：高等教育出版社，2007.

[5] Magrab E B，Azarm S，Balachandran B 等. MATLAB 原理与工程应用[M]. 高会生，李新叶，胡智奇，等译. 北京：电子工业出版社，2002.

[6] TAO PANG. An Introduction to Computational Physics[M]. Cambridge University Press，1997.

半无界区域上半线性Schrödinger方程初边值问题解的破裂及其生命跨度的估计

第二章

浙江师范大学数学系的耿金波，杨珍珍，丽水学院数学系的赖宁安三位教授 2016 年研究了半无界区域上一维半线性 Schrödinger 方程初边值问题解的破裂及其生命跨度估计；当非线性项指数 p 满足 $1<p\leqslant 2$ 时，证明了解在有限时间内破裂，当 $1<p<2$ 时，进一步得到了解的生命跨度上界估计；证明的过程主要运用了试探函数方法.

1 引 言

考虑如下一维半线性 Schrödinger 方程初边值问题

$$\begin{cases} \mathrm{i}u_t+u_{xx}=\lambda\mid u\mid^p, x>0, t>0\\ u(0,x)=\varepsilon f(x), x>0\\ u(t,0)=0, t>0\end{cases} \tag{1}$$

其中 $\lambda=\lambda_1+i\lambda_2\in\mathbf{C}\backslash\{0\}$，并且 $\lambda_1>0$. 假设初值 $f(x)=f_1(x)+if_2(x)$ 满足

$$f_2(x)<0,-\int_{0<x\leqslant 1}xf_2(x)\mathrm{d}x\geqslant C \qquad (2)$$

这里和后面的介绍中，C 指的是一个正常数，但不是固定不变的.

方程(1) 在 Sobolev 空间 $H^s(s\geqslant 0)$ 中局部解的存在性，可参见资料[1,16] 及其中相关的参考文献. 如果想要研究解的大时间行为：解是整体存在还是在有限时间内破裂，那么非线性项的指数 p 起着重要的作用. 首先介绍两个重要的指数：一个是 $p_c(n)=1+\frac{2}{n}$，它是由 Germain 等人[4] 引入的；另一个是 $p_0(n)$，它是方程 $(n-1)p^2-(n+1)p-2=0$ 的正根，是由 Strauss[13] 引入的，本章中证明了当 $p>p_0(n+1)$ 时，$\mathbf{R}^n$ 中的小初值 Cauchy 问题(1) 存在整体解. 指数 $p_c(n)=1+\frac{2}{n}$ 被称作 Fujita 指数，是小初值半线性热传导方程和耗散半线性波动方程 Cauchy 问题的临界指标，相关结果见资料[2,10,15]. 更多关于小初值半线性 Schrödinger 方程的解在有限时间内破裂的结果，见资料[11,12].

Ikeda 和 Wakasugi[6] 研究了方程(1) 在 $\mathbf{R}^n$ 中的 Cauchy 问题，当 p 满足 $1<p\leqslant p_c(n)$ 时，选择合适的初值，得到了解在有限时间内破裂的结果，证明过程运用了反证法，该方法由 Zhang[17,18] 引入. 此外，运用 Kuiper 的资料[9] 中的试探函数方法，Ikeda[5] 证明了 $1<p<1+\frac{2}{n}$ 时的生命跨度上界满足如下形式

$$T_\varepsilon \leqslant C\varepsilon^{\frac{1}{\alpha}} \tag{3}$$

其中，$\alpha = \frac{k}{2} - \frac{1}{p-1}$ 且 $n < k < \frac{2}{p-1}$. 最近，Ikeda 和 Inui[7] 证明了当 $1 < p < 1 + \frac{4}{n}$ 时小初值 L^2 和 H^1 的解将在有限时间内破裂，并进一步给出了解的生命跨度上界估计.

本章研究一维空间中半无界区域上的初边值问题(1)，当 $1 < p \leqslant 2$ 时将证明解在有限时间内破裂；进一步，当 $1 < p < 2$ 时，将建立解的生命跨度上界估计. 证明的主要方法是反证法和试探函数法. 与资料[5,6,9,14] 相比，我们借鉴了资料[3] 中的想法，引入 Riemann-Liouville 分数阶导数来构造新的试探函数.

注 1 我们猜测初边值问题(1) 存在临界指标 $p=2$，该指标相应于二维 Cauchy 问题的临界指标. 初边值问题(1) 在 $p > 2$ 时的整体存在性是一个非常有趣的问题.

注 2 对于临界情形 $p=2$，本章中的方法无法建立其生命跨度上界估计，这也是我们接下来要研究的问题.

本章的主要结论为如下两个定理：

定理 1 当 $1 < p \leqslant 2$ 时，假设初始值满足条件(2)，则初边值问题(1) 的解将在有限时间内破裂.

定理 2 当 $1 < p \leqslant 2$ 时，假设初始值满足条件(2)，则存在 $\varepsilon_0 > 0$ 和 $C=C(p,\lambda)$，使得初边值问题(1) 解的生命跨度上界估计满足

$$T(\varepsilon) \leqslant C\varepsilon^{\frac{p-1}{p-2}} \tag{4}$$

其中 $\varepsilon \in (0,\varepsilon_0)$.

2　试探函数

在这部分，我们将引入 Riemann-Liouville 分数阶导数来构造一个试探函数. 下文中 $AC[0,T]$ 指的是定义在 $[0,T]$ 上绝对连续的函数，其中 $0<T<\infty$，则对任意的 $g\in AC[0,T]$，其 α 阶的右手Riemann-Liouville 分数阶导数定义如下

$$D_{t|T}^{\alpha}g(t)=-\frac{1}{\Gamma(1-\alpha)}\frac{\mathrm{d}}{\mathrm{d}t}\int_{t}^{T}(s-t)^{-\alpha}g(s)\mathrm{d}s$$
$$t\in[0,T] \tag{5}$$

其中 $\alpha\in(0,1)$ 且 Γ 是 Euler 函数. 关于 Riemann-Liouville 分数阶导数的详细定义，见资料[8].

引理 1[8]　令 $g\in AC^{N+1}[0,T]:=\{g:[0,T]\to\mathbf{R},\partial_t^N g\in AC[0,T]\}$，则对任意指数 $N\geqslant 0$，有

$$(-1)^N\partial_t^N(D_{t|T}^{\alpha}g(t))=D_{t|T}^{N+\alpha}g(t) \tag{6}$$

其中 ∂_t^N 指的是对 t 的 N 阶偏导.

引理 2.2　令 $h(t)=\left(1-\frac{t}{T}\right)_+^{\sigma}$，其中 $t\geqslant 0,T>0$ 且 $\sigma\gg 1$，则有

$$D_{t|T}^{\alpha}h(t)=\frac{(1-\alpha+\sigma)\Gamma(\sigma+1)}{\Gamma(2-\alpha+\sigma)}T^{-\sigma}(T-t)_+^{\sigma-\alpha}$$
$$=CT^{-\sigma}(T-t)_+^{\sigma-\alpha} \tag{7}$$

$$D_{t|T}^{\alpha+1}h(t)=\frac{(1-\alpha+\sigma)(\sigma-\alpha)\Gamma(\sigma+1)}{\Gamma(2-\alpha+\sigma)}\cdot$$
$$T^{-\sigma}(T-t)_+^{\sigma-\alpha-1}$$
$$=CT^{-\sigma}(T-t)_+^{\sigma-\alpha-1} \tag{8}$$

因此进一步可以得到

$$(D_{t|T}^{\alpha}h)(T)=0,\quad (D_{t|T}^{\alpha+1}h)(T)=0 \tag{9}$$

$$(D_{t|T}^{\alpha}h)(0)=CT^{-\alpha},\quad (D_{t|T}^{\alpha+1}h)(0)=CT^{-\alpha-1} \tag{10}$$

引理 2 的证明可以通过变量替换得到,具体可见资料[3].

设 $\Phi(x)$ 是一个光滑、单调递减的函数,且满足以下条件

$$\Phi(x)=\begin{cases}1, & 0\leqslant x\leqslant 1\\ 0, & x\geqslant 2\end{cases}$$

记 $\phi_1(x)=\Phi\left(\dfrac{x}{B}\right)$,$\phi_2(t)=\left(1-\dfrac{t}{T}\right)_+$,我们构造如下形式的试探函数

$$\begin{aligned}\phi(t,x)&=x\phi_1^l(x)D_{t|T}^{\alpha}(\phi_2^k(t))\\&=Cx\phi_1^l(x)T^{-\alpha}\left(1-\frac{t}{T}\right)_+^{k-\alpha},l,k\gg 1\end{aligned} \tag{11}$$

则由引理 2 可以得到

$$\begin{aligned}\phi_t(t,x)&=-x\phi_1^l(x)D_{t|T}^{\alpha+1}(\phi_2^k(t))\\&=-Cx\phi_1^l(x)T^{-\alpha-1}\left(1-\frac{t}{T}\right)_+^{k-\alpha-1}\end{aligned} \tag{12}$$

$$\phi(T,x)=0,\phi(t,0)=0,\phi_t(T,x)=0$$

$$\phi(0,x)=Cx\phi_1^l(x)T^{-\alpha},\phi_t(0,x)=-Cx\phi_1^l(x)T^{-\alpha-1}$$

3　定理 1 的证明

方程(1) 两边同时乘以 $\phi(t,x)$,并在$[0,T]\times[0,\infty)$ 上积分,得

$$\begin{aligned}&\int_0^T\int_0^{+\infty}\lambda\mid u\mid^p\phi(t,x)\mathrm{d}x\mathrm{d}t\\&=\int_0^T\int_0^{+\infty}(\mathrm{i}u_t+u_{xx})\phi(t,x)\mathrm{d}x\mathrm{d}t\end{aligned}$$

$$=\int_0^T\int_0^{+\infty}((\mathrm{i}u\phi)_t-u(\mathrm{i}\phi_t))\mathrm{d}x\mathrm{d}t+$$

$$\int_0^T\int_0^{+\infty}((u_x\phi)_x-u_x\phi_x)\mathrm{d}x\mathrm{d}t$$

$$=-\int_0^{+\infty}\mathrm{i}u(0,x)\phi(0,x)\mathrm{d}x-$$

$$\int_0^T\int_0^{+\infty}u(\mathrm{i}\phi_t)\mathrm{d}x\mathrm{d}t+$$

$$\int_0^T\int_0^{+\infty}u\phi_{xx}\mathrm{d}x\mathrm{d}t \tag{13}$$

式(13) 两边取实部，得到

$$\lambda_1\int_0^T\int_0^{+\infty}|u|^p\phi(t,x)\mathrm{d}x\mathrm{d}t-\varepsilon\int_0^{+\infty}f_2(x)\phi(0,x)\mathrm{d}x$$

$$=\int_0^T\int_0^{+\infty}\mathrm{Re}u(-\mathrm{i}\phi_t+\phi_{xx})\mathrm{d}x\mathrm{d}t$$

$$\leqslant\int_0^T\int_0^{+\infty}|u|(|\phi_t|+|\phi_{xx}|)\mathrm{d}x\mathrm{d}t \tag{14}$$

令

$$I=\lambda_1\int_0^T\int_0^{+\infty}|u|^p\phi(t,x)\mathrm{d}x\mathrm{d}t$$

$$=C\lambda_1\int_0^T\int_0^{+\infty}|u|^p x\phi_1^l(x)T^{-\alpha}\left(1-\frac{t}{T}\right)_+^{k-\alpha}\mathrm{d}x\mathrm{d}t$$

$$J=-\varepsilon\int_0^{+\infty}f_2(x)\phi(0,x)\mathrm{d}x \tag{15}$$

$$K_1=\int_0^T\int_0^{+\infty}|u||\phi_t|\mathrm{d}x\mathrm{d}t$$

$$K_2=\int_0^T\int_0^{+\infty}|u||\phi_{xx}|\mathrm{d}x\mathrm{d}t$$

则式(14) 可以简写为

$$I+J\leqslant K_1+K_2 \tag{16}$$

由式(2) 和(12) 易得

$$J=-\varepsilon\int_0^{+\infty}f_2(x)\phi(0,x)\mathrm{d}x$$

$$=-C\varepsilon T^{-\alpha}\int_0^{+\infty} xf_2(x)\phi_1^l(x)\mathrm{d}x$$

$$\geqslant -C\varepsilon T^{-\alpha}\int_{x\leqslant 1} xf_2(x)\mathrm{d}x$$

$$\geqslant C\varepsilon T^{-\alpha} \tag{17}$$

结合式(16) 和(17) 可得

$$I\leqslant K_1+K_2 \tag{18}$$

接下来我们将对 K_1 和 K_2 分别进行估计. 对于 K_1,注意到 $l,k\gg 1$,再结合式(12)、Hölder 不等式和 Young 不等式,可得

$$K_1=\int_0^T\int_0^{+\infty} |u||\phi_t|\mathrm{d}x\mathrm{d}t$$

$$=C\int_0^T\int_0^{+\infty} x|u|\phi_1^l T^{-\alpha-1}\left(1-\frac{t}{T}\right)_+^{k-\alpha-1}\mathrm{d}x\mathrm{d}t$$

$$=C\int_0^T\int_0^{+\infty} |u|x^{\frac{1}{p}}\phi_1^{\frac{l}{p}}T^{-\frac{\alpha}{p}}\left(1-\frac{t}{T}\right)_+^{\frac{k-\alpha}{p}}x^{1-\frac{1}{p}}\phi_1^{l-\frac{l}{p}}\times$$

$$T^{-\alpha-1+\frac{\alpha}{p}}\left(1-\frac{t}{T}\right)_+^{k-\alpha-1-\frac{k-\alpha}{p}}\mathrm{d}x\mathrm{d}t$$

$$\leqslant CI^{\frac{1}{p}}\left(\int_0^T\int_0^{+\infty} x\phi_1^l T^{-\frac{(\alpha+1)p}{p-1}+\frac{\alpha}{p-1}}\left(1-\frac{t}{T}\right)_+^{k-\alpha-\frac{p}{p-1}}\mathrm{d}x\mathrm{d}t\right)^{\frac{p-1}{p}}$$

$$\leqslant \frac{1}{3}I+C\int_0^T\int_0^{+\infty} x\phi_1^l T^{-\frac{(\alpha+1)p}{p-1}+\frac{\alpha}{p-1}}\left(1-\frac{t}{T}\right)_+^{k-\alpha-\frac{p}{p-1}}\mathrm{d}x\mathrm{d}t$$

$$\triangleq \frac{1}{3}I+K_{11} \tag{19}$$

当 $1<p<2$ 时,引入如下变量替换:$s=\frac{t}{T}$,$y=\frac{x}{T^{\frac{1}{2}}}$,$B=T^{\frac{1}{2}}$,则对 K_{11} 有如下估计

$$K_{11}=C\int_0^T\int_0^{+\infty} x\phi_1^l T^{-\frac{(\alpha+1)p}{p-1}+\frac{\alpha}{p-1}}\left(1-\frac{t}{T}\right)_+^{k-\alpha-\frac{p}{p-1}}\mathrm{d}x\mathrm{d}t$$

$$=CT^{-\alpha-\frac{p}{p-1}}\int_0^T\int_0^{+\infty}x\phi_1^l\left(1-\frac{t}{T}\right)_+^{k-\alpha-\frac{p}{p-1}}\mathrm{d}x\mathrm{d}t$$

$$\leqslant CT^{-\alpha-\frac{p}{p-1}}\int_0^1\int_0^2 T^{\frac{1}{2}}y(1-s)_+^{k-\alpha-\frac{p}{p-1}}T^{\frac{1}{2}+1}\mathrm{d}y\mathrm{d}s$$

$$\leqslant CT^{-\alpha-\frac{p}{p-1}+2} \tag{20}$$

结合式(19)，得

$$K_1\leqslant\frac{1}{3}I+CT^{-\alpha-\frac{p}{p-1}+2} \tag{21}$$

根据试探函数 $\phi(t,x)$ 的构造易得

$$\phi_x(t,x)=CT^{-\alpha}\left(1-\frac{t}{T}\right)_+^{k-\alpha}(\phi_1^l+lx\phi_1^{l-1}\phi_{1x})$$

$$\phi_{xx}(t,x)=CT^{-\alpha}\left(1-\frac{t}{T}\right)_+^{k-\alpha}(2l\phi_1^{l-1}\phi_{1x}+ l(l-1)x\phi_1^{l-2}(\phi_{1x})^2+lx\phi_1^{l-1}\phi_{1xx}) \tag{22}$$

利用和估计 K_1 相同的办法，我们可以得到

$$K_2=\int_0^T\int_0^{+\infty}|u||\phi_{xx}|\mathrm{d}x\mathrm{d}t$$

$$\leqslant CI^{\frac{1}{p}}\Big(\int_0^T\int_0^{+\infty}T^{-\alpha}\left(1-\frac{t}{T}\right)_+^{k-\alpha}x^{-\frac{1}{p-1}}\phi_1^{l-\frac{2p}{p-1}}\times (\phi_{1x}+x(\phi_{1x})^2+x\phi_{1xx})^{\frac{p}{p-1}}\mathrm{d}x\mathrm{d}t\Big)^{\frac{p-1}{p}}$$

$$\leqslant\frac{1}{3}I+C\int_0^T\int_0^{+\infty}T^{-\alpha}\left(1-\frac{t}{T}\right)_+^{k-\alpha}x^{-\frac{1}{p-1}}\phi_1^{l-\frac{2p}{p-1}}\times (\phi_{1x}+x(\phi_{1x})^2+x\phi_{1xx})^{\frac{p}{p-1}}\mathrm{d}x\mathrm{d}t$$

$$\triangleq\frac{1}{3}I+K_{21} \tag{23}$$

再次利用式(20)中相同的变量替换，得

$$K_{21}=C\int_0^T\int_0^{+\infty}T^{-\alpha}\left(1-\frac{t}{T}\right)_+^{k-\alpha}x^{-\frac{1}{p-1}}\phi_1^{l-\frac{2p}{p-1}}\times$$

$$(\phi_{1x}+x(\phi_{1x})^2+x\phi_{1xx})^{\frac{p}{p-1}}\mathrm{d}x\mathrm{d}t$$

$$\leqslant CT^{-\alpha}\int_0^1\int_1^2(1-s)_+^{k-\alpha}(T^{\frac{1}{2}}y)^{-\frac{1}{p-1}}\times$$

$$(T^{-\frac{p}{2(p-1)}}+T^{-\frac{p}{2(p-1)}}y^{\frac{p}{p-1}})T^{\frac{1}{2}+1}\mathrm{d}y\mathrm{d}s$$

$$\leqslant CT^{-\alpha-\frac{p+1}{2(p-1)}+\frac{3}{2}} \tag{24}$$

联立式(23),得到

$$K_2\leqslant\frac{1}{3}I+CT^{-\alpha-\frac{p+1}{2(p-1)}+\frac{3}{2}} \tag{25}$$

因此,结合式(18)(21)和(25),得到

$$CT^{-\alpha}\int_0^T\int_0^{+\infty}|u|^p x\phi_1^l\left(1-\frac{t}{T}\right)_+^{k-\alpha}\mathrm{d}x\mathrm{d}t$$

$$\leqslant C(T^{-\alpha-\frac{p}{p-1}+2}+T^{-\alpha-\frac{p+1}{2(p-1)}+\frac{3}{2}}) \tag{26}$$

令 $T\to+\infty$,则当 $1<p<2$ 时有

$$\int_0^{+\infty}\int_0^{+\infty}|u|^p x\,\mathrm{d}x\mathrm{d}t=0 \tag{27}$$

由此可得对于任意的 $t,x>0$,有 $u(t,x)=0$ 成立,这样我们就得到了一个矛盾. 于是,解将在有限时间内破裂.

当 $p=2$ 时,引入如下变量替换

$$B=M^{-\frac{1}{2}}T^{\frac{1}{2}}$$

$$y=M^{\frac{1}{2}}T^{-\frac{1}{2}}x=B^{-1}x$$

$$s=\frac{t}{T}$$

其中 $1\ll M<T$ 且当 $T\to\infty$ 时就不会同时有 $M\to\infty$. 则可以估计 K_{11} 如下

$$K_{11}=CT^{-\alpha-\frac{p}{p-1}}\int_0^T\int_0^{+\infty}x\phi_1^l\left(1-\frac{t}{T}\right)_+^{k-\alpha-\frac{p}{p-1}}\mathrm{d}x\mathrm{d}t$$

$$\leqslant CT^{-\alpha-\frac{p}{p-1}}\int_0^1\int_0^2 M^{-\frac{1}{2}}T^{\frac{1}{2}}y(1-s)_+^{k-\alpha-\frac{p}{p-1}}M^{-\frac{1}{2}}T^{\frac{1}{2}+1}\mathrm{d}y\mathrm{d}s$$

$$\leqslant CT^{-\alpha-\frac{p}{p-1}+2}M^{-1}\int_0^1\int_0^2 y(1-s)_+^{k-\alpha-\frac{p}{p-1}}\,\mathrm{d}y\mathrm{d}s$$

$$\leqslant CT^{-\alpha}M^{-1} \tag{28}$$

估计 K_{21} 如下

$$K_{21}=CT^{-\alpha}\int_0^T\int_0^{+\infty}\left(1-\frac{t}{T}\right)_+^{k-\alpha}x^{-\frac{1}{p-1}}\phi_1^{l-\frac{2p}{p-1}}\times$$

$$(\phi_{1x}+x(\phi_{1x})^2+x\phi_{1xx})^{\frac{p}{p-1}}\mathrm{d}x\mathrm{d}t$$

$$\leqslant CT^{-\alpha}\int_0^1\int_1^2(1-s)_+^{k-\alpha}M^{\frac{1}{2(p-1)}}T^{-\frac{1}{2(p-1)}}y^{-\frac{1}{p-1}}\times$$

$$M^{\frac{p}{2(p-1)}}T^{-\frac{p}{2(p-1)}}(1+y^{\frac{p}{p-1}})M^{-\frac{1}{2}}T^{\frac{1}{2}+1}\mathrm{d}y\mathrm{d}s$$

$$\leqslant CT^{-\alpha-\frac{p+1}{2(p-1)}+\frac{3}{2}}M^{\frac{p+1}{2(p-1)}-\frac{1}{2}}\times$$

$$\int_0^1\int_0^2(1-s)_+^{k-\alpha}y^{-\frac{1}{p-1}}(1+y^{\frac{p}{p-1}})\mathrm{d}y\mathrm{d}s$$

$$\leqslant CT^{-\alpha}M \tag{29}$$

上述两式结合式(18) 可得

$$CT^{-\alpha}\int_0^T\int_0^{+\infty}|u|^p x\phi_1^l\left(1-\frac{t}{T}\right)_+^{k-\alpha}\mathrm{d}x\mathrm{d}t$$

$$\leqslant CT^{-\alpha}M^{-1}+CT^{-\alpha}M$$

这等价于

$$C\int_0^T\int_0^{+\infty}|u|^p x\phi_1^l\left(1-\frac{t}{T}\right)_+^{k-\alpha}\mathrm{d}x\mathrm{d}t\leqslant CM^{-1}+CM \tag{30}$$

在上式中令 $T\to\infty$ 得

$$\int_0^{+\infty}\int_0^{+\infty}|u|^p x\,\mathrm{d}x\mathrm{d}t\leqslant C \tag{31}$$

这意味着

$$\int_0^T\int_{M^{-\frac{1}{2}}T^{\frac{1}{2}}}^{2M^{-\frac{1}{2}}T^{\frac{1}{2}}}|u|^p x\phi_1^l\left(1-\frac{t}{T}\right)_+^{k}\mathrm{d}x\mathrm{d}t\to 0,T\to+\infty \tag{32}$$

另外通过计算我们有

$$(x\phi_1^l)_{xx}=l\phi_1^{l-1}\phi_{1x}+xl(l-1)\phi_1^{l-2}(\phi_{1x})^2+xl\phi_1^{l-1}\phi_{1xx} \tag{33}$$

则可对 K_2 进行如下估计

$$\begin{aligned}
K_2&=\int_0^T\int_0^{+\infty}|u||\phi_{xx}|\,\mathrm{d}x\,\mathrm{d}t\\
&=C\int_0^T\int_0^{+\infty}|u|x^{\frac{1}{p}}\phi_1^{\frac{l}{p}}\left(1-\frac{t}{T}\right)_+^{\frac{k}{p}}x^{-\frac{1}{p}}\phi_1^{-\frac{l}{p}}\times\\
&\quad\left(1-\frac{t}{T}\right)_+^{-\frac{k}{p}}T^{-\alpha}\left(1-\frac{t}{T}\right)_+^{k-\alpha}(x\phi_1^l)_{xx}\,\mathrm{d}x\,\mathrm{d}t\\
&\leqslant CT^{-\alpha}\left(\int_0^T\int_B^{2B}|u|^p x\phi_1^l\left(1-\frac{t}{T}\right)_+^k\mathrm{d}x\,\mathrm{d}t\right)^{\frac{1}{p}}\times\\
&\quad\left(\int_0^1\int_1^2 T^{-\frac{1}{2(p-1)}}M^{\frac{1}{2(p-1)}}\times\right.\\
&\quad y^{-\frac{1}{p-1}}(1-s)_+^{k-\frac{\alpha p}{p-1}}T^{-\frac{p}{2(p-1)}}M^{\frac{p}{2(p-1)}}\times\\
&\quad\left.(1+y^{\frac{p}{p-1}})(T^{\frac{3}{2}}M^{-\frac{1}{2}})^{\frac{p}{p-1}}\mathrm{d}y\,\mathrm{d}s\right)^{\frac{p-1}{p}}\\
&\leqslant CT^{-\alpha}M^{\frac{1}{2}}\left(\int_0^T\int_{T^{\frac{1}{2}}M^{-\frac{1}{2}}}^{2T^{\frac{1}{2}}M^{-\frac{1}{2}}}|u|^p x\phi_1^l\left(1-\frac{t}{T}\right)_+^k\mathrm{d}x\,\mathrm{d}t\right)^{\frac{1}{p}}
\end{aligned} \tag{34}$$

联立式(18),(19),(28) 和(34) 可得

$$\begin{aligned}
&T^{-\alpha}\int_0^T\int_0^{+\infty}|u|^p x\phi_1^l\left(1-\frac{t}{T}\right)_+^{k-\alpha}\mathrm{d}x\,\mathrm{d}t\\
\leqslant\ &CT^{-\alpha}M^{-1}+\\
&CT^{-\alpha}M^{\frac{1}{2}}\left(\int_0^T\int_{T^{\frac{1}{2}}M^{-\frac{1}{2}}}^{2T^{\frac{1}{2}}M^{-\frac{1}{2}}}|u|^p x\phi_1^l\left(1-\frac{t}{T}\right)_+^k\mathrm{d}x\,\mathrm{d}t\right)^{\frac{1}{p}}
\end{aligned}$$

上式等价于

$$\int_0^T\int_0^{+\infty}|u|^p x\phi_1^l\left(1-\frac{t}{T}\right)_+^{k-\alpha}\mathrm{d}x\,\mathrm{d}t$$

$$\leqslant CM^{-1}+CM^{\frac{1}{2}}\left(\int_0^T\int_{T^{\frac{1}{2}}M^{-\frac{1}{2}}}^{2T^{\frac{1}{2}}M^{-\frac{1}{2}}}|u|^p x\phi_1^l\left(1-\frac{t}{T}\right)_+^k\mathrm{d}x\mathrm{d}t\right)^{\frac{1}{p}} \tag{35}$$

结合式(32)和(35),并令 $T\to+\infty$ 得

$$\int_0^{+\infty}\int_0^{+\infty}|u|^p x\,\mathrm{d}x\mathrm{d}t\leqslant CM^{-1} \tag{36}$$

再令 $M\to+\infty$,那么可以得到

$$\int_0^{+\infty}\int_0^{+\infty}|u|^p x\,\mathrm{d}x\mathrm{d}t=0 \tag{37}$$

同样导致矛盾,因此完成了定理 1 的证明.

4　定理 2 的证明

首先,由 Hölder 定理可对 K_1 和 K_2 进行如下估计

$$\begin{aligned}K_1&=\int_0^T\int_0^{+\infty}|u||\phi_t|\,\mathrm{d}x\mathrm{d}t\\&=C\int_0^T\int_0^{2B}x|u|\phi_1^l T^{-\alpha-1}\left(1-\frac{t}{T}\right)_+^{k-\alpha-1}\mathrm{d}x\mathrm{d}t\\&\leqslant CI^{\frac{1}{p}}\left(\int_0^T\int_0^{2B}T^{-\alpha-\frac{p}{p-1}}x\phi_1^l\left(1-\frac{t}{T}\right)_+^{k-\alpha-\frac{p}{p-1}}\mathrm{d}x\mathrm{d}t\right)^{\frac{p-1}{p}}\\&\leqslant CT^{\frac{\alpha}{p}-(\alpha+1)}I^{\frac{1}{p}}\left(\int_0^T\int_0^{2B}x\left(1-\frac{t}{T}\right)_+^{k-\alpha-\frac{p}{p-1}}\mathrm{d}x\mathrm{d}t\right)^{\frac{p-1}{p}}\\&\triangleq CT^{\frac{\alpha}{p}-(\alpha+1)}I^{\frac{1}{p}}K_{11}\end{aligned} \tag{38}$$

$$\begin{aligned}K_2&=\int_0^T\int_0^{+\infty}|u||\phi_{xx}|\,\mathrm{d}x\mathrm{d}t\\&\leqslant CT^{\frac{\alpha}{p}-\alpha}I^{\frac{1}{p}}\left(\int_0^T\int_B^{2B}\left(1-\frac{t}{T}\right)_+^{k-\alpha}x^{-\frac{1}{p-1}}(\phi_{1x}+\right.\\&\qquad\left.x(\phi_{1x})^2+x\phi_{1xx})^{\frac{p}{p-1}}\mathrm{d}x\mathrm{d}t\right)^{\frac{p-1}{p}}\end{aligned}$$

$$\triangleq CT^{\frac{\alpha}{p}-\alpha} I^{\frac{1}{p}} K_{21} \tag{39}$$

另一方面,引入如下的变量替换

$$s=\frac{t}{T}, \quad y=\frac{x}{T^{\frac{1}{2}}}, \quad B=T^{\frac{1}{2}}$$

则通过直接计算可估计 K_{11} 和 K_{21} 如下

$$K_{11}=\left(\int_0^T\int_0^{2B} x\left(1-\frac{t}{T}\right)_+^{k-\alpha-\frac{p}{p-1}} \mathrm{d}x\mathrm{d}t\right)^{\frac{p-1}{p}}$$

$$=\left(\int_0^1\int_0^2 T^{\frac{1}{2}} y(1-s)_+^{k-\alpha-\frac{p}{p-1}}\ T^{\frac{1}{2}+1}\mathrm{d}y\mathrm{d}s\right)^{\frac{p-1}{p}}$$

$$\leqslant CT^{\frac{2(p-1)}{p}} \tag{40}$$

$$K_{21}=\left(\int_0^T\int_B^{2B}\left(1-\frac{t}{T}\right)_+^{k-\alpha} x^{-\frac{1}{p-1}}\times\right.$$

$$\left.(\phi_{1x}+x(\phi_{1x})^2+x\phi_{1xx})^{\frac{p}{p-1}}\mathrm{d}x\mathrm{d}t\right)^{\frac{p-1}{p}}$$

$$=\left(\int_0^1\int_1^2 (T^{\frac{1}{2}}y)^{-\frac{1}{p-1}}(1-s)_+^{k-\alpha}\times\right.$$

$$\left.(T^{-\frac{p}{2(p-1)}}+T^{-\frac{p}{2(p-1)}}y^{\frac{p}{p-1}})T^{\frac{1}{2}+1}\mathrm{d}y\mathrm{d}s\right)^{\frac{p-1}{p}}$$

$$\leqslant CT^{-\frac{p+1}{2p}+\frac{3(p+1)}{2p}} \tag{41}$$

联立式(38),(39),(40) 和(41) 可得

$$K_1\leqslant CT^{\frac{\alpha}{p}-(\alpha+1)+\frac{2(p-1)}{p}} I^{\frac{1}{p}}$$

$$K_2\leqslant CT^{\frac{\alpha}{p}-\alpha-\frac{p+1}{2p}+\frac{3(p-1)}{2p}} I^{\frac{1}{p}}=CT^{\frac{\alpha}{p}-(\alpha+1)+\frac{2(p-1)}{p}} I^{\frac{1}{p}} \tag{42}$$

由式(16),(17) 和(42) 可推出

$$\varepsilon T^{-\alpha}\leqslant CT^{\frac{\alpha}{p}-(\alpha+1)+\frac{2(p-1)}{p}} I^{\frac{1}{p}}-I \tag{43}$$

由于对任意的 $a>0$,$0<b<1$ 及 $c\geqslant 0$ 有

$$ac^b-c\leqslant(1-b)b^{\frac{b}{1-b}}a^{\frac{1}{1-b}} \tag{44}$$

因此由式(43) 和(44) 可得

$$C\varepsilon T^{-\alpha}\leqslant CT^{\frac{\alpha}{p}-(\alpha+1)+\frac{2(p-1)}{p}} I^{\frac{1}{p}}-I$$

$$\leqslant \left(1-\frac{1}{p}\right)\left(\frac{1}{p}\right)^{\frac{1}{p-1}}\left(CT^{\frac{\alpha}{p}-(\alpha+1)+\frac{2(p-1)}{p}}\right)^{\frac{p}{p-1}}$$

$$\leqslant CT^{-\alpha-\frac{p}{p-1}+2} \tag{45}$$

从式(45)可以得出我们预期的解的生命跨度上界估计

$$T \leqslant C\varepsilon^{\frac{p-1}{p-2}} \tag{46}$$

于是完成了定理 2 的证明.

参考资料

[1] Cazenave T. Semilinear Schrödinger Equations. Providene: Amer. Math. Soc., 2003.

[2] Deng K, Levine H A. The role of critical exponents in blow-up theorems: the sequel. J. Math. Anal. Appl., 2000, 243: 85-126.

[3] Fino A Z, Georgiev V, Kirane M. Finite time blow-up for a wave equation with a nonlocal nonlinearity. 2010, arXiv: 1008.4219vl.

[4] Germain P, Masmoudi N, Shatah J. Global solutions, for 2D quadratic Schrödinger equations. J. Math. Pures Appl., 2012, 97: 505-543.

[5] Ikeda M. Lifespan of solutions for the nonlinear Schrödinger equation without gauge invariance. 2012, arXiv: 1211.6928.

[6] Ikeda M, Wakasugi Y. Small-data blow-up of L^2-solution for the nonlinear Schrödinger equation without gauge invariance. Differential Integral Equation, 2013, 26: 1275-1285.

[7] Ikeda M, Inui T. Small-data blow up of L^2 or H^1-solution for the similinear Schrödinger equation without gauge invariance. Journal of Evolution Equations, 2015, 15: 571-581.

[8] Kilbas A A, Srivastava H M, Trujillo J J. Theory and Applications of Fractional Differential Equations. Amsterdam: Elsevier Science, 2006.

[9] Kuiper H J. Life span of nonegative solutions to certain qusilinear

parabolic Cauchy problems. Electronic J. Diff. Eqs. ,2003:1-11.

[10] Levine H. The role of critical exponents in blow up theorems. SIAM Rev. ,1990,32:262-288.

[11] Oh T. A blow up result for the periodic NLS without gauge invariance. Comptes Rendus Mathematique,2012,350:389-392.

[12] Ozawa T,Sunagawa H. Small data blow-up for a system of nonlinear Schrödinger equations. J. Math. Anal. Appl. ,2013, 399:147-155.

[13] Strauss W A. Nonlinear scattering theory at low energy. J. Funct. Anal. ,1981,41:110-133.

[14] Sun F Q. Life span of blow-up solutions for higher-order semilinear parabolic equations. Electronic J. Diff. Eqs. ,2010: 1-9.

[15] Todorova G,Yordanov B. Critical exponent for a nonlinear wave equation with damping. J. Diff. Eqs. ,2001,174:464-489.

[16] Tsutsumi Y. L^2-solutions for nonlinear Schrödinger equations and nonlinear groups. Funkcialaj Ekvacioj,1987,30:115-125.

[17] Zhang Q S. A blow-up result for a nonlinear wave equations with damping:the critical case. C. R. Acad. Sci. Paris Sér. I Math. , 2001,333:109-114.

[18] Zhang Q S. Blow-up results for nonlinear parabolic equations on manifolds. Duke Math. J. ,1999,97:515-539.

第三章　带有零谱点的渐近线性 Schrödinger 方程

1　引　言

考虑如下 Schrödinger 方程

$$\begin{cases}-\Delta u+V(x)u=f(x,u), \text{当 } x\in\mathbf{R}^N\\ u(x)\to 0, \text{当 } |x|\to\infty\end{cases}\tag{1}$$

该方程来源于数学物理，其解可以用来解释化学反应动力学中相应的反应扩散方程的驻波解. 设 $V(x)$ 与 $f(x,u)$ 关于 x 是周期的，我们主要考虑 $f(x,u)$ 在 $|u|\to\infty$ 时是渐近线性的情况. 中南大学数学与统计学院的秦栋栋，李赟杨，唐先华三位教授 2016 年在一般的条件下建立了方程(1) 的基态解. 记方程(1) 对应的能量泛函为 Φ，如果 $\Phi(u_0)$ 是 Φ 在方程(1) 的所

有非零平凡解中的最低能量水平，则我们称非零平凡解 u_0 为基态解，即 u_0 满足

$$\Phi(u_0)=\inf_K \Phi$$

其中

$$K:=\{u\in E\backslash\{0\}:\Phi'(u)=0\} \tag{2}$$

在适当的条件下，基态解 u_0 还可以用 Φ 在 Nehari-Pankov 流形 $\mathcal{N}^-$ 上的极小元来刻画，其中流形 $\mathcal{N}^-$ 由下式定义

$$\mathcal{N}^-=\{u\in E\backslash E^-:\langle\Phi'(u),u\rangle= \langle\Phi'(u),v\rangle=0,\forall v\in E^-\} \tag{3}$$

其中 Banach 空间 E,E^- 会在后面给出定义. 事实上，若 $u\neq 0$ 且有 $\Phi'(u)=0$，则 $u\in\mathcal{N}^-$，即临界点集 K 是 $\mathcal{N}^-$ 的一个子集，因此 $\inf_{\mathcal{N}^-}\Phi\leqslant\inf_K\Phi$. 若存在方程(1)的一个非零平凡解 u_0 使得 $\Phi(u_0)=\inf_{\mathcal{N}^-}\Phi$，则 $\inf_K\Phi$ 在 u_0 处可达，且 $\Phi(u_0)=\inf_{\mathcal{N}^-}\Phi=\inf_K\Phi$，这说明 u_0 是方程(1) 的一个基态解. 注意到，如果 $V(x)$ 关于 x 是周期的，则算子 $A:=-\sigma+V$ 有全连续谱 $\sigma(A)$，而且有下界，由不相交的闭子区间构成，参见资料[30，定理 XIII. 100]. 在过去的几十年，有大量的文献对带有周期位势和渐近线性非线性项的问题(1) 进行了研究，例如，参考资料[6,10－12,15－16,19－20,22,33,36,40－42,46] 以及其中的参考文献.

对于谱有正下界的情形，即 $\inf\sigma(A)>0$，基于山路引理的许多技巧可以很好地应用. 例如，运用 Struwe[31] 引入的单调性技巧，Jeanjean[15]（亦见资料[16]）对一类具有山路结构的泛函建立了一个一般性的定理，对方程(1) 的正解的存在性给出了证明，其中要求 $V(x)\equiv K>0$ 且 f 满足：

(f1) $f(x,t)=V_\infty(x)t+f_\infty(x,t)$，其中 $f\in C(\mathbf{R}^N\times\mathbf{R})$，$V_\infty\in C(\mathbf{R}^N)$ 关于每个 $x_1,x_2,\cdots,x_N$ 都是 1 周期的，$\inf V_\infty(x)>\overline{\Lambda}:=\inf[\sigma(A)\cap(0,\infty)]$，且当 $|t|\to\infty$ 时 $f_\infty(x,t)=o(|t|)$ 关于 $x\in\mathbf{R}^N$ 一致成立；

(f2) $F(x,t):=\int_0^t f(x,s)\mathrm{d}s\geqslant 0$，且当 $|t|\to 0$ 时 $f(x,t)=o(|t|)$ 关于 x 一致成立；

(f3) $\mathscr{F}(x,t):=\frac{1}{2}tf(x,t)-F(x,t)\geqslant 0$，$\forall(x,t)\in\mathbf{R}^N\times\mathbf{R}$，且存在 $\delta_0\in(0,\overline{\Lambda})$ 使得

$$\frac{f(x,t)}{t}\geqslant\overline{\Lambda}-\delta_0\Rightarrow\mathscr{F}(x,t)\geqslant\delta_0 \tag{4}$$

设(f1)—(f3) 满足且 $V\in C^1(\mathbf{R}^N,\mathbf{R})$，$f\in C^2(\mathbf{R}^N\times\mathbf{R},\mathbf{R})$ 以及 $f_u(x,0)=0$，Ding 和 Luan[11] 得到了无穷多个几何分离的解. 当 f 不依赖于 x 且 $V_\infty\equiv a>\overline{\Lambda}$ 时，相似的结果也可参见资料[41]. 对于渐近周期非线性项的研究，可参见资料[20].

对于 0 在谱 $\sigma(A)$ 的间隙的情况，有许多关于解的存在性和多重性的研究结果，此时

$$\sup[\sigma(A)\cap(-\infty,0)]:=\underline{\Lambda}<0<\overline{\Lambda}=\inf[\sigma(A)\cap(0,\infty)] \tag{5}$$

Szulkin 和 Zou[33] 首次运用变分方法研究了问题(1) 并证明了非零平凡解的存在性，其中 f 满足(f1)，(f2) 以及下面类似于(f3) 的条件.

(f3′) $\mathscr{F}(x,t):=\frac{1}{2}tf(x,t)-F(x,t)\geqslant 0$，$\forall(x,$

$t) \in \mathbf{R}^N \times \mathbf{R}$，且存在常数 $\delta_0 \in (0,\lambda_0)$ 使得若 $\frac{f(x,t)}{t} \geqslant \lambda_0 - \delta_0$，则有 $\mathscr{F}(x,t) \geqslant \delta_0$，其中 $\lambda_0 = \min\{-\underline{\Lambda},\overline{\Lambda}\}$.

在(f1)，(f2)，(f3′)以及 $f(x,t)$ 关于 t 是奇函数的假设条件下，Ding 和 Lee[10] 证明了无穷多个几何分离的解.在最近的资料[36]中，Tang 得到了方程(1)的一个基态解 u_0，使得 $\Phi(u_0)=\inf_{\mathcal{N}^-}\Phi$，其中 f 满足(f2)以及如下的(WN)和(F1).

(WN) $t \mapsto \frac{f(x,t)}{|t|}$ 在 $(-\infty,0)\cup(0,\infty)$ 上单调非减；

(F1) $f(x,t) = V_\infty(x)t + f_\infty(x,t)$，其中 $f \in C(\mathbf{R}^N \times \mathbf{R})$，$V_\infty \in C(\mathbf{R}^N)$ 关于每个 $x_1,x_2,\cdots,x_N$ 都是 1 周期的，$\inf V_\infty > 0$，当 $|t| \to \infty$ 时 $f_\infty(x,t) = o(|t|)$ 关于 x 一致成立，且存在元素 $u_0 \in E^+\setminus\{0\}$ 使得

$$\|u_0\|_*^2 - \|w\|_*^2 - \int_{\mathbf{R}^N} V_\infty(x)(u_0+w)^2 \mathrm{d}x < 0 \quad \forall w \in E^- \tag{6}$$

此处的范数 $\|\cdot\|_*$ 由后面的式(16)定义.注意到，由(WN)可知

$$\begin{aligned}\mathscr{F}(x,t) &= \frac{1}{2}tf(x,t) - F(x,t) \\ &= \int_0^t \left(\frac{f(x,t)}{t} - \frac{f(x,s)}{s}\right) s\,\mathrm{d}s \geqslant 0 \end{aligned} \tag{7}$$
$$\forall (x,t) \in \mathbf{R}^N \times \mathbf{R}$$

且 $\mathscr{F}$ 在 $t \in [0,\infty)$ 上单调非减、在 $t \in (-\infty,0]$ 上单调非增，结合(f1)以及当 $|t| \to 0$ 时 $f(x,t) = o(|t|)$

关于 x 一致成立，可以得到(f3) 以及(f3′) 成立(参见资料[16，注 1.3] 或[19]). 对于渐近周期非线性项的研究，Li 和 Szulkin[19] 证明了非零平凡解的存在性，其中 f 满足(f1)，(f3′) 以及在 $|x|\to\infty$ 时其他的渐近性假设条件.

据作者所知，在资料库中似乎只有资料[26] 考虑了 0 是谱 $\sigma(A)$ 的边界点的情形，即 $V(x)$ 满足：

(V)$V\in C(\mathbf{R}^N)$ 关于每个 $x_i(i=1,2,\cdots,N)$ 都是 1 周期的，$0\in\sigma(A)$ 且存在常数 $b_0>0$ 使得 $(0,b_0]\cap\sigma(A)=\varnothing$.

即使当 f 是超二次的，关于该问题的研究也只有寥寥几篇文章[3,21,24,26,35,44,45]. 此时需要克服的主要困难是对 Cerami 序列的先验估计的缺失；不同于资料[10,33]，此时的工作空间仅仅是一个 Banach 空间，而不是 Hilbert 空间；与定性问题不同的是强不定问题(1) 不能表示成具有山路结构的泛函的形式；而且资料[3,44－45] 中的方法不再适用，即使资料[10,33] 中的技巧可以借鉴，但由于 $\lambda_0=0$，故条件(f3′) 不能应用；在最近的资料[26] 中，运用一些新的技巧，作者建立了方程(1) 的满足式(2) 的基态解，除条件(V) 外，要求 f 满足(f1)，(f3) 以及下面的(F2).

(F2) 存在常数 $c_1,c_2>0$ 和 $\rho\in(2,2^*)$ 使得

$$c_1\min\{|t|^\rho,|t|^2\}\leqslant tf(x,t)\leqslant c_2|t|^\rho \quad \forall(x,t)\in\mathbf{R}^N\times\mathbf{R} \tag{8}$$

我们指出，$\inf_{N^-}\Phi$ 不一定可达，即使存在方程(1) 的一个非零平凡解 u_0 满足 $\Phi(u_0)=\inf_K\Phi$. 通常情况下，在限制条件 $\Phi(u_0)=\inf_{N^-}\Phi$ 下比在条件 $\Phi(u_0)=\inf_M\Phi$ 下寻找方程(1) 的一个非零平凡解 u_0 要困难得

多. 现在我们进一步要问(i) 能否在条件(V),(f1),(F2) 和(WN) 下得到方程(1) 的一个满足 $\Phi(u_0)=\inf_{\mathcal{N}^-}\Phi$ 的基态解;(ii) 能否进一步减弱条件(f1);(iii) 没有资料[21,32,45] 中的关键性条件(Ne),如何寻找方程(1) 的一个非零平凡解使得 $\inf_{\mathcal{N}^-}\Phi$ 可达?

(Ne)$t\mapsto f(x,t)/|t|$ 在$(-\infty,0)\cup(0,\infty)$ 内是严格单调递增的.

受前面学者们工作的启发,利用资料[35] 中建立的广义环绕定理,在本章中我们将对上面的问题给出一个肯定的回答. 为了克服前面提到的困难,我们将运用由 Lions[18] 提出的、由 Jeanjean[15] 进一步发展的集中紧性的讨论,并建立一个适合该问题的新的变分框架. 此外,本章进一步发展了资料[36,37] 中引入的非 Nehari 流形方法,主要的想法是在 Nehari-Pankov 的流形 $\mathcal{N}^-$ 外运用对角化方法寻找能量泛函 Φ 的一个极小化 Cerami 序列.

在条件(V),(F1) 和(F2) 下,如下定义的能量泛函对所有的 $u\in E$ 都是有意义的

$$\Phi(u)=\frac{1}{2}\int_{\mathbf{R}^N}(|\nabla u|^2+V(x)u^2)\mathrm{d}x-\int_{\mathbf{R}^N}F(x,u)\mathrm{d}x \tag{9}$$

而且 $\Phi\in C^1(E,\mathbf{R})$.

现在我们给出本章主要结果.

定理 1 令(V),(F1),(F2) 和(WN) 满足,则方程(1) 有一个基态解 $u_0\in E\setminus\{0\}$ 使得 $\Phi(u_0)=\inf_{\mathcal{N}^-}\Phi=\inf_{\mathcal{K}}\Phi\geqslant\mathcal{K}$,其中$\mathcal{K}$是一个正常数. 而且

$$\int_{\mathbf{R}^N}[|\nabla u_0|^2+(V(x)-V_\infty(x))u_0^2]\mathrm{d}x<0$$

当 $\inf V_\infty>\bar{\Lambda}$ 时,取 $\bar{\mu}\in(\bar{\Lambda},\inf V_\infty)$,则对任意

的 $\bar{u} \in (\varepsilon(\bar{\mu}) - \varepsilon(0))E \subset E^+$ 有 $\bar{\Lambda} \| \bar{u} \|_2^2 \leqslant \| \bar{u} \|_* \leqslant \bar{\mu} \| \bar{u} \|_2^2$，其中 $\{\varepsilon(\lambda) : \lambda \in \mathbf{R}\}$ 为算子 $-\Delta + V$ 的谱族，从而对任意的 $w \in E^-$，有

$$\| \bar{u} \|_*^2 - \| w \|_*^2 - \int_{\mathbf{R}^N} V_\infty(x)(\bar{u} + w)^2 \mathrm{d}x$$

$$\leqslant \| \bar{u} \|_*^2 - \| w \|_*^2 - \inf V_\infty (\| \bar{u} \|_2^2 + \| w \|_2^2)$$

$$\leqslant -[(\inf V_\infty - \bar{\mu}) \| \bar{u} \|_2^2 + \inf V_\infty \| w \|_2^2] < 0$$

因此式(6) 成立，故由(f1) 可推出(F1).

推论 1　令(V)，(f1)，(F2) 和(WN) 满足，则方程(1) 有一个基态解 $u_0 \in E \backslash \{0\}$ 使得 $\Phi(u_0) = \inf_{\mathscr{N}^-} \Phi = \inf_{\mathscr{K}} \Phi \geqslant \mathscr{K} > 0$，而且

$$\int_{\mathbf{R}^N} [| \nabla u_0 |^2 + (V(x) - V_\infty(x)) u_0^2] \mathrm{d}x < 0$$

集合 $\mathscr{N}^-$ 由 Pankov[23] 首次引入，是 Nehari 流形 $\mathscr{N}$ 的一个子集

$$\mathscr{N} = \{u \in E \backslash \{0\} : \langle \Phi'(u), u \rangle = 0\} \tag{10}$$

由推论 2(ii) 和引理 7 可以看到极小能量值 $c_0 := \inf_{\mathscr{N}^-} \Phi$ 有如下极小极大刻画

$$c_0 = \Phi(u_0) = \inf_{v \in E_0^+ \backslash \{0\}} \max_{u \in E^- \oplus \mathbf{R}^+ v} \Phi(u)$$

其中 E_0^+ 由式(39) 定义. 相比于由环绕给出的能量刻画，这个极小、极大准则更加简单. 因为非零平凡解 u_0 使得 $\Phi(u_0)$ 为 Φ 在 $\mathscr{N}^-$ 中的极小能量值，u_0 在资料[36 —37] 中称为 Nehari-Pankov 型基态解.

注 1　由(F1)，(F2) 和(WN) 可知 $f_\infty(x,t)/t$ 在 $t \in [0,\infty)$ 上单调非减、在 $t \in (-\infty, 0]$ 上单调非增，而且当 $|t| \to 0$ 时 $f_\infty(x,t)/t \to -V_\infty(x) < 0$. 又因 $|t| \to \infty$ 时 $f_\infty(x,t) = o(|t|)$ 关于 x 一致成立，从而对任意的$(x,t) \in \mathbf{R}^N \times \mathbf{R}$ 有 $t f_\infty(x,t) \leqslant 0$. 注意到由

式(8)可知 $tf(x,t)>0,\forall t\neq 0$,从而存在常数 $\alpha_0>0$ 使得

$$\forall (x,t)\in \mathbf{R}^N\times \mathbf{R}, f(x,t)f_\infty(x,t)\leqslant 0$$

且当 $0<|t|\leqslant \alpha_0$ 时

$$f(x,t)f_\infty(x,t)<0 \tag{11}$$

在证明主要结论之前,我们给出满足推论 1 所有条件的三个非线性函数的例子.

例 1 $f(x,t)=V_\infty(x)\min\{|t|^\upsilon,1\}t$,其中 $\upsilon\in(0,2*-2)$,$V_\infty\in C(\mathbf{R}^N)$ 关于每个 $x_1,x_2,\cdots,x_N$ 都是 1 周期的,且 $\inf V_\infty>\overline{\Lambda}$.

例 2 $f(x,t)=V_\infty(x)\left[1-\dfrac{1}{\ln(e+|t|^\upsilon)}\right]t$,其中 $\upsilon\in(0,2*-2)$,$V_\infty\in C(\mathbf{R}^N)$ 关于每个 $x_1,x_2,\cdots,x_N$ 都是 1 周期的,且 $\inf V_\infty>\overline{\Lambda}$.

例 3 $f(x,t)=h(x,|t|)t$,其中 $h(x,s)$ 在 $s\in[0,\infty)$ 上单调非减,关于每个 $x_1,x_2,\cdots,x_N$ 都是 1 周期的,当 $s\to 0$ 时有 $h(x,s)=O(|s|^\upsilon)$,当 $s\to\infty$ 时有 $h(x,s)\to V_\infty(x)$,$\upsilon\in(0,2*-2)$,$\inf V_\infty>\overline{\Lambda}$ 且 $0<h(x,s)<V_\infty(x)$,$\forall s\neq 0$.

本章剩下的部分组织如下:在第二节,我们引入在作者唐的文章[35]中建立的变分框架,该框架更适合 0 在谱 $\sigma(-\Delta+V)$ 的间隙这种情况;主要结论的证明将在第三节中给出.

2 变分框架与准备工作

类似于资料[35],本章我们引入适用于问题(1)

的变分框架. 在本章中,我们用 $\|\cdot\|_s$ 定义 $L^s(\mathbf{R}^N)$ 范数,$s\in[1,\infty)$,用 $C_i(i\in\mathbf{N})$ 定义取值不同的正常数. 令 $A=-\Delta+V$,则 A 是 $L^2(\mathbf{R}^N)$ 上的自共轭算子,定义域为 $\mathscr{D}(A)=H^2(\mathbf{R}^N)$. 令 $\{\varepsilon(\lambda):-\infty<\lambda<+\infty\}$ 为算子 A 的谱族,$|A|^{1/2}$ 为算子 $|A|$ 的平方根. 记 $U=\mathrm{id}-\varepsilon(0)-\varepsilon(0-)$,则算子 U 可以与 A,$|A|$ 以及 $|A|^{1/2}$ 交换,且 $A=U|A|$ 是算子 A 的极分解(参见资料[13,定理 4.3.3]). 记算子 $|A|^{1/2}$ 的定义域为 $E_*=\mathscr{D}(|A|^{1/2})$,则对任意的 $\lambda\in\mathbf{R}$ 有 $\varepsilon(\lambda)E_*\subset E_*$. 在 E_* 上定义内积

$$(u,v)_0=(|A|^{1/2}u,|A|^{1/2}v)_{L^2}+(u,v)_{L^2}\quad \forall u,v\in E_*$$

和范数

$$\|u\|_0=\sqrt{(u,v)_0},\ \forall u\in E_*$$

其中 $(\cdot,\cdot)_{L^2}$ 表示 $L^2(\mathbf{R}^N)$ 内积.

根据(V),可以找到常数 $a_0>0$ 使得

$$V(x)+a_0>0,\ \forall x\in\mathbf{R}^N \tag{12}$$

对任意的 $u\in C_0^\infty(\mathbf{R}^N)$ 有

$$\begin{aligned}\|u\|_0^2&=(|A|u,u)_{L^2}+\|u\|_2^2\\&=((A+a_0)Uu,u)_{L^2}-a_0(Uu,u)_{L^2}+\|u\|_2^2\\&\leqslant\|U(A+a_0)^{1/2}u\|_2\|(A+a_0)^{1/2}u\|_2+\\&\quad a_0\|Uu\|_2\|u\|_2+\|u\|_2^2\\&\leqslant\|(A+a_0)^{1/2}u\|_2^2+(a_0+1)\|u\|_2^2\\&\leqslant(1+2a_0+M)\|u\|_{H^1(\mathbf{R}^N)}^2\end{aligned}\tag{13}$$

$$\begin{aligned}\|u\|_{H^1(\mathbf{R}^N)}^2&\leqslant((A+a_0+1)u,u)_{L^2}\\&=(Au,u)_{L^2}+(a_0+1)\|u\|_2^2\\&=(U|A|^{1/2}u,|A|^{1/2}u)_{L^2}+\\&\quad(a_0+1)\|u\|_2^2\end{aligned}$$

$$\leqslant \| \, |A|^{1/2}u \|_2^2 + (a_0+1)\|u\|_2^2$$
$$\leqslant (1+a_0)\|u\|_0^2 \tag{14}$$

其中 $M=\sup_{x\in\mathbf{R}^N}|V(x)|$. 因为 $C_0^\infty(\mathbf{R}^N)$ 在 $(E_*,\|\cdot\|_0)$ 和 $H^1(\mathbf{R}^N)$ 中稠密,因此

$$\frac{1}{1+a_0}\|u\|_{H^1(\mathbf{R}^N)}^2 \leqslant \|u\|_0^2$$
$$\leqslant (1+2a_0+M)\|u\|_{H^1(\mathbf{R}^N)}^2$$
$$\forall u\in E_*=H^1(\mathbf{R}^N) \tag{15}$$

定义

$$E_*^- = \varepsilon(0)E_*, E^+ = [\varepsilon(+\infty)-\varepsilon(0)]E_*$$
$$(u,v)_* = (|A|^{1/2}u, |A|^{1/2}v)_{L^2}$$
$$\|u\|_* = \sqrt{(u,u)_*}, \forall u,v\in E_* \tag{16}$$

引理 1[35,引理3.1] 设满足条件(V),则 $E_*=E_*^-\oplus E^+$

$$(u,v)_*=(u,v)_{L^2}=0, \forall u\in E_*^-, v\in E^+ \tag{17}$$

且

$$\|u^+\|_*^2 \geqslant \overline{\Lambda}\|u^+\|_2^2, \|u^-\|_*^2 \leqslant a_0\|u^-\|_2^2$$
$$\forall u=u^-+u^+\in E_*=E_*^-\oplus E^+ \tag{18}$$

其中 a_0 由式(12) 给出.

容易看到范数 $\|\cdot\|_*$ 与 $\|\cdot\|_{H^1(\mathbf{R}^N)}$ 在 E^+ 上等价,若 $u\in E_*$,则有 $u\in E^+ \Leftrightarrow \varepsilon(0)u=0$. 因此 E^+ 是 $(E_*,\|\cdot\|_0)=H^1(\mathbf{R}^N)$ 的一个闭子集. 在 E_*^- 中我们引入一个新的范数

$$\|u\|_- = (\|u\|_*^2+\|u\|_\rho^2)^{\frac{1}{2}}, \forall u\in E_*^- \tag{19}$$

令 E^- 是 E_*^- 关于范数 $\|\cdot\|_-$ 的完备化. 则 E^- 是可分、自反的 Banach 空间

$$E^-\cap E^+=\{0\}, (u,v)_*=0, \forall u\in E^-, v\in E^+ \tag{20}$$

令 $E=E^-\oplus E^+$ 并定义范数如下

$$\|u\|=(\|u^-\|_-^2+\|u^+\|_*^2)^{\frac{1}{2}}$$
$$\forall u=u^-+u^+\in E=E^-\oplus E^+ \tag{21}$$

容易验证$(E,\|\cdot\|)$是一个 Banach 空间，且

$$\sqrt{\Lambda}\|u^+\|_2\leqslant\|u^+\|_*=\|u^+\|$$
$$\|u^+\|_s\leqslant\gamma_s\|u^+\|$$
$$\forall u\in E,s\in[2,2*] \tag{22}$$

其中 $\gamma_s\in(0,+\infty)$ 为嵌入常数.

引理 2[35,引理3.2]　设条件(V) 满足，则下面的结论成立.

(i) 对任意的 $\rho\leqslant s\leqslant 2*$ 有 $E^-\hookrightarrow L^s(\mathbf{R}^N)$；

(ii)$E^-\hookrightarrow H^1_{\mathrm{loc}}(\mathbf{R}^N)$ 且对任意的 $2\leqslant s<2*$ 有 $E^-\hookrightarrow L^s_{\mathrm{loc}}(\mathbf{R}^N)$；

(iii) 对任意的 $\rho\leqslant s\leqslant 2*$，存在常数 $C_s>0$ 使得

$$\|u\|_s^s\leqslant C_s[\|u\|_*^s+(\int_\Omega|u|^\rho\mathrm{d}x)^{\frac{s}{\rho}}+(\int_{\Omega^c}|u|^2\mathrm{d}x)^{\frac{s}{2}}]$$
$$\forall u\in E^- \tag{23}$$

其中 $\Omega\subset\mathbf{R}^N$ 为任意可测集，$\Omega^c=\mathbf{R}^N\backslash\Omega$.

下面的环绕定理推广了资料[4,17]和[43,定理6.10]中的结论.

定理 2[35,引理2.4]　令 X 是一个 Banach 空间且有 $X=Y\oplus Z$，其中 Y 和 Z 是 X 的子空间，Y 是可分、自反的，且存在常数 $\zeta_0>0$ 使得下面的不等式成立

$$\|P_1u\|+\|P_2u\|\leqslant\zeta_0\|u\|,\forall u\in X \tag{24}$$

其中 $P_1:X\to Y,P_2:X\to Z$ 投影. 令$\{f_k\}_{k\in\mathbf{N}}\subset Y*$ 为稠密子集，满足 $\|f_k\|_{Y*}=1$，且 X 上的 τ 一拓扑由下面的范数生成

$$\| u \|_{\tau} := \max\left\{ \| P_2 u \|, \sum_{k=1}^{\infty} \frac{1}{2^k} | \langle f_k, P_1 u \rangle | \right\} \quad \forall u \in X \tag{25}$$

假设下面的条件满足.

(H1)$\varphi \in C^1(X, \mathbf{R})$ 是 τ 一上半连续的,且对任意的 $a \in \mathbf{R}$,$\varphi' : (\varphi_a, \| \cdot \|_{\tau}) \to (X^*, \mathcal{T}_{w^*})$ 是连续的;

(H2) 存在常数 $r > \rho > 0$ 和 $e \in Z$ 以及 $\| e \| = 1$ 使得

$$\mathcal{K} := \inf \varphi(S_\rho) > 0 \geqslant \sup \varphi(\partial Q)$$

其中 $S_\rho = \{u \in Z : \| u \| = \rho\}$,$Q = \{v + se : v \in Y, s \geqslant 0, \| v + se \| \leqslant r\}$,则存在常数 $c \in [\mathcal{K}, \sup_Q \varphi]$ 和序列 $\{u_n\} \subset X$ 满足

$$\varphi(u_n) \to c, \ \| \varphi'(u_n) \|_{X^*} (1 + \| u_n \|) \to 0 \tag{26}$$

此序列称为水平为 c 的 Cerami 序列,或$(C)_c$ 一序列.

令 $X = E, Y = E^-$ 和 $Z = E^+$. 由式(21) 可知式(24) 成立. 因为 E^- 是 E 的可分、自反的子空间,则$(E^-)^*$ 也是可分的. 因此可选一个稠密子集$\{f_k\}_{k \in \mathbf{N}} \subset (E^-)^*$ 满足 $\| f_k \|_{(E^-)^*} = 1$. 由式(25) 可知

$$\| u \|_{\tau} := \max\left\{ \| u^+ \|, \sum_{k=1}^{\infty} \frac{1}{2^k} | \langle f_k, u^- \rangle | \right\} \quad \forall u \in E \tag{27}$$

显然

$$\| u^+ \| \leqslant \| u \|_{\tau} \leqslant \| u \|, \forall u \in E \tag{28}$$

由(F2) 和引理 2,容易验证 $\Phi \in C^1(E, \mathbf{R})$,而且

$$\langle \Phi'(u), v \rangle = \int_{\mathbf{R}^N} (\nabla u \nabla v + V(x) uv) \mathrm{d}x - \int_{\mathbf{R}^N} f(x, u) v \mathrm{d}x \quad \forall u, v \in E \tag{29}$$

这说明 Φ 的临界点是方程(1) 的解,而且有

$$\Phi(u)=\frac{1}{2}(\|u^+\|_*^2-\|u^-\|_*^2)-\int_{\mathbf{R}^N}F(x,u)\mathrm{d}x$$

$$\forall u=u^++u^-\in E^-\oplus E^+=E \qquad (30)$$

$$\langle\Phi'(u),v\rangle=(u^+,v)_*-(u^-,v)_*-\int_{\mathbf{R}^N}f(x,u)v\mathrm{d}x$$

$$\forall u,v\in E \qquad (31)$$

引理 3[35,引理3.3]　设(V),(F1) 和(F2) 满足,则 $\Phi\in C^1(E,\mathbf{R})$ 是 τ 一上半连续的,对任意的 $a\in\mathbf{R}$,Φ':$(\Phi_a,\|\cdot\|_\tau)\to(E*,\mathcal{T}_{w*})$ 连续.

引理 4　设(V),(F1),(F2) 和(WN) 满足,则对任意的 $u\in E$ 有如下结论:

(i) 若 $\inf V_\infty>0$,则有

$$\begin{aligned}&t\langle\Phi'(u),tu+2\zeta\rangle\\&\geqslant t^2\|u^+\|_*^2-\|tu^-+\zeta\|_*^2+\|\zeta\|_*^2-\\&\int_{\mathbf{R}^N}V_\infty(x)(tu+\zeta)^2\mathrm{d}x+\\&t^2\int_{\mathbf{R}^N}\frac{V_\infty(x)f(x,u)u-[f(x,u)]^2}{V_\infty(x)}\mathrm{d}x\end{aligned}$$

$$\forall\zeta\in E^-,t\in\mathbf{R} \qquad (32)$$

(ii) 对任意的 $\zeta\in E^-$ 和 $t\in\mathbf{R}$,有

$$\begin{aligned}&t\langle\Phi'(u),tu+2\zeta\rangle\\&\geqslant t^2\|u^+\|_*^2-t^2\|u^-+\zeta\|_*^2+\|\zeta\|_*^2-\\&\int_{u\neq0}\frac{f(x,u)}{u}(tu+\zeta)^2\mathrm{d}x\end{aligned} \qquad (33)$$

(iii) 对任意的 $\zeta\in E^-$ 和 $t\geqslant0$,有

$$\Phi(u)\geqslant\Phi(tu+\zeta)+\frac{1}{2}\|\zeta\|_*^2+$$

$$\frac{1-t^2}{2}\langle\Phi'(u),u\rangle-t\langle\Phi'(u),\zeta\rangle \qquad (34)$$

证明　由式(31) 和 $\inf V_\infty>0$,可知

$$
\begin{aligned}
& t\langle\Phi'(u), tu+2\zeta\rangle \\
={} & t^2\|u^+\|_*^2 - t^2\|u^-\|_*^2 - 2t(u^-,\zeta)_* - \\
& t\int_{\mathbf{R}^N} f(x,u)(tu+2\zeta)\mathrm{d}x \\
={} & t^2\|u^+\|_*^2 - \|tu^- + \zeta\|_*^2 + \|\zeta\|_*^2 - \\
& \int_{\mathbf{R}^N} V_\infty(x)(tu+\zeta)^2\mathrm{d}x + \\
& \int_{\mathbf{R}^N}[V_\infty(x)(tu+\zeta)^2 - tf(x,u)(tu+2\zeta)]\mathrm{d}x \\
={} & t^2\|u^+\|_*^2 - \|tu^- + \zeta\|_*^2 + \|\zeta\|_*^2 - \\
& \int_{\mathbf{R}^N} V_\infty(x)(tu+\zeta)^2\mathrm{d}x + \int_{\mathbf{R}^N}\{V_\infty(x)\zeta^2 + \\
& 2[V_\infty(x)u - f(x,u)]t\zeta + \\
& [V_\infty(x)u^2 - uf(x,u)]t^2\}\mathrm{d}x \\
\geqslant{} & t^2\|u^+\|_*^2 - \|tu^- + \zeta\|_*^2 + \\
& \|\zeta\|_*^2 - \int_{\mathbf{R}^N} V_\infty(x)(tu+\zeta)^2\mathrm{d}x + \\
& t^2\int_{\mathbf{R}^N}\frac{V_\infty(x)f(x,u)u - [f(x,u)]^2}{V_\infty(x)}\mathrm{d}x
\end{aligned}
$$

$$\forall u\in E, \zeta\in E^-, t\geqslant 0$$

从而(i) 成立. 另一方面,由式(31) 和 $tf(x,t)\geqslant 0$,可得

$$
\begin{aligned}
& t\langle\Phi'(u), tu+2\zeta\rangle \\
={} & t^2\|u^+\|_*^2 - t^2\|u^-\|_*^2 - 2(tu^-,\zeta)_* - \\
& t\int_{\mathbf{R}^N} f(x,u)(tu+2\zeta)\mathrm{d}x \\
={} & t^2\|u^+\|_*^2 - \|tu^- + \zeta\|_*^2 + \|\zeta\|_*^2 - \\
& \int_{u\neq 0}\frac{f(x,u)}{u}(tu+\zeta)^2\mathrm{d}x + \int_{u\neq 0}\frac{f(x,u)}{u}\zeta^2\mathrm{d}x \\
\geqslant{} & t^2\|u^+\|_*^2 - \|tu^- + \zeta\|_*^2 + \|\zeta\|_*^2 -
\end{aligned}
$$

$$\int_{u\neq 0}\frac{f(x,u)}{u}(tu+\zeta)^2\mathrm{d}x$$

$$\forall u\in E,\zeta\in E^-,t\geqslant 0$$

故(ii) 成立.

对任意的 $x\in\mathbf{R}^N$ 和 $\tau\neq 0$,由(F3) 可得

$$f(x,s)\leqslant\frac{f(x,\tau)}{|\tau|}|s|,s\leqslant\tau$$

$$f(x,s)\geqslant\frac{f(x,\tau)}{|\tau|}|s|,s\geqslant\tau$$

从而(参见资料[37,式(3.4)])

$$\left(\frac{1-t^2}{2}\tau^2-t\tau\sigma\right)\frac{f(x,\tau)}{\tau}\geqslant\int_{t\tau+\sigma}^{\tau}f(x,s)\mathrm{d}s$$

$$t\geqslant 0,\sigma\in\mathbf{R}\qquad(35)$$

根据式(30),(31) 和(35),有

$$\begin{aligned}&\Phi(u)-\Phi(tu+\zeta)\\&=\frac{1}{2}\|\zeta\|_*^2+\frac{1-t^2}{2}\langle\Phi'(u),u\rangle-t\langle\Phi'(u),\zeta\rangle+\\&\int_{\mathbf{R}^N}\left(\frac{1-t^2}{2}f(x,u)u-tf(x,u)\zeta-\int_{tu+\zeta}^{u}f(x,s)\mathrm{d}s\right)\mathrm{d}x\\&\geqslant\frac{1}{2}\|\zeta\|_*^2+\frac{1-t^2}{2}\langle\Phi'(u),u\rangle-t\langle\Phi'(u),\zeta\rangle\end{aligned}$$

$$\forall u\in E,\zeta\in E^-,t\geqslant 0$$

这就证明了(iii).

由引理 4,可得如下两个推论.

推论 2 设(V),(F1),(F2) 和(WN) 满足,则有如下结论:

(i) 对任意的 $u\in\mathcal{N}^-$ 有

$$\begin{aligned}&\|u^+\|_*^2-\|u^-+\zeta\|_*^2-\int_{\mathbf{R}^N}V_\infty(x)(u+\zeta)^2\mathrm{d}x\\&\leqslant-\|\zeta\|_*^2-\int_{\mathbf{R}^N}\frac{V_\infty(x)f(x,u)u-[f(x,u)]^2}{V_\infty(x)}\mathrm{d}x\end{aligned}$$

$$\forall \zeta \in E^- \tag{36}$$

(ii) 对任意的 $u \in \mathcal{N}^-$ 有

$$\Phi(u) \geqslant \Phi(tu+\zeta), \quad \forall \zeta \in E^-, t \geqslant 0 \tag{37}$$

推论 3 设(V),(F1) 和(F2) 满足,则

$$\langle \Phi'(u), u^+ - u^- \rangle \geqslant \| u \|_*^2 - \int_{u \neq 0} \frac{f(x,u)}{u}(u^+)^2 \mathrm{d}x$$

$$\forall u \in E \tag{38}$$

3 主要结论的证明

应用推论 2(ii),类似于资料[32,引理 2.4]中的讨论可得如下结论.

引理 5 设(V),(F1),(F2) 和(WN) 满足,则:

(i) 存在 $r>0$ 使得 $c_0 := \inf_{\mathcal{N}^-} \Phi \geqslant \mathcal{K} := \inf\{\Phi(u) : u \in E^+, \| u \| = r\} > 0$;

(ii) 对任意的 $u \in \mathcal{N}^-$ 有 $\| u^+ \| \geqslant \max\{\| u^- \|_*, \sqrt{2c_0}\}$.

定义集合

$$E_0^+ := \{u \in E^+ \setminus \{0\} : \| u \|_*^2 - \| w \|_*^2 - \int_{\mathbf{R}^N} V_\infty(x)(u+w)^2 \mathrm{d}x < 0, \forall w \in E^-\} \tag{39}$$

由(F1) 可知 E_0^+ 非空.

引理 6 设(V),(F1) 和(F2) 满足,则对任意的 $e \in E_0^+$ 有 $\sup \Phi(E^- \oplus \mathbf{R}^+ e) < \infty$,而且存在 $R_e > 0$ 使得

$$\Phi(u) \leqslant 0, \forall u \in E^- \oplus \mathbf{R}^+ e, \| u \| \geqslant R_e \tag{40}$$

这个引理可以通过与资料[26,引理 2.2]中一样的讨论得到,这里我们略去.

推论 4　设(V),(F1)和(F2)满足,令 $e \in E_0^+$ 以及 $\| e \| = 1$,则存在 $r_0 > \rho$,使得对任意的 $r \geqslant r_0$ 有 $\sup \Phi(\partial Q) \leqslant 0$,其中

$$Q = \{w + se : w \in E^-, s \geqslant 0, \| w + se \| \leqslant r\} \tag{41}$$

引理 7　设(V),(F1),(F2)和(WN)满足,则对任意的 $u \in E_0^+$ 有 $\mathcal{N}^- \cap (E^- \oplus \mathbf{R}^+ u) \neq \varnothing$,即,存在 $t(u) > 0$ 和 $w(u) \in E^-$ 使得 $t(u)u + w(u) \in \mathcal{N}^-$.

证明　由引理 6,存在 $R > 0$ 使得对任意的 $v \in (E^- \oplus \mathbf{R}^+ u) \backslash B_R(0)$ 有 $\Phi(v) \leqslant 0$. 由引理 5(i)可知对较小的 $t > 0$ 有 $\Phi(tu) > 0$. 因此 $0 < \sup \Phi(E^- \oplus \mathbf{R}^+ u) < \infty$. 因为 Φ 在 $E^- \oplus \mathbf{R}^+ u$ 上弱序列上半连续,所以存在 $u_0 \in E^- \oplus \mathbf{R}^+ u$ 使得 $\Phi(u_0) = \sup \Phi(E^- \oplus \mathbf{R}^+ u)$. 此 u_0 是 $\Phi|_{E^- \oplus \mathbf{R}u}$ 的一个临界点,因此对任意的 $v \in E^- \oplus \mathbf{R}u$ 有 $\langle \Phi'(u_0), u_0 \rangle = \langle \Phi'(u_0), v \rangle = 0$. 故 $u_0 \in \mathcal{N}^- \cap (E^- \oplus \mathbf{R}^+ u)$.

由引理 7 可以看到单调性条件(WN)保证了引入 Nehari-Pankov 流形 $\mathcal{N}^-$ 的合理性,从而允许我们通过考虑能量泛函 Φ 在具有无穷维维数以及余维数的 $\mathcal{N}^-$ 上的极小元来定义方程(1)的基态解.

引理 8　设(V),(F1),(F2)和(WN)满足,则存在常数 $c \in [\mathcal{K}, \sup \Phi(Q)]$ 和序列 $\{u_n\} \subset E$ 满足

$$\Phi(u_n) \to c, \| \Phi'(u_n) \| (1 + \| u_n \|) \to 0 \tag{42}$$

其中 Q 由式(41)定义.

运用定理 2,引理 3,5(i)以及推论 4 可得引理 8.

引理 9　设(V),(F1),(F2)和(WN)满足,则存

在常数 $c_* \in [\mathscr{K}, c_0]$ 和序列 $\{u_n\} \subset E$ 满足

$$\Phi(u_n) \to c_*, \| \Phi'(u_n) \| (1 + \| u_n \|) \to 0 \quad (43)$$

引理 9 对于证明存在方程(1) 的一个基态解使得 $\inf_{\mathcal{N}^-} \Phi$ 可达是很关键的. 其证明包含在资料[36] 中，为了读者的方便,这里我们给出具体的证明.

证明 选取 $v_k \in \mathcal{N}^-$ 使得

$$c_0 \leqslant \Phi(v_k) < c_0 + \frac{1}{k}, k \in \mathbf{N} \quad (44)$$

由引理 5 可知 $\| v_k^+ \| \geqslant \sqrt{2c_0} > 0$. 因为 $v_k \in L^\rho(\mathbf{R}^N)$,所以 $\text{meas}\{x \in \mathbf{R}^N : | v_k(x) | \leqslant \alpha_0\} = \infty$. 根据(F1) 和式(11) 可得

$$f_{\mathbf{R}_\mathcal{N}} \frac{f(x, v_k) f_k(x, v_k)}{V_\infty(x)} \mathrm{d}x < 0 \quad (45)$$

令 $e_k = v_k^+ / \| v_k^+ \|$,则 $e_k \in E^+$ 且 $\| e_k \| = 1$. 由式(45) 及推论 2(i),对任意的 $w \in E^-$ 可得

$$\| e_k \|^2 - \| w \|_*^2 - \int_{\mathbf{R}^N} V_\infty(x)(e_k + w)^2 \mathrm{d}x$$

$$= \frac{\| v_k^+ \|^2}{\| v_k^+ \|^2} - \| w \|_*^2 -$$

$$\int_{\mathbf{R}^N} V_\infty(x) \left(\frac{v_k}{\| v_k^+ \|} + w - \frac{v_k^-}{\| v_k^+ \|} \right)^2 \mathrm{d}x$$

$$\leqslant - \left\| w - \frac{v_k^-}{\| v_k^+ \|} \right\|_*^2 -$$

$$\frac{1}{\| v_k^+ \|^2} \int_{\mathbf{R}^N} \frac{v_k f(x, v_k) V_\infty(x) - [f(x, v_k)]^2}{V_\infty(x)} \mathrm{d}x$$

$$= - \left\| w - \frac{v_k^-}{\| v_k^+ \|} \right\|_*^2 +$$

$$\frac{1}{\| v_k^+ \|^2} \int_{\mathbf{R}^N} \frac{f(x, v_k) f_\infty(x, v_k)}{V_\infty(x)} \mathrm{d}x < 0 \quad (46)$$

这样就证明了 $e_k \in E_0^+$. 根据推论 4,存在 $r_k > \max\{\rho,$

$\| v_k \| \}$ 使得 $\sup \Phi(\partial Q_k) \leqslant 0$,其中

$$Q_k = \{ w + s e_k : w \in E^-, s \geqslant 0, \| w + s e_k \| \leqslant r_k \}$$
$$k \in \mathbf{N} \tag{47}$$

对于上面的 Q_k 应用引理 8,可知存在常数 $c_k \in [\mathscr{K}, \sup \Phi(Q_k)]$ 和序列 $\{u_{k,n}\}_{n\in\mathbf{N}} \subset E$ 满足

$$\Phi(u_{k,n}) \to c_k, \| \Phi'(u_{k,n}) \| (1 + \| u_{k,n} \|) \to 0, k \in \mathbf{N} \tag{48}$$

根据推论 2(ii),可得

$$\Phi(v_k) \geqslant \Phi(w + t v_k), \forall t \geqslant 0, w \in E^- \tag{49}$$

因 $v_k \in Q_k$,由式(47)和(49)可以推知 $\Phi(v_k) = \sup \Phi(Q_k)$. 结合式(44)和(48)可得

$$\Phi(u_{k,n}) \to c_k < c_0 + \frac{1}{k}$$
$$\| \Phi'(u_{k,n}) \| (1 + \| u_{k,n} \|) \to 0, k \in \mathbf{N} \tag{50}$$

选取 $\{n_k\} \subset \mathbf{N}$ 使得

$$\mathscr{K} - \frac{1}{k} < \Phi(u_{k,n_k}) < c_0 + \frac{1}{k}$$
$$\| \Phi'(u_{k,n_k}) \| (1 + \| u_{k,n_k} \|) < \frac{1}{k}, k \in \mathbf{N} \tag{51}$$

令 $u_k = u_{k,n_k}, k \in \mathbf{N}$,则在子列的意义下有

$$\Phi(u_n) \to c_* \in [\mathscr{K}, c_0], \| \Phi'(u_n) \| (1 + \| u_n \|) \to 0 \tag{52}$$

证毕.

引理 10[3,推论2.3] 设(V)满足,若 $u \subset E$ 是如下 Schrödinger 方程的一个弱解

$$-\Delta u + V(x) u = f(x, u), x \in \mathbf{R}^N \tag{53}$$

即

$$\int_{\mathbf{R}^N} (\nabla u \nabla \psi + V(x) u \psi) \mathrm{d}x = \int_{\mathbf{R}^N} f(x, u) \psi \mathrm{d}x$$

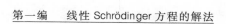

$$\forall \psi \in C_0^\infty(\mathbf{R}^N) \tag{54}$$

则当 $|x| \to \infty$ 时有 $u_n \to 0$.

定理 1 的证明 由引理 9 可知存在序列 $\{u_n\} \subset E$ 满足式(43). 应用资料[26,引理 3.5],可知 $\{u_n\}$ 在 E 中有界,因此 $\|u_n\|_\rho^\rho$ 也有界. 若

$$\delta := \limsup_{n\to\infty} \sup_{y\in\mathbf{R}^N} \int_{B(y,1)} |u_n^+|^2 \mathrm{d}x = 0$$

则由 Lions 集中紧性原理(参见资料[18] 或[43,引理 1.21]),可知在 $L^s(\mathbf{R}^N)$ 中,$2 < s < 2*$,有 $u_n^+ \to 0$. 根据(F2),式(22),(30),(31) 和(43),得到

$$\begin{aligned} 2c_* + o(1) &= \|u_n^+\|_*^2 - \|u_n^-\|_*^2 - 2\int_{\mathbf{R}^N} F(x,u_n)\mathrm{d}x \\ &\leqslant \|u_n^+\|_*^2 = \int_{\mathbf{R}^N} f(x,u_n)u_n^+\mathrm{d}x + \langle \Phi'(u_n), u_n^+\rangle \\ &\leqslant c_2\int_{\mathbf{R}^N} |u_n|^{\rho-1}|u_n^+|\mathrm{d}x + o(1) \\ &\leqslant c_2\|u_n\|_\rho^{\rho-1}\|u_n^+\|_\rho + o(1) = o(1) \end{aligned}$$

矛盾. 因此 $\delta > 0$.

在子列的意义下可以设存在 $k_n \in \mathbf{Z}^N$ 使得

$$\int_{B(k_n,1+\sqrt{N})} |u_n^+|^2 \mathrm{d}x > \frac{\delta}{2}$$

定义 $v_n(x) = u_n(x + k_n)$,从而

$$\int_{B(0,1+\sqrt{N})} |v_n^+|^2 \mathrm{d}x > \frac{\delta}{2} \tag{55}$$

因为 $V(x)$ 和 $f(x,u)$ 关于 x 是周期的,所以 $\|v_n\| = \|u_n\|$ 且

$$\Phi(v_n) \to c_* \in [\mathscr{K}, c_0], \|\Phi'(v_n)\|(1 + \|v_n\|) \to 0 \tag{56}$$

在子列的意义下,我们可得在 E 中有 $v_n \rightharpoonup v_0$,在

$L^s_{\mathrm{loc}}(\mathbf{R}^N)$ 中，$2\leqslant s<2^*$，有 $v_n\to v_0$，并且在 $\mathbf{R}^N$ 上几乎处处有 $v_n\to v_0$. 式(55)说明 $v_0^+\neq 0$，因此 $v_0\neq 0$. 对任意的 $\psi\in C_0^\infty(\mathbf{R}^N)$，存在 $R_\psi>0$ 使得 $\operatorname{supp}\psi\subset B(0,R_\psi)$. 由 (F2) 和资料 [43，引理 A.2] 可知 $f(x,u_n)\to f(x,u)$ 在 $L^q(B(0,R_\psi))$ 中，其中 $q:=\dfrac{\rho}{\rho-1}$. 由 Hölder 不等式可得

$$\begin{aligned}&\int_{B(0,R_\psi)}|f(x,u_n)-f(x,u)||\psi|\mathrm{d}x\\ \leqslant&\|f(x,u_n)-f(x,u)\|_{L^q(B(0,R_\psi))}\|\psi\|_\rho=o(1)\end{aligned}\tag{57}$$

注意到

$$(v_n^+-v_0^+,\psi)_*-(v_n^--v_0^-,\psi)_*\to 0\tag{58}$$

因此，根据式(31)，(56)，(57) 和(58) 可得

$$\begin{aligned}&|\langle\Phi'(v_0),\psi\rangle|\\ =&\Big|\langle\Phi'(v_n),\psi\rangle-[(v_n^+-v_0^+,\psi)_*-(v_n^--v_0^-,\psi)_*]+\\ &\int_{\mathbf{R}^N}[f(x,u_n)-f(x,u)]\psi\mathrm{d}x\Big|\\ \leqslant&o(1)+\int_{B(0,R_\psi)}|f(x,u_n)-f(x,u)||\psi|\mathrm{d}x=o(1)\end{aligned}$$

这就证明了 $\langle\Phi'(v_0),\psi\rangle=0,\forall\psi\in C_0^\infty(\mathbf{R}^N)$. 由于 $C_0^\infty(\mathbf{R}^N)$ 在 E 中稠密，从而可得 $\Phi'(v_0)=0$. 因此 $v_0\in\mathcal{N}^-$ 且 $\Phi(v_0)\geqslant c_0$. 另一方面，借助于(WN)，式(30)，(31)，(56) 和 Fatou 引理，可知 $c_0\geqslant c_*$ 且

$$\begin{aligned}c_*&=\lim_{n\to\infty}\left[\Phi(v_n)-\frac{1}{2}\langle\Phi'(v_n),v_n\rangle\right]\\ &=\lim_{n\to\infty}\int_{\mathbf{R}^N}\left[\frac{1}{2}f(x,v_n)v_n-F(x,v_n)\right]\mathrm{d}x\\ &\geqslant\int_{\mathbf{R}^N}\lim_{n\to\infty}\left[\frac{1}{2}f(x,v_n)v_n-F(x,v_n)\right]\mathrm{d}x\end{aligned}$$

$$=\int_{\mathbf{R}^N}\left[\frac{1}{2}f(x,v_0)v_0-F(x,v_0)\right]\mathrm{d}x$$

$$=\Phi(v_0)-\frac{1}{2}\langle\Phi'(v_0),v_0\rangle=\Phi(v_0)$$

这说明 $\Phi(v_0)\leqslant c_0$，因此 $\Phi(v_0)=c_0=\inf_{\mathcal{N}^-}\Phi$. 联合引理 10 可知 v_0 是方程(1) 的一个基态解，满足 $\Phi(v_0)=\inf_{\mathcal{N}^-}\Phi=\inf_K\Phi\geqslant\mathcal{K}>0$，而且由注记 1 可得

$$\int_{\mathbf{R}^N}[|\nabla v_0|^2+(V(x)-V_\infty(x))v_0^2]\mathrm{d}x$$

$$=\int_{\mathbf{R}^N}f_\infty(x,v_0)v_0\,\mathrm{d}x<0$$

定理 1 证毕.

参考资料

[1] Alama S, Li Y Y. On multibump bound states for certain semilinear elliptic equations. Indiana Univ. Math. J., 1992, 41: 983-1026.

[2] Ambrosetti A, Rabinowitz P H. Dual variational methods in critical point theory and applications. J. Funct. Anal., 1973, 14: 349-381.

[3] Bartsch T, Ding Y H. On a nonlinear Schrödinger equation with periodic potential. Math. Ann., 1999, 313: 15-37.

[4] Bartsch T, Ding Y H. Deformation theorems on non-metrizable vector spaces and applications to critical point theory. Math. Nachrichten, 2006, 279: 1267-1288.

[5] Buffoni B, Jeanjean L, Stuart C A. Existence of nontrivial solutions to a strongly indefinite semilinear equation. Proc. Amer. Math. Soc., 1993, 119: 179-186.

[6] Costa D G, Tehrani H. On a class of asymptotically linear elliptic problems in $\mathbf{R}^N$. J. Differential Equations, 2001, 173: 470-494.

[7] Coti-Zelati V, Rabinowitz P. Homoclinic type solutions for a

semilinear elliptic PDE on $\mathbf{R}^N$. Comm. Pure Appl. Math., 1992, 46:1217-1269.

[8]Ding Y H. Variational methods for strongly indefinite problems. Singapore: World Scientific, 2007.

[9]Ding Y H, Li S J. Some existence results of solutions for the semilinear elliptic equations on $\mathbf{R}^N$. J. Differential Equations, 1995, 119:401-425.

[10] Ding Y H, Lee C. Multiple solutions of Schrödinger equations with indefinite linear part and super or asymptotically linear terms. J. Differential Equations, 2006, 222:137-163.

[11]Ding Y H, Luan S X. Multiple solutions for a class of nonlinear Schrödinger equations. J. Differential Equations, 2004, 207: 423-457.

[12]Ding Y H, Szulkin A. Bound states for semilinear Schrödinger equations with sign-changing potential. Calc. Var. Partial Differential Equations, 2007, 29(3):397-419.

[13]Edmunds D E, Evans W D. Spectral theory and differential operators. Oxford: Clarendon Press, 1987.

[14]Egorov Y, Kondratiev V. On spectral theory of elliptic operators. Basel: Birkhäuser, 1996.

[15]Jeanjean L. On the existence of bounded Palais-Smale sequence and application to a Landesman-Lazer type problem set on $\mathbf{R}^N$. Proc. Roy. Soc. Edinburgh, 1999, 129:787-809.

[16]Jeanjean L, Tanaka K. A positive solution for an asymptotically linear elliptic problem on $\mathbf{R}^N$ autonomous at infinity. ESAIM Control Optim. Calc. Var., 2002, 7:597-614.

[17]Kryszewski W, Szulkin A. Generalized linking theorem with an application to a semilinear Schrödinger equations. Adv. Differential Equations, 1998, 3:441-472.

[18]Lions P L. The concentration-compactness principle in the calculus of variations. The locally compact case, part 2. Ann. Inst. Henri Poincaré; Anal. Non. Linéaire, 1984, 1:223-283.

[19]Li G B, SZULKIN A. An asymptotically periodic Schrödinger equations

with indefinite linear part. Commun. Contemp. Math. ,2002,4:763-776.

[20]Li G B,Zhou H S. The existence of a positive solution to asymptotically linear scalar field equations. Proc. Roy. Soc. Edinburgh,2000,130:81-105.

[21]Mederski J. Solutions to a nonlinear Schrödinger equation with periodic potential and zero on the boundary of the spectrum. arXiv:1308. 4320v1[math. AP]

[22]Micheletti A M,Saccon C. Multiple solutions for an asymptotically linear problem in $\mathbf{R}^N$. Nonlinear Anal. ,2004,56:1-18.

[23]Pankov A. Periodic nonlinear Schrödinger equation with application to photonic crystals. Milan J. Math. ,2005,73:259-287.

[24]Qin D D,Tang X H. Two types of ground state solutions for a periodic Schrödinger equation with spectrum point zero. Electron J. Differential Equations,2015(190):1-13.

[25]Qin D D,Tang X H. New conditions on solutions for periodic Schrödinger equations with spectrum zero. Taiwanese J. Math. ,2015,19:977-993.

[26]Qin D D,Tang X H. Asymptotically linear Schrödinger equation with zero on the boundary of the spectrum. Electron J. Differential Equations,2015(213):1-15.

[27]Qin D D,He Y B,Tang X H. Ground state solutions for Kirchhoff type equations with asymptotically 4-linear nonlinearity. Comput. Math. Appl. ,2016,71:1524-1536.

[28]Qin D D,Tang X H. Time-harmonic Maxwell equations with asymptotically linear polarization. Z. Angew. Math. Phys. ,2016,67(39):719-740.

[29]Rabinowitz P H. On a class of nonlinear Schrödinger equations. Z. Angew. Math. Phys. ,1992,43:270-291.

[30]Reed M,Simon B. Methods of modern mathematical physics,IV:analysis of operators. New York:Academic Press,1978.

[31]Struwe M. Variational methods,applications to nonlinear partial

Differential Equations and Hamiltonian Systems. Berlin: Springer-Verlag, 2000.

[32]Szulkin A, Weth T. Ground state solutions for some indefinite variational problems. J. Funct. Anal., 2009, 257(12): 3802-3822.

[33]Szulkin A, Zou W M. Homoclinic orbits for asymptotically linear Hamiltonian systems. J. Funct. Anal., 2001, 187: 25-41.

[34]Tang X H. New super-quadratic conditions on ground state solutions for superlinear Schrödinger equation. Adv. Nonlinear Stud., 2014, 14: 361-373.

[35]Tang X H. New conditions on nonlinearity for a periodic Schrödinger equation having zero as spectrum. J. Math. Anal. Appl., 2014, 413: 392-410.

[36]Tang X H. Non-Nehari manifold method for asymptotically linear Schrödinger equation. J. Aust. Math. Soc., 2015, 98: 104-116.

[37]Tang X H. Non-Nehari manifold method for superlinear Schrödinger equation. Taiwanese J. Math., 2014, 18: 1957-1979.

[38]Tang X H. Non-Nehari manifold method for periodic discrete superlinear Schrödinger equation. Acta. Mathematica Sinica(English Series), 2016, 32: 463-473.

[39]Troestler C, Willem M. Nontrivial solution of a semilinear Schrödinger equation. Comm. Partial Differential Equations, 1996, 21: 1431-1449.

[40]Van Heerden F A. Multiple solutions for a Schrödinger type equation with an asymptotically linear term. Nonlinear Anal., 2003, 55: 739-758.

[41]Van Heerden F A. Homoclinic solutions for a semilinear elliptic equation with an asymptotically linear nonlinearity. Calc. Var. Partial Differential Equations, 2004, 20: 431-455.

[42]Van Heerden F A, Wang Z Q. Schrödinger type equations with asymptotically linear nonlinearities. Differential Integral Equations, 2003, 16: 257-280.

[43] Willem M. Minimax theorems. Boston: Birkhäuser, 1996.

[44]Willem M, Zou W. On a Schrödinger equation with periodic potential and spectrum point zero. Indiana Univ. Math. J., 2003, 52: 109-132.

[45]Yang M, Chen W, Ding Y. Solutions for periodic Schrödinger

equation with spectrum zero and general superlinear nonlinearities. J. Math. Anal. Appl. ,2010,364(2):404-413.

[46]Zhou H S. Positive solution for a semilinear elliptic equation which is almost linear at infinity. Z. Angew. Math. Phys. ,1998,49: 896-906.

一类渐近线性 Schrödinger 方程的基态解和多解的存在性

第四章

1 引 言

考虑如下形式的拟线性 Schrödinger 方程

$$-\Delta u+V(x)u-\Delta(u^2)u=h(x,u),\quad x\in\mathbf{R}^N \tag{1}$$

式(1)中：$N\geqslant 3$；函数 V 和 h 关于 $x_1,x_2,\cdots,x_N$ 是周期的，并且 h 是渐近线性的，满足单调性条件. 这类方程源于数学物理的多个分支. 最近，形如 $h(x,u)=|u|^{p-1}u$ 的非线性项(其中 $4\leqslant p+1<\frac{4N}{N-2},N\geqslant 3$) 是研究的焦点. 最初的存在性结果是由资料[1]给出的，浙江师范大学数理与信息工程学院的冯鹏涛，沈自飞两位教授 2016 年运用约束极小化方法，证明

了方程正基态解的存在性;资料[2]通过变量替换,将拟线性问题转变成半线性的问题,运用山路引理,在Olicz空间中证明了对自治情形 $h(x,u)=u^3$ 正解的存在性;资料[3]通过使用对偶方法和资料[2]中变量替换的方法,在 Sobolev 空间中证明了拟线性方程的非线性项是自治和非自治情形时正解的存在性;资料[4]则在 Olicz 空间中考虑在原点处 $h(s)\sim s$ 和在无穷远处 $h(s)\sim s^3$ 的解的存在性;文献[5]考虑了 $\lim\limits_{s\to\infty}\dfrac{G(x,s)}{s^4}=+\infty$ 情形下的方程解的存在性问题;资料[6]考虑了半线性问题 $\lim\limits_{s\to\infty}\dfrac{f(x,s)}{s}=q(x)$ 情形下方程解的存在性问题.更多的结果可参阅资料[7-10].受到上述结果的启发,本章考虑 $\lim\limits_{s\to\infty}\dfrac{h(x,s)}{s^3}=\psi(x)$ 的情形,主要运用资料[6]的方法证明了在Sobolev空间中基态解和多解的存在性.

下面给出方程(1)中泛函 V 和 h 的假设:

(V) V 是连续的,关于 $x_1,x_2,\cdots,x_N$ 是以1为周期的函数,并且存在一个正常数 V_0,使得 $\inf\limits_{x\in\mathbf{R}^N}V(x)\geqslant V_0>0$;

(h_1) h 是连续的,关于 $x_1,x_2,\cdots,x_N$ 是以1为周期的函数;

(h_2) 当 $u\to 0$ 时,关于 x 一致地有 $h(x,u)=o(u)$;

(h_3) 对于任意的 $x\in\mathbf{R}^N$,存在 $\psi(x)>V(x)$,使得当 $|u|\to\infty$ 时,$\dfrac{h(x,u)}{u^3}\to\psi(x)$,其中 ψ 是连续的,关于 $x_1,x_2,\cdots,x_N$ 是以 1 为周期的函数;

(h_4) 在 $(-\infty,0)$ 和 $(0,+\infty)$ 中，映射：$u \mapsto \frac{h(x,u)}{u^3}$ 是严格增的.

本章的主要结果是：

定理 1　如果函数 h,V 满足假设(V) 和(h_1) ~ (h_4)，那么方程(1) 存在一个基态解；并且如果 h 关于 u 是奇的，那么方程(1) 存在无穷多对几何不同解 $\pm u$.

方程(1) 的能量泛函是

$$J(u)=\frac{1}{2}\int_{\mathbf{R}^N}(1+2|u|^2)|\nabla u|^2\mathrm{d}x+\frac{1}{2}\int_{\mathbf{R}^N}V(x)|u|^2\mathrm{d}x-\frac{1}{2}\int_{\mathbf{R}^N}H(x,u)\mathrm{d}x$$

其中，$H(x,u)=\int_0^u h(x,s)\mathrm{d}s$. 事实上，由于方程(1) 中非齐次项 $\Delta(u^2)u$ 的出现，其对应的泛函 J 在空间 $H^1(\mathbf{R}^N)$ 上定义非良好. 因此，不能直接使用变分方法得到泛函的临界点，本章采用资料[2,3] 的方法克服这个困难.

符号 $\circ$ 记作 $\mathbf{Z}^N$ 在空间 $H^1(\mathbf{R}^N)$ 上的作用，其定义为

$$(k\circ u):=u(x-k),k\in\mathbf{Z}^N \tag{2}$$

由假设(V) 和(h_1) 知：如果 u_0 是方程(1) 的解，那么对于任意的 $k\in\mathbf{Z}^N$，$k\circ u_0$ 也是方程的解.

称集合 $\mathrm{R}(u_0):=\{k*u_0:k\in\mathbf{Z}^N\}$ 为在 $\mathbf{Z}^N$ 作用下的轨道. 如果对于任意的泛函 F 存在一个临界点 u，并且 F 是 $\mathbf{Z}^N$ 不变的，即 $F(k\circ u)=F(u)$，那么称 $\mathrm{R}(u_0)$ 为 F 的临界轨道；如果 u_1,u_2 是方程(1) 的 2 个解，且 $\mathrm{R}(u_1)\neq\mathrm{R}(u_2)$，那么称它们是几何不同的. 为了陈述方便，作如下记号：

(1) 记 $C, C_1, C_2, \cdots$ 为正常数；

(2) 记 B_R 为中心在原点，半径为 R 的开球；

(3) 对于 $1 \leqslant s \leqslant \infty$，记 $L^P(\mathbf{R}^N)$ 为普通的 Lebesgue 空间，赋予如下范数：

$$|u|_s := \left(\int_{\mathbf{R}^N} |u|^s \mathrm{d}x\right)^{\frac{1}{s}}, 1 \leqslant s < \infty$$

$$\|u\|_\infty := \inf\{C > 0: |u(x)| \leqslant C, \text{a. e. } \mathbf{R}^N\}$$

(4) 记 E 为 Sobolev 空间 $H^1(\mathbf{R}^N)$，S 是 E 中的单位球.

由假设(V) 可知范数 $\|u\| := \left(\int_{\mathbf{R}^N} [|\nabla u|^2 + V(x)|u|^2] \mathrm{d}x\right)^{\frac{1}{2}}$ 是 E 中的等价范数.

2 等价变分问题

由于能量泛函 J 在空间 $H^1(\mathbf{R}^N)$ 上定义非良好，所以为了克服这个困难，作变量替换 $v = f^{-1}(u)$，其中 f 满足

$$f'(t) = \frac{1}{(1 + 2|f(t)|^2)^{1/2}}, t \in [0, +\infty)$$

$$f(t) = -f(-t), t \in (-\infty, 0]$$

下面给出变量替换 $f: \mathbf{R} \to \mathbf{R}$ 的性质.

引理 1[2,3] 泛函 $f(t)$ 和 $f'(t)$ 有如下性质：

(1) f 是唯一的、可逆的，并且 $f \in C^\infty(\mathbf{R})$；

(2) 对于任意的 $t \in \mathbf{R}$，$|f'(t)| \leqslant 1$；

(3) 对于任意的 $t \in \mathbf{R}$，$|f(t)| \leqslant |t|$；

(4) 当 $t \to 0$ 时，$\frac{f(t)}{t} \to 1$；

(5) 当 $t \to \infty$ 时，$\dfrac{|f(t)|}{|t|^{\frac{1}{2}}} \to 2^{\frac{1}{4}}$；

(6) 对于任意的 $t > 0$，$\dfrac{f(t)}{2} \leqslant tf'(t) \leqslant f(t)$；

(7) 对于任意的 $t \in \mathbf{R}$，$\dfrac{f^2(t)}{2} \leqslant tf(t)f'(t) \leqslant f^2(t)$；

(8) 存在常数 C，使得

$$|f(t)| \geqslant \begin{cases} C|t|, & |t| \leqslant 1 \\ C|t|^{1/2}, & |t| \geqslant 1 \end{cases}$$

根据引理 1，可以得到下面推论：

推论 1　泛函 f 有如下性质：

(1) 对于任意的 $t > 0$，泛函 $f(t)f'(t)t^{-1}$ 是递减的；

(2) 对于任意的 $t > 0$，泛函 $f^3(t)f'(t)t^{-1}$ 是递增的.

经过变量替换以后，$J(u)$ 变成如下形式

$$\begin{aligned} I(v) := {} & J(f(v)) \\ = {} & \frac{1}{2}\int_{\mathbf{R}^N} |\nabla v|^2 \mathrm{d}x + \frac{1}{2}\int_{\mathbf{R}^N} V(x) f^2(v) \mathrm{d}x - \\ & \int_{\mathbf{R}^N} H(x, f(v)) \mathrm{d}x \end{aligned}$$

在假设(V)和$(\mathrm{h}_1) \sim (\mathrm{h}_3)$下，$I(v)$ 在空间 E 上是定义良好的，并且 $I \in C^1(E, \mathbf{R})$，泛函 I 的临界点是对应的 Euler-Lagrange 方程

$$-\Delta v = f'(v)[h(x, f(v)) - V(x) f(v)]$$

的弱解. 如果 $v \in C^2(\mathbf{R}^N) \cap H^1(\mathbf{R}^N)$ 是泛函 I 的临界点，那么 $u = f(v)$ 是方程(1) 的古典解. 这样的过程是可逆的. 因此，为了获得方程(1) 的古典解，只需寻找

泛函 I 的 C^2 临界点.

3 主要结果的证明

由假设(V) 和(h_1) 可知,I 是 $\mathbf{Z}^N$ 不变的. 对于任意的 $v,\varphi \in E$,易知

$$\begin{aligned}&\langle I'(v),\varphi\rangle\\&=\int_{\mathbf{R}^N}\nabla v\,\nabla\varphi\,\mathrm{d}x+\int_{\mathbf{R}^N}V(x)f(v)f'(v)\varphi\mathrm{d}x-\\&\quad\int_{\mathbf{R}^N}h(x,f(v))f'(v)\varphi\mathrm{d}x\end{aligned}$$

记 $M:=\{v\in E\backslash\{0\}:\langle I'(v),v\rangle=0\}$ 为泛函 I 的 Nehari 流形. 在假设(V) 和(h_1) ~ (h_4) 下并不能确定 M 是否是 C^1 的,因此,不能在 M 上直接使用极小和极大理论. 为了克服这个困难,本章采用资料[5,6] 的方法.

由假设(h_2) 和(h_3) 可知,对每个 $\varepsilon>0$,存在常数 C,使得

$$|h(x,u)|\leqslant\varepsilon|u|+C|u|^{p-1},\ \forall u\in\mathbf{R}\tag{3}$$

式(3) 中:$2<p<2\times 2^*$;$2^*=\dfrac{2N}{N-2}$,$N\geqslant 3$.

对于 $t>0$,设

$$\begin{aligned}g(t)&:=I(tv)\\&=\frac{t^2}{2}\int_{\mathbf{R}^N}|\nabla v|^2\mathrm{d}x+\frac{1}{2}\int_{\mathbf{R}^N}V(x)f^2(tv)\mathrm{d}x-\\&\quad\int_{\mathbf{R}^N}H(x,f(tv))\mathrm{d}x\end{aligned}$$

令

$$Q:=\{v\in E:\int_{\mathbf{R}^N}[|\nabla v|^2+V(x)v^2]\mathrm{d}x<\int_{\mathbf{R}^N}\psi(x)v^2\mathrm{d}x\}$$

则对于任意的 $x\in\mathbf{R}^N$，由 $\psi(x)-V(x)>0$ 可知，集合 Q 非空.

引理 2　(1) 对于 $v\in Q$，存在唯一的 $t_v>0$，使得当 $0<t<t_v$ 时，$g'(t)>0$；当 $t>t_v$ 时，$g'(t)<0$；当且仅当 $t=t_v$ 时，$tv=M$.

(2) 如果 $v\notin Q$，那么对于任意的 $t>0$，$tv\notin M$.

证明　(1) 由 Lebesgue 控制收敛定理、假设(h_2)和(h_3)及引理 1 中的(3)，(4) 可知

$$\begin{aligned}
&\lim_{t\to\infty}\frac{I(tv)}{t^2}\\
=&\frac{1}{2}\int_{\mathbf{R}^N}|\nabla v|^2\mathrm{d}x+\frac{1}{2}\lim_{t\to\infty}\int_{\mathbf{R}^N}V(x)\frac{f^2(tv)}{t^2}\mathrm{d}x-\\
&\lim_{t\to\infty}\int_{\mathbf{R}^N}\frac{H(x,f(tv))}{t^2}\mathrm{d}x\\
=&\frac{1}{2}\int_{\mathbf{R}^N}|\nabla v|^2\mathrm{d}x+\frac{1}{2}\lim_{t\to\infty}\int_{\mathbf{R}^N}V(x)\frac{f^2(tv)}{t^2}\mathrm{d}x-\\
&\frac{1}{2}\lim_{t\to\infty}\int_{\mathbf{R}^N}\psi(x)\frac{f^2(tv)}{t^2}\mathrm{d}x\\
\leqslant&\frac{1}{2}\left\{\int_{\mathbf{R}^N}[|\nabla v|^2+V(x)v^2]\mathrm{d}x-\int_{\mathbf{R}^N}\psi(x)v^2\mathrm{d}x\right\}\\
<&0
\end{aligned}$$

$$\begin{aligned}
&\lim_{t\to0}\frac{I(tv)}{t^2}\\
=&\frac{1}{2}\int_{\mathbf{R}^N}|\nabla v|^2\mathrm{d}x+\frac{1}{2}\lim_{t\to0}\int_{\mathbf{R}^N}V(x)\frac{f^2(tv)}{t^2}\mathrm{d}x-\\
&\lim_{t\to0}\int_{\mathbf{R}^N}\frac{H(x,f(tv))}{t^2}\mathrm{d}x
\end{aligned}$$

$$=\frac{1}{2}\int_{\mathbf{R}^N}[|\nabla v|^2+V(x)]\mathrm{d}x$$

$$>0$$

因此，h 存在正的最大值. 又 $h'(t)=0$ 等价于

$$\begin{aligned}&\int_{\mathbf{R}^N}|\nabla v|^2\mathrm{d}x\\&=\int_{\mathbf{R}^N}\frac{h(x,f(tv))f'(tv)v}{t}\mathrm{d}x-\\&\int_{\mathbf{R}^N}\frac{V(x)f(tv)f'(tv)v}{t}\mathrm{d}x\\&\int_{\mathbf{R}^N}\frac{h(x,f(tv))}{f^3(tv)}\frac{f^3(tv)f'(tv)v^2}{tv}\mathrm{d}x-\\&\int_{\mathbf{R}^N}\frac{V(x)f(tv)f'(tv)v^2}{tv}\mathrm{d}x\\&=\int_{\mathbf{R}^N}\left[\frac{h(x,f(t|v|))}{f^3(t|v|)}\frac{f^3(t|v|)f'(t|v|)}{t|v|}-\right.\\&\left.\frac{V(x)f(t|v|)f'(t|v|)}{t|v|}\right]v^2\mathrm{d}x\end{aligned}$$

由假设(h_4)和推论 1 可知，上式右端是单调递增的，结论得证. 由 $h'(t)=t^{-1}\langle I'(tv),tv\rangle$ 得，当且仅当$t=t_v$时，$tv\in M$.

(2) 如果对于 $t>0$，$tv\in M$，那么$\langle I'(tv),v\rangle=0$，即

$$\begin{aligned}&\int_{\mathbf{R}^N}|\nabla v|^2\mathrm{d}x+\int_{\mathbf{R}^N}\frac{V(x)f(tv)f'(tv)v^2}{tv}\mathrm{d}x\\&=\int_{\mathbf{R}^N}\frac{h(x,f(tv))}{f^3(tv)}\frac{f^3(tv)f'(tv)v^2}{tv}\mathrm{d}x\end{aligned}$$

由假设(h_3)、假设(h_4) 和推论 3 可知

$$\begin{aligned}&\int_{\mathbf{R}^N}|\nabla v|^2\mathrm{d}x+\int_{\mathbf{R}^N}V(x)v^2\mathrm{d}x\\&<\int_{\mathbf{R}^N}\frac{h(x,f(tv))}{f^3(tv)}v^2\mathrm{d}x\end{aligned}$$

$$\| v \|^2 < \int_{\mathbf{R}^N} \psi(x) v^2 \mathrm{d}x$$

因此，$v \in Q$，与条件矛盾．引理 2 证毕．

引理 3　(1) 存在 $\rho > 0$，使得 $c := \inf\limits_{v \in M} I \geqslant \inf\limits_{v \in s_\rho} I > 0$，其中，$s_\rho := \{v \in E: \| v \| = \rho\}$；

(2) 对于所有的 $v \in M$，$\| v \|^2 \geqslant 2c$．

证明　(1) 由式(3) 和 Sobolev 不等式知，如果 ρ 充分小，那么 $\inf\limits_{v \in s_\rho} I > 0$．又对于每个 $v \in M$，存在 $s > 0$，使得 $sv \in s_\rho$，且 $I(t_v v) \geqslant I(sv)$，由引理 2 易得 $\inf\limits_{v \in M} I \geqslant \inf\limits_{v \in s_\rho} I$．

(2) 对于每个 $v \in M$，根据假设(h_2)、假设(h_3) 及引理 1 中的(3) 可知

$$\begin{aligned} c &\leqslant \frac{1}{2}\int_{\mathbf{R}^N} |\nabla v|^2 \mathrm{d}x + \frac{1}{2}\int_{\mathbf{R}^N} V(x) f^2(v) \mathrm{d}x - \\ &\quad \int_{\mathbf{R}^N} H(x, f(v)) \mathrm{d}x \\ &\leqslant \frac{1}{2}\int_{\mathbf{R}^N} |\nabla v|^2 \mathrm{d}x + \frac{1}{2}\int_{\mathbf{R}^N} V(x) v^2 \mathrm{d}x - \\ &\quad \int_{\mathbf{R}^N} H(x, f(v)) \mathrm{d}x \\ &\leqslant \frac{1}{2}\int_{\mathbf{R}^N} |\nabla v|^2 \mathrm{d}x + \frac{1}{2}\int_{\mathbf{R}^N} V(x) v^2 \mathrm{d}x \end{aligned}$$

引理 3 证毕．

引理 4　所有的 PS 序列 $\{v_n\} \subset M$ 是有界的．

证明　用反证法证明．假设存在一个序列 $\{v_n\} \subset M$，当 $n \to \infty$ 时，有 $\| v_n \| \to \infty$，并且对于任意的 $d \in [c, \infty)$，有 $I(v_n) \leqslant d$，记 $\vartheta_n := \frac{v_n}{\| v_n \|}$．选取 $\{\vartheta_n\}$ 中一个子列，仍记为 $\{\vartheta_n\}$，使得 $\vartheta_n \rightharpoonup \vartheta$，并且在 $\mathbf{R}^N$ 中，几乎处

处 $\vartheta_n \to \vartheta$. 选择 $y_n \in \mathbf{R}^N$，使得

$$\int_{B_1(y_n)} \vartheta_n^2 \mathrm{d}x = \max_{y \in \mathbf{R}^N} \int_{B_1(y)} \vartheta_n^2 \mathrm{d}x \tag{4}$$

因为 I 和 M 是 $\mathbf{Z}^N$ 不变的，所以可以假设 y_n 在 $\mathbf{R}^N$ 中是有界的. 如果

$$\int_{B_1(y_n)} \vartheta_n^2 \mathrm{d}x \to 0, n \to \infty \tag{5}$$

那么根据 Lions 引理可得，在 $L^r(\mathbf{R}^N)$ 中，当 $n \to \infty$ 时，有 $\vartheta_n \to 0$，其中 $2 < r < 2 \times 2*$. 则由式(3)知，对于任意的 $s \in \mathbf{R}$，当 $n \to \infty$ 时，有$\int_{\mathbf{R}^N} H(x, s\vartheta_n) \to 0$. 根据引理 1 中的(4)和引理 2 可得

$$\begin{aligned} d &\geqslant I(v_n) \geqslant I(s\vartheta_n) \\ &= \frac{s^2}{2}\int_{\mathbf{R}^N} |\nabla \vartheta_n|^2 \mathrm{d}x + \frac{1}{2}\int_{\mathbf{R}^N} V(x) f^2(s\vartheta_n) \mathrm{d}x - \\ &\quad \int_{\mathbf{R}^N} H(x, f(s\vartheta_n)) \mathrm{d}x \to \frac{s^2}{2} \end{aligned}$$

当 s 足够大时，因为在 $L^2_{\mathrm{loc}}(\mathbf{R}^N)$ 中，当 $n \to \infty$ 时，有 $\vartheta_n \to \vartheta, \vartheta \neq 0$，所以 $|v_n| \to \infty$，矛盾. 因此，式(5)不成立.

由于当 $n \to \infty$ 时，有 $\langle I'(v_n), \varphi \rangle \to 0$，因此对于任意的 $\varphi \in C_0^\infty(\mathbf{R}^N)$，有

$$\begin{aligned} &\int_{\mathbf{R}^N} \nabla v_n \nabla \varphi \mathrm{d}x + \int_{\mathbf{R}^N} V(x) f(v_n) f'(v_n) \varphi \mathrm{d}x - \\ &\int_{\mathbf{R}^N} h(x, f(v_n)) f'(v_n) \varphi \mathrm{d}x \to 0 \end{aligned}$$

两边同时除以 $\|v_n\|$ 可得

$$\begin{aligned} &\int_{\mathbf{R}^N} \nabla v_n \nabla \varphi \mathrm{d}x + \int_{\mathbf{R}^N} \frac{V(x) f(v_n) f'(v_n)}{v_n} \vartheta_n \varphi \mathrm{d}x - \\ &\int_{\mathbf{R}^N} \frac{h(x, f(v_n))}{f^3(v_n)} \frac{f^3(v_n) f'(v_n)}{v_n} \vartheta_n \varphi \mathrm{d}x \to 0 \end{aligned}$$

根据 Lebesgue 控制收敛定理、假设(h_3)及推论 1 可得

$$\int_{\mathbf{R}^N}[\nabla\vartheta+V(x)\vartheta\varphi]\mathrm{d}x=\int_{\mathbf{R}^N}\psi(x)\vartheta\varphi\,\mathrm{d}x$$

因此,$\vartheta\neq 0$ 并且 $-\Delta\vartheta+V(x)\vartheta=\psi(x)\vartheta$. 这是不可能的,因为算子 $-\Delta+V-q$ 有唯一的绝对连续谱. 引理 4 证毕.

引理 5　如果 V 是 Q 的一个紧子集,那么存在 $R>0$,使得在($\mathbf{R}^+V$)$\backslash B_R(0)$ 上有 $I\leqslant 0$.

证明　用反证法证明. 不失一般性,假设 $V\subset S$,存在 $v_n\in V$,记 $\omega_n:=t_nv_n$,其中 $v_n\to v$,$t_n\to\infty$,且 $I(\omega_n)\geqslant 0$,可得

$$\begin{aligned}0&\leqslant\frac{I(t_nv_n)}{t_n^2}\\&=\frac{1}{2}\int_{\mathbf{R}^N}|\nabla v_n|^2\mathrm{d}x+\frac{1}{2}\int_{\mathbf{R}^N}V(x)\frac{f^2(t_nv_n)}{t_n^2}\mathrm{d}x-\\&\quad\int_{\mathbf{R}^N}\frac{H(x,f(t_nv_n))}{t_n^2}\mathrm{d}x\\&\leqslant\frac{1}{2}\int_{\mathbf{R}^N}|\nabla v_n|^2\mathrm{d}x+\frac{1}{2}\int_{\mathbf{R}^N}V(x)v_n^2\mathrm{d}x-\\&\quad\int_{\mathbf{R}^N}\frac{H(x,f(t_nv_n))}{f^4(t_nv_n)}\frac{f^4(t_nv_n)}{t_n^2v_n^2}v_n^2\mathrm{d}x\to\\&\quad\frac{1}{2}\int_{\mathbf{R}^N}|\nabla v|^2\mathrm{d}x+\frac{1}{2}\int_{\mathbf{R}^N}V(x)v^2\mathrm{d}x-\\&\quad\frac{1}{2}\int_{\mathbf{R}^N}\psi(x)v^2\mathrm{d}x<0\end{aligned}$$

得出矛盾. 引理 5 证毕.

记 $\mathscr{W}:=Q\cap S$,定义映射 $k:\mathscr{W}\to M$ 为 $k(w):=t_ww$,其中,t_w 的取值由引理 3 得到.

引理 6　如果 $v_n\in\mathscr{W}$,$v_n\to v_0\in\partial\mathscr{W}$,并且 $t_nv_n\in$

M,那么 $I(t_n v_n) \to \infty$.

证明 因为 $v_0 \in \partial \mathscr{W}$,所以

$$\begin{aligned}
&\int_{\mathbf{R}^N} |\nabla v_0|^2 \mathrm{d}x \\
=&\int_{\mathbf{R}^N} \frac{h(x, f(tv_0)) f'(tv_0) v_0}{t} \mathrm{d}x - \\
&\int_{\mathbf{R}^N} \frac{V(x) f(tv_0) f'(tv_0) v_0}{t} \mathrm{d}x
\end{aligned}$$

由引理 1 中的(6) 和推论 1 可得

$$\begin{aligned}
&I(tv_0) \\
=&\frac{t^2}{2}\int_{\mathbf{R}^N} |\nabla v_0|^2 \mathrm{d}x + \\
&\frac{1}{2}\int_{\mathbf{R}^N} V(x) f^2(tv_0) \mathrm{d}x - \\
&\int_{\mathbf{R}^N} H(x, f(tv_0)) \mathrm{d}x \\
=&\frac{t^2}{2}\left[\int_{\mathbf{R}^N} \frac{h(x, f(tv_0)) f'(tv_0) v_0}{t} \mathrm{d}x - \right. \\
&\left.\int_{\mathbf{R}^N} \frac{2H(x, f(tv_0))}{t^2} \mathrm{d}x\right] + \\
&\frac{1}{2}\left[\int_{\mathbf{R}^N} V(x) f^2(tv_0) \mathrm{d}x - \right. \\
&\left.2\int_{\mathbf{R}^N} \frac{V(x) f(tv_0) f'(tv_0) v_0}{t} \mathrm{d}x\right] \\
\geqslant&\frac{t^2}{4}\left[\int_{\mathbf{R}^N} \frac{h(x, f(tv_0)) f(tv_0)}{t^2} \mathrm{d}x - \right. \\
&\left.\int_{\mathbf{R}^N} \frac{4H(x, f(tv_0))}{t^2} \mathrm{d}x\right] + \\
&\frac{1}{2}\int_{\mathbf{R}^N} V(x) f^2(tv_0) \mathrm{d}x - \\
&\int_{\mathbf{R}^N} \frac{V(x) f^2(tv_0)}{t^2} \mathrm{d}x
\end{aligned}$$

由假设(h_2)和(h_4)可知，$\frac{1}{4}h(x,u)u > H(x,u) > 0$.

因此，当 $t \to 0$ 时，$I(tv_0) \to \infty$. 因为 $v_n \to v_0 \in \partial\mathscr{W}$，所以能够选取合适的 C, t，使得 $I(tv_0) \geqslant C$，从而

$$\lim_{n\to\infty} I(t_n v_n) \geqslant \lim_{n\to\infty} I(tv_n) = I(tv_0) \geqslant C$$

因此

$$I(t_n v_n) \to \infty$$

引理 6 证毕.

引理 7[5,11]　如果 k 是 $\mathscr{W}$ 和 M 之间的同胚映射，那么其逆映射为 $k^{-1}(u) = \frac{u}{\| u \|}$.

下面考虑泛函 $\Phi: \mathscr{W} \to \mathbf{R}$

$$\Phi(w) := I(k(w))$$

为了陈述方便，作如下记号

$$\mathscr{T} := \{w \in S: \Phi'(w) = 0\}$$

$$\mathscr{T}_d := \{w \in \mathscr{T}: \Phi(w) = d\}$$

由于 h 关于 u 是奇性的，因此可以选取 $\mathscr{T}$ 的子集 $\mathscr{F}$，使得 $\mathscr{F} = -\mathscr{F}$，并且对于每个轨迹 $\mathrm{R}(w) \subset \mathscr{T}$ 在集合 $\mathscr{F}$ 中存在唯一的代表元素. 运用反证法，可以证明集合 $\mathscr{F}$ 是无限的.

引理 8[5,11]　(1)$\Phi \in C^1(\mathscr{W}, \mathbf{R})$ 且对于任意的 $z \in T_w(\mathscr{W})$，有 $\langle \Phi'(w), z \rangle = \| k(w) \| \langle I'(k(w)), z \rangle$，其中 $T_w(\mathscr{W})$ 表示在 $\mathscr{W}$ 上对应于 w 的切丛.

(2) 如果 $\{w_n\}$ 是 Φ 的 PS 序列，那么 $\{k(w_n)\}$ 是 I 的 PS 序列；如果 $\{v_n\} \subset M$ 是 I 的有界 PS 序列，那么 $\{k^{-1}(v_n)\}$ 是 Φ 的 PS 序列.

(3)w 是 Φ 的临界点当且仅当 $k(w)$ 是 I 的一个非平凡临界点. 泛函 I 和 Φ 对应的值是相同的，并且

$\inf\limits_{w\in\mathscr{W}}\Phi=\inf\limits_{v\in M}I$.

(4)Φ 是偶的.

为了陈述方便,作如下记号

$$\Phi^d:=\{u:\Phi(u)\leqslant d\}$$

$$\Phi_c:=\{u:\Phi(u)\geqslant c\}$$

$$\Phi_c^d:=\{u:c\leqslant\Phi(u)\leqslant d\}$$

引理 9[5] 设 $d\geqslant c$,如果$\{\vartheta_n^1\}$,$\{\vartheta_n^2\}\subset\Phi^d$ 是Φ 的两个 PS 序列,那么当 $n\to\infty$ 时,$\|\vartheta_n^1-\vartheta_n^2\|\to0$,或 $\limsup\limits_{n\to\infty}\|\vartheta_n^1-\vartheta_n^2\|\geqslant\rho(d)$,其中 $\rho(d)$ 仅与 d 的选取有关,与 PS 序列的选取无关.

定义 $\eta:\mathscr{G}\to\mathscr{W}\backslash\mathscr{T}$ 为

$$\begin{cases}\dfrac{\mathrm{d}}{\mathrm{d}t}\eta(t,w)=-H(\eta(t,w))\\ \eta(0,w)=w\end{cases}$$

其中:$\mathscr{G}:=\{(t,w):w\in\mathscr{W}\backslash\mathscr{T},T^-(w)<t<T^+(w)\}$,$(T^-(w),T^+(w))$ 表示函数 $t\mapsto\eta(t,w)$ 的取值范围.易知,泛函 Φ 存在一个伪梯度向量场 $H:\mathscr{W}\backslash\mathscr{T}\to\mathscr{T}\mathscr{W}$,其中 $\mathscr{T}\mathscr{W}$ 表示 $\mathscr{W}$ 上的切丛.

下面给出泛函 Φ 和 η 的性质.设 $P\subset\mathscr{W}$,$\delta>0$,定义 $\mathscr{W}_\delta(P):=\{w\in\mathscr{W}:\mathrm{dist}(w,P)<\delta\}$.

引理 10[11] 设 $d\geqslant c$,则对任意的 $\delta>0$,存在 $\varepsilon=\varepsilon(\delta)>0$,使得:

(1)$\Phi_{d-\varepsilon}^{d+\varepsilon}\cap\mathscr{T}=\mathscr{T}_d$;

(2) 对于 $w\in\Phi^{d+\varepsilon}\backslash\mathscr{W}_\delta(\mathscr{T}_d)$,有 $\lim\limits_{t\to T^+(w)}\Phi(\eta(t,w))<d-\varepsilon$.

定理 1 的证明 由引理 6 和 Ekeland 变分原理知,在 $\mathscr{W}$ 中存在序列$\{v_n\}$,使得 $I(v_n)$ 在 E 中有界,且

$\langle I'(v_n), v_n\rangle \to 0$. 再由引理 4 和引理 5 可得方程(1)的基态解存在. 当 $T^+(w) < \infty$ 时, $\lim\limits_{t \to T^+(w)} \eta(t, w) = w_0$ 存在, 由引理 6 可知, $w_0 \notin \partial\mathscr{W}$, 则由资料[11]中定理 1.2 可得方程(1)存在无穷多对几何不同解. 定理 1 证毕.

参考资料

[1] Poppenberg M, Schmitt K, Wang ZHIQIANG. On the existence of soliton solutions to quasilinear Schrödinger equations[J]. Calc. Var. Partial Differential Equations, 2002, 14(3): 329-344.

[2] Liu Jiaquan, Wang Ya Qi, Wang Zhi Qiang. Soliton solutions for quasilinear Schrödinger equations II[J]. J. Differ. Equ., 2003, 187(2): 473-493.

[3] Colin M, Jeanjean L. Solutions for a quasilinear Schrödinger equation: a dual approach[J]. Nonlinear Anal., 2004, 56(2): 213-226.

[4] Furtado M F, Silva E D, Silva M L. Quasilinear elliptic problems under asymptotically linear conditions at infinity and at the origin[J]. Z. Angew. Math. Phys., 2015, 66(2): 277-291.

[5] Fang Xiang Dong, Szulkin A. Multiple solutions for a quasilinear Schrödinger equation[J]. J. Differ. Equ., 2013, 254(4): 2015-2032.

[6] Fang Xiang Dong, Han Zhi Qing. Ground state solution and multiple solutions to asymptotically linear Schrödinger equations[J]. Boundary Value Problems, 2014(216): 1-8.

[7] Marcos Do Ó J, Severo U. Solitary waves for a class of quasilinear Schrödinger equations in dimension two[J]. Calc. Var. Partial Differential Equations, 2010, 38(3): 275-315.

[8] Ding Yan Heng, Luan Shi Xia. Multiple solutions for a class of Schrödinger equations[J]. J. Differ. Equ., 2004, 207(2): 423-457.

[9] Liu Jia Quan, Wang Zhi Qiang. Soliton solutions for quasilinear Schrödinger equations I[J]. Proc. Amer. Math. Soc., 2003, 131(2): 441-448.

[10] Ding Yan Heng, Luan Shi xia. Multiple solutions for a class of Schrödinger equations[J]. J. Differ. Equ. ,2004,207(2):423-457.

[11]Szulkin A, Weth T. Ground state solutions for some indefinite variational problems[J]. J. Funct. Anal. ,2009,257(12):3802-3822.

带磁场的一维 Schrödinger 方程的逆散射问题

第五章

1 引　言

华中科技大学数学与统计学院的胡振宇，黄华，段志文三位教授 2019 年研究了带磁场的一维 Schrödinger 方程

$$-f''-2\mathrm{i}pf'-\mathrm{i}p'f=k^2f \quad (1)$$

以及其逆散射问题，其中 $p(x)$ 为实位势，并且无有界态. 本章给出了该逆散射问题的解. H 是算子 $-\frac{\mathrm{d}^2}{\mathrm{d}x^2}-2\mathrm{i}p(x)\frac{\mathrm{d}}{\mathrm{d}x}-\mathrm{i}p'(x)$ 从 $C_0^\infty(-\infty,\infty)$ 延拓至 $L^2(-\infty,\infty)$，即 H 是自伴 Schrödinger 算子. 记空间：$L_1^2=\{p(x):\int_{-\infty}^{\infty}p^2(x)(1+x^2)\mathrm{d}x<\infty\}$.

Deift[3] 等人研究了一维 Schrödinger 方程：$-f''+qf=k^2f$ 的逆散射问题，得出以下结论：令 $f_1(x,k),f_2(x,k),k\in\mathbf{R}\setminus\{0\}$ 是方程 $Hf_j=k^2f_j(j=1,2)$ 的解，且有如下的渐近状态：$f_1(x,k)\to e^{-ikx}$，$x\to+\infty$，$f_2(x,k)\to e^{-ikx}$，$x\to-\infty$，且 $f_1(x,k)$，$f_2(x,k)$ 有如下的渐近表示

$$f_1(x,k)\sim\frac{1}{T_2(k)}e^{-ikx}+\frac{R_2(k)}{T_2(k)}e^{-ikx},x\to-\infty$$

$$f_2(x,k)\sim\frac{1}{T_1(k)}e^{-ikx}+\frac{R_1(k)}{T_1(k)}e^{-ikx},x\to+\infty$$

其中 $T_i,R_i(i=1,2)$ 分别是传输系数和反射系数. 定义矩阵

$$\boldsymbol{S}(k)=\begin{bmatrix}T_1(k) & R_2(k)\\ R_1(k) & T_2(k)\end{bmatrix},k\in\mathbf{R}\setminus\{0\}$$

为散射矩阵，且是酉矩阵，有 $T_1(k)=T_2(k)$，且 $\overline{T_j(k)}=T_j(-k),\overline{R_j(k)}=R_j(-k),j=1,2$. 他们还得出反射系数决定位势的结论，并且得到位势基于反射系数的迹公式.

此外，Faddeev[5,6] 在 Schrödinger 方程逆散射问题上做了类似的工作，并提出自己的一套方法. 而他的方法源于 Gel'fand-Levitan[7]，Kay-Moses[8] 和 Agranovich-Marchenko[1] 等人的工作.

本章受这些文章的启发，添加磁场位势，研究该磁场位势的逆散射问题，也得到类似的结论. 本章研究思路如下：对方程(1) 做如下变换：

$$m(x,k)=e^{-(\phi+ikx)}f(x,k)\to1,x\to+\infty$$

可得

$$m(x,k)''+2ikm(x,k)'=-p^2(x)m(x,k)$$

或改写成方程组的形式

$$m(x,k)'=\mathrm{e}^{-2\mathrm{i}kx}n(x,k)$$

$$n(x,k)'=-\mathrm{e}^{-2\mathrm{i}kx}m(x,k)p(x)^2 \tag{2}$$

且

$$p(x)=\left(-\frac{2\mathrm{i}}{\pi}\int_{-\infty}^{\infty}kR(k)\mathrm{e}^{2\mathrm{i}kx}m(x,k)^2\mathrm{d}k\right)^{\frac{1}{2}} \tag{3}$$

记 $-p^2(x)=Q_R(x,m)$，即

$$\begin{bmatrix}m(x,k)\\n(x,k)\end{bmatrix}'=\begin{bmatrix}\mathrm{e}^{-2\mathrm{i}kx}n(x,k)\\\mathrm{e}^{2\mathrm{i}kx}Q_R(x,m)\end{bmatrix} \tag{4}$$

在方程组(2)中我们通过公式(3)消去 p. 为了重构 p，我们仅需要求解方程组(4)的初值问题[2]的解，那么 p 可由式(3)给出. 本章的主要内容安排如下：在第二部分，本章推导了关于散射矩阵 $\boldsymbol{S}(k)$，$m(x,k)$，$B(x,k)$ 的相关结论. 第三部分，在位势 p 无界态的条件下，本章推导了迹公式，并通过求解初值问题(4)，由反射系数 R 重构 p，并且还得到了方程组(4)的解的先验上界.

2　正　问　题

在叙述本章的研究方法之前，我们先给出一些相关引用、定义及事实. 定义 $\mathbf{R}$ 上的 Fourier 变换及其逆变换

$$\hat{f}(y)=\frac{1}{\pi}\int_{-\infty}^{\infty}\mathrm{e}^{2\mathrm{i}ky}f(k)\mathrm{d}k$$

$$\check{f}(k)=\frac{1}{\pi}\int_{-\infty}^{\infty}\mathrm{e}^{-2\mathrm{i}ky}f(y)\mathrm{d}y$$

H^{2+} 表示由 Hardy 空间[4]中解析函数 $h(k)$ 构成

的集合,其中 $\operatorname{Im} k > 0$,h 满足

$$\sup_{b>0}\int_{-\infty}^{\infty} | h(a+\mathrm{i}b) |^2 \mathrm{d}a < \infty$$

若假设 $h(k) \in H^{2+}$ 的边界值为 $h(a) = \lim_{\varepsilon \to 0} h(a + \mathrm{i}\varepsilon)$,在 $L^2(-\infty,\infty)$ 意义下,即有如下等价 H^{2+} 空间的描述

$$H^{2+} = \{h(k) \in L^2(-\infty,\infty):\operatorname{supp} \hat{h} \subset (-\infty,\infty)\}$$

算子 $h^+ \equiv (1_{(-\infty,0)}\hat{h})$ 和 $h^- \equiv (1_{(0,\infty)}\hat{h})$ 分别表示将 L^2 投影到 H^{2+} 和 H^{2-}. 因此我们有这样的正交分解形式:$L^2 \cong H^{2+} \oplus H^{2-}$. 定义函数类:$L^2_{\mu/2} = \{p(x): \int_{-\infty}^{\infty} p^2(x)(1+| x |^{\mu})\mathrm{d}x < \infty\}$.

在全章中,我们考虑的实位势 $p(x) \in L^2_{1/2}$,我们定义

$$\gamma(x) = \int_x^{\infty} | t - x || p(t) |^2 \mathrm{d}t$$

$$\eta(x) = \int_x^{\infty} | p(t) |^2 \mathrm{d}t$$

对于 $m_1(x,k)$,$m_2(x,k)$ 及 $B_1(x,y)$,$B_2(x,y)$,不失一般性我们只证明了 $m_1(x,k)$,$B_1(x,y)$ 的性质. 我们约定 K 为常数并依赖于 $\int_{-\infty}^{\infty}(1+| x |^j) | p(x) |^2 \mathrm{d}x, j = 0,1,2.$

根据前面介绍,下面的引理和定理当它们的证明和资料[3]相似时,只作叙述,证明略去,而当本章相关结论的证明方法和它们不同时,加以详细论证.

引理 1[3] 对于每个 k,$\operatorname{Im} k \geqslant 0$,积分方程

$$m(x,k) = 1 + \int_x^{\infty} D_k(t-x)(-p^2(t))m(t,k)\mathrm{d}t$$

有唯一解 $m(x,k)$，且 $m(x,k)$ 满足如下的 Schrödinger 方程

$$m(x,k)''+2\mathrm{i}km(x,k)'=-p^2(x)m(x,k)$$

且当 $x\to+\infty$ 时，$m(x,k)\to 1$，$m(x,k)$ 服从如下估计式：

(i) $|m(x,k)-1|\leqslant \mathrm{e}^{\eta(x)/|k|}\dfrac{\eta(x)}{|k|}\leqslant \mathrm{e}^{c/|k|}\dfrac{c}{|k|}$，$k\neq 0$；

(ii)
$$\begin{aligned}&|m(x,k)-1|\\ \leqslant{}& K\frac{(1+\max(-x,0))\int_x^{\infty}(1+|t|)|p(t)|^2\mathrm{d}t}{1+|k|}\\ \leqslant{}& K_1\left(\frac{1+\max(-x,0)}{1+|k|}\right)\end{aligned}$$

(iii) $|m'(x,k)|\leqslant K_2\dfrac{\int_x^{\infty}(1+|t|)|p(t)|^2\mathrm{d}t}{1+|k|}\leqslant\dfrac{K_3}{1+|k|}$，$-\infty<x<\infty$；

(iv) $|m'(x,k)|\leqslant K_4\dfrac{\int_x^{\infty}|p(t)|^2\mathrm{d}t}{1+|k|}$，$0\leqslant x\leqslant\infty$.

对于每个 x，当 $\operatorname{Im}k>0$ 时，$m(x,k)$ 是解析的，且当 $\operatorname{Im}k\geqslant 0$ 时，$m(x,k)$ 是连续的. 特别地，由(ii) 知，$m(x,k)-1\in H^{2+}$. 此外，记 $\dot{m}(x,k)\equiv \mathrm{d}m(x,k)/\mathrm{d}k$ 在 $\operatorname{Im}k\geqslant 0$ 时存在，$k\neq 0$ 时 $k\dot{m}(x,k)$ 在 $\operatorname{Im}k\geqslant 0$ 时处处连续. 若 $p\in L_1^2$，则 $\dot{m}(x,k)$ 在 $k=0$ 处也存在且连续，且有如下估计式：

(v) $|\dot{m}(x,k)|\leqslant c(1+x^2)$ 对于所有 $k\geqslant 0$，$p\in$

L_1^2 成立，其中 $D_k(y) \equiv \int_0^y e^{2ikt}\,dt = \frac{e^{2iky}-1}{2ik}$.

引理 2[3] 对于任意 x，当 $\operatorname{Im} k \geqslant 0$ 时，$m(x,k)$ 有有限个零点，并且它们均为简单零点，在负半轴上. 若 $k=i\beta(\beta>0)$ 是 $m(x,k)$ 的零点，那么 $k^2=-\beta^2$ 是算子$-\frac{d^2}{dx^2}-2ip(x)\frac{d}{dx}-ip'(x)$ 在 $L^2(x<y<\infty)$ 的特征值，且该算子在 $y=x^+$ 满足 Dirichlet 边界条件. 对于任意 x，除了在 $k=0$ 处，$m(x,k)$ 可能有零点外，当 k 为实值时无零点. 若 $m(x,0)=0$，我们称 Dirichlet 算子$-\frac{d^2}{dx^2}-2ip(x)\frac{d}{dx}-ip'(x)$ 在 $L^2(x<y<\infty)$ 有虚拟水平集；$k^2=0$ 不是该算子的特征值.

引理 3[3] 方程

$$B(x,y)=\int_{x+y}^{\infty}-p^2(t)dt+\int_0^y dz\int_{x+y-z}^{\infty}(-p^2(t)B(x,z))dt$$

$$y \geqslant 0$$

有一个(实的、唯一)解 $B(x,y)$ 满足

$$|B(x,y)| \leqslant e^{\gamma(x)}\eta(x+y)$$

特别地，$B(x,y) \in L^1 \cap L^\infty(0<y<\infty)$ 且

$$\|B(x,\cdot)\|_\infty \leqslant e^{\gamma(x)}\eta(x)\ \|B(x,\cdot)\|_1 \leqslant e^{\gamma(x)}\gamma(x)$$

$B(x,y)$ 关于 x 和 y 均连续，且有

$$\left|\frac{\partial}{\partial x}B(x,y)-p^2(x+y)\right| \leqslant e^{\gamma(x)}\eta(x+y)\eta(x)$$

$$\left|\frac{\partial}{\partial y}B(x,y)-p^2(x+y)\right| \leqslant 2e^{\gamma(x)}\eta(x+y)\eta(x)$$

$B(x,y)$ 满足波动方程

$$\frac{\partial^2}{\partial x\partial y}B(x,y)-\frac{\partial^2}{\partial x^2}B(x,y)-p^2(x)B(x,y)=0$$

$$y \geqslant 0$$

且有 $-\partial B(x,0^+)/\partial x=-\partial B(x,0^+)/\partial y=-p^2(x)$.
最后，$m(x,k)\equiv 1+\int_0^\infty B(x,y)e^{2iky}dy$ 即为引理 1 中的函数.

引理 4[3]　假设 $p^{(j)}(x)\in L^2_{1/2}$，$B^{(j)}(x,y)$ 是相应 Joosten 函数的 Fourier 变换，$j=1,2$. 令

$$\gamma^{(j)}(x)=\int_x^\infty (t-x)\mid p^{(j)}(t)\mid^2 dt$$

$$\eta^{(j)}(x)=\int_x^\infty \mid p^{(j)}(t)\mid^2 dt, j=1,2$$

$$\delta B(x,y)=B^{(2)}(x,y)-B^{(1)}(x,y)$$

$$\delta p^2(x)=(p^{(2)}(t))^2-(p^{(1)}(t))^2$$

则：

$$\text{(i)} \mid \delta B(x,y)\mid \leqslant (\int_x^\infty \delta p^2(t)dt)(1+\gamma^{(1)}(x)\cdot \exp\{\gamma^{(1)}(x)\})\exp\{\gamma^{(2)}(x)\}$$

可得 $L^\infty(0<y<\infty)$ 估计：

$$\text{(ii)} \mid \delta B(x,y)\mid \leqslant \exp\{\gamma^{(2)}(x)\}[\int_{x+y}^\infty \mid \delta p^2(t)\mid dt+ \exp\{\gamma^{(1)}(x)\eta^{(1)}(x+y)\}\cdot \int_x^\infty (t-x)\mid \delta p^2(t)\mid dt]$$

由此即得 $L^1(0<y<\infty)$ 估计：

$$\int_0^\infty \mid \delta B(x,y)\mid dy \leqslant (\int_x^\infty (t-x)\mid \delta p^2(t)\mid)\cdot (1+\exp\{\gamma^{(1)}(x)\}\gamma^{(1)}(x))\exp\{\gamma^{(2)}(x)\}$$

定理 1　令 $p(x)$ 是 $L^2_{1/2}$ 上的实位势，那么

$$\boldsymbol{S}(k)=\begin{bmatrix} T_1(k) & R_2(k) \\ R_1(k) & T_2(k) \end{bmatrix}$$

对于所有 $k \neq 0$ 是连续的(若 $p(x) \in L_1^2$,则 $\boldsymbol{S}(k)$ 在 $k=0$ 连续)且有如下性质:

(1)(对称性)$T_1(k)=T_2(k) \equiv T(k)$;

(2)(酉性质)

$$T_1(k)\overline{R_2(k)}+R_1(k)\overline{T_1(k)}=0$$

$$|T_1(k)|^2+|R_1(k)|^2=1=|T_2(k)|^2+|R_2(k)|^2$$

故

$$|T_j(k)|, |R_j(k)| \leqslant 1, j=1,2$$

(3)(解析性)$T(k)$ 在 $\mathrm{Im}\, k>0$ 时是亚纯函数且有有限个简单极点 $\mathrm{i}\beta_1,\cdots,\mathrm{i}\beta_n,\beta_j>0$,在虚拟 k 轴上,剩余项是

$$\text{(i)}\left(\int_{-\infty}^{\infty} \mathrm{e}^{2\phi} f_1(x,\mathrm{i}\beta_j) f_2(x,\mathrm{i}\beta_j)\mathrm{d}x\right)^{-1}, j=1,\cdots,n$$

数 $-\beta_1^2,\cdots,\beta_n^2$ 是 H 的特征值. 当 $\mathrm{Im}\, k>0, k \neq 0, \mathrm{i}\beta_1,\cdots,\mathrm{i}\beta_n$ 时,$T(k)$ 连续(如果 $p(x) \in L_1^2$,那么当 $\mathrm{Im}\, k \geqslant 0, k \neq \mathrm{i}\beta_1,\cdots,\mathrm{i}\beta_n$ 时,$T(k)$ 连续).

(4)(逼近)(i)$T(k)=1+O(1/k)$,当 $|k| \to \infty$,$\mathrm{Im}\, k \geqslant 0$;

(ii)$R_j(k)=O(1/k), j=1,2$,当 $|k| \to \infty$,k 是实数;

(iii) 若 H 没有特征值,那么 $T(k)-1 \in H^{2+}$ 且 $|T(k)| \leqslant 1$,当 $\mathrm{Im}\, k \geqslant 0$;

(5)$|T(k)|>0$ 对于所有 $\mathrm{Im}\, k \geqslant 0, k \neq 0$ 成立,$|k| \leqslant C|T(k)|$,当 $k \to 0$,若 $p(x) \in L_1^2$,则有两种可能情形:

(i)$0<C \leqslant |T(k)|$,因此 $|R_j(k)| \leqslant C<1, j=1,2$,或者:

(ii)$T(k)=\alpha k+o(k), \alpha \neq 0$,当 $k \to 0$,$\mathrm{Im}\, k \geqslant 0$,

且 $1+R_j(k)=\alpha_j k+o(k)$，$j=1,2$，当 $k\to 0$，k 是实数.

(6)(实值性) $\overline{T(k)}=T(-k)$，$\overline{R_j(k)}=R_j(k)$，$j=1,2$.

证明　该定理(1)，(2)，(4)，(5)，(6) 的证明可参考资料[3] 中的定理 2.1，只证明(3). 极点 k_0 使得 $\frac{1}{T(k_0)}=0$，即 k_0 为 $T(k)$ 的极点. 下证 $i\beta_j(j=1,2,\cdots,n)$ 是简单极点.

$$(2ikT^{-1})=2i(T^{-1})+2ik(T^{-1})$$
$$=e^{2\phi}([f_1,\dot{f}_2](x)+[\dot{f}_1,f_2](x))$$

令 $k=i\beta(T^{-1}(i\beta)=0)$，故

$$2ik(T^{-1})\cdot(i\beta_j)=e^{2\phi}([f_1,\dot{f}_2](x)+[\dot{f}_1,f_2](x))$$

下面计算 $[f_1,\dot{f}_2](x)$，$[\dot{f}_1,f_2](x)$，由方程 $-f''_2-2ipf'_2-ip'(x)f_2=k^2f_2$ 得

$$[\dot{f}_1,f_2]'=-2kf_1f_2-2ip(x)[\dot{f}_1,f_2]$$

该方程为常微分方程，则有

$$e^{2\phi}[\dot{f}_1,f_2](x)=\int_x^{\infty}2kf_1f_2e^{2\phi}dt$$

对于 $[\dot{f}_1,f_2](x)$，同理可得. 综上知

$$2ik(T^{-1})\cdot(i\beta_j)=e^{2\phi}([f_1,\dot{f}_2](x)+[\dot{f}_1,f_2](x))$$
$$=\int_{-\infty}^{\infty}2ke^{2\phi}f_1(x,i\beta_j)f_2(x,i\beta_j)dx$$

则

$$(T^{-1})\cdot(i\beta_j)=i^{-1}\int_{-\infty}^{\infty}e^{2\phi}f_1(x,i\beta_j)f_2(x,i\beta_j)dx$$

因为 $e^{\phi}f_1(x,i\beta_j)$ 是实值非零的，且与 $e^{\phi}f_2(x,i\beta_j)$ 线性相关，所以 $(T^{-1})\cdot(i\beta_j)\neq 0$. 即得证 $i\beta_j(j=1,2,\cdots,$

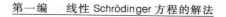

n) 是简单极点,且有剩余项

$$\mathrm{i}\left(\int_{-\infty}^{\infty} \mathrm{e}^{2\phi} f_1(x, \mathrm{i}\beta_j) f_2(x, \mathrm{i}\beta_j) \mathrm{d}x\right)^{-1}$$

(3) 得证.

引理 5[3]

$$\boldsymbol{S}(k) = \begin{bmatrix} T_1(k) & R_2(k) \\ R_1(k) & T_2(k) \end{bmatrix}$$

能被 $R_1(k)$(或 $R_2(k)$) 和特征值 $-\beta_1^2 > \cdots > -\beta_n^2$ 重构.

引理 6[3] 令 H 有 n 个界态:$0 > -\beta_1^2 > \cdots > -\beta_n^2$,且有相应的规范常数

$$C_j = \left(\int_{-\infty}^{\infty} \mathrm{e}^{2\phi} f_1(x, \mathrm{i}\beta_j)^2 \mathrm{d}x\right)^{-1}, j = 1, \cdots, n$$

那么

$$R\mathrm{e}^{2\mathrm{i}kx} m(x, k) + m(x, -k) + \sum_{j=1}^{n} \left[\frac{C_j \exp\{-2\beta_j x\} m(x, \mathrm{i}\beta_j)}{\mathrm{i}k + \beta_j}\right] - 1 \in H^{2+}$$

引理 7[3] 对于定理 1 中的散射矩阵 $\boldsymbol{S}(k)$,有

$$\frac{R(k)}{T(k)} = \frac{1}{2\mathrm{i}k}\int_{-\infty}^{\infty} \mathrm{e}^{-2\mathrm{i}kt} \prod\nolimits_1(t) \mathrm{d}t$$

$$\frac{1}{T(k)} = 1 + \frac{1}{2\mathrm{i}k}\int_{-\infty}^{\infty} |p(t)|^2 \mathrm{d}t - \int_0^{\infty} \mathrm{e}^{2\mathrm{i}kt} \prod\nolimits_2(t) \mathrm{d}t$$

并且

$$\left|\prod\nolimits_1(y)\right| \leqslant |p(t)|^2 + KL(y) \in L^1$$

$$-\infty < y < \infty$$

$$\left|\prod\nolimits_2(y)\right| \leqslant K\left(\int_{y/2}^{\infty} |p(t)|^2 \mathrm{d}t + \int_{-\infty}^{y/2} |p(t)|^2 \mathrm{d}t\right) \in L^1$$

$$0 < y < \infty$$

其中,$\prod_1(t) = -p^2(t) + \int_x^{\infty} -p^2(t) B_2(s, t-s) \mathrm{d}s$,

$\prod_2(t) = -p^2(t) + \int_x^{\infty} -p^2(t)B_1(s, t-s)\mathrm{d}s, L(y) = \int_y^{\infty} |p(t)|^2\mathrm{d}t, y \geqslant 0, L(y) = \int_{\infty}^{y} |p(t)|^2\mathrm{d}t, y < 0.$

引理 8[3]　(i) 若 $p \in L^2_{1/2}$，则

$$m_1(x,k) = 1 + \frac{1}{2\mathrm{i}k}\int_x^{\infty}(\mathrm{e}^{2\mathrm{i}k(t-x)} - 1)(-p^2(t))\mathrm{d}t + \frac{1}{2(2\mathrm{i}k)^2}(\int_x^{\infty} p^2(t)\mathrm{d}t)^2 + o\left(\frac{1}{k^2}\right)$$

$$m_2(x,k) = 1 + \frac{1}{2\mathrm{i}k}\int_{-\infty}^{x}(\mathrm{e}^{2\mathrm{i}k(t-x)} - 1)(-p^2(t))\mathrm{d}t + \frac{1}{2(2\mathrm{i}k)^2}(\int_x^{\infty} p^2(t)\mathrm{d}t)^2 + o\left(\frac{1}{k^2}\right)$$

$$T(k) = 1 + \frac{1}{2\mathrm{i}k}\int_{-\infty}^{\infty} -p^2(t)\mathrm{d}t + \frac{1}{2(2\mathrm{i}k)^2}(\int_x^{\infty} p^2(t)\mathrm{d}t)^2 + o\left(\frac{1}{k^2}\right)$$

(ii) 若 $p \in L^2_{1/2}$，且 $(p)' \in L^2_{1/2}$，则

$$m_1(x,k) = 1 + \frac{1}{2\mathrm{i}k}\int_x^{\infty} p^2(t)\mathrm{d}t + \frac{1}{2(2\mathrm{i}k)^2}(\int_x^{\infty} -p^2(t)\mathrm{d}t)^2 + \frac{p^2(x)}{(2\mathrm{i}k)^2} + o\left(\frac{1}{k^2}\right)$$

$$m_2(x,k) = 1 + \frac{1}{2\mathrm{i}k}\int_{-\infty}^{x} p^2(t)\mathrm{d}t + \frac{1}{2(2\mathrm{i}k)^2}(\int_{-\infty}^{x} -p^2(t)\mathrm{d}t)^2 + \frac{p^2(x)}{(2\mathrm{i}k)^2} + o\left(\frac{1}{k^2}\right)$$

引理 9[3]　(虚拟水平集)H 有一界态当且仅当 $m(x,0) = 0$ 对于某些 x 成立.

3　重构与迹公式

在这一节我们将论述如何通过反射系数和规范常数来重构位势. 另外除非特别说明，我们现考虑 $p \in L_{1/2}^2$ 且 $p' \in L_{1/2}^2$. 关于 p 的这些光滑性假设仅仅是为了便于阐述最小化技术方法. 特别地，通过定理 1(4)(ii) 我们注意到 $kR(k) \in L^1 \cap L^\infty \subset L^2$. 由资料 [1] 知，通过引理 8 我们可得，当 p 无界态时有

$$p(x)=\left(-\frac{2\mathrm{i}}{\pi}\int_{-\infty}^{\infty} kR(k)\mathrm{e}^{2\mathrm{i}kx}m_1^2(x,k)\mathrm{d}k\right)^{\frac{1}{2}}$$

该式我们称为迹公式.

在下面证明中，方程(4) 将对应如下初值条件

$$\begin{bmatrix} m(+\infty,k) \\ n(+\infty,k)\end{bmatrix}=\begin{bmatrix}1\\0\end{bmatrix} \tag{5}$$

引理 10[3]　令 $p(x)$ 无界态，能通过选取 $R(k)$ 使得 $(6\mathrm{e}^2(1+\mathrm{e})+1)\int_a^\infty |t\hat{R}'(t)|\mathrm{d}t<1$，那么 p 能被它的反射系数 $R(k)$ 重构出来.

引理 11[3]　令 $|r(k)|<1$，即 $r(k)=O(1/k)$，且假定 $m(x,k)-1$ 和 $r(k)\mathrm{e}^{2\mathrm{i}kx}m(x,k)+m(x,k)-1$ 均属于 $C(\mathbf{R},H^{2+})$. 令 $b(x,k)=m(x,k)-1$，我们有：

(i) 令 $\sup\limits_{-\infty<k<\infty}|r(k)|=\rho<1$，则

$$\sup_{-\infty<x<\infty}\left(\int_{-\infty}^{\infty}|b(x,k)|^2\mathrm{d}k\right)^{\frac{1}{2}}\leqslant\frac{\|R\|_2}{1-\rho}$$

(ii) 令 $r(k)$ 在 0 处连续且 $\lim\limits_{k\to0}r(k)=-1$. 选取 δ 使得 $\sup\limits_{|k|\leqslant\delta}|r(k)+1|<\frac{1}{2}$ 且假定 $\rho_\delta=\sup\limits_{|k|\geqslant\delta}|r(k)|<1$，

那么

$$\sup_{0<x<\infty}\left(\int_{-\infty}^{\infty}|b(x,k)|^2\mathrm{d}k\right)^{\frac{1}{2}}\leqslant\left(2+\frac{7}{1-\rho_\delta}\right)\|r\|_2$$

(iii) 令 $a>0$，$r(k)$ 满足(ii)中条件，选取 $\delta_a>0$，使得 $\sup\limits_{|k|<\delta_a}|r(k)\mathrm{e}^{2ikx}+1|\leqslant\frac{1}{2}$. 对 $|x|\leqslant a$，选取 $\rho_\delta=\sup\limits_{|k|\geqslant\delta}|r(k)|<1$，则

$$\sup_{x\leqslant a}\left(\int_{-\infty}^{\infty}|b(x,k)|^2\mathrm{d}k\right)^{\frac{1}{2}}\leqslant\left(2+\frac{7}{1-\rho_\delta}\right)\|r\|_2$$

定理 2　假设 $p(x)\in L_1^2(0,\infty)$ 无界态(半直线)且无虚拟水平，那么 $p(x)$ 能被它的(半直线上的)散射矩阵 $\boldsymbol{S}(k)(-\infty<k<\infty)$ 重构出来.

证明　该定理的证明分以下两步，首先得到公式

$$p(x)=\left(-\frac{\pi}{2\mathrm{i}}\int_{-\infty}^{\infty}(kR)^-\ \mathrm{e}^{2ikx}m^2(x,k)\mathrm{d}k\right)^{\frac{1}{2}},x\geqslant 0$$

而全直线上的反射系数 R 可以视为限制在 $(0,\infty)$，故只需考虑半直线 $(0,\infty)$ 上反射系数 R 即可，然后由引理 10 可重构 $p(x)$，详细叙述如下. 为了便于叙述，我们再次对 $p^2(x)$ 作同样的正则性假设：$(p^2)'\in L^1(0,\infty)$. 我们假设，当 $m(0,0)\neq 0$ 时，$p(x)$ 无虚拟水平集. 核心想法是将半直线问题拓展至全直线上. 由引理 9 可得到这样一个事实：$p(x)$ 在 $(0,\infty)$ 上能延拓至全直线并且有 $(p^2)'\in L^1(-\infty,\infty)$ 且无有界态. 又 $m(x,0)\neq 0,x>0$，因此大于 0，$p(x)$ 可能在 $(-\infty,0)$ 上被重构. 对于所有 k 有

$$T(k)m_2(x,k)=R_1(k)\mathrm{e}^{2ikx}m_1(x,k)+m_1(x,-k)$$

其中 $R_1(k)$，$T(k)$ 分别为反射系数，传输系数，且特别地

$$T(k)m_2(0,k)=R_1(k)m_1(0,k)+m_1(0,-k)$$

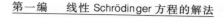

或者

$$\frac{T(k)m_2(0,k)}{m_1(0,k)}=R_1(k)+\frac{m_1(0,-k)}{m_1(0,k)}$$

即

$$\frac{T(k)m_2(0,k)}{m_1(0,k)}=R_1(k)+S(k)$$

然而，$T(k)m_2(0,k)/m_1(0,k)-1\in H^{2+}$，因此 $R^-=(1-S)^-$，即 R^- 能由散射矩阵 $\boldsymbol{S}$ 重构. 同样地，当 $x\geqslant 0$ 时，$(kR)^-$ 能由散射矩阵 $\boldsymbol{S}$ 重构.

$$\begin{aligned}p^2(x)&=-\frac{\pi}{2\mathrm{i}}\int_{-\infty}^{\infty}kR\,\mathrm{e}^{2\mathrm{i}kx}m^2(x,k)\mathrm{d}k\\&=-\frac{\pi}{2\mathrm{i}}\int_{-\infty}^{\infty}[(kR)^+\ (kR)^-]\mathrm{e}^{2\mathrm{i}kx}m^2(x,k)\mathrm{d}k\\&=-\frac{\pi}{2\mathrm{i}}\int_{-\infty}^{\infty}[(kR)^++(kR)^-]\mathrm{e}^{2\mathrm{i}kx}(1+2b+b^2)\mathrm{d}k\\&=-\frac{\pi}{2\mathrm{i}}\Big[\int_{-\infty}^{\infty}(kR)^+\ \mathrm{e}^{2\mathrm{i}kx}\mathrm{d}k+\int_{-\infty}^{\infty}(kR)^+\ \mathrm{e}^{2\mathrm{i}kx}2b\mathrm{d}k+\\&\quad\int_{-\infty}^{\infty}(kR)^+\ \mathrm{e}^{2\mathrm{i}kx}b^2\mathrm{d}k+\int_{-\infty}^{\infty}(kR)^-\ \mathrm{e}^{2\mathrm{i}kx}\mathrm{d}k+\\&\quad(kR)^-\ \mathrm{e}^{2\mathrm{i}kx}2b\mathrm{d}k+\int_{-\infty}^{\infty}(kR)^-\ \mathrm{e}^{2\mathrm{i}kx}b^2\mathrm{d}k\Big]\end{aligned}$$

因为 $\widehat{(kR)^+}(x)$ 的支集在 $(-\infty,0)$，而 $x\geqslant 0$，所以

$$\int_{-\infty}^{\infty}(kR)^+\ \mathrm{e}^{2\mathrm{i}kx}\mathrm{d}k=0$$

同理可得

$$\int_{-\infty}^{\infty}(kR)^+\ \mathrm{e}^{2\mathrm{i}kx}2b\mathrm{d}k=0$$

$$\int_{-\infty}^{\infty}(kR)^+\ \mathrm{e}^{2\mathrm{i}kx}b^2\mathrm{d}k=0$$

即

$$p^2(x)=-\frac{\pi}{2\mathrm{i}}\int_{-\infty}^{\infty}(kR)^-\ \mathrm{e}^{2\mathrm{i}kx}m^2(x,k)\mathrm{d}k$$

因此可得 $p(x)=\left(-\frac{\pi}{2\mathrm{i}}\int_{-\infty}^{\infty}(kR)^{-}\ \mathrm{e}^{2ikx}m^{2}(x,k)\mathrm{d}k\right)^{\frac{1}{2}}$，$x\geqslant 0$. 证明第一步完成，紧接着引用引理 9 即可.

定理 3　令 $p(x)\in L_1^2$ 是无界态的位势，那么

$$\begin{pmatrix} m(x,k)=b+1 \\ n(x,k)=\mathrm{e}^{2ikx}m' \end{pmatrix},-\infty<k,x<\infty$$

是方程(4),(5) 的解，且有

$$\sup_{x\geqslant a}\int_{-\infty}^{\infty}|b(x,k)|^2\mathrm{d}k\leqslant C(R,a)<\infty$$

其中 $C(R,a)$ 仅依赖于反射系数 R 和点 a.

证明　证明分为以下三步：首先通过引理1,6及定理 1 得到 $m(x,k)-1$ 和 $r(k)\mathrm{e}^{2ikx}m(x,k)+m(x,k)-1$ 均属于 $C(\mathbf{R},H^{2+})$，其次，易知 $\begin{pmatrix} m(k)=b+1 \\ n(k)=\mathrm{e}^{2ikx}m' \end{pmatrix}$ 是方程 (4),(5) 的解，最后可由引理 11 推导出

$$\sup_{x\geqslant a}\int_{-\infty}^{\infty}|b(x,k)|^2\mathrm{d}k\leqslant C(R,a)<\infty$$

得证.

总结　在 $p(x)$ 无界态且在 L_1^2 中时，我们得该位势能被反射系数 $R(k)$ 确定，并且得到基于 $R(k)$ 的迹公式. 另外，由此代入到原 Schrödinger 方程中，可以得到方程的解有上界.

参考资料

[1] Agranovich Z S, Marchenko V A. The inverse problem of scattering theory[M]. New York: Gordon and Breach Science Publishers, 1963.

[2]Coddington E A, Levinson N, Teichmann T. Theory of ordinary differential equations[M]. New York: McGraw-Hill, 1955.

[3]Deift P, Trubowitz E. Inverse scattering on the line[J]. Communications on Pure and Applied Mathematics, 1979, 32(2): 121-251.

[4]Dym H, Mckean H P. Gaussian processes, function theory, and the inverse spectral problem[J]. Journal of the American Statistical Association, 1982, 31(362): 401-467.

[5]Faddeev L D. Properties of the S-matrix of the one-dimensional Schrödinger equation[J]. American Mathematical Society Translations, 1967, 65: 314-336.

[6]Faddeyev L D, Seckler B. The inverse problem in the quantum theory of scattering[J]. Journal of Mathematical Physics, 1963, 4(1): 72-104.

[7]Gal'fand I M, Levitan B M. On the determination of a differential equation from its spectral function[J]. Acta Physiologica Scandinavica, 1955, 153(2): 179-184.

[8]Kay I, Moses H E. The determination of the scattering potential from the spectral measure function. III. Calculation of the scattering potential from the scattering operator for the one-dimensional Schrödinger equation[J]. Nuovo Cimento, 1956, 3(10): 276-304.

第六章　一类无紧性扰动拟线性 Schrödinger 方程的解

1　引　言

山西大学数学科学学院的高金峰，梁占平两位教授 2019 年主要讨论了如下形式的方程基态解的存在性

$$\begin{cases}-\mu\Delta_4 u+\mu u^3-\Delta u+V(x)u-\frac{1}{2}u\Delta u^2=|u|^{p-1}u, x\in\mathbf{R}^N\\ u\in H^1(\mathbf{R}^N), x\in\mathbf{R}^N\end{cases} \tag{1}$$

其中：$H^1(\mathbf{R}^N):=\{u\in L^2(\mathbf{R}^N):\nabla u\in L^2(\mathbf{R}^N)\}$；$\mu$ 是实系数，$\mu>0$；N 是自然数，$N>4$；p 是正实数，且满足 $3<p<\frac{3N+4}{N-4}$；位势函数 V 满足条件：

(V) V 是 1－周期的，$V\in C(\mathbf{R}^N,\mathbf{R}^1)$，$0<a\leqslant\inf\limits_{x\in\mathbf{R}^N}V(x)$，其中，$a$ 为正常数．

当 $\mu=0$ 时，椭圆型拟线性 Schrödinger 方程

$$-\Delta u+V(x)u-\frac{1}{2}u\Delta u^2=f(x,u),x\in\mathbf{R}^N \quad (2)$$

的解与拟线性 Schrödinger 方程

$$\mathrm{i}\psi_t+\Delta\psi-V(x)\psi+k\Delta(h(|\psi|^2))h'(|\psi|^2)+g(x,\psi)=0,x\in\mathbf{R}^N$$

的驻波解有关. 由于拟线性 Schrödinger 方程是许多物理现象的数学模型，因此受到许多国内外专家学者的关注，也获得了十分丰富的研究成果[1-12]. 资料[3] 研究了带有超二次条件的拟线性 Schrödinger 方程(2) 的基态解的存在性，其中 $V(x)=1$. 资料[4] 考虑了拟线性 Schrödinger 方程(2) 正解的存在性，非线性项不需要是可微的，且位势函数 V 是连续有界的. 由于 $\int_{\mathbf{R}^N}u^2|\nabla u|^2$ 的出现，资料[3,4,12] 均利用变换方法克服了不能直接用变分方法研究拟线性 Schrödinger 方程(2) 的解的困难. 在资料[13] 中考虑了修正的拟线性 Schrödinger 方程(2) 非平凡解的存在性，其中，位势函数 V 满足条件：

(V′) 对任意 $Z>0$，存在常数 $r>0$ 使得 $\lim\limits_{|y|\to+\infty}\operatorname{meas}\{x\in\mathbf{R}^N:|x-y|\leqslant r,V(x)\leqslant Z\}=0$.

定义 $H_V^1(\mathbf{R}^N):=\{u\in H^1(\mathbf{R}^N)\mid\int_{\mathbf{R}^N}Vu^2<\infty\}$，赋予范数 $\|u\|_1=(\int_{\mathbf{R}^N}(|\nabla u|^2+Vu^2))^{\frac{1}{2}}$.

当位势函数 V 满足条件(V′) 时，$H_V^1(\mathbf{R}^N)$ 能紧嵌入 $L^s(\mathbf{R}^N),s\in[2,2*)$[14-15]；但当位势函数 V 满足条件(V) 时，$H_V^1(\mathbf{R}^N)$ 没有上述的紧性条件.

本章所考虑的椭圆型拟线性 Schrödinger 方程

(1),由于带有 $\Delta_4 u$ 项,通过合理选择函数空间,可以直接应用变分法. 目前,关于方程(1) 的研究还比较少. 而且当 μ 很小时,方程(1) 可以看成是方程(2) 的一种扰动方程,对方程(2) 的研究有一定的意义. 本章利用集中紧性的原理克服了 $H_V^1(\mathbf{R}^N)$ 缺失紧性的困难,获得了方程(1) 的基态解. 本章的主要结果如下:

定理 1　假设条件(V) 成立,则对任意的 $\mu > 0$,方程(1) 存在基态解.

在本章中,$L^p(\mathbf{R}^N)$ 是 p 方可积函数空间,其范数为 $|u|_p = (\int_{\mathbf{R}^N} |u|^p)^{\frac{1}{p}}$;$H^1(\mathbf{R}^N)$ 是 Sobolev 空间,其范数为 $\|u\|_H = (\int_{\mathbf{R}^N} (|\nabla u|^2 + u^2))^{\frac{1}{2}}$;$W^{1,4}(\mathbf{R}^N)$ 也是 Sobolev 空间,其范数为 $\|u\|_2 = (\int_{\mathbf{R}^N} (|\nabla u|^4 + u^4))^{\frac{1}{4}}$. 本章的工作空间定义为 $X = W^{1,4}(\mathbf{R}^N) \cap H_V^1(\mathbf{R}^N)$,其范数为

$$\|u\| = (\|u\|_1^2 + \|u\|_2^2)^{\frac{1}{2}}$$

方程(1) 的能量泛函为

$$\begin{aligned} I(u) = & \frac{\mu}{4}\int_{\mathbf{R}^N} (|\nabla u|^4 + u^4) + \\ & \frac{1}{2}\int_{\mathbf{R}^N} (|\nabla u|^2 + Vu^2 + u^2 |\nabla u|^2) - \\ & \frac{1}{p+1}\int_{\mathbf{R}^N} |u|^{p+1} \end{aligned}$$

易证 $I \in C^1(X, \mathbf{R}^1)$ 且对任意 $\varphi \in X$,$\langle I'(u), \varphi\rangle = \mu\int_{\mathbf{R}^N} (|\nabla u|^2 \nabla u \nabla\varphi + u^3\varphi) + \int_{\mathbf{R}^N} (\nabla u \nabla\varphi + Vu\varphi + u\varphi |\nabla u|^2 + u^2 \nabla u \nabla\varphi) - \int_{\mathbf{R}^N} |u|^{p-1} u\varphi$. 现在定

义 Nehari 流形 $M:=\{u\in X\backslash\{0\}\mid\langle I'(u),u\rangle=0\}$. 定理 1 中的基态解是指 I 的所有临界点中能量最小的临界点.

2 准备工作

为证明定理 1,本节首先给出 5 个引理.

引理 1 对任意的 $u\in X\backslash\{0\}$,存在唯一的 $t>0$,使得 $tu\in M$.

证明 对任意的 $u\in X\backslash\{0\}$ 和 $t>0$,考虑代数方程 $t^2(at^2+b-ct^{p-1})=0$, 其中,$a=\mu\|u\|_2^4+\int_{\mathbf{R}^N}u^2|\nabla u|^2$;$b=\|u\|_1^2$;$c=|u|_{p+1}^{p+1}$. 因为 $3<p<\frac{3N+4}{N-4}$,所以代数方程有唯一的解 $t>0$. 根据 M 的定义知引理 1 成立.

引理 2 设 $u\in M$,那么存在与 μ 无关的数 $\eta>0$,使得 $\|u\|_1>\eta$.

证明 对任意的 $u\in M$, 根据 M 的定义及 Sobolev 不等式有

$$0=\mu\|u\|_2^4+\|u\|_1^2+2\int_{\mathbf{R}^N}u^2|\nabla u|^2-|u|_{p+1}^{p+1}$$
$$\geqslant\|u\|_1^2-C\|u\|_1^{p+1}$$

其中,$C>0$ 只与 Sobolev 嵌入常数有关. 引理 2 得证.

引理 3[16-18] 设 $1<p\leqslant\infty$,$1\leqslant q<\infty$ 且 $q\neq\frac{Np}{N-p}$. 如果 $p<N$, $\{u_n\}$ 在 $L^q(\mathbf{R}^N)$ 中有界且 $\{|\nabla u_n|\}$ 在 $L^p(\mathbf{R}^N)$ 中有界,满足 $\sup\limits_{y\in\mathbf{R}^N}\int_{B_R(y)}|u_n|^q\to$

$0, n\to\infty$，则 $L^s(\mathbf{R}^N)$ 中

$$u_n\to 0, s\in\left(q,\frac{Np}{N-p}\right)$$

引理 4[18-19]　设 $\{\rho_n\}$ 是非负 L^1 函数序列，满足 $\int_{\mathbf{R}^N}\rho_n:=\lambda,\lambda>0$ 固定. 存在 $\{\rho_n\}$ 的子列，仍记为 $\{\rho_n\}$，有且仅有下列 3 种可能性：

（Ⅰ）消失性：对所有 $R>0$，有 $\lim\limits_{n\to\infty}\sup\limits_{y\in\mathbf{R}^N}\int_{B_R(y)}\rho_n=0$.

（Ⅱ）紧性：存在 $\{y_n\}\subset\mathbf{R}^N$，使得对任意 $\varepsilon>0$，存在 $R>0$，满足 $\liminf\limits_{n\to\infty}\int_{B_R(y_n)}\rho_n\geqslant c-\varepsilon$.

（Ⅲ）二分性：存在 $\alpha\in(0,c)$，$\{y_n\}\subset\mathbf{R}^N$，对任意 $\varepsilon>0$，存在 $R>0$，对所有的 $r\geqslant R$，$r'\geqslant R$，有

$$\limsup_{n\to\infty}\left(\left|\alpha-\int_{B_r(y_n)}\rho_n\right|+\left|(c-\alpha)-\int_{\mathbf{R}^N\setminus B_{r'}(y_n)}\rho_n\right|\right)<\varepsilon$$

引理 1 说明 M 非空，因而可以定义 $c=\inf\limits_{u\in M}I(u)$. 下面讨论 c 的极小化序列满足的性质.

引理 5　设 $\{u_n\}\subset M$，$\lim\limits_{n\to\infty}I(u_n)=c$，则存在 $\{y_n\}\subset\mathbf{R}^N$，使得对任意的 $\varepsilon>0$，存在 $R_0>0$，当 $R\geqslant R_0$ 时，有 $\limsup\limits_{n\to\infty}\int_{\mathbf{R}^N\setminus B_R(y_n)}u_n^2\leqslant\varepsilon$.

证明　假设 $\{u_n\}\subset M$，$\lim\limits_{n\to\infty}I(u_n)=c$. 由于 $I(u_n)=I(u_n)-\frac{1}{p+1}\langle I'(u_n),u_n\rangle$，故

$$I(u_n)=\frac{p-1}{2(p+1)}\int_{\mathbf{R}^N}(|\nabla u_n|^2+Vu_n^2)+\frac{p-3}{2(p+1)}\int_{\mathbf{R}^N}u_n^2|\nabla u_n|^2+\frac{\mu(p-3)}{4(p+1)}\|u_n\|_2^4\tag{3}$$

故 $c \geqslant 0$，下证 $c > 0$. 事实上，若 $c = 0$，利用式(3)，在 $H_V^1(\mathbf{R}^N)$ 中 $u_n \to 0$，与引理 2 矛盾. 再次利用式(3) 可知，$\{u_n\}$ 在 X 上有界，从而存在 $\{u_n\}$ 的子列，仍记为 $\{u_n\}$ 及 $u \in X$，使得在 X 中 u_n 弱收敛于 u，在 $L_{\mathrm{loc}}^s(\mathbf{R}^N)$ 中 $u_n \to u$，$s \in \left[1, \frac{4N}{N-4}\right)$. 设

$$\rho_n = \frac{p-1}{2(p+1)}(|\nabla u_n|^2 + Vu_n^2) + \frac{p-3}{2(p+1)}u_n^2|\nabla u_n|^2 + \frac{\mu(p-3)}{4(p+1)}(|\nabla u_n|^4 + Vu_n^4)$$

那么，ρ_n 是非负 L' 函数序列，满足 $\int_{\mathbf{R}^N}\rho_n := \Phi(u_n) \to c > 0$. 由引理 4 可知，有且仅有 3 种可能性.

现在证明序列 $\{\rho_n\}$ 满足引理 4 中的紧性. 事实上，有：

（Ⅰ）消失性的情况不会发生. 用反证法. 若消失性成立，则对所有 $R > 0$，有 $\lim\limits_{n\to\infty}\sup\limits_{y\in\mathbf{R}^N}\int_{B_R(y)}\rho_n = 0$，则 $\lim\limits_{n\to\infty}\sup\limits_{y\in\mathbf{R}^N}\int_{B_R(y)}u_n^4 = 0$. 由引理 3 得，在 $L^s(\mathbf{R}^N)$ 中 $u_n \to 0$，$s \in \left(4, \frac{4N}{N-4}\right)$. 因为 $\{u_n\} \subset M$，$3 < p < \frac{3N+4}{N-4}$，有

$$\begin{aligned}
& I(u_n) - \frac{1}{2}\langle I'(u_n), u_n\rangle \\
&= -\frac{\mu}{4}\|u_n\|_2^4 - \frac{1}{2}\int_{\mathbf{R}^N}u_n^2|\nabla u_n|^2 + \frac{p-1}{2(p+1)}|u_n|_{p+1}^{p+1} \\
&\leqslant \frac{p-1}{2(p+1)}|u_n|_{p+1}^{p+1} \to 0, n \to \infty
\end{aligned}$$

这是不可能的.

（Ⅱ）二分性的情况不会发生. 用反证法. 利用对角线的方法，不妨假设存在 $\alpha \in (0, c)$，$\{y_n\} \subset \mathbf{R}^N$，

$\{R_n\} \subset \mathbf{R}_+, R_n \to +\infty$，有

$$\lim_{n\to\infty}\left(\left|\alpha-\int_{B_{R_n}(y_n)}\rho_n\right|+\left|(c-\alpha)-\int_{\mathbf{R}^N\setminus B_{2R_n}(y_n)}\rho_n\right|\right)=0 \tag{4}$$

设 $\xi: C^1([0,\infty),[0,\infty))$ 是一个截断函数，满足当 $s\in(1,2)$ 时，$\xi(s)=1$；当 $s\geqslant 2$ 时，$\xi(s)=0$；当 $s\in(1,2)$ 时，$\xi(s)\in(0,1)$ 且 $|\xi'(s)|\leqslant 2$. 设

$$v_n=\xi\left(\frac{|x-y_n|}{R_n}\right)u_n(x)$$

$$w_n=\left(1-\xi\left(\frac{|x-y_n|}{R_n}\right)\right)u_n(x)$$

由式(4)，有 $\liminf\limits_{n\to\infty}\Phi(v_n)\geqslant\alpha$，类似地

$$\liminf_{n\to\infty}\Phi(w_n)\geqslant c-\alpha$$

定义 $\Omega_n=B_{2R_n(y_n)}\setminus B_{R_n(y_n)}$，那么当 $n\to\infty$ 时，利用式(4)，有 $\lim\limits_{n\to\infty}\int_{\Omega_n}\rho_n=0$. 因此，当 $n\to\infty$ 时

$$\int_{\Omega_n}(|\nabla v_n|^2+Vv_n^2)\to 0$$

$$\int_{\Omega_n}(|\nabla v_n|^4+v_n^4)\to 0$$

$$\int_{\Omega_n}v_n^2|\nabla v_n|^2\to 0 \tag{5}$$

$$\int_{\Omega_n}(|\nabla w_n|^2+Vw_n^2)\to 0$$

$$\int_{\Omega_n}(|\nabla w_n|^4+w_n^4)\to 0$$

$$\int_{\Omega_n}w_n^2|\nabla w_n|^2\to 0 \tag{6}$$

利用式(5)和式(6)可得

$$\int_{\mathbf{R}^N}(|\nabla u_n|^2+Vu_n^2)=\int_{\mathbf{R}^N}(|\nabla v_n|^2+Vv_n^2)+$$

$$\int_{\mathbf{R}^N}(|\nabla w_n|^2+Vw_n^2)+o_n(1) \tag{7}$$

$$\int_{\mathbf{R}^N}u_n^2|\nabla u_n|^2=\int_{\mathbf{R}^N}v_n^2|\nabla v_n|^2+\int_{\mathbf{R}^N}w_n^2|\nabla w_n|^2+o_n(1) \tag{8}$$

$$\int_{\mathbf{R}^N}(|\nabla v_n|^4+u_n^4)=\int_{\mathbf{R}^N}(|\nabla v_n|^4+v_n^4)+\int_{\mathbf{R}^N}(|\nabla w_n|^4+w_n^4)+o_n(1) \tag{9}$$

其中，$o_n(1)\to 0,n\to\infty$. 由式(7)，(8)和(9)可知 $\Phi(u_n)=\Phi(v_n)+\Phi(w_n)+o_n(1)$，由此可得

$$c=\lim_{n\to\infty}\Phi(u_n)\geqslant\liminf_{n\to\infty}\Phi(v_n)+\liminf_{n\to\infty}\Phi(w_n)\geqslant\alpha+c-\alpha$$

因而，$\liminf_{n\to\infty}\Phi(v_n)=\alpha,\liminf_{n\to\infty}\Phi(w_n)=c-\alpha$，由内插不等式、Sobolev 不等式和$\lim_{n\to\infty}\int_{\Omega_n}\rho_n=0$ 可知

$$\int_{\Omega_n}|u_n|^{p+1}\leqslant\left(\int_{\Omega_n}|u_n|^4\right)^{1-\theta}\left(\int_{\Omega_n}|u_n|^{4N/(N-4)}\right)^{\theta}\leqslant\left(\int_{\Omega_n}|u_n|^4\right)^{1-\theta}\|u_n\|_2^{4\theta N/(N-4)}\to 0 \tag{10}$$

其中，$\theta\in(0,1)$. 因为$\{u_n\}\subset M$，所以有

$$0=\langle I'(u_n),u_n\rangle=\langle I'(v_n),v_n\rangle+\langle I'(w_n),w_n\rangle+o_n(1) \tag{11}$$

记 $a:=\liminf_{n\to\infty}\langle I'(v_n),v_n\rangle,b:=\liminf_{n\to\infty}\langle I'(w_n),w_n\rangle$，由式(11)得 $a+b\leqslant 0$. 下面只需考虑两种情形：

情形 1 $a<0$ 或 $b<0$. 现考虑 $a<0$ 的情形，$b<$

0 的情形类似. 不妨设$\liminf_{n\to\infty}\langle I'(v_n),v_n\rangle\leqslant 0$,则有

$$\mu\|v_n\|_2^4+\|v_n\|_1^2+2\int_{\mathbf{R}^N}v_n^2|\nabla v_n|^2-|v_n|_{p+1}^{p+1}\leqslant 0 \tag{12}$$

由引理 1 知,存在 $t_n>0$,使得$\{t_nv_n\}\subset M$. 由式(12) 和 M 的定义可知

$$(t_n^{p+1}-t_n^4)\mu\|v_n\|_2^4+(t_n^{p+1}-t_n^2)\|v_n\|_1^2+$$
$$2(t_n^{p+1}-t_n^4)\int_{\mathbf{R}^N}v_n^2|\nabla v_n|^2\leqslant 0$$

因此,$t_n\leqslant 1$. 故 $c\leqslant I(t_nv_n)=\Phi(t_nv_n)\leqslant\Phi(v_n)$,因此 $c\leqslant\alpha$,矛盾.

情形 2　$a=0$. 不妨设$\langle I'(v_n),v_n\rangle\to 0,n\to\infty$. 由引理 1 知,存在 $t_n>0$,使得 $t_nv_n\in M$. 如果$\limsup_{n\to\infty}t_n\leqslant 1$,可得与情形1同样的矛盾. 利用$t_nv_n\in M$ 和引理 2 得 t_n 有界,不妨设$\lim_{n\to\infty}t_n=t_0\in(1,\infty)$. 由

$$\langle I'(v_n),v_n\rangle=\mu\left(1-\frac{1}{t_n^{p-3}}\right)\|v_n\|_2^4+\left(1-\frac{1}{t_n^{p-1}}\right)\|v_n\|_1^2+$$
$$2\left(1-\frac{1}{t_n^{p-3}}\right)\int_{\mathbf{R}^N}v_n^2|\nabla v_n|^2$$
$$\langle I'(v_n),v_n\rangle\to 0$$

可知,在 X 中$\lim_{n\to\infty}\|v_n\|=0$. 故$\lim_{n\to\infty}\Phi(v_n)=0$ 与$\liminf_{n\to\infty}\Phi(v_n)=\alpha$ 矛盾.

综上所述,可知序列$\{\rho_n\}$ 满足紧性,引理 5 成立.

3　主要结果的证明

定理 1 的证明　设$\{u_n\}\subset M,\lim_{n\to\infty}I(u_n)=c$.

（Ⅰ）当 n 足够大时

$$c+1 \geqslant \frac{p-1}{2(p+1)}\|u_n\|_1^2+\frac{p-3}{2(p+1)}\int_{\mathbf{R}^N} u_n^2|\nabla u_n|^2+\frac{\mu(p-3)}{4(p+1)}\|u_n\|_2^4$$

$$\geqslant \frac{p-1}{2(p+1)}\|u_n\|_1^2+\frac{\mu(p-3)}{4(p+1)}\|u_n\|_2^4$$

因而$\{u_n\}$在 X 中有界.

（Ⅱ）由引理 5 得，存在$\{y_n\}\subset \mathbf{R}^N$，使得对任意的 $\varepsilon>0$，存在 $R_0>0$，当 $R\geqslant R_0$ 时，有

$$\limsup_{n\to\infty}\int_{\mathbf{R}^N\setminus B_R(y_n)} u_n^2 \leqslant \varepsilon \tag{13}$$

不妨设$\{y_n\}\subset \mathbf{Z}^N$. 定义 $v_n(\cdot)=u_n(\cdot+y_n)$，那么 $u_n\in M$，利用条件(V)知 $v_n(\cdot)\in M$. 由（Ⅰ）知$\{v_n\}$在 X 中有界，因此，不妨假设存在 $v\in X$，使得在 X 中 v_n 弱收敛于 v. 由 Sobolev 紧嵌入定理可知：在 $L_{\text{loc}}^s(\mathbf{R}^N)$ 中

$$v_n\to v, s\in\left[1,\frac{4N}{N-4}\right) \tag{14}$$

任取 $R>0$，有

$$\begin{aligned}&\int_{\mathbf{R}^N}|v_n-v|^2\\ \leqslant&\int_{B_R(0)}|v_n-v|^2+\int_{B_R^C(0)}|v_n-v|^2\\ \leqslant&\int_{B_R(0)}|v_n-v|^2+2\int_{B_R^C(0)}|v_n|^2+|v|^2\end{aligned}$$

由于 $v\in X\subset L^2(\mathbf{R}^N)$，利用式(13)和式(14)知在 $L^2(\mathbf{R}^N)$ 中，$v_n\to v$. 由于$\{v_n\}$在 X 中有界，利用内插不等式易证在 $L^2(\mathbf{R}^N)$ 中，$v_n\to v, s\in\left[2,\frac{4N}{N-4}\right)$，故在 $L^s(\mathbf{R}^N)$ 中

$$v_n \to v, s \in \left[2, \frac{4N}{N-4}\right) \tag{15}$$

因为 $v_n \in M$，由引理 2 和式(15) 知，存在 $C > 0$，使得 $|v_n|_{p+1} \geqslant C$，故 $v \neq 0$.

$$\alpha := \int_{\mathbf{R}^N} |\nabla v|^2, \quad \beta := \int_{\mathbf{R}^N} |\nabla v|^4, \gamma := \int_{\mathbf{R}^N} v^2 |\nabla v|^2$$

$$\alpha' := \liminf_{n\to\infty} \int_{\mathbf{R}^N} |\nabla v_n|^2, \beta' := \liminf_{n\to\infty} \int_{\mathbf{R}^N} |\nabla v_n|^4$$

$$\gamma' := \liminf_{n\to\infty} \int_{\mathbf{R}^N} v_n^2 |\nabla v_n|^2$$

由式(15) 和范数的弱下半连续性，$\alpha \leqslant \alpha'$，$\beta \leqslant \beta'$，$\gamma \leqslant \gamma'$. 假设 $\alpha < \alpha'$，则有 $I(v) < c$，$\langle I'(v), v\rangle < 0$. 由引理 1 知，存在 $0 < t_0 < 1$，使得 $t_0 v \in M$. 于是

$$c \leqslant I(t_0 v) = \Phi(t_0 v) < \liminf_{n\to\infty} \Phi(v_n) = \lim_{n\to\infty} I(v_n) = c$$

这是不可能的. 因此 $\alpha = \alpha'$. 同理可证 $\beta = \beta'$，$\gamma = \gamma'$. 从而可得

$$v \in M \text{ 且 } I(v) = c \tag{16}$$

（Ⅲ）定义 $G(w) = \langle I'(w), w\rangle$，$w \in X$. 由引理 2 得

$$\begin{aligned} &\langle G'(v), v\rangle - 4\langle I'(v), v\rangle \\ &= 4\mu \| v \|_2^4 + 2\| v \|_1^2 + 8\int_{\mathbf{R}^N} v^2 |\nabla v|^2 - \\ &\quad (p+1) | v |_{p+1}^{p+1} - 4\langle I'(v), v\rangle \\ &= -2\| v \|_1^2 + (3-p) | v |_{p+1}^{p+1} \leqslant -2\eta < 0 \end{aligned}$$

利用条件极值原理[20] 知，存在 $m \in \mathbf{R}^1$，使得 $I'(v) = mG'(v)$. 故

$$0 = \langle I'(v), v\rangle = m\langle G'(v), v\rangle$$

从而知 $m = 0$，所以 $I'(v) = 0$，即可得 v 是方程(1) 的解. 又由式(16) 知 $I(v) = c$，根据基态解的定义，v 是方

程(1) 的基态解.

参考资料

[1] Nakamura A. Damping and modification of exciton solitary waves[J]. Journal of the Physical Society of Japan, 1977, 42(6): 1824-1835.

[2] Kurihura S. Large-amplitude quasi-solitons in super-fluid films[J]. Journal of the Physical Society of Japan, 1981, 50: 3262-3267.

[3] Liu X Q, Liu J Q, Wang Z Q. Quasilinear elliptic equations via perturbation method[J]. Proceedings of the American Mathematical Society, 2012, 141(1): 253-263.

[4] Chen J H, Tang X H, Cheng B T. Existence of ground state solutions for quasilinear Schrödinger equations with super-quadratic condition[J]. Applied Mathematical Letter, 2018, 79: 27-33.

[5] Fang X D. Positive solutions for quasilinear equation in $\mathbf{R}^N$[J]. Communications on Pure and Applied Analysis, 2017, 16: 1603-1615.

[6] Zhang W, Liu X Q. Infinitely many sign-changing solutions for a quasilinear elliptic equation in $\mathbf{R}^N$[J]. Journal of Mathematical Analysis and Applications, 2015, 420(2): 722-740.

[7] Liu J Q, Wang Z Q. Multiple solutions for quasilinear elliptic equations with a finite potential well[J]. Journal of Differential Equations, 2014, 257(8): 2874-2899.

[8] Liu J Q, Wang Z Q. Soliton solutions for quasilinear Schrödinger equations I[J]. Proceedings of the American Mathematical Society, 2002, 131: 473-493.

[9] Liu J Q, Wang Z Q. Soliton solutions for quasilinear Schrödinger equations Ⅱ[J]. Journal of Differential Equations, 2003, 187: 441-448.

[10] Silva E A B, Vieira G F. Quasilinear asymptotically periodic Schrödinger equations with critical growth[J]. Calculus of Variations and Partial Differential Equations, 2010, 39(1/2): 1-33.

[11]Silva E A B, Vieira G F. Quasilinear asymptotically periodic Schrödinger equations with subcritical growth[J]. Nonlinear Analysis, 2009, 72(6): 2935-2949.

[12]Colin M, Jeanjean L. Solutions for a quasilinear Schrödinger equations: a dual approach[J]. Nonlinear Analysis, 2003, 56(2): 213-226.

[13]Feng X J, Zhang Y. Existence of non-trivial solution for a class of modified Schrödinger-poisson equations via perturbation method[J]. Journal of Mathematical Analysis and Applications, 2016, 442(2): 673-684.

[14]David G C. On a class of elliptic systems in $\mathbf{R}^N$[J]. Electronic Journal of Differential Equations, 1994, 7: 1-14.

[15]Bartsch T, Wang Z Q. Existence and multiplicity results for some superlinear elliptic problems on $\mathbf{R}^N$[J]. Communications in Partial Differential Equations, 1995, 20(9/10): 1725-1741.

[16]Zhu X P, Cao D M. The concentration-compactness principle in nonlinear elliptic equations[J]. Acta Mathematical Scientia, 1989, 9(3): 307-328.

[17]Deng Y B, Peng S J, Yan S S. Critical exponents and solitary wave solutions for generalized quasilinear Schrödinger equations[J]. Journal of Differential Equations, 2016, 260(2): 1228-1262.

[18]Lions P L. The concentration-compactness principle in the calculus of variations. The locally compact case, part 1[J]. Annales de L'insitut Henri Poincare C, Analyse non linéaire, 1984, 1(2): 109-145.

[19]Li G B, Ye H Y. Existence of positive ground state solutions for the nonlinear Kirchhoff type equations in $\mathbf{R}^3$[J]. Journal of Differential Equations, 2014, 257(2): 566-600.

[20] 郭大钧. 非线性泛函分析[M]. 3 版. 北京: 高等教育出版社, 2015.

第二编

Schrödinger 方程的特殊解法

W.K.B 近似条件下定态 Schrödinger 方程的简单求解

第一章

在势场缓慢变化且 $|E-U(x)|$ 很大这两个条件（以下简称 W.K.B 近似条件，即 W.K.B 法所要求的条件）下，用 W.K.B 近似方法求解定态 Schrödinger 方程可以得到较好的结果. 但是，$E=U(x)$ 的转折点附近，则须通过相当复杂的数学推导，严格求解方程并进一步将波函数的渐近行为与 W.K.B 近似解进行比较，才能得到转折点附近的连接公式. 本章提出一种近似方法，通过简单的数学推导得到了 W.K.B 近似条件下分区域的波函数及转折点附近的连接公式，进而得到一维情况下，势阱中粒子能级所满足的公式以及势垒贯穿因子. 成都科技大学应用物理系的王肇庆，苏惠惠和北方交通大学物理系的余守宪三位教授1994年所采用的方法避免

了复杂的数学推导，但所得势阱能级和势垒贯穿的结果与已有文献完全相同.

1 W.K.B 近似波函数

考虑质量为 μ 的粒子在势阱 $U(x)$ 中运动，设势场 $U(x)$ 是缓变的，$\dfrac{\partial U(x)}{\partial x}$ 很小，而

$$\sqrt{\frac{2\mu\cdot|E-U(x)|}{\hbar^2}}$$

之值很大，一维定态 Schrödinger 方程为

$$\frac{\mathrm{d}^2\psi(x)}{\mathrm{d}x^2}+\frac{2\mu(E-U(x))}{\hbar^2}\psi(x)=0$$

在 $a<x<b$ 区域，$E>U(x)$，令实数

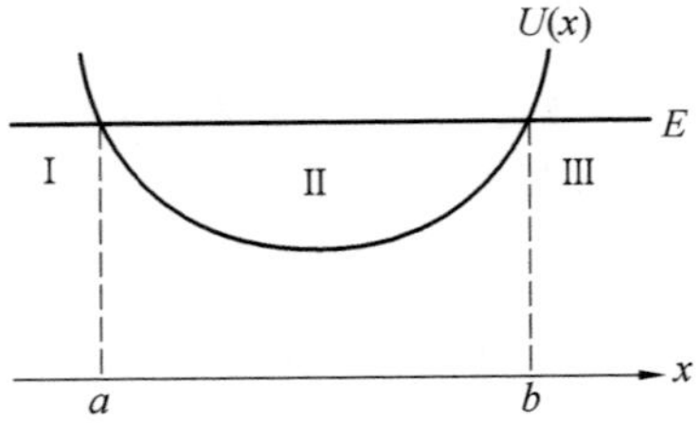

图 1

$$k=\sqrt{\frac{2\mu(E-U(x))}{\hbar^2}}$$

则有方程

$$\frac{\mathrm{d}^2\psi(x)}{\mathrm{d}x^2}+k^2\psi(x)=0$$

在 $x<a$ 和 $x>b$ 区域，$E<U(x)$，令实数

$$k' = \sqrt{\frac{2\mu(U(x) - E)}{\hbar^2}}$$

则有方程

$$\frac{d^2\psi(x)}{dx^2} - k'^2\psi(x) = 0 \tag{2}$$

在势阱($a < x < b$) 中，考虑 k 值很大且变化缓慢($U(x)$ 是缓变的)，因此，如果我们粗糙地用 $U(x)$ 的平均值 $U = \frac{1}{b-a}\int_a^b U(x)dx$ 来代替 $U(x)$，而近似地取 $k \approx k_0 = \sqrt{\frac{2\mu(E-U)}{\hbar^2}}$(常数)，那么势阱中的波函数可近似写成方势阱的波函数 $\psi_n = A\cos(k_0 x + \varphi_0)$，其中 A 为常数(振幅)，相角 $\varphi = k_0 x + \varphi_0$ 随 x 均匀地变化，其变化率为 $\varphi' = k_0$. 为了修正这一粗糙结果，考虑到在 W. K. B 近似条件下 $k(x)$ 是缓变函数，我们可以对 ψ_n 进行修正. 设波函数可近似地写成

$$\psi(x) = A(x)\cos\varphi(x) \tag{3}$$

其中 $A(x)$ 是缓变函数，在计算中可忽略 $\frac{d^2A}{dx^2}$(以下记为 A'').

将式(3) 代入式(1)，并取 $A'' = 0$，就得到

$$(2A'\varphi' + A\varphi'')\sin\varphi + (\varphi'^2 - k^2)\cos\varphi = 0$$

我们取 $\varphi'(x) = k(x)$，亦即取

$$\varphi(x) = \int_a^x k(x)dx + \varphi_0$$

式中 φ_0 为常数，于是可得

$$2\frac{A'}{A} = -\frac{k'}{k}$$

因而 $A(x) = \frac{A_0}{\sqrt{k}}$($A_0$ 为常数)，故式(1) 的 W. K. B 近似

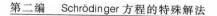

解为

$$\psi_2(x)=\frac{A_0}{\sqrt{k}}\cos\left(\int_a^x k\,\mathrm{d}x+\varphi_0\right) \tag{4}$$

在 $x<a,x>b$ 区域,采用类似的近似方法,可得指数式衰减的波函数.

当 $x<a$ 时

$$\psi_1(x)=\frac{B_a}{\sqrt{k'}}\exp\left(-\int_x^a k'\,\mathrm{d}x\right) \tag{5a}$$

当 $x>b$ 时

$$\psi_2(x)=\frac{B_b}{\sqrt{k'}}\exp\left(-\int_b^x k'\,\mathrm{d}x\right) \tag{5b}$$

其中已经使用了束缚态的边界条件:$x\to-\infty$ 时,$\psi_1=0$;$x\to\infty$ 时,$\psi_3=0$. B_a,B_b 为常数,$\psi_1(x)$,$\psi_2(x)$,$\psi_3(x)$ 即为 W. K. B 近似条件下势阱各区域的波函数,但在转折点处,$k=k'=0$,且不满足 $|E-U(x)|$ 很大,所以它们不适用于转折点附近.

2　势阱转折点处连接公式及 Bohr Sommerfield 条件

当 $x=a,b$ 时,$E=U(a)=U(b)$,称 a,b 为转折点.为了求得转折点附近的波函数,取势函数 $u(x)$ 代替转折点附近的势函数 $U(x)$,如图 2 所示.

$$u(x)=\begin{cases}U(a-\Delta x),\text{当 } a-\Delta x<x<a\\ U(a+\Delta x),\text{当 } a<x<a+\Delta x\\ U(b-\Delta x),\text{当 } b-\Delta x<x<b\\ U(b+\Delta x),\text{当 } b<x<b+\Delta x\\ U(x),\text{其他区域}\end{cases}$$

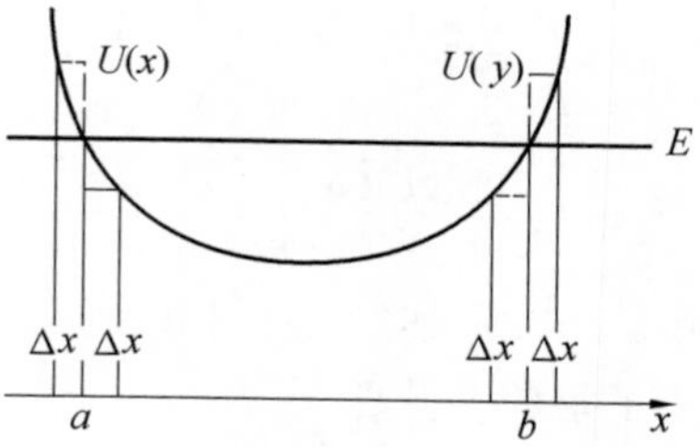

图 2

这就是说，我们在转折点附近，用阶跃型的势能曲线代替真实的势能曲线，并取 $\Delta x \to 0$ 的极限来求得结果. 将 $u(x)$ 代入式(2)和式(1)，解得 $x=a,b$ 附近的波函数，并考虑与 ψ_1,ψ_2,ψ_3 连续，结果是：

当 $a-\Delta x<x<a$ 时

$$\psi_{1a}=\frac{B_a}{\sqrt{k'_a}}\exp[-k'_a(a-x)] \tag{6a}$$

当 $a<x<a+\Delta x$ 时

$$\psi_{2a}=\frac{A_0}{\sqrt{k_a}}\cos[k_a(x-a)+\varphi_a] \tag{6a$'$}$$

当 $b-\Delta x<x<b$ 时

$$\psi_{2b}=\frac{A_0}{\sqrt{k_b}}\cos[k_b(x-b)+\varphi_b] \tag{6b}$$

当 $b<x<b+\Delta x$ 时

$$\psi_{3b}=\frac{B_b}{\sqrt{k'_b}}\exp[-k'_b(x-b)] \tag{6b$'$}$$

其中

$$k_a=\sqrt{\frac{2\mu[E-U(a+\Delta x)]}{\hbar^2}}$$

$$k'_a=\sqrt{\frac{2\mu[U(a-\Delta x)-E]}{\hbar^2}}$$

$$k_b = \sqrt{\frac{2\mu[E - U(b + \Delta x)]}{\hbar^2}}$$

$$k'_b = \sqrt{\frac{2\mu[U(b - \Delta x) - E]}{\hbar^2}}$$

为常数;参考 ψ_1 与 ψ_{1a} 连续,ψ_3 与 ψ_{3b} 连续,已经在 ψ_{1a} 与 ψ_{3b} 中舍去了指数上升项.

由于在 $x=a$ 处,ψ 和 ψ' 连续,由式(6a) 和式(6a)′ 可得

$$\tan \varphi_a = -\frac{k'_a}{k_a} = -\left[\frac{U(a - \Delta x) - E}{E - U(a + \Delta x)}\right]^{\frac{1}{2}}$$

其中 $U(a-\Delta x)$,$U(a+\Delta x)$ 可在 $x=a$ 处展成幂级数,由于 Δx 很小,$U(x)$ 缓变,可将幂级数的前两项代入上式,有

$$\tan \varphi_a = -1, \varphi_a = -\frac{\pi}{4} + n_a\pi, n_a \text{ 为整数}$$

由于在 $x=b$ 处,ψ 与 ψ' 连续,由式(6b) 和式(6b)′ 可得

$$\tan \varphi_b = \frac{k'_b}{k_b} = \left[\frac{U(b + \Delta x) - E}{E - U(b - \Delta x)}\right]^{\frac{1}{2}}$$

将 $U(b+\Delta x)$,$U(b-\Delta x)$ 在 $x=b$ 处展成幂级数,并取前两项代入上式,有

$$\tan \varphi_b = 1, \varphi_b = \frac{\pi}{4} + n_b\pi, n_b \text{ 为整数}$$

于是

$$\varphi_b - \varphi_a = \frac{\pi}{2} + (n_b - n_a)\pi = \left(n + \frac{1}{2}\right)\pi \tag{7}$$

式中 $n = n_b - n_a$ 为整数.

由于 ψ_{2a} 应和 ψ_2 在 $x=a+\Delta x$ 处连续,ψ_{2b} 应和 ψ_2 在 $x=b-\Delta x$ 处连续,考虑在 Δx 足够小的条件下,利

用式(4),可得

$$\varphi_a = \varphi_0$$

$$\varphi_b = \varphi_0 + \int_a^b k\,\mathrm{d}x$$

于是

$$\varphi_b - \varphi_a = \int_a^b k\,\mathrm{d}x$$

将上式代入式(7) 有

$$\int_a^b k(x)\mathrm{d}x = \left(n + \frac{1}{2}\right)\pi, n = 0, 1, \cdots \tag{8}$$

其中考虑到 $k(x) > 0$, $\int_a^b k(x)\mathrm{d}x > 0$,所以整数 n 不能取负值,再以 $\hbar$ 乘以式(8),考虑 k 为波数,动量 $\varphi = \hbar k$,则式(8) 可改写为

$$\int_a^b p\,\mathrm{d}x = \left(n + \frac{1}{2}\right) \cdot \frac{h}{2}$$

$$2\int_a^b p\,\mathrm{d}x = \left(n + \frac{1}{2}\right) h$$

或

$$\oint p\mathrm{d}q = \left(n + \frac{1}{2}\right) h \tag{8$'$}$$

式(8)′ 中 $\oint$ 为对经典粒子运动一周期的积分,式(8)′即为 Bohr Sommerfield 量子化条件,只是多出了 $\frac{h}{2}$ 项,而这恰恰反映了量子力学和旧量子论的差别. 使用式(8)′ 可求得势阱中运动粒子的能级 E_n. 由于该式的导出条件是 $U(x)$ 变化缓慢,故 $\sqrt{\frac{2\mu}{\hbar^2} \mid E - U(x) \mid}$ 的值很大. 显然,严格地说,它只适用于粒子能量很大即高激发态(n 很大) 的情况.

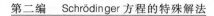

由于在 $x=a$ 及 $x=b$ 处波函数连续，考虑 n_a 取为 $0, \varphi_a=-\frac{\pi}{4}, \varphi_b=\frac{\pi}{4}+n\pi$，将式(6a) 和(6a)$'$ 以及式(6b) 和(6b)$'$ 连接起来，有

$$B_a=\frac{A_0}{\sqrt{2}}$$

$$A_0(-1)^n \cdot \frac{1}{\sqrt{2}}=B_b$$

将上式代入式(4)，(5) 和(6)，得到能级 E_n 相应的波函数

$$\psi_2=\frac{A_0}{\sqrt{k}}\cos\left(\int_a^x k\,\mathrm{d}x-\frac{\pi}{4}\right) \tag{4$'$}$$

$$\psi_1=\frac{A_0}{\sqrt{2k'}}\exp\left(-\int_x^a k'\,\mathrm{d}x\right) \tag{5$'$}$$

$$\psi_3=\frac{(-1)^n}{\sqrt{2k'}}A_0\exp\left(-\int_b^x k'\,\mathrm{d}x\right)$$

式(4)$'$，(5)$'$ 中的 a 和 b 满足 $E_n=U(a)=U(b)$，而 E_n 是由式(8) 或式(8)$'$ 求得的势阱能级.

3　势垒转折点的连接公式及贯穿因子

类似于势阱情况的求解，对于以能级 E 入射势垒的情况，设

$$k=\sqrt{\frac{2\mu[E-U(x)]}{\hbar^2}}$$

$$k'=\sqrt{\frac{2\mu[U(x)-E]}{\hbar^2}}$$

可求得 W. K. B 近似条件下粒子的波函数为：

当 $x < a$ 时

$$\psi_1 = \frac{A_a}{\sqrt{k}} \cos\left(\int_a^x k\,\mathrm{d}x + \beta_a\right) \tag{9}$$

当 $a < x < b$ 时

$$\psi_2 = \frac{B_0}{\sqrt{k'}} \exp\left(\pm \int_0^x k'\,\mathrm{d}x\right) \tag{10}$$

当 $x > b$ 时

$$\psi_3 = \frac{A_b}{\sqrt{k}} \cos\left(\int_b^x k\,\mathrm{d}x + \beta_b\right) \tag{11}$$

其中,式(10)为衰减波函数,"$\mp$"符号分别对应于粒子从左向右及反向入射的情况,其中指数上升波函数已被舍去,其原因是粒子贯穿势垒时,贯穿因子总是小于1,贯穿势垒 $U(x)$ 可视为依次贯穿无数个方垫垒,因而在粒子前进的方向上波函数总是渐减的;如果指数上升波函数不舍去,由于 $|E-U(x)|$ 很大,并因而 k' 很大,$\int_a^b k'\,\mathrm{d}x \gg 1$,则波函数模平方不在前进方向上保持渐减.

由于 ψ_1,ψ_2,ψ_3 不适合转折点 a 与 b 附近,类似于势阱情况,在转折点附近取 $u(x)$ 代替 $U(x)$,如图3所示.

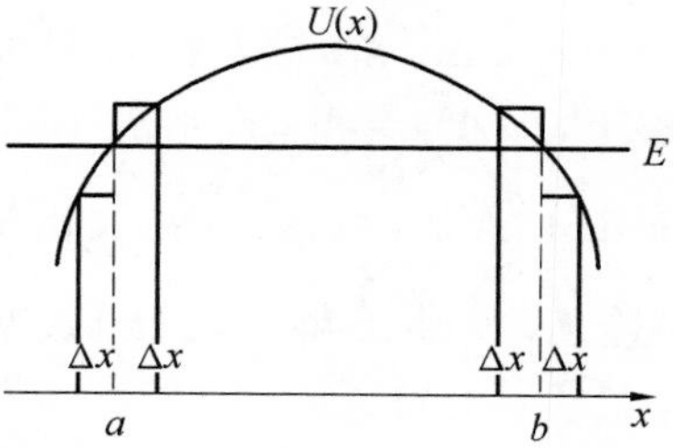

图 3

设

$$k_a = \frac{1}{\hbar}\sqrt{2\mu[E - U(a - \Delta x)]}$$

$$k'_a = \frac{1}{\hbar}\sqrt{2\mu[U(a + \Delta x) - E]}$$

$$k_b = \frac{1}{\hbar}\sqrt{2\mu[E - U(b + \Delta x)]}$$

$$k'_b = \frac{1}{\hbar}\sqrt{2\mu[U(b - \Delta x) - E]}$$

可得到转折点附近的连接公式:

当 $a - \Delta x < x < a$ 时

$$\psi_{1a} = \frac{A'_a}{\sqrt{k_a}}\cos[k_a(x - a) + \beta'_a]$$

当 $a < x < a + \Delta x$ 时

$$\psi_{2a} = \frac{B'_0}{\sqrt{k'_a}}\exp[\mp k'_a(x - a)]$$

当 $b - \Delta x < x < b$ 时

$$\psi_{2b} = \frac{B''_0}{\sqrt{k'_b}}\exp[\pm k'_b(x - a)]$$

当 $b < x < b + \Delta x$ 时

$$\psi_{3b} = \frac{A'_b}{\sqrt{k'_b}}\cos[k'_b(x - b) + \beta'_b]$$

由于在 $x = a \mp \Delta x$ 和 $x = b \mp \Delta x$ 处波函数连续，考虑 Δx 足够小，有 $A'_a = A_a$，$\beta'_a = \beta_a$，$B'_0 = B_0$，$B''_0 = B_0\exp\left(\mp\int_a^b k'\mathrm{d}x\right)$，$A'_b = A_b$，$\beta'_b = \beta_b$. 又由于在 $x = a$ 和 $x = b$ 处 ψ，ψ' 连续，当 Δx 足够小，$U(x)$ 缓变时有(参见势阱情况)

$$\tan\beta_a = \pm\frac{k'_a}{k_a} = \pm 1$$

$$\tan \beta_b = \pm \frac{k'_b}{k_b} = \pm 1$$

即

$$\beta_a = \pm \frac{\pi}{4} + n_a \pi$$

$$\beta_b = \pm \frac{\pi}{4} + n_b \pi, n_a, n_b \text{ 为整数}$$

将以上结果代入 $\psi_{1a}, \psi_{2a}, \psi_{2b}, \psi_{3b}$，有连接公式

$$\psi_{1a} = \frac{A_a}{\sqrt{k_a}} \cos\left[k_a (x - a) \pm \frac{\pi}{4} + n_a \pi\right] \tag{12}$$

$$\psi_{2a} = \frac{B_0}{\sqrt{k'_a}} \exp[\mp k'_a (x - a)] \tag{13}$$

$$\psi_{2b} = \frac{B_0 \exp\left(-\int_a^b k' \mathrm{d}x\right)}{\sqrt{k'_b}} \exp[\mp k'_b (x - b)] \tag{14}$$

$$\psi_{3b} = \frac{A_b}{\sqrt{k_b}} \cos\left[k_b (x - b) \pm \frac{\pi}{4} + n_b \pi\right] \tag{15}$$

由于在 $x = a$ 及 $x = b$ 处 ψ 均连续，若令 $n_a = n_b = 0$，则有

$$B_0 = \frac{A_a}{\sqrt{2}}$$

$$A_b = \sqrt{2} B_0 \exp\left(\mp \int_a^b k' \mathrm{d}x\right) = A_a \exp\left(\mp \int_a^b k' \mathrm{d}x\right)$$

将上式代入式(1)～(15)，并舍去它们的共同因子 A_a，连接公式则为

$$\psi_{1a} = \frac{1}{\sqrt{k_a}} \cos\left[k_a (x - a) \pm \frac{\pi}{4}\right] \tag{12'}$$

$$\psi_{2a} = \frac{1}{\sqrt{2k'_a}} \exp[\mp k'_a (x - a)] \tag{13'}$$

$$\psi_{2b}=\frac{\exp\left(\mp\int_a^b k'\mathrm{d}x\right)}{\sqrt{2k'_b}}\exp[\mp k'_b(x-b)] \quad (14)'$$

$$\psi_{3b}=\frac{\exp\left(\mp\int_a^b k'\mathrm{d}x\right)}{\sqrt{k_b}}\exp\left[\mp k_b(x-b)\pm\frac{\pi}{4}\right] \quad (15)'$$

由式(1)′及式(15)′可立即得到势垒贯穿因子，即 $x=b$ 及 $x=a$ 时波函数平方之比[3]为

$$D=\left|\frac{\psi_{3b}(b)}{\psi_{1a}(a)}\right|^2=\exp\left(-2\int_a^b k'\mathrm{d}x\right)$$

（由左向右入射时）

其中使用了 a,b 附近 $U(x)$ 变化缓慢及 $U(a)=U(b)=E$ 两条件，导致 $k_a\approx k_b$，或

$$D=\left|\frac{\psi_{1a}(a)}{\psi_{3b}(b)}\right|^2=\exp\left(-2\int_a^b k'\mathrm{d}x\right)$$

（由右向左入射时）

将 $k'=\frac{1}{\hbar}\sqrt{2\mu[U(x)-E]}$ 代入上式有

$$D=\exp\left\{-\frac{2}{\hbar}\int_a^b\sqrt{2\mu[U(x)-E]}\mathrm{d}x\right\} \quad (16)$$

参考资料

[1] 周世勋. 量子力学. 上海：科学技术出版社，1961：109-221.

[2] 曾谨言. 量子力学. 北京：科学出版社，1987：475-491.

[3] L. I. 席夫. 量子力学. 北京：人民教育出版社，1981：320-330.

试用矩阵连分法数值求解 Schrödinger 方程

第二章

精确求解 Schrödinger 方程是很困难的，江苏农学院基础部的封国林，邵耀椿，李俊来三位教授 1996 年运用矩阵连分法程序数值求解一维谐振子、中心力场的能级和相应的概率分布，并与理论值进行比较，发现矩阵连分法只需进行有限地截断，一般小于 10 就可以达到很高精确度. 此外，在应用矩阵连分法求近似能级时，修正的 Hamilton 量不需要像微扰法那样，要求具有严格的限制条件，因而具有普适性.

1 三角递推关系、矩阵连分法

许多全微分方程、偏微分方程均可以通过适当的一套完备的本征矢进行展开，得到矢量形式的三角递推关系[1,2]

$$\dot{\boldsymbol{C}}_n = \boldsymbol{Q}_n^- \boldsymbol{C}_{n-1} + \boldsymbol{Q}_n \boldsymbol{C}_n + \boldsymbol{Q}_n^+ \boldsymbol{C}_{n-1} \tag{1}$$

式中，$\boldsymbol{C}_n$ 是时间 t 的函数，为 M 维列向量

$$\boldsymbol{C}_n = (C_n^p) = \begin{bmatrix} C_n^1 \\ C_n^2 \\ \vdots \\ C_n^M \end{bmatrix} \tag{2}$$

$\boldsymbol{Q}_n, \boldsymbol{Q}_n^\pm$ 为依赖于 t 的 $M \times M$ 矩阵形式

$$\boldsymbol{Q}_n = (Q_n)^{pq} = \begin{bmatrix} Q_n^{11} & Q_n^{12} & \cdots & Q_n^{1M} \\ Q_n^{21} & Q_n^{22} & \cdots & Q_n^{2M} \\ \vdots & \vdots & & \vdots \\ Q_n^{M1} & Q_n^{M2} & \cdots & Q_n^{MM} \end{bmatrix} \tag{3}$$

$\boldsymbol{Q}_n^\pm$ 也有类似形式，$\boldsymbol{Q}_n, \boldsymbol{Q}_n^\pm$ 为已知矩阵.

式(1) 的一般解可通过含时间的 Green 矩阵函数 $\boldsymbol{G}_{n,m}(t)$ 得到[3]

$$\boldsymbol{C}_n(t) = \sum_{m=0}^{\infty} \boldsymbol{G}_{n,m}(t) \boldsymbol{C}_m(o) \tag{4}$$

其中，$\boldsymbol{G}_{n,m}(o) = \boldsymbol{I}\delta_{n,m}$，$\boldsymbol{I}$ 为单位矩阵，$\boldsymbol{C}_m(o)$ 为初值. 将含时间的 Green 函数作 Laplace 变换

$$\widetilde{\boldsymbol{G}}_{n,m}(s) = \int_0^\infty \mathrm{e}^{-st} \boldsymbol{Q}_{n,m}(t)\,\mathrm{d}t \tag{5}$$

则式(1) 变为

$$\boldsymbol{Q}_n^- \widetilde{\boldsymbol{G}}_{n-1,m} + \hat{\boldsymbol{Q}}_n \widetilde{\boldsymbol{G}}_{n,m} + \boldsymbol{Q}_n^+ \widetilde{\boldsymbol{G}}_{n+1,m} = -\boldsymbol{I}\delta_{n,m} \tag{6}$$

式中，$\hat{\boldsymbol{Q}}_n(\boldsymbol{S}) = \boldsymbol{Q}_n - \boldsymbol{SI}$. 我们考虑截断条件，当 $n \geqslant N+1$ 时，有

$$\widetilde{\boldsymbol{G}}_{N+1,m} = \widetilde{\boldsymbol{G}}_{N+2,m} = \cdots = \boldsymbol{0}, m \geqslant 0 \tag{7}$$

其中，式(6) 相当于下列方程组(假设 $\boldsymbol{Q}_0^- = \boldsymbol{0}$)

$$\hat{\boldsymbol{Q}}_0 \widetilde{\boldsymbol{G}}_{0,m} + \boldsymbol{Q}_0^+ \widetilde{\boldsymbol{G}}_{1,m} = \boldsymbol{0}$$

$$\boldsymbol{Q}_1^- \widetilde{\boldsymbol{G}}_{0,m} + \hat{\boldsymbol{Q}}_1 \widetilde{\boldsymbol{G}}_{1,m} + \boldsymbol{Q}_1^+ \widetilde{\boldsymbol{G}}_{2,m} = \boldsymbol{0}$$

$$\vdots$$

$$\boldsymbol{Q}_{m-1}^- \widetilde{\boldsymbol{G}}_{m-2,m} + \hat{\boldsymbol{Q}}_{m-1} \widetilde{\boldsymbol{G}}_{m-1,m} + \boldsymbol{Q}_{m-1}^+ \widetilde{\boldsymbol{G}}_{m,m} = \boldsymbol{0}$$

$$\boldsymbol{Q}_m^- \widetilde{\boldsymbol{G}}_{m-1,m} + \hat{\boldsymbol{Q}}_m \widetilde{\boldsymbol{G}}_{m,m} + \boldsymbol{Q}_m^+ \widetilde{\boldsymbol{G}}_{m+1,m} = -\boldsymbol{I} \tag{8}$$

$$\boldsymbol{Q}_{m+1}^- \widetilde{\boldsymbol{G}}_{m,m} + \hat{\hat{\boldsymbol{Q}}}_{m+1} \widetilde{\boldsymbol{G}}_{m+1,m} + \boldsymbol{Q}_{m+1}^+ \widetilde{\boldsymbol{G}}_{m+2,m} = \boldsymbol{0}$$

$$\vdots$$

$$\boldsymbol{Q}_{N-1}^- \widetilde{\boldsymbol{G}}_{N-2,m} + \hat{\boldsymbol{Q}}_{N-1} \widetilde{\boldsymbol{G}}_{N-1,m} + \hat{\boldsymbol{Q}}_{N-1}^+ \widetilde{\boldsymbol{G}}_{N,m} = \boldsymbol{0}$$

$$Q_N^- \widetilde{\boldsymbol{G}}_{N-1,m} + \hat{Q}_N \widetilde{\boldsymbol{G}}_{N,m} = \boldsymbol{0}$$

首先介绍两种比率

$$\widetilde{\boldsymbol{S}}_n^+(\boldsymbol{S}) = \frac{\widetilde{\boldsymbol{G}}_{n+1,m}}{[\widetilde{\boldsymbol{G}}_{n,m}]} = \widetilde{\boldsymbol{G}}_{n+1,m} \widetilde{\boldsymbol{G}}_{n,m}^{-1}$$

$$\widetilde{\boldsymbol{S}}_n^-(\boldsymbol{S}) = \widetilde{\boldsymbol{G}}_{n-1,m} \widetilde{\boldsymbol{G}}_{n,m}^{-1} \tag{9}$$

根据式(8),用 $\widetilde{\boldsymbol{G}}_{N-1,m}$ 表示 $\widetilde{\boldsymbol{G}}_{N,m}$,有

$$\widetilde{\boldsymbol{G}}_{N,m} = \widetilde{\boldsymbol{S}}_{N-1}^+(\boldsymbol{S}) \widetilde{\boldsymbol{G}}_{N-1,m}, \widetilde{\boldsymbol{S}}_{N-1}^+ = -\boldsymbol{Q}_N^- \hat{\boldsymbol{Q}}_N^{-1} \tag{10}$$

依据式(8) 的倒数第二个方程,用 $\widetilde{\boldsymbol{G}}_{N-2,m}$ 表示 $\widetilde{\boldsymbol{G}}_{N-1,m}$,有

$$\widetilde{\boldsymbol{G}}_{N-1,m} = \widetilde{\boldsymbol{S}}_{N-2}^+ \widetilde{\boldsymbol{G}}_{N-2,m}$$

$$\widetilde{\boldsymbol{S}}_{N-2}^+(\boldsymbol{S}) = -\boldsymbol{Q}_{N-1}^- \frac{\boldsymbol{I}}{\hat{\boldsymbol{Q}}_{N-1} - \boldsymbol{Q}_{N-1}^+ \dfrac{I}{\hat{\boldsymbol{Q}}_N} \boldsymbol{Q}_N^-} \tag{11}$$

经反复迭代,可以用 $\widetilde{\boldsymbol{G}}_{m,m}$ 表示 $\widetilde{\boldsymbol{G}}_{m+1,m}$,即

$$\widetilde{\boldsymbol{G}}_{m+1,m} = \widetilde{\boldsymbol{S}}_m^+ \widetilde{\boldsymbol{G}}_{m,m} \tag{12}$$

$$\widetilde{\boldsymbol{S}}_m^+(\boldsymbol{S}) = \{\boldsymbol{SI} - \boldsymbol{Q}_{n+1} - \boldsymbol{Q}_{n+1}^+ [\boldsymbol{SI} - \boldsymbol{Q}_{n+2} - \boldsymbol{Q}_{n+2}^+ \cdot (\boldsymbol{SI} - \boldsymbol{Q}_{n+3} - \cdots)^{-1} \boldsymbol{Q}_{n+3}^-]^{-1} \boldsymbol{Q}_{n+2}^- \}^{-1} \boldsymbol{Q}_{n+1}^- \tag{13}$$

类似地，用 $\widetilde{\boldsymbol{S}}_{n}^{-}(\boldsymbol{S})$ 表示 $\widetilde{\boldsymbol{G}}_{m-1,m}(\boldsymbol{S})$，即

$$\widetilde{\boldsymbol{G}}_{m-1,m}=\widetilde{\boldsymbol{S}}_{m}^{-}\widetilde{\boldsymbol{G}}_{m,m} \tag{14}$$

$$\widetilde{\boldsymbol{S}}_{m}^{-}(\boldsymbol{S})=\{\boldsymbol{SI}-\boldsymbol{Q}_{m-1}-\boldsymbol{Q}_{m-1}^{-}[\boldsymbol{SI}-\cdots-\boldsymbol{Q}_{1}^{-}(\boldsymbol{SI}-\boldsymbol{Q}_{0})^{-1}\cdot\boldsymbol{Q}_{0}^{+}\cdots]^{-1}\boldsymbol{Q}_{n-2}^{+}\}^{-1}\boldsymbol{Q}_{n-1}^{+} \tag{15}$$

将式(12) 和式(14) 代入式(8) 得

$$(\boldsymbol{Q}_{m}^{-}\widetilde{\boldsymbol{S}}_{m}^{-}+\boldsymbol{Q}_{m}-\boldsymbol{SI}+\boldsymbol{Q}_{m}^{+}\widetilde{\boldsymbol{S}}_{m}^{+})\boldsymbol{G}_{m,m}=-\boldsymbol{I} \tag{16}$$

若定义

$$\widetilde{\boldsymbol{K}}_{m}(\boldsymbol{S})=\boldsymbol{Q}_{m}^{-}\widetilde{\boldsymbol{S}}_{m}^{-}+\boldsymbol{Q}_{m}^{+}\widetilde{\boldsymbol{S}}_{m}^{+} \tag{17}$$

$$\widetilde{\boldsymbol{G}}_{m,m}(\boldsymbol{S})=[\boldsymbol{SI}-\boldsymbol{Q}_{m}-\widetilde{\boldsymbol{K}}_{m}(\boldsymbol{S})]^{-1} \tag{18}$$

这样，就可以用 $\widetilde{\boldsymbol{G}}_{m,m}(\boldsymbol{S})$ 来表示 $\widetilde{\boldsymbol{G}}_{n,m}(\boldsymbol{S})$

$$\widetilde{\boldsymbol{G}}_{n,m}(\boldsymbol{S})=\widetilde{\boldsymbol{U}}_{n,m}(\boldsymbol{S})\widetilde{\boldsymbol{G}}_{n,m}(\boldsymbol{S}) \tag{19}$$

$$\widetilde{\boldsymbol{U}}_{m,m}(\boldsymbol{S})=\widetilde{\boldsymbol{S}}_{n-1}^{+}(\boldsymbol{S})\widetilde{\boldsymbol{S}}_{n-2}^{+}(\boldsymbol{S})\cdots\widetilde{\boldsymbol{S}}_{m}^{+}(\boldsymbol{S}),n\geqslant m+1$$

$$\widetilde{\boldsymbol{U}}_{n,m}(\boldsymbol{S})=\boldsymbol{I}$$

$$\widetilde{\boldsymbol{U}}_{n,m}(\boldsymbol{S})=\widetilde{\boldsymbol{S}}_{n+1}^{-}(\boldsymbol{S})\widetilde{\boldsymbol{S}}_{n+2}^{-}(\boldsymbol{S})\cdots\widetilde{\boldsymbol{S}}_{m}^{-}(\boldsymbol{S}),0\leqslant n\leqslant m-1$$

通过 Laplace 变换，可解出 $\boldsymbol{C}_{n}(t)$.

在实际工作中，常常假设

$$\boldsymbol{C}_{n}(t)=\hat{\boldsymbol{C}}_{n}\mathrm{e}^{-\lambda t} \tag{20}$$

式中，$\hat{\boldsymbol{C}}_{n}$ 为列向量，将式(20) 代入式(6) 得

$$\boldsymbol{Q}_{n}^{-}\hat{\boldsymbol{C}}_{n-1}+(\boldsymbol{Q}_{n}+\lambda\boldsymbol{I})\hat{\boldsymbol{C}}_{n}+\boldsymbol{Q}_{n}^{+}\hat{\boldsymbol{C}}_{n+1}=\boldsymbol{0} \tag{21}$$

类似以上推导，得本征方程

$$[\boldsymbol{Q}_{m}+\lambda\boldsymbol{I}+\widetilde{\boldsymbol{K}}_{m}(-\lambda)]\hat{\boldsymbol{C}}_{m}=\boldsymbol{0} \tag{22}$$

因为 $\hat{\boldsymbol{C}}_{m}\neq\boldsymbol{0}$，所以当

$$D_{m}(\lambda)=\det[\boldsymbol{Q}_{m}+\lambda\boldsymbol{I}+\widetilde{\boldsymbol{K}}_{m}(-\lambda)]=0 \tag{23}$$

时，λ 为本征值，向量由下式求解

$$\hat{\boldsymbol{C}}_n = \widetilde{\boldsymbol{U}}_{n,m}(-\lambda)\hat{\boldsymbol{C}}_m \tag{24}$$

$\widetilde{\boldsymbol{U}}_{n,m}(-\lambda)$ 由式(19) 定义，这样就可从理论上求解式(6).

矩阵连分法最大的优点在于数值计算，而与差分法相比，矩阵连分法不仅能解出所有的向量，而且能解出本征值(差分法只能解出向量)，在解随机共振问题时，差分法只能解大摩擦系数的情况[4,5]，卢志恒[6] 作了局域修正后也仅能解出摩擦系数(>0.5) 的情况，而矩阵连分法可以解小摩擦系数的情况[1]，它收敛快，不像差分那样经常发散. 根据以上的基本原理，编写了矩阵连分法程序，成功地编出了复矩阵求逆、复矩阵本征值、本征向量[7] 等主要子程序，具有实用性强的特点.

2 一维谐振子、Schrödinger 方程

$$\mathrm{i}\hbar\dot{\psi} = H\psi$$

$$\begin{aligned} H &= -\frac{\hbar^2}{2m}\frac{\mathrm{d}^2}{\mathrm{d}x^2} + \frac{1}{2}m\omega_0^2 x^2 + \alpha[(2m\omega_0^2)/\hbar]x^4 \\ &= \hbar\omega_0\left(b^+ b + \frac{1}{2}\right) + \hbar\alpha(b^+ + b)^4 \end{aligned} \tag{25}$$

式中，b^+，b 为升降算符，它们满足

$$\begin{gathered} b^+ b \mid n\rangle = n \mid n\rangle, \langle n \mid m\rangle = \delta_{n,m} \\ b^+ \mid n\rangle = \sqrt{n+1} \mid n+1\rangle, b \mid n\rangle = \sqrt{n} \mid n-1\rangle \\ [b, b^+] = 1 \end{gathered} \tag{26}$$

假设波函数 ψ 满足

$$\psi = \sum_{n=0}^{\infty} C_n(t) \mid n\rangle \tag{27}$$

这样式(25) 可以化成下列递推关系式

$$\dot{C}_n = \sum_{l=-4}^{L} A_n^l C_{n+l} \tag{28}$$

其中

$$A_n^{-4} = -\mathrm{i}\alpha\sqrt{(n-3)(n-2)(n-1)n}$$

$$A_n^{-2} = -\mathrm{i}\alpha 2(2n-1)\sqrt{(n-1)n}$$

$$A_n^{0} = -\mathrm{i}\omega_0\left(n+\frac{1}{2}\right) - \mathrm{i}\alpha 3(1+\alpha n+\alpha n^2)$$

$$A_n^{2} = -\mathrm{i}\alpha 2(2n+3)\sqrt{(n+1)(n+2)}$$

$$A_n^{4} = -\mathrm{i}\alpha\sqrt{(n+1)(n+2)(n+3)(n+4)}$$

其余 $A_n^l = 0$.

这里引入最相邻 L 级耦合.

$$C_n = \begin{bmatrix} C_{Ln} \\ C_{Ln+1} \\ \vdots \\ C_{Ln+L-1} \end{bmatrix}$$

将得到形如式(1) 的三角递推关系式

$$\dot{\boldsymbol{C}}_n = \boldsymbol{Q}_n^- \boldsymbol{C}_{n-1} + \boldsymbol{Q}_n \boldsymbol{C}_n + \boldsymbol{Q}_n^+ \boldsymbol{C}_{n+1} \tag{29}$$

其中,$\boldsymbol{Q}_n$,$\boldsymbol{Q}_n^{\pm}$ 为 $L \times L$ 矩阵

$$(\boldsymbol{Q}_n)^{qr} = \boldsymbol{A}_{Ln+q-1}^{r-q\pm l} \tag{30}$$

$$(\boldsymbol{Q}_n^{\pm})^{qr} = \boldsymbol{A}_{Ln+q-1}^{r-q}$$

假设 $\boldsymbol{C}_n(t)$ 满足

$$\boldsymbol{C}_n(t) = \mathrm{e}^{-\lambda t}\hat{\boldsymbol{C}}_n \tag{31}$$

根据矩阵连分法,能解出谐振子的本征值及相应的本

征函数.

为了便于计算,取 $\hbar,\omega_0$ 为 1,L 取 20,矩阵连分截断次数 $N=10$,分别计算 α 取 10^{-4},10^{-3},10^{-2} 时的本征值,并分别与用微扰法计算结果相比较,见表 1,λ_t 为纯虚数.

在量子力学中,解式(25) 的 Schrödinger 方程一般用微扰法,这要求 α 为小量,二级能量修正公式[8] 为

$$E_K=E_K^{(0)}+H'_{kk}+\sum_n{}'\frac{|H'_{nk}|^2}{E_k^{(0)}-E_n^{(0)}}$$

且必须要求

$$\alpha'=\left|\frac{H'_{nk}}{E_k^{(0)}-E_n^{(0)}}\right|\ll 1$$

而且无法进行数值求解,二级以上微扰的计算,通常计算公式又是很麻烦的,即使如此,上述能量修正公式又不适合简并的情况. 在本章中,取 $\alpha'\leqslant 0.05$,因此当 $\alpha'>0.05$ 时,表 1 中用 * 代替. 表 1 中,在误差允许范围内,矩阵连分法计算结果与微扰法计算结果一致. 这在实际工作中,可以弥补微扰法的不足,且没有严格的条件限制,这是矩阵连分法的优点之一.

根据式(27) 和式(31) 算出了 $\alpha=10^{-2}$ 及 $\alpha=5\times 10^{-2}$ 情况下的波函数及概率曲率,如图 1 ~ 6. 图中虚线为 $\alpha=0.0$ 情况下的波函数及概率曲线. 随着 α 的增大,能态越高,波函数及概率分布曲线偏离越大,而精确求解 Schrödinger 方程是很困难的,只能数值计算,但目前微扰法 Born 近似只能计算有限项,而矩阵连分法却能有效地解决这个问题.

表 1　不同方法下的本征值比较

项目	$\alpha=10^{-4}$		$\alpha=10^{-3}$		$\alpha=10^{-2}$	
λ_a	0.500 300 4	0.499 965 4	0.502 959 3	0.499 656 4	0.526 734 4	0.496 564
λ_1	1.501 497 0	1.500 014	1.514 686	1.500 013 9	1.626 749	*
λ_2	2.503 889	2.501 735 6	2.537 845	2.517 356	2.811 453	*
λ_3	3.507 468	3.503 975	3.572 091	3.539 753	4.067 187	*
λ_4	4.512 238	4.507 675 3	4.617 106	*	5.384 633	*
λ_5	5.518 185	5.512 525	5.672 586	*	6.758 361	*
λ_6	6.525 311	6.518 525	6.738 250	*	8.225 943	*
λ_7	7.533 617	7.525 675	7.813 893	*	9.723 906	*
λ_8	8.543 463	8.533 975	8.932 452	*	12.802 82	*
λ_9	9.554 347	9.543 251	10.047 99	*	15.190 25	*

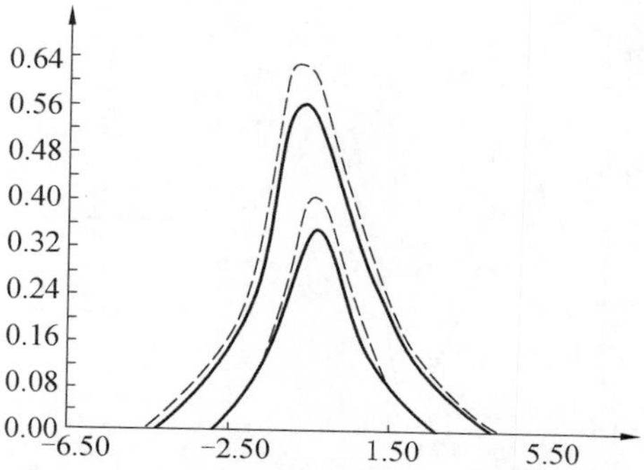

图 1　$\alpha = 10^{-2}$ 基态波函数(a)、概率分布曲线(b)

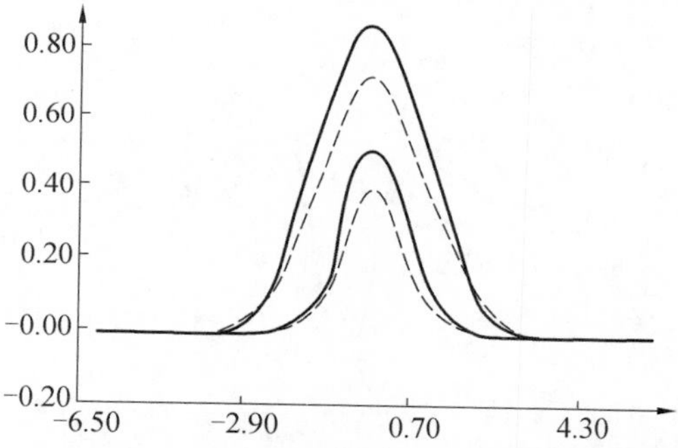

图 2　$\alpha = 5 \times 10^{-2}$ 基态波函数(a)、概率分布曲线(b)

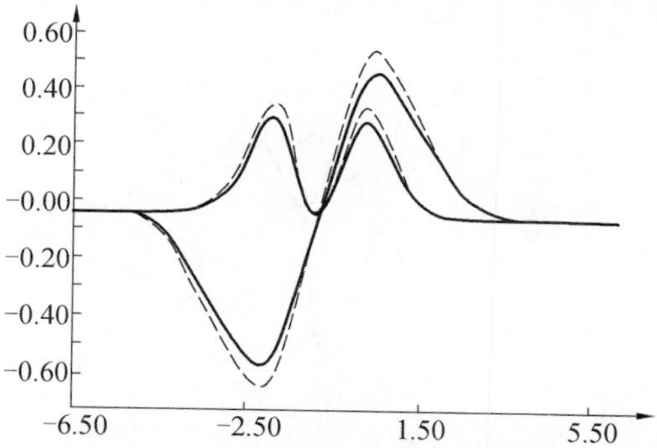

图 3　$\alpha = 10^{-2}$ 第一激发态波函数(a)、概率分布曲线(b)

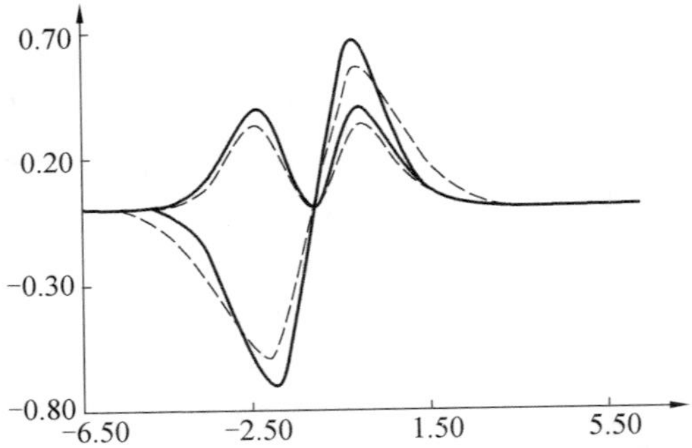

图 4　$\alpha=5\times10^{-2}$ 第一激发态波函数(a)、概率分布曲线(b)

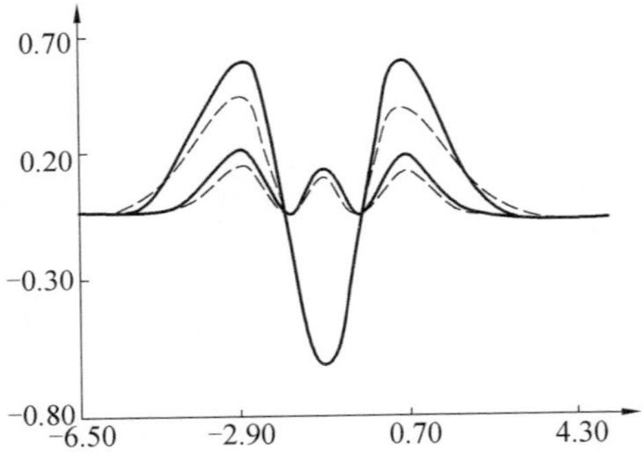

图 5　$\alpha=10^{-2}$ 第二激发态波函数(a)、概率分布曲线(b)

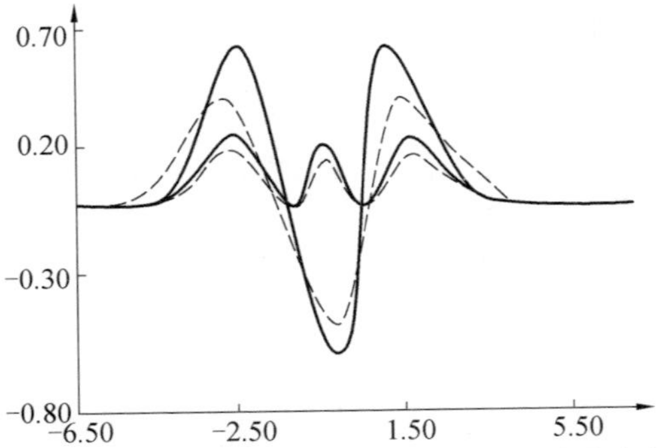

图 6　$\alpha=5\times10^{-2}$ 第二激发态波函数(a)、概率分布曲线(b)

3　中心力场

中心力场径向 Schrödinger 方程

$$
\begin{aligned}
& \mathrm{i}\hbar\dot{R}_{nl}(r) \\
& =\left\{-\frac{\hbar^2}{2\mu}\left[\frac{1}{r^2}\left(\frac{1}{r^2}\frac{\partial}{\partial r}r^2\frac{\partial}{\partial r}-\frac{l(l+1)}{r^2}\right)\right]+v(r)\right\}R_{nl}(r)
\end{aligned} \tag{32}
$$

令 $X_{nl}(r)=rR_{nl}(r)$，则

$$
\mathrm{i}\hbar\dot{X}_{nl}(r)=\left[-\frac{\hbar^2}{2\mu}\left(\frac{\partial^2}{\partial r^2}-\frac{l(l+1)}{r^2}\right)+v(r)\right]X_{nl}(r) \tag{33}
$$

考虑到边界条件，$X_{nl}(r)$ 可设为[9,10]

$$
X_{nl}(r)=\sum_{n=0}^{\infty}C_n(t)r^{n+l+1},C_n(t)=\mathrm{e}^{-\lambda t}\dot{C}_n \tag{34}
$$

将式(34) 代入式(33) 得

$$
\begin{aligned}
\dot{C}_n(t) & =\frac{\hbar^2}{2\mu}\mathrm{i}n(n+2l+1)C_{n+2}+\frac{A'}{\mathrm{i}\hbar}C_{n+1}+\frac{B'}{\mathrm{i}\hbar}C_n \\
& =\sum_{l=0}^{L}A_n^l C_{n+1}
\end{aligned} \tag{35}
$$

其中

$$
A'=[rv(r)]_{r=0}
$$

$$
B'=\left[\frac{\mathrm{d}}{\mathrm{d}r}rv(r)-\lambda\right]_{r=0}
$$

$$
A_n^0=\frac{B'}{\mathrm{i}\hbar},A'_n=\frac{A'}{\mathrm{i}\hbar},A_n^2=\frac{\mathrm{i}\hbar}{2\mu}n(n+2l+1)
$$

取 $v(r)=-\frac{\alpha}{r}$，α 为常数，$L=10$ 级，式(39) 就可以

写成形如式(1)的三角递推关系式

$$\dot{C}_n = Q_n^- C_{n-1} + Q_n C_n + Q_n^+ C_{n+1} \tag{40}$$

其中，$Q_n^{\pm}$，Q_n 由式(30)定义，根据矩阵连分法程序，取 $\mu=1.0$，$\hbar=1.0$，得 λ_i 的计算值为纯虚数，如表 2 所示.

表 2　各本征值

本征值 (λ_i)	相对能量	本征值 (λ_i)	相对能量
λ_1	−0.500 301 8	λ_6	−0.013 897 7
λ_2	−0.125 039 2	λ_7	−0.010 210
λ_3	−0.050 230	λ_8	−0.007 817 2
λ_4	−0.020 081	λ_9	−0.006 176 53
λ_5	−0.014 602		

从图 7 可知，λ_i 与 $\frac{1}{n^2}$ 成正比，这与量子力学结果一致；图 8 算出了径向最低能级概率分布，此结果也与量子力学计算结果一致.

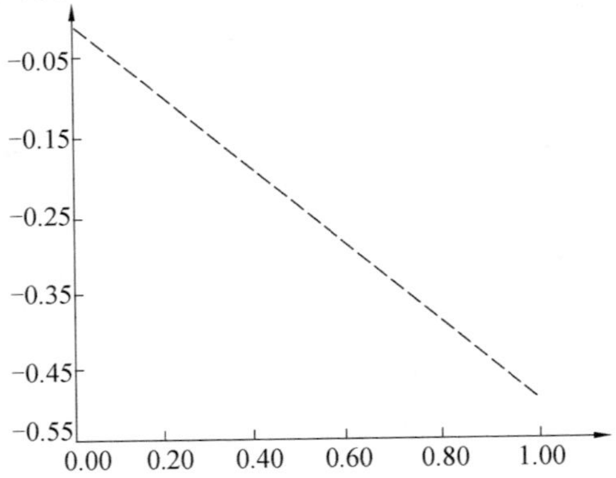

图 7　λ_i 与 $\frac{1}{n^2}$ 线性曲线

（图中实点为计算值，虚线为拟合曲线，

$E = -0.503\ 058\left(\frac{1}{n^2} + 0.005\ 8\right)$）

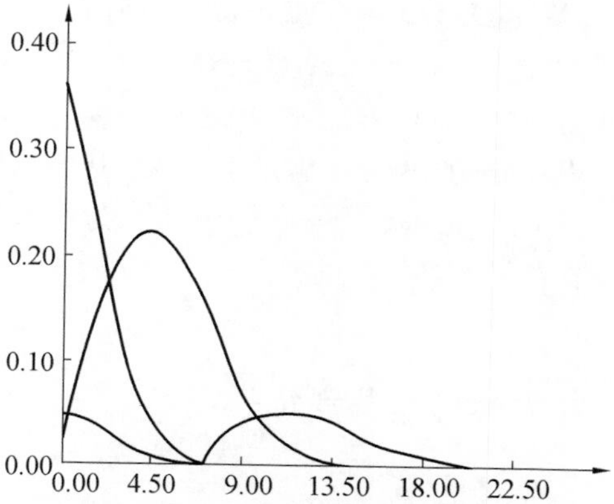

图 8　最低三能级概率曲线图

根据本程序，原则上可数值计算 $v(r)=\frac{1}{r^n}$，n 为整数，由于考虑到时间问题未做尝试.

4　小　　结

矩阵连分法程序实用性比较强，具有收敛快的特点，不仅能计算本征向量，而且能计算本征值. 从实际过程中得到的微分方程，只要化成式(1) 的三角递推关系式，均可以用此程序做数值计算，因而具有普适性. 若不假设 $\boldsymbol{C}_n(t)=\mathrm{e}^{-\lambda t}\dot{\boldsymbol{C}}_n$，也可通过反 Laplace 变换得到 $\boldsymbol{C}_n(t)$，由于本章势函数均不含时间，因而式(20) 存在是合理的，我们编写了反 Laplace 变换，求 $\boldsymbol{C}_n(t)$ 矩阵连分程序.

实际计算中，λ_i 为复数，寻找式(23) 的解，是挺费时间的. 但在运行矩阵连分法程序时发现，只要找到其

中一个 λ_i 满足 $D_m(\lambda) \to 0$,就可以求出所有的本征值,具体的做法是,将 λ_i 代入 $\boldsymbol{A}_{L\times L}=\boldsymbol{Q}_m+\boldsymbol{K}_m(-\lambda_i)$ 矩阵中,求 $\boldsymbol{A}_{L\times L}$ 的已知矩阵的本征值 $\lambda'_1, \lambda'_2, \cdots, \lambda'_i, \cdots, \lambda'_n$,这一套本征值中,有一满足 $\lambda'_i=\lambda_i$,其余也能满足 $D_m(\lambda'_i) \to 0$,即 $\lambda'_1, \lambda'_2, \cdots, \lambda'_i, \cdots, \lambda'_L$ 为所求的本征值,从而节省了大量的时间.

参考资料

[1] Risken H. The Fokker-Planck equation. Berlin Heidelberg:Springer- Verlag New York,1984:196-260.

[2]Jones W B,Thron W J. Continued fractions. Encyclopedia of Mathematics and its Applications,1980,11(1):93-101.

[3]Magnus W,Oberhettinger F,Soni R P. Formulas and theorems for the special functions of mathematical physics. New York:Springer,1966:98-120.

[4]Pallesch V,Sarri F,Marcotti G. Elements of solution theory. Phys. lett.,1990,A146(3):378-386.

[5] 卢志恒,林建恒,胡岗. 随机共振问题 Fokker-Planck 方程的数值研究. 物理学报,1993,42(12):1556-1565.

[6] 林建恒,卢志恒. 随机方程的数值计算. 北京师范大学学报,1992,28(3):497-502.

[7] 刘德贵,费景高,于泳江. Fortran 算法汇编. 北京:国际工业出版社,1984:48-62.

[8] 曾谨言. 量子力学. 北京:科学出版社,1989:68-80.

[9]Greenhow R C,Mathew J A D. Numerical solutions of the Schrödinger equation. Amer J. Phys.,1992,60(4):655-664.

[10] Greenhow R L. Introductory quantum mechanics:A computer inustraded text. Bristol:Adam Hilger,1980:120-131.

第三章　Schrödinger 方程实矩阵形式

阜新市第二中学的马隽红，锦州师范高等专科学校的魏益焕两位老师 1999 年将自由粒子的 Schrödinger 方程考虑为2×2 的实矩阵方程，在这个方程中波函数也是实的 2×2 矩阵；另外，直接由实矩阵波函数出发得到了概率密度，它仅与通常的概率密度相差一个单位矩阵因子.

1　引　　言

量子力学中[1,2] 描述微观粒子状态的波函数是复数形式，描述微观粒子状态变化的 Schrödinger 方程

$$\mathrm{i}h\frac{\partial \Psi}{\partial t}=-\frac{h^2}{2\mu}\nabla^2\Psi+U(\boldsymbol{r})\Psi \quad (1)$$

是一个复方程，但在资料[3] 中，虚数单位 i，实数单位 1 可用实数矩阵表示

$$\mathbf{i}=\begin{pmatrix}0 & -1\\ 1 & 0\end{pmatrix},\mathbf{1}=\begin{pmatrix}1 & 0\\ 0 & 1\end{pmatrix} \tag{2}$$

在不存在势场 $u(\boldsymbol{r})$，即 $U(\boldsymbol{r})=0$ 的情况下，来说明自由粒子的 Schrödinger 方程是 2×2 的实矩阵方程，波函数也是实的 2×2 矩阵.

描述自由粒子状态的波函数[1,2] 为

$$\Psi=\boldsymbol{A}\mathrm{e}^{\frac{\mathrm{i}}{h}(\boldsymbol{p}\cdot\boldsymbol{r}-Et)} \tag{3}$$

描述自由粒子状态变化的 Schrödinger 方程

$$\mathrm{i}h\frac{\partial\Psi}{\partial t}=-\frac{h^2}{2\mu}\nabla^2\Psi \tag{4}$$

是一个复方程.

2　自由粒子的 Schrödinger 方程表述为实数矩阵形式

由式(3) 得到

$$\Psi=\boldsymbol{A}\left[\cos\frac{1}{h}(\boldsymbol{p}\cdot\boldsymbol{r}-Et)+\mathrm{i}\sin\frac{1}{h}(\boldsymbol{p}\cdot\boldsymbol{r}-Et)\right] \tag{5}$$

把(2) 代入上式，得到

$$\overline{\Psi}=\boldsymbol{A}\left[\begin{pmatrix}1 & 0\\ 0 & 1\end{pmatrix}\cos\frac{1}{h}(\boldsymbol{p}\cdot\boldsymbol{r}-Et)+\begin{pmatrix}0 & -1\\ 1 & 0\end{pmatrix}\sin\frac{1}{h}(\boldsymbol{p}\cdot\boldsymbol{r}-Et)\right]$$

$$=\boldsymbol{A}\begin{pmatrix}\cos\frac{1}{h}(\boldsymbol{p}\cdot\boldsymbol{r}-Et) & -\sin\frac{1}{h}(\boldsymbol{p}\cdot\boldsymbol{r}-Et)\\ \sin\frac{1}{h}(\boldsymbol{p}\cdot\boldsymbol{r}-Et) & \cos\frac{1}{h}(\boldsymbol{p}\cdot\boldsymbol{r}-Et)\end{pmatrix}\tag{6}$$

显然,描述自由粒子状态的波函数可以表述为 2×2 的实数矩阵形式.

对于自由粒子的 Schrödinger 方程(4),类似地将式(2),(6) 代入式(4),得到

$$\text{左边}=\begin{pmatrix}0 & -1\\ 1 & 0\end{pmatrix}h\frac{\partial\overline{\boldsymbol{\Psi}}}{\partial t},\text{右边}=-\begin{pmatrix}1 & 0\\ 0 & 1\end{pmatrix}\frac{h^2}{2\mu}\nabla^2\overline{\boldsymbol{\Psi}}$$

整理得

$$\text{左边}=\begin{pmatrix}0 & -h\frac{\partial}{\partial t}\\ h\frac{\partial}{\partial t} & 0\end{pmatrix}\overline{\boldsymbol{\Psi}}$$

$$\text{右边}=\begin{pmatrix}-\frac{h^2\nabla^2}{2\mu} & 0\\ 0 & -\frac{h^2\nabla^2}{2\mu}\end{pmatrix}\overline{\boldsymbol{\Psi}}\tag{7}$$

这样,自由粒子的 Schrödinger 方程就表述为 2×2 的实数矩阵方程.

在量子力学中[1,2],波函数 Ψ 是 Schrödinger 方程的解.那么,表述为 2×2 的实矩阵波函数,也应满足式(7),使其左边 = 右边,下面进行检验.

把式(6) 代入式(7) 得

$$\text{左边}=\begin{pmatrix}0 & -h\frac{\partial}{\partial t}\\ h\frac{\partial}{\partial t} & 0\end{pmatrix}\cdot$$

$$\boldsymbol{A}\begin{pmatrix}\cos\frac{1}{h}(\boldsymbol{p}\cdot\boldsymbol{r}-Et) & -\sin\frac{1}{h}(\boldsymbol{p}\cdot\boldsymbol{r}-Et)\\ \sin\frac{1}{h}(\boldsymbol{p}\cdot\boldsymbol{r}-Et) & \cos\frac{1}{h}(\boldsymbol{p}\cdot\boldsymbol{r}-Et)\end{pmatrix}$$

$$=\boldsymbol{A}E\begin{pmatrix}\cos\frac{1}{h}(\boldsymbol{p}\cdot\boldsymbol{r}-Et) & -\sin\frac{1}{h}(\boldsymbol{p}\cdot\boldsymbol{r}-Et)\\ \sin\frac{1}{h}(\boldsymbol{p}\cdot\boldsymbol{r}-Et) & \cos\frac{1}{h}(\boldsymbol{p}\cdot\boldsymbol{r}-Et)\end{pmatrix} \tag{8}$$

$$右边=\begin{pmatrix}\frac{-h^2\ \nabla^2}{2\mu} & 0\\ 0 & -\frac{h^2\ \nabla^2}{2\mu}\end{pmatrix}\cdot$$

$$\boldsymbol{A}\begin{pmatrix}\cos\frac{1}{h}(\boldsymbol{p}\cdot\boldsymbol{r}-Et) & -\sin\frac{1}{h}(\boldsymbol{p}\cdot\boldsymbol{r}-Et)\\ \sin\frac{1}{h}(\boldsymbol{p}\cdot\boldsymbol{r}-Et) & \cos\frac{1}{h}(\boldsymbol{p}\cdot\boldsymbol{r}-Et)\end{pmatrix}$$

$$=\boldsymbol{A}\frac{\boldsymbol{p}^2}{2\mu}\begin{pmatrix}\cos\frac{1}{h}(\boldsymbol{p}\cdot\boldsymbol{r}-Et) & -\sin\frac{1}{h}(\boldsymbol{p}\cdot\boldsymbol{r}-Et)\\ \sin\frac{1}{h}(\boldsymbol{p}\cdot\boldsymbol{r}-Et) & \cos\frac{1}{h}(\boldsymbol{p}\cdot\boldsymbol{r}-Et)\end{pmatrix} \tag{9}$$

利用自由粒子能量 E 和动量 $\boldsymbol{p}$ 的关系[1,2]：$E=\frac{\boldsymbol{p}^2}{2\mu}$，得证，左边＝右边

$$\begin{pmatrix}0 & -h\frac{\partial}{\partial t}\\ h\frac{\partial}{\partial t} & 0\end{pmatrix}\overline{\boldsymbol{\Psi}}=\begin{pmatrix}-\frac{h^2\ \nabla^2}{2\mu} & 0\\ 0 & -\frac{h^2\ \nabla^2}{2\mu}\end{pmatrix}\overline{\boldsymbol{\Psi}} \tag{10}$$

得出结论，在量子力学中，描述自由粒子状态变化的 Schrödinger 方程可以表述为 2×2 的实数矩阵方程.

3 对概率密度的讨论

在量子力学中[1,2]，自由粒子的波函数的概率密度是

$$\boldsymbol{W}=\boldsymbol{\Psi}^{*}\cdot\boldsymbol{\Psi} \tag{11}$$

当波函数是复数形式时

$$\boldsymbol{W}=\boldsymbol{\Psi}^{*}\cdot\boldsymbol{\Psi}=\boldsymbol{A}\mathrm{e}^{-\frac{\mathrm{i}}{h}(\boldsymbol{p}\cdot\boldsymbol{r}-Et)}\cdot\boldsymbol{A}\mathrm{e}^{\frac{\mathrm{i}}{h}(\boldsymbol{p}\cdot\boldsymbol{r}-Et)}=\boldsymbol{A}^{2} \tag{12}$$

当波函数表述为实数矩阵形式时

$$\begin{aligned}\overline{\boldsymbol{W}}&=\overline{\boldsymbol{\Psi}}^{*}\cdot\overline{\boldsymbol{\Psi}}\\&=\boldsymbol{A}\begin{pmatrix}\cos\frac{1}{h}(\boldsymbol{p}\cdot\boldsymbol{r}-Et) & \sin\frac{1}{h}(\boldsymbol{p}\cdot\boldsymbol{r}-Et)\\-\sin\frac{1}{h}(\boldsymbol{p}\cdot\boldsymbol{r}-Et) & \cos\frac{1}{h}(\boldsymbol{p}\cdot\boldsymbol{r}-Et)\end{pmatrix}\cdot\\&\quad\boldsymbol{A}\begin{pmatrix}\cos\frac{1}{h}(\boldsymbol{p}\cdot\boldsymbol{r}-Et) & -\sin\frac{1}{h}(\boldsymbol{p}\cdot\boldsymbol{r}-Et)\\\sin\frac{1}{h}(\boldsymbol{p}\cdot\boldsymbol{r}-Et) & \cos\frac{1}{h}(\boldsymbol{p}\cdot\boldsymbol{r}-Et)\end{pmatrix}\\&=\boldsymbol{A}^{2}\begin{pmatrix}1&0\\0&1\end{pmatrix}\end{aligned} \tag{13}$$

$$\overline{\boldsymbol{W}}=\boldsymbol{W}\boldsymbol{I}$$

其中，$\boldsymbol{I}=\begin{pmatrix}1&0\\0&1\end{pmatrix}$是单位矩阵因子.

容易看出，由复波函数和实矩阵波函数算出的相对概率密度$\boldsymbol{W}$和$\overline{\boldsymbol{W}}$仅相差一个单位矩阵因子，因此$\boldsymbol{W}$和$\overline{\boldsymbol{W}}$是等价的.

自然地，在量子力学中，描述自由粒子状态的波函数和描述自由粒子状态变化的 Schrödinger 方程可以

表述为 2×2 的实数矩阵形式.

参考资料

[1] 周世勋. 量子力学教程. 北京:高等教育出版社,1993,27.
[2] 曾谨言. 量子力学. 北京:科学出版社,1990,60.
[3]Wei Y H. Inter. J. Theor. Phys. 1997,36,2711,1997.

第四章　Schrödinger 方程的数值求解

1 引　言

Schrödinger 方程的数值计算常用定态微动法、Green 函数和 Born 近似等方法，然而这些方法要求 Hamilton 量 $\hat{H}$ 满足一定条件. 由于其修正公式的烦琐，常常只能计算到二级修正. 扬州大学理学院物理系的钟建生，石竹南，李俊来三位教授 2000 年通过研究发现，用矩阵连分法数值求解 Schrödinger 方程十分方便，有很大的优越性.

一般地，一维 Schrödinger 方程写为

$$\mathrm{i}h\frac{\partial j}{\partial t}=-\left(\frac{h^2}{2m}\right)\frac{\partial^2 j}{\partial x^2}+V(x)j \quad (1)$$

式中，j 为 x，t 的函数；m 为粒子质量；$V(x)$ 为势函数. 将方程(1) 关于 x 离散化，即 $n=\frac{x}{\Delta}$，并作变量代换

$$j(n\Delta, t)=\boldsymbol{C}_n \tag{2}$$

则式(1) 变成如下的三角递推关系[1]

$$\frac{\partial \boldsymbol{C}_n}{\partial t}=\boldsymbol{Q}_n^- \boldsymbol{C}_{n-1}+\boldsymbol{Q}_n \boldsymbol{C}_n+\boldsymbol{Q}_n^+ \boldsymbol{C}_{n+1} \tag{3}$$

其中

$$\boldsymbol{Q}_n^{\pm}=\frac{\mathrm{i}h}{2m\Delta^2}, \boldsymbol{Q}_n=-\frac{\mathrm{i}h}{m\Delta^2}-\frac{\mathrm{i}V(n\Delta)}{h}$$

一般情况下，对于具体不同的 Hamilton 量 H，可以通过不同的方式化成式(3) 的三角递推关系，例如

$$\begin{cases} \mathrm{i}h\dfrac{\partial j}{\partial t}=H\psi \\ H=-\dfrac{h^2}{2m}\dfrac{\mathrm{d}^2}{\mathrm{d}x^2}+\dfrac{1}{2}mk_0^2x^2+a\dfrac{(2mk_0)^2}{h}x^4 \end{cases} \tag{4}$$

这里引入升降算符 b, b^+，以及

$$H=hk_0\left(b^+b+\frac{1}{2}\right)+ha(b^++b)^4 \tag{5}$$

且满足

$$\begin{cases} b^+b \mid n\rangle=n \mid n\rangle, \langle n \mid m\rangle=S_{n,m} \\ b^+ \mid n\rangle=\sqrt{n+1} \mid n+1\rangle \\ b \mid n\rangle=\sqrt{n} \mid n-1\rangle \\ [b, b^+]=1 \end{cases} \tag{6}$$

将 $j(x, t)$ 对算符 b^+b 的一套本征矢 $\mid n\rangle$ 进行展开

$$j=\sum_{n=0}^{\infty}\boldsymbol{C}_n(t) \mid n\rangle \tag{7}$$

将式(7) 代入式(4) 得

$$\frac{\partial \boldsymbol{C}_n(t)}{\partial t}=\sum_{l=-l}^{l}A_n^l \boldsymbol{C}_{n+l} \tag{8}$$

其中

$$
\begin{cases}
A_n^{-4} = -\mathrm{i}a\,\overline{(n-3)(n-2)(n-1)n} \\
A_n^{-2} = -\mathrm{i}a2(2n-1)\sqrt{(n-1)n} \\
A_n^{0} = -\mathrm{i}k_0\left(n+\dfrac{1}{2}\right) - \mathrm{i}a3(1+an+an^2) \\
A_n^{2} = -\mathrm{i}a2(2n+3)\sqrt{(n+1)(n+2)} \\
A_n^{4} = -\mathrm{i}a\sqrt{(n+1)(n+2)(n+3)(n+4)} \\
\text{当 } |l| > 4 \text{ 时}, A_n^l = 0
\end{cases} \tag{9}
$$

若引入 4 级最相邻耦合

$$
\boldsymbol{C}_n = \begin{bmatrix} C_{4n} \\ C_{4n+1} \\ C_{4n+2} \\ C_{4n+3} \end{bmatrix}, \boldsymbol{C}_{n-1} = \begin{bmatrix} C_{4n-4} \\ C_{4n-3} \\ C_{4n-2} \\ C_{4n-1} \end{bmatrix}, \boldsymbol{C}_{n+1} = \begin{bmatrix} C_{4n+4} \\ C_{4n+5} \\ C_{4n+6} \\ C_{4n+7} \end{bmatrix} \tag{10}
$$

这样就得到了式(3) 的矩阵形式的递推关系

$$
\frac{\partial \boldsymbol{C}_n}{\partial t} = \boldsymbol{Q}_n^{-}\boldsymbol{C}_{n-1} + \boldsymbol{Q}_n\boldsymbol{C}_n + \boldsymbol{Q}_n^{+}\boldsymbol{C}_{n+1} \tag{11}
$$

其中，$\boldsymbol{Q}_n^{\pm}$，$\boldsymbol{Q}_n$ 均为 4×4 矩阵

$$
(\boldsymbol{Q}_n^{\pm})^{qr} = \boldsymbol{A}_{Ln+q-1}^{r-q}
$$
$$
(\boldsymbol{Q}_n)^{qr} = \boldsymbol{A}_{Ln+q-1}^{r-q\pm L}
$$

2　矩阵连分法

当 $t=0$ 时

$$
\boldsymbol{C}_n(t) = \sum_{m=0}^{\infty} \boldsymbol{G}_{n,m}(t)\boldsymbol{C}_m(0) \tag{12}
$$

其中 $G_{n,m}(t)$ 为 Green 函数，将式(12) 代入式(11) 得

$$\frac{\partial G_{n,m}}{\partial t} = \boldsymbol{Q}_n^- G_{n-1,m} + \boldsymbol{Q}_n G_{n,m} + \boldsymbol{Q}_n^+ G_{n+1,m} \tag{13}$$

$$\boldsymbol{G}_n(0) = \boldsymbol{I}S_{n,m}, \boldsymbol{I}\text{ 为单位矩阵}$$

将 $\widetilde{G}_{n,m}(s)$ 作 Laplace 变换

$$\widetilde{\boldsymbol{G}}_{n,m}(s) = \int_0^\infty \mathrm{e}^{-st}\widetilde{\boldsymbol{G}}_{n,m}(t)\,\mathrm{d}t \tag{14}$$

将式(14) 代入式(13) 得

$$\boldsymbol{Q}_n^-\widetilde{\boldsymbol{G}}_{n-1,m} + \hat{\boldsymbol{Q}}_n\widetilde{G}_{n,m} + \boldsymbol{Q}_n^+\widetilde{\boldsymbol{G}}_{n+1,m} = -\boldsymbol{I}S_{n,m} \tag{15}$$

其中，$\hat{\boldsymbol{Q}}_n(s) = \boldsymbol{Q}_n - s\boldsymbol{I}$.

假设式(15) 满足截断条件

$$\widetilde{\boldsymbol{G}}_{N+1,m} = \widetilde{\boldsymbol{G}}_{N+2,m} = \cdots = \boldsymbol{0}, m \geqslant 0$$

式(15) 分开写为一方程组

$$\begin{cases} \hat{\boldsymbol{Q}}_0\widetilde{\boldsymbol{G}}_{0,m} + \boldsymbol{Q}_0^+\widetilde{\boldsymbol{G}}_{1,m} = \boldsymbol{0} \\ \boldsymbol{Q}_1^-\widetilde{\boldsymbol{G}}_{0,m} + \hat{\boldsymbol{Q}}_1\widetilde{\boldsymbol{G}}_{1,m} + \boldsymbol{Q}_1^+\widetilde{\boldsymbol{G}}_{2,m} = \boldsymbol{0} \\ \qquad\vdots \\ \boldsymbol{Q}_{m-1}^-\widetilde{\boldsymbol{G}}_{n-2,m} + \hat{\boldsymbol{Q}}_{m-1}\widetilde{\boldsymbol{G}}_{m-1,m} + \boldsymbol{Q}_{m-1}^+\widetilde{\boldsymbol{G}}_{m,m} = \boldsymbol{0} \\ \boldsymbol{Q}_m^-\widetilde{\boldsymbol{G}}_{m-1,m} + \hat{\boldsymbol{Q}}_m\widetilde{\boldsymbol{G}}_{m,m} + \boldsymbol{Q}_m^+\widetilde{\boldsymbol{G}}_{m+1,m} = -\boldsymbol{I} \\ \boldsymbol{Q}_{m+1}^-\widetilde{\boldsymbol{G}}_{n,m} + \hat{\boldsymbol{Q}}_{m+1}\widetilde{\boldsymbol{G}}_{m+1,m} + \boldsymbol{Q}_{m+1}^+\widetilde{\boldsymbol{G}}_{m+2,m} = \boldsymbol{0} \\ \qquad\vdots \\ \boldsymbol{Q}_{N-1}^-\widetilde{\boldsymbol{G}}_{N-2,m} + \hat{\boldsymbol{Q}}_{N-1}\widetilde{\boldsymbol{G}}_{N-1,m} + \boldsymbol{Q}_{N-1}^+\widetilde{\boldsymbol{G}}_{N,m} = \boldsymbol{0} \\ \boldsymbol{Q}_N^-\widetilde{\boldsymbol{G}}_{N-1,m} + \hat{\boldsymbol{Q}}_N\widetilde{\boldsymbol{G}}_{N,m} = \boldsymbol{0} \end{cases} \tag{16}$$

对式(16) 进行复杂的推导，可以求出所有 $\widetilde{\boldsymbol{G}}_{n,m}(s)$

$$\begin{cases}\widetilde{\boldsymbol{G}}_{n,m}(s)=\widetilde{U}^{+}_{n,m}(s)\widetilde{G}_{n,m}(s)\\ \widetilde{\boldsymbol{U}}_{n,m}(s)=\widetilde{\boldsymbol{S}}^{+}_{n-1}(s)\widetilde{\boldsymbol{S}}^{+}_{n-2}(s)\cdots\widetilde{\boldsymbol{S}}^{+}_{m}(s),n\geqslant m+1\\ \widetilde{\boldsymbol{U}}_{m,m}(s)=\boldsymbol{I}\\ \widetilde{\boldsymbol{U}}_{n,m}(s)=\widetilde{\boldsymbol{S}}^{-}_{n+1}(s)\widetilde{\boldsymbol{S}}^{-}_{n+2}(s)\cdots\widetilde{\boldsymbol{S}}^{-}_{m}(s),0\leqslant n\leqslant m-1\\ \widetilde{S}^{-}_{n}=\{SI-Q_{n-1}-Q^{-}_{n-1}[SI-\cdots-Q^{-}_{1}(SI-Q_{0})^{-1}Q^{+}_{0}\cdots]^{-1}Q^{2}_{n-2}\}^{-1}Q^{+}_{n-1}\\ \widetilde{S}^{+}_{n}=\{SI-Q_{n+1}-Q^{+}_{n+1}[SI-Q_{n+2}-Q^{+}_{n+2}(SI-Q_{n+3}-\cdots)^{-1}Q^{-}_{n+3}]^{-1}Q^{-}_{n+2}\}^{-1}Q^{-}_{n+1}\end{cases}\tag{17}$$

这里,用分数来表示 $\widetilde{\boldsymbol{S}}^{+}_{0}$

$$\widetilde{\boldsymbol{S}}^{+}_{0}(s)=\cfrac{\boldsymbol{I}}{\boldsymbol{SI}-\boldsymbol{Q}_{1}-\boldsymbol{Q}^{+}_{1}\cfrac{\boldsymbol{I}}{\boldsymbol{SI}-\boldsymbol{Q}_{2}-\boldsymbol{Q}^{+}_{2}\cfrac{\boldsymbol{I}}{\boldsymbol{SI}-\boldsymbol{Q}_{3}-\cdots}\boldsymbol{Q}^{-}_{3}}\boldsymbol{Q}^{-}_{2}}\boldsymbol{Q}^{-}_{1}\tag{18}$$

可以通过反 Laplace 变换求出所有 $\boldsymbol{C}_{n}(t)$,同样矩阵连分法还可求出本征值、本征函数. 假设

$$\boldsymbol{C}_{n}(t)=\hat{\boldsymbol{C}}_{n}\mathrm{e}^{-\lambda t}\tag{19}$$

将式(19) 代入式(11)

$$\boldsymbol{Q}^{-}_{n}\hat{\boldsymbol{C}}_{n-1}+(\boldsymbol{Q}_{n}+\lambda\boldsymbol{I})\hat{\boldsymbol{C}}_{n}+\boldsymbol{Q}^{+}_{n}\hat{\boldsymbol{C}}_{n+1}=\boldsymbol{0}\tag{20}$$

可以证明,λ 满足 $D_{m}(\lambda)$ 为 0 时,λ 为本征值,即

$$D_{m}(\lambda)=\det[\boldsymbol{Q}_{m}+\lambda\boldsymbol{I}+\widetilde{\boldsymbol{K}}_{m}(-\lambda)]=0\tag{21}$$

$$\hat{\boldsymbol{C}}_{n}=\hat{U}_{n,m}(-\lambda)\hat{\boldsymbol{C}}_{m}\tag{22}$$

$\widetilde{U}_{n,m}(-\lambda)$ 由式(17) 定义,完全可数值计算 Schrödinger 方程.

3 结论与讨论

矩阵连分法的最大优点是可以数值计算，在资料[2]中，作者详细地介绍了矩阵连分法程序及其在中心力场等方面的应用.

在一般量子力学中，解式(4)的Schrödinger方程要求 T 为小量，二级能量修正公式[3]

$$E_K = E_K^{(0)} + H'_n + \sum_n{}' \frac{|H'_{nk}|^2}{E_k^{(0)} - E_n^{(0)}} \tag{23}$$

且必须要求

$$\left| \frac{H'_{nk}}{E_K^{(0)} - E_n^{(0)}} \right| \ll 1 \tag{24}$$

而且无法数值求解，这在实际工作中作定量近似计算很不方便. 而矩阵连分法却弥补了这一不足.

下面，根据式(4)给出用矩阵连分法计算的结果，并与微扰法做一比较.

在表1中，λ_i 的单位为 hk_0，微扰法为二级修正，$T=0.12$ 已不能满足式(20). 从表1可以看出，矩阵连分法不受 T 的限制，而且在 T 很小时，与微扰法计算出的结果相一致，这在实际近似计算过程中具有一定的优越性，而且只要输入 $\boldsymbol{Q}_n^{\pm}$，$\boldsymbol{Q}_n$ 矩阵值，可用程序算出. 为节约时间，我们仅仅取了 8×8 矩阵，只算出了本征值. 矩阵连分法在各方面的应用有待于进一步开发.

表 1　矩阵连分法与微扰法计算结果的比较

λ_i	$T=0.0$		$T=0.001$		$T=0.12$	
	矩阵连分法 Matrix continued fractions	微扰法 Perturbation method	矩阵连分法 Matrix continued fractions	微扰法 Perturbation method	矩阵连分法 Matrix continued fractions	微扰法 Peturbation method
λ_0	0.500 0	0.500 0	0.487 3	0.485 3	0.432 1	*
λ_1	1.500 0	1.500 0	1.476 2	1.474 3	1.400 1	*
λ_2	2.500 0	2.500 0	2.454 3	2.452 8	2.390 9	*
λ_3	3.500 0	3.500 0	3.482 5	3.479 2	3.398 7	*
λ_4	4.500 0	4.500 0	4.478 9	4.478 3	4.387 7	*
λ_5	5.500 0	5.500 0	5.469 0	5.459 9	5.390 1	*
λ_6	6.500 0	6.500 0	6.478 3	6.469 8	6.382 0	*
λ_7	7.500 0	7.500 0	7.490 1	7.489 9	7.388 0	*
λ_8	8.500 0	8.500 0	8.487 3	8.477 9	8.366 0	*

参考资料

[1] 卢志恒,林建恒,胡岗.随机共振问题 Fokker-Pkanck 方程的数值研究[J].物理学报,1993,42(10):1556-1566.

[2] 封国林.矩阵连分法程序及其应用[D].[硕士论文].北京师范大学,1996.

[3] 曾谨言.量子力学[M].北京:科学出版社,1983:300-301.

Schrödinger 方程的变分迭代解法

第五章

1 引 言

1978年,Inokuti[1] 提出了求解非线性方程的广义拉氏乘子法(General Lagrange Multiplier Method),该方法起初主要应用于量子力学.但这种方法的主要缺陷是:只能求解一些特殊点的值,而不能得到近似的解析解.这种基本思想后来被作者发展成为一种迭代算法[2].可以广泛应用各种问题求解[2-7].一些非常特殊的非线性方程,用变分迭代算法也可以得到较好的近似解.如非线性分数阶微分方程,这类方程即使用数值方法也很难得到其数值解,作者在资料[3,5]中第一次成功地提出了这类方程的近似求解方法.在资料[8]中,作者对最近发展起来的各种近似方法做了综述和比较,结果发现变分迭代法的收敛速度最快,得到的解在全域内一致有效.在资料[2]里,作者和 Adomian 分裂算法做了比较,结果说明变分迭代算法收敛速度远远快于 Adomian 分裂算法.

必须强调的是,该方法是一种全局逼近、收敛效果较好的一种迭代方法,目前该方法已得到国内外同行的喜爱和关注,但作者还不能给出严密的数学论证,所以理论还很不完善,还有很多工作要做.

上海大学,上海市应用数学和力学研究所的何吉欢教授 2001 年给出三个例子来说明方法的有效性,同时给出了在识别拉氏乘子时的一些技巧,分析了逼近解的整体收敛效果.

现考虑非线性微分方程

$$Ly + NY = 0 \tag{1}$$

式中,L 为线性算子,N 为非线性算子.

我们可以构造以下校正泛函(Correction Functional)

$$y_{n+1}(x) = y_n(x) + \int_0^x \lambda\{Ly_n(a) + N\tilde{y}_n(a)\}\mathrm{d}a \tag{2}$$

式中,$y_0(x)$ 为初始近似解,它可以包含未知常数或未知函数;λ 为拉氏乘子,可用变分理论最佳识别资料[9－12];$\tilde{y}$ 为限制变分量[13],即 $W\tilde{y}_n = 0$.

在这里作者对广义拉氏乘子法做了以下改进:① 用x 代替原方法中的具体的特殊点,如 $x = 1$;② 原方法只能作一次校正,且其精度受初始近似的限制,而这里的新方法却变成了一种迭代算法;③ 初始近似值可以带待定常数或待定函数;④ 拉氏乘子可近似识别.

对于线性方程,可以不使用限制变分,所以拉氏乘子能精确识别,这样我们迭代一次即可得到精确解.如

$$y''+(1+X)y=0, y(0)=1, y'(0)=0 \tag{3}$$

其校正泛函可表示成

$$y_{n+1}(t)=y_n(t)+\int_0^t \lambda[y''_n(f)+(1+X)y_n(f)]\mathrm{d}f \tag{4}$$

令上述校正泛函取驻值,注意到边界条件 $y(0)=1$,及 $y'(0)=0$,我们可得 $Wy_n(0)=0$ 及 $Wy'_n(0)=0$.对式(4)变分可得

$$\begin{aligned}W_{y_{n+1}}(t)&=Wy_n(t)+\int W_0^t\lambda[y''_n(f)+(1+X)y_n(f)]\mathrm{d}f\\&=Wy_n(t)+\lambda(f)Wy'_n(f)\mid_{f=t}-\\&\quad\lambda'(t)Wy_n(f)\mid_{f=t}+\\&\quad\int_0^t[\lambda''+(1+X)\lambda]Wy_n\mathrm{d}f=0\end{aligned} \tag{5}$$

于是我们可得以下驻值条件

$$Wy_n:\lambda''(f)+(1+X)\lambda(f)=0 \tag{6a}$$

及以下边界条件

$$Wy'_n:\lambda(f)\mid_{f=t}=0, Wy_n:1-\lambda'(f)\mid_{f=t}=0 \tag{6b}$$

从而拉氏乘子可方便地识别得

$$\lambda=\frac{1}{k}\sin(f-t), k=\sqrt{1+X} \tag{7}$$

于是可得以下迭代公式

$$\begin{aligned}&y_{n+1}(t)\\&=y_n(t)+\frac{1}{k}\int_0^t\sin k(f-t)[y''_n(f)+(1+X)y_n(X)]\mathrm{d}X\end{aligned} \tag{8}$$

我们选初始近似值 $y_0=1$. 由式(8) 可得

$$y_1(t)=1+\frac{1}{k}\int_0^t \sin k(f-t)(1+X)\mathrm{d}f=\cos kt \tag{9}$$

这就是精确解. 但是如果我们应用限制变分的概念，则拉氏乘子只能近似识别，因此只能通过不断迭代才能得到其精确解. 例如我们把校正泛函(4) 改写成

$$y_{n+1}(t)=y_n(t)+\int_0^t \lambda[y''_n(f)+y_n(f)+X\tilde{y}_n(f)]\mathrm{d}f \tag{10}$$

式中 $\tilde{y}_n$ 为限制变分量. 令上述校正泛函(11) 取驻值，注意到 $W\tilde{y}_n=0$，我们有

$$\begin{cases} Wy_n: y''(f)+\lambda(f)=0 \\ Wy'_n: \lambda(f)\mid_{f=t}=0 \\ Wy_n: 1-\lambda'(f)\mid_{f=t}=0 \end{cases} \tag{11}$$

于是我们可近似识别拉氏乘子得 $\lambda=\sin(f-t)$. 从而可得以下迭代公式

$$\begin{aligned} &y_{n+1}(t) \\ &=y_n(t)+\int_0^t \sin(f-t)[y''_n(f)+y_n(f)+Xy_n(f)]\mathrm{d}f \end{aligned} \tag{12}$$

设初始近似值为 $y_0=1$，由式(14) 可得

$$\begin{aligned} y_1(t)&=1+\int_0^t \sin(f-t)(1+X)\mathrm{d}f \\ &=1-(1+X)(1-\cos t) \end{aligned} \tag{13}$$

当 $X\ll 1$ 时，上式有比较好的精度. 其误差来自拉氏乘子的近似识别，我们可以看出式(13) 只是式(6) 的近似.

我们可以适当初始近似来补偿由于限制变分引起

的误差，设 $y_0=\cos Tt$，式中 T 为待定常数.

$$y_1(t)=\cos Tt+\int_0^t \sin(f-t)[(-T^2+1+X)\cos Tf]\mathrm{d}f$$
$$=\cos Tt+\frac{(-T^2+1+X)}{1-T^2}(\cos t-\cot Tt)\tag{14}$$

为了消除在下一次迭代中产生的长期项，令 $\cos t$ 的系数等于零，$-T^2+1+X=0$，即 $T=\sqrt{1+X}$ 代入(14)，即得精确解.

如果我们构造以下校正泛函

$$y_{n+1}(t)=y_n(t)+\int_0^t \lambda[y''_n(f)+(1+X)\tilde{y}_n(f)]\mathrm{d}f\tag{15}$$

式中 $\tilde{y}_n$ 为限制变分量. 通过同样的方法，我们可识别拉氏乘子 $\lambda=f-t$. 从而可得以下迭代公式

$$y_{n+1}(t)=y_n(t)+\int_0^t (f-t)[y''_n(f)+y_n(f)+Xy_n(f)]\mathrm{d}f\tag{16}$$

设初始近似值为 $y_0=1$，由式(16)可得

$$y_1(t)=1+\int_0^t (f-t)(1+X)\mathrm{d}f=1-\frac{1+X}{2}t^2\tag{17}$$

$$y_2(t)=1-\frac{1+X}{2}t^2+$$
$$\int_0^t (f-t)\left[-1-X+(1+X)\left(1-\frac{1+X}{2}f^2\right)\right]\mathrm{d}f$$
$$=1-\frac{1+X}{2}t^2+\frac{(1+X)^2}{4}t^4\tag{18}$$

当 $n\to\infty$ 时，近似解收敛于精确解.

对于非线性方程，为了识别拉氏乘子的方便，我们

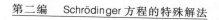

不得不引进限制变分的概念. 我们将以 Duffing 方程为例做具体的阐述.

2　Duffing 方程变分迭代算法

作为一个简单例子,用大家熟悉的 Duffing 方程为例,说明变分迭代算法的有效性

$$\frac{\mathrm{d}^2 u}{\mathrm{d}t^2}+u+Xu^3=0, u(0)=A, u'(0)=0 \tag{19}$$

其校正泛函可表示为

$$u_{n+1}(t)=u_n(t)+\int_0^t \lambda\left[\frac{\mathrm{d}^2 u_n(f)}{\mathrm{d}f^2}+u_n(f)+X\tilde{u}_n^3(f)\right]\mathrm{d}f \tag{20}$$

式中 $u_0(t)$ 为初始近似,$\tilde{u}_n$ 为限制变分量. 其驻值条件

$$\begin{cases}\lambda''(f)+\lambda(f)=0\\ \lambda(f)\mid_{f=t}=0\\ 1-\lambda'(f)\mid_{f=t}=0\end{cases} \tag{21}$$

于是我们可识别拉氏乘子得

$$\lambda=\sin(f-t) \tag{22}$$

把式(22) 代入式(20) 得以下迭代公式

$$u_{n+1}(t)=u_n(t)+\int_0^t \sin(f-t)\left(\frac{\mathrm{d}^2 u_n}{\mathrm{d}f^2}+u_n+Xu_n^3\right)\mathrm{d}f \tag{23}$$

假设初始近似解具有以下形式:$u_0(t)=\cos Tt$,式中 $T(X)\neq 1$,是一个未知常数. 应用变分迭代公式(23),我们可得

$u_1(t)$

$=\cos Tt+$

$$\int_0^t \sin(f-t)\left[\left(1-T^2+1+\frac{3}{4}X\right)\cos Tf+\frac{X}{4}\cos 3Tf\right]\mathrm{d}f$$

$$=A\cos Tt+$$

$$\int_0^t \sin(f-t)\left[\left(-T^2+1+\frac{3}{4}XA^2\right)A\cos Tf+\frac{1}{4}XA^3\cos Tf\right]\mathrm{d}f$$

$$=A\cos Xt-\frac{A\left(1-T^2+\frac{3}{4}XA^2\right)}{1-T^2}(\cos Tt-\cos t)-$$

$$\frac{XA^3}{4(1-9T^2)}(\cos 3Tt-\cos t) \tag{24}$$

为了消除下一次迭代中产生长期项，我们令 $\cos t$ 的系数为零

$$\frac{A\left(1-T^2+\frac{3}{4}XA^2\right)}{1-T^2}+\frac{XA^3}{4(1-9T^2)}=0 \tag{25a}$$

即

$$T=\frac{\sqrt{10+7XA^2+\sqrt{64+104XA^2+49X^2A^4}}}{18} \tag{25b}$$

从而可得以下一阶近似

$$u_1(t)=-\frac{3XA^3}{4(1-T^2)}\cos Tt-\frac{XA^3}{4(1-9T^2)}\cos 3Tt \tag{26}$$

式中 T 由式(25b)确定. 其周期为 $T=\frac{2c}{T}$，而其相应的摄动解为[14] $T_{\text{pert}}=2c\left(1-\frac{3}{8}X\right)$.

为了比较，我们写出其精确解为[14]

$$T_{\text{ex}}=\frac{4}{1+XA^2}\int_0^{\frac{c}{2}}\frac{\mathrm{d}x}{1-k\sin^2 x},k=\frac{XA^2}{2(1+XA^2)} \tag{27}$$

很显然摄动解只是 $T=\frac{2c}{T}$ 在 $X \ll 1$ 时的近似表达式，式(25b) 可近似表示为

$$T=\sqrt{1+\frac{3}{4}X+\frac{3}{128}X^2+O(X^3)}=1+\frac{3}{8}X+O(X^2) \tag{28}$$

必须指出的是摄动解只适合于小参数($X \ll 1$)，而本章得到的近似解却没有这个限制，即使当 $X \to \infty$ 时，我们得到的解也是一致有效的

$$\begin{aligned}\lim_{X\to\infty}\frac{T_{ex}}{T} &= \frac{2\sqrt{7/9}}{c}\int_0^{\frac{c}{2}}\frac{dx}{1-0.5\sin^2 x} \\ &= \frac{2\sqrt{7/9}}{c}\times 1.68575 = 0.946\end{aligned}$$

可见即使当 $X \to \infty$ 时，其最大相对误差仅为 $\frac{|(T_{ex}-T)|}{T_{ex}}=5.66\%$，这一结果比同伦摄动方法[15]，线化摄动方法[16]，及参化摄动方法[17]得到的结果都要好，这充分说明了变分迭代算法的优越性.

3 Schrödinger 方程

Schrödinger 方程一般可写成如下形式[18]

$$Lf=-f''+q(x)f=k^2 f \tag{29}$$

当 $q(x)=0$ 时，有两个基本解 e^{ikx} 和 e^{-ikx}. 假设当 $|x| \to \infty$ 时，$q(x)$ 很快趋向于零. 下面我们会发现用变分迭代算法可以非常方便地得到 Schrödinger 方程的 Jost 解.

我们先研究 $x \to \infty$ 时的迭代公式，其校正泛函可

写成

$$f_{n+1}(x)=f_n(x)+\int_x^{+\infty}\lambda[f''_n(a)-q(a)\tilde{f}_n(a)+k^2f_n(a)]\mathrm{d}a \tag{30}$$

式中，$\tilde{f}_n$ 为限制变分量. 其驻值条件为

$$\begin{cases}\lambda''(a)+k^2f(a)=0\\ \lambda(a)\mid_{a=x}=0\\ 1+\lambda'(a)\mid_{a=x}=0\end{cases} \tag{31}$$

从而我们可识别拉氏乘子得 $\lambda=\frac{1}{k}\sin k(x-a)$. 于是得以下迭代公式

$$f_{n+1}(x)=f_n(x)+\int_x^{+\infty}\frac{\sin k(x-a)}{k}[f''_n(a)-q(a)f_n(a)+k^2f_n(a)]\mathrm{d}a \tag{32}$$

把 $x\to+\infty$ 时 Schrödinger 方程的渐近解作为初始近似：$f_0(x)=f_+(x)=\mathrm{e}^{ikx}$，于是应用变分迭代公式(32)得

$$f_1(x)=\mathrm{e}^{ikx}-\int_x^{+\infty}\frac{\sin k(x-a)}{k}q(a)f_+(a)\mathrm{d}a \tag{33}$$

同理我们来研究 $x\to-\infty$ 时的迭代公式，其校正泛函可写成

$$f_{n+1}(x)=f_n(x)+\int_{-\infty}^{x}\lambda[f''_n(a)-q(a)\tilde{f}_n(a)+k^2f_n(a)]\mathrm{d}a \tag{34}$$

式中，$\tilde{f}_n$ 为限制变分量，其驻值条件为

$$\begin{cases}\lambda''(a)+k^2 f(a)=0\\ \lambda(a)\mid_{a=x}=0\\ 1-\lambda'(a)\mid_{a=x}=0\end{cases}\tag{35}$$

从而可识别拉氏乘子得 $\lambda=-\dfrac{1}{k}\sin k(x-a)$，于是得以下迭代公式

$$f_{n+1}(x)$$
$$=f_n(x)-\int_x^{+\infty}\frac{\sin k(x-a)}{k}[f''_n(a)-q(a)f_n(a)+k^2 f_n(a)]\mathrm{d}a\tag{36}$$

把 $x\to-\infty$ 时 Schrödinger 方程的渐近解作为初始近似 $f_0(x)=f-(x)=\mathrm{e}^{-\mathrm{i}kx}$，应用式(36) 直接可得

$$f_1(x)=\mathrm{e}^{\mathrm{i}kx}+\int_x^{+\infty}\frac{\sin k(x-a)}{k}q(a)f_-(a)\mathrm{d}a\tag{37}$$

式(33) 和(37) 即为著名的 Jost 解.

在这里我们对式(32) 做一简单的分析，记

$$v(x)=\int_x^{+\infty}\frac{\sin k(x-a)}{k}\{f''_n[a+k^2 f_n(a)]\}\mathrm{d}a$$

上式对 x 求二次导数，通过简单的运算可得 $v''(t)+v(t)=f''(t)+f(t)$，我们令 $v(t)=f(t)$，于是由式(32)，我们可得

$$f(x)=\int_x^{+\infty}\frac{\sin k(x-a)}{k}[q(a)f(a)]\mathrm{d}a\tag{38}$$

式(38) 对 x 微分两次，即可证明(38) 是 Schrödinger 方程的精确解. 因此由 Banach-Picard 不动点原理[19] 可知，我们得到的迭代格式是绝对收敛的.

4 结 论

应用变分迭代算法，我们得到了Schrödinger方程的Jost解. 作者还没有能够证明该方法的收敛性，只能从定性上给予说明. 因此该理论还存在不完善或不严格的地方有待于进一步研究和探讨. 该方法得到的方程可能与用Green函数化成积分方程有某种联系，我们将做进一步的研究.

参考资料

[1] Inokuti M, et al. General use of the Lagrange multiplier in nonlinear mathematical physics, invariational method in the mechanics of solids, ed. by S Nemat-Nasser, Pergamon Press, 1978:156-162.

[2] He J H. Variational iteration method: a kind of nonlinear analytical technique some examples. In ternational Joumal of Nonlinear Mechanics, 1999, 34(4): 699-708.

[3] He J H. Approximate analytical solution for seepage flow with fractional derivatives in porous media. Computer Methods in Applied Mech & Engineering, 1998, 167: 57-68.

[4] He J H. Approximate solution for nonlinear differential equations with convolution product nonlinearities. Computer Methods in Applied Mech & Engineering, 1998, 167: 69-73.

[5] He J H. Nonlinear oscillation with fractional derivative and its applications. International Conf on Vibration 114(2/3): 115-123.

[6] He J H. Variational iteration method for autonomous ordinary differential system. Applied Math & Computer, 2000, 114(2/3): 115-123.

[7]He J H. Exact resonances of nonlinear vibration of rotor-bearing system without small parameter. Mechanics Research Communications, 2000, 27(4): 451-456.

[8]He J H. A review on some new recently developed nonliear analytical techniques. International Journal of Nonlinear Sciences and Numerical Simulation, 2000, 1(1): 51-70.

[9]He J H. Inverse problems of determining the unkown shape of osciallating airfoils in compressible 2D unsteady flow via variational technique. Aircraft Engineering & Aerospace Technology, 2000, 72(1): 18-24.

[10] He J H. Treatment shocks in transonic aerodynamics in meshless method. Part I Lag range multiplier approach. Int J Turbo & Jet-Engines, 1999, 16(1): 19-26.

[11]He J H. Classical variational model for the micropolar elastodynamics. International Journal of Nonlinear Sciences and Numerical Simulation, 2000, 1(2).

[12]He J H. Generalized hellinger-reissner principle. ASME journal of applied mechanics, 2000, 67(2): 326-331.

[13]Finlayson B A. The method of weighted residuals and variational principles. Acad Press, 1972.

[14]Nayfeh A H. Introduction to perturbation techniques. John Wiley & Sons, 1981.

[15]He J H. Homotopy perturbation technique. Computer Methods in Applied Mechanics and Engineering, 1999, 178: 257-262.

[16]He J H. A new perturbation technique which is also valid for large parameters. Journal of Sound and Vibration, 2000, 229(5): 1257-1263.

[17]He J H. Some new approach to Duffing equation with strongly & high order nonlinearity(Ⅱ) parameterized perturbation technique. Communications in nonlinear sci & Numerical simulation, 1999, 4(1): 81-82.

[18] 谷超豪，等. 孤立子理论. 浙江科技出版社，1990，71-73(李翊神反散射方法).

[19]Smith D R. Singular-perturbation theory, An introduction with applications. Cambridge University Press, 1985.

一类 Schrödinger 方程的多解定理

第六章

徐州工程学院计算科学系的吴伟力，吕楠二位教授 2005 年应用下降流不变集的方法证明了一类 Schrödinger 方程的四解定理，作为四解定理的推论，得到了这类方程正解、负解和变号解同时存在的结论.

近几年来，形如

$$\begin{cases}-\Delta u+a(x)u=f(x,u) & \text{在 } \Omega \text{ 中}\\ u=0 & \text{在 } \partial\Omega \text{ 上}\end{cases} \tag{1}$$

的 Schrödinger 方程的解存在和多解问题得到了广泛的讨论，其中 $\Omega\subset\mathbf{R}^N$ 有界. $\partial\Omega$ 光滑，$f:\Omega\times\mathbf{R}\to\mathbf{R}$ 连续可微，$a:\Omega\to\mathbf{R}$ 连续. 所不同的是 $a(x)$ 和 $f(x,u)$ 条件，在资料[1]中，若 $a\in C(\mathbf{R}^N,\mathbf{R}_+)a(x)\to\infty$，当 $x\to\infty$ 时，$f(x,u)=|u|^{p-2}u,p\in(2,2^*),2^*=\dfrac{2N}{N-2}$，则(1) 有无穷多解. 由[2] 知，

在上述条件下,(1) 的无穷多解中存在一个正解和一个负解. 有关(1) 的解的结论在资料[3] 中有详细的归纳. 资料[4] 给出(1) 的一个变号解的结果. 另外应用下降流不变集方法,[5] 得到了(1) 三个解的结论,其条件要求 $f(x,u)$ 保证(1) 对应的泛函除满足(P. S.)条件外,还要求

$$a(x) \in L^{\infty}_{\text{loc}}(\mathbf{R}^N), \text{ess inf } a(x) > 0$$

和

$$\lim_{|x| \to \infty} \sup_{|t| \leqslant t} \frac{|f(x,t)|}{|t|} = 0, \forall \tau > 0$$

或者是对任何 $M > 0$ 和 $r > 0$ 成立下式

$$\text{mes}(\{x \in B_r(y) : a(x) \leqslant M\}) \to 0$$

$$x \in \mathbf{R}^N, t \in \mathbf{R}, |y| \to \infty$$

(1) 的三个解中,一个正解、一个负解,另一个为变号解.

下面应用下降流不变集方法,在 $a(x)$ 和 $f(x,u)$ 适当条件下,得到了(1) 的四解定理,作为定理的一个推论,可以证明一个正解、一个负解和一个变号解的结论.

1 主要条件和结论

以下假设条件成立:

(H1) 存在 $\psi, \varphi \in C^2(\overline{\Omega}), \psi < \varphi$ 满足

$$(-\Delta + a)\psi \leqslant f(x, \psi) \quad (\text{在 } \Omega \text{ 中})$$

$$(-\Delta + a)\varphi \geqslant f(x, \varphi) \quad (\text{在 } \Omega \text{ 中})$$

且 ψ, φ 不是(1) 的解.

(H2) $f(x,t)$ 关于变量 t 非减.

(H3) 存在 $\alpha > 0$，满足 $a(x) \geqslant \alpha, \forall x \in \overline{\Omega}$. $\lim\limits_{|x| \to \infty} a(x) = a(\infty) \in (0,\infty)$.

(H4) $a \in C(\overline{\Omega}, \mathbf{R})$.

(H5) 存在 $c > 0$ 和 $p \in (2,2*)$，满足 $|f(x,t)| \leqslant c(1+|t|^{p-1}), x \in \overline{\Omega}, t \in \mathbf{R}$. 其中 $2* = \dfrac{2N}{N-2}$.

(H6) 存在 $\eta > 2, R > 0$ 满足 $0 \leqslant \eta F(x,t) \leqslant f(x,t)t, x \in \overline{\Omega}, t \in \mathbf{R}$. 其中 $F(x,t) = \int_0^t f(x,s)\mathrm{d}s$.

由(H3),(H4) 得

$$u* = \inf \sigma(-\Delta + a) = \inf_{u \in H_0^1/\{0\}} \frac{\int_{\mathbf{R}^N} |\Delta u|^2 + a(x)u^2}{\int_{\mathbf{R}^N} u^2}$$

(H7) $\limsup\limits_{t \to 0^+} f(x,t)t^{-1} < u*$，对 x 一直成立.

(H8) $\liminf\limits_{t \to +\infty} f(x,t)t^{-1} > u*$，对 x 一直成立.

(H9) $\limsup\limits_{t \to \infty} f(x,t)t^{-p+1} < +\infty$，对 x 一直成立.

(H10) $\sup\limits_{t>0} F(x,t)t^{-2} < a(\infty)$，对 x 一直成立.

注　条件(H1) 可以由下面形式给出：

(1) 存在 $K > 0$，满足 $|f(x,t)| \leqslant K, t \in [-C_K, C_K]$. 其中 $C_K = \max\limits_{\Omega} e_K$，$e_K$ 满足

$$\begin{cases} (-\Delta + a)e_K = f(x,u) & (\text{在 } \Omega \text{ 中}) \\ e_K = 0 & (\text{在 } \partial\Omega \text{ 上}) \end{cases}$$

(2) $f(x,0) = 0, f'_t(x,0) < u*, \forall x \in \overline{\Omega}$.

应用变分思想，知道(1) 的解对应泛函

$$J(u) = \frac{1}{2}\int_{\Omega} (\nabla_u \nabla_u + a(x)u^2)\mathrm{d}x - \int_{\Omega} F(x, u(x))\mathrm{d}x$$

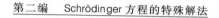

的临界点,给出一些记号:Hilbert 空间

$$H=\{u\in H_0^1(\overline{\Omega}):\int_\Omega a(x)u^2\mathrm{d}x<\infty\}$$

$$K=\{u\in H\mid J'(u)=0\}$$

由 H 上定义内积

$$(u,v)=\int_\Omega(\nabla_u\nabla_v+a(x)uv)\mathrm{d}x,u,v\in H$$

由内积导出 H 的模

$$\|u\|_H=(\int_\Omega(\nabla_u\nabla_u+a(x)u^2)\mathrm{d}x)^{\frac{1}{2}},u\in H$$

在条件(H3)成立的情况下,空间 H 等同于空间 $H_0^1(\overline{\Omega})$. 由 $f\in C^1(\overline{\Omega}\times\mathbf{R},\mathbf{R})$,易知 $J\in C^2(H,\mathbf{R})$. 且 J 在点 u 处的梯度 $J'(u)$ 有形式

$$J'(u)=u-(-\Delta+a)^{-1}[f(\circ,u(\circ))]$$

令

$$A(u)=(-\Delta+a)^{-1}[f(\circ,u(\circ))],u\in H$$

既然空间 H 等同于空间 $H_0^1(\overline{\Omega})$,取另一空间 $X=C_0^1(\overline{\Omega})$,从而 $X\mapsto H$. 由椭圆方程的 L^P 理论和空间嵌入理论,根据资料[6]知:$J'(u)$ 和 $A(u)$ 是 $H\rightarrow H$ Lipschitz 连续的,从而也是 $X\rightarrow X$ Lipschitz 连续的.

令 $u_0\in X\backslash K$,在 H 和 X 中分别考虑初值问题

$$\begin{cases}\dfrac{\mathrm{d}u(t)}{\mathrm{d}t}=-J'(u(t))\\ u(0)=u_0\end{cases}\tag{2}$$

记 $u(t,u_0)$ 和 $u(t,u_0)$ 分别是(2)在 H 和 X 中的确切解,某右向最大存在区间为$[0,\eta(u_0)]$和$[0,\eta(u_0)]$.

下面是本章的主要结果:

定理 1 (H1)~(H6)成立,则(1)至少有 4 个

解.

定理 2　(H1) ~ (H5),(H7) ~ (H10) 成立,则(1) 至少有 4 个解.

2　定理 1 的证明

为了证明定理 1,我们需要下面的引理:

引理 1[7]　(1)$\eta(u_0)=\eta(u_0)$,且 $u(t,u_0)=u(t,u_0)$,$\forall\, 0\leqslant t<\eta(u_0)$.

(2) $\lim\limits_{t\to\eta(u_0)} u(t,u_0)=u^*$,若在 H 中成立,其中 $u^*\in K$,则 $\lim\limits_{t\to\eta(u_0)} u(t,u_0)=u^*$,在 X 中也成立.

引理 2　在定理 1 的条件下,J 在 H 上满足 (P.S.) 条件.

证明　设 $\{u_n\}\subset H$,满足 $|J(u_n)|\leqslant M$,$J'(u_n)\to 0$. $\{u_n\}$ 在 H 中有一强收敛子列.

第一步　$\|u_n\|_H$ 有界. 由(H6) 知

$$\eta_c+o(1)(1+\|u_n\|_H)\geqslant \eta J(u_n)-(J'(u_n),u_n)$$
$$\geqslant \frac{\eta-2}{2}\|u_n\|_H^2$$

从而 $\|u_n\|_H$ 有界.

第二步　$\{u_n\}$ 在 H 中有强收敛子列. $H\mapsto L^P$,由嵌入定理知,$\|u_n\|_{L^P}$ 有界. 由条件(H5) 和 Nemiskii 算子理论知,$\{f(x,u_n(x))\}$ 在 $L^{P'}$ 中有界,其中 $\frac{1}{p}+\frac{1}{p'}=1$. 从而$\{f(x,u_n(x))\}$ 在 $L^{p'}$ 中有弱收敛子列,不妨仍记为$\{f(x,u_n(x))\}$. 而算子$(-\Delta+a)^{-1}:L^{p'}\to H$

是紧算子，所以$(-\Delta+a)^{-1}f(x,u_n(x))$在 H 中强收敛，由

$$J'(u_n)=u_n-(-\Delta+a)^{-1}[f(x,u_n(x))]\to\theta$$

知，$\{u_n\}$ 在 H 中强收敛.

定理 1 的证明 记

$$D_1=\{u\in C_0^1(\bar{\Omega})\mid u>\psi, \text{在 } \Omega \text{ 中，且} \frac{\partial u}{\partial n}<\frac{\partial\psi}{\partial n}, \text{在 } \partial\Omega \text{ 上}\}$$

$$D_2=\{u\in C_0^1(\Omega)\mid u<\varphi, \text{在 } \Omega \text{ 中，且} \frac{\partial u}{\partial n}>\frac{\partial\varphi}{\partial n}, \text{在 } \partial\Omega \text{ 上}\}$$

其中 n 为在 $\partial\Omega$ 上的外法线，ψ,φ 如(H1) 中定义的. 显然 D_1,D_2 是 X 中的开凸集，由极大值定理和条件(H1) 知 $D_1\cap D_2\neq\varnothing$，若 $u\in\partial_X(D_1)$，且 $v=Au$，由 $A(u)=-(\Delta+a)^{-1}[f(\circ,u(\circ))]$ 和条件(H1)(H2) 可得

$$\begin{aligned}-\Delta u+av&=f(x,u)\geqslant f(x,\psi)\\&>-\Delta\psi+a\psi \quad (\text{在 } \Omega \text{ 中})\end{aligned}$$

$$v=\psi=0 \quad (\text{在 } \partial\Omega \text{ 上})$$

由极大值定理得：在 Ω 中，$v>\psi$，且在 $\partial\Omega$ 上，$\frac{\partial v}{\partial n}<\frac{\partial\psi}{\partial n}$，所以 $v\in D_1$. 从而 $A(\partial_X(D_1))\subset D_1$. 同理可证 $A(\partial_X(D_2))\subset D_2$. 由条件(H6) 得：存在 $C_1>0$，$C_2>0$ 满足

$$\forall t\in\mathbf{R}, F(x,t)\geqslant C_1\mid t\mid^\eta-C_2$$

对任何有限维空间 $X_1\subset X$，若 $u\in X_1$，那么存在 $C_3>0$，使得

$$\begin{aligned}J(u)&=\frac{1}{2}\int_\Omega(\nabla_u\nabla_u+a(x)u^2)\mathrm{d}x-\int_\Omega F(x,u(x))\mathrm{d}x\\&\leqslant C_3\parallel u\parallel_H^2-C_1\parallel u\parallel_{L^\eta}^\eta+C_2\mid\Omega\mid\end{aligned}$$

因为 $\eta>2$，那么存在 $C_4>0$ 满足：若 $u\in X$，那么

$J(u) \leqslant -C_4 \| u \|_H^2 + C_4$. 因此存在道路 $h:[0,1] \to X$ 满足 $h(0) \in D_1 \backslash D_2, h(1) \in D_2 \backslash D_1$ 且

$$\inf_{u \in \overline{D_1}^X \cap \overline{D_2}^X} J(u) > \sup_{t \in [0,1]} J(h(t))$$

下面的证明类似于资料[7]中的定理 3.3,可得(1)至少有 4 个解,且 $u_1 \in D_1 \cap D_2, u_2 \in D_1 \backslash \overline{D_2}, u_3 \in D_2 \backslash \overline{D_1}, u_4 \in X \backslash (\overline{D_1} \cup \overline{D_2})$.

3　定理 2 的证明

容易证明在定理 2 的条件下,$u* < \lim\limits_{|x| \to \infty} \inf a(x)$. 从而有下面的引理.

引理 3[8]　若 $u* < \lim\limits_{|x| \to \infty} \inf a(x)$,那么 $u*$ 是算子 $-\Delta + a$ 的特征值,并且存在一特征向量 $\psi*$ 与之对应.

引理 4　(H3),(H4),(H5),(H7) ~ (H10) 成立,则 J 在 H 上满足(P.S.)条件.

证明　设 $\{u_n\} \subset H$, 满足 $|J(u_n)| \leqslant M$, $J'(u_n) \to 0$. 要证 $\{u_n\}$ 在 H 中有一强收敛子列.

第一步　$\| u_n \|_H$ 有界.(反证)假设 $\| u_n \|_H \to \infty$. 定义 $w_n = u_n \backslash \| u_n \|$,可以假设

$$w_n \mapsto w \quad (\text{在 } H \text{ 中}) \tag{3}$$

$$w_n \to w \quad (\text{在 } L^2_{\text{loc}}(\Omega) \text{ 中}) \tag{4}$$

$$w_n \to w \quad (\text{几乎处处在 } \Omega \text{ 上}) \tag{5}$$

由(H10),存在 $\delta \in (0,1)$ 和 $R_1 > 0$ 使得

$$\sup_{t > 0} 2F(x,t)t^{-2} \leqslant \delta_1 a(x), \ |x| \geqslant R_1$$

因为

$$\frac{1}{2}=\frac{J(u_n)}{\|u_n\|^2}+\int_\Omega\frac{F(x,u_n)}{\|u_n\|^2}$$

$$=\int_{B_{R_1}}\frac{F(x,u_n)}{u_n^2}w_n^2+\int_{B_{R_1}}\frac{F(x,u_n)}{u_n^2}w_n^2+o(1)$$

$$\leqslant M\int_{B_{R_1}}w_n^2+\frac{\delta_1}{2}\int_{B_{R_1}}a(x)w_n^2+o(1)$$

$$\leqslant M\int_{B_{R_1}}w_n^2+\frac{\delta_1}{2}+o(1)$$

从而存在 $\alpha>0$ 和 N,使得,对所有的 $n>N$

$$\int_{B_{R_1}}w_n^2\geqslant\alpha$$

由(4) 和(6) 得 $w\geqslant 0$ 和 $w\neq 0$.

因为 $J'(u_n)\to 0$ 和对所有的 $v\in H$ 有

$$(J'(u_n),v)=\frac{1}{2}\int_\Omega(\nabla u_n\ \nabla v+a(x)uv)\mathrm{d}x-\int_\Omega f(x,u_n(x))\mathrm{d}x \tag{7}$$

取 $v=\psi*$,得到

$$u*\int_\Omega w_n\psi*=\int_\Omega\frac{f(x,u_n)}{u_n}w_n\psi*+o(1)$$

由(H8) 知存在 $\delta_2>0$,使得

$$\liminf_{t\to\infty}f(x,t)t^{-1}>u*+\delta_2$$

综合 Fatou 引理和式(3),(5) 得

$$u*\int_\Omega w_n\psi*\geqslant(u*+\delta_2)\int_\Omega w\psi*$$

矛盾,所以 $\|u_n\|_H$ 有界.

第二步　$\{u_n\}$ 中 H 有强收敛子列. $H\mapsto L^p$,由嵌入定理知,$\|u_n\|_{L^p}$ 有界. 由条件(H5) 和 Nemiskii 算子理论知,$\{f(x,u_n(x))\}$ 在 $L^{p'}$ 中有界,其中$\frac{1}{p}+\frac{1}{p'}=$

1. 从而 $\{f(x,u_n(x))\}$ 在 $L^{p'}$ 中有弱收敛子列，不妨仍记为 $\{f(x,u_n(x))\}$. 而算子 $(-\Delta+a)^{-1}:L^{p'}\to H$ 是紧算子，所以 $(-\Delta+a)^{-1}f(x,u_n(x))$ 在 H 中强收敛，由

$$J'(u_n)=u_n-(-\Delta+a)^{-1}[f(x,u_n(x))]\to\theta$$

知 $\{u_n\}$ 在(H1)中强收敛.

定理 2 的证明　记

$$D_1=\{u\in C_0^1(\overline{\Omega})\mid u>\psi,\text{在 }\Omega\text{ 中，且}\frac{\partial u}{\partial n}>\frac{\partial\psi}{\partial n},\text{在 }\partial\Omega\text{ 上}\}$$

$$D_2=\{u\in C_0^1(\overline{\Omega})\mid u<\varphi,\text{在 }\Omega\text{ 中，且}\frac{\partial u}{\partial n}>\frac{\partial\varphi}{\partial n},\text{在 }\partial\Omega\text{ 上}\}$$

其中 n 为在 $\partial\Omega$ 上的外法线，ψ,φ 如(H1)中定义的. 显然 D_1,D_2 是 X 中的开凸集，由极大值定理和条件(H1)知 $D_1\cap D_2\neq\varnothing$，若 $u\in\partial_X(D_1)$，且 $v=Au$，由 $A(u)=(-\Delta+a)^{-1}[f(\circ,u(\circ))]$ 和条件(H1)(H2)，可得

$$\begin{aligned}-\Delta u+av&=f(x,u)\geqslant f(x,\psi)\\&>-\Delta\psi+a\psi\quad(\text{在 }\Omega\text{ 中})\\v&=\psi=0\quad(\text{在 }\partial\Omega\text{ 上})\end{aligned}$$

由极大值定理得 $v>\psi$(在 Ω 中)，且 $\frac{\partial v}{\partial n}<\frac{\partial\psi}{\partial n}$(在 $\partial\Omega$ 上). 所以 $v\in D_1$，从而 $A(\partial_X(D_1))\subset D_1$.

同理可证 $A(\partial_X(D_2))\subset D_2$. 由条件(H7)和条件(H9)知，存在 $\delta_3>0$ 和 $C>0$ 使得

$$f(x,t)\leqslant(u*-\delta_3)t+Ct^{p-1},t\geqslant0\tag{8}$$

由嵌入定理得，对任意的 $u\in H$，$\|u\|$ 充分小

$$\begin{aligned}J(u)&\geqslant\frac{1}{2}\|u\|^2-\frac{1}{2}(u*-\delta_3)\|u\|_2^2-\frac{C}{p}\|u\|_p^p\\&\geqslant\frac{\delta_3}{4n*}\|u\|^2\end{aligned}\tag{9}$$

由条件(H8)知,存在 $T>0$ 和 $\delta_4>0$ 使得

$$F(x,t)\geqslant\frac{1}{2}(u*+\delta_4)t^2,t\geqslant T$$

从而存在 C_1 和 C_2,使得对任意的 $u\in X$

$$J(u)\leqslant -C_1\|u\|_H^2+C_2 \tag{10}$$

因此存在道路 $h:[0,1]\to X$ 满足 $h(0)\in D_1\backslash D_2$, $h(1)\in D_2\backslash D_1$,且

$$\inf_{u\in\overline{D_1}^X\cap\overline{D_2}^X}J(u)>\sup_{t\in[0,1]}J(h(t))$$

下面的证明类似于资料[7]中的定理 3.3,可得(1)至少有 4 个解,且 $u_1\in D_1\cap D_2$, $u_2\in D_1\backslash\overline{D_2}$, $u_3\in D_2\backslash\overline{D_1}$, $u_4\in X\backslash(\overline{D_1}\cup\overline{D_2})$.

推论 1 假设定理 1 或定理 2 的条件分别成立,另设 $f(x,0)=0,\psi<0,\varphi>0$. 则(1)有一个正解,一个负解和一个变号解.

证明 验证定理 1、定理 2 的证明可得结论.

注 若 $f(x,0)\neq 0$,则(1)的 4 个解皆是非平凡的;若 $f(x,0)=0$,则(1)的 4 个解有可能平凡.

参考资料

[1] Bartsh T, Wang Z Q. Existence and multiplicity results for some superlinear elliptic problems on $\mathbf{R}^N$[J]. Comm Partial Differential Equations, 1995, 20: 1725-1741.

[2] Rabinowitz P. On a class if nonlinear schrödinger equation[J]. Z Angew Math Phys, 1992, 43: 1029.

[3] Bartsh T, Pankow A, Wang Z Q. Nonlinear schrödinger equations with steep potential well[J]. Comm Contemp Math, 2001, 4: 549-569.

[4]Bartsh T,Wang Z Q. Sign changing solutions of nonlinear schrödinger equations[J]. Topol Methods Nonlinear Anal,1999,13:191-198.

[5]Thomas B,Liu Z L. Sign changing solutions of superlinear schrödinger equations(to appear).

[6]Coti Z V,Rabinowitz P H. Homoclinic type solutions for a semilinear elliptic problems[J]. Appl Anal,1995,56:193-206.

[7]Liu Z L,Sun J X. Invariant sets of descending flow in critical point theory with application to nonlinear differential equations[J]. J Differential Equations,2001,172:257-299.

[8]Liu Z,Wang Z Q. Existence of a positive solution of an elliptic equation on $\mathbf{R}^N$(to appear).

Schrödinger 方程的 $U(1)$ 对称性与连续方程

第七章

著名的 Noether 定理指出，运动方程的每个连续对称变换都存在某种守恒流和守恒荷，这说明，一个守恒定律一般都与某种对称性有关. 概率守恒是量子力学中的一个基本假定，它表示量子力学中的粒子既不会消灭也不会增加. 考虑 Noether 定理的逆命题，概率守恒是否与什么对称性有关？安阳师范学院物理系的郝红军教授 2008 年将通过量子力学的经典场论和量子场论表述指出，Schrödinger 方程有 $U(1)$ 对称性，此对称性的守恒流方程是连续方程，守恒荷是全空间概率.

1 经典场论表述

分析力学中的 Lagrange 理论框架

是构造出体系的 Lagrange 函数，由最小作用量原理得到体系的运动方程. Lagrange 函数有时可以没有明确的力学意义[1]，事实上，在研究社会现象时也可以构造 Lagrange 函数解运动方程[2]. 量子力学中的波函数可以被看作是一种场，叫 Schrödinger 场，体系运动就是 Schrödinger 场的运动，如同经典电磁场理论中的电磁场一样. 本章通过量子力学的经典场论表述，得出体系 $U(1)$ 对称变换的守恒流和守恒荷形式.

1.1 Lagrange 密度函数

对于一个量子体系，假设其 Lagrange 密度函数 L 是由 Schrödinger 场 $\Psi(x,t)$ 及其一阶导数组成

$$L = \mathrm{i}\hbar\Psi^* \dot{\Psi} - \frac{\hbar^2}{2m}\nabla\Psi^* \circ \nabla\Psi - V(x,t)\Psi^*\Psi \tag{1}$$

式中函数符号上的点表示对时间求导，星号为取复共轭. 利用最小作用量原理，式(1) 能得到 $\Psi(x,t)$ 的运动方程

$$\mathrm{i}\hbar\frac{\partial\Psi}{\partial t} + \left[\frac{\hbar^2}{2m} - V(x,t)\right]\Psi = 0 \tag{2}$$

此方程与量子力学中 Schrödinger 方程的形式一样，这说明式(1) 可以正确描述量子体系的动力学性质.

1.2 守恒流和守恒荷

由式(1) 可以看出，Schrödinger方程有 $U(1)$ 对称性，即当 Schrödinger 场 Ψ 及其复共轭作如下相位变化时

$$\Psi \to \mathrm{e}^{\mathrm{i}\lambda}\Psi;\Psi^* \to \mathrm{e}^{-\mathrm{i}\lambda}\Psi^* \tag{3}$$

其中 λ 为实数，体系 Lagrange 密度函数 L 不变. 根据 Noether 定理，Lagrange 密度函数的这种 $U(1)$ 对称性必存在某种守恒流和守恒荷. 下面推导 $U(1)$ 变换的守恒流与守恒荷具体形式.

由 $\exp(\pm \mathrm{i}\lambda)$ 的 Taylor 展开形式可知，相位无穷小变化时，Schrödinger 场 Ψ 及其复共轭场的变分为

$$\delta\Psi = \mathrm{i}\lambda\Psi ; \delta\Psi * = -\mathrm{i}\lambda\Psi * \tag{4}$$

在此变换下，体系 Lagrange 密度函数 L 的变分

$$\begin{aligned}\delta L &= \left[\frac{\partial L}{\partial\Psi}\delta\Psi + \frac{\partial L}{\partial\Psi}\partial\Psi + \frac{\partial L}{\partial(\nabla\Psi)}\delta\,\nabla\Psi\right] + \\ &\quad \left[\frac{\partial L}{\partial\Psi *}\delta\Psi * + \frac{\partial L}{\partial\Psi *}\delta\Psi * + \frac{\partial L}{\partial(\nabla\Psi *)}\delta\,\nabla\Psi *\right] \\ &= \lambda\hbar\left[\frac{\mathrm{d}}{\mathrm{d}t}(\Psi * \Psi) - \frac{\mathrm{i}\hbar}{2m}\nabla\cdot(\Psi *\ \nabla\Psi - \Psi\,\nabla\Psi *)\right]\end{aligned} \tag{5}$$

在得到第二个结果时运用了函数积的求导规则和 Schrödinger 场 Ψ 的运动方程式(2). 由于前面我们知道 $U(1)$ 变换时 L 保持不变，所以式(5) 应等于零，即

$$\frac{\mathrm{d}}{\mathrm{d}t}(\Psi * \Psi) - \frac{\mathrm{i}\hbar}{2m}\nabla\circ(\Psi *\ \nabla\Psi - \Psi\,\nabla\Psi *) = 0 \tag{6}$$

这样除去无关的系数我们得到了守恒流 s

$$s_0 = \Psi * \Psi$$

$$s_i = \frac{\mathrm{i}\hbar}{2m}(\Psi *\ \nabla\Psi - \Psi\,\nabla\Psi *) \tag{7}$$

其中下标 0 表示时间分量，i 表示空间分量. 守恒流时间分量对全空间积分，得到守恒荷 Q

$$Q = \int \Psi * \Psi \mathrm{d}\tau \tag{8}$$

让式(6) 对全空间积分并利用 Gauss 定理可以看

到 Q 确实是时间不变量

$$\frac{\mathrm{d}}{\mathrm{d}t}Q=\frac{\mathrm{d}}{\mathrm{d}t}\int\Psi*\Psi\mathrm{d}\tau=0 \tag{9}$$

我们看到式(6) 就是量子力学中的连续方程，式(9) 就是量子力学中的概率守恒式，因此可以得出结论：Schrödinger 方程 $U(1)$ 对称变换的守恒流方程是连续方程，守恒荷是全空间概率，量子力学中的概率守恒实际上是 Schrödinger 方程的结果.

2　量子场论表述

上一节的概念和物理量都是经典的，理论需要深化，即需要把 Schrödinger 场量子化，这就是常说的二次量子化. 下面用正则量子化方法，建立起 Schrödinger 场的量子理论，进而在量子理论层面，说明运动方程 $U(1)$ 对称变换的守恒荷是全空间概率，守恒流方程是连续方程.

体系 Lagrange 密度形式仍与经典场论中式相同，并且也有 $U(1)$ 对称性，只是现在应把场函数看作是算符. 为强调算符形式，用下式表示 Lagrange 密度算符

$$L=\mathrm{i}\hbar\Psi^{\dagger}\Psi-\frac{\hbar}{2m}\nabla\Psi^{\dagger}\circ\nabla\Psi-V(x,t)\Psi^{\dagger}\Psi \tag{10}$$

其中 Ψ 是 Schrödinger 场算符，$\Psi^{\dagger}$ 是 Ψ 的 Hermite 共轭算符. 把 Ψ 看作正则坐标算符，正则动量算符就是

$$\pi(x,t)=\frac{\partial L}{\partial\Psi}=\mathrm{i}\hbar\Psi^{\dagger}(x,t) \tag{11}$$

根据量子力学的基本假设，正则坐标与正则动量

应满足如下等时对易关系

$$[\Psi(x),\Psi(x')]_{\mp}=[\Psi^{\dagger}(x),\Psi^{\dagger}(x')]_{\mp}=0$$

$$[\Psi(x),\pi(x')]^{\mp}=[\Psi(x),\mathrm{i}\hbar\Psi^{\dagger}(x')]=\mathrm{i}\hbar\delta(x,x') \tag{12}$$

式中“—”表示对易子，适用于玻色子体系，“+”表示反对易子，适用于费米子体系.

前面式(10)和(11)通过 Legendre 变换，得到体系的 Hamilton 密度算符，Hamilton 密度算符再对全空间积分就得到体系的总 Hamilton 量算符 H

$$H=\int \mathrm{d}\tau\left[\frac{1}{2m}\nabla\Psi^{\dagger}\circ\nabla\Psi+V(x,t)\Psi^{\dagger}\Psi\right] \tag{13}$$

在 Heisenberg 绘景中，任一算符 O 随时间演化可由体系的总 Hamilton 量算符 H 决定

$$\mathrm{i}\hbar\dot{O}=[O,H] \tag{14}$$

利用式(12)，(13)和(14)，经过一些运算可以推导出体系 Schrödinger 场算符 Ψ 的运动方程为

$$\mathrm{i}\hbar\frac{\partial\Psi}{\partial t}=\left[-\frac{\hbar^{2}}{2m}\nabla^{2}+V(x,t)\right]\Psi \tag{15}$$

这就是正则量子化的基本过程. 由于体系有 $U(1)$ 对称性，依据 Noether 定理可以得到算符形式的守恒流方程和守恒荷方程

$$\frac{\mathrm{d}}{\mathrm{d}t}(\Psi^{\dagger}\Psi)-\frac{\mathrm{i}\hbar}{2m}\nabla\circ(\Psi^{\dagger}\nabla\Psi-\Psi\nabla\Psi^{\dagger})=0 \tag{16}$$

$$\frac{\mathrm{d}}{\mathrm{d}t}Q=\frac{\mathrm{d}}{\mathrm{d}t}\int\Psi^{\dagger}\Psi\mathrm{d}\tau=0$$

事实上，我们也可以直接把量子力学中的 Schrödinger 方程看作场算符方程而得到式(15)，直接把式(6)和(9)看作算符方程，而得到量子场论中的守恒流和守恒荷方程式(16).

运动方程式(15) 的解 Ψ 及其 Hermite 共轭可直接写出为

$$\Psi(x,t)=\sum_i a_i e^{-iE_i t}\Psi_i(x)$$
$$\Psi^{\dagger}(x,t)=\sum_i a_i^{\dagger} e^{iE_i t}\Psi*_i(x) \tag{17}$$

其中 $a,a^{\dagger}$ 是算符,$\Psi(x)$ 是普通函数,满足量子力学中的 Schrödinger 方程式(2),i 表示不同能量本征态. 依据式(12) 可以得到 $a,a^{\dagger}$ 间的对易关系

$$[a_i,a_j]^{\mp}=[a_i^{\dagger},a_j^{\dagger}]^{\mp}=0$$
$$[a_i,a_j^{\dagger}]^{\mp}=\delta_{i,j} \tag{18}$$

这说明,$a,a^{\dagger}$ 分别是消灭算符和产生算符,其组合 $N_i=a_i^{\dagger}a_i$ 是能量为 E_i 的粒子数算符.

粒子数算符 N_i 作用到单粒子态上等于数字 1,由于算符形式的守恒流和守恒荷方程都是 N_i 的线性项,所以式(16) 作用到单粒子态上就得到量子力学中的连续方程式(6) 和概率守恒式(9). 这样我们用量子场论方法,说明了体系 Schrödinger 方程 $U(1)$ 对称性是连续方程、全空间概率守恒的原因.

3 结　束　语

通过研究场论形式的量子力学得出,Schrödinger 方程有 $U(1)$ 对称性,此对称性的守恒流方程是连续方程,守恒荷是全空间概率,因此我们可以把连续方程和概率守恒二者摆在同等理论地位. 现行量子力学教材对于连续方程,常有两种引入方式,一种是从概率守恒出发,运用 Schrödinger 方程而得到[3];一种是直接

运用Schrödinger方程而得到结果[4].一个理论当然可以按多种框架来构造,但由于前面的分析,以及考虑到相对论量子力学时的情况,我们认为第二种引入方式比较合理.

参考资料

[1] Goldstein H, et al. Classical Mechanics(3rd edition)[M]. Addison-Wesely, 2002, 566.

[2] 梅凤翔. 非力学系统的对称性与守恒量[J]. 力学与实践, 2000, 22(4): 64-66.

[3] 周世勋. 量子力学教程[M]. 北京: 高等教育出版社, 1979, 29.

[4] 曾谨言. 量子力学导论(第二版)[M]. 北京: 北京大学出版社, 1998, 40.

求解非线性 Schrödinger 方程的简便方法

第八章

对非线性偏微分方程的求解，长期以来是物理学家和数学家研究的重要课题. 40 多年来，数学物理研究领域内一大成就就是提出了许多求解非线性偏微分方程的精巧数学方法，如逆散射法、Becklund 变换法等. 近年来，很多学者又提出了许多新的方法，如齐次平衡法[1,2]、双曲函数法[3]、Jacobi 椭圆函数展开法[4,5]、同伦分析法[6] 等. 然而，对非线性偏微分方程的求解仍是很困难的，并且没有统一而普适的方法，以上一些方法也只能具体应用于某个或某些非线性方程的求解. 因此，继续寻找一些有效可行的方法仍是一项十分重要的工作. 在资料[7－10] 中提出了一种简洁的求解非线性偏微分方程的新方法，即试探函数方法，并用该方法成功求解了几类非线性方程.

兰州交通大学数理与软件工程学院的郭鹏，陈宗广，孙小伟三位教授 2010 年将试探函数方法扩展应用于求解非线性 Schrödinger 方程. 通过引入变换和选准试探函数，将难于求解的非线性偏微分方程化为易于求解的代数方程，然后用待定系数法确定相应的常数，从而求得方程的指数函数解、孤波解与三角函数周期波解. 结果表明这种方法是简洁而有效的.

1 非线性 Schrödinger 方程的求解

非线性 Schrödinger 方程是一种广泛应用的非线性偏微分方程，用它可以来描述光脉冲在色散与非线性介质中的传输，可以用它讨论单色波的一维自调制，讨论非线性光学的自陷现象，固体中热脉冲传播，等离子体中的 Langmuir 波，超导电子在电磁场中运动，以及激光束中原子的 Bose-Einstein 凝聚效应等.

非线性 Schrödinger 方程的一般形式为

$$\mathrm{i}u_t + \alpha u_{xx} + \beta |u|^2 u = 0 \tag{1}$$

其中 α 为群速色散参数，β 为非线性系数. 为了求解式(1)，引入如下变换

$$\begin{cases} u = \mathrm{e}^{\mathrm{i}(px+qt)}(u_0 + v_y) \\ v = a\ln(b + y^2) \\ y = \mathrm{e}^{kx-\omega t} \end{cases} \tag{2}$$

其中 v 和 y 为试探函数，k 为波数，ω 为波速，u_0，a，b，p，q 为待定常数. 由式(2) 不难求得

$$u = \mathrm{e}^{\mathrm{i}(px+qt)}\left(u_0 + \frac{2ay}{b+y^2}\right) \tag{3}$$

$$|u| = u_0 + \frac{2ay}{b+y^2} \tag{4}$$

$$u_t = \mathrm{i}\mathrm{e}^{\mathrm{i}(px+qt)} q\left(u_0 + \frac{2ay}{b+y^2}\right) + \mathrm{e}^{\mathrm{i}(px+qt)}\left(\frac{4a\omega y^3}{(b+y^2)^2} - \frac{2a\omega y}{b+y^2}\right) \tag{5}$$

$$u_x = \mathrm{i}\mathrm{e}^{\mathrm{i}(px+qt)} p\left(u_0 + \frac{2ay}{b+y^2}\right) + \mathrm{e}^{\mathrm{i}(px+qt)}\left(-\frac{4aky^3}{(b+y^2)^2} + \frac{2aky}{b+y^2}\right) \tag{6}$$

$$u_{xx} = -\mathrm{e}^{\mathrm{i}(px+qt)} p^2\left(u_0 + \frac{2ay}{b+y^2}\right) + 2\mathrm{i}\mathrm{e}^{\mathrm{i}(px+qt)} p\left(-\frac{4aky^3}{(b+y^2)^2} + \frac{2aky}{b+y^2}\right) + \mathrm{e}^{\mathrm{i}(px+qt)}\left(\frac{16ak^2y^5}{(b+y^2)^3} - \frac{16ak^2y^3}{(b+y^2)^2} + \frac{2ak^2y}{b+y^2}\right) \tag{7}$$

将式(3)～(7)代入式(1)可得代数方程

$$\begin{aligned}
&\mathrm{e}^{\mathrm{i}(px+qt)}\{[-b^3qu_0 - b^3p^2u_0\alpha + b^3u_0^3\beta + \\
&(-2ab^2q + 2ab^2k^2\alpha - 2ab^2p^2\alpha + 6ab^2u_0^2\beta)y + \\
&(-3b^2qu_0 - 3b^2p^2u_0\alpha + 12a^2bu_0\beta + 3b^2u_0^3\beta)y^2 + \\
&(-4abq - 12abk^2\alpha - 4abp^2\alpha + 8a^3\beta + 12abu_0^2\beta)y^3 + \\
&(-3bqu_0 - 3bp^2u_0\alpha + 12a^2u_0\beta + 3bu_0^3\beta)y^4 + \\
&(-2aq + 2ak^2\alpha - 2ap^2\alpha + 6au_0^2\beta)y^5 + \\
&(-qu_0 - p^2u_0\alpha + u_0^3\beta)y^6] + \\
&\mathrm{i}[(4ab^2kp\alpha - 2ab^2\omega)y + (-4akp\alpha + 2a\omega)y^5]\} = 0
\end{aligned} \tag{8}$$

要使式(8)对任意 y 都成立，必有

$$\begin{cases}-4abq-12abk^2\alpha-4abp^2\alpha+8a^3\beta+12abu_0^2\beta=0\\ -3bqu_0-3bp^2u_0\alpha+12a^2u_0\beta+3bu_0^3\beta=0\\ -2aq+2ak^2\alpha-2ap^2\alpha+6au_0^2\beta=0\\ -qu_0-p^2u_0\alpha+u_0^3\beta=0\\ -4akp\alpha+2a\omega=0\end{cases} \tag{9}$$

由式(9) 解得

$$a=\pm\sqrt{\frac{2k^2b\alpha}{\beta}},p=\frac{\omega}{2k\alpha}$$

$$q=\frac{4k^4\alpha^2-\omega^2}{4k^2\alpha},u_0=0 \tag{10}$$

将式(10) 代入式(3) 可得

$$u=\pm e^{i\left(\frac{\omega}{2k\alpha}x+\frac{4k^4\alpha^2-\omega^2}{4k^2\alpha}t\right)}\frac{2\sqrt{\frac{2k^2b\alpha}{\beta}}e^{kx-\omega t}}{b+e^{2(kx-\omega t)}} \tag{11}$$

式(11) 为非线性 Schrödinger 方程一般形式的行波解,由 b 取不同的数值可求得式(1) 多个不同的特解.下面求它几个重要而有实际意义的特解.

取 $b=1$,并利用等式

$$\frac{e^x}{e^{2x}+1}=\frac{1}{2}\operatorname{sech} x \tag{12}$$

由式(11) 可求得非线性 Schrödinger 方程的孤波解为

$$u=\pm e^{i\left(\frac{\omega}{2k\alpha}x+\frac{4k^4\alpha^2-\omega^2}{4k^2\alpha}t\right)}\sqrt{\frac{2k^2\alpha}{\beta}}\operatorname{sech}(kx-\omega t) \tag{13}$$

取 $b=-1$,并利用等式

$$\frac{e^x}{e^{2x}-1}=\frac{1}{2}\operatorname{csch} x \tag{14}$$

由式(11) 可求得非线性 Schrödinger 方程的奇异行波解为

$$u=\pm e^{i\left(\frac{\omega}{2k\alpha}x+\frac{4k^4\alpha^2-\omega^2}{4k^2\alpha}t\right)}\sqrt{-\frac{2k^2\alpha}{\beta}\operatorname{csch}(kx-\omega t)} \tag{15}$$

如果作代换

$$k\to ik,\omega\to i\omega$$

并利用双曲函数与三角函数之间的下列关系式

$$\operatorname{sech}(ix)=\sec x,\operatorname{csch}(ix)=-i\csc x \tag{16}$$

可将式(13)和式(15)分别化为

$$u=\pm e^{i\left(\frac{\omega}{2k\alpha}x-\frac{4k^4\alpha^2+\omega^2}{4k^2\alpha}t\right)}\sqrt{-\frac{2k^2\alpha}{\beta}}\sec(kx-\omega t) \tag{17}$$

$$u=\mp e^{i\left(\frac{\omega}{2k\alpha}x-\frac{4k^4\alpha^2+\omega^2}{4k^2\alpha}t\right)}\sqrt{-\frac{2k^2\alpha}{\beta}}\csc(kx-\omega t) \tag{18}$$

上两式分别为非线性 Schrödinger 方程的正割和余割函数型的三角函数周期波解.

2 结 论

本章将试探函数方法进行了扩展，通过引入变换和选准试探函数，将非线性 Schrödinger 方程化为易于求解的代数方程，然后用待定系数法确定相应的常数，从而求得方程的指数函数解、孤波解与三角函数周期波解. 可以看出，这种方法非常简洁. 对其他类似的非线性偏微分方程也可以尝试用该方法进行求解.

参考资料

[1] Wang M L, Zhou Y B, Li Z B. Application of a homogeneous balance

method to exact solutions of nonlinear equations in mathematical physics[J]. Physics Letters A. 1996,216:67-75.

[2] 范恩贵,张鸿庆. 非线性孤子方程的齐次平衡法[J]. 物理学报,1998,47(3):353-342.

[3] 张桂戌,李志斌,段一士. 非线性波方程的精确孤立波解[J]. 中国科学(A),2000,30(12):1103-1108.

[4] 刘式适,傅遵涛,刘式达,等. Jacobi 椭圆函数展开法及其在求解非线性波动方程中的应用[J]. 物理学报,2001,50(11):2068-2073.

[5] 石玉仁,郭鹏,吕克璞,等. 修正 Jacobi 椭圆函数展开法及其应用[J]. 物理学报,2004,53(10):3265-3269.

[6] 石玉仁,许新建,吴枝喜,等. 同伦分析法在求解非线性演化方程中的应用[J]. 物理学报,2004,55(04):1555-1560.

[7] 刘式适,傅遵涛,刘式达,等. 求某些非线性偏微分方程特解的一个简洁方法[J]. 应用数学和力学,2001,22(3):281-286.

[8] 谢元喜,唐驾时. 求一类非线性偏微分方程解析解的一种简洁方法[J]. 物理学报,2004,53(9):2828-2830.

[9]Xie Y X, Tang J S. New solitary wave solutions to the KdV-Burgers equation[J]. International Journal of Theoretical Physics,2005,44(3):304-312.

[10] Xie Y X, Tang J S. A unified approach in seeking the solitary wave solutions to sine-Gordon type equations[J]. Chinese Physics, 2005,14(7):1303-1306.

波函数和 Schrödinger 方程

第九章

华中师范大学物理系的郭红，广东省梅州农业学校的石坤泉两位教授 2000 年论述了量子力学中波函数取为复值的必要性，阐明了态叠加原理是引入复值波函数的物理基础．介绍了求解 Schrödinger 方程的一种简易方法．

1　波函数与叠加原理

众所周知，微观客体具有波粒二象性，因此，我们可用波函数来描述微观系统的状态．但必须强调，波函数给出的有关微观系统的信息本质上都是统计性质．例如，在适当条件下制备动量为 P 的粒子，然后测量其空间位置（或角动量），我们根本无法预言这一次测量的准确结果，只能知道获得各种可能结果的概率．很自然，人们会提出这样的疑问：既然量子力学只能给出统计性质，那就只需引入一个概率分布函数(像经典统计力学那样)，何必假定一个复值波函数呢？事实上，引入复值波函数的物理基础，是量子力学中一条基本原理——叠加原理.这条原理告诉我们，两种状态的叠加，绝不是概率相加，而是带有相位的复值波函数的相加[1].正因为如此，在双缝衍射实验中，我们才能看见屏上的干涉花纹.

现在我们再来详细考察双缝衍射实验.

我们在屏上选择一个小区域 P，分别打开左边和右边狭缝，单位时间落在 P 区域内的粒子数目分别为 N_1 和 N_2；然后同时打开两条狭缝.试问：这时单位时间内落在小区域 P 内的粒子是否等于来自左边狭缝的 N_1 个粒子和来自右边狭缝的 N_2 个粒子之和呢？不是.既然粒子一个一个地通过狭缝而互不影响，因此，这个结果表明，似乎原先通过左边狭缝的粒子，在打开右边狭缝时会影响它落在屏上的位置，也就是说，我们必须设想单个粒子具有波动性，因此，仅仅把波动性理解为概率分布是不够的[2].

设 $\varphi_{左}$ 和 $\varphi_{右}$ 是分别打开左边和右边狭缝时的波函数，$|\varphi_{左}|^2$ 和 $|\varphi_{右}|^2$ 则是相应的概率分布.如果我们把粒子的波动性仅仅理解为概率分布，我们就很容易把打开双缝后的概率分布写成 $|\varphi_{左}|^2+|\varphi_{右}|^2$，即 $N=N_1+N_2$.但实验告诉我们，$N\neq N_1+N_2$，双缝衍射的正确概率分布应是 $|\varphi_{左}+\varphi_{右}|^2$(假设整个实验是左右对称的)，换句话说，在双缝衍射实验中，不能应用概率叠加法则，而必须采取波函数叠加原理.

2 Schrödinger 方程

物理体系在其外部环境条件完全确定的情况下，体系初始态应该唯一地确定以后的状态.它要求描述状态变化的方程是时间的一阶微分方程，在量子力学中就是 Schrödinger 方程

$$\mathrm{i}\hbar\frac{\partial\varphi}{\partial t}=H'\varphi$$

为了求得体系状态的时间发展，我们必须从已知初态出发，利用 Schrödinger 方程求出唯一的解

$$\begin{cases}\mathrm{i}\hbar\dfrac{\partial\varphi(t)}{\partial t}=H'\varphi(t)\\ \varphi(t=0)=\varphi_0\end{cases}$$

既然对于许多常见体系(一维方势阱，谐振子，库仑中心势，……)，能量本征波函数是已知的，我们就可以利用这一有利条件，直接写出解 $\varphi(t)$[3]，其步骤如下：

首先，把初态 φ_0 在能量本征态$\{\varphi_n\}$上展开(其中能量本征态满足 $H'\varphi_n=E_n\varphi_n$)，$\varphi_0=\sum\limits_n C_n\varphi_n$；然后直接写下

$$\varphi(t)=\sum_n C_n\varphi_n\mathrm{e}^{-\frac{\mathrm{i}}{\hbar}E_nt}$$

例如，一维无限深势阱(势阱位于$|x|<a$内部)中粒子初始波函数为

$$\varphi_0(x)=\frac{4}{\sqrt{2a}}\cos\frac{\pi x}{2a}\sin^2\frac{\pi x}{2a},\ |x|<a$$

把 φ_0 在能量本征波函数 φ_n 上展开，其中

$$\varphi_n(x)=\begin{cases}\dfrac{1}{\sqrt{a}}\sin\dfrac{n\pi}{2a}(x+a), & |x|<a\\ 0, & |x|\geqslant a\end{cases}$$

得

$$\varphi_0(x)=\frac{1}{\sqrt{2}}\varphi_1(x)+\frac{1}{\sqrt{2}}\varphi_3(x)$$

考虑到 $E_n=\dfrac{\pi^2\hbar^2n^2}{8\mu a^2}$,可求得

$$\begin{aligned}\varphi(t)&=\frac{1}{\sqrt{2}}\mathrm{e}^{-\frac{\mathrm{i}}{\hbar}E_1t}\varphi_1+\frac{1}{\sqrt{2}}\mathrm{e}^{-\frac{\mathrm{i}}{\hbar}E_3t}\varphi_3\\&=\frac{1}{\sqrt{2a}}\mathrm{e}^{-\frac{\mathrm{i}\pi^2\hbar}{8\mu a^2}}\cos\left(\frac{\pi x}{2a}\right)-\\&\quad\frac{1}{\sqrt{2a}}\mathrm{e}^{-\frac{\mathrm{i}9\pi^2\hbar}{8\mu a^2}}\cos\left(\frac{3\pi x}{2a}\right)\end{aligned}$$

3　常见题型解答

例 1　粒子做一维自由运动,设 $t=0$ 时刻粒子的状态波函数为 Gauss 波包

$$\varphi(x)=(\pi a^2)^{-\frac{1}{4}}\mathrm{e}^{-\frac{x^2}{2a^2}}$$

试求在 $t>0$ 时刻:(1) 粒子的波函数 $\varphi(x,t)$;(2) 粒子的位置概率密度;(3) 粒子的动量概率密度.

解　(1) 一维自由粒子的能量本征函数

$$\varphi_p(x)=\frac{1}{\sqrt{2\pi\hbar}}\mathrm{e}^{\frac{\mathrm{i}}{\hbar}px}$$

因此

$$C_p=\int_{-\infty}^{\infty}\varphi(x)\cdot\varphi^*{}_p(x)\mathrm{d}x$$

$$=\int_{-\infty}^{\infty}(\pi a^2)^{-\frac{1}{4}}e^{-\frac{x^2}{2a^2}}\circ$$

$$\frac{1}{\sqrt{2\pi\hbar}}e^{-\frac{i}{\hbar}px}dx$$

$$=\frac{1}{(2\pi\hbar)\frac{1}{2}}\circ\frac{1}{(\pi\alpha^2)^{\frac{1}{4}}}\circ$$

$$\int_{-\infty}^{\infty}e^{-\frac{1}{2a^2}(x+i\frac{pa^2}{\hbar})^2\frac{p^2a^2}{2\hbar^2}}dx$$

利用$\int_{-\infty}^{\infty}e^{-a\zeta^2}d\zeta=\sqrt{\frac{\pi}{a}}$，得

$$\int_{-\infty}^{\infty}e^{-\frac{1}{2a^2}(x+i\frac{pa^2}{\hbar})^2}dx=\sqrt{2\pi a}$$

$$C_p=\frac{1}{(2\pi\hbar)^{\frac{1}{2}}}\circ\frac{1}{(\pi\alpha^2)^{\frac{1}{4}}}\sqrt{2\pi}\,ae^{-\frac{p^2a^2}{2\hbar^2}}$$

$$=\left(\frac{a^2}{\pi\hbar^2}\right)^{\frac{1}{4}}e^{-\frac{p^2a^2}{2\hbar^2}}$$

故

$$\varphi(x,t)=\frac{1}{(2\pi\hbar)^{\frac{1}{2}}}\int_{-\infty}^{\infty}C_pe^{\frac{i}{\hbar}px}e^{-\frac{i}{\hbar}Et}dp$$

$$=\left(\frac{a^2}{\pi\hbar^2}\right)^{\frac{1}{4}}\frac{1}{(2\pi\hbar)^{\frac{1}{2}}}\circ$$

$$\int_{-\infty}^{\infty}e^{-\frac{a^2}{2\hbar^2}p^2}e^{\frac{i}{\hbar}px}e^{-\frac{i}{\hbar}\frac{p^2}{2\mu}t}dp$$

$$=\left(\frac{a^2}{\pi\hbar^2}\right)^{1/4}\frac{1}{(2\pi\hbar)^{1/2}}e^{-\frac{x^2}{2(a^2+\frac{i\hbar}{\mu}t)}}\circ$$

$$\int_{-\infty}^{\infty}e^{-\left(\frac{a^2}{2\hbar^2}+\frac{it}{2\mu\hbar}\right)\left(p-\frac{ix}{\frac{a^2}{2\hbar}+\frac{it}{\mu}}\right)^2}dp$$

$$=\left(\frac{a^2}{\pi\hbar^2}\right)^{\frac{1}{4}}\frac{1}{(2\pi\hbar)^{\frac{1}{2}}}e^{-\frac{x^2}{2(a^2+\frac{i\hbar}{\mu}t)}}\circ$$

$$\sqrt{\frac{\pi}{\frac{a^2}{2\hbar^2}+\frac{\mathrm{i}t}{2\mu\hbar}}}$$

$$=\left(\frac{a^2}{\pi}\right)^{\frac{1}{4}}\frac{1}{\sqrt{a^2+\frac{\mathrm{i}\hbar t}{\mu}}}\mathrm{e}^{-\frac{x^2}{2\left(a^2+\frac{\mathrm{i}\hbar}{\mu}t\right)}}$$

(2) 粒子的位置概率密度

$$|\varphi(\boldsymbol{r},t)|^2=\frac{a}{\sqrt{\pi}}\frac{1}{\sqrt{a^4+\frac{\hbar^2t^2}{\mu^2}}}\mathrm{e}^{-\frac{a^2x^2}{a^4+\frac{\hbar^2t^2}{\mu}}}$$

(3) 粒子的动量概率密度

$$|C_p(t)|^2=|C_p\mathrm{e}^{-\frac{\mathrm{i}}{\hbar}Et}|^2$$

$$=|C_p|^2=\frac{a}{\sqrt{\pi}\,\hbar}\mathrm{e}^{-\frac{a^2p^2}{\hbar^2}}$$

例 2 一维 Schrödinger 方程为

$$\mathrm{i}\hbar\frac{\partial\varphi(x,t)}{\partial t}$$

$$=\left[-\frac{\hbar^2}{2\mu}\frac{\mathrm{d}^2}{\mathrm{d}x^2}+U(x,t)\right]\varphi(x,t)$$

若粒子所处外场均匀但与时间有关，即 $U(x,t)=U(t)$，试用分离变量法求解 Schrödinger 方程，说明方程的解 $\varphi(x,t)$ 具有何种形式.

解 令 $\varphi(x,t)=\varphi(x)f(t)$，代入方程得

$$\mathrm{i}\hbar\frac{\partial}{\partial t}[\varphi(x)f(t)]$$

$$=\left[-\frac{\hbar^2}{2\mu}\frac{\mathrm{d}^2}{\mathrm{d}x^2}+U(t)\right]\varphi(x)f(t)$$

$$\mathrm{i}\hbar\frac{f'(t)}{f(t)}-U(t)=-\frac{\hbar^2}{2\mu}\frac{\varphi''(x)}{\varphi(x)}=\lambda(\text{常数})$$

由此得两常微分方程

$$\begin{cases}-\dfrac{\hbar^2}{2\mu}\varphi''(x)=\lambda\varphi(x)\\ \mathrm{i}\hbar\dfrac{\mathrm{d}}{\mathrm{d}t}[\ln f(t)]=\lambda+U(t)\end{cases}$$

解之得

$$\begin{cases}\varphi(x)=A_1\mathrm{e}^{\pm\frac{\mathrm{i}}{\hbar}\sqrt{2\mu\lambda}x}\\ f(t)=A_2\mathrm{e}^{-\frac{\mathrm{i}}{\hbar}\int_0^t[\lambda+U(\xi)]\mathrm{d}\xi}\end{cases}$$

所以

$$\varphi(x,t)=A\mathrm{e}^{\pm\frac{\mathrm{i}}{\hbar}\sqrt{2\mu\lambda}x}\mathrm{e}^{-\frac{\mathrm{i}}{\hbar}[\lambda t+\int_0^t U(\xi)\mathrm{d}\xi]}$$

粒子的波函数具有平面波的形式，但位相受外场 $U(t)$ 调制.

例 3　设电子被关闭在具有理想反射壁的二维势阱中，求电子的能级和波函数，势阱的形式为

$$U=\begin{cases}0,-\dfrac{a}{2}<x<\dfrac{a}{2},-\dfrac{b}{2}<y<\dfrac{b}{2}\\ \infty,|x|\geqslant\dfrac{a}{2},|y|\geqslant\dfrac{b}{2}\end{cases}$$

解　(一) 在势阱内的定态 Schrödinger 方程为

$$-\frac{\hbar^2}{2\mu}\left(\frac{\partial^2\varphi}{\partial x^2}+\frac{\partial^2\varphi}{\partial y^2}\right)=E\varphi$$

用分离变量法求解，设 $\varphi(x,y)=X(x)Y(y)$，得

$$\frac{X''(x)}{X(x)}+\frac{Y''(y)}{Y(y)}=-\frac{2\mu E}{\hbar^2}$$

令 $\dfrac{X''(x)}{X(x)}=-k_1^2,\dfrac{Y''(y)}{Y(y)}=-k_2^2$，得

$$\begin{cases}X''(x)+k_1^2X(x)=0\\ Y''(y)+k_2^2Y(y)=0\\ k_1^2+k_2^2=\dfrac{2\mu E}{\hbar^2}\end{cases}\tag{1}$$

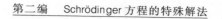

解为

$$\begin{cases} X(x)=A_1 e^{ik_1 x}+B_1 e^{-ik_1 x} & (2) \\ Y(y)=A_2 e^{ik_2 y}+B_2 e^{-ik_2 y} & (3) \end{cases}$$

（二）由波函数标准条件定参数 k_1，k_2，得 E.

(1) 由 $\varphi|_{x=\frac{a}{2}}=\varphi|_{x=-\frac{a}{2}}=0$ 得 $X\left(\frac{a}{2}\right)=X\left(-\frac{a}{2}\right)=0$，即

$$\begin{cases} A_1 e^{ik_1\frac{a}{2}}+B_1 e^{-ik_1\frac{a}{2}}=0 & (4) \\ A_1 e^{-ik_1\frac{a}{2}}+B_1 e^{ik_1\frac{a}{2}}=0 & (5) \end{cases}$$

A_1 和 B_1 有非零解的条件是系数行列式为零

$$\begin{vmatrix} e^{ik_1\frac{a}{2}} & e^{-ik_1\frac{a}{2}} \\ e^{-ik_1\frac{a}{2}} & e^{ik_1\frac{a}{2}} \end{vmatrix}=0$$

即 $0=e^{ik_1 a}-e^{-ik_1 a}=2i\sin k_1 a$，$k_1 a=n_1\pi$，$n_1=1,2,\cdots$
所以

$$k_1=\frac{n_1\pi}{a},n_1=1,2,\cdots \tag{6}$$

(2) 由 $\varphi|_{y=\frac{b}{2}}=\varphi|_{y=-\frac{b}{2}}=0$，得

$$Y\left(\frac{b}{2}\right)=Y\left(-\frac{b}{2}\right)=0$$

即

$$\begin{cases} A_2 e^{ik_2\frac{b}{2}}+B_2 e^{-ik_2\frac{b}{2}}=0 & (7) \\ A_2 e^{-ik_2\frac{b}{2}}+B_2 e^{ik_2\frac{b}{2}}=0 & (8) \end{cases}$$

同理得

$$k_2=\frac{n_2\pi}{b},n_2=1,2,\cdots \tag{9}$$

(3) 将式(6)及式(9)代入式(1)，得电子的能级

$$E_{n_1 n_2}=\frac{\pi^2\hbar^2}{2\mu}\left(\frac{n_1^2}{a^2}+\frac{n_2^2}{b^2}\right) \tag{10}$$

（三）由(4)(5)(7)(8)及波函数归一化条件定系数.

(1) 由(4)－(5)，得

$$(A_1-B_1)2\mathrm{i}\sin\frac{k_1a}{2}=(A_1-B_1)2\mathrm{i}\sin\frac{n_1\pi}{2}=0$$

当 n_1 为奇数时，$\sin\frac{n_1\pi}{2}\neq 0$，有 $A_1=B_1$.

(2) 由(4)＋(5)，得

$$(A_1+B_1)2\cos\frac{k_1a}{2}=(A_1+B_1)2\cos\frac{k_1a}{2}=0$$

当 n_1 为偶数时，$\cos\frac{n_1\pi}{2}\neq 0$，有 $A_1=-B_1$.

(3) 由(7)－(8)得知，当 n_2 为奇数时，$A_2=B_2$.

(4) 由(7)＋(8)得知，当 n_2 为偶数时，$A_2=-B_2$.

（四）将以上结果代入式(2)和式(3)，得

$$X(x)=\begin{cases}2A_1\cos\dfrac{n_1\pi x}{a} & (n_1\ 为奇数)\\ 2\mathrm{i}A_1\sin\dfrac{n_1\pi x}{a} & (n_1\ 为偶数)\end{cases}\tag{11}$$

$$Y(y)=\begin{cases}2A_2\cos\dfrac{n_2\pi y}{b} & (n_2\ 为奇数)\\ 2\mathrm{i}A_2\sin\dfrac{n_2\pi y}{b} & (n_2\ 为偶数)\end{cases}\tag{12}$$

（五）将(11)，(12)代入 $\varphi(x,y)=X(x)Y(y)$，由归一化条件得归一化因子为 $\frac{2}{\sqrt{ab}}$，于是与 $E_{n_1n_2}$ 相应的波函数如表 1 所示.

表 1

	n_2 为奇数	n_2 为偶数
n_1 为奇	$\varphi_1=\frac{2}{\sqrt{ab}}\cos\frac{n_1\pi x}{a}\cos\frac{n_2\pi y}{b}$	$\varphi_2=\frac{2}{\sqrt{ab}}\cos\frac{n_1\pi x}{a}\sin\frac{n_2\pi y}{b}$
n_2 为偶	$\varphi_3=\frac{2}{\sqrt{ab}}\sin\frac{n_1\pi x}{a}\cos\frac{n_2\pi y}{b}$	$\varphi_4=\frac{2}{\sqrt{ab}}\sin\frac{n_1\pi x}{a}\sin\frac{n_2\pi y}{b}$

例 4 设质量为 μ，电荷为 q 的粒子，在弹性力 $F=-kx$ 和均匀电场 $\varepsilon=\varepsilon\boldsymbol{e}_x$ 的共同作用下，其势能为

$$U(x)=\frac{1}{2}kx^2-q\varepsilon x$$

求粒子的能级和波函数.

解 令 $k=\mu\omega^2$，通过配方将势能化为

$$\begin{aligned}U(x)&=\frac{1}{2}\mu\omega^2x^2-q\varepsilon x\\&=\frac{1}{2}\mu\omega^2\left(x-\frac{q\varepsilon}{\mu\omega^2}\right)^2-\frac{q^2\varepsilon^2}{2\mu\omega^2}\end{aligned}$$

作变量代换：$X=x-\frac{q\varepsilon}{\mu\omega^2}$.

Hamilton 算符为

$$H=-\frac{\hbar^2}{2\mu}\frac{\mathrm{d}^2}{\mathrm{d}X^2}+\frac{1}{2}\mu\omega^2X^2-\frac{q^2\varepsilon^2}{2\mu\omega^2}$$

定态 Schrödinger 方程为

$$-\frac{\hbar^2}{2\mu}\frac{\mathrm{d}^2}{\mathrm{d}X^2}\varphi+\frac{1}{2}\mu\omega^2X^2\varphi=E'\varphi$$

这里 $E'=E+\frac{q^2\varepsilon^2}{2\mu\omega^2}$，上式与线性谐振子的定态 Schrödinger 方程形式相同，且在无穷远的边界条件 $\varphi(\pm\infty)=0$ 也与没有电场时相同(因为 $U(x)\to\infty$)，故方程的解为

$$\varphi_n(X)=N_n\mathrm{e}^{-\frac{\alpha^2X^2}{2}}H_n(\alpha X)$$

$$E'_n=\left(n+\frac{1}{2}\right)\hbar\omega$$

即 $E_n=E'_n-\dfrac{q^2\varepsilon^2}{2\mu\omega^2},n=0,1,\cdots.$

电场的影响为:(1) 各能级均降低$\dfrac{q^2\varepsilon^2}{2\mu\omega^2}$. (2) 粒子的平衡位置由 $x=0$ 移至 $X=x-\dfrac{q\varepsilon}{\mu\omega^2}=0$,即 $x=\dfrac{q\varepsilon}{\mu\omega^2}$ 处.

例 5 质量为 μ 的两个线性谐振子,偏离平衡位置的位移分别为 x_1 和 x_2,构成一耦合振子,其势能为

$$U(x_1,x_2)=\frac{1}{2}\mu\omega(x_1^2+x_2^2)+kx_1x_2$$

求耦合谐振子的能级和波函数.

解 作变换

$$\begin{cases}x_1=\dfrac{1}{\sqrt{2}}(q_1-q_2)\\ x_2=\dfrac{1}{\sqrt{2}}(q_1+q_2)\end{cases}$$

则势能简化为

$$\begin{aligned}U(x_1,x_2)&=\frac{1}{2}\mu(q_1^2+q_2^2)+\frac{k}{2}(q_1^2-q_2^2)\\&=\frac{1}{2}\mu\left(\omega^2+\frac{k}{\mu}\right)q_1^2+\\&\quad\frac{1}{2}\mu\left(\omega^2-\frac{k}{\mu}\right)q_2^2\\&=\frac{1}{2}\mu\omega_1^2q_1^2+\frac{1}{2}\mu\omega_2^2q_2^2\end{aligned}$$

式中

$$\omega_1^2=\omega^2+\frac{k}{\mu}$$

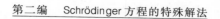

$$\omega_2^2=\omega^2-\frac{k}{\mu}$$

体系的动能也化为

$$\begin{aligned}&\frac{1}{2\mu}x_1^2+\frac{1}{2\mu}x_2^2\\=&\frac{1}{2\mu}\left[\frac{1}{2}(\dot{q}_1-\dot{q}_2)^2+\frac{1}{2}(\dot{q}_1+\dot{q}_2)^2\right]\\=&\frac{\dot{q}_1^2+\dot{q}_2^2}{2\mu}\end{aligned}$$

体系的 Hamilton 算符

$$H=-\frac{\hbar^2}{2\mu}\frac{d^2}{dq_1^2}+\frac{1}{2}\mu\omega_1^2q_1^2-\frac{\hbar^2}{2\mu}\frac{d^2}{dq_2^2}+\frac{1}{2}\mu\omega_2^2q_2^2$$

这样，耦合谐振子便化为两个独立的谐振子，不必重新求解定态 Schrödinger 方程，直接利用结论，得

$$\begin{aligned}E_n&=E_{n_1}+E_{n_2}\\&=\left(n_1+\frac{1}{2}\right)\hbar\omega_1+\left(n_2+\frac{1}{2}\right)\hbar\omega_2\end{aligned}$$

$$n_1,n_2=0,1,2,\cdots$$

$$\varphi_n(x_1,x_2)=N_{n_1}N_{n_2}e^{-\frac{1}{2}\left(\frac{\mu\omega_1}{\hbar}q_1^2+\frac{\mu\omega_2}{\hbar}q_2^2\right)}\cdot H_{n_1}\left(\sqrt{\frac{\mu\omega_1}{\hbar}}q_1\right)H_{n_2}\left(\sqrt{\frac{\mu\omega_2}{\hbar}}q_2\right)$$

参考资料

[1] 刘连寿，等. 现代物理简明教程. 武汉：华中师范大学出版社，1986：489-502.

[2] 曾谨言. 量子力学. 北京：北京大学出版社，1995：50-57.

[3] 汪德新. 量子力学. 武汉：湖北科学技术出版社，2000：31-54.

第十章　关于 Schrödinger 方程的一个注记

资料[1]使用变分迭代法处理线性和非线性 Schrödinger 方程,得到了很好的结果.资料[2]使用振幅－频率公式对某些非线性 Schrödinger 方程同样进行了求解.南京信息工程大学数理学院的陶诏灵,杨洋两位教授 2011 年考虑了新的非线性 Schrödinger 方程,而且考虑了线性 Schrödinger 方程.

1　线性 Schrödinger 方程

考虑线性 Schrödinger 方程[1]

$$u_t + \mathrm{i}u_{xx} = 0, u(x,0) = \mathrm{e}^{3\mathrm{i}x} \quad (1)$$

设其解函数为

$$u(x,t) = \mathrm{e}^{\mathrm{i}(kx+\omega t)} \quad (2)$$

把(2)代入(1)相应得到

$$R(x,t) = \mathrm{i}(\omega - k^2)\mathrm{e}^{\mathrm{i}(kx+\omega t)}$$

若令

$$R(x,t)=0$$

则有

$$\omega-k^2=0$$

也即

$$\omega=k^2$$

若取

$$k=3$$

可解得

$$\omega=9$$

正好得到精确解

$$u(x,t)=e^{3i(x+3t)} \tag{3}$$

这与变分法得到的结果相同[1].

如果

$$k\neq 3$$

则得近似解.

另外,假设

$$\omega_1=1,\omega_2=\omega\neq 1$$

则有

$$R_1(x,t)=i(1-k^2)e^{i(kx+t)} \tag{4}$$

$$R_2(x,t)=i(\omega-k^2)e^{i(kx+\omega t)} \tag{5}$$

按照振幅－频率公式[2]

$$\omega^2=\frac{R_2(x,0)-\omega^2R_1(x,0)}{R_2(x,0)-R_1(x,0)} \tag{6}$$

把(4)和(5)代入(6)得到

$$\omega=1 \text{ 或 } \omega=k^2$$

若取 $\omega=1$,代入(2)得

$$u(x,t)=e^{i(kx+t)}$$

结合初始条件,解为

$$u(x,t)=e^{i(3x+t)} \tag{7}$$

经验证,(7) 不是 Schrödinger 方程(1) 的解,出现增解.

如果 $\omega=k^2$,取

$$k=3$$

可再次得到式(3),即精确解.

2　非线性 Schrödinger 方程

考虑非线性 Schrödinger 方程

$$iu_t+u_{xx}+2|u|^2u=0$$

$$u(x,0)=e^{ikx} \tag{8}$$

设其解函数的形式为

$$u(x,t)=e^{i(kx+\omega t)} \tag{9}$$

相对应的残量可表示为

$$R(x,t)=(2-\omega-k^2)e^{i(kx+\omega t)}$$

我们取

$$R(x,t)=0$$

可以得到

$$2-\omega-k^2=0$$

从而式(9) 可表示为

$$u(x,t)=e^{i[kx+(2-k^2)t]}$$

如果令

$$k=1$$

则得到式(8) 的精确解[1,2].

对于非线性 Schrödinger 方程

$$iu_t+u_{xx}-2|u|^2u=0$$

Schrödinger 方程

$$u(x,0)=e^{ikx} \tag{10}$$

设其解函数为

$$u(x,t)=e^{i(kx+\omega t)} \tag{11}$$

则有

$$R(x,t)=(-2-\omega-k^2)e^{i(kx+\omega t)}$$

如果令

$$R(x,t)=0$$

则得到

$$-2-\omega-k^2=0$$

于是(11) 变为

$$u(x,t)=e^{i[kx-(2+k^2)t]} \tag{12}$$

易知,令

$$k=1$$

即可得到(10) 的精确解[1,2].

3 结 语

基于资料[1,2] 所做的研究,这里处理了三个 Schrödinger 方程,一个线性的和两个非线性的. 使用振幅—频率公式法处理 Schrödinger 方程时须注意增解的出现问题,即必须对所得解进行验证. 同时,在求解过程中,残量也是重要的,通过残量有时甚至能达到意想不到的好结果,这里就得到过精确解.

参考资料

[1] Wazwaz A M. A study on linear and nonlinear Schrödinger

equations by the variational iteration method[J]. Chaos, Solitons and Fractals, 2008, 37(4): 1136-1142.

[2]Zhang Y M, Xu F Deng L L. Exact solution for nonlinear Schrödinger equation by He's frenquency formulation[J]. Computers and Mathematics with Applications, 2009, 58(11/12): 2449-2451.

Schrödinger 方程中分离变量常数的确定

第十一章

De Broglie 的物质波假设得到实验验证后，为解决物质波概率的空间分布及此分布随时间如何变化的问题，Schrödinger 在其导师 Bayerd 所述："有了波，就应有一个波动方程"[1] 的启示下，于 1926 年提出了 Schrödinger 方程，其简要过程如下：

对质量为 m，动量为 $\boldsymbol{p}$，在势场 $V(\boldsymbol{r},t)$ 中运动的非相对论粒子，其总能量

$$E=\frac{\boldsymbol{p}^2}{2m}+V(\boldsymbol{r},t) \tag{1}$$

而对于自由粒子，其波函数为

$$\Psi(\boldsymbol{r},t)=\Psi_0\mathrm{e}^{-\frac{i}{\hbar}(Et-\boldsymbol{p}\cdot\boldsymbol{r})} \tag{2}$$

类比于波动现象，应存在一个波动方程，它既要与式(1)一致，又要在 $V=0$ 时其解为式(2). 于是联立(1)，(2)得

$$-\frac{\hbar^2}{2m}\nabla^2\Psi + V\Psi = \hbar\mathrm{i}\frac{\partial\Psi}{\partial t} \tag{3}$$

上式即为一般粒子的含时Schrödinger方程.当粒子所处力场的势能为 $V=V(\boldsymbol{r})$（定态）时，上式左、右两侧显然分别只是对空间和时间的运算，故可取分离变量式

$$\Psi(x,y,z,t)=U(x,y,z)f(t) \tag{4}$$

将(4)代入(3)得

$$\frac{1}{U}\left(-\frac{\hbar^2}{2m}\nabla^2 U + VU\right)=\frac{\mathrm{i}\hbar}{f}\frac{\mathrm{d}f}{\mathrm{d}t}=C_1 \tag{5}$$

显然，(5)中的分离变量常数 C_1 应为一个既不依赖于时间，也不依赖于空间的常数.现行原子物理教材[1,2]和量子力学教材[3]中讲到此处时，均以“以 E 表示这个常量，其中 E 为粒子的能量”[3]进行描述，而未进行严密的逻辑验证，此种处理方式显然是缺乏说服力的，这体现了现行教材中的逻辑漏洞.

为弥补上述不足，授课时可作如下简单且严密的数学推理：

由式(5)，第二个等式得

$$f=C_2\mathrm{e}^{-\frac{\mathrm{i}}{\hbar}C_1 t} \tag{6}$$

将(6)代入(4)，应用并合原则得粒子的定态波函数

$$\Psi(x,y,z,t)=U(x,y,z)\mathrm{e}^{-\frac{\mathrm{i}}{\hbar}(C_1 t)} \tag{7}$$

对比式(7)和(2)，根据物质波三个标准条件中的单值条件，有

$$\Psi_0\mathrm{e}^{\frac{\mathrm{i}}{\hbar}\boldsymbol{p}\cdot\boldsymbol{r}}\mathrm{e}^{-\frac{\mathrm{i}}{\hbar}Et}=U(\boldsymbol{r})\mathrm{e}^{-\frac{\mathrm{i}}{\hbar}C_1 t}$$

显然

$$C_1=E$$

证毕.

参考资料

[1] 杨福家. 原子物理学[M]. 北京:高等教育出版社,2008.
[2] 褚圣麟. 原子物理学[M]. 北京:高等教育出版社,1979.
[3] 周世勋. 量子力学[M]. 北京:高等教育出版社,1979.

第十二章 Riemann 流形上 Schrödinger 方程的 Harnack 估计

黄山学院数学系的王建红教授 2011 年推导了 Schrödinger 方程正解的一种新的整体梯度估计和 Harnack 不等式,推广了一些有关热方程的结论,并且得到了一个关于 Schrödinger 算子的 Liouville 定理.

1 引 言

1975 年,Yau 在资料[1]中提出了广泛应用于几何分析中的梯度估计.此后,梯度估计在研究方程解的性质中起到了极其重要的作用.由于在微分方程中可解方程很少,尤其考虑流形上的微分方程时,在求不出方程精确解的情形下,有必要对其解进行估计,正如 Yau 提出的梯度估计的理论. 在对方程的解进行梯度估计时,最重要的工具是极大值原理,完备流形上一般还要用到截断函数的方法. 在一些资料中,常见的是某些椭圆方程和抛物方程(正)解的梯度估计,其中特殊的有调和方程和热方程的情形,这些对几何分析具有深远的影响. 近几十年来关于梯度估计有许多重要的研究成果.

对于完备流形上的调和方程,郑绍远和 Yau 曾给出如下的梯度估计.

定理 1[1] 设 M^n 是完备 Riemann 流形, $Rc(M^n) \geqslant -k$, k 是非负常数. 若 u 是定义在测地球 $B(x_0, R) \subset M$ 上正的调和函数,则有

$$\frac{|\nabla u|}{u} \leqslant \frac{C_n}{R} + C_n\sqrt{k}, \forall x \in B\left(x_0, \frac{R}{2}\right) \tag{1}$$

其中 C_n 为仅依赖于 n 的常数.

在定理 1 中,若令 $R \to \infty$, $k=0$,可知 u 必为常数,即著名的 Liouville 定理. 后来,Yau 将非负调和函数改为满足次线性增长的调和函数,Liouville 定理仍成立.

关于热方程方面,Li 和 Yau 给出了如下的局部梯度估计.

定理 2 设(M^n, g)是完备流形,且在测地球 B_{2R} 上, $Rc(M^n) \geqslant -k$, k 是非负常数. 令 u 是热方程 $u_t = \Delta u$ 的正解. 对 $\forall \alpha > 1$,有

$$\begin{aligned}&\sup_{B_R}\left(\frac{|\nabla u|^2}{u^2} - \alpha\frac{u_t}{u}\right)\\ \leqslant &\frac{C\alpha^2}{R^2}\left(\frac{\alpha^2}{\alpha^2-1} + \sqrt{k}R\right) + \frac{n\alpha^2 k}{2(\alpha-1)} + \frac{n\alpha^2}{2t}\end{aligned} \tag{2}$$

在(2)中,令 $R \to \infty$,则有

$$\frac{|\nabla u|^2}{u^2} - \alpha\frac{u_t}{u} \leqslant \frac{n\alpha^2 k}{2(\alpha-1)} + \frac{n\alpha^2}{2t}$$

在此基础上，Davies 在资料[3] 中改进了此估计，变为

$$\frac{|\nabla u|^2}{u^2}-\alpha\frac{u_t}{u}\leqslant\frac{n\alpha^2 k}{4(\alpha-1)}+\frac{n\alpha^2}{2t} \tag{3}$$

进一步，当 $\mathrm{Rc}(M)\geqslant 0$ 时，可令 $\alpha=1$，有

$$\frac{|\nabla u|^2}{u^2}-\frac{u_t}{u}\leqslant\frac{n}{2t} \tag{4}$$

(4) 是关于热方程的最佳估计，因为欧式空间上热方程的基本解使其等号成立.

关于闭流形上热方程的情形有如下的 Hamilton 估计.

定理 3[4] 设 (M^n,g) 是闭流形，$\mathrm{Rc}(M^n)\geqslant -k$，$k$ 是非负常数. 令 u 是热方程的光滑正解，且 $u\leqslant M$（M 为常数），则

$$\frac{|\nabla u|^2}{u^2}\leqslant\left(\frac{1}{t}+2k\right)\ln\frac{M}{u} \tag{5}$$

这是一种整体梯度估计. 后来，Souplet 和 Zhang 在资料[5] 中给出了一种非紧流形上热方程的情形，其类似于(5) 的椭圆型估计，并且是一种局部估计，即：

定理 4[5] 设 M^n 是完备 Riemann 流形，$\mathrm{Rc}(M^n)\geqslant -k$，$k$ 是非负常数. u 是热方程 $(\Delta-\partial_t)u(x,t)=0$ 的正解

$$\begin{aligned}\forall(x,t)\in Q_{R,T}:&=B(x_0,R)\times[t_0-T,t_0]\\&\subset M\times(-\infty,\infty)\end{aligned}$$

且在 $Q_{R,T}$ 上假设 $u\leqslant M$，则有

$$\frac{|\nabla u|}{u}\leqslant C\left(\frac{1}{R}+\frac{1}{\sqrt{T}}+\sqrt{k}\right)\left(1+\ln\frac{M}{u}\right)$$

$$\forall(x,t)\in Q_{\frac{R}{2},\frac{T}{2}} \tag{6}$$

其中 C 为仅依赖于 n 的常数.

由此定理可得依赖于时间的 Liouville 定理，推广了 Yau 的 Liouville 定理. 具体见资料[5].

以上给出的只是调和方程和热方程正解的梯度估计. 同样，可以考虑一般的抛物型方程的情形，如

$$u_t = \Delta u - \nabla \phi \, \nabla u - au \log u - qu$$

其中 $\phi \in C^2(M)$，a 是一实常数，$q(x,t)$ 是定义在 $M \times [0,\infty)$ 上的函数，分不同情形讨论.

(1)$a=0$，$\phi = C$(C 为常数)，即 $u_t = \Delta u - qu$，此方程即为 Schrödinger 方程. 也是本书研究的方程.

(2)$a=q=0$，即 $u_t = \Delta u - \nabla \phi \, \nabla u$，具体见资料[6]，此文推广了 Li-Yau[2] 中的结论，得到当 Bakry-Emery Ricci 曲率有负下界时，此类方程解的局部梯度估计.

(3)$\phi = C$(C 为常数)，$a \geqslant 0$，q 是实常数，且 u 与 t 无关，即 $\Delta u - au \log u - qu = 0$. 具体见资料[7]，在资料[7] 中给出了此方程与扩张的 Ricci 孤立子之间的关系.

基于这些理论，本章考虑 Schrödinger 方程正解的梯度估计及 Harnack 不等式，并给出应用. Schrödinger 方程在量子力学里有很重要的应用背景，可以说是 Riemann 几何和量子力学的一个结合点，因此考虑此类方程解的性质是必要的. 本章运用了不同于资料[2] 中的方法推导了 Schrödinger 方程正解的一些新的梯度估计及其应用，即得到了如下重要的结论.

定理 5(Schrödinger 方程正解的梯度估计)　设 (M^n, g) 是完备 Riemann 流形，且 $\mathrm{Rc}(M^n) \geqslant -k$，$k$ 是非负常数. $u(x,t)$ 是 Schrödinger 方程

$$(\Delta - \partial_t - q(x))u = 0$$

的正解，$\forall (x,t)\in M\times[0,T]$，其中 $q\in C^2(M)$，$\Delta q\leqslant\theta$，$|\nabla q|\leqslant\gamma$，$\theta,\gamma$ 均是非负常数. 令 $f=\ln u$，则有

$$|\nabla f|^2-(f_t+q)\leqslant\inf_{Y_0>-a-\frac{nk_1}{4}}[\partial_Y g(t,Y_0)(f_t+q-Y_0)+g(t,Y_0)]$$

其中

$$k_1=k+\frac{\gamma}{2}>0$$

$$g(t,Y_0)=\frac{nk_1}{2}+\frac{n}{4t}b(t,Y_0)\coth\frac{b(t,Y_0)}{2}$$

$$b(t,Y_0)=\frac{4t}{n}\sqrt{nk_1}\sqrt{Y_0+a+\frac{nk_1}{4}}$$

$$a=\frac{1}{2k_1}\left[\left(1+\frac{2k_1T}{3}\right)\theta+\gamma\left(\frac{2k_1T}{3}\right)^2\right]\geqslant 0$$

是仅依赖于 θ,γ,T,k 的非负常数.

进一步有：

(1) $|\nabla f|^2-(f_t+q)\leqslant\frac{2k_1t}{3}\left(f_t+q+a+\frac{nk_1}{4}\right)+\frac{n}{2t}+\frac{nk_1}{2}$；

(2) $|\nabla f|^2-(f_t+q)\leqslant\frac{nk_1}{2}+\frac{n}{4t}b(t,f_t+q)\coth\frac{b(t,f_t+q)}{2}$（当 $f_t+q>-\frac{nk_1}{4}-a$ 时）.

定理5给出了Schrödinger方程正解的一种整体梯度估计，特别地，得到了热方程正解的梯度估计.

任取 $(x,t_1),(y,t_2)\in M^n\times[0,T]$，令 $\gamma(s):[0,1]\to M$，$\gamma(0)=y$，$\gamma(1)=x$ 是连接 x,y 的极小测地线，定义

$$\eta(s)=(\gamma(s),(1-s)t_2+st_1)$$

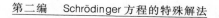

则 $\eta(0)=(y,t_2)$，$\eta(1)=(x,t_1)$. 所以 $\eta(s)$ 是连接 (x,t_1)，(y,t_2) 的曲线. 将梯度估计沿曲线 $\eta(s)$ 积分，可得如下的 Harnack 不等式.

定理 6(Schrödinger 方程正解的 Harnack 不等式)　设 (M^n,g) 是完备 Riemann 流形，$Rc(M^n)\geqslant -k$，k 是非负常数，$u(x,t)$ 是方程 $(\Delta-\partial_t-q(x))u=0$ 的正解，$\forall (x,t)\in M^n\times[0,T]$，其中 T 有限，$q(x)\in C^2(M)$，$\Delta q\leqslant\theta$，$|\nabla q|\leqslant\gamma$，$\theta,\gamma$ 均是非负常数，则有

$$u(x,t_1)\leqslant u(y,t_2)\left(\frac{t_2}{t_1}\right)^{\frac{n}{2}}\cdot \exp\left\{\frac{[\rho+\sqrt{nk_1}(t_2-t_1)]^2}{4(t_2-t_1)}+\int_0^1(t_2-t_1)q(\gamma(s))\mathrm{d}s+\left(a+\frac{nk_1}{4}\right)(t_2-t_1)\right\}$$

其中 (x,t_1)，$(y,t_2)\in M^n\times[0,T]$，$0\leqslant t_1<t_2\leqslant T$，$k_1$ 和 a 如定理 5 定义的固定常数，ρ 表示 x 与 y 之间的距离.

定理 7(Schrödinger 方程正解的另一个 Harnack 不等式)　设 (M^n,g) 是完备 Riemann 流形，且 $Rc(M^n)\geqslant -k$，k 是非负常数. $u(x,t)$ 是方程 $(\Delta-\partial_t-q(x))u=0$ 的正解，$\forall (x,t)\in M^n\times[0,T]$，$T$ 有限，$q(x)\in C^2(M)$，$\Delta q\leqslant\theta$，$|\nabla q|\leqslant\gamma$，$\theta,\gamma$ 均是非负常数，则有

$$u(x,t_1)\leqslant u(y,t_2)\left(\frac{t_2}{t_1}\right)^{\frac{n}{2}}\left(\frac{3+2k_1t_2}{3+2k_1t_1}\right)^{-\left(\frac{n}{8}+\frac{3a}{2k_1}\right)}\cdot \exp\left\{\frac{\rho^2}{4(t_2-t_1)}\left[1+\frac{k_1}{3}(t_1+t_2)\right]+\right.$$

$$(t_2-t_1)\int_0^1 q(\gamma(s))\mathrm{d}s+\left(a+\frac{nk_1}{4}\right)(t_2-t_1)\Big\}$$

其中$(x,t_1),(y,t_2)\in M^n\times[0,T]$,$0\leqslant t_1<t_2\leqslant T$,$k_1$ 和 a 如定理 5 定义的固定常数,ρ 表示 x 与 y 之间的距离.

特殊情形下,得到了热方程的 Harnack 不等式和热核估计 ,见推论 3.1 ~ 3.3. Harnack 不等式有许多重要的应用. 如在资料[2] 中由 Harnack 不等式推导了方程基本解的估计,特征值的估计,Betti 数的估计等.

本章也给出了梯度估计的应用,推导了一个关于 Schrödinger 算子的 Liouville 定理.

定理 8(Schrödinger 算子的 Liouville 定理) 设(M^n,g) 是完备流形,$\mathrm{Rc}(M^n)\geqslant 0$,$q(x)\in C^2(M)$,$\Delta q(x)\leqslant 0$,$q\leqslant\gamma$,$\gamma$ 是一非负常数,且存在 $x_0\in M$,使得 $q(x_0)<0$,则 $\Delta u(x)-q(x)u(x)=0$ 不存在光滑正解.

此定理与资料[2] 中的 Liouville 定理不同,而且比资料[8] 中得到的 Liouville 定理条件要弱.

本章结构如下,第 2 节利用资料[9] 中处理热方程的方法证明了定理 5,并得到了一些推论. 第 3 节证明了 Schrödinger 方程正解的 Harnack 不等式,即定理 6,定理 7,且得到了一种新的热核估计. 第 4 节运用梯度估计证明了 Schrödinger算子的 Liouville定理,即定理 8.

2 Schrödinger 方程正解的梯度估计

考虑完备 Riemann 流形上 Schrödinger 方程

$$(\Delta - q(x) - \partial_t)u(x,t) = 0, \forall (x,t) \in M^n \times [0,T] \tag{9}$$

其中 T 有限，$q(x) \in C^2(M)$，$\Delta q \leqslant \theta$，$|\nabla q| \leqslant \gamma$，$\theta,\gamma$ 均是非负常数.

在证明定理 5 之前，先给出下面的引理 1 和引理 2.

引理 1[10]　令 M 是完备流形，$f \in C^2(M)$，假设

$$\limsup_{r(x)\to\infty} \frac{f(x) - f(p)}{r(x)} < +\infty$$

其中 $r(x)$ 表示 x 与 p 之间的距离. 则当 $r(x) \leqslant 1$ 时，f 在某一点能取得最大值，或者对 $\forall 1 > \epsilon > 0$，能找到一列 $\{q_k\} \subset M$，使得 $r(q_k) \geqslant 1$，且有

$$\lim_{k\to\infty} f(q_k) = \sup f$$

$$|\nabla f(q_k)| \leqslant \frac{2d_k}{1-\epsilon}$$

$$\Delta f(q_k) \leqslant \left[K(q_k) + \frac{1+\epsilon}{r(q_k)}\right]\frac{2d_k}{1-\epsilon} \tag{10}$$

其中

$$d_k = \frac{f(q_k) - f(p)}{r(q_k)}$$

$$K(q_k) = \min_{0\leqslant m\leqslant r(q_k)} \left[\frac{n-1}{r(q_k)-m} - \frac{1}{(r(q_k)-m)^2} \cdot \int_m^{r(q_k)} (t-k)^2 \mathrm{Ric}(\sigma'(t))\mathrm{d}t\right]$$

$\sigma(t)$ 是连接 p 和 q_k 的极小测地线.

由引理 1 可得如下的推论，若

$$\limsup_{r(x)\to\infty} \frac{f(x) - f(p)}{r(x)} \leqslant 0$$

$$\limsup_{r(x)\to\infty} \frac{K(x)[f(x) - f(p)]}{r(x)} = 0$$

则存在一列$\{q_k\}\subset M$,使得

$$\lim_{k\to\infty} f(q_k)=\sup f$$
$$\lim_{k\to\infty} \nabla f(q_k)=0$$
$$\limsup_{k\to\infty} \Delta f(q_k)\leqslant 0 \tag{11}$$

此即为完备流形的极大值原理. 从推论可看出,当$f(x)$有界,Rc 有下界的时候,满足推论的两个条件.

引理 2　设(M^n,g)是完备 Riemann 流形,$\mathrm{Rc}(M^n)\geqslant -k$,$k$是非负常数. $u(x,t)$是 Schrödinger 方程$(\Delta-\partial_t-q(x))u=0$的正解,$\forall (x,t)\in M\times[0,T]$,其中$q\in C^2(M)$,$\Delta q\leqslant\theta$,$|\nabla q|\leqslant\gamma$,$\theta,\gamma$均是非负常数,令$f=\ln u$,则有

$$|\nabla f|^2-|(f_t+q)\leqslant \partial_Y g(t,Y_0)(f_t+q-Y_0)+ g(t,Y_0)\left(\forall Y_0>-a-\frac{nk_1}{4}\right) \tag{12}$$

其中$g(t,Y_0)$,$b(t,Y_0)$,k_1,a是定理 5 所定义的.

证明　设$u(x,t)$是(9)的正解((9)的解是存在的,见资料[2]).

令$f=\ln u$,定义算子$L=\Delta+2\nabla f\nabla-\partial_t$. 易计算得

$$f_t=\frac{u_t}{u}=\frac{\Delta u-qu}{u}=\Delta\log u+|\nabla\log u|^2-q$$
$$=\Delta f+|\nabla f|^2-q$$

再对t求导,因为q与t无关,则有

$$\partial_t f_t=\Delta f_t+2\nabla f\nabla f_t$$

即

$$Lf_t=0 \tag{13}$$

由 Bochlar 公式可得

$$
\begin{aligned}
L\mid\nabla f\mid^2 &= \Delta\mid\nabla f\mid^2+2\,\nabla f\,\nabla\mid\nabla f\mid^2-\partial_t\mid\nabla f\mid^2\\
&=2\mid\nabla\nabla f\mid^2+2\mathrm{Rc}(\nabla f,\nabla f)+\\
&\quad 2\langle\nabla f,\nabla\Delta f\rangle+2\,\nabla f\,\nabla\mid\nabla f\mid^2-2\,\nabla f\,\nabla f_t\\
&=2\mid\nabla\nabla f\mid^2+2\mathrm{Rc}(\nabla f,\nabla f)+\\
&\quad 2\langle\nabla f,\nabla(\Delta f+\mid\nabla f\mid^2-f_t)\rangle\\
&=2\mid\nabla\nabla f\mid^2+2\mathrm{Rc}(\nabla f,\nabla f)+2\langle\nabla f,\nabla q\rangle
\end{aligned}
$$

所以

$$
\begin{aligned}
L(\mid\nabla f\mid^2-q) &= 2\mid\nabla\nabla f\mid^2+2\mathrm{Rc}(\nabla f,\nabla f)+\\
&\quad 2\langle\nabla f,\nabla q\rangle-\Delta q-2\langle\nabla f,\nabla q\rangle\\
&=2\mid\nabla\nabla f\mid^2+2\mathrm{Rc}(\nabla f,\nabla f)-\Delta q
\end{aligned}
\tag{14}
$$

令 $F=\mid\nabla f\mid^2-f_t-q-b(t,f_t+q)$，其中 $B(t,f_t+q)$ 是待定的函数. 由(13) 可得

$$
\begin{aligned}
LB(t,f_t+q) &= \partial_Y^2 B(t,f_t+q)\mid\nabla(f_t+q)\mid^2+\\
&\quad \partial_Y BL(f_t+q)-\partial_t B\\
&=\partial_Y^2 B(t,f_t+q)\mid\nabla(f_t+q)\mid^2+\\
&\quad \partial_Y BLq-\partial_t B
\end{aligned}
\tag{15}
$$

若假设 $B(t,Y)$ 是关于 Y 的凹函数，且 $\partial_Y B\geqslant 0$，则

$$
LB(t,f_t+q)\leqslant\partial_Y B(\Delta q+2\,\nabla f\,\nabla q)-\partial_t B(t,f_t+q)
\tag{16}
$$

综合(13) ～ (16) 可得

$$
\begin{aligned}
LF &= L(\mid\nabla f\mid^2-f_t-q)-LB(t,f_t+q)\\
&=L(\mid\nabla f\mid^2-q)-LB(t,f_t+q)\\
&\geqslant 2\mid\nabla\nabla f\mid^2+2\mathrm{Rc}(\nabla f,\nabla f)-\Delta q-\\
&\quad \partial_Y B(\Delta q+2\langle\nabla f,\nabla q\rangle)+\partial_t B(t,f_t+q)
\end{aligned}
$$

由于

$$
\mid\nabla\nabla f\mid^2\geqslant\frac{1}{n}(\Delta f)^2,\ \mathrm{Rc}(M)\geqslant -k
$$

$$\Delta q \leqslant \theta, \mid \nabla q \mid \leqslant \gamma, \partial_Y B \geqslant 0$$

所以

$$\begin{aligned} LF \geqslant & \frac{2}{n}(\Delta f)^2 - 2k \mid \nabla f \mid^2 - \\ & (1+\partial_Y B)\theta - 2\partial_Y B \mid \nabla f \mid \gamma + \partial_t B(t, f_t + q) \\ \geqslant & \frac{2}{n}(\mid \nabla f \mid^2 - f_t - q)^2 - \\ & 2k[F + f_t + q + B(t, f_t + q)] - (1+\partial_Y B)\theta - \\ & \gamma(\partial_Y B)^2 - \gamma \mid \nabla f \mid^2 + \partial_t B(t, f_t + q) \\ = & \frac{2}{n}(F+B)^2 - (2k+\gamma)(F + f_t + q + B) + \\ & \partial_t B(t, f_t + q) - (1+\partial_Y B)\theta - \gamma(\partial_Y B)^2 \end{aligned}$$

令 $2k+\gamma = 2k_1 > 0$，则有

$$\begin{aligned} LF \geqslant & \frac{2}{n}F^2 + \left(\frac{4}{n}B - 2k_1\right)F + \frac{2}{n}B^2 - 2k_1(f_t + q + B) + \\ & \partial_t B - (1+\partial_Y B)\theta - \gamma(\partial_Y B)^2 \end{aligned} \tag{17}$$

令 $g(t,Y)$ 是定义在 $(0,T] \times R$ 上的微分方程

$$\begin{cases} \partial_t g + \dfrac{2}{n}g^2 - 2k_1(Y + a + g) = 0 \\ g(0) = \infty \end{cases} \tag{18}$$

的解，其中 a 为待定常数.

易知，当 $Y + a \geqslant -\frac{nk_1}{4}$ 时，此微分方程的解为

$$g(t,Y) = \frac{nk_1}{2} + \frac{n}{2t}\frac{b(t,Y)}{2}\coth\left(\frac{b(t,Y)}{2}\right)$$

$$b(t,Y) = \frac{4t}{n}\sqrt{nk_1}\sqrt{Y + a + \frac{nk_1}{4}} \tag{19}$$

可看出当 $Y \to -a - \frac{nk_1}{4}$，即 $b(t,Y) \to 0$ 时，有

$$\lim_{Y\to -a-\frac{nk_1}{4}} g(t,Y)=\frac{nk_1}{2}+\frac{n}{2t}$$

$$\partial_Y g(t,Y)=\frac{n}{4t}\left(\partial_Y b+\frac{2\partial_Y b}{e^b-1}-\frac{2b\partial_Y b e^b}{(e^b-1)^2}\right)$$

由于 $\partial_Y b=\left(\frac{4t}{n}\right)^2\left(\frac{nk_1}{2}\right)\frac{1}{b(t,Y)}$，所以

$$\partial_Y g(t,Y)=2k_1 t\left[\frac{1}{b}+\frac{2}{b(e^b-1)}-\frac{2e^b}{(e^b-1)^2}\right]$$

$$\begin{aligned}\lim_{Y\to -a-\frac{nk_1}{4}}\partial_Y g(t,Y)&=\lim_{b\to 0}2k_1 t\left[\frac{1}{b}+\frac{2}{b(e^b-1)}-\frac{2e^b}{(e^b-1)^2}\right]\\&=\lim_{b\to 0}2k_1 t\left(\frac{e^{2b}-2be^b-1}{b^3}\right)\\&=\frac{2k_1 t}{3}\end{aligned}\tag{20}$$

$$\begin{aligned}\lim_{Y\to\infty}\partial_Y g(t,Y)&=\lim_{b\to\infty}\partial_Y g(t,Y)\\&=\lim_{b\to\infty}2k_1 t\left(\frac{1}{b}+\frac{2}{b(e^b-1)}-\frac{2e^b}{(e^b-1)^2}\right)\\&=0\end{aligned}\tag{21}$$

而且当 $Y\in\left(-a-\frac{nk_1}{4},\infty\right)$ 时，易验证 $g(t,Y)$ 关于 Y 为凹函数，即 $\partial_Y^2 g(t,Y)\leqslant 0$.

所以 $\partial_Y g(t,Y)\geqslant\lim\limits_{Y\to\infty}\partial_Y g(t,Y)=0$，且

$$\partial_Y g(t,Y)\leqslant\lim_{Y\to -a-\frac{nk_1}{4}}\partial_Y g(t,Y)=\frac{2k_1 t}{3}\leqslant\frac{2k_1 T}{3}$$

将(18)对 Y 求导得

$$\partial_t\partial_Y g+\frac{4}{n}g\partial_Y g-2k_1(1+\partial_Y g)=0\tag{22}$$

令 $Y_0>-a-\frac{nk_1}{4}$，设 $B(t,Y)$ 是 $g(t,Y)$ 在 Y_0 处的线性化，即

$$B(t,Y)=\partial_Y g(t,Y_0)(Y-Y_0)+g(t,Y_0) \quad (23)$$

则 $B(t,Y)$ 显然为凹函数，且

$$0\leqslant \partial_Y B(t,Y)=\partial_Y g(t,Y_0)\leqslant \frac{2k_1 T}{3}$$

$$\partial_t B=\partial_t\partial_Y g(t,Y_0)(Y-Y_0)+\partial_t g(t,Y_0) \quad (24)$$

$$\begin{aligned}\frac{2}{n}B^2&=\frac{2}{n}[\partial_Y g(t,Y_0)(Y-Y_0)+g(t,Y_0)]^2\\&=\frac{2}{n}[\partial_Y g(t,Y_0)(Y-Y_0)]^2+\\&\quad\frac{4}{n}g(t,Y_0)\partial_Y g(t,Y_0)(Y-Y_0)+\frac{2}{n}[g(t,Y_0)]^2\end{aligned} \quad (25)$$

$$\begin{aligned}&2k_1[Y+a+B(t,Y)]\\=&2k_1[Y-Y_0+Y_0+a+B(t,Y)]\\=&2k_1[Y_0+a+g(t,Y)]+2k_1(Y-Y_0)[1+\partial_Y g(t,Y_0)]\end{aligned} \quad (26)$$

$$\begin{aligned}0&<(1+\partial_Y B)\theta+\gamma(\partial_Y B)^2\\&\leqslant\left(1+\frac{2k_1T}{3}\right)\theta+\gamma\left(\frac{2k_1T}{3}\right)^2\end{aligned} \quad (27)$$

由(17)和(27)，可得

$$LF\geqslant\frac{2}{n}F^2+\left(\frac{4}{n}B-2k_1\right)F+\partial_t B+\frac{2}{n}B^2-2k_1(f_t+q+B)-\left(1+\frac{2k_1T}{3}\right)\theta-\gamma\left(\frac{2k_1T}{3}\right)^2$$

令 $a=\frac{1}{2k_1}\left[\left(1+\frac{2k_1T}{3}\right)\theta+\gamma\left(\frac{2k_1T}{3}\right)^2\right]\geqslant 0$，则有

$$LF\geqslant\frac{2}{n}F^2+\left(\frac{4}{n}B-2k_1\right)F+\partial_t B+\frac{2}{n}B^2-2k_1(f_t+q+a+B)$$

利用(18),(22),由(24) ~ (26),可得

$$\partial_t B + \frac{2}{n}B^2 - 2k_1(f_t + q + a + B)$$

$$= \frac{2}{n}[\partial_Y g(t, Y_0)(f_t + q - Y_0)]^2$$

定义 $G = tF$,则有

$$\begin{aligned} LG &= -F + tLF \\ &\geqslant \frac{2}{n}tF^2 + \left(\frac{4}{n}Bt - 2k_1 t - 1\right)F + \\ &\quad t\left[\partial_t B + \frac{2}{n}B^2 - 2k_1(f_t + q + a + B)\right] \\ &= \frac{2}{nt}G^2 + \left[\frac{4}{n}\partial_Y g(t, Y_0)(f_t + q - Y_0)\right]G + \\ &\quad \frac{2t}{n}[\partial_Y g(t, Y_0)(f_t + q - Y_0)]^2 + \\ &\quad \left(\frac{4}{n}g(t, Y_0) - 2k_1 - \frac{1}{t}\right)G \\ &= \frac{2}{nt}[G + t\partial_Y g(t, Y_0)(f_t + q - Y_0)]^2 + \\ &\quad \left(\frac{4}{n}g(t, Y_0) - 2k_1 - \frac{1}{t}\right)G \end{aligned} \tag{28}$$

由于

$$\frac{4t}{n}g(t, Y_0) - 2k_1 t = b(t, Y_0) + \frac{2b(t, Y_0)}{e^b - 1} \geqslant 2$$

所以

$$\frac{4}{n}g(t, Y_0) - 2k_1 - \frac{1}{t} \geqslant \frac{1}{t}$$

由(28)得 $LG \geqslant \frac{G}{t}$,即

$$\Delta G + 2\nabla f\,\nabla G - \partial_t G \geqslant \frac{G}{t} \tag{29}$$

若 M^n 是紧流形，直接利用极大值原理.

设 $(x_0,t_0)\in M^n\times[0,T]$ 是 G 的最大值点，且假设 $G(x_0,t_0)>0$，由极大值原理可知，在 (x_0,t_0) 处 $\Delta G\leqslant 0,\nabla G=0$，代入(29)，则在 (x_0,t_0) 处，有

$$\begin{aligned}0\geqslant \Delta G+2\nabla f\nabla G&\geqslant \frac{G(x_0,t_0)}{t}+\partial_t G(x_0,t_0)\\&\geqslant \partial_t G(x_0,t_0)\end{aligned}$$

又因为 $t=0$ 时，$G=0$，所以 $\partial_t G(x_0,t_0)>0$ 与 $\partial_t G(x_0,t_0)\leqslant 0$ 矛盾. 所以 $G(x_0,t_0)\leqslant 0$，则 $G(x,t)\leqslant 0$，$\forall(x,t)\in M^n\times[0,T]$. 因此

$$F(x,t)\leqslant 0,\forall(x,t)\in M^n\times[0,T]$$

由 F 的定义可得 $|\nabla f|^2-f_t-q-B(t,f_t+q)\leqslant 0$. 将

$$B(t,f_t+q)=\partial_Y g(t,Y_0)(f_t+q-Y_0)+g(t,Y_0)$$

代入得

$$\begin{aligned}|\nabla f|^2-f_t-q\leqslant \partial_Y g(t,Y_0)(f_t+q-Y_0)+\\ g(t,Y_0),\forall Y_0\geqslant -\frac{nk_1}{4}-a\end{aligned}$$

若 M^n 是完备 Riemann 流形，利用引理 1 的推论，先要证明 G 是有界的.

由于 $\mathrm{Rc}(M)\geqslant -k$，将 $g(t,Y)$ 中的 k_1 换成 $\hat{k}_1$，且 $\hat{k}_1>k_1$，则有

$$\begin{aligned}LG&\geqslant \frac{2}{nt}[G+t\partial_Y g(t,Y_0)(f_t+q-Y_0)]^2+\\&\quad\frac{G}{t}+2t(\hat{k}_1-k_1)|\nabla f|^2\\&\geqslant \frac{G}{t}+2t(\hat{k}_1-k_1)|\nabla f|^2\end{aligned}\tag{30}$$

由资料[2]中的 Li-Yau 估计知

$$|\nabla f|^2-\alpha(f_t+q)\leqslant \frac{n}{2t}\alpha^2+C_1+C_2\frac{\alpha^2}{\alpha-1}+C_3\alpha^{\frac{3}{2}}$$

$$\forall \alpha>1$$

其中 C_1,C_2,C_3 是仅依赖于 n,θ,γ,k 的常数.

令 $\alpha=1+\partial_Y g(t,Y_0)>1$,则

$$\begin{aligned}&|\nabla f|^2-[1+\partial_Y g(t,Y_0)](f_t+q)\\ \leqslant&\frac{n}{2t}[1+\partial_Y g(t,Y_0)]^2+C_1+C_2\frac{[1+\partial_Y g(t,Y_0)]^2}{\partial_Y g(t,Y_0)}+\\ &C_3[1+\partial_Y g(t,Y_0)]^{\frac{3}{2}}\end{aligned}$$

$$\begin{aligned}G=tF=&t[|\nabla f|^2-f_t-q-\\ &\partial_Y g(t,Y_0)(f_t+q-Y_0)-g(t,Y_0)]\\ =&t[|\nabla f|^2-(1+\partial_Y g(t,Y_0))(f_t+q)]+\\ &t[Y_0\partial_Y g(t,Y_0)-g(t,Y_0)]\\ \leqslant&\frac{n}{2}[1+\partial_Y g(t,Y_0)]^2+C_1t+\\ &C_2[1+\partial_Y g(t,Y_0)]^2\frac{t}{\partial_Y g(t,Y_0)}+\\ &C_3t[1+\partial_Y g(t,Y_0)]^{\frac{3}{2}}+t[Y_0\partial_Y g(t,Y_0)-g(t,Y_0)]\end{aligned}$$

由于

$$\lim_{t\to 0}\frac{t}{\partial_Y g(t,Y_0)}=\frac{3}{2\hat{K}_1}$$

且

$$0<\partial_Y g(t,Y_0)\leqslant\frac{2}{3}\hat{k}_1T,\tan(t,Y_0)\geqslant 0$$

所以 $\sup\limits_{[0,T]\times M^n}G<\infty$. 因为 $\mathrm{Rc}\geqslant -k$,利用引理 1 中的推论可得,存在一列 $(x_m,t_m)\in M^n\times[0,T]$,且 $t_m\to t_0$,使得

$$\lim_{m\to\infty}G(x_m,t_m)=\lim_{m\to\infty}G(x_m,t_0)=\sup_{M\times[0,T]}G$$

$$\lim_{m\to\infty}\Delta G(x_m,t_m)=\Delta G(x_m,t_0)\leqslant\frac{1}{m}$$

$$\lim_{m\to\infty}|\nabla G|(x_m,t_m)=|\nabla G|(x_m,t_0)\leqslant\frac{1}{m}$$

假设 $\sup\limits_{M\times[0,T]}G>0$,因为 $t=0$ 时,$G=0$. 所以由

$$\lim_{m\to\infty}G(x_m,t_0)=\sup_{M\times[0,T]}G>0$$

知 $t_0>0$,$\partial_t G(x_m,t_0)\geqslant 0$. 所以

$$\begin{aligned}LG(x_m,t_0)=&\Delta G(x_m,t_0)+2\nabla f\nabla G(x_m,t_0)-\\&\partial_t G(x_m,t_0)\leqslant\frac{1}{m}+\frac{2}{m}|\nabla f|\end{aligned}$$

由(30)知

$$LG(x_m,t_0)\geqslant\frac{G(x_m,t_0)}{t_0}+2t_0(\hat{k}_1-k_1)|\nabla f|^2$$

综合上述两式,有

$$\begin{aligned}\frac{1}{m}&\geqslant LG(x_m,t_0)-\frac{2}{m}|\nabla f|\\&\geqslant\frac{G(x_m,t_0)}{t_0}+2t_0(\hat{k}_1-k_1)|\nabla f|^2-\frac{2}{m}|\nabla f|\\&\geqslant\frac{G(x_m,t_0)}{t_0}-\frac{1}{2(\hat{k}_1-k_1)t_0}\frac{1}{m^2}\end{aligned}$$

令 $m\to\infty$,由于

$$\lim_{m\to\infty}G(x_m,t_0)=\sup_{M\times[0,T]}G$$

所以 $\dfrac{\sup\limits_{M\times[0,T]}G}{t_0}\leqslant 0$,即 $\sup\limits_{M\times[0,T]}G\leqslant 0$ 与假设 $\sup\limits_{M\times[0,T]}G>0$ 矛盾. 由于 $\hat{k}_1$ 的任意性,所以 $G\leqslant 0$,即 $F\leqslant 0$. 因此

$$|\nabla f|^2-f_t-q\leqslant\partial_Y g(t,Y_0)(f_t+q-Y_0)+g(t,Y_0)$$

$$\forall Y_0\geqslant-\frac{nk_1}{4}-a$$

基于引理 2,如下证明定理 5.

证明 由式(12)显然有

$$
\begin{aligned}
&|\nabla f|^2-(f_t+q)\\
\leqslant&\inf_{Y_0>a-\frac{nk_1}{4}}\left[\partial_Y g(t,Y_0)(f_t+q-Y_0)+g(t,Y_0)\right]
\end{aligned}
\tag{31}
$$

由于

$$\lim_{Y_0\to-\frac{nk_1}{4}-a}\partial_Y g(t,Y_0)=\frac{2k_1t}{3}$$

$$\lim_{Y_0\to-\frac{nk_1}{4}-a}g(t,Y_0)=\frac{n}{2t}+\frac{nk_1}{2}$$

所以在(31)中令 $Y_0\to-\frac{nk_1}{4}-a$,得

$$|\nabla f|^2-(f_t+q)\leqslant\frac{2k_1t}{3}\left(f_t+q+a+\frac{nk_1}{4}\right)+\frac{n}{2t}+\frac{nk_1}{2}\tag{32}$$

当 $f_t+q>-\frac{nk_1}{4}-a$ 时,在(31)中令 $Y_0=f_t+q$,即得

$$
\begin{aligned}
|\nabla f|^2-(f_t+q)&\leqslant g(t,f_t+q)\\
&=\frac{nk_1}{2}+\frac{n}{4t}b(f_t+q)\coth\frac{b(t,f_t+q)}{2}
\end{aligned}
\tag{33}
$$

推论 1 设 (M^n,g) 是完备 Riemann 流形,$\mathrm{Rc}(M^n)\geqslant-k$,$k$ 是非负常数. $u(x,t)$ 是 Schrödinger 方程 $(\Delta-\partial_t-q(x))u=0$ 的正解,$\forall(x,t)\in M^n\times[0,T]$,其中 $q\in C^2(M)$,$\Delta q\leqslant\theta$,$|\nabla q|\leqslant\gamma$,$\theta,\gamma$ 均是非负常数,令 $f=\ln u$,则有

$$|\nabla f|^2-(f_t+q)\leqslant\frac{nk_1}{2}+\frac{n}{2t}+$$

$$\sqrt{nk_1}\sqrt{f_t+q+a+\frac{nk_1}{4}}\cdot$$

$$\left(f_t+q>-\frac{nk_1}{4}-a\right)\quad(34)$$

a,k_1 如定理 5 定义的非负常数.

证明 由式(33),利用不等式 $x\coth x\leqslant 1+x(x>0)$,即得此式.

推论 2(热方程正解的梯度估计) 设(M^n,g)是完备 Riemann 流形,$\mathrm{Rc}(M^n)\geqslant -k$,$k$ 是非负常数.$u(x,t)$是热方程$(\Delta-\partial_t)u=0$的正解,$\forall (x,t)\in M\times[0,\infty)$,令 $f=\ln u$,则有

$$|\nabla f|^2-f_t\leqslant\inf_{Y_0>-\frac{nk}{4}}[\partial_Y g(t,Y_0)(f_t-Y_0)+g(t,Y_0)]\quad(35)$$

其中

$$g(t,Y_0)=\frac{nk}{2}+\frac{n}{4t}b(t,Y_0)\coth\frac{b(t,Y_0)}{2}$$

$$b(t,Y_0)=\frac{4t}{n}\sqrt{nk}\sqrt{Y_0+\frac{nk}{4}}$$

进一步有

$$|\nabla f|^2-f_t\leqslant\frac{2kt}{3}\left(f_t+\frac{nk}{4}\right)+\frac{n}{2t}+\frac{nk}{2}\quad(36)$$

$$|\nabla f|^2-f_t\leqslant\frac{nk}{2}+\frac{n}{4t}b(t,f_t)\coth\frac{b(t,f_t)}{2}\quad(37)$$

$$|\nabla f|^2-f_t\leqslant\frac{nk}{2}+\frac{n}{2t}+\sqrt{nk}\sqrt{f_t+\frac{nk}{4}}\quad(38)$$

证明 当 $q(x)=0$ 时,在定理 5 和推论 1 中令 $a=0,k_1=k$,即得此推论.

3 Schrödinger 方程正解的 Harnack 不等式

本节由第 2 节得到的梯度估计证明定理 6.

证明 由推论 1 知,当 $f_t+q>-a-\frac{nk_1}{4}$ 时,有

$$|\nabla f|^2-(f_t+q)\leqslant\frac{nk_1}{2}+\frac{n}{2t}+\sqrt{nk_1}\sqrt{f_t+q+a+\frac{nk_1}{4}}$$

令 $\lambda=\sqrt{f_t+q+a+\frac{nk_1}{4}}$,则 $-(f_t+q+a)=\frac{nk_1}{4}-\lambda^2$. 所以

$$\begin{aligned}|\nabla f|^2&\leqslant(f_t+q)+\frac{nk_1}{2}+\frac{n}{2t}+\sqrt{nk_1}\lambda\\&=\lambda^2-a-\frac{nk_1}{4}+\frac{nk_1}{2}+\frac{n}{2t}+\sqrt{nk_1}\lambda\\&\leqslant\left(\lambda+\sqrt{\frac{nk_1}{4}}\right)^2+\frac{n}{2t}\end{aligned}$$

令 $u=\sqrt{\left(\lambda+\sqrt{\frac{nk_1}{4}}\right)^2+\frac{n}{2t}}$,则 $|\nabla f|\leqslant u$.

又因为

$$\begin{aligned}-(f_t+q+a)&=\frac{nk_1}{4}-\lambda^2\\&=\frac{nk_1}{4}\left(\sqrt{u^2-\frac{n}{2t}}-\sqrt{\frac{nk_1}{4}}\right)^2\\&<-u^2+\frac{n}{2t}+\sqrt{nk_1}u\end{aligned}$$

所以对任意固定的 $\alpha>0$,有

$$\alpha|\nabla f|-(f_t+q+a)\leqslant\alpha u-u^2+\frac{n}{2t}+\sqrt{nk_1}u$$

$$=-u^2+(\alpha+\sqrt{nk_1})u+\frac{n}{2t}$$

$$\leqslant\frac{(\alpha+\sqrt{nk_1})^2}{4}+\frac{n}{2t}$$

由(32)知，当 $f_t+q\leqslant -a-\frac{nk_1}{4}$ 时，有

$$|\nabla f|^2-(f_t+q)\leqslant\frac{2}{3}k_1t\left(f_t+q+a+\frac{nk_1}{4}\right)+\frac{n}{2t}+\frac{nk_1}{2}$$

$$-(f_t+q+a)\leqslant-(f_t+q)\leqslant-|\nabla f|^2+\frac{n}{2t}+\frac{nk_1}{2}$$

所以

$$\begin{aligned}&\alpha|\nabla f|-(f_t+q+a)\\ \leqslant&\alpha|\nabla f|-|\nabla f|^2+\frac{n}{2t}+\frac{nk_1}{2}\\ \leqslant&\frac{\alpha^2}{4}+\frac{n}{2t}+\frac{nk_1}{2}\\ =&\frac{(\alpha+\sqrt{nk_1})^2}{4}+\frac{n}{2t}+\frac{nk_1}{4}-\frac{\sqrt{nk_1}}{2}\alpha\\ \leqslant&\frac{(\alpha+\sqrt{nk_1})^2}{4}+\frac{n}{2t}+\frac{nk_1}{4}\end{aligned}$$

综上所述，对 $\forall\alpha>0$，有

$$\alpha|\nabla f|-(f_t+q+a)\leqslant\frac{(\alpha+\sqrt{nk_1})^2}{4}+\frac{n}{2t}+\frac{nk_1}{4}\tag{39}$$

令 $\gamma(s)$ 是连接 x,y 的极小测地线，$\gamma(0)=y$，$\gamma(1)=x$，则 $|\dot{\gamma}|=\rho$，ρ 表示 x 与 y 之间的距离. 定义

$$\eta(s)=(\gamma(s),(1-s)t_2+st_1)$$

则 $\eta(0)=(y,t_2)$，$\eta(1)=(x,t_1)$，$\eta(s)$ 是连接 (x,t_1)，(y,t_2) 的曲线，所以

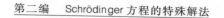

$$f(x,t_1)-f(y,t_2)=\int_0^1 \frac{\mathrm{d}f(\eta(s))}{\mathrm{d}s}\mathrm{d}s$$

$$=\int_0^1 (\langle \nabla f,\dot{\gamma}\rangle-(t_2-t_1)f_t)\mathrm{d}s$$

$$\leqslant\int_0^1 (\rho\mid\nabla f\mid-(t_2-t_1)f_t)\mathrm{d}s$$

$$=\int_{t_1}^{t_2}\left(\frac{\rho}{t_2-t_1}\mid\nabla f\mid-f_t\right)\mathrm{d}t$$

在(39)中令 $\alpha=\frac{\rho}{t_2-t_1}>0$，则

$$f(x,t_1)-f(y,t_2)$$

$$\leqslant\int_{t_1}^{t_2}\left[q+a+\frac{\left(\frac{\rho}{t_2-t_1}+\sqrt{nk_1}\right)^2}{4}+\frac{n}{2t}+\frac{nk_1}{4}\right]\mathrm{d}t$$

$$=\int_{t_1}^{t_2}q(\gamma(s))\mathrm{d}t+a(t_2-t_1)+$$

$$\int_{t_1}^{t_2}\frac{[\rho+\sqrt{nk_1}(t_2-t_1)]^2}{4(t_2-t_1)^2}\mathrm{d}t+$$

$$\frac{n}{2}\ln\frac{t_2}{t_1}+\frac{n}{4}k_1(t_2-t_1)$$

$$=\frac{[\rho+\sqrt{nk_1}(t_2-t_1)]^2}{4(t_2-t_1)}+\int_0^1(t_2-t_1)q(\gamma(s))\mathrm{d}s+$$

$$\left(a+\frac{nk_1}{4}\right)(t_2-t_1)+\frac{n}{2}\ln\frac{t_2}{t_1}$$

所以

$$\log\frac{u(x,t_1)}{u(y,t_2)}\leqslant\frac{[\rho+\sqrt{nk_1}(t_2-t_1)]^2}{4(t_2-t_1)}+$$

$$\int_0^1(t_2-t_1)q(\gamma(s))\mathrm{d}s+$$

$$\left(a+\frac{nk_1}{4}\right)(t_2-t_1)+\frac{n}{2}\ln\frac{t_2}{t_1}$$

$$u(x,t_1)\leqslant u(y,t_2)\left(\frac{t_2}{t_1}\right)^{\frac{\pi}{2}}\cdot$$
$$\exp\left\{\frac{[\rho+\sqrt{nk_1}(t_2-t_1)]^2}{4(t_2-t_1)}+\int_0^1(t_2-t_1)q(\gamma(s))\mathrm{d}s+\left(a+\frac{nk_1}{4}\right)(t_2-t_1)\right\}$$

推论 3(热方程正解的 Harnack 不等式) 设 (M^n,g) 是完备 Riemann 流形,$\mathrm{Rc}(M^n)\geqslant -k$,$k$ 是非负常数. $u(x,t)$ 是热方程 $(\Delta-\partial_t)u=0$ 的正解,则对 $\forall(x,t_1),(y,t_2)\in M^n\times[0,\infty)$,且 $t_1<t_2$,有

$$u(x,t_1)\leqslant u(y,t_2)\left(\frac{t_2}{t_1}\right)^{\frac{n}{2}}\exp\left[\frac{\rho^2}{4(t_2-t_1)}+\frac{\sqrt{nk}}{2}\rho+\frac{nk}{2}(t_2-t_1)\right] \tag{40}$$

证明 在定理 6 中,由于 $q=0$,所以 $\theta=0,\gamma=0$,$a=0,k_1=k$,所以

$$\begin{aligned}&u(x,t_1)\\ \leqslant\ &u(y,t_2)\left(\frac{t_2}{t_1}\right)^{\frac{n}{2}}\exp\left\{\frac{[\rho+\sqrt{nk}(t_2-t_1)]^2}{4(t_2-t_1)}+\frac{nk}{4}(t_2-t_1)\right\}\\ =\ &u(y,t_2)\left(\frac{t_2}{t_1}\right)^{\frac{n}{2}}\exp\left[\frac{\rho^2}{4(t_2-t_1)}+\frac{\sqrt{nk}}{2}\rho+\frac{nk}{2}(t_2-t_1)\right]\end{aligned}$$

其实由定理 5 的梯度估计,我们还能得到另一个 Harnack 不等式,即定理 7.

如下证明定理 7.

证明 由(32)得

$$|\nabla f|^2-(f_t+q)\leqslant\frac{2}{3}k_1t\left(f_t+q+a+\frac{nk_1}{4}\right)+\frac{n}{2t}+\frac{nk_1}{2}$$
$$|\nabla f|^2-\left(1+\frac{2}{3}k_1t\right)(f_t+q)$$

$$\leqslant \frac{2ak_1}{3}t+\frac{nk_1}{4}\left(1+\frac{2}{3}k_1t\right)+\frac{n}{2t}+\frac{nk_1}{4}$$

$$-f_t\leqslant q-\frac{|\nabla f|^2}{1+\frac{2}{3}k_1t}+\frac{nk_1}{4}+\frac{\frac{2ak_1}{3}t+\frac{nk_1}{4}+\frac{n}{2t}}{1+\frac{2}{3}k_1t}$$

令 $\gamma(s):[0,1]\to M^n$，$\gamma(0)=y$，$\gamma(1)=x$ 是连接 x，y 的极小测地线，则 $|\dot{\gamma}|=\rho$. 令 $\eta(s)=(\gamma(s),(1-s)t_2+st_1)$，则 $\eta(0)=(y,t_2)$，$\eta(1)=(x,t_1)$，$0\leqslant t_1<t_2\leqslant T$，有

$$\begin{aligned}
&f(x,t_1)-f(y,t_2)\\
&=\int_0^1\frac{\mathrm{d}}{\mathrm{d}s}f(\eta(s))\mathrm{d}s\\
&=\int_0^1(\langle\nabla f,\dot{\gamma}\rangle-(t_2-t_1)f_t)\mathrm{d}s\\
&\leqslant\int_0^1\left[\rho|\nabla f|+(t_2-t_1)\left(q-\frac{|\nabla f|^2}{1+\frac{2}{3}k_1t}+\frac{nk_1}{4}+\right.\right.\\
&\qquad\left.\left.\frac{\frac{2ak_1}{3}t+\frac{nk_1}{4}+\frac{n}{2t}}{1+\frac{2}{3}k_1t}\right)\right]\mathrm{d}s\\
&\leqslant\int_0^1\left[\frac{\rho^2\left(1+\frac{2}{3}k_1t\right)}{4(t_2-t_1)}+(t_2-t_1)q(\gamma(s))+\right.\\
&\qquad\left.(t_2-t_1)\left(\frac{nk_1}{4}+\frac{\frac{2ak_1}{3}t+\frac{nk_1}{4}+\frac{n}{2t}}{1+\frac{2}{3}k_1t}\right)\right]\mathrm{d}s
\end{aligned}$$

因为

$$(t_2-t_1)\int_0^1 \frac{\frac{nk_1}{4}}{1+\frac{2}{3}k_1 t}\mathrm{d}s=\frac{nk_1}{4}\times\frac{3}{2k_1}\ln\frac{3+2k_1t_2}{3+2k_1t_1}$$

$$=\frac{3n}{8}\ln\frac{3+2k_1t_2}{3+2k_1t_1}$$

$$(t_2-t_1)\int_0^1 \frac{\frac{2ak_1t}{3}}{1+\frac{2}{3}k_1 t}\mathrm{d}s$$

$$=\int_{t_1}^{t_2} \frac{\frac{2ak_1t}{3}}{1+\frac{2}{3}k_1 t}\mathrm{d}t$$

$$=a\left[(t_2-t_1)-\frac{3}{2k_1}\ln\frac{3+2k_1t_2}{3+2k_1t_1}\right]$$

$$(t_2-t_1)\int_0^1 \frac{\frac{n}{2t}}{1+\frac{2}{3}k_1 t}\mathrm{d}s$$

$$=\int_{t_1}^{t_2} \frac{\frac{n}{2t}}{1+\frac{2}{3}k_1 t}\mathrm{d}t$$

$$=\frac{n}{2}\left(\ln\frac{t_2}{t_1}-\ln\frac{3+2k_1t_2}{3+2k_1t_1}\right)$$

所以

$$\begin{aligned}
&f(x,t_1)-f(y,t_2)\\
\leqslant&\frac{\rho^2}{4(t_2-t_1)}\left[1+\frac{k_1}{3}(t_1+t_2)\right]+\\
&(t_2-t_1)\int_0^1 q(\gamma(s))\mathrm{d}s+\frac{n}{4}k_1(t_2-t_1)+\\
&\frac{3n}{8}\ln\frac{3+2k_1t_2}{3+2k_1t_1}+a(t_2-t_1)-\frac{3a}{2k_1}\ln\frac{3+2k_1t_2}{3+2k_1t_1}+
\end{aligned}$$

$$\frac{n}{2}\ln\frac{t_2}{t_1}-\frac{n}{2}\ln\frac{3+2k_1t_2}{3+2k_1t_1}$$

$$=\frac{\rho^2}{4(t_2-t_1)}\left[1+\frac{k_1}{3}(t_1+t_2)\right]+(t_2-t_1)\int_0^1 q(\gamma(s))\mathrm{d}s+\left(a+\frac{nk_1}{4}\right)(t_2-t_1)-\left(\frac{n}{8}+\frac{3a}{2k_1}\right)\ln\frac{3+2k_1t_2}{3+2k_1t_1}+\frac{n}{2}\ln\frac{t_2}{t_1}$$

则有

$$u(x,t_1)\leqslant u(y,t_2)\left(\frac{t_2}{t_1}\right)^{\frac{n}{2}}\left(\frac{3+2k_1t_2}{3+2k_1t_1}\right)^{-\left(\frac{n}{8}+\frac{3a}{2k_1}\right)}\cdot \exp\left\{\frac{\rho^2}{4(t_2-t_1)}\left[1+\frac{k_1}{3}(t_1+t_2)\right]+(t_2-t_1)\int_0^1 q(\gamma(s))\mathrm{d}s+\left(a+\frac{nk_1}{4}\right)(t_2-t_1)\right\}$$

推论 4(热方程正解的 Harnack 不等式) 设 (M^n,g) 是完备 Riemann 流形,$\mathrm{Rc}(M^n)\geqslant -k$,$k$ 是非负常数. $u(x,t)$ 是热方程 $(\Delta-\partial_t)u=0$ 的正解. 对 $\forall (x,t_1),(y,t_2)\in M^n\times[0,\infty)$,且 $t_1<t_2$,有

$$u(x,t_1)\leqslant u(y,t_2)\left(\frac{t_2}{t_1}\right)^{\frac{n}{2}}\left(\frac{3+2kt_2}{3+2kt_1}\right)^{-\frac{n}{8}}\cdot \exp\left\{\frac{\rho^2}{4(t_2-t_1)}\left[1+\frac{k}{3}(t_1+t_2)\right]+\frac{nk}{4}(t_2-t_1)\right\} \tag{41}$$

注 1 式(41)与资料[11]中的结论相一致,但证明方法完全不同.

推论 5(热核估计) 设 (M^n,g) 是完备 Riemann 流形,$\mathrm{Rc}(M^n)\geqslant -k$,$k$ 是非负常数. 令 $H(x,y,t)$ 是热核,则有

$$
\begin{aligned}
&H(x,y,t)\\
&\geqslant(4\pi t)^{-\frac{n}{2}}\left(1+\frac{2}{3}kt\right)^{\frac{n}{8}}\exp\left[-\frac{\rho^2}{4t}\left(1+\frac{kt}{3}\right)-\frac{n}{4}kt\right]
\end{aligned}
\tag{42}
$$

证明 将式(41)应用于 $H(x,y,t)$,则有

$$
\begin{aligned}
H(x,x,t_1)\leqslant H(x,y,t_2)\left(\frac{t_2}{t_1}\right)^{\frac{n}{2}}\left(\frac{3+2kt_2}{3+2kt_1}\right)^{-\frac{n}{8}}\cdot\\
\exp\left\{\frac{\rho^2}{4(t_2-t_1)}\left[1+\frac{k}{3}(t_1+t_2)\right]+\right.\\
\left.\frac{nk}{4}(t_2-t_1)\right\}
\end{aligned}
$$

$$
\begin{aligned}
(4\pi t_1)^{\frac{n}{2}}H(x,x,t_1)\leqslant H(x,y,t_2)(4\pi t_2)^{\frac{n}{2}}\left(\frac{3+2kt_2}{3+2kt_1}\right)^{-\frac{n}{8}}\cdot\\
\exp\left\{\frac{\rho^2}{4(t_2-t_1)}\left[1+\frac{k}{3}(t_1+t_2)\right]+\right.\\
\left.\frac{nk}{4}(t_2-t_1)\right\}
\end{aligned}
$$

令 $t_1\to0^+$,由于

$$
\lim_{t_1\to0^+}(4\pi t_1)^{\frac{n}{2}}H(x,x,t_1)=1
$$

所以

$$
\begin{aligned}
1\leqslant H(x,y,t_2)(4\pi t_2)^{\frac{n}{2}}\left(\frac{3+2kt_2}{3}\right)^{-\frac{n}{8}}\cdot\\
\exp\left[\frac{\rho^2}{4t_2}\left(1+\frac{k}{3}t_2\right)+\frac{nk}{4}t_2\right]
\end{aligned}
$$

将 t_2 换成 t,则得

$$
\begin{aligned}
&H(x,y,t)\\
&\geqslant(4\pi t)^{-\frac{n}{2}}\left(1+\frac{2}{3}kt\right)^{\frac{n}{8}}\exp\left[-\frac{\rho^2}{4t}\left(1+\frac{kt}{3}\right)-\frac{n}{4}kt\right]
\end{aligned}
$$

4 Schrödinger 算子的 Liouville 定理

在第 1 节引言中，由定理 1 可知，完备流形上当 $\mathrm{Rc}(M) \geqslant 0$ 时，非负调和函数只能为常数，即 Liouville 定理.

关于 Schrödinger 算子的 Liouville 定理也有如下已知的结论.

定理 9[2] 设 (M^n, g) 是完备 Riemann 流形，$\mathrm{Rc}(M^n) \geqslant 0, q(x) \in C^2(M), \Delta q \leqslant 0$，存在 $x_0 \in M$，使得 $q(x_0) < 0$，且

$$\lim_{r \to \infty} r^{-1} \sup_{x \in B_p(r)} |\nabla q| = 0$$

其中 $B_p(r)$ 是以 p 为中心，r 为半径的测地球，则方程 $\Delta u(x) - q(x)u(x) = 0$ 不存在光滑正解.

定理 10[8] 设 (M^n, g) 是完备 Riemann 流形，$\mathrm{Rc}(M^n) \geqslant 0, q(x) \in C^2(M), \Delta q \leqslant 0$，且 $\forall x \in M$，$q(x) \leqslant 0$，则方程

$$\Delta u(x) - q(x)u(x) = 0$$

不存在正的光滑解.

本节也将给出一个关于 Schrödinger 算子 $\Delta - q(x)$ 的 Liouville 定理，即定理 8.

在证明定理 8 之前，先给出如下的引理 3.

引理 3 令 (M^n, g) 是完备 Riemann 流形，$\mathrm{Rc}(M^n) \geqslant -k, k$ 是非负常数. 设 $u(x,t)$ 是 Schrödinger 方程

$$(\Delta - \partial_t - q(x))u(x,t) = 0$$

的正解，其中 $q(x) \in C^2(M), \Delta q(x) \leqslant \theta, q(x) \leqslant \gamma, \theta,$

γ 均是非负常数. 令 $f=\ln u$,则有

$$
\begin{aligned}
&|\nabla f|^2-\left(1+\frac{2}{3}kt\right)f_t-q\\
&\leqslant \frac{n}{6}k^2t+\frac{2k\gamma}{3}t+\frac{\theta}{3}t+\frac{nk}{2}+\frac{n}{2t}
\end{aligned}
\tag{43}
$$

证明 类似于第2节证明引理2的方法.

令 $F=|\nabla f|^2-f_t-q-B(t,f_t)$,其中 $B(t,f_t)$ 是待定的函数.

同样定义算子 $L=\Delta+2\nabla f\nabla-\partial_t$. 由第2节计算可得

$$
Lf_t=0 \tag{44}
$$

$$
\begin{aligned}
&L(|\nabla f|^2-q)\\
&=2|\nabla\nabla f|^2+2\mathrm{Rc}(\nabla f,\nabla f)+2\langle\nabla f,\nabla q\rangle-\\
&\quad\Delta q-2\langle\nabla f,\nabla q\rangle\\
&=2|\nabla\nabla f|^2+2\mathrm{Rc}(\nabla f,\nabla f)-\Delta q
\end{aligned}
\tag{45}
$$

由(44)可得

$$
\begin{aligned}
LB(t,f_t)&=\partial_Y^2B(t,f_t)|\nabla f_t|^2+\partial_Y BLf_t-\partial_t B\\
&=\partial_Y^2B(t,f_t)|\nabla f_t|^2-\partial_t B
\end{aligned}
\tag{46}
$$

假设 $B(t,Y)$ 为关于 Y 的凹函数,即 $\partial_Y^2B\leqslant 0$,则

$$
LB(t,f_t)\leqslant -\partial_t B(t,f_t) \tag{47}
$$

综合(44)－(47),有

$$
\begin{aligned}
LF&=L(|\nabla f|^2-f_t-q)-LB(t,f_t)\\
&=L(|\nabla f|^2-q)-LB(t,f_t)\\
&\geqslant 2|\nabla\nabla f|^2+2\mathrm{Rc}(\nabla f,\nabla f)-\Delta q+\partial_t B(t,f_t)
\end{aligned}
$$

因为

$$
|\nabla\nabla f|^2\geqslant\frac{1}{n}(\Delta f)^2,\ q(x)\leqslant\gamma
$$

$$
\mathrm{Rc}(M)\geqslant -k,\ \Delta q\leqslant\theta
$$

可得

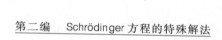

$$LF \geqslant \frac{2}{n}F^2 + \left(\frac{4}{n}B - 2k\right)F + \frac{2}{n}B^2 -$$

$$2k\left(f_t + q + B + \frac{\theta}{2k}\right) + \partial_t B$$

$$\geqslant \frac{2}{n}F^2 + \left(\frac{4}{n}B - 2k\right)F + \frac{2}{n}B^2 -$$

$$2k\left(f_t + \gamma + B + \frac{\theta}{2k}\right) + \partial_t B$$

令 $C(t, Y)$ 是方程

$$\partial_t C + \frac{2}{n}C^2 - 2k\left(C + Y + \gamma + \frac{\theta}{2k}\right) = 0$$

的解.

当 $Y > -\gamma - \frac{\theta}{2k} - \frac{n}{4}k$ 时，其解为

$$C(t, Y) = \frac{n}{2}k + \frac{n}{4t}b(t, Y)\coth\frac{b(t, Y)}{2}$$

其中

$$b(t, Y) = \frac{4t}{n}\sqrt{nk}\sqrt{Y + \gamma + \frac{\theta}{2k} + \sqrt{\frac{n}{4}}k}$$

由于

$$\lim_{Y \to -\gamma - \frac{\theta}{2k} - \frac{nk}{4}} C(t, Y) = \frac{nk}{2} + \frac{n}{2t} \cdot \lim_{Y \to -\gamma - \frac{\theta}{2k} - \frac{nk}{4}} \partial_Y C(t, Y) = \frac{2}{3}kt$$

当 $Y_0 > -\frac{n}{4}k - \frac{\theta}{2k} - \gamma$ 时，令 $B(t, Y) = \partial_Y C(t, Y_0) \cdot (Y - Y_0) + C(t, Y_0)$，则

$$\partial_t B + \frac{2}{n}B^2 - 2k\left(Y + \gamma + \frac{\theta}{2k} + B\right)$$

$$= \frac{2}{n}(\partial_Y C(t, Y_0)(Y - Y_0))^2$$

令 $G = tF$，类似于第 2 节计算可得

$$LG \geqslant \frac{G}{t}$$

由极大值原理可得，$G \leqslant 0$.

所以

$$\begin{aligned} & |\nabla f|^2 - f_t - q \\ \leqslant & \inf_{Y_0 > -\frac{nk}{4} - \frac{\theta}{2k} - \gamma} [\partial_Y C(t, Y_0)(f_t - Y_0) + C(t, Y_0)] \end{aligned}$$

令 $Y_0 \to -\gamma - \frac{\theta}{2k} - \frac{nk}{4}$，由于

$$\lim_{Y_0 \to -\gamma - \frac{\theta}{2k} - \frac{nk}{4}} C(t, Y_0) = \frac{nk}{2} + \frac{n}{2t}$$

$$\lim_{Y_0 \to -\gamma - \frac{\theta}{2k} - \frac{nk}{4}} \partial_Y C(t, Y_0) = \frac{2kt}{3}$$

则有

$$|\nabla f|^2 - f_t - q \leqslant \frac{2}{3}kt\left(f_t + \frac{nk}{4} + \frac{\theta}{2k} + \gamma\right) + \frac{nk}{2} + \frac{n}{2t}$$

所以

$$\begin{aligned} & |\nabla f|^2 - \left(1 + \frac{2}{3}kt\right) f_t - q \\ \leqslant & \frac{2}{3}kt\left(\frac{n}{4}k + \gamma + \frac{\theta}{2k}\right) + \frac{nk}{2} + \frac{n}{2t} \\ = & \frac{n}{6}k^2 t + \frac{2k\gamma}{3}t + \frac{\theta}{3}t + \frac{nk}{2} + \frac{n}{2t} \end{aligned}$$

由于与时间 t 无关的解可看成 Schrödinger 方程 $(\Delta - \partial_t - q(x))u = 0$ 的特解，因此可用引理 3 证明定理 8.

如下证明定理 8.

证明　假设 $\Delta u(x) - q(x)u(x) = 0$ 存在光滑正解，由于

$$\mathrm{Rc}(M) \geqslant 0, \Delta q \leqslant 0$$

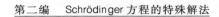

所以在引理 3 中令 $k=0,\theta=0$，得

$$|\nabla f|^2-f_t-q\leqslant\frac{n}{2t}$$

由于方程 $\Delta u(x)-q(x)u(x)=0$ 的解与 t 无关，令 $t\to\infty$，所以 $|\nabla f|^2-q\leqslant 0$.

又因为存在 $x_0\in M$，使得 $q(x_0)<0$，则在 x_0 处有 $|\nabla f|^2-q(x_0)>0$ 矛盾. 所以

$$\Delta u(x)-q(x)u(x)=0$$

不存在光滑正解.

参考资料

[1] Cheng S Y, Yau S T. Differential equations on Riemannian manifold and their applications, Comm. Pure Appl. Math., 1975, 28(3): 333-354.

[2] Li P, Yau S T. On the parabolic kernel of the Schrödinger operator, Acta Math., 1986, 156(1): 153-201.

[3] Davies E B. Heat kernels and Spectral Theory, Cambridge Tracts in Math., Cambridge: Camb. Univ. Press, 1990, 92.

[4] Hamilton R S. A matrix Harnack estimate for the heat equation, Comm. Anal. Geom., 1993, 1: 113-126.

[5] Souplet P, Zhang Q S. Sharp Gradient estimate and Yau's Liouville theorem for the heat equation on noncompact manifolds, Bull. London Math. Soc., 2006, 38(6): 1045-1053.

[6] Li X D. Liouville theorems for symmetric diffusion operators on complete Riemannian manifolds, J. Math. Pures appl., 2005, 84(10): 1295-1361.

[7] Ma L. Gradient estimates for a simple elliptic equation on noncompact Riemannian manifolds, J. Funct. Anal., 2006, 241(1): 374-382.

[8] Li J Y. Gradient estimates and Harnack inequalities for nonliear parabolic and nonlinear elliptic equations on Riemannian

manifold, Journal of functional Analysis, 1991, 100(2): 233-256.

[9]Bakry D, Qian Z M. Harnack inequalities on a manifold with positive or negative Ricci curvature, Revista Matematica Iberoamericana, 1999, 15(1): 143-179.

[10] Yau S T. Harmonic functions on complete Riemannian manifolds, Comm. Pure Appl. Math., 1975, 28(3): 201-228.

[11]Li J F, Xu X J. Differential Harnack inequalities on Riemannian manifolds I: Linear heat equation, Advances in Mathematics, 2011, 226(5): 4456-4491.

正交曲线坐标系中 Schrödinger 方程的张量求法

第十三章

毕节学院理学院的张凤玲教授 2014 年利用张量分析的方法，给出了一种较为简明的推导在正交曲线坐标中的 Schrödinger 方程形式的方法，并以柱坐标系和球坐标系为例，分别给出与其对应的 Schrödinger 方程.

1 引　言

Descartes 坐标系虽然是比较常用的坐标系，但是在某些问题中为了计算方便起见，有时也需要考虑采用曲线坐标系. 在曲线坐标系中常常采用正交曲线坐标系，常见的有平面极坐标系、柱坐标系、球坐标等.

因为在直角坐标系中运用对应关系 $\hat{E} \to \mathrm{i}\hbar \frac{\partial}{\partial t}$，$\hat{p} \to -\mathrm{i}\hbar \nabla$时，$\hat{p} \to -\mathrm{i}\hbar \nabla$中的微商是一个普通微商并不需要考虑其协变性，所以 Laplace 算符∇^2可以直接写为

$$\nabla^2 = \frac{\partial^2}{\partial x^2} + \frac{\partial^2}{\partial y^2} + \frac{\partial^2}{\partial z^2} \tag{1}$$

但 $\hat{p} \to -\mathrm{i}\hbar \nabla$中的微商并非在曲线坐标系中也是不变的协变微商，例如如果直接用对应规则 $p_i \to -\mathrm{i}\hbar \frac{\partial}{\partial x_i}$ 得到自由粒子极坐标下的 Schrödinger 方程

$$\mathrm{i}\hbar \frac{\partial \Psi}{\partial t} = -\frac{\hbar^2}{2m}\left(\frac{\partial^2}{\partial r^2} + \frac{1}{r}\frac{\partial^2}{\partial \varphi^2}\right)\Psi \tag{2}$$

就是错误的[1]. 所以资料[1] 中给出了两种解决方案，一是在位形空间中引入适当度规，以协变微商代替对应关系 $\hat{p} \to -\mathrm{i}\hbar \nabla$中的普通微商；二是沿用“惯例”在约定对应关系 $\hat{p} \to -\mathrm{i}\hbar \nabla$只在 Descartes 坐标系中适用. 然而资料[1] 考虑一般本科生对协变微商不熟悉，并未对第一种方案给出具体介绍. 对于第一种方案，资料[2] 中直接给出了曲线坐标系 Laplace 算符∇^2的表示式，可进一步给出曲线坐标下的 Schrödinger 方程，但没有给出算符∇^2的表示式的推导过程. 根据单粒子体系的 Schrödinger 方程在位形空间的一般形式

$$\mathrm{i}\hbar \frac{\partial \Psi}{\partial t} = -\frac{\hbar^2}{2m}\nabla^2 \Psi + U(\boldsymbol{r}, t)\Psi \tag{3}$$

可知，只要求出动能算符 $\hat{T} = -\frac{\hbar^2}{2m}\nabla^2$ 中的 Laplace 算符∇^2在正交曲线坐标系中的表示形式，就可以得到正交曲线坐标系中的 Schrödinger 方程. 资料[3] 和[4]

中利用线元给出正交曲线坐标系中 Laplace 算符∇^2的一般公式,资料[3] 在推导过程中利用了旋度场,散度场的特征给出了较为简单的正交曲线坐标系中$\nabla^2\varphi$的表示方法,但推导过程还是用了右旋标架,反对称张量,度规系数等概念不利于直观理解.

本章将利用张量分析给出正交曲线坐标系中 Laplace 算符∇^2的一种推导过程直观、计算过程简单、物理概念清楚的表达式,且算符∇^2的表达式与资料[2] 和[5] 中直接给出的形式相同.

2　正交曲线坐标系中 Schrödinger 方程

在欧氏空间 $\mathbf{E}^3$ 中,设$\{x^1,x^2,x^3\}$为在 $\mathbf{E}^3$ 中某一连通域 Z 上的 Descartes 坐标系,$\{u^1,u^2,u^3\}$为 Z 上的曲线坐标系,如图 1 所示. 其中,$\boldsymbol{i}_\alpha(\alpha=1,2,3)$ 是 Descartes 坐标基矢,$\boldsymbol{e}_i(i=1,2,3)$ 是点 A 运动的活动标架.

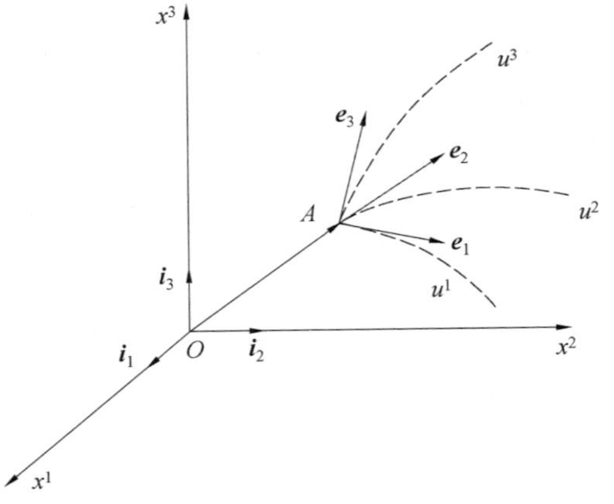

图 1

在曲线坐标系$\{u^1, u^2, u^3\}$中，矢径 $OA = \boldsymbol{r}(u^i)$，对矢径 $\boldsymbol{r}$ 微分有

$$\mathrm{d}\boldsymbol{r} = \frac{\partial \boldsymbol{r}}{\partial u^i}\mathrm{d}u^i = \mathrm{d}x^i \boldsymbol{e}_i \tag{4}$$

比较可知

$$\boldsymbol{e}_i = \frac{\partial \boldsymbol{r}}{\partial u^i} \tag{5}$$

引入度规张量

$$\boldsymbol{g}_{ij} = \boldsymbol{e}_i \cdot \boldsymbol{e}_j = \frac{\partial \boldsymbol{r}}{\partial u^i}\frac{\partial \boldsymbol{r}}{\partial u^j} \tag{6}$$

结合 Descartes 坐标系有

$$\boldsymbol{g}_{ij} = \sum_{k=1}^{3} \frac{\partial x^k}{\partial u^i}\frac{\partial x^k}{\partial u^j} \tag{7}$$

定义逆变度规张量为 $\boldsymbol{g}^{ij}$. 若对 $\boldsymbol{e}_i$ 进行微分，由全微分公式可知

$$\mathrm{d}\boldsymbol{e}_i = \frac{\partial \boldsymbol{e}_i}{\partial u^j}\mathrm{d}u^j = \Gamma_{ij}^k \boldsymbol{e}_k \mathrm{d}u^j \tag{8}$$

其中 Γ_{ij}^k 为联络. 显然，根据(7)和(8)可知对缩并的联络有

$$\Gamma_{ik}^i = \frac{1}{\sqrt{g}}\frac{\partial \sqrt{g}}{\partial u^k} = \frac{\partial \sqrt{g}}{\partial u^k} \tag{9}$$

其中 $g = \det(\boldsymbol{g}_{ij})$.

若对一个函数 Ψ 在曲线坐标系中求梯度有

$$\nabla \Psi = \nabla^i \Psi \boldsymbol{e}_i = g^{ij}\ \nabla_j \Psi \boldsymbol{e}_i \tag{10}$$

则对$\nabla \Psi$求散度有

$$\nabla^2 \Psi = \nabla(\nabla \Psi) = \nabla_i(\nabla^i \Psi) = \nabla_i(g^{ij}\ \nabla_j \Psi) \tag{11}$$

令

$$a^i = g^{ij}\ \nabla_j \Psi \tag{12}$$

可得

$$\nabla^2\Psi = \nabla_i a^i \tag{13}$$

由张量场中绝对微分和协变导数有[6][7]

$$\nabla_i a^j = \frac{\partial a^j}{\partial u^i} + a^k \Gamma^j_{ki} \tag{14}$$

联立(9),(12),(13),(14)有

$$\nabla^2 = \frac{1}{\sqrt{g}}\frac{\partial}{\partial u^i}\left(\sqrt{g}g^{ij}\frac{\partial}{\partial u^j}\right) \tag{15}$$

由(15)推导得出表达式与资料[2]和[5]中直接给出的形式相同. 如果曲线坐标是正交曲线坐标,则

$$\boldsymbol{g}_{ij} = \begin{cases}\boldsymbol{0}, i \neq j \\ \boldsymbol{g}_{ii}, i = j\end{cases} \tag{16}$$

故正交曲线坐标系中 Laplace 算符

$$\nabla^2 = \frac{1}{\sqrt{g_{11}g_{22}g_{33}}}\frac{\partial}{\partial u^i}\left(\sqrt{\frac{g_{11}g_{22}g_{33}}{(g_{ii})^2}}\frac{\partial}{\partial u^i}\right) \tag{17}$$

结合方程(3)和式(17)可得正交曲线坐标系中的 Schrödinger 方程

$$\mathrm{i}\hbar\frac{\partial\Psi}{\partial t} = -\frac{\hbar^2}{2m}\frac{1}{\sqrt{\boldsymbol{g}_{11}\boldsymbol{g}_{22}\boldsymbol{g}_{33}}}\frac{\partial}{\partial u^i}\left(\sqrt{\frac{\boldsymbol{g}_{11}\boldsymbol{g}_{22}\boldsymbol{g}_{33}}{(\boldsymbol{g}_{ii})^2}}\frac{\partial}{\partial u^i}\right)\Psi + U(u^i,t)\Psi \tag{18}$$

下面将以常用的两种坐标系即柱坐标系和球坐标系为例,分别给出与其对应的 Schrödinger 方程.

3 柱坐标系

柱坐标系 $\{r,\theta,z\}$ 与 Descartes 坐标系 $\{x^1,x^2,x^3\}$ 的关系为

$$x^1 = r\cos\theta, \quad x^2 = r\sin\theta, \quad x^3 = z$$

根据式(7)可知柱坐标系$\{r,\theta,z\}$中的度规张量是

$$\boldsymbol{g}_{11}=\boldsymbol{g}_{33}=1,\boldsymbol{g}_{22}=\boldsymbol{r}^2$$

将度规张量代入(17)有

$$\nabla^2=\frac{1}{\boldsymbol{r}}\left(\frac{\partial}{\partial \boldsymbol{r}}\left(\boldsymbol{r}\frac{\partial}{\partial \boldsymbol{r}}\right)+\frac{1}{\boldsymbol{r}}\frac{\partial^2}{\partial\theta^2}+\frac{\partial}{\partial z}\left(\boldsymbol{r}\frac{\partial}{\partial z}\right)\right)$$

化简后有

$$\nabla^2=\frac{\partial^2}{\partial \boldsymbol{r}^2}+\frac{1}{\boldsymbol{r}}\frac{\partial}{\partial \boldsymbol{r}}+\frac{1}{\boldsymbol{r}^2}\frac{\partial^2}{\partial\theta^2}+\frac{\partial^2}{\partial z^2}$$

故柱坐标系中的Schrödinger方程为

$$\mathrm{i}\hbar\frac{\partial\Psi}{\partial t}=-\frac{\hbar^2}{2m}\left(\frac{\partial^2}{\partial \boldsymbol{r}^2}+\frac{1}{\boldsymbol{r}}\frac{\partial}{\partial \boldsymbol{r}}+\frac{1}{\boldsymbol{r}^2}\frac{\partial^2}{\partial\theta^2}+\frac{\partial^2}{\partial z^2}\right)\Psi+ U(\boldsymbol{r},\theta,z,t)\Psi$$

在柱坐标系基础上作简化很容易得到平面极坐标系的Schrödinger方程.极坐标系$\{r,\theta\}$与Descartes坐标系$\{x^1,x^2\}$的关系为

$$x^1=r\cos\theta,\quad x^2=r\sin\theta$$

根据式(7)可知极坐标系$\{r,\theta\}$中的度规张量是

$$\boldsymbol{g}_{11}=1,\quad \boldsymbol{g}_{22}=r^2$$

将度规张量代入(18)有极坐标系中的Schrödinger方程

$$\mathrm{i}\hbar\frac{\partial\Psi}{\partial t}=-\frac{\hbar^2}{2m}\left(\frac{\partial^2}{\partial r^2}+\frac{1}{\boldsymbol{r}}\frac{\partial}{\partial \boldsymbol{r}}+\frac{1}{\boldsymbol{r}^2}\frac{\partial^2}{\partial\theta^2}\right)\Psi+U(\boldsymbol{r},\theta,t)\Psi$$

显然,平面极坐标系中自由粒子的Schrödinger方程为

$$\mathrm{i}\hbar\frac{\partial\Psi}{\partial t}=-\frac{\hbar^2}{2m}\left(\frac{\partial^2}{\partial \boldsymbol{r}^2}+\frac{1}{\boldsymbol{r}}\frac{\partial}{\partial \boldsymbol{r}}+\frac{1}{\boldsymbol{r}^2}\frac{\partial^2}{\partial\theta^2}\right)\Psi$$

这与资料[1]中方案二先在Descartes坐标系沿用对应关系$\hat{p}\to-\mathrm{i}\hbar\nabla$,再作坐标变换过渡到平面极坐标所得结果一致.

4　球坐标系

球坐标系$\{r,\theta,\phi\}$与 Descartes 坐标系$\{x^1,x^2,x^3\}$的关系为

$$x^1=r\sin\theta\cos\phi, x^2=r\sin\theta\sin\phi, x^3=r\cos\theta$$

根据式(7)可知球坐标系$\{\boldsymbol{r},\theta,\phi\}$中的度规张量是

$$\boldsymbol{g}_{11}=1, \boldsymbol{g}_{22}=r^2, \boldsymbol{g}_{33}=r^2\sin^2\theta$$

将度规张量代入(17)有

$$\nabla^2=\frac{1}{\boldsymbol{r}^2\sin\theta}\left(\frac{\partial}{\partial\boldsymbol{r}}\left(\boldsymbol{r}^2\sin\theta\frac{\partial}{\partial r}\right)+\frac{\partial}{\partial\theta}\left(\sin\theta\frac{\partial}{\partial\theta}\right)+\frac{\partial}{\partial\phi}\left(\frac{1}{\sin\theta}\frac{\partial}{\partial\phi}\right)\right)$$

化简后有

$$\nabla^2=\frac{\partial^2}{\partial\boldsymbol{r}^2}+\frac{2}{r}\frac{\partial}{\partial\boldsymbol{r}}+\frac{1}{r^2}\frac{\partial^2}{\partial\theta^2}+\frac{\cot\theta}{\boldsymbol{r}^2}\frac{\partial}{\partial\theta}+\frac{1}{\boldsymbol{r}^2\sin^2\theta}\frac{\partial^2}{\partial\phi^2}$$

故球坐标系中的 Schrödinger 方程为

$$\mathrm{i}\hbar\frac{\partial\Psi}{\partial t}=-\frac{\hbar^2}{2m}\left(\frac{\partial^2}{\partial\boldsymbol{r}^2}+\frac{2}{\boldsymbol{r}}\frac{\partial}{\partial\boldsymbol{r}}+\frac{1}{\boldsymbol{r}^2}\frac{\partial^2}{\partial\theta^2}+\frac{\cot\theta}{\boldsymbol{r}^2}\frac{\partial}{\partial\theta}+\frac{1}{\boldsymbol{r}^2\sin^2\theta}\frac{\partial^2}{\partial\phi^2}\right)\Psi+U(\boldsymbol{r},\theta,\phi,t)\Psi$$

如果粒子处于中心势场下，显然有球坐标下的定态 Schrödinger 方程为

$$-\frac{\hbar^2}{2m}\left(\frac{\partial^2}{\partial\boldsymbol{r}^2}+\frac{2}{\boldsymbol{r}}\frac{\partial}{\partial\boldsymbol{r}}+\frac{1}{\boldsymbol{r}^2}\frac{\partial^2}{\partial\theta^2}+\frac{\cot\theta}{\boldsymbol{r}^2}\frac{\partial}{\partial\theta}+\frac{1}{\boldsymbol{r}^2\sin^2\theta}\frac{\partial^2}{\partial\phi^2}\right)\Psi+U(\boldsymbol{r})\Psi=E\Psi$$

这与资料[1]中所给出的球对称势场下球坐标系中定

态 Schrödinger 方程结果一致.

5 结 论

本章利用张量分析的方法,给出了一种较为简明的推导在正交曲线坐标中的 Schrödinger 方程形式的方法. 推导所得 Laplace 算符∇^2与资料[2] 和[5] 中直接给出的形式相同,并且推导过程直观、计算过程简单、物理概念清楚,容易把握和掌握. 计算过程简化了资料[1] 中方案二先在 Descartes 坐标系沿用对应关系 $\hat{p} \to -i\hbar\nabla$,再作坐标变换过渡到正交曲线坐标中步骤;只需根据式(7) 计算正交曲线坐标系的度规张量,然后代入方程(18) 直接给出正交曲线坐标系中的 Schrödinger 方程,计算起来快速准确,比资料[1] 中方案二更具有优越性.

参考资料

[1] 苏汝铿. 量子力学(第二版)[M]. 北京:高等教育出版社,2002:24-26,57.

[2] 曾谨言. 量子力学 Ⅱ(第四版)[M]. 北京:科学出版社,2007:70-72.

[3] 张燕. 简明推导$\nabla^2\varphi$、$\nabla\cdot\mathbf{A}$和$\nabla\times\mathbf{A}$在一般正交曲线坐标系中的表达式[J]. 大学物理,1995,14(8),48-49.

[4] 郭硕鸿. 电动力学(第二版)[M]. 北京:高等教育出版社,2006:344-346.

[5] 白正国,沈一兵. Riemann 几何初步[M]. 北京:高等教育出版社,2004:157-158.

[6] 侯伯元,侯伯宇.物理学家用微分几何(第二版)[M].北京:科学出版社,2004:87-89.
[7] 费保俊.相对论与非欧几何[M].北京:科学出版社,2005:16-17.

第十四章 Schrödinger 方程中变形 Morse 势的近似解析解

1 引 言

在原子物理和分子物理中，求解各种形式势场条件下 Schrödinger 方程和 Dirac 方程中波函数及能谱具有重要意义. 除库仑势和谐振子势以外，简单幂函数的叠加势已经能够精确获得量子系统波函数的解析解. 人们已经找到了某些特定正幂与逆幂势函数的线性叠加的一个解析解，例如资料[1]得到了势函数 $V(r)=ar^2+br^{-4}+cr^{-6}$ 的一个解析解；资料[2]得到了非谐振子势 $v(x)=\frac{x^2}{2}+\frac{g}{2x^2}$ 的能级本征值的精确解；资料[3]得到了分子晶体势函数 $V(r)=A_1r^{-10}-A_2r^{-6}$ 的一个能级本征值的精确解；资料[4－7]

研究了环形非谐振子势的精确解;资料[8] 研究了势函数 $V(r)=a_1r^6+a_2r^2+a_3r^{-4}+a_4r^{-6}$ 的一系列定态波函数解析解以及相应的能级结构,一般通过数学物理方法中的分离变量法与 Nikiforov-Uvarov(NU) 方法进行求解[9].

以物理学家 Philip M. Morse 的名字命名的 Morse 势是一种对于双原子分子间势能的简易分析模型. $V(r)=D_e[1-\mathrm{e}^{-a(r-r_e)}]^2$,其中,$r$ 是核间距;r_e 是平衡键长;D_e 是 Morse 势的阱深;a 是用于调节的势阱宽度,a 越小,势阱越宽,q 可称为势阱平台变形参数. Morse 势与谐振子势相比,它更能真实反映分子振动能级间距的非均匀性. 一般将 $V(r)=D_e[1-\mathrm{e}^{-a(r-r_e)}]^2$ 作 Taylor 级数展开至一阶,然后,对照谐振子势求解 Schrödinger 方程[10]. 重庆邮电大学光电工程学院的胡文江教授 2013 年对 Morse 势做了一定改进. 使得双原子分子系统的势阱深度因各种条件的起伏而有所变化. 本章不是比照谐振子势的方式去求解 Schrödinger 方程,而是借助于 Laplace 变换和标度变换程[11],通过将标度变换后的三维变形 Morse 势作级数展开,忽略高阶微小量;合理选择相关参数,使得无严格解析解的情形转化为近似解析解存在,并且在 Laplace 变换中合理应用终值定理与卷积定理,求得了相应变形 Morse 势条件下的近似解析解.

1 Laplace 变换求解径向 Schrödinger 方程

采用 Rydberg 能量单位及相关单位程[12],中心场

条件下的径向 Schrödinger 方程[12] 为

$$\left[-\frac{1}{r^2}\frac{\partial}{\partial r}\left(r^2\frac{\partial}{\partial r}\right)+l(l+1)r^{-2}+\frac{1}{2}V(r)\right]$$

$$R(r)=ER(r) \tag{1}$$

式(1) 中,$V(r)$ 为变形的 Morse 势,而

$$V(r)=D_e[q-\mathrm{e}^{-a(r-r_e)}]^2 \tag{2}$$

设

$$R(r)=\frac{u(r)}{r} \tag{3}$$

有

$$-\frac{1}{r}\frac{\mathrm{d}^2u(r)}{\mathrm{d}r^2}+l(l+1)\frac{u(r)}{r^{-3}}+V(r)\frac{u(r)}{2r}=$$

$$E\frac{u(r)}{r}\cdot\frac{\mathrm{d}^2u(r)}{\mathrm{d}r^2}-l(l+1)\frac{u(r)}{r^{-2}}-$$

$$V(r)\frac{u(r)}{2}+Eu(r)=0 \tag{4}$$

如果量子系统的轨道量子数 $l=0$,可以通过使用常用的数学物理方法求出定态波函数 $u(r)$ 的精确解析解. 对于 $l\neq 0$ 的定态,径向坐标 $r=0$ 为方程的非正则奇点,我们发现如果直接采用级数解法求解方程(4),方程(4) 对应的指标方程的指标数[13] 将成为复数,直接导致径向坐标 r 成为复数,而且无穷多项的级数是发散的,不满足波函数的标准条件,即有界性,单值性,分段连续性. 这也说明方程(4) 没有严格的解析解. 需要通过变换求解方程(4) 的符合物理要求的近似解析解.

1.1 标度变换与级数展开

作变换 $x=\frac{r-r_e}{r_e}$,并且 $\alpha=ar_e$,由式(4) 可得

$$\frac{\mathrm{d}^2 u(x)}{\mathrm{d}x^2} + (\varepsilon_1 - V_{\text{eef}}(x))u(x) = 0 \tag{5}$$

式(5) 中

$$V_{\text{eef}} = \varepsilon_2(\mathrm{e}^{-2\alpha x} - 2q\mathrm{e}^{-\alpha x}) + \frac{l(l+1)}{(1+x)^2} \tag{6}$$

$$\varepsilon_1 = Er_e^2 - \frac{D_e r_e^2 q^2}{2} \tag{7}$$

$$\varepsilon_2 = \frac{D_e r_e^2}{2} \tag{8}$$

将式(5) 中的离心势能项作级数展开

$$V_l(x) = \frac{\gamma}{(1+x)^2} = \gamma[1 - 2x + 3x^2 - O(x)] \tag{9}$$

式(9) 中，$\gamma = l(l+1)$. 借助指数函数展开

$$\begin{aligned}\widetilde{V}_l(x) &= \gamma(A_0 + A_1\mathrm{e}^{-\alpha x} + A_2\mathrm{e}^{-2\alpha x}) \\ &= \gamma\Big[A_0 + A_1 + A_2 - (A_1 + 2A_2)\alpha x + \\ &\quad \left(\frac{A_1}{2} + 2A_2\right)\alpha^2 x^2 - O(x^3)\Big]\end{aligned} \tag{10}$$

比较式(9) 和式(10) 可得

$$A_0 = 1 - \frac{3}{\alpha}\left(1 - \frac{1}{\alpha}\right)$$

$$A_1 = \frac{4}{\alpha} - \frac{6}{\alpha^2}$$

$$A_2 = \frac{3}{\alpha^2} - \frac{1}{\alpha}$$

于是可用指数函数代替$\frac{l(l+1)}{(1+x)^2}$，得到

$$\begin{aligned}\widetilde{V}_{\text{eef}}(x) = A_0\gamma + (\gamma A_1 - 2q\varepsilon_2)\mathrm{e}^{-\alpha x} + \\ (\gamma A_2 + \varepsilon_2)\mathrm{e}^{-2\alpha x}\end{aligned} \tag{11}$$

将式(11) 代入式(5) 有

$$\frac{\mathrm{d}^2 u(x)}{\mathrm{d}x^2}+[\varepsilon_1-\gamma A_0+(2q\varepsilon_2-\gamma A_1)\mathrm{e}^{-\alpha x}-(\varepsilon_2+\gamma A_2)\mathrm{e}^{-2\alpha x}]u(x)=0 \tag{12}$$

再作变量变换 $\rho=\mathrm{e}^{-\alpha x}$，并且设定

$$\begin{cases}\kappa^2=-\dfrac{\varepsilon_1-\gamma A_0}{\alpha^2}\\ \beta_1^2=-\dfrac{2q\varepsilon_2-\gamma A_1}{\alpha^2}\\ \beta_2^2=\dfrac{\varepsilon_2+\gamma A_2}{\alpha^2}\end{cases} \tag{13}$$

径向 Schrödinger 方程于是具有如下形式

$$\frac{\mathrm{d}^2 u(\rho)}{\mathrm{d}\rho^2}+\frac{1}{\rho}\frac{\mathrm{d}u(\rho)}{\mathrm{d}\rho}-\left(\frac{\kappa^2}{\rho^2}-\frac{\beta_1^2}{\rho}+\beta_2^2\right)u(\rho)=0 \tag{14}$$

1.2　Laplace 变换

考虑方程(14)，当 $\rho\to 0$ 和 $\rho\to\infty$ 时，径向波函数的渐近态中包含要素函数 $\rho^{\kappa}\mathrm{e}^{-\beta_2\rho}$，可设

$$u(\rho)=\rho^{\kappa}\mathrm{e}^{-\beta_2\rho}\zeta(\rho) \tag{15}$$

为了借助 Laplace 变换求解(14)，再将 $u(\rho)$ 改写为

$$u(\rho)=\rho^{\sigma}f(\rho) \tag{16}$$

这里

$$f(\rho)=\rho^{k-\sigma}\mathrm{e}^{-\beta_2\rho}\zeta(\rho) \tag{17}$$

在式(17)中引入指数因子 σ 的目的在于 Laplace 变换的分析与求解. 使用新设定后，方程(14)变为

$$\left[\frac{\mathrm{d}^2}{\mathrm{d}\rho^2}+\left(\frac{2\sigma+1}{\rho}\right)\frac{\mathrm{d}}{\mathrm{d}\rho}+\frac{\sigma^2-\kappa^2}{\rho^2}+\frac{\beta_1^2}{\rho}-\beta_2^2\right]f(\rho)=0 \tag{18}$$

由于式(18)中包含 $\dfrac{\sigma^2-\kappa^2}{\rho^2}$ 项，对其实施 Laplace

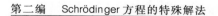

变换不能将式(18) 变换为二阶常微分方程. 如果我们选择的参变数 $\sigma=\pm\kappa$,则$\dfrac{\sigma^2-\kappa^2}{\rho^2}$ 将从式(18) 中消失,就可以对式(18) 进行 Laplace 变换. 进一步分析显示,如果选择 $\sigma=+\kappa$,式(16) 中的 $u(\rho)$ 将随 $\rho\to\infty$ 而发散,因此,我们必须选择 $\sigma=-\kappa$,于是我们有

$$u(\rho)=\rho^{-\kappa}f(\rho) \tag{19}$$

则式(18) 变为

$$\rho\frac{\mathrm{d}^2 f(\rho)}{\mathrm{d}\rho^2}+(1-2\kappa)\frac{\mathrm{d}f(\rho)}{\mathrm{d}\rho}+(\beta_1^2-\beta_2^2\rho)f(\rho)=0 \tag{20}$$

1.3 能量本征值

对式(20) 实施 Laplace 变换

$$L[f(\rho)]=y(s)=\int_0^\infty \mathrm{e}^{-s\rho}f(\rho)\mathrm{d}\rho \tag{21}$$

根据 Laplace 变换相关定理,可以证明

$$\begin{cases} L[\rho f(\rho)]=-\dfrac{\mathrm{d}y(s)}{\mathrm{d}s} \\ L\left[\dfrac{\mathrm{d}f(\rho)}{\mathrm{d}\rho}\right]=sy(s) \end{cases} \tag{22}$$

$$L\left[\rho\frac{\mathrm{d}^2 f(\rho)}{\mathrm{d}\rho^2}\right]=-2sy(s)-s^2\frac{\mathrm{d}y(s)}{\mathrm{d}s} \tag{23}$$

对式(20) 实施 Laplace 变换的结果,得到像函数 $y(s)$ 所满足的一阶常微分方程如下

$$(s^2-\beta_2^2)\frac{\mathrm{d}y(s)}{\mathrm{d}s}+[(2\kappa+1)s-\beta_1^2]y(s)=0 \tag{24}$$

式(24) 的解比较容易求得

$$y(s)=C(s-\beta_2)^{\frac{2\kappa+1}{2}-\frac{\beta_1^2}{2\beta_2}}(s+\beta_2)^{\frac{2\kappa+1}{2}+\frac{\beta_1^2}{2\beta_2}} \tag{25}$$

式(25)中:C 是积分常数. 由式(16)和 Laplace 变换的终值定理[14]

$$\lim_{\rho\to\infty} f(\rho) = \lim_{s\to 0} sy(s) \tag{26}$$

当 $\rho\to\infty$ 时,由波函数标准条件(单值性、有界性、分段连续性),函数 $u(\rho)$ 及 $y(s)$ 收敛. 终值定理表明,当 $s=\beta_2$ 时,像函数 $y(s)$ 存在的必要条件是 $\frac{2\kappa+1}{2}-\frac{\beta_1^2}{2\beta_2}$ 不能为负值,并且为了避免 $s\to\beta_2$ 时 $y(s)$ 多值分支的出现,必有

$$\frac{2\kappa+1}{2}-\frac{\beta_1^2}{2\beta_2}=n, n=1,2,3,\cdots \tag{27}$$

借助式(6),(7),(8)和(13),可获得量子系统的显式能谱

$$\begin{aligned} E &= \frac{D_e q^2}{2} - \frac{\gamma A_0}{r_e^2} - \\ &\quad \left(\frac{(D_e q r_e^2 - \gamma A_1)}{r_e\sqrt{2D_e r_e^2 + 4\gamma A_2}} - a\left(n-\frac{1}{2}\right)\right)^2 \\ &= \frac{D_e q^2}{2} - \frac{l(l+1)A_0}{r_e^2} - \\ &\quad \left(\frac{(D_e q r_e^2 - l(l+1)A_1)}{r_e\sqrt{2D_e r_e^2 + 4l(l+1)A_2}} - a\left(n-\frac{1}{2}\right)\right)^2 \end{aligned} \tag{28}$$

2　径向波函数

对像函数 $y(s)$ 进行逆 Laplace 变换[14] 产生 $f(\rho)$,即

$$f(\rho) = L^{-1}[y(s)]$$

将式(27)代入式(25)

$$y(s)=C(s+\beta_2)^{-\Lambda}(s-\beta_2)^{-\Omega} \tag{29}$$

式(29)中：$\Lambda=(2\kappa+1)+n, \Omega=-n$.

由式(16)，(17)及(25)，可对式(29)中的组成部分分别进行逆 Laplace 变换

$$L^{-1}[(s+\beta_2)^{-\Lambda}]=g(\rho)=\frac{\rho^{\Lambda-1}e^{-\beta_2\rho}}{\Gamma(\Lambda)} \tag{30}$$

$$L^{-1}[(s-\beta_2)^{-\Omega}]=h(\rho)=\frac{\rho^{\Omega-1}e^{-\beta_2\rho}}{\Gamma(\Omega)} \tag{31}$$

于是逆 Laplace 变换可被表示成卷积形式[15]

$$\begin{aligned}L^{-1}[y(s)]&=f(\rho)=C(g(\rho)*h(\rho))\\&=C\int_0^\rho g(\rho-\tau)h(\tau)d\tau\end{aligned} \tag{32}$$

$$f(\rho)=\frac{C}{\Gamma(\Omega)\Gamma(\Lambda)}\cdot e^{-\beta_2\rho}\int_0^\rho(\rho-\tau)^{\Lambda-1}\tau^{\Omega-1}e^{2\beta_2\tau}d\tau \tag{33}$$

的积分将产生合流超几何函数[13]

$$\begin{aligned}&\int_0^\rho(\rho-\tau)^{\Lambda-1}\tau^{\Omega-1}e^{2\beta_2\rho}d\tau\\&=\rho_1^{\Lambda+\Omega-1}F_1(\Omega,\Lambda+\Omega;2\beta_2\rho)\end{aligned} \tag{34}$$

从而得到

$$f(\rho)=\frac{C}{\Gamma(\Omega)\Gamma(\Lambda)}e^{-\beta_2\rho}\rho_1^{\Lambda+\Omega-1}F_1(\Omega,\Lambda+\Omega;2\beta_2\rho)$$

$$f(\rho)=\frac{C}{\Gamma(\Omega)\Gamma(\Lambda)}e^{-\beta_2\rho}\rho_1^{2\kappa}F_1(-n,2\kappa+1;2\beta_2\rho) \tag{35}$$

将式(35)代入式(16)，可获得径向波函数

$$f(\rho)=C'e^{-\beta_2\rho}\rho_1^{\kappa}F_1(-n,2\kappa+1;2\beta_2\rho) \tag{36}$$

式(36)中：C' 为式(35)中的常数.

利用合流超几何函数与广义 Laguerre 函数关系[13-15]

$$F_1(-n,p+1;z)=\frac{n!\ \Gamma(p+1+n)}{\Gamma(p+1)}L_n^p(z) \quad (37)$$

于是径向波函数

$$u_{nl}(\rho)=C''\mathrm{e}^{-\beta_2\rho}\rho^{\kappa}L_n^{2\kappa}(2\beta_2\rho) \quad (38)$$

利用广义 Laguerre 函数关系的正交关系和径向波函数的正交归一性[13]，可求得式(38) 中的归一常数

$$C''=\left[\frac{n!\ (2\beta_2)^{2\kappa+1}}{\Gamma(2\kappa+n+1)}\right]^{\frac{1}{2}} \quad (39)$$

最后求得归一化径向波函数

$$u_{nl}(\rho)=\left[\frac{n!\ (2\beta_2)^{2\kappa+1}}{\Gamma(2\kappa+n+1)}\right]^{\frac{1}{2}}\mathrm{e}^{-\beta_2\rho}\rho^{\kappa}L_n^{2\kappa}(2\beta_2\rho) \quad (40)$$

3 结论与讨论

本章研究了 Schrödinger 方程中包含变形 Morse 势的求解问题. 通过标度变换并对离心势项作级数展开，忽略三阶及更高阶微小量，再合理设置径向波函数的幂指数因子，将原来的径向波函数方程不可能进行的 Laplace 变换成为可能；通过 Laplace 变换将原来的二阶微分方程转化为像函数满足的一阶常微分方程，再经过运用终值定理及合理分析，使得该量子系统的主量子数 n 必为正整数，从而进一步获得了该量子系统能谱的显示表示式；通过逆 Laplace 变换并运用波函数的标准条件，获得了相应系统的归一化波函数. 本章的研究仅仅局限于纯理论的分析与推导，从获得的能谱显示表示式来看，其能级间距为非均匀分布，显然与普通 Morse 势的结果是相符的，本章所得的结果有

待从实验上精心设置变形Morse势并且进行测试与分析，对上述结果进行验证.

参考资料

[1] Znojil M. Singular anharmonicities and the analytic continued fractions. The potentials $V(r)=ar^2+br^{-4}+cr^{-6}$[J]. Journal Math Phys, 1990, 31: 108-112.

[2] 陈昌远，刘友义. 非谐振子势的精确解和双波函数描述[J]. 物理学报，1998，47(4)：536-541.

[3] 蔡清. 具有势函数 $V(r)=ar^{-10}+br^{-6}$ 的分子晶体的 Hamiltonian 本征方程的精确解[J]. 原子与分子物理学报，1996，13(2)：234-239.

[4] 马涛，倪致祥. 两类新的条件精确可解势及其非线性谱生成代数[J]. 物理学报，1999，48：987-991.

[5] 李文博. 用赝角动量方法求解同调谐振子[J]. 物理学报，2001，50(12)：2356-2359.

[6] 黄博文，王德云. 含有非谐振势系统能谱的研究[J]. 物理学报，2002，51(6)：1163-1165.

[7] 陆法林，陈昌远. 非球谐振子势 Schrödinger 方程的精确解[J]. 物理学报，2004，53(4)：688-692.

[8] 胡先权，许杰，马勇，等. 高次正幂与逆幂势函数的叠加的径向薛定谔方程的解析解[J]. 物理学报，2007，56(9)：5060-5065.

[9] NIKIFOROV A F. UVAROV V B. Special Functions of Mathematical Physics: A unified introduction with applications[M]. Bassel: Birkhäuser, 1988: 295-380.

[10] 杨国春，陈世洁. 用莫尔斯势对双原子分子振动光谱的理论研究[J]. 东北师大学报：自然科学版：2004，36(1)：50-54.

[11] 梁昆淼. 数学物理方法[M]. 北京：高等教育出版社，1979：85-105.

[12] 徐克尊. 高等原子分子物理学[M]. 北京：科学出版社，2000：72-80.

[13] 王竹溪，郭敦仁. 特殊函数概论[M]. 北京：科学出版社，1979：327-369.

[14]Schiff J L. The Laplace Transfom：Theory and Applications[M]. Gemang：Springer-Verlay，Springer Lin，1999：174-186.

[15]Gradshteyn I S，Ryzhik I M. Table of Integreale，Series，and Products[M]. United States：Academic Press，2007：231-265.

带有反平方势的 Schrödinger 方程的内部精确能控性

第十五章

1　引言及预备知识

山西大学数学科学学院的柴树根，王海凤两位教授 2015 年考虑了如下系统

$$\begin{cases}\mathrm{i}u_t+\Delta u+\dfrac{\lambda}{|x|^2}u=h\chi_\omega \\ (在\ Q=\Omega\times(0,T)\ 中) \\ u=0\quad (在\ \Sigma=\Gamma\times(0,T)\ 上) \\ u(0)=u^0\quad (在\ \Omega\ 中)\end{cases}\tag{1}$$

其中，Ω 是包含原点的 $\mathbf{R}^n$ 中的有界开子集，边界 $\Gamma=\partial\Omega=\overline{\Gamma}_0\cup\overline{\Gamma}_1$ 是 C^3 的，Γ_0 为非空的，$\omega\subset\Omega$ 是 $\overline{\Gamma}_0$ 的一个邻域，即 $\omega=\Omega\cap O$，这里 O 是满足 $\overline{\Gamma}_0\subset O$ 的 $\mathbf{R}^n$ 中的开集，χ_ω 是 ω 的特征函数.

本章中, Γ_0, Γ_1 满足

$$\Gamma_0=\{x\in\Gamma \mid x\cdot\nu\geqslant 0\},\Gamma_1=\Gamma\backslash\Gamma_0$$

资料[1] 研究了 Schrödinger 方程的精确能控性,资料[2] 在资料[1] 的基础上结合 Hardy 不等式研究了带有反平方势的 Schrödinger 方程的边界精确能控性,本章在资料[1] 和资料[2] 的基础上,采用与资料[1] 类似的方法来研究带有反平方势的 Schrödinger 方程的内部精确能控性. 精确能控性的一些结果可参考资料[6－10].

在 Hilbert 空间 $L^2(\Omega)$ 和 $H_0^1(\Omega)$ 中:考虑如下内积

$$\langle u,v\rangle_{L^2(\Omega;C)}=\mathrm{Re}\int_\Omega u(x)\,\overline{v(x)}\mathrm{d}x,\forall\, u,v\in L^2(\Omega)$$

$$\langle u,v\rangle_{H_0^1(\Omega;C)}=\mathrm{Re}\int_\Omega \nabla u(x)\cdot\nabla\overline{v(x)}\mathrm{d}x,\forall\, u,x\in H_0^1(\Omega)$$

对于所有的 $\lambda\leqslant\lambda_*\left(\lambda_*=\dfrac{(n-2)^2}{4}\right)$, 定义 $H_\lambda(\Omega)$ 为 $H_0^1(\Omega)$ 取下列内积所诱导的范数时的完备化空间

$$\langle u,v\rangle_{H_\lambda(\Omega)}=\mathrm{Re}\int_\Omega \nabla u(x)\cdot\nabla\overline{v(x)}-\lambda\frac{u(x)\,\overline{v(x)}}{|x|^2}\mathrm{d}x$$

$$\forall_{u,v}\in H_0^1(\Omega)$$

为了简单,用 $H_\lambda^{-1}(\Omega)$ 表示 $H_\lambda(\Omega)$ 关于 $L^2(\Omega)$ 的对偶空间.

2 主要结果及证明

定理 1 假设 $\omega\subset\Omega$ 为$\overline{\Gamma_0}$ 的一个邻域,令 $T>0$,

那么对于任意初值 $u^0 \in L^2(\Omega)$，存在控制函数 $h \in L^2(\Omega \times (0,T))$，使得问题(1) 的解满足 $u(T)=0$.

为了证明定理 1，我们先给出一个命题：

命题 1 假设 $\omega \subset \Omega$ 为 $\overline{\Gamma_0}$ 的一个邻域，那么对任意的 $T>0$，存在 $C=C(T)>0$，使得

$$\| \varphi^0 \|_{L^2(\Omega)}^2 \leqslant C\int_0^T\int_\omega |\varphi|^2 \mathrm{d}x\mathrm{d}t \tag{2}$$

这里的 $\varphi=\varphi(x,t)$ 为下列问题的解

$$\begin{cases} \mathrm{i}\varphi_t + \Delta\varphi + \dfrac{\lambda}{|x|^2}\varphi = 0 & (\text{在 } Q=\Omega\times(0,T) \text{ 中}) \\ \varphi = 0 & (\text{在 } \Sigma=\Gamma\times(0,T) \text{ 上}) \\ \varphi(0)=\varphi^0 & (\text{在 } \Omega \text{ 中}) \end{cases} \tag{3}$$

其中 $\varphi^0 \in L^2(\Omega)$.

证明 第一步：证明对应于初值 $\varphi^0 \in H_\lambda(\Omega)$ 的问题(3) 的解 φ 满足下列不等式

$$\| \varphi^0 \|_{H_\lambda(\Omega)}^2 \leqslant C\int_0^T\int_{\hat{\omega}} |\nabla| \varphi^2 \mathrm{d}x\mathrm{d}t \tag{4}$$

这里 $\hat{\omega} \subset \Omega$ 为 $\overline{\Gamma_0}$ 的一个邻域. 为了完成这一步，先引入下面引理，它为资料[1] 的引理 2.2.

引理 1 对于问题

$$\begin{cases} \mathrm{i}z_t + \Delta z = f & (\text{在 } Q=\Omega\times(0,T) \text{ 中}) \\ z = 0 & (\text{在 } \Sigma=\Gamma\times(0,T) \text{ 上}) \\ z(0)=z^0 & (\text{在 } \Omega \text{ 中}) \end{cases} \tag{5}$$

令 $q=q(x,t) \in C^2(\overline{Q},\mathbf{R}^n)$. 对满足 $f \in L^1(Q)$，$z^0 \in H_\lambda(\Omega)$ 的问题(5) 的解 z 满足下面的恒等式

$$\frac{1}{2}\int_\Sigma q\cdot\nu\left|\frac{\partial z}{\partial\nu}\right|^2\mathrm{d}x\mathrm{d}t$$

$$=\frac{1}{2}\mathrm{Im}\left[\int_\Omega zq\cdot\nabla\bar{z}\mathrm{d}x\right]_0^T+\frac{1}{2}\mathrm{Re}\int_Q z\,\nabla(\mathrm{div}\,q)\cdot\nabla\bar{z}\mathrm{d}x\mathrm{d}t+$$

$$\mathrm{Re}\sum_{i,j}\int_Q \frac{\partial q_j}{\partial x_i}\frac{\partial z}{\partial x_i}\frac{\partial \bar{z}}{\partial x_j}\mathrm{d}x\mathrm{d}t+\mathrm{Re}\int_Q fq\cdot\nabla\bar{z}\mathrm{d}x\mathrm{d}t+$$

$$\frac{1}{2}\mathrm{Re}\int_Q f\bar{z}\,\mathrm{div}\;q\mathrm{d}x\mathrm{d}t \tag{6}$$

其中,ν 为 Γ 上的单位外法向量.

类似于资料[2]的命题 Ⅱ.2 证明过程一样,可以选取 $q=q(x,t)\in C^2(\overline{Q},\mathbf{R}^n)$ 满足 $q=0,x\in V_0$,这里 V_0,V'_0 是 $\mathbf{R}^n$ 中的开子集,且满足 $0\in V_0\subset V'_0\subset\Omega$. 同时 q 还满足

$$\begin{cases}q(x,t)=\nu(x,t)\quad(\text{在 }\Gamma_0\times(0,T)\text{ 上})\\ q(x,t)\cdot\nu(x,t)\geqslant 0\quad(\text{在 }\Gamma\times(0,T)\text{ 上})\\ q(x,0)=q(x,T)=0\quad(\text{在 }\Omega\text{ 中})\\ q(x,t)=0\quad(\text{在}(\Omega\backslash\hat{\omega})\times(0,T)\text{ 中})\end{cases}$$

将上述的 q 以及 $z=\varphi,f=-\lambda\frac{\varphi}{|x|^2}$ 代入等式(6)中并应用资料[2]中定理 Ⅵ.Ⅰ 即可得式(4).

第二步:证明不等式

$$\|\varphi^0\|^2_{H_\lambda(\Omega)}\leqslant C\int_0^T(\|\varphi_t(t)\|)^2_{H_\lambda^{-1}(\omega)}+\|\varphi\|^2_{L^2(\Omega)}\mathrm{d}t \tag{7}$$

由第一步可得

$$\|\varphi^0\|^2_{H_\lambda(\Omega)}\leqslant C\int_0^T\|\varphi(t)\|^2_{H_\lambda(\hat{\omega})}\mathrm{d}t \tag{8}$$

另外,我们有下列结果.

引理 2　设 $\Omega\subset\mathbf{R}^n$ 是一个正则区域,$f\in H_\lambda^{-1}(\Omega)$,那么存在 $C>0$,使得方程

$$\begin{cases}-\Delta u-\frac{\lambda}{|x|^2}u=f\quad(\text{在 }\Omega\text{ 中})\\ u=0\quad(\text{在 }\Gamma h\text{ 中})\end{cases} \tag{9}$$

的解 $u \in H_\lambda(\Omega)$ 满足

$$\| u \|_{H_\lambda(\hat{\omega})}^2 \leqslant C(\| f \|_{H_\lambda^{-1}(\omega)}^2 + \| u \|_{L^2(\Omega)}^2) \quad (10)$$

这里 ω 和 $\hat{\omega}$ 是 Γ 的邻域，且满足 $\Omega \cap \hat{\omega} \subset \omega$.

证明 选取截断函数 $\eta \in C^\infty(\Omega)$ 使得

$$\eta(x) = \begin{cases} 1 & (\text{在 } \hat{\omega} \text{ 中}) \\ 0 & (\text{在} \dfrac{\Omega}{\omega} \text{ 中}) \end{cases}$$

令 $v = \eta u$（u 是问题(9) 的解），则计算可得

$$\begin{cases} -\Delta v - \dfrac{\lambda}{|x|^2} v = -(\Delta \eta) u - 2 \nabla \eta \cdot \nabla u + \eta f & (\text{在 } \omega \text{ 中}) \\ v = 0 \quad (\text{在 } \partial\omega \text{ 上}) \end{cases}$$

由于 $-\Delta - \dfrac{\lambda}{|x|^2} I$ 是从 $H_\lambda(\omega)$ 到 $H_\lambda^{-1}(\omega)$ 的等距同构，故

$$\| v \|_{H_\lambda(\omega)}^2 \leqslant C_1 \| f \|_{H_\lambda^{-1}(\omega)}^2 + C_2 \| u \|_{L^2(\Omega)}^2$$

又由于 $\| u \|_{H_\lambda(\hat{\omega})} = \| v \| H_{\lambda(\omega)} \leqslant \| v \|_{H_\lambda(\omega)}$，结合上式即可得式(10).

对问题(3) 应用上述引理 2 并结合式(8) 即可得式(7).

第三步：对式(7) 可进一步证得

$$\| \varphi^0 \|_{H_\lambda(\Omega)}^2 \leqslant C \int_0^T \| \varphi_t(t) \|_{H_\lambda^{-1}(\omega)}^2 \mathrm{d}t \quad (11)$$

事实上，可以证明

$$\| \varphi \|_{L^2(Q)}^2 \leqslant K \int_0^T \| \varphi_t(t) \|_{H_\lambda^{-1}(\omega)}^2 \mathrm{d}t \quad (K > 0 \text{ 为常数})$$

假设上式不成立，则对任意的 $k > 0$，存在函数 φ^k，使得

$$\| \varphi^k \|_{L^2(Q)} = 1; \text{但 } \| \varphi_t^k \|_{L^2(0,T;H_\lambda^{-1}(\omega))} \to 0, k \to \infty$$

令 $k \to \infty$，得函数列 $\{\varphi^k\}$ 的弱收敛子列的极限函数 φ，

其仍满足

$$\| \varphi \|_{L^2(Q)} = 1$$

但

$$\| \varphi_t \|_{L^2(0;T;H_\lambda^{-1}(\omega))} = 0$$

令 $\psi = \varphi_t$，计算可得 ψ 也是问题(3) 的解，即

$$\begin{cases} \mathrm{i}\psi_t + \Delta\psi + \dfrac{\lambda}{|x|^2}\psi = 0 & (\text{在 } Q = \Omega \times (0,T) \text{ 中}) \\ \psi = 0 & (\text{在 } \Sigma = \Gamma \times (0,T) \text{ 上}) \\ \psi(0) = \psi^0 = \varphi_t(0) & (\text{在 } \Omega \text{ 中}) \end{cases}$$

并且

$$\psi = 0 \quad (\text{在 } \omega \times (0,T) \text{ 中})$$

由唯一延拓性质可得

$$\varphi_t = \psi = 0 \quad (\text{在 } Q \text{ 中})$$

故由

$$\mathrm{i}\varphi_t + \Delta\varphi + \frac{\lambda}{|x|^2}\varphi = 0$$

可得

$$\| \varphi \|_{H_\lambda(\Omega)}^2 = \int_\Omega \mathrm{i}\varphi_t \overline{\varphi} \mathrm{d}x = 0$$

从而

$$\| \varphi \|_{L^2(Q)}^2 = 0$$

与假设矛盾！故式(11) 成立.

又由于 $-\Delta - \dfrac{\lambda}{|x|^2} I$ 是从 $H_\lambda(\omega)$ 到 $H_\lambda^{-1}(\omega)$ 的等距同构，故

$$\| \varphi_t(0) \|_{H_\lambda^{-1}(\omega)}^2 \leqslant C \int_0^T \| \varphi_t(t) \|_{H_\lambda^{-1}(\omega)}^2 \mathrm{d}t \quad (12)$$

第四步：令 $\varphi \in C([0,T];H_\lambda^{-1}(\Omega))$ 是问题(3) 满足初值 $\varphi^0 \in H_\lambda^{-1}(\Omega)$ 的解，定义

$$\psi(t)=\int_0^t \varphi(s)\mathrm{d}s+X$$

这里 X 满足

$$\begin{cases}\Delta X+\dfrac{\lambda}{|x|^2}X=-\mathrm{i}\varphi(0)\\ X\in H_\lambda(\Omega)\end{cases}$$

计算可得 ψ 是问题(3) 满足初值 $\psi^0=X\in H_\lambda(\Omega)$，$\psi_t=\varphi$ 的解，对 ψ 应用式(12) 可得

$$\|\varphi^0\|_{H_\lambda^{-1}(\Omega)}^2\leqslant C\int_0^T\|\varphi(t)\|_{H_\lambda^{-1}(\omega)}^2\mathrm{d}t \tag{13}$$

第五步：总结上述结果，得

$$\|\varphi^0\|_{H_\lambda(\Omega)}^2\leqslant C\int_0^T\|\varphi(t)\|_{H_\lambda(\omega)}^2\mathrm{d}t=C\|\varphi\|_{L^2(0,T;H_\lambda(\omega))}^2 \tag{14}$$

$$\|\varphi^0\|_{H_\lambda^{-1}(\Omega)}^2\leqslant C\int_0^T\|\varphi(t)\|_{H_\lambda^{-1}(\omega)}^2\mathrm{d}t=C\|\varphi\|_{L^2(0,T;H_\lambda^{-1}(\omega))}^2 \tag{15}$$

接下来，我们用插值法来证明式(2)：考虑线性算子

$$L:H_\lambda^{-1}(\Omega)\to L^2(0,T;H_\lambda^{-1}(\omega))$$

$$L\varphi(t)=(\mathrm{e}^{\mathrm{i}t\left(\Delta-\frac{\lambda}{|x|^2}I\right)}\varphi)|_\omega$$

显然有

$$\|L\varphi\|_{L^2(0,T;H_\lambda^{-1}(\omega))}\leqslant C_1\|\varphi\|_{H_\lambda^{-1}(\Omega)}$$

由式(13) 又可得

$$\|L\varphi\|_{L^2(0,T;H_\lambda^{-1}(\omega))}\geqslant C_2\|\varphi\|_{H_\lambda^{-1}(\Omega)}$$

因此可以考虑 $L^2(0,T;H_\lambda^{-1}(\omega))$ 的闭子空间 $X_0=L(H_\lambda^{-1}(\Omega))$ 以及算子 $\Pi=L^{-1}$，由于 L 是 $H_\lambda^{-1}(\Omega)$ 到 X_0 的线性连续算子，故

$$\Pi\in L(X_0,Y_0),Y_0=H_\lambda^{-1}(\Omega) \tag{16}$$

接下来，令 $X_1=X_0\cap L^2(0,T;H_\lambda(\omega))$，由式(14) 得

$$\Pi \in L(X_1, Y_1), Y_1 = H_\lambda(\Omega) \tag{17}$$

利用资料[3] 的结果,由式(16) 和式(17) 得

$$\Pi \in L([X_0, X_1]_{\frac{1}{2}}, [Y_0, Y_1]_{\frac{1}{2}}) \tag{18}$$

由资料[4],又可得

$$[L^2(0,T;H_\lambda(\omega)), L^2(0,T;H_\lambda^{-1}(\omega))]_{\frac{1}{2}}$$
$$= L^2(0,T;[H_\lambda(\omega), H_\lambda^{-1}(\omega)]_{\frac{1}{2}})$$

又因为

$$[Y_0, Y_1]_{\frac{1}{2}} = L^2(\Omega), [H_\lambda(\omega), H_\lambda^{-1}(\omega)]_{\frac{1}{2}} = L^2(\omega) \tag{19}$$

接下来,考虑到 X_0, X_1 分别是 $L^2(0,T;H_\lambda^{-1}(\omega))$, $L^2(0,T;H_\lambda(\omega))$ 的闭子空间,利用资料[3] 的结论可知 $[X_0, X_1]_{\frac{1}{2}}$ 的范数与 $L^2(0,T;L^2(\omega))$ 的范数等价. 又由式(18) 和式(19),故

$$\| \varphi^0 \|_{L^2(\Omega)}^2 \leqslant \int_0^T \int_\omega | \varphi |^2 \mathrm{d}x \mathrm{d}t$$

命题证毕.

定理 1 的证明 运用资料[5] 中的 HUM(Hilbert 唯一性方法) 来证明精确能控性.

定义线性连续算子 $\Lambda: L^2(\Omega) \to L^2(\Omega)$

$$\Lambda \varphi^0 = -\mathrm{i} y(0)$$

这里 $y = y(x,t)$ 是下面问题的解

$$\begin{cases} \mathrm{i} y_t + \Delta y + \dfrac{\lambda}{|x|^2} y = h \chi_\omega & (\text{在 } Q \text{ 中}) \\ y = 0 & (\text{在 } \Sigma \text{ 中}) \\ y(T) = 0 & (\text{在 } \Omega \text{ 中}) \end{cases} \tag{20}$$

其中 $\varphi = \varphi(x,t)$ 是问题(3) 满足初值 $\varphi^0 \in L^2(\Omega)$ 的解.

在式(20) 两边同乘 $\overline{\varphi}$,取实部,分部积分可得

$$\langle \Lambda\varphi^0,\varphi^0\rangle=\int_0^T\int_\omega |\varphi|^2 \mathrm{d}x\mathrm{d}t, \forall \varphi^0 \in L^2(\Omega)$$

由命题 2 可知 Λ 是 $L^2(\Omega)$ 到 $L^2(\Omega)$ 的同胚. 因此，对任意的初值 $y^0 \in L^2(\Omega)$，可以选取控制函数 $h=\varphi|_\omega$（其中 $\varphi=\varphi(x,t)$ 是问题(3) 满足初值 $\varphi^0=\Lambda^{-1}(-\mathrm{i}y^0)$ 的解），从而定理 1 得证.

参考资料

[1] Machtyngier E. Exact Controllability for the Schrödinger Equation[J]. SIAM J control Optim, 1994, 32(1): 24-34.

[2] Vancostenoble J, Zuazua E. Hardy Inequalities, Observability, and Control for the Wave and Schrödinger Equations with Singular Potentials[J]. SIAM J Math Anal, 2009, 41: 1508\1532.

[3] Lions J L, Magenes E. Non-homogeneous Boundary Value Problems and Applications, Vol. I[M]. New York: Springer Verlag, 1972.

[4] Bergh J, Löfström J. Interpolaion Spaces, an Introduction[M]. New York: Springer-Verlag, 1976.

[5] Lions J L. Exact Controllability, Stabilization and Perturbations for distributed Systems[J]. SIAM Review, 1988, 30: 1-68.

[6] Cazacu C. Schrödinger Operators with Boundary Singularities: Hardy Inequality, Pohozaev Identity and Controllability Results[J]. J Funct Anal, 2012, 263: 3741-3783.

[7] Komornik V. Exact Controllability and Stabilization. The Multiplier Method[M]. Paris: Masson, 1994.

[8] Bosi R, Dolbeault J, Esteban M J. Estimates for the Optimal Constants in Multipolar Hardy Inequalities for Schrödinger and Dirac Operators[J]. Comm Pure appl Anal, 2008, 7: 533-562.

[9] Tataru D. Unique Continuation for Solutions to PDE's; beteen Hörmander's Theorem and Holmgren's Theorem[J]. Comm Partial Differential

Equations,1995,20:855-884.

[10] Lu Xiaojun,Tu Ziheng,Lü Xiaofen. On the Exact Controllability of Hyperbolic Magnetic Schrödinger Equations[J]. Nonliner Anal(TMA),2014,109:319-340.

数值级数法求解 Schrödinger 方程

第十六章

1 引 言

在工程领域和物理科学中，大量的现象可以用 Schrödinger 偏微分方程来刻画，也产生一些求解 Schrödinger 偏微分方程的数值解法[1-7]，青岛理工大学琴岛学院的孙建英，蹇玲玲，高发玲三位教授 2014 年将结合非标准有限差分格式的特点，给出一种计算此类方程的新方法——数值级数法，该方法简洁、有效、精度高. 其特点是可以将每个网格点 (x_m, t_n) 处的数值解 u_m^n 以级数的形式给出

$$u_m^n = \sum_{k=1}^{\infty} (v_k)_m^n \tag{1}$$

考虑如下初边值一维 Schrödinger 方程

$$\begin{cases}\dfrac{\partial u}{\mathrm{i}\partial t}=\dfrac{\partial^2 u}{\partial x^2}+f(x)u\\ u(x,0)=\varphi(x)\\ u(0,t)=g_0(t)\\ u(L,t)=g_1(t)\end{cases}\tag{2}$$

$$(0\leqslant x\leqslant L,0<t\leqslant T)$$

式中：T,L 为非负常数；$\varphi(x),g_0(t),g_1(t)$ 为连续函数.

将区域 $[0,L]\times[0,T]$ 分割，取空间步长 $h=\dfrac{L}{M}$，时间步长 $\tau=\dfrac{T}{N}$，其中 M,N 为正整数，$x_m=mh,t_n=n\tau$，每个结点表示为 (x_m,t_n)，$m=0,1,2,\cdots,M$，$n=0,1,2,\cdots,N$，记 $u(x_m,t)=u_m(t)$，数值解为 u_m^n，精确解为 $u(x_m,t_n)$.

2　差分格式的构造

对式(2)半离散得到差分方程

$$\frac{\mathrm{d}u_m(t)}{\mathrm{d}t}=\mathrm{i}\,\frac{u_{m+1}(t)-2u_m(t)+u_{m-1}(t)}{\varphi(h^2)}+\mathrm{i}f_m u_m(t)\tag{3}$$

$m=1,2,\cdots,M-1,t\in[t_n,t_{n+1}]$，$\varphi(h^2)=h^2+o(h^4)$，在 $[t_n,t]$ 上对式(3)两边积分得

$$\begin{aligned}&u_m(t)-u_m^n\\=&\frac{\mathrm{i}}{\varphi(h^2)}\int_{t_n}^{t}[u_{m+1}(s)-2u_m(s)+u_{m-1}(s)]\mathrm{d}s+\\&\mathrm{i}\int_{t_n}^{t}f_m u_m(s)\mathrm{d}s\end{aligned}\tag{4}$$

设

$$u_m(t)=\sum_{k=1}^{\infty}v_k(x_m,t) \tag{5}$$

$$(m=0,1,2,\cdots,M)$$

则有

$$u_m(t_{n+1})=\sum_{k=1}^{\infty}v_k(x_m,t_{n+1})$$

$$(m=0,1,2,\cdots,M)$$

则数值解记为

$$u_m^{n+1}=\sum_{k=1}^{\infty}(v_k)_m^{n+1} \tag{6}$$

$$(m=0,1,2,\cdots,M)$$

下面计算$(v_k)_m^{n+1}$.

当 $m=0,m=M$ 时,由边界条件得

$$\begin{aligned}u_0(t)&=g_0(t)\\u_m(t)&=g_1(t)\end{aligned} \tag{7}$$

则取

$$\begin{cases}(v_1)_0^{n+1}=g_0(t_n)\\(v_2)_0^{n+1}=g_0(t_{n+1})-g_0(t_n)\\(v_k)_0^{n+1}=0,k=3,4,\cdots\end{cases} \tag{8}$$

$$\begin{cases}(v_1)_M^{n+1}=g_1(t_n)\\(v_2)_M^{n+1}=g_1(t_{n+1})-g_1(t_n)\\(v_k)_M^{n+1}=0,k=3,4,\cdots\end{cases} \tag{9}$$

当 $m=0,1,2,\cdots,M-1$ 时,将式(5)代入式(4)得

$$\sum_{k=1}^{\infty}v_k(x_m,t)$$

$$=u_m^n+\frac{\mathrm{i}}{\varphi(h^2)}\int_{t_n}^{t}\sum_{k=1}^{\infty}(v_k(x_{m+1},s)-2v_k(x_m,s)+v_k(x_{m-1},s))\mathrm{d}s+$$

$$\mathrm{i}\int_{t_n}^{t} f_m u_m(s)\mathrm{d}s \tag{10}$$

比较上式两端得到递推计算公式

$$\begin{cases} v_1(x_m,t)=u_m^n+\mathrm{i}\int_{t_n}^{t} f_m u_m(s)\mathrm{d}s \\ v_{k+1}(x_m,t)=\dfrac{\mathrm{i}}{\varphi(h^2)}\int_{t_n}^{t}(v_k(x_{m+1},s)- \\ \qquad 2v_k(x_m,s)+v_k(x_{m-1},s))\mathrm{d}s \end{cases} \tag{11}$$

$$(m=1,2,\cdots,M-1,k=2,3,\cdots)$$

$$\begin{cases} (v_1)_m^{n+1}=u_m^n+\dfrac{\mathrm{i}\tau}{2}f_m(u_m^{n+1}+u_m^n) \\ (v_{k+1})_m^{n+1}=\dfrac{\mathrm{i}\tau}{2\varphi(h^2)}((v_k)_{m+1}^{n+1}- \\ \qquad 2(v_k)_m^{n+1}+(v_k)_{m-1}^{n+1}+ \\ \qquad (v_k)_{m+1}^{n}-2(v_k)_m^n+(v_k)_{m-1}^n) \end{cases}$$

$$(m=1,2,\cdots,M-1,k=1,2,\cdots) \tag{12}$$

进一步整理得

$$\begin{cases} (v_1)_m^{n+1}=u_m^n+\dfrac{\mathrm{i}\tau}{2}f_m(u_m^{n+1}+u_m^n) \\ (v_2)_m^{n+1}=\dfrac{\mathrm{i}\tau}{2\varphi(h^2)}\Big(\dfrac{\mathrm{i}\tau}{2}f_{m+1}(u_{m+1}^{n+1}+u_{m+1}^n)-2f_m(u_m^{n+1}+u_m^n)+ \\ \qquad f_{m-1}(u_{m-1}^{n+1}+u_{m-1}^n)+2(u_{m+1}^n-2u_m^n+u_{m-1}^n)\Big) \\ (v_{k+1})_m^{n+1}=\dfrac{\mathrm{i}\tau}{2\varphi(h^2)}((v_k)_{m+1}^{n+1}-2(v_k)_m^{n+1}+(v_k)_{m-1}^{n+1}+ \\ \qquad (v_k)_{m+1}^n-2(v_k)_m^n+(v_k)_{m-1}^n) \end{cases}$$

$$(m=1,2,\cdots,M-1,k=2,3,\cdots)$$

令 $\gamma=\dfrac{\mathrm{i}\tau}{2\varphi(h^2)}$，则

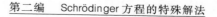

$$
\begin{cases}
(v_1)_m^{n+1} = u_m^n + \dfrac{\mathrm{i}\tau}{2} f_m(u_m^{n+1} + u_m^n) \\
(v_2)_m^{n+1} = 2\gamma(u_{m+1}^n - 2u_m^n + u_{m-1}^n) + \dfrac{\mathrm{i}\tau}{2}\gamma[f_{m+1}(u_{m-1}^{n+1} + u_{m+1}^n) - \\
\qquad 2f_m(u_m^{n+1} + u_m^n) + f_{m-1}(u_{m-1}^{n+1} + u_{m-1}^n)] \\
(v_{k+1})_m^{n+1} = \gamma[(v_k)_m^{n+1} - 2(v_k)_m^{n+1} + (v_k)_{m-1}^{n+1} + (v_k)_{m+1}^n] \\
\qquad (m = 1,2,\cdots,M-1, k = 2,3,\cdots)
\end{cases}
\tag{13}
$$

3　收敛性的证明

定理 1　差分格式(13) 无条件收敛.

证明　因为 $\gamma = \dfrac{\mathrm{i}\tau}{2h^2}$,平方得 $\gamma^2 = \dfrac{\mathrm{i}^2\tau^2}{4h^4} = -\dfrac{\tau^2}{4h^4} < 0$ 恒成立,所以 $\gamma^2 < \dfrac{1}{16}$ 恒成立,由资料[8],级数(6) 无条件收敛.

4　稳定性的证明

定理 2　差分格式(13) 无条件稳定.

证明　对式(13) 两端求和得

$$
\sum_{k=2}^{\infty}(v_{k+1})_m^{n+1} = \gamma\left(\sum_{k=2}^{\infty}(v_k)_{m+1}^{n+1} - 2\sum_{k=2}^{\infty}(v_k)_m^{n+1} + \sum_{k=2}^{\infty}(v_k)_{m-1}^{n+1}\right)
\tag{14}
$$

将 $(v_1)_m^{n+1}$,$(v_2)_m^{n+1}$ 加入式(14),两端整理得

$$u_m^{n+1}=\gamma\sum_{k=2}^{\infty}((v_k)_{m+1}^{n+1}-2(v_k)_m^{n+1}+(v_k)_{m-1}^{n+1})+(v_1)_m^{n+1}+(v_2)_m^{n+1}$$

$$=\gamma\sum_{k=1}^{\infty}((v_k)_{m+1}^{n+1}-2(v_k)_m^{n+1}+(v_k)_{m-1}^{n+1})+(v_1)_m^{n+1}+$$

$$(v_1)_{m+1}^{n}-2(v_1)_m^{n}+(v_1)_{m-1}^{n}$$

$$u_m^{n+1}=\gamma(u_{m+1}^{n+1}-2u_m^{n+1}+u_{m-1}^{n+1}+u_m^n+\frac{\mathrm{i}\tau}{2}f_m(u_m^{n+1}+u_m^n)+$$

$$\gamma\left(u_{m+1}^n+\frac{\mathrm{i}\tau}{2}f_{m+1}(u_{m+1}^{n+1}+u_{m+1}^n)\right)-$$

$$2\gamma\left(u_m^n+\frac{\mathrm{i}\tau}{2}f_m(u_m^{n+1}+u_m^n)\right)+$$

$$\gamma\left(u_{m+1}^n+\frac{\mathrm{i}\tau}{2}f_{m-1}(u_{m-1}^{n+1}+u_{m-1}^n)\right) \tag{15}$$

令 $\beta=\frac{\mathrm{i}\tau}{2}$，则

$$u_m^{n+1}=\gamma(u_{m+1}^{n+1}-2u_m^{n+1}+u_{m-1}^{n})+\beta f_m u_m^{n+1}+$$

$$\gamma\beta f_{m+1}u_{m+1}^{n+1}-2\gamma\beta f_m u_m^{n+1}+\gamma\beta f_{m-1}u_{m-1}^{n+1}+$$

$$u_m^n+\gamma u_{m+1}^n-2\gamma u_m^n+\gamma u_{m-1}^n+\gamma\beta f_{m+1}u_{m+1}^n+$$

$$\beta f_m u_m^n-2\gamma\beta f_m u_m^n+\gamma\beta f_{m-1}u_{m-1}^n$$

$$(1+2\gamma+2\gamma\beta f_m-\beta f_m)u_m^{n+1}-$$

$$(\gamma+\gamma\beta f_{m+1})u_{m+1}^{n+1}-(\gamma+\gamma\beta f_{m-1})u_{m-1}^{n+1}$$

$$=(1-2\gamma-2\gamma\beta f_m+\beta f_m)u_m^n+$$

$$(\gamma+\gamma\beta f_{m+1})u_{m+1}^n+(\gamma+\gamma\beta f_{m-1})u_{m-1}^n \tag{16}$$

令

$$\alpha_1=2\gamma+2\gamma\beta f_m-\beta f_m$$

$$\alpha_2=\gamma+\gamma\beta f_{m+1}$$

$$\alpha_3=\gamma+\gamma\beta f_{m-1}$$

所以

$$(1+\alpha_1)u_m^{n+1}-\alpha_2u_{m+1}^{n+1}-\alpha_3u_{m-1}^{n+1}$$

$$=(1-\alpha_1)u_m^n+\alpha_2u_{m+1}^n+\alpha_3u_{m-1}^{n+1}$$

记数值解 u_m^n 的误差为 $\tilde{u}_m^n$，$e_m^n=u_m^n-\tilde{u}_m^n$，则由式(16)得误差公式

$$(1+\alpha_1)e_m^{n+1}-\alpha_2 e_{m+1}^{n+1}-\alpha_3 e_{m-1}^{n+1}$$
$$=(1-\alpha_1)e_m^n-\alpha_2 e_{m+1}^n+\alpha_3 e_{m-1}^n \tag{17}$$

则写成矩阵方程为

$$(\boldsymbol{I}+\mathbf{A})\boldsymbol{E}^{n+1}=(\boldsymbol{I}-\mathbf{A})\boldsymbol{E}^n$$
$$\|\boldsymbol{E}^{n+1}\|_2=\|(\boldsymbol{I}-\mathbf{A})(\boldsymbol{I}+\mathbf{A})\|_2\|\boldsymbol{E}^n\| \tag{18}$$

则易得

$$\|\boldsymbol{E}^n\|_2\leqslant\|\boldsymbol{C}^n\|_2\|\boldsymbol{E}^0\|_2\leqslant\|\boldsymbol{E}^0\|_2$$

其中

$$\boldsymbol{C}=(\boldsymbol{I}-\mathbf{A})(\boldsymbol{I}+\mathbf{A})^{-1} \tag{19}$$

所以差分格式是无条件稳定的.

5　数 值 算 例

$$\frac{\partial u}{\mathrm{i}\partial t}=\frac{\partial^2 u}{\partial x^2}+x\mathrm{e}^u$$
$$(0<x\leqslant 1,0<t\leqslant 1)$$
$$u(x,0)=x$$
$$(0<x\leqslant 1)$$
$$u(0,t)=0,u(1,t)=\mathrm{e}^u$$
$$(0<t\leqslant 1)$$

这个问题的精确解为 $u(x,t)=x\mathrm{e}^{\mathrm{i}t}$. 取时间步长为 0.05，空间步长为 0.1，进行数值计算，结果见表 1.

表1　数值解的相对误差

(x,t)	实部精确解	实部相对误差	虚部精确解	虚部相对误差
(0.2,1.0)	0.199 97	6.201 1e－04	0.003 50	3.023 1e－04
(0.4,1.0)	0.399 94	7.336 6e－04	0.006 98	3.445 5e－04
(0.6,1.0)	0.599 90	7.854 1e－04	0.010 47	4.325 6e－04
(0.8,1.0)	0.799 88	8.021 3e－04	0.013 96	4.963 1e－04

从表1可以看出，文中给出的数值解法是一个有效的方法.

参考资料

[1] 张睿，王军帽，韩家骅.一类非线性薛定谔方程的精确解析解[J].安徽大学学报：自然科学版，2009，33(3)：52-55.

[2] 曹晓亮，林机.含三阶色散项的非线性薛定谔方程的微扰对称和近似解[J].浙江师范大学学报：自然科学版，2010，33(1)：56-62.

[3] 李莹，崔庆丰.基于分布傅里叶变换法对非线性薛定谔方程的数值仿真[J].长春理工大学学报：自然科学版，2011，34(1)：43-45.

[4] 周鑫，胡先权.球谐环形荡势薛定谔方程的精确解[J].重庆师范大学：自然科学版，2011，28(5)：63-66.

[5] 张彗星，刘文斌.带有磁势和临界增长的薛定谔方程解的存在性[J].吉林大学学报：理学版，2012，50(2)：227-231.

[6] 李昊辰，孙建强，骆思宇.非线性薛定谔方程的平均向量场方法[J].计算数学，2013，35(1)：59-66.

[7] 肖氏武，丁凌.具有调和势和耗散非线性项的薛定谔方程的解的存在性及集中现象[J].西南大学学报：自然科学版，2013，35(10)：71-74.

[8] 刘明鼎.数值级数法求解一维抛物型方程[J].哈尔滨师范大学学报：自然科学版，2013，29(2)：1-4.

第十七章 广义带导数 Schrödinger 方程的双 Wronskian 解

现阶段，很多科研工作已经集中在非线性偏微分方程的研究上，其中寻找孤子方程的多孤子解是孤子理论中的一个最重要的专题，并且已经发展出很多方法，如反散射方法[1,2]、Darboux 变换[3]、广田方法[4]、Wronskian 技巧[5]、变量分离法[6]等.在已有的可积系统及应用的文献资料中，求解孤子方程最常用的方法是广田方法，而利用 Wronskian 技巧则相对较少.目前，已经应用该方法获得了一系列方程的 Wronskian 形式的解，如 KdV 方程[7,8]、非线性 Schrödinger 方程[9-12]、mKdV 方程[13]、Sine-Gordon 方程[13]、mKdV-Sine Gordon 方程[14]等. Wronskian 技巧虽以广田方法为基础，但却能够利用 Wronskian 行列式的性质与行列式的恒等式进行解的直接验证,因此运算非常简洁,这也是 Wronskian 技巧的优势所在.

东华理工大学的张江平,李辉贤,温荣生三位教授 2016 年考虑了一个广义带导数的非线性 Schrödinger 方程[11] 如下

$$q_t = q_{xx} - \mathrm{i}(q^2 r)_x \tag{1a}$$

$$r_t = -r_{xx} - \mathrm{i}(qr^2)_x \tag{1b}$$

其所对应的谱问题

$$\begin{pmatrix} \phi_1 \\ \phi_2 \end{pmatrix}_x = \boldsymbol{M} \begin{pmatrix} \phi_1 \\ \phi_2 \end{pmatrix}$$

$$\boldsymbol{M} = \begin{pmatrix} -\mathrm{i}\eta^2 & \eta q \\ \eta r & \mathrm{i}\eta^2 \end{pmatrix} \tag{2a}$$

时间演化式

$$\begin{pmatrix} \phi_1 \\ \phi_2 \end{pmatrix}_t = \boldsymbol{N} \begin{pmatrix} \phi_1 \\ \phi_2 \end{pmatrix}$$

$$\boldsymbol{N} = \begin{pmatrix} -2\eta^4 - \eta^2 qr & -2\mathrm{i}\eta^3 q + \eta(q_x - \mathrm{i}q^2 r) \\ -2\mathrm{i}\eta^3 r - \eta(r_x + \mathrm{i}qr^2) & 2\eta^4 + \eta^2 qr \end{pmatrix} \tag{2b}$$

1　前　言

经查阅资料[10－12],通过变量变换 $q = \frac{gs}{f^2}$ 和 $r = \frac{hf}{S^2}$,公式(1a) 和(1b) 能够转换成对应的双线性形式[11]

$$(D_t - D_x^2) g \cdot f = 0 \tag{3a}$$

$$(D_t + D_x^2)h \cdot s = 0 \tag{3b}$$
$$(D_t - D_x^2)f \cdot s = 0$$
$$D_x f \cdot s = -\frac{\mathrm{i}}{2} gh$$

式中，g，h，f，s 是复数函数，D 是广田双线性运算符，定义为

$$D_t^m D_x^n ab = (\partial_t - \partial_{t'})^m \cdot (\partial_x - \partial_{x'})^n \cdot a_{(t,x)} \cdot b_{(t',x')} \Big|_{\substack{t'=t \\ x'=x}} \tag{4}$$

已知利用广田方法求解式(1) 有如下结论：令

$$f = 1 + \sum_{j=1}^{\infty} f^{(2j)} \varepsilon^{2j}$$
$$g = \sum_{j=1}^{\infty} g^{(2j-1)} \varepsilon^{(2j-1)} \tag{5a}$$
$$h = \sum_{j=1}^{\infty} h^{(2j-1)} \varepsilon^{(2j-1)}$$
$$s = 1 + \sum_{j=1}^{\infty} S^{(2j)} \varepsilon^{(2j)} \tag{5b}$$

则方程(1) 的单孤子解

$$q_1 = \frac{gs}{f^2} = \frac{g^{(1)} \cdot (1 + S^{(2)})}{(1 + f^{(2)})^2}$$
$$= \frac{\mathrm{e}^{\xi_1}\left(1 + \frac{l_1}{2} \cdot \mathrm{e}^{\xi_1 + \eta_1 + \frac{\pi}{2}\mathrm{i} + \theta_{13}}\right)}{\left(1 + \frac{k_1}{2} \cdot \mathrm{e}^{\xi_1 + \eta_1 + \frac{\pi}{2}\mathrm{i} + \theta_{13}}\right)^2} \tag{6a}$$

$$r_1 = \frac{hf}{S^2} = \frac{h^{(1)} \cdot (1 + f^{(2)})}{(1 + S^{(2)})^2}$$
$$= \frac{\mathrm{e}^{\eta_1}\left(1 + \frac{k_1}{2} \cdot \mathrm{e}^{\xi_1 + \eta_1 + \frac{\pi}{2}\mathrm{i} + \theta_{13}}\right)}{\left(1 + \frac{l_1}{2} \cdot \mathrm{e}^{\xi_1 + \eta_1 + \frac{\pi}{2}\mathrm{i} + \theta_{13}}\right)^2} \tag{6b}$$

其中

$$e^{\theta_{13}} = \frac{1}{(l_1 - k_1)^2}$$

$$g^{(1)} = e^{\xi_1}$$

$$\xi_1 = k_1^2 t - k_1 x + \xi_1^{(0)}$$

$$h^{(1)} = e^{\eta_1}$$

$$\eta_1 = -l_1^2 t + l_1 x + \eta_1^{(0)}$$

$\xi_1^{(0)}$ 和 $\eta_1^{(0)}$ 是任意常数.

方程(1) 的双孤子解

$$q_2 = \frac{gs}{f^2} = \frac{(g^{(1)} + g^{(3)}) \cdot (1 + S^{(2)} + S^{(4)})}{(1 + f^{(2)} + f^{(4)})^2} \quad (7a)$$

$$r_2 = \frac{hf}{S^2} = \frac{(h^{(1)} + h^{(3)}) \cdot (1 + f^{(2)} + f^{(4)})}{(1 + s^{(2)} + s^{(4)})^2} \quad (7b)$$

其中

$$g^{(1)} = e^{\xi_1} + e^{\xi_2}$$

$$\xi_j = k_j^2 t - k_j x + \xi_j^{(0)}$$

$$h^{(1)} = e^{\eta_1} + e^{\eta_2}$$

$$\eta_i = -l_j^2 t + l_j x + \eta_j^{(0)}$$

$\xi_j^{(0)}$ 和 $\eta_j^{(0)}$ 是任意常数.

将利用 Wronskian 技巧来求解，推导出广义带导数的非线性 Schrödinger 方程(1) 的多孤子解，并讨论广田方法和 Wronskian 行列式表示解的一致性，以及通过约化获得新的双 Wronskian 解.

2　方程(1) 的双 Wronskian 解

定理　方程(1) 有双 Wronskian 解[12]

$$f = |\, \overline{N-1}; \overline{M-1} \,|$$

$$g=|\hat{N};\widetilde{M-1}|$$
$$s=|\overline{N-1};\widetilde{M}|$$
$$h=4\mathrm{i}\,|\overline{N-2};\widetilde{M}| \tag{8}$$

其中 ϕ_j 和 ψ_j 满足条件

$$\phi_{j,x}=k_j\phi_j$$
$$\psi_{j,x}=-k_j\psi_j \tag{9a}$$
$$\phi_{j,t}=2\phi_{j,xx}$$
$$\psi_{j,t}=-2\psi_{j,xx} \tag{9b}$$

证明 对于谱问题(2),分别令 M 和 N 中 $q=r=0$,再令 $k=-\mathrm{i}\eta^2,\phi_1=\phi,\phi_2=\psi$,则可以得到式(9).

2.1 证明 Wronskian 行列式(8)满足方程(3a)

首先,计算双 Wronskian 行列式(8)中 f,g,s,h 对 x 和 t 的各阶导数,得到

$$f_x=|\overline{N-2},N;\overline{M-1}|+|\overline{N-1};\overline{M-2},M| \tag{10a}$$

$$g_x=|\overline{N-1},N+1;\widetilde{M-1}|+|\hat{N};\widetilde{M-2},M| \tag{10b}$$

$$s_x=|\overline{N-2},N;\widetilde{M}|+|\overline{N-1};\widetilde{M-1},M+1| \tag{10c}$$

$$h_x=-2(|\overline{N-3},N-1;\hat{M}|+|\overline{N-2};\overline{M-1},M+1|) \tag{10d}$$

$$\begin{aligned}f_{xx}=&|\overline{N-3},N-1,N;\overline{M-1}|+\\&|\overline{N-2},N+1;\overline{M-1}|+\\&2|\overline{N-2},N;\overline{M-2},M|+\\&|\overline{N-1};\overline{M-3},M-1,M|+\end{aligned}$$

$$|\overline{N-1};\overline{M-2},M+1| \tag{11a}$$

$$\begin{aligned} g_{xx} = & |\overline{N-2},N,N+1;\widetilde{M-1}|+ \\ & |\overline{N-1},N+2;\widetilde{M-1}|+ \\ & 2|\overline{N-1},N+1;\widetilde{M-2},M|+ \\ & |\hat{N};\widetilde{M-3},M-1,M|+ \\ & |\hat{N};\widetilde{M-2},M+1| \end{aligned} \tag{11b}$$

$$\begin{aligned} s_{xx} = & |\overline{N-3},N-1,N;\widetilde{M}|+ \\ & |\overline{N-2},N+1;\widetilde{M}|+ \\ & 2|\overline{N-2},N;\widetilde{M-1},M+1|+ \\ & |\overline{N-1};\widetilde{M-2},M,M+1|+ \\ & |\overline{N-1};\widetilde{M-1},M+2| \end{aligned} \tag{11c}$$

$$\begin{aligned} h_{xx} = & -2(|\overline{N-4},N-2,N-1;\hat{M}|+ \\ & |\overline{N-3},N;\hat{M}|+ \\ & 2|\overline{N-3},N-1;\overline{M-1},M+1|+ \\ & |\overline{N-2};\overline{M-2},M,M+1|+ \\ & |\overline{N-2};\overline{M-1},M+2|) \end{aligned} \tag{11d}$$

$$\begin{aligned} f_t = & 2(-|\overline{N-3},N-1,N;\overline{M-1}|+ \\ & |\overline{N-2},N+1;\overline{M-1}|+ \\ & |\overline{N-1};\overline{M-3},M-1,M|- \\ & |\overline{N-1};\overline{M-2},M+1|) \end{aligned} \tag{12a}$$

$$\begin{aligned} g_t = & 2(-|\overline{N-2},N,N+1;\widetilde{M-1}|+ \\ & |\overline{N-1},N+2;\widetilde{M-1}|+ \\ & |\hat{N};\widetilde{M-3},M-1,M|- \\ & |\hat{N};\widetilde{M-2},M+1|) \end{aligned} \tag{12b}$$

$$\begin{aligned} s_t = 2(-&|\overline{N-3}, N-1, N; \widetilde{M}| + \\ &|\overline{N-2}, N+1; \widetilde{M}| + \\ &|\overline{N-1}; \widetilde{M-2}, M, M+1| - \\ &|\overline{N-1}; \widetilde{M-1}, M+2|) \end{aligned} \tag{12c}$$

$$\begin{aligned} h_t = -8\mathrm{i}(-&|\overline{N-4}, N-2, N-1; \hat{M}| + \\ &|\overline{N-3}, N; \hat{M}| + \\ &|\overline{N-2}; \overline{M-2}, M, M+1| - \\ &|\overline{N-2}; \overline{M-1}, M+2|) \end{aligned} \tag{12d}$$

其次,将 f,g,s,h 对 x 和 t 的各阶导数(10),(11),(12) 代入(3) 中,根据恒等式[12]

$$|\overline{N-1}; \overline{M-1}| \left(\sum_{j=1}^{N+M} \frac{k_j}{2}\right)^2 |N; \widetilde{M-1}|$$
$$= \left(\sum_{j=1}^{N+M} \frac{k_j}{2} |\overline{N-1}; \overline{M-1}|\right) \left(\sum_{j=1}^{N+M} \frac{k_j}{2} |\hat{N}; \widetilde{M-1}|\right) \tag{13a}$$

$$|\hat{N}; \widetilde{M-1}| \left(\sum_{j=1}^{N+M} \frac{k_j}{2}\right)^2 |\overline{N-1}; \overline{M-1}|$$
$$= \left(\sum_{j=1}^{N+M} \frac{k_j}{2} |\overline{N-1}; \overline{M-1}|\right) \left(\sum_{j=1}^{N+M} \frac{k_j}{2} |\hat{N}; \widetilde{M-1}|\right) \tag{13b}$$

以及行列式的性质(14):若 $a_j(j=1,2,\cdots,N)$ 是具有 N 个分量的 N 个列向量,$\gamma_j(j=1,2,\cdots,N)$ 是 N 个不为零的实常数,则成立

$$\sum_{j=1}^{N} \gamma_j |a_1, a_2, \cdots, a_N| = \sum_{j=1}^{N} |a_1, a_2, \cdots, \gamma a_j, \cdots, a_N|$$

其中 $\gamma a_j = (\gamma_1 a_{1j}, \gamma_2 a_{2j}, \cdots, \gamma_N a_{Nj})^{\mathrm{T}}$.

可得

$$
\begin{aligned}
&(D_t - D_x^2) g \cdot f \\
&= g_t f - g f_t - g_{xx} f + 2 g_x f_x - g f_{xx} \\
&= -4 \mid \overline{N-1}; \overline{M-1} \mid \mid \overline{N-2}, N+1; \widetilde{M-1} \mid \\
&\quad -4 \mid \overline{N-1}; \widetilde{M-1} \mid \mid \hat{N}; \widetilde{M-2}, M+1 \mid - \\
&\quad 4 \mid \hat{N}; \widetilde{M-1} \mid \mid \overline{N-2}, N+1; \overline{M-1} \mid - \\
&\quad 4 \mid \hat{N}; \widetilde{M-1} \mid \mid \overline{N-1}; \overline{M-3}, M-1, M \mid + \\
&\quad 4 \mid \overline{N-1}, N+1; \widetilde{M-1} \mid \mid \overline{N-2}, N; \overline{M-1} \mid + \\
&\quad 4 \mid \hat{N}; \widetilde{M-2}, M \mid \mid \overline{N-1}; \overline{M-2}, M \mid
\end{aligned} \tag{15}
$$

再根据行列式的性质[12]

$$
\begin{aligned}
&\mid M, a, b \mid \mid M, c, d \mid - \mid M, a, c \mid \mid M, b, d \mid + \\
&\mid M, a, d \mid \mid M, b, c \mid = 0
\end{aligned}
$$

得到

$$
\begin{aligned}
&\mid \overline{N-1}; \overline{M-1} \mid \overline{N-2}, N, N+1; \widetilde{M-1} \mid + \\
&\mid \hat{N}; \widetilde{M-1} \mid \mid \overline{N-2}, N+1; \overline{M-1} \mid - \\
&\mid \overline{N-1}, N+1; \widetilde{M-1} \mid \\
&\mid \overline{N-2}, N; \overline{M-1} \mid = 0
\end{aligned} \tag{16}
$$

且有恒等式

$$
\begin{aligned}
&\mid \hat{N}; \widetilde{M-2}, M+1 \mid \mid \overline{N-1}; \overline{M-1} \mid + \\
&\mid \hat{N}; \widetilde{M-1} \mid \mid \overline{N-1}; \overline{M-3}, M-1, M \mid - \\
&\mid \hat{N}; \widetilde{M-2}, M \mid \mid \overline{N-1}; \overline{M-2}, M \mid \\
&= \left(\prod_{j=1}^{N+M} \frac{k_j}{2} \right) (-1)^{M-1} (\mid -1, \overline{N-1}; \overline{M-3}, M \mid \mid \overline{N-1}; \overline{M-1} \mid + \\
&\quad \mid -1, \overline{N-1}; \overline{M-2} \mid \mid \overline{N-1}; \overline{M-3}, M-1, M \mid - \\
&\quad \mid -1, \overline{N-1}; \overline{M-3}, M-1 \mid \mid \overline{N-1}; \overline{M-2}, M \mid) \\
&= 0
\end{aligned} \tag{17}
$$

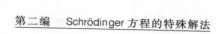

因此式(15) 等于零,故 Wronskian 行列式(8) 满足方程(3a).

2.2 同理,证明 Wronskian 行列式(8) 满足方程(3b)

2.3 证明 Wronskian 行列式(8) 满足方程(3c)

根据恒等式[12]

$$|\overline{N-1};\overline{M-1}|\left(\sum_{j=1}^{N+M}\frac{k_j}{2}\right)^2|\overline{N-1};\widetilde{M}|$$
$$=\left(\sum_{j=1}^{N+M}\frac{k_j}{2}|\overline{N-1};\overline{M-1}|\right)\left(\sum_{j=1}^{N+M}\frac{k_j}{2}|\overline{N-1};\widetilde{M}|\right) \tag{18a}$$

$$|\overline{N-1};\widetilde{M}|\left(\sum_{j=1}^{N+M}\frac{k_j}{2}\right)^2|\overline{N-1};\overline{M-1}$$
$$=\left(\sum_{j=1}^{N+M}\frac{k_j}{2}|\overline{N-1};\widetilde{M}|\right)\left(\sum_{j=1}^{N+M}\frac{k_j}{2}|\overline{N-1};\overline{M-1}|\right) \tag{18b}$$

以及行列式的性质(11) 可得

$$\begin{aligned}
&(D_x^2-D_t)f\cdot s\\
&=f_{xx}s-2f_xS_x+f_{s_{xx}}-f_ts+f_{s_t}\\
&=-4|\overline{N-2},N;\overline{M-1}||\overline{N-2},N;\widetilde{M}|-\\
&\quad 4|\overline{N-1};\overline{M-2},M||\overline{N-1};\widetilde{M-1},M+1|+\\
&\quad 4|\overline{N-1};\widetilde{M}||\overline{N-3},N-1;\overline{M-1}|+\\
&\quad 4|\overline{N-1};\widetilde{M}||\overline{N-1};\overline{M-2},M+1|+\\
&\quad 4|\overline{N-1};\overline{M-1}||\overline{N-2},N+1;\widetilde{M}|+\\
&\quad 4|\overline{N-1};\overline{M-1}||\overline{N-1};\widetilde{M-2},M,M+1|
\end{aligned} \tag{19}$$

再根据行列式的性质[12]

$$|M,a,b||M,c,d|-|M,a,c||M,b,d|+|M,a,d||M,b,c|=0$$

得到

$$-4|\overline{N-1};\overline{M-2},M||\overline{N-1};\widetilde{M-1},M+1|+4|\overline{N-1};\widetilde{M}||\overline{N-1};\overline{M-2},M+1|+4|\overline{N-1};\overline{M-1}||\overline{N-1};\widetilde{M-2},M,M+1|=0 \tag{20}$$

且有恒等式

$$\begin{aligned}
&|\overline{N-3},N-2,N;\widetilde{M-2},M-1,M|\\
&=\left(\prod_{j=1}^{N+M}k_j\right)(-1)^M(|-1,\overline{N-4},N-3,N-1;\overline{M-3},M-2,M-1|)\\
&|\overline{N-3},N-2,N-1;\widetilde{M-2},M-1,M|\\
&=\left(\prod_{j=1}^{N+M}k_j\right)(-1)^M(|-1,\overline{N-4},N-3,N-2;\overline{M-3},M-2,M-1|)\\
&|\overline{N-3},N-2,N+1;\widetilde{M-2},M-1,M|\\
&=\left(\prod_{j=1}^{N+M}k_j\right)(-1)^M(|-1,\overline{N-4},N-3,N;\overline{M-3},M-2,M-1|)
\end{aligned} \tag{21}$$

因此式(19)等于零,故Wronskian行列式(8)满足方程(3c).

2.4 同理,证明 Wronskian 行列式(8) 满足方程(3d)

3 讨论广田方法与 Wronskian 行列式解的一致性

考虑单孤子性:当 $N=M=1$ 时,则

$$f=|\overline{N-1};\overline{M-1}|=|0;0| \tag{22a}$$

$$g=|\hat{N};\widehat{M-1}|=|0,1;| \tag{22b}$$

$$s=|\overline{N-1};\widetilde{M}|=|0;1| \tag{22c}$$

$$h=-4\mathrm{i}\,|\overline{N-2};\hat{M}|=-4\mathrm{i}\,|;0,1| \tag{22d}$$

$$\begin{aligned}q_1&=\frac{gs}{f^2}=\frac{|0,1;||0;1|}{(|0;0|)^2}\\&=(k_2-k_1)k_1\left(\mathrm{e}^{2\xi_1}-\frac{k_2\beta_2}{k_1\beta_1}\mathrm{e}^{4\xi_1-2\xi_2}\right)/\beta_1\left(1-\frac{\beta_2}{\beta_1}\mathrm{e}^{2\xi_1-2\xi_2}\right)^2\end{aligned} \tag{23a}$$

$$\begin{aligned}r_1&=\frac{hf}{s^2}=\frac{-4\mathrm{i}|;0,1||0;0|}{(|0;1|)^2}\\&=4\mathrm{i}(k_1-k_2)\beta_2\left(\mathrm{e}^{-2\xi_2}-\frac{\beta_2}{\beta_1}\mathrm{e}^{2\xi_1-4\xi_2}\right)/k_1^2\left(1-\frac{k_2\beta_2}{k_1\beta_1}\mathrm{e}^{2\xi_1-2\xi_2}\right)^2\end{aligned} \tag{23b}$$

因此,当取 $\beta_1=k_1(k_2-k_1)$,$\beta_2=\dfrac{-k_1^2\mathrm{i}}{2(k_2-k_1)}$ 时,Wronskian 解与广田方法解(6a)(6b) 结果一致.

4 双 Wronskian 解的约化

定理 带导数的非线性 Schrödinger 方程

$$iq_{t'}+q_{x'x'}+(q^2q*)_{x'}=0 \tag{24}$$

有双 Wronskian 解[12]

$$\begin{aligned}f&=|\overline{N-1};\overline{N-1}|\\ g&=|\hat{N};\widetilde{N-1}|\\ f*&=-\lambda|\overline{N-1};\widetilde{N}|\\ g*&=2i\lambda|\overline{N-2};\hat{N}|\end{aligned} \tag{25}$$

其中，ϕ_j 和 ψ_j 满足条件

$$\begin{cases}\phi_{j,x}=ik_j\phi_j\\ \psi_{j,x}=-ik_j\psi_j\end{cases} \tag{26a}$$

$$\begin{cases}\phi_{j,t}=2i\phi_{j,xx}\\ \psi_{j,t}=-2i\psi_{j,xx}\end{cases} \tag{26b}$$

证明 首先，在方程(1)中，令 $x=ix', t=-it'$，$N=M$，则方程(1)的约化方程为(24)．根据式(9)可以得到式(23)．

其次，在 $\phi_j=e^{\xi_j}, \psi_j=\beta_je^{-\xi_j}, \xi_j=k_jx+2k_j^2t+\xi_j^{(0)}$，$(j=1,2,\cdots,N+M)$ 以及式(8)中，令 $x=ix', t=-it', N=M$，则 $\phi_j=e^{\xi_j}, \psi_j=\beta_je^{-\xi_j}, \xi_j=ik_jx'-2ik_j^2t'+\xi_j^{(0)}$，其中 $\beta_j(j=1,2,\cdots,2N)$ 为复数．得到

$$\begin{aligned}f=|&e^{\xi_j},\partial_{x'}e^{\xi_j},\cdots,\partial_{x'}^{N-1}e^{\xi_j};\\ &\beta_je^{-\xi_j},\beta_j\partial_{x'}e^{-\xi_j},\cdots,\beta_j\partial_{x'}^{N-1}e^{-\xi_j}|\end{aligned} \tag{27a}$$

$$\begin{aligned}g=|&e^{\xi_j},\partial_{x'}e^{\xi_j},\cdots,\partial_{x'}^{N}e^{\xi_j};\\ &\beta_j\partial_{x'}e^{-\xi_j},\beta_j\partial_{x'}^2e^{-\xi_j},\cdots,\beta_j\partial_{x'}^{N-1}e^{-\xi_j}|\end{aligned} \tag{27b}$$

$$s = | e^{\xi_j}, \partial_{x'} e^{\xi_j}, \cdots, \partial_{x'}^{N-1} e^{\xi_j};$$
$$\beta_j \partial_{x'} e^{-\xi_j}, \beta_j \partial_{x'}^2 e^{-\xi_j}, \cdots, \beta_j \partial_{x'}^N e^{-\xi_j} | \quad (27c)$$
$$h = -4i | e^{\xi_j}, \partial_{x'} e^{\xi_j}, \cdots, \partial_{x'}^{N-1} e^{\xi_j};$$
$$\beta_j e^{-\xi_j}, \beta_{x'} \partial_{x'} e^{-\xi_j}, \cdots, \beta_j \partial_{x'}^N e^{-\xi_j} | \quad (27d)$$

假设 $k_{N+j} = k*_j = l_j, \xi_{N+j}^{(0)} = -\xi_j(0)* = -\eta_j^{(0)}$，$\beta_{N+j} = \delta_j$，并且 $k_j \beta_j \delta*_j a = -1 (j=1,2,\cdots,2N)$，其中 a 为待定实常数.

取特殊情况，当 $N = M = 1$ 时，假设 $k_{1+j} = k*_j$，$\xi_{1+j}^{(0)} = -\xi_j(0)*$，$\beta_{1+j} = \delta_j$，且 $k_j \beta_j \delta*_j a = -1$，$a$ 为待定实常数.

考虑到

$$f = | 0;0 | = \delta_1 e^{\xi_1 + \xi*_1} - \beta_1 e^{-\xi_1 - \xi*_1} \quad (28a)$$
$$s = | 0;1 | = \delta_1 (-ik*_1) e^{\xi_1 + \xi*_1} - \beta_1 (-ik_1) e^{\xi_1 - \xi*_1} \quad (28b)$$

从而

$$a^N (i)^N \delta*_1 \cdots \delta*_N \beta*_1 \cdots \beta*_N s = a i \delta*_1 \beta*_1 s = -f* = \lambda s \quad (29)$$

考虑到

$$g = | 0,1; | = i(k*_1 - k_1) e^{\xi_1 - \xi*_1} \quad (30a)$$
$$h = -4i | ;0,1 | = -4(k*_1 - k_1) \beta_1 \delta_1 e^{\xi*_1 - \xi_1} \quad (30b)$$

从而

$$2a^{N-1} i(-i)^N \delta_1 \cdots \delta_N \beta_1 \cdots \beta_N g*$$
$$= 2\delta_1 \beta_1 g* = -2i\delta_1 \beta_1 (k_1 - k*_1) e^{\xi*_1 - \xi_1} = h \quad (31)$$

利用数学归纳法，可以得到

$$f* = -a^N (i)^N \delta*_1 \cdots \delta*_N \beta*_1 \cdots \beta*_N s = -\lambda s \quad (32a)$$

$$h = 4\mathrm{i}a^{N-1}\mathrm{i}(-\mathrm{i})^N\delta_1\cdots\delta_N\beta_1\cdots\beta_N g^* \quad (32b)$$

若取 $2a^{2N-1}\delta_1\cdots\delta_N\beta_1\cdots\beta_N\delta_1^*\cdots\delta_N^*\beta_1^*\cdots\beta_N^* = 1$，并且 $k_j\beta_j\delta_j^* a = -1$，即 $k_j^*\beta_j^*\delta_j a = -1$，则 $a = \frac{2(-1)^{2N}}{k_1\cdots k_N k_1^*\cdots k_N^*}$.

$$f^* = -a^N(\mathrm{i})^N\delta_1^*\cdots\delta_N^*\beta_1^*\cdots\beta_N^* s = -\lambda s \quad (33a)$$

$$\begin{aligned} g^* &= \frac{h}{4\mathrm{i}a^{N-1}\mathrm{i}(-\mathrm{i})^N\delta_1\cdots\delta_N\beta_1\cdots\beta_N} \\ &= \frac{2(\mathrm{i})^N\delta_1^*\cdots\delta_N^*\beta_1^*\cdots\beta_N^* a^N h}{4(-1)(-1)^N\mathrm{i}^N\mathrm{i}^N} \\ &= -\frac{\lambda}{2}h \end{aligned} \quad (33b)$$

综上，式(25)是带导数的非线性 Schrödinger 方程(24)的双 Wronskian 解.

参考资料

[1] Garder C S. Method for solving the KdV- equation[J]. Phys Rev Lett, 1967, 19: 1095-1097.

[2] Wadati M, K Konno. A generalization of inverse scattering method[J]. J Phys Soc Jpn, 1979, 46: 1965-1966.

[3] Matveev V B, Salle M A. Darboux Transfor- mation and Soliton, Springer Series in Nonlinear Dynamics[M]. Berlin: Springer-Verlag, 1991.

[4] Hirota R. Exact soliton of the KdV-equation for multiple collisions of solitons[J]. Phys Rev Lett, 1971, 27: 1192-1194.

[5] Nimmo J J C. N-soliton solution of the Boussinesq equation in terms of a Wronskian[J]. Phys Lett A, 1983, 95: 4-6.

[6] Lou S Y, Chen L L. Formally variable separation approach nonintegrable modes[J]. J Math Phys, 1999, 40: 6491-6500.

[7] Freeman N C, Nimmo J J C. Soliton solutions of the Korteweg-de vries

and kadomtsev-petmiashvili equation:the wronskian technique[J]. Phys Lett A,1983,95:1-3.

[8]Freeman N C,Nimmo J J C. Soliton solutions of the soliton solutions of the Korteweg-de vries and kadomt-sev-petmiashvili equation:the wronskian technique[J]. Porc R Soc Lond,1983,389A:319-329.

[9]Nimmo J J C. A bilinear backlund transformation for the nonlinear schr dinger equation[J]. Phys Lett A,1983,99:279-280.

[10] Zhai W,Chen D Y. N-Soliton solutions of general nonliner schrodinger equation with derivative[J]. Commun Ther Phys,2008, 49(5):1101-1104.

[11]Li Q,Duan Q Y,Zhang J B. Exact multisoliton solutions of general nonlinear schr dinger equation with derivative[J]. The Scientific World Journal,2014,Article ID 593983.

[12] 翟文. 广义带导数的非线性 Schrödinger 方程的精确解[D]. 上海:上海大学,2008.

[13]Nimmo J J C,Freeman N C. The use of Backlund transformation in obtaining N-soliton solutions in Wronskian form[J]. J Phys A:Math Gen,1984,17:1415-1424.

[14]Chen D Y,Zhang D J,Deng S F,et al. Soliton solutions of the Wronskian form to the mKdV-sine Gordon equation[J]. Preprint, 2001.

[15]Zhai W,Chen D Y. Rational Solutions of the General Nonlinear Schrodinger Equation with Derivative[J]. Physics Letters A,2008, 372:4217-4221.

Lipschitz 区域上 Schrödinger 方程 Neumann 问题的加权估计

第十八章

1　介绍和主要结论

近年来，对非光滑区域边值问题的研究一直是热点. 记 $\Omega \in \mathbf{R}^n (n \geqslant 3)$ 表示一个边界连通的有界 Lipschitz 区域或者在 Lipschitz 图形的上方区域. 很多学者，如 Dahlberg[9,10]，Jerison-Kenig[8]，Verchota[3] 和 Dahlberg-Kenig[4] 等人研究了 Ω 上的边界值落在 $L^p(\partial\Omega)$ 上的 Laplace 方程、Dirichlet 问题和 Neumann 问题. Schrödinger 算子的 L^p-Neumann 问题是 Shen Z[13] 于 1994 年首次提出的，他研究了在 Ω 上 Schrödinger 方程 $-\Delta u + Vu = 0$ 的 L^p-Neumann 问题，其中 $V \in \mathbf{B}_\infty$ 且 $\Omega \subset \mathbf{R}^n (n \geqslant 3)$ 是 Lipschitz图形上方的区域，文章证明

了 Neumann 问题存在唯一解 u，使得非正切极大函数 ∇u 在 $L^p(1 < p \leqslant 2)$ 内. Tao X 和 Wang H[17] 扩展了 Ω 上 Schrödinger 方程 $-\Delta u + Vu = 0$，这里 $V(X)$ 是属于反 Hölder 类 $\mathbf{B}_n$ 的奇异非负空间.

Ω 是 $\mathbf{R}^n(n \geqslant 3)$ 上有界的 Lipschitz 区域. 令 $\omega_\alpha = \omega_\alpha(Q) = | Q - Q_0 |^\alpha$，$\alpha > 1 - n$ 且 Q_0 是 $\partial\Omega$ 上的一个不动点. 浙江财经大学金融学院的黄文礼，浙江科技学院理学院的陶祥兴两位教授 2016 年研究了边值定义在 $H^p(\partial\Omega, \omega_\alpha \mathrm{d}\sigma)$ 或 $L^p(\partial\Omega, \omega_\alpha \mathrm{d}\sigma)$ 上的 Neumann 问题边值问题的可解性，这里 $\mathrm{d}\sigma$ 表示在 $\partial\Omega$ 上的面积. 我们给出在 α 满足特定条件下，方程解的存在性问题，并且利用非正切极大函数的一致估计给出了解的唯一性. 另外，我们考查定义在 Ω 上的 Schrödinger 方程 $-\Delta u + Vu = 0$，其中非负奇异位势 $V(X)$ 满足反 Hölder 类 $\mathbf{B}_n$. 众所周知，我们说非负局部 $L^q(\mathbf{R}^n)$ 可积函数 $V(X)$ 属于 $\mathbf{B}_q(1 < q \leqslant \infty)$，如果存在一个正常数 C_q，使得反 Hölder 不等式

$$\left(\frac{1}{| B |}\int_B V(X)^q \mathrm{d}X\right)^{\frac{1}{q}} \leqslant \frac{C_q}{| B |}\int_B V(X)\mathrm{d}X \quad (1)$$

在 $\mathbf{R}^n$ 上对每个球 B 都成立[13,14,16,17]，关于 $\mathbf{B}_q(q > 1)$ 类函数的一个显著特征是，如果对某个 $q > 1$，$V(X) \in \mathbf{B}_q$，那么存在任意的 $\epsilon > 0$ 和常数 C_q，使得 $V(X) \in \mathbf{B}_{q+\epsilon}$.

现在给出本章的主要结论.

我们首先考虑 L^p-Neumann 问题$(1 < p \leqslant 2)$

$$\begin{cases} -\Delta u + Vu = 0, \text{在 } \Omega \text{ 中} \\ \dfrac{\partial u}{\partial \boldsymbol{v}} = g \in L^p(\partial\Omega, \omega_\alpha), \text{在 } \partial\Omega \text{ 上} \\ \| (\nabla u)^* \|_{L^p(\partial\Omega, \omega_\alpha)} < \infty \end{cases}$$

其中边值函数 g 是非切向收敛的，即 $\lim\limits_{X\to Q, X\in\Gamma(Q)} \nabla u(X)\cdot \boldsymbol{v}(Q)=g(Q)$, a. e. $Q\in\partial\Omega$, $\boldsymbol{v}$ 表示 $\partial\Omega$ 的单位外法向量，$(\nabla u)*$ 表示 ∇u 的非切向极大函数，其表达式为

$$(\nabla u)*(Q)=\sup\{|\nabla u(X)|: X\in\Omega, |X-Q|<2\delta(X)\} \tag{2}$$

其中，$Q\in\partial\Omega$.

定理 1　设 Ω 是 $\mathbf{R}^n(n\geqslant 3)$ 上一个有连通边界的有界的 Lipschitz 区域. 对任给的 $g\in L^p(\partial\Omega,\omega_\alpha)$，$\max\left(-1,-\frac{(n-1)(p-p')}{p}\right)<\alpha<\min\left(\frac{(n-1)(p-p')}{p'},\delta\right)$，Neumann 问题

$$\begin{cases}-\Delta u+Vu=0, 在\ \Omega\ 中\\ \frac{\partial u}{\partial \boldsymbol{v}}=g, 在\ \partial\Omega\ 上\\ \|(\nabla u)*\|_{L^p(\partial\Omega,\omega_\alpha)}<\infty\end{cases} \tag{3}$$

有唯一解. 此外，解 u 满足不等式

$$\int_{\partial\Omega}|(\nabla u)*|^p\omega_\alpha \mathrm{d}\sigma+\int_\Omega |u|^p V^{\frac{p+1}{2}}|X-Q_0|^\alpha \mathrm{d}X\leqslant C\int_{\partial\Omega}|g|^p\omega_\alpha \mathrm{d}\sigma$$

其中 $1\leqslant p'<p<n-1$，C 仅与 n，α 和 M 有关，M 是 Ω 的 Lipschitz 特征数.

为了证明定理 1，我们需要解决 L^2-Neumann 问题，我们先给出以下定理的证明.

定理 2　设 Ω 是 $\mathbf{R}^n(n\geqslant 3)$ 上一个有连通的有界 Lipschitz 区域. 对任给的 $g\in L^2(\partial\Omega,\omega_\alpha)$，$-\frac{1}{2}<\alpha<1$，Neumann 问题

$$\begin{cases} -\Delta u+Vu=0, \text{在 } \Omega \text{ 中} \\ \dfrac{\partial u}{\partial \boldsymbol{v}}=g, \text{在 } \partial\Omega \text{ 上} \\ \|(\nabla u)^*\|_{L^2(\partial\Omega,\omega_\alpha)}<\infty \end{cases} \tag{4}$$

有唯一解. 且解 u 满足不等式

$$\int_{\partial\Omega}|(\nabla u)^*|^2\omega_\alpha \mathrm{d}\sigma+\int_\Omega|u|^2V^{\frac{3}{2}}|X-Q_0|^\alpha \mathrm{d}X$$

$$\leqslant C\int_{\partial\Omega}|g|^2\omega_\alpha \mathrm{d}\sigma$$

其中 $1\leqslant p'<p<n-1$, C 仅与 n, α 和 M 有关, M 是 Ω 的 Lipschitz 特征数.

最后, 我们证明以下定理.

定理 3 设 Ω 是 $\mathbf{R}^n(n\geqslant 3)$ 上一个连通的有界 Lipschitz 区域, $1-\epsilon<p\leqslant 1$, 其中 $0<\epsilon<\dfrac{1-\alpha}{n}$ 与 Lipschitz 特征数有关. 对任给的 $g\in H^p(\partial\Omega,\omega_\alpha)$, $-\dfrac{(n-1)(2-p)}{2}<\alpha<\delta$, Neumann 问题

$$\begin{cases} -\Delta u+Vu=0, \text{在 } \Omega \text{ 中} \\ \dfrac{\partial u}{\partial \boldsymbol{v}}=g, \text{在 } \partial\Omega \text{ 上} \\ \|(\nabla u)^*\|_{L_p(\partial\Omega,\omega_\alpha)}<\infty \end{cases}$$

有唯一解, 同时解 u 满足

$$\|(\nabla u)^*\|_{L_p(\partial\Omega,\omega_\alpha)}\leqslant C\|g\|_{H_p(\partial\Omega,\omega_\alpha)}$$

其中, $\dfrac{\partial u}{\partial \boldsymbol{v}}=g$ 是在 H^p 意义下的[19].

本章我们用 C 和 c 分别来表示不同的正常数, 并且每一处不一定在数值上都相等, 且与 n, α 和 Lipschitz 特征数 M 有关. $\|\cdot\|_p$ 表示 $L^p(\partial\Omega)$ 范数. 对于 $P\in\partial\Omega$ 和 $r>0$, 我们定义 $B(P,r)\cap\partial\Omega$ 是 $\partial\Omega$ 上

的一个坐标补片(coordinate patch),如果存在一个 Lipschitz 函数 $\varphi:\mathbf{R}^{n-1}\to\mathbf{R}$ 使得经坐标系旋转后,有

$$\Omega\cap B(P,r)=\{(X',x_n)\in\mathbf{R}^n:x_n>\varphi(X')\}\cap B(P,r)$$

在这个新的坐标系中,令

$$\Delta(P,r)=\{(X',\varphi(X'))\in\mathbf{R}^n:|X'-P'|<r\}$$

$$D(P,r)=\{(X',x_n)\in\mathbf{R}^n:|X'-P'|<r$$

和

$$\varphi(X')<x_n<\varphi(X'+r)\}$$

我们知道 Ω 是一个 Lipschitz 区域,如果存在 $r_0=r_0(\Omega)>0$,使得 $B(P,r_0)\cap\partial\Omega,P\in\partial\Omega$ 是一个坐标补片.显然,若 $0<r<cr_0$,则 $\Delta(P,r)\subset\partial\Omega$ 且 $D(P,r)\subset\Omega$.上述定理的证明的主要思想是:

(1) 参考资料[16,17]中提及的非加权 L^2 估计;

(2) 参考资料[4]中使用的特定的局部方法;

(3) 借助 Green 函数和 Neumann 函数表达式.

本章结构如下.第 2 节的 2.1 小节中,我们介绍辅助函数 $m(V,X)$ 并研究它的性质;2.2 小节中,我们建立 $\mathbf{R}^n$ 上的 Schrödinger 方程 $-\Delta u+Vu=0$ 在 $\mathbf{R}^n$ 上的基本解的估计.第 3 节和第 4 节中,分别研究了定理 1 中 $p=2$ 和 $1<p<2$ 的情况.证明过程我们分为两个步骤:第一步,我们利用带有加权原子 L^2 解的估计来证明存在性和正则性,并借助调和分析技术建立解的一致性估计;第二步,证明解的唯一性,我们可以用 $\|(\nabla v)*\|_{L_p(\partial\Omega,\omega_\alpha)}$ 来控制 $\|u*\|_{L^{\frac{q'}{2}}(\partial\Omega,\omega_\alpha)}$(对某个 $q'>2$),其中 u 是 Schrödinger 方程的解.最后,我们证明 H^p 边界定理.

2 预备知识

2.1 辅助函数

本节大多数结论已在资料[14]和[17]中被证明. 众所周知,如果 $V \in \mathbf{B}_q(q>1)$,那么 $V(x)\mathrm{d}x$ 是一个双倍测度,即

$$\int_{B(x,2r)} V(y)\mathrm{d}y \leqslant C_0 \int_{B(x,r)} V(y)\mathrm{d}y$$

事实上,若 $V \in \mathbf{B}_q(q>1)$,则 V 是一个 Muckenhoupt A_∞ 加权.

引理 1[14] 存在 $C>0$,使得当 $0<r<R<\infty$ 时,有

$$\frac{1}{r^{n-2}}\int_{B(x,r)} V(y)\mathrm{d}y \leqslant C\left(\frac{R}{r}\right)^{\frac{n}{q}-2} \frac{1}{R^{n-2}}\int_{B(x,R)} V(y)\mathrm{d}y$$

证明 由 Hölder 不等式可以很容易地证明,且 V 是属于反 Hölder 类 $\mathbf{B}_q$.

定义 1[17] 设 $X \in \mathbf{R}^n$,定义辅助函数 $m(V,X)$ 如下

$$\frac{1}{m(V,X)} = \sup_{r>0}\{r : \psi(V,X,r) \leqslant 1\}$$

这里 $\psi(V,X,r) = \dfrac{1}{r^{n-2}}\displaystyle\int_{B(x,r)} V(y)\mathrm{d}y$.

显然,$0<m(V,X)<\infty$ 对每个 $X \in \mathbf{R}^n$ 都成立,如果 $r = \dfrac{1}{m(V,X)}$,那么

$$\frac{1}{r^{n-2}}\int_{B(x,r)} V(y)\mathrm{d}y = 1$$

此外由引理 1,如果

$$\frac{1}{r^{n-2}}\int_{B(x,r)} V(y)\,\mathrm{d}y \sim 1$$

那么

$$r \sim \frac{1}{m(V,X)}$$

本章以下的部分,我们将用到以下关于 $m(V,X)$ 的性质.

引理 2[14]　存在两个常数 $C>0$ 和 $k_0>0$,使得:

(1) 如果 $|X-Y| \leqslant C\dfrac{1}{m(V,Y)}$,那么 $m(V,X) \sim m(V,Y)$;

(2) $m(V,Y) \leqslant C\{1+|X-Y|m(V,X)\}^{k_0} m(V,X)$;

(3) $m(V,Y) \geqslant C^{-1}\{1+|x-Y|m(V,X)\}^{\frac{k_0}{k_0+1}} \cdot m(V,X)$,

对任意的 $X,Y \in \mathbf{R}^n$ 均成立.

引理 3[17]　设 $q>s\geqslant 0, q\geqslant \max\left\{1,\dfrac{sn}{\alpha}\right\}, \alpha>0$,$k$ 足够大,那么存在正常数 k_0,C 和 C_k,使得

$$\int_{|X-Y|<r} \frac{V(X)^s}{|X-Y|^{n-\alpha}}\mathrm{d}Y \leqslant Cr^{\alpha-2s}\{1+rm(V,X)\}^{sk_0}$$

和

$$\int_{\mathbf{R}^n} \frac{V(X)^s}{\{1+|X-Y|m(V,X)\}^k |X-Y|^{n-\alpha}}\mathrm{d}Y \leqslant C_k m(V,X)^{2s-\alpha}$$

对任意的 $r>0, X\in \mathbf{R}^n$ 和 $V\in \mathbf{B}_q$ 均成立.

2.2　基本解的估计

本小节主要研究 $\mathbf{R}^n$ 上 Schrödinger 算子 $-\Delta+V$

基本解的估计. 首先假设 $v \in \mathbf{B}_q$(对某个特定的 $q > \frac{n}{2}$),且在 $B(x_0, 2R)$ 内,$-\Delta u + Vu = 0$ 成立(对某个特定的 $x_0 \in \mathbf{R}^n, R > 0$). 现设 $\Gamma(X,Y)$ 表示 Schrödinger 算子 $-\Delta + V$ 的基本解. 显然

$$\Gamma(X,Y) = \Gamma(Y,X)$$

众所周知,因为 $V \geqslant 0$ 且 $V \in L_{\mathrm{loc}}^{\frac{n}{2}}$,所以有

$$0 \leqslant \Gamma(X,Y) \leqslant \Gamma_0(X,Y) = \frac{1}{\omega_n(n-2) \mid X-Y \mid^{n-2}}$$

此外,以下内部估计成立:若 $X, Y \in \mathbf{R}^n$,则存在 $k > 0$,使得以下成立

$$\mid \Gamma(X,Y) \mid \leqslant \frac{C_k}{\{1 + m(V,X) \mid X-Y \mid\}^k} \frac{1}{\mid X-Y \mid^{n-2}} \tag{5}$$

$$\mid \nabla\Gamma(X,Y) \mid \leqslant \frac{C_k}{\{1 + m(V,X) \mid X-Y \mid\}^k} \frac{1}{\mid X-Y \mid^{n-1}} \tag{6}$$

常数 $C > 0$,且 X 与 Y 无关.

引理 4[17] 设 $V \in \mathbf{B}_n$ 且 $\mid X-Y \mid \leqslant \frac{2}{m(V,X)}$,则

$$\mid \nabla_X\Gamma(X,Y) - \nabla_X\Gamma_0(X,Y) \mid \leqslant \frac{Cm(V,X)}{\mid X-Y \mid^{n-2}}$$

常数 C 与 X 与 Y 无关.

给定 $f \in L^p(\partial\Omega), 1 < p < \infty$,如下定义奇异位势

$$S(f)(X) = \int_{\partial\Omega} \Gamma(X,Q) f(Q) \mathrm{d}\sigma, \text{对 } X \in \mathbf{R}^n$$

由估计(5),(6) 和引理 4,结合 Coifman,McIntosh 和 Meyer[2] 理论,可得到下述引理.

引理 5[13] 设 $f \in L^p(\partial\Omega), 1 < p < \infty$,且 $u =$

$S(f)$，那么 $\|(\nabla u)^*\|_{L_p(\partial\Omega)} \leqslant C\|f\|_{L_p(\partial\Omega)}$，并且对 $P\in\partial\Omega$，有

$$\frac{\partial u}{\partial X_i}(P)=\frac{1}{2}f(P)\boldsymbol{v}_i(P)+\text{p. v.}\int_{\partial\Omega}\nabla_p\Gamma(P,Q)f(Q)\mathrm{d}\sigma$$

作为本小节的结束，我们建立 Ω 上的 Neumann 函数的估计.

设

$$S(f)(X)=\int_{\partial\Omega}\Gamma(X,Q)f(Q)\mathrm{d}\sigma$$

$$S_0(f)(X)=\int_{\partial\Omega}\Gamma_0(X,Q)f(q)\mathrm{d}\sigma$$

即

$$\frac{\partial}{\partial\boldsymbol{v}}S(f)=\left(\frac{1}{2}I+K\right)f$$

$$\frac{\partial}{\partial\boldsymbol{v}}S_0(f)=\left(\frac{1}{2}I+K_0\right)f$$

我们知道

$$\frac{1}{2}I+K_0:L^2(\partial\Omega)\to L^2(\partial\Omega)$$

是一个指标为零[3] 的 Fredholm 算子. 由引理 4，$K-K_0$ 是 $L^2(\partial\Omega)$ 上的紧算子. 因此有

$$\frac{1}{2}I+K:L^2(\partial\Omega)\to L^2(\partial\Omega)$$

也是一个指标为零[3] 的 Fredholm 算子. 容易知道 Fredholm 算子在 $L^2(\partial\Omega)$ 上是一一映射，因此 $\frac{1}{2}I+K$ 在 $L^2(\partial\Omega)$ 上是可逆的. 所以，Neumann 问题

$$\begin{cases}-\Delta u+Vu=0,\text{在 }\Omega\text{ 中}\\ \dfrac{\partial u}{\partial\boldsymbol{v}}=g,\text{在 }\partial\Omega\text{ 上}\\ \|(\nabla u)^*\|_{L^2(\partial\Omega)}<\infty\end{cases}$$

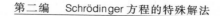

具有唯一解. 对 $Y \in \Omega$,设 $v^Y(X)$ 是 Neumann 问题具有边值$\frac{\partial}{\partial \boldsymbol{v}}\Gamma(Q,Y)$ 的解,且

$$N(X,Y)=\Gamma(X,Y)-v^Y(X)$$

那么

$$\begin{cases}-\Delta_X+V(X)N(X,Y)=\delta_Y(X), \text{在 } \Omega \text{ 中} \\ \frac{\partial}{\partial \boldsymbol{v}}N(Q,Y)=0, \text{在 } \partial\Omega \text{ 上}\end{cases}$$

下面的引理对本章其他的证明很重要,我们仅将结果罗列如下,具体证明可以参看相关资料.

引理 6[17] 设 Ω 是一个有界的 Lipschitz 区域. 假设 $k>0$ 是一个大于 0 的任意整数,那么

$$|N(X,Y)|\leqslant \frac{C_k}{\{1+m(V,X)|X-Y|\}^k |X-Y|^{n-2}}$$

常数 C_k 与 X,Y 和区域 Ω 的直径无关.

引理 7[14,17] 设 $V \in \mathbf{B}_n$,且任意整数 $k>0$. 那么存在 $0<\delta<1$ 和一个正常数 C_k,使得对 $X,Y,Z \in \overline{\Omega}$, $|Z-X|\leqslant \frac{1}{10}|X-Y|$,有

$$|N(X,Y)-N(Z,Y)|\leqslant \frac{C_k}{\{1+m(V,X)\}^k}\frac{|Z-X|^{\delta}}{|X-Y|^{n-2+\delta}}$$

3 L^2 边界理论

本节研究 L^2 边界理论,我们将证明定理 2. 为了得到定理 2,我们需要以下定理.

定理 4 设 Ω 是 $\mathbf{R}^n (n \geqslant 3)$ 上的有连通边界的有界 Lipschitz 区域,那么 $\varepsilon=\varepsilon(\Omega)>0$,使得对给定的

$g \in L^2(\partial\Omega, \omega_\alpha)$，其中 $-\min(2+\varepsilon, n-1) < \alpha < n-1$，Neumann 问题(4) 有唯一解. 另外，解 u 满足

$$\int_{\partial\Omega} |(\nabla u)^*|^2 \omega_\alpha \mathrm{d}\sigma \leqslant C\int_{\partial\Omega} |g|^2 \omega_\alpha \mathrm{d}\sigma \tag{7}$$

定理 5 设 Ω 是 $\mathbf{R}^n (n \geqslant 3)$ 上的有连通边界的有界的 Lipschitz 区域. 对给定的 $g \in L^2(\partial\Omega, \omega_\alpha)$，$-\frac{1}{2} < \alpha < 1$，Neumann 问题(4) 有唯一解，且 $\|(\nabla u)^*\|_{L^2(\partial\Omega, \omega_\alpha)} \leqslant C\|g\|_{L^2(\partial\Omega, \omega_\alpha)}$，$\nabla u$ 在 $\partial\Omega$ 上几乎处处有非正切极限. 此外，解满足一致性估计

$$\int_\Omega |u|^2 V^{\frac{3}{2}} |X - Q_0|^\alpha \mathrm{d}X \leqslant C\int_{\partial\Omega} |g|^2 \omega_\alpha \mathrm{d}\sigma \tag{8}$$

为了证明定理 4，我们先证存在 λ，使得对 Ω 上的 Schrödinger 方程 $-\Delta u + Vu = 0$ 的解，当 $r > 0$ 足够小时，下列局部估计成立

$$\int_{Q\in\partial\Omega, |Q-Q_0|<r} |(\nabla u)^*|^2 \mathrm{d}\sigma \leqslant C\int_{Q\in\partial\Omega, |Q-Q_0|<r} |g|^2 \mathrm{d}\sigma + Cr^\lambda \int_{Q\in\partial\Omega, |Q-Q_0|\geqslant r} \frac{|g|^2}{|Q-Q_0|^\lambda} \mathrm{d}\sigma$$

$$\int_{Q\in\partial\Omega, |Q-Q_0|\geqslant r} |(\nabla u)^*|^2 \mathrm{d}\sigma \leqslant C\int_{Q\in\partial\Omega, |Q-Q_0|\geqslant r} |g|^2 \mathrm{d}\sigma + \frac{C}{r^\lambda}\int_{Q\in\partial\Omega, |Q-Q_0|<r} |g|^2 |Q-Q_0|^\lambda \mathrm{d}\sigma$$

为此，我们将先证明下面的结论.

引理 8 设 u 是 Ω 上的 Schrödinger 方程 $-\Delta u + Vu = 0$ 的一个解，且在 $\partial\Omega$ 上有 $(\nabla u)^* \in L^2(\partial\Omega)$ 和

$\frac{\partial u}{\partial v}=f\in L^2(\partial\Omega)$. 那么对 $Q_0\in\partial\Omega$ 且 $r>0$,有

$$\int_{Q\in\partial\Omega,|Q-Q_0|\geqslant r}|(\nabla u)*|^2\mathrm{d}\sigma$$
$$\leqslant C\int_{Q\in\partial\Omega,|Q-Q_0|\geqslant r}|f|^2\mathrm{d}\sigma+$$
$$\frac{C}{r^\lambda}\int_{Q\in\partial\Omega,|Q-Q_0|<r}|f|^2|Q-Q_0|^\lambda\mathrm{d}\sigma \quad (9)$$

这里 $0\leqslant\lambda<n-1$.

证明 固定 $Q_0\in\partial\Omega$, 存在一个仅由 Ω 上 Lipschitz 特征数决定的 $r_0>0$,使得坐标旋转后有

$$\Omega\cap B(Q_0,r_0)=\{(X',x_n)\in\mathbf{R}^n:x_n>\psi(X')\}\cap B(Q_0,r_0) \quad (10)$$

这里 $\psi:\mathbf{R}^{n-1}\to\mathbf{R}$ 是 Lipschitz 连续的. 假定 $\psi(0)=0$, $Q_0=(0,0)$. 令 $\Delta_r=\{X',\psi(X'):|X'|\leqslant r\}$. 记 $f=g+h, g=f\chi_{\Delta_{8r}}, h=f\chi_{\Delta_{8r}^c}$. 设

$$u_1(X)=\int_{\partial\Omega}N(X,Q)g(Q)\mathrm{d}\sigma \quad (11)$$

$$u_2(X)=\int_{\partial\Omega}N(X,Q)h(Q)\mathrm{d}\sigma \quad (12)$$

这里 u_1 和 u_2 分别是 L^2-Neumann 问题带边值 g 和 h 的解,那么解可以写成 $u=u_1+u_2$. 由 L^2 估计[17] 有

$$\int_{\partial\Omega\backslash\Delta_{8r}}|(\nabla u_2)*|^2\mathrm{d}\sigma\leqslant C\int_{\partial\Omega}|h|^2\mathrm{d}\sigma\leqslant C\int_{\partial\Omega\backslash\Delta_{8r}}|f|^2\mathrm{d}\sigma \quad (13)$$

下一步我们证明,对某个 λ 有

$$\int_{Q\in\partial\Omega,|Q|\geqslant 8r}|(\nabla u_1)*|^2\mathrm{d}\sigma\leqslant\frac{C}{r^\lambda}\int_{Q\in\partial\Omega,|Q|<8r}|f|^2|Q|^\lambda\mathrm{d}\sigma \quad (14)$$

显然,式(9) 中的估计由式(13) 和(14) 可得.

为了在 $\partial\Omega\backslash\Delta_{8r}$ 上估计 $(\nabla u_1)^*$，首先我们记在 $\partial\Omega\backslash\Delta_{8r}$ 上，$\frac{\partial u_1}{\partial \boldsymbol{v}}=0$. 对 $X\in\Omega$ 和 $\mathrm{dist}(X,\Delta_r)\geqslant cr$，由式(11)和引理 6 有

$$
\begin{aligned}
&|u_1(X)|\\
\leqslant&\int_{\partial\Omega}|N(Q,X)||g(Q)|\,\mathrm{d}\sigma\\
\leqslant&\int_{\partial\Omega}\frac{C_k}{\{1+m(V,X)|X-Q|\}^k|X-Q|^{n-2}}|g(Q)|\,\mathrm{d}\sigma\\
\leqslant&\int_{\Delta_r}\frac{C_k}{|X-Q|^{n-2}}|f|\,\mathrm{d}\sigma\\
\leqslant&\frac{C}{|X|^{n-2}}\int_{\Delta_r}|f|\,\mathrm{d}\sigma
\end{aligned}
\tag{15}
$$

这里 $C=\frac{c-1}{c}$，最后一个不等式成立是因为 $|X|>cr>c|Q|$，且 $|X-Q|>|X|-|Q|>\frac{c-1}{c}|X|$.

设 $E_j=\Delta_{2^jr}\backslash\Delta_{2^{j-1}r}$，此处 $4\leqslant j\leqslant J$ 且 $2^Jr\sim r_0$. 对 $Q\in E_j$，设

$$
\begin{aligned}
&M_1(F)(Q)\\
=&\sup\{|F(X)|:X\in\gamma(Q)\text{ 且 }|X-Q|\leqslant\theta 2^jr\}\\
&M_2(F)(Q)\\
=&\sup\{|F(X)|:X\in\gamma(Q)\text{ 且 }|X-Q|\geqslant\theta 2^jr\}
\end{aligned}
$$

这里 $\gamma(Q)=\{X\in\Omega:|X-Q|<2\mathrm{dist}(X,\partial\Omega)\}$ 且 θ 选择那些使得对 $Q\in E_j$，$M_1(F)(Q)$ 比关于区域 $D_{2^{j+1}r}\backslash D_{2^{j-2}r}$ 的非正切极大函数 F 要小. 显然 $(\nabla u_1)^*\leqslant M_1(\nabla u_1)+M_2(\nabla u_1)$.

如果 $X\in\gamma(Q)$ 且 $|X-Q|\geqslant\theta 2^jr$，由内估计和式(15)得

$$|\nabla u_1(X)|\leqslant|\nabla N(X,Q)\|g(Q)|\,\mathrm{d}\sigma$$

$$
\begin{aligned}
&\leqslant \int_{\partial\Omega} \frac{C_k}{\{1+m(V,x)\mid X-Q\mid\}^k} \frac{1}{\mid X-Q\mid^{n-1}} \mid g(Q)\mid \mathrm{d}\sigma \\
&\leqslant C\int_{\partial\Omega} \frac{C_k}{\mid X-Q\mid^{n-1}} \mid g(Q)\mid \mathrm{d}\sigma \\
&\leqslant \frac{C}{(2^j r)^{n-1}} \int_{\Delta_{8r}} \mid f\mid \mathrm{d}\sigma \\
&\leqslant \frac{C}{(2^j r)^{n-1}} \int_{\Delta_{8r}} \mid f\mid \mid Q\mid^{\frac{\lambda}{2}} \frac{1}{\mid Q\mid^{\frac{\lambda}{2}}} \mathrm{d}\sigma \\
&\leqslant \frac{C}{(2^j r)^{n-1}} \left\{\int_{\Delta_{8r}} \mid f\mid^2 \mid Q\mid^{\lambda} \mathrm{d}\sigma\right\}^{\frac{1}{2}} \left\{\int_{\Delta_{8r}} \frac{1}{\mid Q\mid^{\lambda}} \mathrm{d}\sigma\right\}^{\frac{1}{2}} \\
&\leqslant \frac{C}{(2^j r)^{n-1}} \left\{\int_{\Delta_{8r}} \mid f\mid^2 \mid Q\mid^{\lambda} \mathrm{d}\sigma\right\}^{\frac{1}{2}} \left\{\int_0^{8r} t^{n-2-\lambda} \mathrm{d}t\right\}^{\frac{1}{2}} \\
&\leqslant \frac{Cr^{\frac{n-\lambda-1}{2}}}{(2^j r)^{n-1}} \left\{\int_{\Delta_{8r}} \mid f\mid^2 \mid Q\mid^{\lambda} \mathrm{d}\sigma\right\}^{\frac{1}{2}}
\end{aligned}
$$

这里 $0 \leqslant \lambda < n-1$. 由 $M_2(\nabla u)$ 的定义有

$$
\begin{aligned}
&\int_{E_j} \mid M_2(\nabla u_1)\mid^2 \mathrm{d}\sigma \\
&\leqslant \frac{Cr^{n-\lambda-1}}{(2^j r)^{2(n-1)}} \mid E_j\mid \int_{\Delta_{8r}} \mid f\mid^2 \mid Q\mid^{\lambda} \mathrm{d}\sigma \\
&\leqslant \frac{C}{(2^j)^{n-1} r^{\lambda}} \int_{\Delta 8r} \mid f^2 \mid \mid Q\mid^{\lambda} \mathrm{d}\sigma
\end{aligned} \tag{16}
$$

对于在 E_j 上的 $M_1(\nabla u_1)$，由 Lipschitz 区域 $D_\tau \backslash D_{\frac{\tau}{4}}$，$D_\tau \backslash D_{\frac{\tau}{4}}$ 上的 L^2 估计[17] 得

$$
\begin{aligned}
\int_{E_j} \mid M_1(\nabla u_1)\mid^2 \mathrm{d}\sigma &\leqslant \int_{E_j} \left|\frac{\partial u_1}{\partial v}\right|^2 \mathrm{d}\sigma \\
&\leqslant \int_{\Omega\cap\partial D_\tau \backslash D_{\frac{\tau}{4}}} \mid \nabla u_1\mid^2 \mathrm{d}\sigma
\end{aligned} \tag{17}
$$

在区域 $\tau \in (2^j r, 2^{j+1} r)$ 上对式(17) 两边求积分得

$$
\int_{E_j} \mid M_1(\nabla u_1)\mid^2 \mathrm{d}\sigma
$$

$$\leqslant \frac{C}{2^j r}\int_{D_{2^{j+1}r}\setminus D_{2^{j-2}r}} |\nabla u_1|^2 \mathrm{d}X$$

$$\leqslant \frac{C}{(2^j r)^3}\int_{D_{2^{j+2}r}\setminus D_{2^{j-3}r}} |u_1|^2 \mathrm{d}X$$

第二个不等式由 Cacciopoli 不等式可得. 由此并结合式(15) 得

$$\int_{E_j} |M_1(\nabla u_1)|^2 \mathrm{d}\sigma \leqslant \frac{C}{(2^j)^{n-1} r^\lambda}\int_{\Delta 8r} |f(Q)|^2 |Q|^\lambda \mathrm{d}\sigma \tag{18}$$

由估计式(16) 和(18) 得

$$\int_{E_j} |(\nabla u_1)*|^2 \mathrm{d}\sigma$$

$$\leqslant 2\int_{E_j}\{|M_1(\nabla u_1)|^2 + |M_2(\nabla u_1)|^2\}\mathrm{d}\sigma$$

$$\leqslant \frac{C}{(2^j)^{n-1} r^\lambda}\int_{\Delta 8r} |f(Q)|^2 |Q|^\lambda \mathrm{d}\sigma$$

对上述不等式关于 j 求和得

$$\int_{\Delta_{c_0 r_0}\setminus\Delta_{8r}} |(\nabla u_1)*|^2 \mathrm{d}\sigma \leqslant \frac{C}{r^\lambda}\int_{\Delta 8r} |f(Q)|^2 |Q|^\lambda \mathrm{d}\sigma \tag{19}$$

由覆盖技术得

$$\int_{\partial\Omega\setminus\Delta_{c_0 r_0}} |(\nabla u_1)*|^2 \mathrm{d}\sigma \leqslant \frac{C}{r^\lambda}\int_{\Delta_{8r}} |f(Q)|^2 |Q|^\lambda \mathrm{d}\sigma \tag{20}$$

由式(19) 和(20) 得

$$\int_{\partial\Omega\setminus\Delta_{8r}} |(\nabla u_1)*|^2 \mathrm{d}\sigma \leqslant \frac{C}{r^\lambda}\int_{\Delta_{8r}} |f(Q)|^2 |Q|^\lambda \mathrm{d}\sigma$$

因此有

$$\int_{\partial\Omega\setminus\Delta_{8r}} |(\nabla u)*|^2 \mathrm{d}\sigma$$

$$\leqslant 2\int_{\partial\Omega\setminus\Delta_{8r}} |(\nabla u_1)^*|^2 d\sigma + 2\int_{\partial\Omega\setminus\Delta_{8r}} |(\nabla u_2)^*|^2 d\sigma$$

$$\leqslant \int_{\partial\Omega\setminus\Delta_{8r}} |f|^2 d\sigma + \frac{C}{r^\lambda}\int_{\Delta_{8r}} |f(Q)|^2 |Q|^\lambda d\sigma$$

由以上易得估计式(9).

注 3　由式(9),若 $0 \leqslant \lambda < n-1$,则

$$\int_{Q\in\partial\Omega, |Q-Q_0|>r} |(\nabla u)^*|^2 d\sigma$$

$$\leqslant C_\lambda \int_{\partial\Omega} \left\{\frac{|Q-Q_0|}{|Q-Q_0|+r}\right\}^\lambda |f|^2 d\sigma \tag{21}$$

下面给出定理 4 对于 $0<\alpha<n-1$ 的情形的证明.

证明　根据 L^p-Neumann($1<p<2$) 问题[17] 的可解性,由式(21) 以及 Hölder 不等式,有

$$\int_{\partial\Omega} |f|^2 \omega_\alpha d\sigma \leqslant \left(\int_{\partial\Omega} |f|^p d\sigma\right)^{\frac{p}{2}} \left(\int_{\partial\Omega} \omega_\alpha^{\frac{p}{2-p}} d\sigma\right)^{1-\frac{p}{2}}$$

$$\leqslant C \| f \|_p^{\frac{p^2}{2}}$$

最后一个不等式成立是因为 $p=p(\alpha)\in(1,2)$ 时 $\int_{\partial\Omega} \omega_\alpha^{\frac{p}{2-p}} d\sigma < \infty$,所以 $L^2(\partial\Omega, \omega_\alpha d\sigma) \subset L^p(\partial\Omega)$(对某个 $p=p(\alpha)\in(1,2)$). 唯一性可以直接由 L^p 的唯一性得到. 为了证明存在性, 固定 $g\in L^2(\partial\Omega, \omega_\alpha d\sigma)$, 其中 $\omega_\alpha(Q)=|Q-Q_0|^\alpha$. 令 u 是 Ω 上的 Schrödinger 方程的解,使得 $(\nabla u)^* \subset L^p(\partial\Omega)$ 和 $\frac{\partial u}{\partial v}=g$. 为了证明定理,我们需要证明

$$\| (\nabla u)^* \|_{L^2(\partial\Omega, \omega_\alpha d\sigma)} \leqslant C \| g \|_{L^2(\partial\Omega, \omega_\alpha d\sigma)} \tag{22}$$

为此设

$$g_j(Q)=\begin{cases} g(Q),\text{对 } Q\in\partial\Omega\backslash B\left(Q_0,\frac{1}{j}\right) \\ g_{\partial\Omega\cap B\left(Q_0,\frac{1}{j}\right)},\text{对 } Q\in\partial\Omega\cap B\left(Q_0,\frac{1}{j}\right) \end{cases}$$

容易证明在 $L^2(\partial\Omega,\omega_\alpha\mathrm{d}\sigma)$ 上，当 $j\to\infty$，有 $g_j\in L^2(\partial\Omega)$.

设 u_j 是 Ω 上的 Schrödinger 方程的解，使得在 $\partial\Omega$ 上，有 $(\nabla u_j)*\in L^2(\partial\Omega)$ 和 $\frac{\partial u_j}{\partial \boldsymbol{v}}=g_j$. 选择 $\lambda\in(\alpha,n-1)$，将式(21)的两边乘 $r^{\alpha-1}$ 并对不等式在 $r\in(0,\infty)$ 上求积分，可得

$$\begin{aligned}&\int_{\partial\Omega}|(\nabla u_j)*|^2|Q-Q_0|^\alpha\mathrm{d}\sigma\\&\leqslant C\int_0^\infty r^{\alpha-1}\left(\int_{\partial\Omega\backslash B(Q_0,r)}|(\nabla u_j)*|^2\mathrm{d}\sigma\right)\mathrm{d}r\\&\leqslant C\int_0^\infty r^{\alpha-1}\left[\int_{\partial\Omega}\left(\frac{|Q-Q_0|}{|Q-Q_0|+r}\right)^\lambda|g_j(Q)|^2\mathrm{d}\sigma\right]\mathrm{d}r\\&\leqslant C\int_{\partial\Omega}|g_j(Q)|^2\left[\int_0^\infty r^{\alpha-1}\left(\frac{|Q-Q_0|}{|Q-Q_0|+r}\right)^\lambda\mathrm{d}r\right]\mathrm{d}\sigma\\&\leqslant C\int_{\partial\Omega}|g_j(Q)|^2|Q-Q_0|^\alpha\mathrm{d}\sigma\end{aligned}\tag{23}$$

可以证明，对于某个 $p>1$，在 $L^p(\partial\Omega)$ 上，$g_j\to g$，则 $(\nabla u_j)*\to(\nabla u)*$ 在 $L^p(\partial\Omega)$ 上，所以存在一个子列 $\{u_{j_k}\}$ 使得在 $\partial\Omega$ 上，$(\nabla u_{jk})*\to(\nabla u)*$ (a. e.). 同时由式(23)和 Fatou 引理可得式(22).

引理 9 令 u 是 Ω 上的 Schrödinger 方程 $-\Delta u+Vu=0$ 的一个解，使得在 $\partial\Omega$ 上，$(\nabla u)*\in L^2(\partial\Omega)$ 和 $\frac{\partial u}{\partial \boldsymbol{v}}=f$. 则存在 $\varepsilon>0$，使得对任意 $Q_0\in\partial\Omega$ 和 $r>0$，有

$$\int_{Q\in\partial\Omega,|Q-Q_0|<r}|(\nabla u)^*|^2\mathrm{d}\sigma$$
$$\leqslant C\int_{Q\in\partial\Omega,|Q-Q_0|<8r}|f|^2\mathrm{d}\sigma+$$
$$Cr^{2+\varepsilon}\int_{\partial\Omega\backslash\Delta_{8r}}\frac{|f|^2}{|Q-Q_0|^{2+\varepsilon}}\mathrm{d}\sigma \tag{24}$$

证明 设 $Q_0=(0,0)$，且

$$\Omega\cap B(Q_0,r_0)$$
$$=\{(X',x_n)\in\mathbf{R}^n:x_n>\psi(X')\}\cap B(Q_0,r_0)$$

此处 $\psi:\mathbf{R}^{n-1}\to\mathbf{R}$ 是 Lipschitz 连续的且 $r_0>0$ 仅与 Ω 的 Lipschitz 特征数有关. 同样的，我们仅需要考虑 $0<r<c_0r_0$ 的情形，根据覆盖原理，我们可以得到 $\partial\Omega\backslash r_0$ 的情况. 令 $f=g+h$，此处 $g=f\chi_{\Delta_{8r}}$，$h=f\chi_{\Delta_{8r}}^c$. 则 u_1+u_2，u_1 和 u_2 分别是 L^2-Neumann 问题带边值 g 和 h 的解. 由 L^2 估计[17]

$$\int_{\partial\Omega}|(\nabla u_1)^*|^2\mathrm{d}\sigma\leqslant C\int_{\partial\Omega}|g|^2\mathrm{d}\sigma\leqslant C\int_{\Delta_{8r}}|f|^2\mathrm{d}\sigma \tag{25}$$

为了估计 Δ_{8r} 上的 $(\nabla u_2)^*$，我们先用 $(\nabla u_2)^*\leqslant M_1(\nabla u_2)+M_2(\nabla u_2)$. 由 Cauchy 不等式和资料[12]中提到的方法可知，如果 $X\in\gamma(P)$ 且 $P\in\Delta_r$，那么存在 $\delta\in(2,n+1)$ 使得

$$|\nabla u_2(X)|^2$$
$$\leqslant\left(\int_{\partial\Omega\backslash\Delta_{8r}}|\nabla N(X,Q)||f|\mathrm{d}\sigma\right)^2$$
$$\leqslant\left(\int_{\partial\Omega\backslash\Delta_{8r}}|\nabla N(X,Q)|^2|Q|^{\delta}\mathrm{d}\sigma\right)\left(\int_{\partial\Omega\backslash\Delta_{8r}}|f|^2|Q|^{-\delta}\mathrm{d}\sigma\right)$$
$$\leqslant C[\mathrm{dist}(X,\partial\Omega)]^{\delta-n+1}\int_{\partial\Omega\backslash\Delta_{8r}}|f|^2|Q|^{-\delta}\mathrm{d}\sigma \tag{26}$$

令 $\varepsilon=\max(\delta-2,n-3)$，则对任意 $Q\in\Delta_r$，有

$$|M_2(\nabla u_2)(P)|^2 \leqslant Cr^{\varepsilon-n+3}\int_{\partial\Omega\setminus\Delta_{8r}} \frac{|f|^2}{|Q|^{2+\varepsilon}}\mathrm{d}\sigma$$

即

$$\int_{\Delta_r} |M_2(\nabla u_2)|^2\mathrm{d}\sigma \leqslant Cr^{2+\varepsilon}\int_{\partial\Omega\setminus\Delta_{8r}} \frac{|f|^2}{|Q|^{2+\varepsilon}}\mathrm{d}\sigma \tag{27}$$

为了完成证明，我们对 $M_1(\nabla u_2)$ 进行估计. 在 Lipschitz 区域 $D_r(\tau\in(c,2c))$ 上，我们应用 L^2 估计. 由资料[15] 中提到的方法和资料[12] 中的引理 2.8，以及估计(26)，可得

$$\begin{aligned}
&\int_{\Delta_r} |M_1(\nabla u_2)|^2\mathrm{d}\sigma \\
&\leqslant \frac{C}{r}\int_{D_{2r}} |\nabla u_2|^2\mathrm{d}X \\
&\leqslant Cr^{n-1-\frac{2n}{p}}\left(\int_{D_{3r}} |\nabla u_2|^p\mathrm{d}X\right)^{\frac{2}{p}} \\
&\leqslant Cr^{2+\varepsilon}\int_{\partial\Omega\setminus\Delta_{8r}} \frac{|f|^2}{|Q|^{2+\varepsilon}}\mathrm{d}\sigma
\end{aligned} \tag{28}$$

这里选取 $p>0$ 使得$(n-1-\delta)p<2$. 因此

$$\begin{aligned}
&\int_{\Delta r} |(\nabla u)*|^2\mathrm{d}\sigma \\
&\leqslant 2\int_{\Delta_r} |(\nabla u_1)*|^2\mathrm{d}\sigma+2\int_{\Delta_r} |(\nabla u_2)*|^2\mathrm{d}\sigma \\
&\leqslant 2\int_{\Delta_r} |(\nabla u_1)*|^2\mathrm{d}\sigma+4\int_{\Delta_r} (|M_1(\nabla u_2)|^2+ \\
&\quad |M_2(\nabla u_2)|^2)\mathrm{d}\sigma \\
&\leqslant C\int_{\Delta_{8r}} |f|^2\mathrm{d}\sigma+Cr^{2+\varepsilon}\int_{\partial\Omega\setminus\Delta_{8r}} \frac{|f|^2}{|Q|^{2+\varepsilon}}\mathrm{d}\sigma
\end{aligned}$$

最后一个不等式由式(25)，(27) 和(28) 得到.

注 2　由式(24) 可得

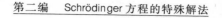

$$\int_{Q\in\partial\Omega,|Q-Q_0|<r} |(\nabla u)*(Q)|^2 \mathrm{d}\sigma \leqslant Cr^{\lambda}\int_{\partial\Omega} \frac{|f|^2}{\{|Q-Q_0|+r\}^{\lambda}}\mathrm{d}\sigma \tag{29}$$

此处 $0\leqslant\lambda\leqslant 2+\varepsilon$，$\varepsilon$ 与引理 9 中的一样且 $r>0$.

下面给出定理 4 对于 $-\min(2+\varepsilon,n-1)<\alpha<0$ 的情形的证明.

证明 令 $g\in L^2(\partial\Omega,\omega_\alpha)$. 因为对于 $L^2(\partial\Omega,\omega_\alpha)\subset L^2(\partial\Omega)(\alpha<0)$，其唯一性可以由 Schrödinger 方程[17] 的 L^2-Neumann 问题的唯一性得到 $\alpha<0$，因此我们仅需证明存在性. 为此我们将(29) 的两边乘 $r^{\alpha-1}$ 并对 $r\in(0,\infty)$ 求积分，可得

$$\begin{aligned}
&\int_{\partial\Omega} |(\nabla u)*|^2 |Q-Q_0|^{\alpha}\mathrm{d}\sigma \\
\leqslant{}& C\int_0^{\infty} r^{\alpha-1}\left(\int_{\partial\Omega\cap B(Q_0,r)} |(\nabla u)*|^2\mathrm{d}\sigma\right)\mathrm{d}r \\
\leqslant{}& C\int_0^{\infty} r^{\alpha+\lambda-1}\left[\int_{\partial\Omega}\left(\frac{1}{|Q-Q_0|+r}\right)^{\lambda}|f|^2\mathrm{d}\sigma\right]\mathrm{d}r \\
\leqslant{}& C\int_{\partial\Omega}|f|^2\left[\int_0^{\infty} r^{\alpha+\lambda-1}\left(\frac{1}{|Q-Q_0|+r}\right)^{\lambda}\mathrm{d}r\right]\mathrm{d}\sigma \\
\leqslant{}& C\int_{\partial\Omega}|f|^2|Q-Q_0|^{\alpha}\mathrm{d}\sigma
\end{aligned}$$

证毕.

下一步，我们将证明定理 5.

证明 我们仅需证明一致性估计. 令 $g(Q)=\frac{\partial u}{\partial \boldsymbol{v}}(Q)$，由 Green 公式 $u(X)=\int_{\partial\Omega}N(Q,X)g(Q)\mathrm{d}\sigma$，以及引理 6 有

$$I_0=\int_{\Omega}|u|^2V^{\frac{3}{2}}|X-Q_0|^{\alpha}\mathrm{d}X$$

$$\leqslant \int_{\Omega}\left(\int_{\partial\Omega}\frac{|N(Q,X)|}{\omega_{\alpha}}\mathrm{d}\sigma\right)$$

$$\left(\int_{\partial\Omega}|N(Q,X)||g(Q)|^{2}\omega_{\alpha}V^{\frac{3}{2}}|X-Q_{0}|^{\alpha}\mathrm{d}\sigma\right)\mathrm{d}X$$

$$\leqslant \int_{\Omega}\left(\int_{\partial\Omega}|N(Q,X)||g(Q)|^{2}\omega_{\alpha}V^{\frac{3}{2}}|X-Q_{0}|^{\alpha}\mathrm{d}\sigma\right)\mathrm{d}X$$

$$\leqslant \int_{\Omega}\left\{\int_{\partial\Omega}\frac{\mathrm{d}\sigma}{[1+m(V,X)|X-Q|]^{k}|X-Q|^{n-2}|Q-Q_{0}|^{\alpha}}\right\}\cdot$$

$$\left\{\int_{\partial\Omega}[|N(Q,X)||g(Q)|^{2}\omega_{\alpha}\mathrm{d}\sigma]V^{\frac{3}{2}}|X-Q_{0}|^{\alpha}\mathrm{d}X\right\}$$

令

$$I_{1}=\int_{\partial\Omega}\frac{\mathrm{d}\sigma}{[1+m(V,X)|X-Q|]^{k}|X-Q|^{n-2}|Q-Q_{0}|^{\alpha}}$$

我们首先处理 I_1,设 $p,q>1,\frac{1}{p}+\frac{1}{q}=1$,且选择 p,q,使其满足 $p<\frac{n-1}{n-2}$. 若 $\alpha<1$,则 $\alpha q<n-1$. 由 Cauchy 不等式,有

$$I_{1}\leqslant\left\{\int_{\partial\Omega}\frac{\mathrm{d}\sigma}{[1+m(V,X)|X-Q|]^{k}|X-Q|^{p(n-2)}}\right\}^{\frac{1}{p}}$$

$$\left\{\int_{\partial\Omega}\frac{\mathrm{d}\sigma}{[1+m(V,X)|X-Q|]^{k}|Q-Q_{0}|^{q\alpha}}\right\}^{\frac{1}{q}}$$

$$\leqslant C\left[\int_{|X-Q|<\frac{1}{m(V,X)}}\frac{\mathrm{d}\sigma}{|X-Q|^{p(n-2)}}+\right.$$

$$\left.C\sum_{j=1}^{\infty}2^{-k(j-1)}\int_{\frac{2(j-1)}{m(V,X)}<|X-Q|<\frac{2j}{m(V,X)}}\frac{\mathrm{d}\sigma}{|X-Q|^{p(n-2)}}\right]^{\frac{1}{p}}\cdot$$

$$\left\{\int_{\partial\Omega}\frac{\mathrm{d}\sigma}{[1+m(V,X)|X-Q|]^{k}|Q-Q_{0}|^{q\alpha}}\right\}^{\frac{1}{q}}$$

$$\leqslant C\left(\frac{1}{m(V,X)}\right)^{\frac{n-1}{p}-(n-2)}\cdot$$

$$\left\{\int_{\partial\Omega}\frac{\mathrm{d}\sigma}{[1+m(V,X)\mid X-Q\mid]^k\mid Q-Q_0\mid^{q\alpha}}\right\}^{\frac{1}{q}} \tag{30}$$

我们现在证明式(30)的最后一个不等式的第二项.实际上,如果 $|X-Q|<|Q-Q_0|$,则以下不等式成立

$$\begin{aligned}&\left\{\int_{\partial\Omega}\frac{\mathrm{d}\sigma}{[1+m(V,X)\mid X-Q\mid]^k\mid Q-Q_0\mid^{q\alpha}}\right\}^{\frac{1}{q}}\\ &\leqslant\Bigg[\int_{|X-Q|<|Q-Q_0|<\frac{1}{m(V,X)}}\frac{\mathrm{d}\sigma}{\mid Q-Q_0\mid^{q\alpha}}+\\ &\quad C\sum_{j=1}^{\infty}2^{-k(j-1)}\int_{\frac{2^{(j-1)}}{m(V,X)}<|X-Q|<|Q-Q_0|<\frac{2^j}{m(V,X)}}\frac{\mathrm{d}\sigma}{\mid Q-Q_0\mid^{q\alpha}}\Bigg]^{\frac{1}{q}}\\ &\leqslant C\left(\frac{1}{m(V,X)}\right)^{\frac{n-1}{q}-\alpha}\end{aligned} \tag{31}$$

由式(30)和(31),有

$$I_1\leqslant C\left[\frac{1}{m(V,X)}\right]^{1-\alpha} \tag{32}$$

如果 $|X-Q|>|Q-Q_0|$ 且 $\alpha<1$,同样过程可以用来证明式(32),所以由引理 6,有

$$\begin{aligned}I_0\leqslant C\int_{\partial\Omega}\frac{\mid g(Q)\mid^2\omega_\alpha}{m(V,X)^{1-\alpha}}\cdot\\ \left\{\int_{\Omega}\frac{V^{\frac{3}{2}}\mid X-Q_0\mid^\alpha}{[1+m(V,X)\mid X-Q\mid]^k\mid X-Q\mid^{n-2}}\mathrm{d}X\right\}\mathrm{d}\sigma\end{aligned}$$

下一步,我们将证明

$$I_2=\int_{\Omega}\frac{V^{\frac{3}{2}}\mid X-Q_0\mid^\alpha}{[1+m(V,X)\mid X-Q\mid]^k\mid X-Q\mid^{n-2}}m(V,X)^{\alpha-1}\mathrm{d}X\leqslant C \tag{33}$$

我们得到

$$I_0=\int_{\Omega}\mid u\mid^2V^{\frac{3}{2}}\mid X-Q_0\mid^\alpha\mathrm{d}X\leqslant C\int_{\partial\Omega}\mid g\mid^2\omega_\alpha\mathrm{d}\sigma$$

为了证明式(33),注意到如果 $|X-Q_0|<|X-Q|$ 且 $\alpha\geqslant 0$,那么

$$
\begin{aligned}
I_2 &\leqslant \int_\Omega \frac{V^{\frac{3}{2}}}{[1+m(V,X)|X-Q|]^k|X-Q|^{n-2-\alpha}} m(V,X)^{\alpha-1}\mathrm{d}X \\
&\quad C\Big[\int_{|X-Q|<\frac{1}{m(V,X)}} \frac{V^{\frac{3}{2}}}{|X-Q|^{n-2-\alpha}}\mathrm{d}X + \\
&\quad C\sum_{j=1}^{\infty} 2^{-k(j-1)}\int_{\frac{2^{(j-1)}}{m(V,X)}<|X-Q|<\frac{2^j}{m(V,X)}} \frac{V^{\frac{3}{2}}}{|X-Q|^{n-2-\alpha}}\mathrm{d}X\Big] m(V,X)^{\alpha-1}\mathrm{d}X \\
&\leqslant C
\end{aligned}
$$

在最后一个不等式中我们运用了引理 3.

如果 $|X-Q_0|<|X-Q|$ 且 $\alpha<0$,那么

$$
\begin{aligned}
I_2 \leqslant &\left\{\int_\Omega \frac{V^{\frac{3}{2}}}{[1+m(V,X)|X-Q|]^k|X-Q|^{p(n-2)}} m(V,X)^{\alpha-1}\mathrm{d}X\right\}^{\frac{1}{p}} \cdot \\
&\left\{\int_\Omega \frac{V^{\frac{3}{2}}|X-Q_0|^{q\alpha}}{[1+m(V,X)|X-Q|]^k} m(V,X)^{\alpha-1}\mathrm{d}X\right\}^{\frac{1}{q}}
\end{aligned}
$$

此处 $\frac{1}{p}+\frac{1}{q}=1$. 如果选择 $1<p<\frac{n-\frac{3}{2}}{n-2}$, $1<q<\frac{n-\frac{3}{2}}{-\alpha}$,那么 $-\frac{1}{2}<\alpha<0$. 因此由引理 3 可得

$$
\begin{aligned}
I_2 &= \int_\Omega \frac{V^{\frac{3}{2}}|X-Q_0|^\alpha}{[1+m(V,X)|X-Q|]^k|X-Q|^{n-2}} m(V,X)^{\alpha-1}\mathrm{d}X \\
&\leqslant C
\end{aligned}
$$

同样的方法可以用在 $|X-Q_0|>|X-Q|$ 且 $-\frac{1}{2}<\alpha<0$ 的情况. 由此可以推断,当 $-\frac{1}{2}<\alpha<1$ 时,有

$$
I_0=\int_\Omega |u|^2V^{\frac{3}{2}}|X-Q_0|^\alpha\mathrm{d}X\leqslant C\int_{\partial\Omega}|g(Q)|^2\omega_\alpha\mathrm{d}\sigma
$$

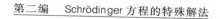

证毕.

根据以上结论,我们给出定理 2 的证明.

证明 由定理 4 和定理 5 我们得到 $u(X)=S\left(\left(\frac{1}{2}I+K\right)^{-1}g\right)(X)$ 是 Neumann 问题(4) 的唯一解且有一致性估计

$$\int_{\partial\Omega}|(\nabla u)*|^2\omega_\alpha d\sigma+\int_\Omega|u|^2V^{\frac{3}{2}}|X-Q_0|^\alpha dX$$

$$\leqslant C\int_{\partial\Omega}|g|^2\omega_\alpha d\sigma$$

证毕.

注 3 我们注意到,如果 $V\in\mathbf{B}_\infty$,则由条件(1) 可得

$$V(X)\leqslant\frac{C}{|B(x,r)|}\int_{B(x,r)}V(Y)dY\leqslant\frac{C}{r^2}\frac{1}{r^{n-2}}\int_{B(x,r)}V(Y)dY$$

对于 $r>0$ 成立. 我们选择 $r=\frac{1}{m}(X,V)$,然后由定义 1

$$V(X)\leqslant Cm(X,V)^2 \tag{34}$$

推论 1 设 Ω 是 $\mathbf{R}^n(n\geqslant 3)$ 上有连通边界的有界 Lipschitz 区域. 假设 $V\in\mathbf{B}_\infty$,给定任意的 $g\in L^2(\partial\Omega,\omega_\alpha)(-2<\alpha<1)$,那么 Neumann 问题(4) 有唯一解,且 $\|(\nabla u)*\|_{L^2(\partial\Omega,\omega_\alpha)}\leqslant C\|g\|_{L^2(\partial\Omega,\omega_\alpha)}$,在 $\partial\Omega$ 上,∇u 几乎处处有非正切极限. 此外,解 u 满足一致性估计

$$\int_\Omega|u|^2m(X,V)^3|X-Q_0|^\alpha dX\leqslant C\int_{\partial\Omega}|g|^2\omega_\alpha d\sigma \tag{35}$$

此处 C 仅与 n, α 和 M 有关,M 是 Ω 的 Lipschitz 特征数.

证明 我们仅需证明上述一致性估计式(3.29). 像定理 2 的证明一样,令 $g(Q)=\frac{\partial u}{\partial \boldsymbol{v}}(Q)$,由 Green 表达

公式可以记 $u(X)=\int_{\partial\Omega}N(Q,X)g(Q)\mathrm{d}\sigma$，所以

$$I_0=\int_{\Omega}|u|^2 m(V,X)^3|X-Q_0|^{\alpha}\mathrm{d}X$$
$$\leqslant\int_{\Omega}\left(\int_{\partial\Omega}\frac{|N(Q,X)|}{\omega_\alpha}\mathrm{d}\sigma\right)\cdot$$
$$\left[\int_{\partial\Omega}|N(Q,X)||g(Q)|^2\omega_\alpha m(V,X)^3|X-Q_0|^{\alpha}\mathrm{d}\sigma\right]\mathrm{d}X$$
$$\leqslant\int_{\Omega}\left\{\int_{\partial\Omega}\frac{\mathrm{d}\sigma}{[1+m(V,X)|X-Q|]^k|X-Q|^{n-2}|Q-Q_0|^{\alpha}}\right\}$$
$$\left[\int_{\partial\Omega}(|N(Q,X)||g(Q)|^2\omega_\alpha\mathrm{d}\sigma)m(V,X)^3|X-Q_0|^{\alpha}\mathrm{d}X\right]$$

令

$$I_1=\int_{\partial\Omega}\frac{\mathrm{d}\sigma}{[1+m(V,X)|X-Q|]^k|X-Q|^{n-2}|Q-Q_0|^{\alpha}}$$

假设 $\alpha<1$，使用证明定理 5 的方法可得

$$I_1\leqslant C\left[\frac{1}{m(V,X)}\right]^{1-\alpha}$$

所以

$$I_0\leqslant C\int_{\partial\Omega}\frac{|g(Q)|^2\omega_\alpha}{m(V,X)^{1-\alpha}}\cdot$$
$$\left\{\int_{\Omega}\frac{m(V,X)^3|X-Q_0|^{\alpha}}{[1+m(V,Q)|X-Q|]^k|X-Q|^{n-2}}\mathrm{d}X\right\}\mathrm{d}\sigma$$

固定 $Q\in\partial\Omega$，令 $r_1=\frac{1}{m}(Q,V)$. 设 $\alpha>-2$，由定理 5 的证明和引理 6，则有

$$\int_{|X-Q|\sim 2^j r_1}\frac{m(V,X)^{2+\alpha}|X-Q_0|^{\alpha}}{[1+m(V,Q)|X-Q|]^k|X-Q|^{n-2}}\mathrm{d}X$$
$$\leqslant C(2+2^j)^{k_0(2+\alpha)}\frac{1}{(r_1)^{2+\alpha}}\frac{1}{(1+2^j)^k}\frac{1}{r_1^{n-2-\alpha}}(2^j r_1)^n$$
$$\leqslant\frac{C(2^j)^{2+\alpha}}{(2+2^j)^{k-k_0(2+\alpha)}}$$

$$\leqslant \frac{C}{(1+2^j)^2}$$

选取 $k=2+(k_0+1)(2+\alpha)$. 因此

$$\int_\Omega \frac{m(V,X)^{2+\alpha} |X-Q_0|^\alpha}{[1+m(V,X)|X-Q|]^k |X-Q|^{n-2}} dX$$

$$\leqslant C\sum_{j=-\infty}^{+\infty} \frac{C}{(1+2^j)^2} \leqslant C$$

从而

$$I_0=\int_\Omega |u|^2 m(V,X)^3 |X-Q_0|^\alpha dX$$
$$\leqslant C\int_{\partial\Omega} |g(Q)|^2 \omega_\alpha d\sigma$$

证毕.

由定理 4 和上述推论,可得下面推论.

推论 2 设 Ω 是 $\mathbf{R}(n\geqslant 3)$ 上有连通边界的有界 Lipschitz 区域. 假设 $V\in\mathbf{B}_\infty$,给定任意的 $g\in L^2(\partial\Omega,\omega_\alpha)(-2<\alpha<1)$,那么 Neumann 问题(4) 有唯一解,且有下面的一致性估计

$$\int_{\partial\Omega} |(\nabla u)*|^2\omega_\alpha d\sigma+\int_\Omega |u|^2 m(X,V)^3 |X-Q_0|^\alpha dX$$
$$\leqslant C\int_{\partial\Omega} |g|^2\omega_\alpha d\sigma$$

其中 C 与 n,α 和 M 有关,M 是 Ω 的 Lipschitz 特征数.

我们注意到由式(34),推论 2 中的一致性估计可以由下述替代

$$\int_{\partial\Omega} |(\nabla u)*|^2\omega_\alpha d\sigma+\int_\Omega |u|^2 V^{\frac{3}{2}} |X-Q_0|^\alpha dX$$
$$\leqslant C\int_{\partial\Omega} |g|^2\omega_\alpha d\sigma$$

4　L^p 边界理论

上一节我们已经证明了当 $p=2$ 时，定理 1 成立. 本节我们估计带有加权原子的解. 为此我们将依据下述定义中的原子，运用加权 Hardy 空间的 Garcia-Cuerva 原子分解理论[19].

定义 1　令 $0<r\leqslant 1\leqslant q\leqslant\infty$ 且 $r\neq q$，使得 $\omega\in A_q$，并带有临界值 q_ω. 设$[\cdot]$为取整函数. 令 $s\in\mathbf{Z}$ 满足 $s\geqslant\left[n\left(\frac{q_\omega}{r}-1\right)\right]$，实值函数 $a(x)$ 称为关于 ω 的以 x_0 为中心的(r,q,s) 原子，如果：

(1)$a\in L_\omega^q(\mathbf{R}^n)$ 且支持以 x_0 为中心的方体 I；

(2)$\|a\|_{L_\omega^q}\leqslant\omega(I)^{\frac{1}{q}-\frac{1}{r}}$；

(3)$\int_{\mathbf{R}^n}a(x)x^\beta\mathrm{d}x=0$，对于每个多指标 $\beta(|\beta|\leqslant s)$.

定理 6[19]　令 $\omega\in A_q$，$0<1\leqslant q\leqslant\infty$ 且 $r\neq q$. 对每个 $f\in H_\omega^p(\mathbf{R}^n)$，存在一个原子 $\omega-(r,q,s)\left(s\geqslant\left[n\left(\frac{q_\omega}{r}-1\right)\right]\right)$ 的序列 $\{a_j\}$ 和一个满足 $\sum|\lambda_j|^p\leqslant C\|f\|_{H_\omega^p}^p$ 实数的序列 λ_j，使得 $f=\sum\lambda_j a_j$ 在分布意义和 H_ω^p 范数意义下都成立.

为证明以上定理，我们需要下述引理.

引理 10　令 u 是 Ω 上 Schrödinger 方程 $-\Delta u+Vu=0$ 的一个解，并满足在 $\partial\Omega$ 上，有 $(\nabla u)^*\in L^2(\partial\Omega,\omega_\alpha)$ 和 $\frac{\partial u}{\partial\boldsymbol{v}}=a$，其中 a 是一个加权原子. 则对于

$-1<\alpha<\delta$，有

$$\int_{\partial\Omega}|(\nabla u)^*|\omega_\alpha \mathrm{d}\sigma+\int_\Omega |u|V|X-Q_0|^\alpha \mathrm{d}X\leqslant C$$

其中 C 与 n,α 和 M 有关，M 是 Ω 的 Lipschitz 特征数.

证明 注意到若 $\omega_\alpha=|Q-Q_0|^\alpha$，则当 $q>1$ 时，$\omega_\alpha\in A_q$ 当且仅当 $-(n-1)<\alpha<(n-1)(q-1)$.

假设 $\operatorname{supp} a\subset\{Q\in\partial\Omega: |Q-P|\leqslant r_0\}$，$\|a\|_{L^2(\partial\Omega,\omega_\alpha)}\leqslant\omega(I)^{-\frac{1}{2}}\leqslant Cr_0^{-\frac{n-1+\alpha}{2}}$. 因为 $\int_{\partial\Omega}a(Q)\mathrm{d}\sigma=0$，记

$$\begin{aligned}u(X)&=\int_{\partial\Omega}N(X,Q)a(Q)\mathrm{d}\sigma\\&=\int_{\partial\Omega}[N(X,Q)-N(X,P)]a(Q)\mathrm{d}\sigma\end{aligned}$$

令 $X\in\Omega$，$|X-Q_0|\geqslant 10r_0$，由引理 7 可得

$$u(X)\leqslant\frac{Cr_0^{\delta+\frac{n-1-\alpha}{2}}}{|X-P|^{n-2+\delta}}\|a\|_{L^2(\partial\Omega,\omega_\alpha)}\leqslant\frac{Cr_0^{\delta-\alpha}}{|X-P|^{n-2+\delta}}\tag{36}$$

为了估计 ∇u 的加权非正切极大函数，我们注意到若 $\alpha>-(n-1)$，则由 Cauchy 不等式和 L^2 估计[17]，有

$$\begin{aligned}I&=\int_{|Q-P|\leqslant 10r_0}|(\nabla u)*|\omega_\alpha \mathrm{d}\sigma\\&\leqslant Cr_0^{-\frac{n-1+\alpha}{2}}\left(\int_{\partial\Omega}|(\nabla u)*|^2\omega_\alpha \mathrm{d}\sigma\right)^{\frac{1}{2}}\\&\leqslant Cr_0^{-\frac{n-1+\alpha}{2}}\left(\int_{\partial\Omega}|a|^2\omega_\alpha \mathrm{d}\sigma\right)^{\frac{1}{2}}\\&\leqslant C\end{aligned}$$

下面我们估计

$$I(r)=\int_{\frac{r}{2}<|Q-P|\leqslant r}|(\nabla u)*|\omega_\alpha \mathrm{d}\sigma,\text{对 } r\geqslant 8r_0$$

对于 $t \in \left[\frac{1}{4},\frac{1}{2}\right]$，令 $\Omega_t = \Omega - B(P,tr)$. 对于 $\alpha > -\frac{n-1}{2}$，运用 Cauchy 不等式和 Ω_t 上的 L^2 估计[17]，有

$$I(r) \leqslant \left(\int_{\frac{r}{2}<|Q-P|\leqslant r} \omega_\alpha^2 \mathrm{d}\sigma\right)^{\frac{1}{2}} \left(\int_{\partial\Omega_t} |(\nabla u)*|^2 \mathrm{d}\sigma\right)^{\frac{1}{2}}$$
$$\leqslant Cr^{\frac{n-1}{2}+\alpha} \left(\int_{\Omega_t} \left|\frac{\partial u}{\partial \boldsymbol{v}}\right|^2 \mathrm{d}\sigma\right)^{\frac{1}{2}}$$

对以上不等式在 $t \in \left[\frac{1}{4},\frac{1}{2}\right]$ 上两边积分，由 Caccipoli 不等式和式(36)，得

$$I(r)\ Cr^{\frac{n-2}{2}+\alpha} \left(\int_{\frac{r}{4}<|X-P|\leqslant \frac{r}{2}} |\nabla u|^2 \mathrm{d}X\right)^{\frac{1}{2}}$$
$$\leqslant Cr^{\frac{n-4}{2}+\alpha} \left(\int_{\frac{r}{8}<|X-P|\leqslant r} |u|^2 \mathrm{d}X\right)^{\frac{1}{2}}$$
$$\leqslant Cr^{\frac{n-4}{2}+\alpha}\ \frac{r_0^{\delta-\alpha}}{r^{n-2+\delta}} r^{\frac{n}{2}}$$
$$\leqslant C\left(\frac{r_0}{r}\right)^{\delta-\alpha}$$

若选取 $\alpha < \delta$，则 $\delta - \alpha > 0$，有

$$\int_{\partial\Omega} |(\nabla u)*|\omega_\alpha \mathrm{d}\sigma \leqslant I + \sum_{j=3}^{+\infty} I(2^j r_1) \leqslant C$$

为了证明剩余估计，记

$$u(X) = \int_{\partial\Omega} N(X,Q) a(Q) \mathrm{d}\sigma$$

$$\int_\Omega |u| V |X - q_0|^\alpha \mathrm{d}X\mathrm{d}X$$
$$\leqslant \int_\Omega \left(\int_{\partial\Omega} |N(Q,X)||a(Q)|\mathrm{d}\sigma\right) V(X) |X - Q_0|^\alpha \mathrm{d}X$$
$$\leqslant \int_\Omega \left(\int_{\partial\Omega} |a(Q)|\mathrm{d}\sigma\right) |N(Q,X)| V(X) |X - Q_0|^\alpha \mathrm{d}X \tag{37}$$

由 Cauchy 不等式以及 $\| a \|_{L^2(\partial\Omega,\omega_\alpha)} \leqslant C r_0^{-\frac{n-1+\alpha}{2}}$，用证明定理 5 的方法和引理 3(这里选取 $\alpha > -1$ 来满足引理中的条件)，可得

$$\int_\Omega |u| V |X - Q_0|^\alpha \mathrm{d}X \leqslant C$$

证毕.

为了证明唯一性，我们需要下述引理.

引理 11 假设 $1 \leqslant p' < p < n-1$ 且 $\max\left(-\frac{n-1}{2}, -\frac{(n-1)(p-p')}{p}\right) < \alpha < \frac{(n-1)(p-p')}{p'}$. 令 u 是 Ω 上 Schrödinger 方程 $-\Delta u + Vu = 0$ 的一个解，使得在 $\partial\Omega$ 上，$\frac{\partial u}{\partial v} = 0$ 和 $(\nabla u)* \in L^p(\partial\Omega, \omega_\alpha)$，则在 Ω 上，$u \equiv 0$.

证明 固定 $Q \in \partial\Omega$ 和 $X = (X', X^n) \in \Gamma(Q)$. 则对于 $s > X^n$，$(X', s) \in \Gamma(Q)$ 且 $|P - Q| \leqslant C(s - x^n)$，有 $(X', s) \in \Gamma(P)$，这里 C 是一个仅与 Lipschitz 特征数有关的常数，因此

$$|\nabla u(X', s)| \leqslant \frac{C}{|s - X^n|} \int_{B(Q, C(s-X^n))} (\nabla u) * (P) \mathrm{d}P$$

现在我们可以得到

$$\begin{aligned} |u(X', X^n)| &\leqslant \int_{X^n}^\infty \frac{\partial}{\partial s} u(X', s) \\ &\leqslant \int_{\partial\Omega} \frac{(\nabla u) * (P)}{|P - Q|^{n-2}} \mathrm{d}P \end{aligned}$$

假设 $\max\left(-\frac{n-1}{2}, -\frac{(n-1)(p-p')}{p}\right) < \alpha < \frac{(n-1)(p-p')}{p'}$，由 Cauchy 不等式和分部积分原理[18]，我们可以得到以下不等式

$$\| u * \|_{L^{\frac{q'}{2}}(\partial\Omega,\omega_\alpha)} \leqslant C \| (\nabla u) * \|_{L^{p'}(\partial\Omega)} \leqslant C \| (\nabla u) * \|_{L^{p}(\partial\Omega,\omega_\alpha)}$$

此处 $q' = \frac{(n-1)p'}{n-1-p'}$，$2 < q' < \infty$ 且 $p' < p$. 该引理剩下的证明可以由资料[16]或[17]中的方法得到.

下面我们给出定理 1 的证明.

证明 假设 $\max\left(-1, -\frac{(n-1)(p-p')}{p}\right) < \alpha < \min\left(\frac{(n-1)(p-p')}{p'}, \delta\right)$. 定理 2 解决了 $p=2$ 的情况. 对于 $1 < p < 2$，引理 11 证明了唯一性，同时通过插值法，由 L^2 情形和带有原子的解的估计可以得到存在性和一致估计.

最后，我们给出：

推论 12 假设 $V \in \mathbf{B}_\infty$，令 u 是 Ω 上 Schrödinger 方程 $-\Delta u + Vu = 0$ 的一个解，使得 $(\nabla u) * \in L^2(\partial\Omega, \omega_\alpha)$ 和 $\frac{\partial u}{\partial \boldsymbol{v}} = a$ 在 $\partial\Omega$ 上，这里 a 是一个加权原子. 然后设 $-2 < \alpha < 1$，有

$$\int_{\partial\Omega} | (\nabla u) * | \omega_\alpha \mathrm{d}\sigma + \int_{\Omega} | u | m(V,X)^2 | X - Q_0 |^\alpha \mathrm{d}X \leqslant C$$

其中 C 仅与 n，α 和 M 有关，M 是 Ω 的 Lipschitz 特征数.

通过运用证明推论 1 的方法可以证明本推论. 由引理 11 和上述推论，有

推论 13 令 $\mathbf{R}^n (n \geqslant 3)$ 是 Ω 上有连通边界的有界的 Lipschitz 区域，那么存在 $\varepsilon = \varepsilon(\Omega) > 0$，使得给定的 $g \in L^p(\partial\Omega, \omega_\alpha)$，其中 $\max\left(-2, -\frac{n-1}{2}, -\frac{(n-1)(p-p')}{p}\right) <$

$\alpha < \min\left(\frac{(n-1)(p-p')}{p'},1\right)$，Neumann 问题(3) 有唯一解. 此外，解 u 满足

$$\int_{\partial\Omega} |(\nabla u)^*|^p \omega_\alpha \mathrm{d}\sigma + \int_\Omega |u|^p m(V,X)^{p+1} |X-Q_0|^\alpha \mathrm{d}X$$

$$\leqslant C\int_{\partial\Omega} |g|^p \omega_\alpha \mathrm{d}\sigma$$

其中 C 与 n，α 和 M 有关，M 是 Ω 上的 Lipschitz 特征数. 由式(34)，推论 1 中的一致性估计可由如下替代

$$\int_{\partial\Omega} |(\nabla u)^*|^p \omega_\alpha \mathrm{d}\sigma + \int_\Omega |u|^p V^{\frac{1+p}{2}} |X-Q_0|^\alpha \mathrm{d}X$$

$$\leqslant C\int_{\partial\Omega} |g|^p \omega_\alpha \mathrm{d}\sigma$$

5 H^p 边界理论

本节我们证明定理 3. 为此我们需要回顾一些概念. 令 $\Lambda(Q,r) = Z(Q,r) \cap \partial\Omega$ 和 $r < \mathrm{diam}(\partial\Omega)$，这里

$$Z(Q,r)$$
$$= \{(X',x_n): |X'-Q'| < r, |x_n - Q_n| < (1+2m)r\}$$

是一个坐标柱，且 m 是一个边界 $\partial\Omega$ 上的 Lipschitz 特征数.

如前所述，a 是一个加权原子，$H^p(\partial\Omega,\omega_\alpha)$，其中 $\frac{n-1+\alpha}{n} < p \leqslant 1$，若对某个 Q_0 和 $r > 0$，$\mathrm{supp}\ a \subset \Lambda(Q_0,r)$，$\|a\|_{L^2(Q_0,r)} \leqslant Cr^{-(n-1+\alpha)\left(\frac{1}{p}-\frac{1}{2}\right)}$，且 $\int_{\Lambda(Q_0,r)} a(Q)\,\mathrm{d}\sigma = 0$. 定理 3 可以看作是下述引理的一个推论.

引理 12 假设 $-\frac{(n-1)(2-p)}{2}<\alpha<\delta$. 给定一个 $\partial\Omega$ 上的 H^p 的原子 a 和 $1-\epsilon<p\leqslant 1(\epsilon>0)$. 令 $V\in\mathbf{B}_n$ 且令 u 是 Ω 上 Schrödinger 方程 $-\Delta u+Vu=0$ 的一个解，使得在 $\partial\Omega$ 上，几乎处处有 $(\nabla u)^*\in L^2(\partial\Omega,\omega_\alpha)$，且从非切收敛意义上来说 $\frac{\partial u}{\partial \boldsymbol{v}}=a$. 那么在 H^p 上 $\frac{\partial u}{\partial \boldsymbol{v}}=a$ 成立. 此外

$$\int_{\partial\Omega}|(\nabla u)^*|^p\omega_\alpha\mathrm{d}\sigma\leqslant C$$

证明 注意到对于 $\omega_\alpha=|Q-Q_0|^\alpha$，可知 $\omega_\alpha\in A_q$ 当且仅当 $-(n-1)<\alpha<(n-1)(q-1)$，此处 $q>1$. 假设对某个 P 和 $r_0>0$，$\operatorname{supp} a\subset\Lambda(P,r_0)$，$\|a\|_{L^2((P,r),\omega_\alpha)}\leqslant Cr^{-(n-1+\alpha)\left(\frac{1}{p}-\frac{1}{2}\right)}$ 和 $\int_{\Lambda(P,r)}a(Q)\mathrm{d}\sigma=0$，记

$$\begin{aligned}u(X)&=\int_{\partial\Omega}N(X,Q)a(Q)\mathrm{d}\sigma\\&=\int_{\partial\Omega}[N(X,Q)-N(X,P)]a(Q)\mathrm{d}\sigma\end{aligned}$$

令 $r_1=10r_0$，因此，由引理 7，对 $X\in\Omega$，$|X-P|\geqslant r_1$，有

$$\begin{aligned}u(X)&\leqslant\frac{Cr^{\delta+\frac{n-1-\alpha}{2}}}{|X-P|^{n-2+\delta}}\|a\|_{L^2((P,r),\omega_\alpha)}\\&\leqslant\frac{Cr^{\delta+(n-1)\left(1-\frac{1}{p}\right)-\frac{\alpha}{p}}}{|X-P|^{n-2+\delta}}\end{aligned}\tag{38}$$

我们现在估计

$$I_j=\int_{2^j r_0\leqslant|Q-Q_0|\leqslant 2^{j+1}r_0}|(\nabla u)^*|^p\omega_\alpha\mathrm{d}\sigma,j\geqslant 3$$

对于 $t \in \left[\frac{1}{4},\frac{1}{2}\right]$，令 $\Omega_{j,t}=\Omega-\Lambda(Q_0,t2^jr_0)$. 运用 Cauchy 不等式和 $\Omega_{j,t}$ 上的 L^2 估计[17]，对 $\alpha>-\frac{(n-1)(2-p)}{2}$，我们可以得到

$$\begin{aligned}
I_j &\leqslant \left(\int_{\partial\Omega_{j,t}}\omega_\alpha^{\frac{2}{2-p}}\mathrm{d}\sigma\right)^{\frac{2-p}{2}}\left(\int_{\partial\Omega_{j,t}}|(\nabla u)*|^2\mathrm{d}\sigma\right)^{\frac{p}{2}}\\
&\leqslant C(2^jr_0)^{\frac{(n-1)(2-p)}{2}+\alpha}\left(\int_{\partial\Omega_{j,t}}|(\nabla u)*|^2\mathrm{d}\sigma\right)^{\frac{p}{2}}\\
&\leqslant C(2^jr_0)^{\frac{(n-1)(2-p)}{2}+\alpha}\left(\int_{\partial\Omega_{j,t}}\left|\frac{\partial u}{\partial \boldsymbol{v}}\right|^2\mathrm{d}\sigma\right)^{\frac{p}{2}}
\end{aligned}$$

以上不等式两边对 t 积分，由 Caccipoli 不等式，得

$$\begin{aligned}
I_j &\leqslant C(2^jr_0)^{n-1-\frac{np}{2}+\alpha}\int_{\frac{1}{4}}^{\frac{1}{2}}\left(\int_{2^{j-2}r_0\leqslant|X-P|\leqslant 2^jr_0}|\nabla u|^2\mathrm{d}X\right)^{\frac{p}{2}}\mathrm{d}t\\
&\leqslant C(2^jr_0)^{n-1-\frac{np}{2}-p+\alpha}\int_{\frac{1}{4}}^{\frac{1}{2}}\left(\int_{2^{j-2}r_0\leqslant|X-P|\leqslant 2^jr_0}|u|^2\mathrm{d}X\right)^{\frac{p}{2}}\mathrm{d}t\\
&\leqslant C(2^jr_0)^{n-1-\frac{np}{2}-p+\alpha}\frac{r^{\delta p+(n-1)(p-1)-\alpha}}{(2^jr_0)^{(n-2+\delta)p}}(2^jr_0)^{\frac{np}{2}}\\
&\leqslant C\left(\frac{1}{2^j}\right)^{\delta p-(n-1)(1-p)-\alpha}
\end{aligned}$$

如果 $\alpha>-(n-1)$，由 L^2 估计可得

$$\begin{aligned}
I_1 &=\int_{\Lambda(Q,8r_1)}|(\nabla u)*|^p\omega_\alpha\mathrm{d}\sigma\\
&\leqslant\left(\int_{\Lambda(Q,8r_1)}\omega_\alpha\mathrm{d}\sigma\right)^{1-\frac{p}{2}}\left(\int_{\Lambda(Q,8r_1)}|(\nabla v)*|^2\omega_\alpha\mathrm{d}\sigma\right)^{\frac{p}{2}}\\
&\leqslant Cr^{\frac{(n-1+\alpha)(2-p)}{2}}\left(\int_{\partial\Omega}|a|^2\omega_\alpha\mathrm{d}\sigma\right)^{\frac{p}{2}}\\
&\leqslant C
\end{aligned}$$

当取 $p>1-\frac{\delta-\alpha}{\delta+n-1}$ 时，我们有 $\delta p-(n-1)(1-p)-\alpha>0$. 由此得

$$\int_{\partial\Omega} |(\nabla u)*|^p \omega_a \mathrm{d}\sigma \leqslant C$$

其中,常数 C 与原子 a 的选取无关.

参考资料

[1] Kenig C. Recent progress on boundary value problems on Lipschlitz domains. Proc Symposia Pure Math,1985,43:175-205.

[2]Coifmain R,Mcintosh A,Meyer Y. L'integral de Cauchy definit un operateur borne sur L^2 pour les courbes Lipschitziennes. Ann Math,1982,116:361-388.

[3]Verchota G. Layer potientials and regualarity for the Diri-chitzproblem for Lapace's equation in Lipschitz domains. J Funct Anal,1984,59:572-611.

[4]Dahlberg B,Kening C. Hardy space and the Neumann problem in L^p for Laplace's equation in Lipschitz domains. Ann Math,1987, 125:437-465.

[5]Fabes E,Jodeit JR M,Riviere N. Potential techniques for boundary value problem on C^1-domains. acta Math,1978,141:165-186.

[6]Fefferman. The uncertainty principle. Bull Amer Math Soc,1983, 9(2):129-206.

[7]Brown R M. The Neumann problem on Lipschitz domains in Hardy spaces of order less than one. Pac J Math,1995,171(2):389-407.

[8]Jerison D,Kenig C. The neumann problem on Lipschitz domains. Bull Amer Math Soc,1981,4:203-207.

[9]Dahlberg B. On estimates for harmonic measure. Arch Rat Mech Anal, 1977,65:273-288.

[10] Dahlberg B. On the Poisson integral for Lipschitz and C^1 domains. Stud Math,1979,66:13-24.

[11]Muckenhoupt B. Weighted norm inequality for the Hardy maximal function. Trans Amer Math Soc,1972,165:207-227.

[12]Shen Z. Resolvent estimates in L^p for elliptic systems in Lipschitz domains. J Funct Anal,1995,133:224-251.

[13]Shen Z. On The Neumann problem for Schrodinger operators in Lipschitz domains. Indiana Univ Math J,1994,43(1):143-167.

[14]Shen Z. L^p estimates for Schrodinger operators with certain potentials. Ann Inst Fourier,1995,45(2):513-546.

[15]Shen Z. Weighted estimates in L^2 for Laplace's equation on the Lipschitz domains. Trans Amer Math Soc,2005,357(7):2843-2870.

[16]Tao X. Boundary value problem for Schrodinger equation on Lipschitz's domains. Acta Math Sin (Chinese),2000,43(1):167-178.

[17]Tao X,Wang H. On the neumann problem for the schrodinger equations with singular potentials in Lipschitz domains. Can J Math,2004,56(3):655-672.

[18]Stein E M. Singular Integrals and Differentiability Properties of Functions. Princeton:Princeton University Press,1970.

[19]Garcia-Cuerva J. Weighted H^p spaces. Dissertations Math,1979,162:1-63.

第三编

非线性 Schrödinger 方程的解法

一类非线性 Schrödinger 方程 Cauchy 问题整体解的不存在性

第一章

考虑如下一类非线性 Schrödinger 方程的 Cauchy 问题

$$\begin{cases}\mathrm{i}u_t - \Delta u = UF(x, |u|^2) \\ (t < 0, x \in \mathbf{R}^n) \\ u(x,0) = u_0(x) \quad (x \in \mathbf{R}^n)\end{cases} \tag{1)(2}$$

由于方程(1)有重要的物理背景，在理论上又是一类很重要的非线性发展方程，所以对它的研究已取得不少成果. 绵阳农业学校基础部的田应辉教授1996年对问题(1),(2)的整体解的不存在性进行研究，所得的定理推广了 Glassey R T 的结果.

1 引 理

我们总假定 $|x|u_0(x) \in L^2(\mathbf{R}^n)$,

$u_0(x) \in H^1(\mathbf{R}^n)$，$\nabla|u_0|^2 \in L^2(\mathbf{R}^n)$，$G(x, |u_0|^2) \in L^1(\mathbf{R}^n)$，并认为在适当初值下问题(1)，(2) 的局部解存在，局部解 $u(x,t)$ 存在区间记为$[0, T)$.

引理 1 设 $u(x,t)$ 是问题(1)，(2) 的解，则

$$\| u \|_{L^2(\mathbf{R}^n)} = \| u_0 \|_{L^2(\mathbf{R}^n)} \quad (0 \leqslant t < T) \tag{3}$$

引理 2 设 $u(x,t)$ 是问题(1)，(2) 的解，令

$$E(t) = \int_0^{|\nabla u|^2} \mathrm{d}x - \int_{\mathbf{R}^n} G(x, |u|^2) \mathrm{d}x$$

其中 $G(x, |u|^2) = \int_0^{|u|^2} F(x, y) \mathrm{d}y$，那么

$$E(t) = (0) \quad (0 \leqslant t < T) \tag{4}$$

引理 3 设 $u(x,t)$ 为问题(1)，(2) 的解，令 $J(t) = \int_{\mathbf{R}^n} |x|^2 |u|^2 \mathrm{d}x$，则

$$J'(t) = -4\mathrm{Im}\int_{\mathbf{R}^n} \bar{u} x \cdot \nabla u \mathrm{d}x \tag{5}$$

$$J''(t) = 8\int_{\mathbf{R}^n} |\nabla u|^2 \mathrm{d}x - 4n\int_{\mathbf{R}^n} [|u|^2 F(x, |u|^2) - G(x, |u|^2)] \mathrm{d}x + 4\int_{\mathbf{R}^n} \left[\int_0^{|u|^2} r \frac{\partial F(x,y)}{\partial r} \mathrm{d}y\right] \mathrm{d}y$$

其中 $r = |x|$. (6)

2 主要结果

定理 1 如果下列条件被满足：

(i) $\frac{\partial F(x,s)}{\partial r} \leqslant 0$，$\forall s \geqslant 0$，$x \in \mathbf{R}^n (r = |x|)$；

(ii) 存在常数 $Cn \geqslant 1 + \frac{2}{n}$，$sF(x,s) \geqslant CnG(x,$

$s)$，使 $s \geqslant 0, x \in \mathbf{R}^n$；

(iii) $E(0) \geqslant 0$.

则问题(1)，(2) 不存在整体解，即存在 $T_1 < \infty$，使解的存在区间中的 T 满足 $T < T_1$.

证明　由引理 3、引理 2 及定理 1 的条件可得

$$\begin{aligned} & J''(t) \\ \leqslant & 8\int_{\mathbf{R}^n} |\nabla u|^2 \mathrm{d}x - 4n(Cn-1)\int_{\mathbf{R}^n} G(x, |u|^2)\mathrm{d}x \\ = & 8\int_{\mathbf{R}^n} |\nabla u|^2 \mathrm{d}x - 4n(Cn-1)\left[\int_{\mathbf{R}^n} |\nabla u|^2 \mathrm{d}x - E(0)\right] \\ = & 4[2-n(Cn-1)]\int_{\mathbf{R}^n} |\nabla u|^2 \mathrm{d}x + 4n(Cn-1)E(0) \end{aligned} \tag{7}$$

由经典分析，下列恒等式成立

$$J(t) = J(0) + J'(0)t + \int_0^t (t-s)J''(s)\mathrm{d}s \quad (t \geqslant 0) \tag{8}$$

将(7) 代入(8) 得

$$\begin{aligned} J(t) \leqslant & J(0) + J'(0)t + \\ & 4[2-n(Cn-1)\int_0^t (t-s)\int_{\mathbf{R}_n} |\nabla u| \mathrm{d}x]\mathrm{d}s + \\ & 4n(Cn-1)E(0)\int_0^t (t-s)\mathrm{d}s \\ \leqslant & J(0) + J'(0)t + 2n(Cn-1)E(0)t^2 \end{aligned} \tag{9}$$

由于

$$Cn - 1 > 0$$

$$E(0) < 0$$

$$J(0) = \int_{\mathbf{R}^n} |x|^2 |u_0|^2 \mathrm{d}x \geqslant 0$$

所以，如果取

$$T_1=-\frac{[J'(0)+\sqrt{(J'(0))^2-8n(Cn-1)J(0)E(0)}]}{4n(Cn-1)E(0)}$$

则当 $t>T_1$ 时，有

$$J(0)+J'(0)t+2n(Cn-1)E(0)\,t^2<0$$

然而 $J(t)=\int_{\mathbf{R}^n}|x|^2|u|^2\mathrm{d}x\geqslant 0$，由式(9)可知，解 $u(x,t)$ 的存在区间 $(0,T)$ 中的 T 必满足 $T\leqslant T_1<\infty$，即问题(1)，(2)不存在整体解.

定理 2 如果下列条件被满足：

(i) $\dfrac{\partial F(x,s)}{\partial r}\leqslant 0,\forall s\geqslant 0,x\in\mathbf{R}^n(r=|x|)$；

(ii) 存在常数 $Cn\geqslant 1+\dfrac{2}{n}$ 使 $SF(x,s)\geqslant CnG(x,s),\forall s\geqslant 0,x\in\mathbf{R}^n$；

(iii)

$$E(0)\geqslant 0,\mathrm{Im}\int_{\mathbf{R}^n}\overline{u_0}x\cdot\nabla u_0\mathrm{d}x>0$$

$$\left(\mathrm{Im}\int_{\mathbf{R}^n}\overline{u_0}x\cdot\nabla u_0\mathrm{d}x\right)^2>\frac{1}{2}n(Cn-1)E(0)\int_{\mathbf{R}^n}|x|^2|u_0|^2\mathrm{d}x$$

那么，问题(1)，(2)不存在整体解，即存在 $T_2<\infty$ 使解的存在区间中的 T 满足 $T\leqslant T_2$.

证明 在定理 2 的条件之下，我们仍然有

$$J(t)\leqslant J(0)+J'(0)t+2n(Cn-1)E(0)t^2\tag{10}$$

由于 $\mathrm{Im}\int_{\mathbf{R}_n}\overline{u_0}s\cdot\nabla u_0\mathrm{d}x>0$，从引理 3 可知 $J'(0)<0$. 又由定理 2 条件(iii)的最后一个不等式可知下列不等式成立

$$J'(0)^2>8n(Cn-1)J(0)E(0)$$

如果 $E(0)>0$，由于 $J(0)\geqslant 0$，故方程 $J(0)+J'(0)t+2n(Cn-1)E(0)t^2=0$ 有两个互异的非负实根

$$t_1=\frac{-J'(0)-\sqrt{J'(0)^2-8n(Cn-1)J(0)E(0)}}{4n(Cn-1)E(0)}$$

$$t_2=[-J'(0)-\sqrt{J'(0)^2-8n(Cn-1)J(0)E(0)}]\cdot[4n(Cn-1)E(0)]$$

当 $t\in(t_1,t_2)$ 时，有 $J(0)+J'(0)t+2n(Cn-1)E(0)t^2<0$. 而 $J(t)\geqslant 0$，所以取 $T_2=T_1$，由式(10)可知，解的存在区间中的 T 必须满足 $T\leqslant T_2<\infty$，即问题(1)，(2) 不存在整体解.

如果 $E(0)=0$，由于 $J'<0$，取 $T_2=-\frac{J(0)}{J'(0)}$，则 $t>T_2$ 时，有 $J(0)+J'(0)t<0$，而 $J(t)\geqslant 0$，由式(10) 可知，解的存在区间中的 T 必满足 $T\leqslant T_2<\infty$，即问题(1)，(2) 不存在整体解.

定理 3　如果下列条件被满足：

(i) $\frac{\partial F(x,s)}{\partial r}\leqslant 0,\forall s\geqslant 0,x\in\mathbf{R}^n(r=|x|_1)$；

(ii) 存在常数 $Cn>1+\frac{2}{n}$ 使 $sF(x,s)\geqslant CnG(x,s),\forall s\geqslant 0,x\in\mathbf{R}>0$.

(iii) $E(0)\leqslant 0,\mathrm{Im}\int_{\mathbf{R}^n}\overline{u_0}X\cdot\nabla u_0\,\mathrm{d}x>0$.

则问题(1)，(2) 不存在整体解，且存在 $T_3<\infty$，$\lim\limits_{t\to T_3^-}\|\nabla u\|_{L^2(\mathbf{R}^n)}=\infty$.

证明　由引理 2、引理 3 及定理 3 的条件可知式(7) 仍然成立，再由 $Cn-1>0,E(0)\leqslant 0$ 得

$$J''(t)\leqslant 4[2-n(Cn-1)]\int_{\mathbf{R}^n}|\nabla U|^2\mathrm{d}x$$

$$=4[2-n(Cn-1)]\|\nabla U\|_{L^2(\mathbf{R}^n)}^2 \tag{11}$$

由式(11)可知 $J''(t)\leqslant 0$，故 $J'(t)$ 为递减函数，所以

$$J'(t)\leqslant J'(0)=-4\mathrm{Im}\int_{\mathbf{R}^n}\overline{U_0}x\cdot\nabla u_0\,\mathrm{d}x<0$$

$$(0\leqslant t<T)$$

于是又知 $J(t)$ 为严格递减函数，所以

$$J(t)<J(0)\quad(0<t<T)$$

即

$$\int_{\mathbf{R}^n}|x|^2|u|^2\mathrm{d}x<\int_{\mathbf{R}^n}|x|^2|u_0|^2\mathrm{d}x=d_0^2$$

$$(0<t<T)$$

根据 Schwarz 不等式，得

$$\begin{aligned}J'(t)&=-4\mathrm{Im}\int_{\mathbf{R}^n}\bar{u}x\cdot\nabla u\mathrm{d}x\\&\geqslant-4\left|\int_{\mathbf{R}^n}\bar{u}x\cdot\nabla u\mathrm{d}x\right|\\&\geqslant-4\left(\int_{\mathbf{R}^n}|x|^2|u|^2\mathrm{d}x\right)^{\frac{1}{2}}\left(\int_{\mathbf{R}^n}|\nabla u|^2\mathrm{d}x\right)^{\frac{1}{2}}\\&\geqslant-4d_0\|\nabla u\|_{L^2(\mathbf{R})^n}\end{aligned} \tag{12}$$

由式(11)和式(12)得

$$J''(t)\leqslant\frac{1}{4d_0^2}[2-n(Cn-1)][J'(t)]^2$$

分离变量后积分得，得

$$J'(t)\leqslant\frac{J'(0)}{1-(1/4d_0^2)[2-n(Cn-1)]J'(0)t} \tag{13}$$

取 $T_3=\dfrac{4d_0^2}{2-n(Cn-1)}J'(0)$，由式(13)可知，当 $t\to T_3^-$ 时，$J'(t)\to-\infty$，再由式(12)便得

$$\lim_{t\to T_3^-}\|\nabla u\|_{L^2(\mathbf{R}^n)}=\infty$$

推论　设定理 3 的三个条件被满足，并且 $G(x,s)$ 还满足：存在正常数 c 和 $\acute{o}$，使

$$G(x,s)\leqslant cs^{1+\acute{o}}\quad(\forall s\geqslant 0)$$

那么，存在 $T_0<\infty$，使 $\lim\limits_{t\to T_0^-}\|u\|_{L^\infty(\mathbf{R}^n)}=\infty$.

证明　由推论的条件及引理 2、引理 1 可得

$$\begin{aligned}\int_{\mathbf{R}^n}|\nabla u|^2\mathrm{d}x&\leqslant\int_{\mathbf{R}^n}G(x,|u|^2)\mathrm{d}x\\&\leqslant C\int_{\mathbf{R}^n}|u|^{2(1+\acute{o})}\mathrm{d}x\\&\leqslant C\|u\|_{L^\infty(\mathbf{R}^n)}^{2\acute{o}}\|u\|_{L^2(\mathbf{R}^n)}^2\\&=C\|u\|_{L^\infty(\mathbf{R}^n)}^{2\acute{o}}\|u_0\|_{L^2(\mathbf{R}^n)}^2\end{aligned}\tag{14}$$

根据定理 3，存在 $T_0<\infty$，使 $\lim\limits_{t\to T_0^-}\int_{\mathbf{R}^n}|\nabla u|^2\mathrm{d}x=\lim\limits_{t\to T_0^-}\|\nabla u\|_{L^2(\mathbf{R}^n)}^2=\infty$.

由式(14) 可知

$$\lim_{t\to T_0^-}\|u\|_{L^\infty(\mathbf{R}^n)}=\infty$$

注　如果取 $F(x,s)=S^{\frac{p-1}{2}}(p>1)$，容易验证，当 $p\geqslant 1+\dfrac{4}{n}$ 时，定理 1、定理 2、定理 3 中的条件(ii) 被满足(条件(i) 被满足是明显的).

Schrödinger 方程形式的玻氏微分积分方程

第二章

台州学院物理系的厚宇德教授2002年通过简单的复变函数变换，导出了 Schrödinger 方程形式的 Boltzmann 微分积分方程，以期望为求解 Boltzmann 微分积分方程发现新的途径.

按资料[1]，Boltzmann 微分积分方程形式为

$$\frac{\mathrm{d}f}{\mathrm{d}t}=\left(\frac{\partial f}{\partial t}\right)c=\frac{\partial_f}{\partial_t}+\boldsymbol{u}\frac{\partial f}{\partial \boldsymbol{r}}+\boldsymbol{F}\frac{\partial f}{\partial \boldsymbol{v}}$$
$$=\iint(f'f'_1-ff_1)\boldsymbol{u}\sigma\,\mathrm{d}\Omega\mathrm{d}\boldsymbol{v}_1 \quad (1)$$

其中

$$f'=f(\boldsymbol{r},\boldsymbol{v}',t),f'_1=f(\boldsymbol{r},\boldsymbol{v}',t)$$
$$f=f(\boldsymbol{r},\boldsymbol{v},t),f_1=f(\boldsymbol{r},\boldsymbol{v}_1,t)$$

$\boldsymbol{F}$ 为分子单位质量所受的外力，$\boldsymbol{u}$ 为相对速度，$|\boldsymbol{u}|=|\boldsymbol{u}^1|$，$\sigma$ 为微分散射截面.

方程(1) 决定了非平衡态速度分布函数随 $\boldsymbol{rv}$ 及 t 的变化情况，原则上求解这个方程，应能给出非平衡态的分布函数 $f(\boldsymbol{r},\boldsymbol{v},t)$，并由它求出各相应的热力学量．尽管方程(1) 形式上比较优美，但实际上，由于这是一个关于 f 的非线性微分方程，严格求解十分困难．经过简单的复变函数变换，可将方程(1) 形式地 Schrödinger 方程化．在量子力学中，人们针对不同的势条件对 Schrödinger 方程进行了比较广泛的研究．这些方法很可能对解方程(1) 有一定的类比启发作用．

在式(1) 中，$J=\frac{\partial(\boldsymbol{v}',\boldsymbol{v}_1)}{\partial(\boldsymbol{v},\boldsymbol{v})}=1$，方程可变为

$$\left(\frac{\partial f}{\partial t}\right)c=f'\int\sigma\mathrm{d}\Omega'\int f'_1\boldsymbol{u}\mathrm{d}\boldsymbol{v}_1-f\int\sigma\mathrm{d}\Omega\int f_1\boldsymbol{u}\mathrm{d}\boldsymbol{v}_1$$
$$=\mathrm{Re}\left[-(f-\mathrm{i}f')\int\sigma\mathrm{d}\Omega\int(f_1-\mathrm{i}f'_1)\boldsymbol{u}\mathrm{d}\boldsymbol{v}_1\right] \tag{2}$$

引入复变量

$$Z=\frac{1}{2}(f-\mathrm{i}f'),Z_1=\frac{1}{2}(f_1-\mathrm{i}f'_1) \tag{3}$$

则 Boltzmann 微分积分方程可写为

$$\mathrm{Re}\,\frac{\mathrm{d}z}{\mathrm{d}t}=2\mathrm{Re}\left(-z\int\sigma\mathrm{d}\Omega\int z_1\boldsymbol{u}\mathrm{d}\boldsymbol{v}_1\right) \tag{4}$$

显然式(4) 要成立，必须

$$\frac{\mathrm{d}z}{\mathrm{d}t}=-2z\int\sigma\mathrm{d}\Omega\int z_1\boldsymbol{u}\mathrm{d}\boldsymbol{v}_1 \tag{5}$$

即

$$\frac{\partial z}{\partial t}+\boldsymbol{u}\frac{\partial f}{\partial \boldsymbol{v}}+\boldsymbol{F}\frac{\partial f}{\partial \boldsymbol{v}}=-2z\int\sigma\mathrm{d}\Omega\int z_1\boldsymbol{u}\mathrm{d}\boldsymbol{v}_1 \tag{6}$$

令

$$\xi=-\mathrm{i}\int\sigma\mathrm{d}\Omega\int\mathrm{d}\boldsymbol{v}_1\boldsymbol{u} \tag{7}$$

则式(6) 可化为

$$\frac{\partial z}{\partial t}+\boldsymbol{u}\frac{\partial f}{\partial \boldsymbol{r}}+\boldsymbol{F}\frac{\partial f}{\partial \boldsymbol{v}}=-2\mathrm{i}z(\zeta_z) \tag{8}$$

式中

$$\xi_z=-\mathrm{i}\int\sigma\mathrm{d}\Omega\int z_1\boldsymbol{u}\mathrm{d}\boldsymbol{v}_1 \tag{9}$$

再令

$$\xi_z=-\mathrm{i}\boldsymbol{u}\frac{\partial}{\partial \boldsymbol{r}}-\mathrm{i}\boldsymbol{F}\frac{\partial}{\partial \boldsymbol{v}}+2\eta,\eta=\zeta_z$$

则 Boltzmann 微分积分方程(8) 即成为如下方程

$$\mathrm{i}\frac{\partial z}{\partial t}=\zeta_z \tag{10}$$

显然与 Schrödinger 方程[2]

$$\mathrm{i}\hbar\frac{\partial}{\partial t}\Psi=\hat{H}\Psi \tag{11}$$

具有相同的形式.

一般地，在 Schrödinger 方程中，描写微观体系状态的波函数是归一化的，即有

$$\int_{\infty}|\Psi(x,y,z,t)|^2\mathrm{d}x\mathrm{d}y\mathrm{d}z=1 \tag{12}$$

对于组连续谱的物理量如动量的本征函数，虽不能归一化，仍可归一化为 σ 函数，即有

$$\int_{\infty}\Psi_{p'}^{*}\Psi_{p}\mathrm{d}x\mathrm{d}y\mathrm{d}z=\delta(\boldsymbol{p}-\boldsymbol{p}') \tag{13}$$

式(10) 虽形式上与 Schrödinger 方程一致，但因 z 与 Ψ 的物理含义的不同，不能简单地类比，让 z 满足归一化条件或 δ 函数，但式(10) 仍有一个约束条件. 由分布函数 f 的含义知

$$\int f\mathrm{d}\boldsymbol{p}=n(\boldsymbol{r},t) \tag{14}$$

其中，$n(\boldsymbol{r},t)$ 为 t 时刻在点 $\boldsymbol{r}$ 单位体积之分子数. 故有

$$\int_{n}(\boldsymbol{r},t)\mathrm{d}\boldsymbol{r}=N(N\text{ 为体系总子数}) \qquad (15)$$

联合式(14)(15) 有

$$\iint f\mathrm{d}\boldsymbol{r}\mathrm{d}\boldsymbol{p}=N$$

再借助于式(3) 可得 Z 满足的与波函数 Ψ 归一化条件相对应的条件为

$$\iint(Z+Z*)\mathrm{d}\boldsymbol{r}\mathrm{d}\boldsymbol{p}=N$$

参考资料

[1] 苏汝铿.统计物理学[M].上海:复旦大学出版社,1990.

[2] 周世勋.量子力学教程[M].北京:高等教育出版社,1984.

[3] 徐耀群,李宏达,杨枫林.抛物型方程自由边界问题[J].黑龙江商学院学报:自然科学版,1998,4:51-56.

无界区域$\mathbf{R}^3$上的非线性应变波方程与 Schrödinger 方程耦合方程组的指数吸引子

第三章

1 引言

非线性应变波方程与Schrödinger方程耦合所得到的系统刻画了初始应变杆的弹性波的传播.对它的研究具有十分重要的意义和价值,因而受到人们广泛的关注.其数学模型如下

$$\begin{cases} i\varepsilon_t + \Delta\varepsilon + i\gamma\varepsilon - \eta\varepsilon = f(x) \\ \eta_{tt} - \Delta\eta + \Delta(a\Delta\eta - b\eta_{tt} - \delta\eta_t) + \\ e(\eta + \eta_t) = \Delta|\varepsilon|^2 \\ \varepsilon(x,0) = \varepsilon_0(x) \\ \eta(x,0) = \eta_0(x) \\ \eta_t(x,0) = \eta_1(x) \end{cases} \tag{1}$$

其中，$t \in \mathbf{R}_+$，$x \in \mathbf{R}^3$，ε，η 分别代表未知的复函数和实函数，a，b，δ，γ，e 都是正的常数.

对于具有耗散性的无穷维动力系统，研究其解的长时间性态是数学物理中的一个重要问题. 通常，系统的长时间性态由具有有限维特性的全局吸引子所表现[1,2]. 因此，全局吸引子的存在性极其重要. 郭柏灵、戴正德研究了系统(1) 在有界区域上的解的长时间性态[3]. 杜先云研究了该系统在无界区域 $\mathbf{R}^3$ 上的情形，得到了系统在 $H^2 \times H^2 \times H^1(\mathbf{R}^3)$ 上存在紧的极大吸引子[4].

然而，对于一般的情形，研究全局吸引子是相当困难的. 因而我们想到借助其他的东西来代替全局吸引子. 1985 年，Foias，Sell 和 Temam[5] 首先提出了惯性流形，即内含吸引子，它是一正的不变的有限维 Lipschitz 流形，且指数地吸引解的每一条轨道，并且它包含了全局吸引子. 从而给定的耗散无穷维动力系统的长时间性态便由惯性流形所决定. 但是，保证惯性流形存在性的条件十分苛刻(比如谱间隙条件). 因此，许多重要的无穷维动力系统的惯性流形的存在性仍未解决. 而与此同时，人们又提出了指数吸引轨道且关于流正向不变的一类紧分形集，这就是所谓的指数吸引子，又称为惯性分形集(记为 IFS)[6]. 而且我们还知道，指数吸引子优于惯性流形，在于其有良好的鲁棒性. 此性质主要基于其以指数收敛于吸引子[7]. 因此引起许多学者对之关注，并且在有界区域上做了大量的工作[8-10].

而无界区域上的指数吸引子的存在性的研究更具挑战性，这个有趣的课题吸引了众多数学家的目光[11,12]. 在指数吸引子存在性的证明中，有两点是最基本的，其一是必须找到一个紧的正向不变集，其二必须证明半群算子 $S(t)$ 的挤压性. 而挤压性证明是以对线性算子 A 的直交谱分解为条件的. 但对无界区域上耗散发展方程，由于嵌入的紧性遇到困难且算子 A 不再具有离散谱，因此上述两点的证明都显得十分困难. 1995 年，Babin A V 和 Nicolaenko N 修正了"紧正向不变集"条件[13,14]，引入带权空间构造一类紧算子，从而解决了无界区域上指数吸引子的存在性问题.

四川师范大学数学与软件科学学院的陈光淦，蒲志林，张健三位教授 2005 年研究了无界区域 $\mathbf{R}^3$ 上的非线性应变波方程与 Schrödinger 方程耦合方程组 (1)，借助于 Babin 的思想，克服了算子 $(-\Delta)^{-1}$ 在 $L^2(\mathbf{R}^3)$ 上不连续且非紧，且其不再具有离散谱和 $H^s(\mathbf{R}^3) \hookrightarrow H^{s_1}(\mathbf{R}^3)(s > s_1)$ 非紧两个困难. 运用加权空间的紧性和用算子分解来构造 $H^2 \times H^2 \times H^1(\mathbf{R}^3)$ 中紧算子的方法，获得了挤压性的证明，从而得到方程 (1) 在 $H^2 \times H^2 \times H^1(\mathbf{R}^3)$ 上存在指数吸引子.

本章第 2 节给出了必需的准备知识，然后在第 3 节中叙述了指数吸引子的存在性结论. 在第 4 节论证了半群算子满足强挤压性.

2　预备知识

用$(\cdot, \cdot)$，$\|\cdot\|$ 分别表示 $L^2(\mathbf{R}^3)$ 中的内积和范数. 令

$$V = H^1 \times H^1 \times H(\mathbf{R}^3)$$

$$X = H^2 \times H^2 \times H^1(\mathbf{R}^3)$$
$$Y = H^3 \times H^3 \times H^2(\mathbf{R}^3)$$

其中，$H := L^2(\mathbf{R}^3)$. 用 $\|\cdot\|_X$ 表示 X 中的范数，$\|\cdot\|_Y$ 表示 Y 中的范数.

定义 1[6]　在 Hilbert 空间 X 中，紧集 μ 称为半群算子 $S(t)$ 的指数吸引子，如果：

(1) $\mathscr{A} \subset \mu \subset X$，其中 $\mathscr{A}$ 是全局吸引子；

(2) μ 是正的不变集；

(3) μ 的分数形维数有限；

(4) $\forall B \subset X$ 有界，$\exists C_0 = C_0(B) > 0, C_1 = C_1(B) > 0$，使得 $d_X(S(t)B, \mu) \leqslant C_0 \mathrm{e}^{-C_1 t}$，其中，在 X 拓扑下，d_X 是标准的对称 Hausdorff 半距离.

由资料[4]知，方程(1)在 X 和 Y 中分别存在有界吸收集 B_1 和 B_2. 设为

$$B_1 = \{(\varepsilon, \eta, \eta_t) \in X : \|(\varepsilon, \eta, \eta_t)\|_X \leqslant C\}$$
$$B_2 = \{(\varepsilon, \eta, \eta_t) \in Y : \|(\varepsilon, \eta, \eta_t)\|_Y \leqslant C\}$$

引理 1[13]　若下列条件成立：

(1) 设 $M \subset X$ 有 $S(t)M \subset M$；

(2) 存在 X 中半径为 1 的小球对 M 有有限覆盖；

(3) $S(t)$ 在 X 中有一个极大吸引子；

(4) $S(t)$ 在 M 中有强挤压性和一致的 Lipschitz 连续性.

则 $S(t)$ 在 M 中存在一个指数吸引子.

引理 2[4]　设 $(\varepsilon, \eta, \eta_t)$ 是方程(1)的解，当 $f \in L^\infty(\mathbf{R}_+, \Gamma)$，如果 $(\varepsilon_0, \eta_0, \eta_1) \in \Sigma$，那么 $(\varepsilon, \eta, \eta_t) \in L^\infty(\mathbf{R}_+, \Sigma)$. 其中 Γ 分别代表 $H(\mathbf{R}^3)$，$H^1(\mathbf{R}^3)$ 和 $H^2(\mathbf{R}^3)$，相对应的 Σ 分别代表 V，X 和 Y. 进一步，算子半群 $S(t)$ 在 X 和 Y 上都是 Lipschitz 连续

的. 并且系统在 X 上存在极大吸引子.

引理 3[15] 设 $s > s_1$, s, s_1 为整数,则 $H^s(\mathbf{R}^n) \cap H^{s_1}(\mathbf{R}^n;(1+x^2)\mathrm{d}x)$ 到 $H^{s_1}(\mathbf{R}^n)$ 是紧嵌入.

本章后面,如无特别说明,将用 C 表示所有正的常数,R 表示所有与 t 有关的数.

3 指数吸引子的存在性

令 $M = B_2$,则 $M \subset B_1 \subset X$ 且 $S(t)M \subset M$. 本章主要结果如下.

定理 1 若 $f \in L^\infty(\mathbf{R}_+, H^2(\mathbf{R}^3))$, $M = B_2$, $S(t)$ 是方程(1) 生成的半群算子,则 $S(t)$ 在 $M \subset X = H^2 \times H^2 \times H^1(\mathbf{R}^3)$ 中存在一个指数吸引子.

定理 1 的证明是基于引理 1 的. 由引理 2 知,$S(t)$ 在 M 上一致 Lipschitz 连续,且在 X 中存在极大紧吸引子. 为此只需证明下面两个命题.

命题 1 在 X 中有半径为 1 的小球对 M 有有限覆盖.

此命题的证明用资料[4] 中的引理 1 和引理 2,类似资料[16] 引理 2.7 的证明可得.

命题 2 对于任意 $\delta \in \left(0, \frac{1}{4}\right)$,存在一个 $t > 0$,使 $S(t)$ 在 M 上是强挤压的.

4 半群算子的强挤压

为证命题 2,需做如下准备.

设$(\varepsilon_k,\eta_k,\eta_{kt})$是系统(1)对应于初值$(\varepsilon_{0k},\eta_{0k},\eta_{1k})$的解. $k=1,2$. 令

$$(\varepsilon,\eta,\eta_t)=(\varepsilon_1-\varepsilon_2,\eta_1-\eta_2,\eta_{1t}-\eta_{2t})$$

$$(\varepsilon_0,\eta_0,\eta_1)=(\varepsilon_{01}-\varepsilon_{02},\eta_{01}-\eta_{02},\eta_{11}-\eta_{12})$$

则$(\varepsilon,\eta,\eta_t)$满足如下方程组

$$\begin{cases}\mathrm{i}\varepsilon_t+\Delta\varepsilon+\mathrm{i}\gamma\varepsilon=\eta_1\varepsilon+\varepsilon_2\eta\\ \eta_{tt}-\Delta\eta+\Delta(a\Delta\eta-b\eta_{tt}-\delta\eta_t)+\\ e(\eta+\eta_t)=\Delta(\varepsilon_1\bar{\varepsilon}+\overline{\varepsilon_2}\varepsilon)\\ (\varepsilon,\eta,\eta_t)(x,0)=(\varepsilon_0,\eta_0,\eta_1)\end{cases}\tag{2}$$

令

$$\lambda_{L(x)}=\begin{cases}1, & |x|\leqslant L\\ 0, & |x|\geqslant 1+L\end{cases}$$

则 $\forall\beta\in(0,1)$, $\exists L(\beta)>0$ 满足

$$\|\eta_1-\eta_{1\beta}\|_{H,H^2,H^3}\leqslant\beta,\eta_{1\beta}=\lambda_{L(\beta)}\eta$$

$$\|\varepsilon_j-\varepsilon_{j\beta}\|_{H,H^2,H^3}\leqslant\beta,\varepsilon_{j\beta}=\lambda_{L(\beta)}\varepsilon_j,j=1,2$$

分解方程组(2)对应的解算子 $S(t)=S^{\#}(t)+S*(t)$,其中$S^{\#}(t)$满足:$S^{\#}(t)(\varepsilon_0,\eta_0,\eta_1)=(\varepsilon^{\#},\eta^{\#},\eta_t^{\#})$是如下问题的解

$$\begin{cases}\mathrm{i}\varepsilon_t^{\#}+\Delta\varepsilon^{\#}+\mathrm{i}\gamma\varepsilon^{\#}=(\eta_1-\eta_{1\beta})\varepsilon^{\#}+(\varepsilon_2-\varepsilon_{2\beta})\eta^{\#}\\ \eta_{tt}^{\#}-\Delta\eta^{\#}+\Delta(a\Delta\eta^{\#}-b\eta_{tt}^{\#}-\delta\eta_t^{\#})+e(\eta^{\#}+\eta_t^{\#})=\\ \Delta[(\varepsilon_1-\varepsilon_{1\beta})\overline{\varepsilon^{\#}}+(\overline{\varepsilon_2}-\overline{\varepsilon_{2\beta}})\varepsilon^{\#}]\\ (\varepsilon^{\#},\eta^{\#},\eta_t^{\#})(x,0)=(\varepsilon_0,\eta_0,\eta_1)\end{cases}\tag{3}$$

$S*(t)$ 满足 $S*(t)(0,0,0)=(\varepsilon*,\eta*,\eta*_t)$是如下问题的解

$$\begin{cases} i\varepsilon^*_t + \Delta\varepsilon^* + i\gamma\varepsilon^* = \eta_1\varepsilon^* + \eta_{1\beta}\varepsilon^\# + \varepsilon_2\eta^* + \varepsilon_{2\beta}\eta^\# \\ \eta^*_{tt} - \Delta\eta^* + \Delta(a\Delta\eta^* - b\eta^*_{tt} - \delta\eta^*_t) + e(\eta^* + \eta^*_t) = \\ \Delta(\varepsilon_1\overline{\varepsilon^*} + \varepsilon_{1\beta}\overline{\varepsilon^\#} + \overline{\varepsilon_2}\varepsilon^* + \overline{\varepsilon_{2\beta}}\varepsilon^\#) \\ (\varepsilon^*, \eta^*, \eta^*_t)(x, 0) = (0, 0, 0) \end{cases} \tag{4}$$

引理 4 对于方程组(3),可选择适当小的β,使得

$$\|(\varepsilon^\#, \eta^\#, \eta_t^\#)\|_V, \|(\varepsilon^\#, \eta^\#, \eta_t^\#)\|_X,$$
$$\|(\varepsilon^\#, \eta^\#, \eta_t^\#)\|_Y \leqslant Ce^{-Ct} \quad (t > 0)$$

证明 一方面,先用 $-\lambda_1\Delta^3\varepsilon^\# + \lambda_2\Delta^2\varepsilon^\# - \lambda_3\Delta\varepsilon^\# + \lambda_4\varepsilon^\#$ 与(3)中的第一式在 $L^2(\mathbf{R}^3)$ 中作内积,这里的 $\lambda_i > 0, i=1,2,3,4$ 是待定的正数,然后取虚部可得

$$\frac{1}{2}\frac{\mathrm{d}}{\mathrm{d}t}(\lambda_1\|\nabla\Delta\varepsilon^\#\|^2 + \lambda_2\|\Delta\varepsilon^\#\|^2 + \lambda_3\|\nabla\varepsilon^\#\|^2 + \lambda_4\|\varepsilon^\#\|^2) + \gamma(\lambda_1\|\nabla\Delta\varepsilon^\#\|^2 + \lambda_2\|\Delta\varepsilon^\#\|^2 + \lambda_3\|\nabla\varepsilon^\#\|^2 + \lambda_4\|\varepsilon^\#\|^2) = F_1 \tag{5}$$

这里

$$F_1 = \mathrm{Im}((\eta_1 - \eta_{1\beta})\varepsilon^\# + (\varepsilon_2 - \varepsilon_{2\beta})\eta^\#, -\lambda_1\Delta^3\varepsilon^\# + \lambda_2\Delta^2\varepsilon^\# - \lambda_3\Delta\varepsilon^\# + \lambda_4\varepsilon^\#)$$

另一方面,用$-\Delta(\eta_t^\# + \lambda_5\eta^\#) + \eta_t^\# + \lambda_6\eta^\#$ 与(3)中的第二式在 $L^2(\mathbf{R}^3)$ 中作内积,这里的 $\lambda_i > 0, i=5, 6$ 是待定的正数,得

$$\frac{1}{2}\frac{\mathrm{d}}{\mathrm{d}t}\{e(1+\lambda_6)\|\eta^\#\|^2 + [1 + \lambda_6\delta + e(1 + \lambda_5)]\|\nabla\eta^\#\|^2 + (1 + a + \lambda_5\delta)\|\Delta\eta^\#\|^2 + a\|\nabla\Delta\eta^\#\|^2 + \|\eta_t^\#\|^2 + (1+b)\|\nabla\eta_t^\#\|^2 + b\|\Delta\eta_t^\#\|^2 + 2\lambda_6(\eta_t^\#, \eta^\#) + 2(\lambda_5 + \lambda_6 b)(\nabla\eta_t^\#, \nabla\eta^\#) + 2\lambda_5 b(\Delta\eta_t^\#, \Delta\eta^\#)\} + [\lambda_6 e\|\eta^\#\|^2 +$$

$$(\lambda_6+\lambda_5 e)\|\nabla\eta^{\#}\|^2+(\lambda_5+\lambda_6 a)\|\Delta\eta^{\#}\|^2+\lambda_5 a\|\nabla\Delta\eta^{\#}\|^2+(e-\lambda_6)\|\eta_t^{\#}\|^2+(e+\delta-\lambda_6 b-\lambda_5)\|\nabla\eta_t^{\#}\|^2+(\delta-\lambda_5 b)\|\Delta\eta_t^{\#}\|^2]=F_2 \tag{6}$$

这里

$$F_2=\{\Delta[(\varepsilon_1-\varepsilon_{1\beta})\overline{\varepsilon^{\#}}+(\overline{\varepsilon_2}-\overline{\varepsilon_{2\beta}})\varepsilon^{\#}],\ -\Delta(\eta_t^{\#}+\lambda_5\eta^{\#})+\eta_t^{\#}+\lambda_6\eta^{\#}\}$$

然后，式(5)+(6)并运用 $\mathrm{Im}(u,v)\leqslant\|u\|\|v\|$，Hölder 不等式及 Young 不等式可得

$$\begin{aligned}&\frac{1}{2}\frac{\mathrm{d}}{\mathrm{d}t}\{(\lambda_1\|\nabla\Delta\varepsilon^{\#}\|^2+\lambda_2\|\Delta\varepsilon^{\#}\|^2+\lambda_3\|\nabla\varepsilon^{\#}\|^2+\lambda_4\|\varepsilon^{\#}\|^2)+e(1+\lambda_6)\|\eta^{\#}\|^2+[1+\lambda_6\delta+e(1+\lambda_5)]\|\nabla\eta^{\#}\|^2+(1+a+\lambda_5\delta)\|\Delta\eta^{\#}\|^2+\\&a\|\nabla\Delta\eta^{\#}\|^2+\|\eta_t^{\#}\|^2+(1+b)\|\nabla\eta_t^{\#}\|^2+b\|\Delta\eta_t^{\#}\|^2+2\lambda_6(\eta_t^{\#},\eta^{\#})+2(\lambda_5+\lambda_6 b)(\nabla\eta_t^{\#},\nabla\eta^{\#})+\\&2\lambda_5 b(\Delta\eta_t^{\#},\Delta\eta^{\#})\}+[\gamma(\lambda_1\|\nabla\Delta\varepsilon^{\#}\|^2+\lambda_2\|\Delta\varepsilon^{\#}\|^2+\lambda_3\|\nabla\varepsilon^{\#}\|^2+\lambda_4\|\varepsilon^{\#}\|^2)+\lambda_6 e\|\eta^{\#}\|^2+\\&(\lambda_6+\lambda_5 e)\|\nabla\eta^{\#}\|^2+\lambda_5 a\|\nabla\Delta\eta^{\#}\|^2+(\lambda_5+\lambda_6 a)\|\Delta\eta^{\#}\|^2+(e-\lambda_6)\|\eta_t^{\#}\|^2+\\&(e+\delta-\lambda_6 b-\lambda_5)\|\nabla\eta_t^{\#}\|^2+(\delta-\lambda_5 b)\|\Delta\eta_t^{\#}\|^2]\\\leqslant&\left(\frac{\lambda_1}{2}+\frac{\lambda_2}{2}+\frac{\lambda_3}{2}+\frac{\lambda_4}{2}+\lambda_5+\lambda_6+2\right)\beta\|\varepsilon^{\#}\|^2+\\&\left(\frac{3}{2}\lambda_1+\lambda_2+\frac{3}{2}\lambda_3+2\lambda_5+3\right)\beta\|\nabla\varepsilon^{\#}\|^2+\\&\left(\frac{3}{2}\lambda_1+\frac{7}{2}\lambda_2+\frac{\lambda_5}{2}+\frac{3}{2}\right)\beta\|\Delta\varepsilon^{\#}\|^2+\\&\left(\frac{15}{2}\lambda_1+1\right)\beta\|\nabla\Delta\varepsilon^{\#}\|^2+\\&\left(\frac{\lambda_1}{2}+\frac{\lambda_2}{2}+\frac{\lambda_3}{2}+\frac{\lambda_4}{2}\right)\beta\|\eta^{\#}\|^2+\end{aligned}$$

$$\left(\frac{3}{2}\lambda_1+\lambda_2+\frac{\lambda_3}{2}+1\right)\beta\|\ \nabla\eta^{\#}\ \|^2+$$

$$\left(\frac{3}{2}\lambda_1+\frac{\lambda_2}{2}+\frac{7}{2}\lambda_5+\lambda_6\right)\beta\|\Delta\eta^{\#}\ \|^2+$$

$$\frac{\lambda_1}{2}\beta\|\ \nabla\Delta\eta^{\#}\ \|^2+3\beta\|\ \nabla\eta_t^{\#}\ \|^2+\frac{7}{2}\|\Delta\eta_t^{\#}\ \|^2 \tag{7}$$

令式(7)中不等号左边第一个大括号里的内容等于 F_3，第二个中括号里的内容等于 F_4，不等号的右边的内容等于 F_5，则式(7)即为

$$\frac{1}{2}\frac{\mathrm{d}}{\mathrm{d}t}F_3+F_4\leqslant F_5 \tag{8}$$

对于 F_3，由于

$$|\ 2\lambda_5 b(\Delta\eta_t^{\#},\Delta\eta^{\#})\ |\leqslant\lambda_5 b(\|\Delta\eta_t^{\#}\ \|^2+\|\Delta\eta^{\#}\ \|^2)\cdot$$

$$|\ 2(\lambda_5+\lambda_6 b)(\nabla\eta_t^{\#},\nabla\eta^{\#})\ |$$

$$\leqslant(\lambda_5+\lambda_6 b)(\|\ \nabla\eta_t^{\#}\ \|^2+\|\ \nabla\eta^{\#}\ \|^2)\cdot|\ 2\lambda_6(\eta_t^{\#},\eta^{\#})\ |$$

$$\leqslant\lambda_6(\|\ \eta_t^{\#}\ \|^2+\|\ \eta^{\#}\ \|^2)$$

故有

$$\begin{aligned}F_3\geqslant&(\lambda_1\|\ \nabla\Delta\varepsilon^{\#}\ \|^2+\lambda_2\|\Delta\varepsilon^{\#}\ \|^2+\lambda_3\|\ \nabla\varepsilon^{\#}\ \|^2+\\&\lambda_4\|\varepsilon^{\#}\ \|^2)+[e(1+\lambda_6)-\lambda_6]\|\eta^{\#}\ \|^2+\\&[1+\lambda_6\delta+e(1+\lambda_5)-(\lambda_5+\lambda_6 b)]\|\ \nabla\eta^{\#}\ \|^2+\\&(1+a+\lambda_5\delta-\lambda_5 b)\|\Delta\eta^{\#}\ \|^2+a\|\ \nabla\Delta\eta^{\#}\ \|^2+\\&(1-\lambda_6)\|\eta_t^{\#}\ \|^2+[1+b-(\lambda_5+\lambda_6 b)]\|\ \nabla\eta_t^{\#}\ \|^2+\\&(b-\lambda_5 b)\|\Delta\eta_t^{\#}\ \|^2=:F_6\end{aligned}$$

和

$$\begin{aligned}F_3\leqslant&(\lambda_1\|\ \nabla\Delta\varepsilon^{\#}\ \|^2+\lambda_2\|\Delta\varepsilon^{\#}\ \|^2+\lambda_3\|\ \nabla\varepsilon^{\#}\ \|^2+\\&\lambda_4\|\varepsilon^{\#}\ \|^2)+[e(1+\lambda_6)+\lambda_6]\|\eta^{\#}\ \|^2+\\&[1+\lambda_6\delta+e(1+\lambda_5)+(\lambda_5+\lambda_6 b)]\|\ \nabla\eta^{\#}\ \|^2+\\&(1+a+\lambda_5\delta-\lambda_5 b)\|\Delta\eta^{\#}\ \|^2+a\|\ \nabla\Delta\eta^{\#}\ \|^2+\end{aligned}$$

$$(1+\lambda_6)\|\eta_t^{\#}\|^2+[1+b+(\lambda_5+\lambda_6 b)]\|\nabla\eta_t^{\#}\|^2+(b+\lambda_5 b)\|\Delta\eta_t^{\#}\|^2=:F_7$$

定常数 $k>0$，及适当的 $\lambda_i>0, i=1,2,3,4,5,6$ 和 β 的值，使得 $kF_3\leqslant kF_7\leqslant F_4-F_5$. 且使得 F_6, F_7 的各项系数都为正. 因此再由式(8)可得 $\frac{\mathrm{d}}{\mathrm{d}t}F_3+2kF_3\leqslant 0$. 所以，由 Gronwall 不等式得 $F_6\leqslant F_3\leqslant F_3(0)\mathrm{e}^{-2kt}, t\geqslant 0$.

引理 5　对于方程组(4)，存在 $R>0$，使得

$$\|(\varepsilon^*,\eta^*,\eta^*_t)\|_V, \|(\varepsilon^*,\eta^*,\eta^*_t)\|_X$$
$$\|(\varepsilon^*,\eta^*,\eta^*_t)\|_Y\leqslant R\quad(t>0)$$

这里 R 与 $(\varepsilon_{0k},\eta_{0k},\eta_{1k})\in M(k=1,2)$ 无关，仅依赖于 t.

证明　同引理 4 的证明一样，一方面先用 $-\lambda_1\Delta^3\varepsilon^*+\lambda_2\Delta^2\varepsilon^*-\lambda_3\Delta\varepsilon^*+\lambda_4\varepsilon^*$ 与式(4)中的第一式在 $L^2(\mathbf{R}^3)$ 中作内积，然后取虚部. 另一方面，用 $-\Delta(\eta_t^{\#}+\lambda_5\eta^{\#})+\eta_t^{\#}+\lambda_6\eta^{\#}$ 与式(4)第二式在 $L^2(\mathbf{R}^3)$ 中作内积. 这里的 $\lambda_i>0, i=1,2,3,4,5,6$ 是待定的正数，最后把上述两方面所得的结果加起来，再运用 $\mathrm{Im}(u,v)\leqslant\|u\|\|v\|$，Hölder 不等式及 Young 不等式并适当的放缩可得：$\frac{1}{2}\frac{\mathrm{d}}{\mathrm{d}t}F_1\leqslant F_2+F_3$. 这里

$$\begin{aligned}F_1=&(\lambda_1\|\nabla\Delta\varepsilon^*\|^2+\lambda_2\|\Delta\varepsilon^*\|^2+\lambda_3\|\nabla\varepsilon^*\|^2+\\&\lambda_4\|\varepsilon^*\|^2)+e(1+\lambda_6)\|\eta^*\|^2+\\&[1+\lambda_6\delta+e(1+\lambda_5)]\|\nabla\eta^*\|^2+\\&(1+a+\lambda_5\delta)\|\Delta\eta^*\|^2+a\|\nabla\Delta\eta^*\|^2+\\&\|\eta^*_t\|^2+(1+b)\|\nabla\eta^*_t\|^2+b\|\Delta\eta^*_t\|^2+\\&2\lambda_6(\eta^*_t,\eta^*)+2(\lambda_5+\lambda_6 b)(\nabla\eta^*_t,\nabla\eta^*)+\end{aligned}$$

$$2\lambda_5 b(\Delta\eta^*_t,\Delta\eta^*)$$

$$F_2=\left(\frac{\lambda_1}{2}C+\frac{\lambda_2}{2}C+\frac{\lambda_3}{2}C+\frac{\lambda_4}{2}C+2C+\lambda_4\gamma\right)\|\varepsilon^*\|^2+$$
$$\left(\frac{3}{2}\lambda_1C+\lambda_2C+\frac{3}{2}\lambda_3C+2\lambda_5C+2\lambda_6C+4C+\lambda_3\gamma\right)\|\nabla\varepsilon^*\|^2+$$
$$\left(\frac{3}{2}\lambda_1C+\frac{7}{2}\lambda_2C+\lambda_5C+\lambda_6C+2C+\lambda_2\gamma\right)\|\Delta\varepsilon^*\|^2+$$
$$\frac{15}{2}\lambda_1C\|\nabla\Delta\varepsilon^*\|^2+$$
$$\left(\frac{\lambda_1}{2}c+\frac{\lambda_2}{2}C+\frac{\lambda_3}{2}C+\frac{\lambda_4}{2}C+8\lambda_6C+\lambda_6e\right)\|\eta^*\|^2+$$
$$\left(\frac{3}{2}\lambda_1C+\lambda_2C+\frac{\lambda_3}{2}C+\lambda_6+\lambda_5e\right)\|\nabla\eta^*\|^2+$$
$$\left(\frac{3}{2}\lambda_1C+\frac{\lambda_2}{2}C+8\lambda_5C+\lambda_6a\right)\|\Delta\eta^*\|^2+$$
$$\left(\frac{\lambda_1}{2}C+\lambda_5a\right)\|\nabla\Delta\eta^*\|^2+8c\|\eta^*_t\|^2+$$
$$(\lambda_6b+\lambda_5)\|\nabla\eta^*_t\|^2+8C\|\Delta\eta^*_t\|^2$$

$$F_3=4\lambda_5C+4\lambda_6C+8C$$

对于 F_1，因为

$$|2\lambda_5b(\Delta\eta^*_t,\Delta\eta^*)|\leqslant\lambda_5b(\|\Delta\eta^*_t\|^2+\|\Delta\eta^*\|^2)$$
$$|2(\lambda_5+\lambda_6b)(\nabla\eta^*_t,\nabla\eta^*)|$$
$$\leqslant(\lambda_5+\lambda_6b)(\|\nabla\eta^*_t\|^2+\|\nabla\eta^*\|^2)$$
$$|2\lambda_6(\eta^*_t,\eta^*)|\leqslant\lambda_6(\|\eta^*_t\|^2+\|\eta^*\|^2)$$

因此，$\exists k>0$，使得 $F_2\leqslant kF_1$. 故有：$\frac{1}{2}\frac{\mathrm{d}}{\mathrm{d}t}F_1\leqslant kF_1+F_3$. 由 Gronwall 不等式得

$$F_1\leqslant F_1(0)\mathrm{e}^{2kt}+\frac{F_3}{k}\mathrm{e}^{2kt}-\frac{F_3}{k}$$

又由初值条件知：$F_1(0)=0$. 故：$F_1\leqslant R$. 这里 R 仅依

赖于 t. 再类似引理 4 的证明的最后部分知，此引理成立.

引理 6 对于方程(4)，存在 $R>0$，使得：$\|\nabla\eta^*_{tt}\|\leqslant R$，这里 R 与 $(\varepsilon_{0k},\eta_{0k},\eta_{1k})\in M(k=1,2)$ 无关，仅依赖于 t.

证明 整理方程(4)第二式，可得

$$\eta^*_{tt}-b\Delta\eta^*_{tt}=\Delta\eta^*-a\Delta^2\eta^*+\delta\Delta\eta^*_t-e\eta^*-e\eta^*_t+\Delta(\varepsilon_1\overline{\varepsilon^*}+\varepsilon_{1\beta}\overline{\varepsilon^\#}+\overline{\varepsilon_2}\varepsilon^*+\varepsilon_{2\beta}\varepsilon^\#)$$

再用 η^*_{tt} 与之在 $L^2(\mathbf{R}^3)$ 中作内积，并运用 $\mathrm{Im}(u,v)\leqslant\|u\|\|v\|$，Hölder 不等式得

$$(\eta^*_{tt}-b\Delta\eta^*_{tt},\eta^*_{tt})\leqslant R\|\eta^*_{tt}\|+R\|\nabla\eta^*_{tt}\|$$

再运用 Young 不等式，作适当的放缩得

$$\begin{aligned}&\|\eta^*_{tt}\|^2+b\|\nabla\eta^*_{tt}\|^2\\ \leqslant&\frac{1}{2}\|\eta^*_{tt}\|^2+\frac{1}{2}R^2+\frac{b}{2}\|\nabla\eta^*_{tt}\|^2+\frac{R^2}{2b}\end{aligned}$$

即有

$$\frac{1}{2}\|\eta^*_{tt}\|^2+\frac{b}{2}\|\nabla\eta^*_{tt}\|^2\leqslant\frac{R^2}{2}+\frac{R^2}{2b}$$

故有引理成立.

引理 7 对于方程组(4)，存在 $R>0$，使得

$$\|x(\varepsilon^*,\eta^*,\eta^*_t)\|_V,\|x(\varepsilon^*,\eta^*,\eta^*_t)\|_X\leqslant R\quad(t>0)$$

这里 R 与 $(\varepsilon_{0k},\eta_{0k},\eta_{1k})\in M(k=1,2)$ 无关，仅依赖于 t.

证明 采用杜先云，戴正德在资料[4]中的方法，分别用 $\lambda_1x^2\eta^*_t$ 和 $\lambda_2x^2\eta^*$ 与方程(6)中的第二式在 $L^2(\mathbf{R}^3)$ 中作内积，然后再相加，这里 λ_k，$k=1,2$ 是待定的正数. 运用 Hölder 不等式及前面的引理并作适当的

放缩可得

$$\frac{1}{2}\frac{\mathrm{d}}{\mathrm{d}t}[e(\lambda_1+\lambda_2)\|x\eta*\|^2+(\lambda_1+\delta\lambda_2)\|x\nabla\eta*\|^2+$$
$$a\lambda_1\|x\Delta\eta*\|^2+\lambda_1\|x\eta*_t\|^2+b\lambda_1\|x\nabla\eta*_t\|^2+$$
$$2\lambda_1(x\eta*_t,x\eta*)+2b\lambda_2(x\nabla\eta*_t,x\nabla\eta*)]+$$
$$[e\lambda_2\|x\eta*\|^2+\lambda_2\|x\nabla\eta*\|^2+a\lambda_2\|x\Delta\eta*\|^2+$$
$$(e\lambda_1-\lambda_2)\|x\eta*_t\|^2+(\delta\lambda_1+b\lambda_2)\|x\nabla\eta*_t\|^2-$$
$$\lambda_2\|\eta*\|^2-4a\lambda_2\|\nabla\eta*\|^2-\delta\lambda_1\|\eta*_t\|^2+$$
$$2\lambda_1(\nabla\eta*,x\eta*_t)+2a\lambda_1(\Delta\eta*,\eta*_t)+$$
$$4a\lambda_1(\Delta\eta*,x\nabla\eta*_t)+2b\lambda_1(\nabla\eta*_{tt},x\eta*_t)+$$
$$2b\lambda_2(\nabla\eta*_{tt},x\eta*)+2\delta\lambda_2(\nabla\eta*_t,x\eta*)]$$
$$\leqslant 16\lambda_1R\|x\eta*_t\|+16\lambda_2R\|x\eta*\|+4\lambda_1C\|x\nabla\eta*_t\|+$$
$$4\lambda_2C\|x\nabla\eta*\|+2\lambda_1C\|x\varepsilon*\|\|x\nabla\eta*_t\|+$$
$$2\lambda_1C\|x\nabla\varepsilon*\|\|x\nabla\eta*_t\|+$$
$$2\lambda_2C\|x\varepsilon*\|\|x\nabla\eta*\|+2\lambda_2C\|x\nabla\varepsilon*\|\|x\nabla\eta*\| \tag{9}$$

另一方面，对于方程(4) 第一式，用 $\lambda_3x^2\varepsilon*$ 与之在 $L^2(\mathbf{R}^3)$ 中作内积，这里 λ_3 是待定的正数. 取虚部并运用 $\mathrm{Im}(u,v)\leqslant\|u\|\|v\|$，Hölder 不等式可得

$$\frac{\lambda_3}{2}\frac{\mathrm{d}}{\mathrm{d}t}\|x\varepsilon*\|^2+\lambda_3\gamma\|x\varepsilon*\|^2$$
$$\leqslant \lambda_3C\|x\varepsilon*\|^2+2\lambda_3C\|x\varepsilon*\|+\lambda_3C\|x\varepsilon*\|\|x\eta*\| \tag{10}$$

对方程(4) 第一式，先用算子 ∇ 作用，再与 $\lambda_4x^2\nabla\varepsilon*$ 在 $L^2(\mathbf{R}^3)$ 中作内积，这里 λ_4 是待定的正数. 取虚部并运用 $\mathrm{Im}(u,v)\leqslant\|u\|\|v\|$，Hölder 不等式可得

$$\frac{\lambda_4}{2}\frac{\mathrm{d}}{\mathrm{d}t}\|x\nabla\varepsilon*\|^2+\lambda_4\gamma\|x\nabla\varepsilon*\|^2$$

$$\leqslant \lambda_4 C \| x \nabla \varepsilon * \|^2 + 4\lambda_4 C \| x \nabla \varepsilon * \| + \lambda_4 C \| x \nabla \varepsilon * \| \| x \nabla \eta * \| + \lambda_4 C \| x\varepsilon * \| \| x \nabla \varepsilon * \| + \lambda_4 C \| x\eta * \| \| x \nabla \varepsilon * \| \tag{11}$$

对方程(4)第一式,又用算子 Δ 作用,再与 $\lambda_5 x^2 \Delta\varepsilon *$ 在 $L^2(\mathbf{R}^3)$ 中作内积,这里 λ_5 是待定的正数.取虚部并运用 $\mathrm{Im}(u,v) \leqslant \| u \| \| v \|$,Hölder 不等式可得

$$\frac{\lambda_5}{2}\frac{\mathrm{d}}{\mathrm{d}t} \| x\Delta\varepsilon * \|^2 + \lambda_5 \gamma \| x\Delta\varepsilon * \|^2$$

$$\leqslant \lambda_5 C \| x\Delta\varepsilon * \|^2 + 8\lambda_5 C \| x\Delta\varepsilon * \| + \lambda_5 C \| x\Delta\varepsilon * \| \| x\Delta\eta * \| + \lambda_5 C \| x\varepsilon * \| \| x\Delta\varepsilon * \| + \lambda_5 C \| x\eta * \| \| x\Delta\varepsilon * \| + 2\lambda_5 C \| x \nabla\varepsilon * \| \| x\Delta\varepsilon * \| + 2\lambda_5 C \| x \nabla\eta * \| \| x\Delta\varepsilon * \| \tag{12}$$

最后,式(9)+(10)+(11)+(12),运用 Young 不等式和前面的引理,同引理 5 后面的证明类似即可得证此引理.

命题 2 的证明 令

$$w^{\#}(t) = (\varepsilon^{\#}, \eta^{\#}, \eta_t^{\#}), w * = (\varepsilon *, \eta *, \eta *_t)$$

则

$$w(t) = (\varepsilon, \eta, \eta_t) = w^{\#} + w *$$

$$w(0) = (\varepsilon_{01}, \eta_{01}, \eta_{11}) - (\varepsilon_{02}, \eta_{02}, \eta_{12})$$

$$\| w^{\#}(t) \|_X = \| \Delta\varepsilon^{\#} \|^2 + \| \Delta\eta^{\#} \|^2 + \| \nabla\eta_t^{\#} \|^2$$

$$\| w * (t) \|_X = \| \Delta\varepsilon * \|^2 + \| \Delta\eta * \|^2 + \| \nabla\eta *_t \|^2$$

这里,$(\varepsilon_{0k}, \eta_{0k}, \eta_{1k}) \in M, k = 1, 2, \forall \delta \in \left(0, \frac{1}{4}\right)$.当 t 充分大时,由引理 4 可得

$$\| \Delta w^{\#}(t) \| \leqslant \frac{\delta}{8} \| w(0) \|$$

由引理 5 和引理 7 可得

$$\| \nabla\Delta w* \|^2 + \| x\Delta w* \|^2 \leqslant R^2 \qquad (13)$$

上式左边可以写成$(Lw*, w*)$的形式，其中$Lw* = -\Delta^3 w* + x^2\Delta^2 w* - 4\Delta w*$，并且从$Y(\mathbf{R}^3) \cap X(\mathbf{R}^3, (1+x^2)\mathrm{d}x)$映射到$X = H^2 \times H^2 \times H^1(\mathbf{R}^3)$. 因此，由引理3知，由式(13)定义在$Y(\mathbf{R}^3) \cap X(\mathbf{R}^3, (1+x^2)\mathrm{d}x)$中的集合$\Omega$嵌入到$X$是紧的. 所以，$L^{-1}$是$X$上的紧算子.

设$\{e_j\}_{j=1}^{\infty}$是X的完全正交系. 对应e_j算子L的特征值为μ_j，满足

$$\mu_1 \leqslant \mu_2 \leqslant \cdots \leqslant \mu_j \leqslant \cdots, \quad \mu_j \to +\infty, \quad j \to +\infty$$

作

$$\Omega =: \left\{ w*(t) \,\middle|\, \sum_{j=1}^{\infty} \mu_j (w*(t), e_j)^2 \leqslant R^2 \right\}$$

设$E_N = \mathrm{span}\{e_1, e_2, \cdots, e_N\}$. $P_N: X \to E_N$是正交投影算子. 让N充分的大，使

$$\mu_N \geqslant \frac{16R^2}{\delta^2} \| w(0) \|^2$$

当$w*(t) \in \Omega$时

$$\| (I - P_N) w*(t) \|_X^2 = \sum_{N+1}^{\infty} (w*(t), e_j)^2 \leqslant \frac{R^2}{\mu_N} \leqslant \frac{\delta^2}{16} \| w(0) \|^2$$

即

$$\| (I - P_N) w*(t) \|_X \leqslant \frac{\delta}{4} \| w(0) \|$$

现在把集合Ω分解为：$\Omega = \Omega_1 + \Omega_2$

$$\Omega_1 =: \{ u \in \Omega \mid \| P_N u \|_X \geqslant \frac{3\delta}{4} \| u(0) \| \}$$

$$\Omega_2 =: \{ u \in \Omega \mid \| P_N u \|_X < \frac{3\delta}{4} \| u(0) \| \}$$

当 $w*(t)\in\Omega_1$ 时，一方面

$$
\begin{aligned}
\|(I-P_N)w\|_X &\leqslant \|(I-P_N)w^{\#}\|_X+\|(I-P_N)w*\|_X\\
&\leqslant \|w^{\#}\|_X+\|(I-P_N)w*\|_X\\
&\leqslant \frac{\delta}{8}\|w(0)\|+\frac{\delta}{4}\|w(0)\|\\
&<\frac{\delta}{2}\|w(0)\|
\end{aligned}
$$

另一方面

$$
\begin{aligned}
\|P_Nw\|_X &= \|P_Nw*+P_Nw^{\#}\|_X\\
&\geqslant \|P_Nw*\|_X-\|P_Nw^{\#}\|_X\\
&\geqslant \frac{3\delta}{4}\|w(0)\|-\frac{\delta}{8}\|w(0)\|_X\\
&\geqslant \frac{\delta}{2}\|w(0)\|
\end{aligned}
$$

所以

$$\|P_Nw\|_X>\|(I-P_N)w\|_X$$

当 $w*(t)\in\Omega_2$ 时，因为

$$
\begin{aligned}
\|w*\|_X^2 &= \|P_Nw*\|_X^2+\|(I-P_N)w*\|_X^2\\
&\leqslant \frac{9\delta^2}{16}\|w(0)\|^2+\frac{\delta^2}{16}\|w(0)\|^2\\
&=\frac{10\delta^2}{16}\|w(0)\|^2
\end{aligned}
$$

故 $\|w*\|_X\leqslant\frac{\sqrt{10}\,\delta}{4}\|w(0)\|$. 因此

$$
\begin{aligned}
\|w\|_X &\leqslant \|w^{\#}\|_X+\|w*\|_X\\
&\leqslant \frac{\delta}{8}\|w(0)\|+\frac{\sqrt{10}\,\delta}{4}\|w(0)\|\\
&<\delta\|w(0)\|
\end{aligned}
$$

故 $S(t)$ 在 M 上是强挤压的.

参考资料

[1] Guo Boling. Nonlinear evolution equations. shanghai: shanghai publisher of science and technology education, 1995(in Chinese).

[2] Temam R. Infinite dimensional dynamical systems in mechanics and physics. New York: springer verlag, 1988.

[3] Guo Boling, Dai Zhengde. Global attractor of nonlinear strain waves in elastic wavegides. Acta Math. Sci., 2000, 20B(3): 322-334.

[4] Du Xianyun, Dai Zhengde. Global attractor for system of nonlinear strain wave equation coupling with schrödinger equations. Chinese annals of mathematics, 2000, 21A(4): 471-482(in Chinese).

[5] Foias G, Sell G R, Temam R. Varites inertilles des equations differentielles dissipatives. C. R. Acad. Sci. Paris. Ser I Math., 1985, 301: 139-142.

[6] Eden A, Foias C, Nicolaenko B, Temam R. Exponential attractors for dissipative evolution equations. Masson, Paris and J. Wiley collection recherchesen mathematiques appliquoes, 1994.

[7] Eden A, Foias C, Nicolaenko B, She Z S. Exponential attractors and their relevance to fluid dynamics systems. Physica D, 1993, 63: 350-360.

[8] Dai Zhengde, Guo Boling, Gao Hongiun. The inertial fractal sets for nonlinear schrödinger equations. Journal of partial differential equation. 1995, 8(1): 73-81.

[9] Dai Zhengde, Zhu Zhiwei. The inertial fractal sets for weakly damped forced korteweg-de vries equations. Appl. Math. Mech., 1995, 16(1): 37-45.

[10] Guo Boling. Inertial manifolds for the generalized kuramoto-sivashinsky type equation. J. Math. Study, 1995, 28(3): 50-62.

[11] Gao Ping, Dai Zhengde. Exponential attractor of dissipative klein-gordon-shrödinger equations on unbounder domain R^3. Chinese annals of mathemaatics, 2000, 21A(2): 241-250(in Chinese).

[12] Chen Guanggan, Pu Zhilin. Exponential attractor of kdv type

equation on unbounded domain R^1. ACTA mathematica sinica, 2004, 47(3): 441-448(in Chinese)

[13]Babin A V, Nicolaenko B. Exponential attractor of reaction-diffusion systems in an unbounded domain. journal of dynamics and Diff. Eq., 1995, 7(4): 567-590.

[14]Babin A V, Viskik M I. Attractors of partial differential evolution equation in an unbounded domain. Proc. Roy. Soc. Edinburgh, 1990, 116A: 221-243.

[15]Guo Boling, Li Yongsheng. Attractor for dissipative klein- gordon-schrödinger equations in R^3. J. Diff. Eq., 1997, 136(2): 356-377.

[16]Laurencot P. Long-time behaviour for weakly damped driven nonlinear schrödinger equations in $R^N, N \leqslant 3$. ND. Eq. Appl., 1995, 2: 357-369.

非线性 Schrödinger 方程混合边界问题时间周期解的存在性

第四章

1 引 言

肇庆学院数学系的施秀莲，广东海洋大学理学院的刘志美两位教授 2007 年研究了如下的非线性 Schrödinger 方程混合边界问题

$$\begin{cases}\dfrac{\partial u}{\partial t}-\gamma\sum\limits_{i,j=1}^{n}\dfrac{\partial}{\partial x_i}\left(a_{ij}(x)\dfrac{\partial u}{\partial x_j}\right)+ \\ b(x)q(|u|^2)u+u=f(x,t) \\ \quad (x\in\Omega,t>0) \\ f(x,t+T)=f(x,t)\quad (x\in\Omega,t>0) \\ \left(\sum\limits_{i,j=1}^{n}a_{ij}(x)\dfrac{\partial u}{\partial x_i}\cos(\boldsymbol{n},x_j)+h(x)u\right)\Bigg|_{\partial\Omega}=0\end{cases}\tag{1}$$

时间周期解的存在性. 其中 $u=(u_1(x,t),u_2(x,t),\cdots,u_N(x,t))$ 为复值函数, $T>0$, $\Omega\subset\mathbf{R}^n$ 为有界区域, $\partial\Omega\in C^2$, $\boldsymbol{n}$ 表示 $\partial\Omega$ 的单位外法向量. 对于复值函数 $f(x,t)=(f_1(x,t),f_2(x,t),\cdots,f_N(x,t))$ 和实值函数 $a_{ij}(x)(i,j=1,\cdots,n)$, $h(x)$, $b(x)$, $q(s)$, 我们作如下假设:

(i) $\sum_{i,j=1}^{n}a_{ij}(x)\xi_i\xi_j\geqslant a_0\mid\xi\mid^2$, $\forall x\in\Omega$, $\xi=(\xi_1,\xi_2,\cdots,\xi_n)\in\mathbf{R}^n$, $a_0>0$;

(ii) $b(x)\geqslant 0$, $h(x)\geqslant 0$, $q(s)\geqslant 0$, $h(x)\in C^0(\Omega)$, $q(x)\in C^1(\mathbf{R}_+)$, $b(x)\in C^0(\Omega)$;

(iii) $f(x,t)$, $f_t(x,t)\in L^\infty(0,T;L^2(\Omega))$, $\gamma=\gamma_0+\mathrm{i}\gamma_1$, $\gamma_0\geqslant 0$, $\gamma_1\geqslant 0$.

为方便起见, 用 $\|\circ\|$ 表示 $\|\circ\|_{L^2}$, 用 $\|\circ\|_p$ 表示 $\|\circ\|_{L^p}$.

设 X 是 Banach 空间, 定义 $C^k(T,X)$ 是 X 中具有 1 到 k 导数的时间周期函数(周期为 T), 其范数定义为

$$\|u\|_{C^k(T,X)}=\sup_{0\leqslant t\leqslant T}\sum_{i=1}^{k}\|D_t^i u\|_X.$$

1　近似解的存在性

运用 Galerkin 方法和 Leray-Schauder 不动点原理证明问题(1) 的近似时间周期解的存在性.

设 $\omega_i(x)(i=1,2,\cdots)$ 为方程

$$\begin{cases} -\sum_{i,j=1}^{n} \frac{\partial}{\partial x_i}\left(a_{ij}(x)\frac{\partial \omega_k}{\partial x_j}\right) = \lambda_k \omega_k \\ \left(\sum_{i,j=1}^{n} a_{ij}(x)\frac{\partial \omega_k}{\partial x_i}\cos(\boldsymbol{n}, x_j) + h(x)\omega_k\right)\Big|_{\partial\Omega} = 0 \end{cases}$$

对应于特征值 $\lambda_i(i=1,2,\cdots)$ 的标准特征函数. 在 H^2 中生成标准正交基 $\{\omega_i(x)\}$.

设问题(1) 的近似时间周期解 $u_m(x,t)$ 具有如下形式

$$u_m(x,t) = \sum_{k=1}^{m} \alpha_{km}(t)\omega_k(x) \tag{2}$$

按照 Galerkin 方法，系数 $\alpha_{km}(t)$ 必须满足方程组

$$(u_{mlt},\omega_s) + \gamma a(u_{ml},\omega_s) + (b(x)q(|u_m|^2)u_{ml},\omega_s) + (u_{ml},\omega_s) = (f_1,\omega_s) - \gamma\int_{\partial\Omega} h(x)u_{ml}\omega_s \mathrm{d}s \tag{3}$$

其中 $(u,v) = \int_{\Omega} u(x)v(x)\mathrm{d}x$，$|u_m|^2 = \sum_{l=1}^{N} |u_{ml}|^2$，$a(u,v) = \int_{\Omega}\sum_{i,j=1}^{n} a_{ij}\frac{\partial u}{\partial x_i}\frac{\partial v}{\partial x_j}\mathrm{d}x$. 这是一个一阶非线性常微分方程组.

对于任意的自然数 m，设 H_m 是由 $\omega_1,\omega_2,\cdots,\omega_m$ 张成的子空间. 设 $\xi_m(x,t) = \sum_{k=1}^{m}\beta_{km}(t)\omega_k$，定义算子 $F_\lambda:\xi_{ml}\to u_{ml}(0\leqslant\lambda\leqslant 1)$. 显然对于任意的 $\xi_m\in C^1(T,H_m)$，常微分方程组

$$(u_{mlt},\omega_s) + \gamma a(u_{ml},\omega_s) + \lambda(b(x)q(|\xi_m|^2)\xi_{ml},\omega_s) + (u_{ml},\omega_s) = (f_l,\omega_s) - \gamma\int_{\partial\Omega} h(x)u_{ml}\omega_s \mathrm{d}s \tag{4}$$

存在唯一的以 T 为周期的解 $u_m\in C^1(T,H_m)$. 显然映射 $F_\lambda:\xi_{ml}\to u_{ml}(0\leqslant\lambda\leqslant 1)$ 在 $C^1(T,H_m)$ 中是连续且

紧的. 要运用 Leray-Schauder 不动点原理来证明 F_λ 存在不动点,只需证明方程组 $F_\lambda u_{ml}=u_{ml}$ 所有可能的解都满足不等式

$$\| u_m \|^2 \leqslant E_1 \tag{5}$$

其中 E_1 是与 λ, m 无关的常数.

引理 1　设(i) $\| f \| \leqslant M$;

(ii) $b(x)\geqslant 0, h(x)\geqslant 0, q(s)\geqslant 0(s\geqslant 0), \gamma_0\geqslant 0$. 如果 $F_\lambda u_{ml}=u_{ml}(0\leqslant\lambda\leqslant 1)$,则不等式(5) 成立.

证明　方程组 $F_\lambda u_{ml}=u_{ml}$ 写成如下的等价形式

$$(u_{mlt},\omega_s)+\gamma a(u_{ml},\omega_s)+\lambda(b(x)q(|\xi_m|^2)\xi_{ml},\omega_s)+$$
$$(u_{ml},\omega_s)=(f_l,\omega_s)-\gamma\int_{\partial\Omega}h(x)u_{ml}\omega_s\,\mathrm{d}s \tag{6}$$

用 $\alpha_{sml}(t)$ 乘以(6),再从 1 到 m 对 s 求和,得

$$(u_{mlt},u_{ml})+\gamma a(u_{ml},u_{ml})+\lambda(b(x)q(|u_m|^2)u_{ml},u_{ml})+$$
$$(u_{ml},u_{ml})=(f_l,u_{ml})-\gamma\int_{\partial\Omega}h(x)\,|u_{ml}|^2\,\mathrm{d}s \tag{7}$$

在(7) 两边取实部,再从 1 到 N 对 l 求和,易得

$$\frac{1}{2}\frac{\mathrm{d}}{\mathrm{d}t}\| u_m \|^2+\frac{1}{2}\| u_m \|^2\leqslant\frac{1}{2}M^2 \tag{8}$$

在$[0,T]$ 上对(8) 积分,得

$$\int_0^T \| u_m(\circ,t) \|^2\mathrm{d}t\leqslant M^2T$$

故存在 $t*\in[0,T]$,使得

$$\| u_m(\circ,t) \|^2\leqslant M^2$$

对(8) 再次从 $t*$ 到 t 积分($t\in[t*,t*+T]$),得

$$\| u_m(\circ,t) \|^2\leqslant\| u_m(\circ,t*) \|^2+M^2T\leqslant(1+T)M^2$$

即存在一个确定的与 λ, m 无关的常数 E_1 使(5) 成立.

因此,由 Leray-Schauder 不动点原理,方程组(6) 存在时间周期解 $u_m\in C^1(T,H_m)$.

定理 1 设(i) $\| f \| \leqslant M$;

(ii)$b(x) \geqslant 0, h(x) \geqslant 0, q(s) \geqslant 0 (s \geqslant 0), \gamma_0 \geqslant 0$, 则对任意的自然数 m,方程组(6) 即问题(1) 存在时间周期解 $u_m \in C_1(T, H_m)$.

2 一致先验估计

引理 2 设(i) $\| \boldsymbol{f}_t \| \leqslant M$;

(ii)$b(x) \geqslant 0, h(x) \geqslant 0, q(s) \in C^1, q'(s) \geqslant 0 (s \in [0, \infty))$,则关于问题(1) 的近似解,有如下估计

$$\| u_{mt} \|^2 \leqslant E_2 \tag{9}$$

其中 E_2 是与 m 无关的常数.

证明 令 $u_{mlt} = v_{ml}$,对(3) 求两边关于 t 的导数,再用 $\bar{\alpha}'_{sml}(t)$ 乘以方程组两边,从 1 到 m 对 s 求和,得

$$\begin{aligned} &(v_{mlt}, v_{ml}) + \gamma a(v_{ml}, v_{ml}) + \\ &\left(b(x) \frac{\partial}{\partial t}[q(|u_m|^2) u_{ml}], v_{ml}\right) + (v_{ml}, v_{ml}) \\ = &(f_{lt}, v_{ml}) - \gamma \int_{\partial\Omega} h(x) |v_{ml}|^2 \mathrm{d}s \end{aligned} \tag{10}$$

其中

$$\begin{aligned} &\mathrm{Re} \sum_{l=1}^{N} \left(b(x) \frac{\partial}{\partial t}[q(|u_m|^2) u_{ml}], v_{ml}\right) \\ = &\sum_{l=1}^{N} (b(x) q(|u_m|^2) v_{ml}, v_{ml}) + \\ &\frac{1}{2}\left(b(x) q'(|u_m|^2) \frac{\partial |u_m|^2}{\partial t}, \frac{\partial |u_m|^2}{\partial t}\right) \\ \geqslant &0 \end{aligned}$$

$$a(v_{ml}, v_{ml}) = \int_{\Omega} \sum_{j=1}^{n} a_{ij} \frac{\alpha v_{ml}}{\alpha x_i} \frac{\partial \bar{v}_{ml}}{\partial x_j} \mathrm{d}x \geqslant a_0 \| \nabla v_{ml} \|^2 \geqslant 0$$

$$(v_{ml}, v_{ml}) = \| v_{ml} \|^2$$

$$|(f_{lt}, v_{ml})| \leqslant \frac{1}{2}\| f_{lt} \|^2 + \frac{1}{2}\| v_{ml} \|^2$$

$$\gamma_0 \int_{\partial\Omega} h(x) | v_{ml} |^2 \mathrm{d}s \geqslant 0$$

在(10)两边取实部，再从 1 到 N 对 l 求和，得

$$\frac{1}{2}\frac{\mathrm{d}}{\mathrm{d}t}\| v_m \|^2 + \frac{1}{2}\| v_m \|^2 \leqslant \frac{1}{2}M^2 \tag{11}$$

在$[0,T]$上对(11)积分，得

$$\int_0^T \| v_m(\circ, t) \|^2 \mathrm{d}t \leqslant M^2 T$$

故存在 $t* \in [0,T]$，使得

$$\| v_m(\circ, t*) \|^2 \leqslant M^2$$

对(11)再次从 $t*$ 到 $t(t \in [t*, t*+T])$ 积分，得

$$\| v_m(\circ, t) \|^2 \leqslant \| v_m(\circ, t*) \|^2 + M^2 T \leqslant (1+T)M^2$$

即存在一个确定的与 m 无关的常数 E_2 使(9)成立.

引理 3　若引理 2 的假设成立，并设 $a_{ij}(x) \in C(\Omega)$，则关于问题(1)的近似解，有如下估计

$$\| \nabla u_m \|^2 \leqslant E_3, \int_\Omega b(x) q(| u_m |^2) | u_m |^2 \mathrm{d}x \leqslant E_3 \tag{12}$$

其中 E_3 是与 m 无关的常数.

证明　用 $\overline{\alpha}_{sml}(t)$ 乘以(3)，再从 1 到 m 对 s 求和，得

$$\begin{aligned}&(u_{mlt}, u_{ml}) + \gamma a(u_{ml}, u_{ml}) + \\ &[b(x)q(| u_m |^2) u_{ml}, u_{ml}] + (u_{ml}, u_{ml}) \\ = &(f_l, u_{ml}) - \gamma \int_{\partial\Omega} h(x) | u_{ml} |^2 \mathrm{d}s\end{aligned}$$

故有

$$\mathrm{Re}[\gamma a(u_{ml}, u_{ml})] + [b(x)q(| u_m |^2) u_{ml}, u_{ml}] +$$

$$\gamma_0\int_{\partial\Omega} h(x)\,|u_{ml}|^2 ds + \|u_{ml}\|^2$$
$$\leqslant |(u_{mlt},u_{ml})| + |(f_l,u_{ml})| \tag{13}$$

其中

$$\mathrm{Re}(\gamma a(u_{ml},u_{ml})) = \mathrm{Re}\left(\gamma\int_\Omega \sum_{i,j=1}^n a_{ij}\frac{\partial u_{ml}}{\partial x_i}\frac{\partial \overline{u}_{ml}}{\partial x_j}dx\right)$$
$$\geqslant a_0\gamma_0\|\nabla u_{ml}\|^2$$

$$[b(x)q(|u_m|^2)u_{ml},u_{ml}]$$
$$=\int_\Omega b(x)q(|u_m|^2)\,|u_{ml}|^2 dx$$
$$\geqslant 0$$

$$|(u_{mlt},u_{ml})| \leqslant \frac{1}{2}\|u_{mlt}\|^2 + \frac{1}{2}\|u_{ml}\|^2$$
$$\leqslant \frac{1}{2}E_2 + \frac{1}{2}E_1$$

因此由(13),得

$$a_0\gamma_0\|\nabla u_{ml}\|^2 \leqslant E_3$$

同理由(13),得

$$\int_\Omega b(x)q(|u_m|^2)\,|u_m|^2 dx \leqslant E_3$$

引理 4　若引理 3 的假设成立,并设

(i) $|q(s)| \leqslant A_0 s^{\frac{p}{2}} + B_0 (A_0, B_0 > 0)$,其中当 $1 \leqslant n < 3$ 时,$p \in [0,\infty)$;当 $n \geqslant 3$ 时,$p \in \left[0,\frac{4}{n-2}\right)$.

(ii) $a_{ij} \in C_1(\Omega)$,$a_0 \leqslant a_{ij} \leqslant M_1$,$|b(x)| \leqslant M_1$($M_1$ 为常数).

则关于问题(1)的近似时间周期解,有估计

$$\|\Delta u_m\|^2 \leqslant E_4 \tag{14}$$

其中 E_4 是与 m 无关的常数.

证明　由(3)及特征值问题,得

$$\left(u_{mlt},-\sum_{i,j=1}^{n}\frac{\partial}{\partial x_i}\left(a_{ij}\frac{\partial\omega_s}{\partial x_j}\right)\right)+$$
$$\gamma a\left(u_{ml},-\sum_{i,j=1}^{n}\frac{\partial}{\partial x_i}\left(a_{ij}\frac{\partial\omega_s}{\partial x_j}\right)\right)+$$
$$\left(b(x)q(|u_m|^2)u_{ml},-\sum_{i,j=1}^{n}\frac{\partial}{\partial x_i}\left(a_{ij}\frac{\partial\omega_s}{\partial x_j}\right)\right)+$$
$$\left(u_{ml},-\sum_{i,j=1}^{n}\frac{\partial}{\partial x_i}\left(a_{ij}\frac{\partial\omega_s}{\partial x_j}\right)\right)$$
$$=\left(f_t-\sum_{i,j=1}^{n}\frac{\partial}{\partial x_i}\left(a_{ij}\frac{\partial\omega_s}{\partial x_j}\right)\right)-$$
$$\gamma\int_{\partial\Omega}h(x)u_{ml}\left(-\sum_{i,j=1}^{n}\frac{\partial}{\partial x_i}\left(a_{ij}\frac{\partial\omega_s}{\partial x_j}\right)\right)\mathrm{d}s$$

用 $\bar{\alpha}_{sml}(t)$ 乘以(3)，再从 1 到 m 对 s 求和，令 $Au_{ml}=-\sum_{i,j=1}^{n}\frac{\partial}{\partial x_i}\left(a_{ij}\frac{\partial u_{ml}}{\partial x_j}\right)$，得

$$\begin{aligned}&(u_{mlt},Au_{ml})+\gamma a(u_{ml},Au_{ml})+\\&(b(x)q(|u_m|^2)u_{ml},Au_{ml})+(u_{ml},Au_{ml})\\=&(f_l,Au_{ml})-\gamma\int_{\partial\Omega}h(x)u_{ml}A\bar{u}_{ml}\mathrm{d}s\end{aligned}\tag{15}$$

其中

$$|(u_{mlt},Au_{ml})|\leqslant\|u_{mlt}\|\,\|Au_{ml}\|\leqslant C\|Au_{ml}\|$$
$$a(u_{ml},Au_{ml})+\int_{\partial\Omega}h(x)u_{ml}A\bar{u}_{ml}\mathrm{d}s=\int_{\Omega}|A\bar{u}_{ml}|^2\mathrm{d}x$$
$$(u_{mlt},Au_{ml})\leqslant\|u_{ml}\|\,\|Au_{ml}\|\leqslant C\|Au_{ml}\|$$
$$(f_l,Au_{ml})\leqslant\|f_l\|\,\|Au_{ml}\|\leqslant C\|Au_{ml}\|$$

最后，由假设(i)，得

$$\begin{aligned}&|(b(x)q(|u_m|^2)u_{ml},Au_{ml})|\\\leqslant&M_1(A_0|u_m|^{p+1}+B_0|u_{ml}|)\|Au_{ml}\|\\\leqslant&M_1(A_0|u_m|_{2(p+1)}^{p+1}+B_0\|u_{ml}\|)\|Au_{ml}\|\end{aligned}\tag{16}$$

为了证明(14)，现对 $\|u_m\|_{2(p+1)}$ 做出估计. 首先，若 $1 \leqslant n < 3$，则由 Gagliardo-Niren berg 不等式和式(12)(16)，得

$$\begin{aligned}
&|(b(x)q(|u_m|^2)u_{ml}, Au_{ml})| \\
&\leqslant M_1(A_0 |u_m|_{2(p+1)}^{p+1} + B_0\|u_{ml}\|)\|Au_{ml}\| \\
&\leqslant M_1(A_0 K\|u_m\|_{H^1}^{\alpha(p+1)}\|u_m\|^{(1-\alpha)(p+1)} + \\
&\quad B_0\|u_{ml}\|)\|Au_{ml}\| \\
&\leqslant C\|Au_{ml}\| \\
&\leqslant \varepsilon\|Au_{ml}\|^2 + C(\varepsilon) \quad (\varepsilon > 0)
\end{aligned}$$

若 $n \geqslant 3$，则由假设(i) 和 Gagliardo-Niren berg 不等式，得

$$\begin{aligned}
\|u_m\|_{2(p+1)}^{(p+1)} &\leqslant K\|u_m\|_{H^2(\Omega)}^{\alpha(p+1)}\|u_m\|_{\frac{2n}{n-2}}^{(p+1)(1-\alpha)} \\
&\leqslant K^2\|u_m\|_{H^2(\Omega)}^{\alpha(p+1)}\|u_m\|_{H^1(\Omega)}^{(p+1)(1-\alpha)} \\
&\leqslant C\|\Delta u_m\|^{\alpha(p+1)} + C
\end{aligned}$$

其中 $\frac{1}{2(p+1)} = \alpha\left(\frac{1}{2} - \frac{2}{n}\right) + (1 - \alpha)\frac{n-2}{2n}$，$\alpha(p+1) < 1$. 因此由(16)，得

$$\begin{aligned}
&|(b(x)q(|u_m|^2)u_{ml}, Au_{ml})| \\
&\leqslant C(\|\Delta u_m\|^{\alpha(p+1)} + 1)\|Au_{ml}\| \\
&\leqslant \varepsilon\|Au_{ml}\|^2 + \varepsilon\|\Delta u_m\|^2 + C(\varepsilon)
\end{aligned}$$

合并以上不等式，由(15)，得

$$(\gamma_0 - \varepsilon)\|Au_{ml}\|^2 - \varepsilon\|\Delta u_m\|^2 \leqslant C(\varepsilon) + C\|Au_{ml}\|$$

再由 $\|Au_{ml}\|$ 和 $\|\Delta u_{ml}\|$ 得等价性，取 $\varepsilon > 0$ 充分小，得

$$\|\Delta u_m\|^2 = \sum_{l=1}^{N}\|\Delta u_{ml}\|^2 \leqslant E_4$$

3 时间周期解的存在性

定理 2 设 (i) $f(x,t), f_t(x,t) \in L^\infty(0,T; L^2(\Omega))$, $a_{ij}(x) \in \mathbf{C}^0(\Omega)$, $q(s) \in \mathbf{C}^1(\mathbf{R}_+)$, $\|f\| \leqslant M$, $\|f_t\| \leqslant M$;

(ii) $a_{ij} = a_{ji}(i,j=1,2,\cdots,n)$, $\sum_{i,j=1}^{n} a_{ij}(x)\xi_i\xi_j \geqslant a_0 |\xi|^2, \forall \xi \in \mathbf{R}^n$;

(iii) $\gamma = \gamma_0 + \mathrm{i}\gamma_1, \gamma_0 \geqslant 0, |\gamma| > 0, 0 \leqslant b(x), h(x) \leqslant M_1$;

(iv) $\forall s \in [0,\infty), q'(s) \geqslant 0, q(s) \leqslant A_0 s^{\frac{p}{2}} + B_0 (p > 0)$.

其中 a_0, M, M_1, A_0, B_0 为常数，且 $a_0 > 0$，则问题(1)存在一个时间周期解 $u \in C^1(T, H^2)$.

证明 对于任意的自然数 m，已经证明问题(1)有一个近似时间周期解 u_m. 对于一个固定的 t，一致性先验估计(9)(12)和(14)让我们能够找到 $\{u_m\}$ 的一个子序列(仍记为 $\{u_m\}$)，使当 $m \to \infty$ 时，有

u_m 在 $L^\infty(0,t;H^1(\Omega))$ 中弱 * 收敛于 $u(x,t)$；

u_{mt} 在 $L^\infty(0,T;L^2(\Omega))$ 中弱 * 收敛于 $u_t(x,t)$；

u_m 在 $L^\infty(0,T;H^2(\Omega))$ 中弱 * 收敛于 $u(x,t)$；

$b(x)q(|u_m|^2)u_m$ 在 $L^\infty(0,T;H^1(\Omega))$ 中弱 * 收敛于 $b(x)q(|u_m|^2)u$.

因此，在下面的方程

$$\begin{cases}(u_{mt},\omega_s)-\gamma\left(\sum_{i,j=1}^{n}\frac{\partial}{\partial x_i}\left(a_{ij}(x)\frac{\partial u_m}{\partial x_j}\right),\omega_s\right)+\\(b(x)q(|u_m|^2u_m,\omega_s)+(u_m,\omega_s)=(f,\omega_s)\\\sum_{i,j=1}^{n}a_{ij}(x)\left(\frac{\partial u_m}{\partial x_i}\cos(\boldsymbol{n},x_j)+h(x)u_m\right)\bigg|_{\partial\Omega}=0\end{cases}$$

中，令 $m\to\infty$，得

$$\begin{cases}(u_t,\omega_s)-\gamma\left(\sum_{i,j=1}^{n}\frac{\partial}{\partial x_i}\left(a_{ij}(x)\frac{\partial u}{\partial x_j}\right),\omega_s\right)+\\(b(x)q(|u|^2u,\omega_s)+(u,\omega_s)=(f,\omega_s)\\\sum_{i,j=1}^{n}a_{ij}(x)\frac{\partial u}{\partial x_i}\cos(\boldsymbol{n},x_j)+h(x)u\bigg|_{\partial\Omega}=0\end{cases}$$

根据 $\{\omega_i(x)\}$ 在 $H^1(\Omega)$ 中的稠密性，$\forall\varphi\in H^1(\Omega)$，得

$$\begin{cases}(u_t,\varphi)-\gamma\left(\sum_{i,j=1}^{n}\frac{\partial}{\partial x_i}\left(a_{ij}(x)\frac{\partial u}{\partial x_j}\right),\varphi\right)+\\(b(x)q(|u|^2)u,\varphi)+(u,\varphi)=(f,\varphi)\\\sum_{i,j=1}^{n}a_{ij}(x)\left(\frac{\partial u}{\partial x_i}\cos(\boldsymbol{n},x_j)+h(x)u\right)\bigg|_{\partial\Omega}=0\end{cases}$$

即 u 是问题(1) 的解.

参考资料

[1] Lazer A C. Some remark on periodic solutions of parabolic differential equations[M] // Bednarek A R, Cesari L. Dynamical Systems Ⅱ. New York: Academic Press, 1982: 227-246.

[2] Beltramo A, Hess P. On the principal eigenvalue of a periodic-parabolic operator[J]. Communications in Partial Differential Equations, 1984, 9(9): 919-941.

[3]Guo Bo-ling, Tan Shao-bin. Mixed initial boundary-value problem for some multidimensional nonlinear Schrodinger equations including damping[J]. J Partial Differention Equations, 5(2): 1992: 69-80.

带 Fourier 乘子高维 Schrödinger 扰动方程的拟周期解

第五章

1 引 言

Schrödinger 方程在量子力学[1]、非线性光学[2]和电磁学[3]等领域得到广泛的应用. 设 D 为区域 $[0,2\pi]\times\cdots\times[0,2\pi]$ 上的 $b+1$ 维解析函数空间, $u(t,x)\in D$, $x=(x_1, x_2,\cdots,x_b)$, 带 Fourier 乘子的 Schrödinger 扰动方程(1)是近年来比较活跃的研究课题[4], 该方程的表达式为

$$\mathrm{i}u_t + Au = \varepsilon\frac{\partial H}{\partial \bar{u}} \tag{1}$$

其中 $A=-\Delta+M_\sigma$, $\Delta=\frac{\partial^2}{\partial x_1^2}+\frac{\partial^2}{\partial x_2^2}+\cdots+\frac{\partial^2}{\partial x_b^2}$. M_σ 为 Fourier 乘子, 它与 u 中的 x 有关, 与 t 无关, 对于 m,

$n_1, n_2, \cdots, n_b \in I$,满足

$$M_\sigma(\mathrm{e}^{\mathrm{i}mt}\mathrm{e}^{\mathrm{i}(n_1x_1+\cdots+n_bx_b)}) = \sigma_{n_1\cdots n_b}\mathrm{e}^{\mathrm{i}mt}\mathrm{e}^{\mathrm{i}(n_1x_1+\cdots+n_bx_b)} \quad (2)$$

其中 $\sigma_{n_1\cdots n_b}$ 为 M_σ 的本征值,满足 $\sigma_{n_1\cdots n_b} < (\sqrt{n_1^2+\cdots+n_b^2})^{-C}$,$C$ 为给定的常数. 扰动项 $\varepsilon\frac{\partial H}{\partial \bar{u}}$ 是多项式或解析函数,$\bar{u}$ 是 u 的共轭. 对于(1) 的共振现象,菲尔兹奖获得者 J. Borgain 利用调和分析理论,获得了一种类似 KAM 理论的迭代算法,但只能计算一维和二维的情形,对于高维情况目前在技术上尚有困难[4]. 广西工程职业学院信息与计算科学系的李政林,柳州职业技术学院基础部的李大林两位教授 2008 年采用线性算子的无穷阶矩阵获得(1) 的不带边值条件的拟周期解,该方法不受维数的限制,至于如何与边值条件结合,还有待进一步探讨.

2　Schrödinger 算子的特征函数及矩阵

定义 D 上的与(1) 对应的线性算子

$$T = \mathrm{i}\frac{\partial}{\partial_t} - \Delta + M_\sigma$$

根据(2),有

$$\begin{aligned}
&T(\mathrm{e}^{\mathrm{i}mt}\mathrm{e}^{\mathrm{i}(n_1x_1+\cdots+n_bx_b)})\\
&= \left(\mathrm{i}\frac{\partial}{\partial_t} - \frac{\partial^2}{\partial x_1^2} + \frac{\partial^2}{\partial x_2^2} + \cdots + \frac{\partial^2}{\partial x_b^2} + M_\sigma\right)(\mathrm{e}^{\mathrm{i}mt}\mathrm{e}^{\mathrm{i}(n_1x_1+\cdots+n_bx_b)})\\
&= (-m + n_1^2 + \cdots + n_b^2 + \sigma_{n_1\cdots n_b})\mathrm{e}^{\mathrm{i}mt}\mathrm{e}^{\mathrm{i}(n_1x_1+\cdots+n_bx_b)}
\end{aligned}$$

所以 $\mathrm{e}^{\mathrm{i}mt}\mathrm{e}^{\mathrm{i}(n_1x_1+\cdots+n_bx_b)}$ 为 T 的特征函数,$-m + n_1^2 + \cdots + n_b^2 + \sigma_{n_1\cdots n_b}$ 为特征值.

称 $m, n_1, n_2, \cdots, n_b$ 为 $\mathrm{e}^{\mathrm{i}mt}\mathrm{e}^{\mathrm{i}(n_1x_1+\cdots+n_bx_b)}$ 的指标,当

它们分别取 0，±1，±2，… 时，$e^{imt}e^{i(n_1x_1+\cdots+n_bx_b)}$ 构成 D 的一组完备正交基[4]. 为了便于表示，对 $e^{imt}e^{i(n_1x_1+\cdots+n_bx_b)}$ 进行排序，用 $h_{mn_1\cdots n_b}$ 表示 $e^{imt}e^{i(n_1x_1+\cdots+n_bx_b)}$ 在基中的序号，$h_{mn_1\cdots n_b}=1,2,\cdots$. 把特征函数指标之和相等的编为一组，设

$$|m|+|n_1|+|n_2|+\cdots+|n_b|=k \quad (k=0,1,2,\cdots)$$

则称 k 为第 k 组的编号. 按 k 从小到大的顺序将各组进行排序；在同一组内，各函数按指标的字典排列顺序来排序. 例如，$k=2$ 这一组的次序为

$$h_{20\cdots00},h_{(-2)0\cdots00},h_{110\cdots0},h_{1(-1)0\cdots0},h_{(-1)10\cdots0},$$
$$h_{(-1)(-1)0\cdots0},\cdots,h_{00\cdots0(-2)}$$

同样，下文出现的 $a_{mn_1\cdots n_b}$ 等符号表示相应的第 $h_{mn_1\cdots n_b}$ 个系数.

根据上述排序，得到 D 的一组基，即

$$1,e^{it},e^{-it},e^{ix_1},e^{-ix_1},\cdots,e^{imt}e^{i(n_1x_1+\cdots+n_bx_b)},\cdots \tag{3}$$

T 在该基下的矩阵为

$$\boldsymbol{B}=\begin{bmatrix}\sigma_{00\cdots0} & & & & \\ & -1+\sigma_{00\cdots0} & & & \\ & & \ddots & & \\ & & & -m+n_1^2+\cdots+n_b^2+\sigma_{n_1\cdots n_b} & \\ & & & & \ddots\end{bmatrix}$$

由于 $\lim\limits_{h_{mn_1\cdots n_b}\to\infty}\sigma_{n_1\cdots n_b}=0$，不妨设 $0<|\sigma_{n_1\cdots n_b}|<1$，则 $\boldsymbol{B}$ 的主对角线元素不为零，因此 $\boldsymbol{B}$ 可逆，显然

$$\boldsymbol{B}^{-1}=\begin{bmatrix}(\sigma_{00\cdots0})^{-1} & & & & \\ & (-1+\sigma_{00\cdots0})^{-1} & & & \\ & & \ddots & & \\ & & & (-m+n_1^2+\cdots+n_b^2+\sigma_{n_1\cdots n_b})^{-1} & \\ & & & & \ddots\end{bmatrix}$$

3　Schrödinger 扰动方程的通解

Schrödinger 扰动方程(1) 可以简记为 $T(u)=\varepsilon\frac{\partial H}{\partial u}$. 当 $\varepsilon\frac{\partial H}{\partial u}=0$ 时,(1) 变为齐次方程

$$T(u)=\mathrm{i}u_t+Au=0 \tag{4}$$

因为当 $m=n_1^2+n_2^2+\cdots+n_b^2$ 时

$$\begin{aligned}&T\left(\mathrm{e}^{\mathrm{i}(m+\sigma_{n_1\cdots n_b})t}\mathrm{e}^{\mathrm{i}(n_1x_1+\cdots+n_bx_b)}\right)\\&=(-m+n_1^2+\cdots+n_b^2)\mathrm{e}^{\mathrm{i}mt}\mathrm{e}^{\mathrm{i}(n_1x_1+\cdots+n_bx_b)}\\&=0\end{aligned}$$

所以(4) 的通解为

$$u_1(t,x)=\sum_{\substack{h=0\\ m=n_1^2+\cdots+n_b^2}}^{\infty}d_{mn_1\cdots n_b}\mathrm{e}^{\mathrm{i}(m+\sigma_{n_1\cdots n_b})t}\mathrm{e}^{\mathrm{i}(n_1x_1+\cdots+n_bx_b)} \tag{5}$$

其中 $d_{mn_1\cdots n_b}$ 为任意常数[4].

设 $\frac{\partial H}{\partial u}$ 在基(3) 下的坐标为 $(a_{00\cdots0},a_{10\cdots0},\cdots,a_{mn_1\cdots n_b},\cdots)$,即

$$\frac{\partial H}{\partial u}=\sum_{h_{mn_1\cdots n_b}=0}^{\infty}\mathrm{e}^{\mathrm{i}mt}\mathrm{e}^{\mathrm{i}(n_1x_1+\cdots+n_bx_b)}$$

又设 $u_2(t,x)$ 为(1) 的一个特解,它在基(3) 下的坐标为 $(c_{00\cdots0},c_{10\cdots0},\cdots,c_{mn_1\cdots n_b},\cdots)$, 则有 $T(u_2(t,x))=\varepsilon\frac{\partial H}{\partial u}$,用矩阵表示为

$$\boldsymbol{T}(u_2(t,x))=\begin{bmatrix}1\\ e^{it}\\ \vdots\\ e^{imt}e^{i(n_1x_1+\cdots+n_bx_b)}\\ \vdots\end{bmatrix}^{\mathrm{T}}\boldsymbol{B}\begin{bmatrix}c_{00\cdots 0}\\ c_{10\cdots 0}\\ \vdots\\ c_{nn_1\cdots n_b}\\ \vdots\end{bmatrix}$$

$$=\varepsilon\frac{\partial H}{\partial \bar{u}}$$

$$=\begin{bmatrix}1\\ e^{it}\\ \vdots\\ e^{imt}e^{i(n_1x_1+\cdots+n_bx_b)}\\ \vdots\end{bmatrix}^{\mathrm{T}}\varepsilon\begin{bmatrix}a_{00\cdots 0}\\ a_{10\cdots 0}\\ \vdots\\ a_{nn_1\cdots n_b}\\ \vdots\end{bmatrix}$$

从而

$$\begin{bmatrix}c_{00\cdots 0}\\ c_{10\cdots 0}\\ \vdots\\ c_{nn_1\cdots n_b}\\ \vdots\end{bmatrix}=\varepsilon\boldsymbol{B}^{-1}\begin{bmatrix}a_{00\cdots 0}\\ a_{10\cdots 0}\\ \vdots\\ a_{nn_1\cdots n_b}\\ \vdots\end{bmatrix}$$

$$=\varepsilon\begin{bmatrix}(\sigma_{00\cdots 0})^{-1}a_{00\cdots 0}\\ (-1+\sigma_{00\cdots 0})^{-1}a_{10\cdots 0}\\ \vdots\\ (-m+n_1^2+\cdots+n_b^2+\sigma_{n_1\cdots n_b})^{-1}a_{nn_1\cdots n_b}\\ \vdots\end{bmatrix}$$

故

$$u_2(t,x)$$
$$=\varepsilon\sum_{d_{mn_1\cdots n_b}=0}^{\infty}(-m+n_1^2+\cdots+n_b^2+\sigma_{n_1\cdots n_b})^{-1}a_{nn_1\cdots n_b}e^{imt}e^{i(n_1x_1+\cdots+n_bx_b)} \tag{6}$$

当 $m=n_1^2+\cdots+n_b^2$ 时，在(6)的第 $h_{mn_1\cdots n_b}$ 项中，$(-m+n_1^2+\cdots+n_b^2+\sigma_{n_1\cdots n_b})^{-1}=\sigma_{n_1\cdots n_b}^{-1}$，出现了小除数 $\sigma_{n_1\cdots n_b}^{-1}$，因此需要单独考虑，根据 Taller 公式，(6)中这样的项展开为

$$\begin{aligned}
&\varepsilon\sigma_{n_1\cdots n_b}^{-1}a_{mn_1\cdots n_b}e^{imt}e^{i(n_1x_1+\cdots+n_bx_b)}\\
&=\varepsilon\sigma_{n_1\cdots n_b}^{-1}a_{mn_1\cdots n_b}e^{i((m+\sigma_{n_1\cdots n_b})-\sigma_{n_1\cdots n_b})^t}e^{i(n_1x_1+\cdots+n_bx_b)}\\
&=\varepsilon\sigma_{n_1\cdots n_b}^{-1}a_{mn_1\cdots n_b}\sum_{j=0}^{\infty}\frac{e^{i(m+\sigma_{n_1\cdots n_b})t}e^{i(n_1x_1+\cdots+n_bx_b)}}{j!}(-i\sigma_{n_1\cdots n_b}t)^j\\
&=\varepsilon\sigma_{n_1\cdots n_b}^{-1}a_{mn_1\cdots n_b}e^{i(m+\sigma_{n_1\cdots n_b})t}e^{i(n_1x_1+\cdots+n_bx_b)}-\\
&\quad i\varepsilon ta_{mn_1\cdots n_b}e^{i(m+\sigma_{n_1\cdots n_b})t}e^{i(n_1x_1+\cdots+n_bx_b)}+\\
&\quad \varepsilon a_{mn_1\cdots n_b}a_{mn_1\cdots n_b}e^{i(m+\sigma_{n_1\cdots n_b})t}e^{i(n_1x_1+\cdots+n_bx_b)}-\\
&\quad i\varepsilon ta_{mn_1\cdots n_b}e^{i(m+\sigma_{n_1\cdots n_b})t}e^{i(n_1x_1+\cdots+n_bx_b)}+\varepsilon O(t^2)
\end{aligned}\tag{7}$$

(6)中所有满足 $m=n_1^2+\cdots+n_b^2$ 的项可按(7)来改写，即

$$\begin{aligned}
u_2(t,x)=\;&\varepsilon\sum_{\substack{h=0\\ m\neq n_1^2+\cdots+n_b^2}}^{\infty}(-m+n_1^2+\cdots+n_b^2+\sigma_{n_1\cdots n_b})^{-1}\\
&a_{mn_1\cdots n_b}e^{imt}e^{i(n_1x_1+\cdots+n_bx_b)}+\\
&\varepsilon\sum_{\substack{h=0\\ m=n_1^2+\cdots+n_b^2}}^{\infty}\sigma_{n_1\cdots n_b}^{-1}a_{mn_1\cdots n_b}e^{i(m+\sigma_{mn_1\cdots n_b})t}e^{i(n_1x_1+\cdots+n_bx_b)}-\\
&i\varepsilon t\sum_{\substack{h=0\\ m=n_1^2+\cdots+n_b^2}}^{\infty}a_{mn_1\cdots n_b}e^{i(m+\sigma_{n_1\cdots n_b})t}e^{i(n_1x_1+\cdots+n_bx_b)}+
\end{aligned}$$

$$\varepsilon \sum_{\substack{h=0 \\ m=n_1^2+\cdots+n_b^2}}^{\infty} O(t^2)$$

注意到当 $m=n_1^2+\cdots+n_b^2$ 时,(7) 的第一项

$$\varepsilon\sigma_{n_1\cdots n_b}^{-1} a_{mn_1\cdots n_b} e^{i(m+\sigma_{n_1\cdots n_b})t} e^{i(n_1x_1+\cdots+n_bx_b)}$$

满足

$$\begin{aligned} & T(\varepsilon\sigma_{n_1\cdots n_b}^{-1} a_{mn_1\cdots n_b} e^{i(m+\sigma_{n_1\cdots n_b})t} e^{i(n_1x_1+\cdots+n_bx_b)}) \\ = & \varepsilon\sigma_{n_1\cdots n_b}^{-1} a_{mn_1\cdots n_b} (-m+n_1^2+\cdots+n_b^2) e^{imt} e^{i(n_1x_1+\cdots+n_bx_b)} \\ = & 0 \end{aligned}$$

因此它是齐次方程(4) 的一个解,可以在 $u_2(t,x)$ 中略去该项. 再略去 $O(t^2)$[4,5],得到

$$\begin{aligned} u_2(t,x) = & \varepsilon \sum_{\substack{h=0 \\ m\neq n_1^2+\cdots+n_b^2}}^{\infty} (-m+n_1^2+\cdots+n_b^2+\sigma_{n_1\cdots n_b})^{-1} \cdot \\ & a_{mn_1\cdots n_b} e^{imt} e^{i(n_1x_1+\cdots+n_bx_b)} - \\ & i\varepsilon t \sum_{\substack{h=0 \\ m=n_1^2+\cdots+n_b^2}}^{\infty} a_{mn_1\cdots n_b} e^{i(m+\sigma_{n_1\cdots n_b})t} e^{i(n_1x_1+\cdots+n_bx_b)} \end{aligned} \tag{8}$$

由于(5) 为齐次方程(4) 的通解,(8) 为具有扰动项下的特解,所以(1) 的通解为

$$\begin{aligned} u(t,x) = & u_1(t,x)+u_2(t,x) \\ = & \sum_{\substack{h=0 \\ m=n_1^2+\cdots+n_b^2}}^{\infty} (d_{mn_1\cdots n_b} - i a_{mn_1\cdots n_b}\varepsilon t) \\ & e^{i(m+\sigma_{n_1\cdots n_b})t} e^{i(n_1x_1+\cdots+n_bx_b)} + \\ & \varepsilon \sum_{\substack{h=0 \\ m\neq n_1^2+\cdots+n_b^2}}^{\infty} (-m+n_1^2+\cdots+n_b^2+\sigma_{n_1\cdots n_b})^{-1} \\ & a_{mn_1\cdots n_b} e^{imt} e^{i(n_1x_1+\cdots+n_bx_b)} \end{aligned} \tag{9}$$

参考资料

[1] Slobodan P. Schrodinger's interpretation of quantum mechanics and the relevance of Bohr's experimental critique[J]. Studies in history and philosophy of modern physics,2006,(37):275-297.

[2]Porsezian K,Kalithasan B. Cnoidal and solitary wave solutions of the coupled higher order nonlinear schrodinger equation in nonlinear optics[J]. Chaos solitons and fractals,2007,(31):188-196.

[3]Tang Z W. On the least energy solutions of nonlinear schrodinger equations with electromagnetic fields[J]. Computers and mathematics with applications,2007,(54):627-637.

[4]Borgain J. Quasi-periodic solutions of hamilotonian perturbations of 2D linear schrodinger equations[J]. Annals of mathematics,1998, (148): 363-438.

[5]Nayfeh A H. Perturbation methods[M]. Shanghai:Shanghai science and technology press,1984:162-164.

非齐次边界条件下的具有复合级数非线性项的 Schrödinger 方程

第六章

襄樊学院数学与计算机科学学院的丁凌，肖氏武，姜海波三位教授 2011 年用 Aubin 紧性原理和 Cantor 对角线法对非齐次边界条件下的具有复合级数非线性项的 Schrödinger 方程进行研究，在适当的条件下得到了有限能量的全局解的存在性结果.

考虑下面的非线性 Schrödinger 方程的非齐次初边值问题

$$\begin{cases} \mathrm{i}\partial_t u + \Delta u = \\ \lambda \mid u \mid^{p-2} u + \theta \mid u \mid^{q-2} u, t > 0, x \in \Omega \\ u(x,0) = \phi(x), x \in \Omega \\ u(x,t) = Q(x,t), t \geqslant 0, x \in \partial\Omega \end{cases} \tag{1}$$

其中 Ω 是 $\mathbf{R}^n$ 中具有 C^∞ 边界的开集，$u(t,x):\mathbf{R}^+\times\Omega\to C$ 是复值波函数，p，$q>2$，$\lambda,\theta>0$，ϕ 和 Q 是给定的光滑函数.

目前关于 $\mathbf{R}^n$ 上的非线性 Schrödinger 方程有大量的研究[1-3]. 在本章中，解决问题(1) 的主要困难在于非齐次边界条件. 有人可能认为问题(1) 的解和齐次问题的解一样容易得到，然而并不是. 例如，关于解的 L^2 范数的导数的简单等式，具体表述为 $\partial_t\int_{\Omega}|u|^2\mathrm{d}x+2\mathrm{Im}\int_{\partial\Omega}\overline{Q}\frac{\partial u}{\partial \boldsymbol{n}}\mathrm{d}S=0$，此式卷入了法向导数的边界积分，而边界积分不能由边界值 Q 具体表示，如何利用它进行估计也不明显. 解决非齐次的线性问题通用撤离法，就是将之化为齐次问题，但在这里不能用，否则就破坏了非线性项的性质.

为方便起见，记

$$f(u)=\lambda|u|^{p-2}u+\theta|u|^{q-2}u$$

$$F(u)=\frac{2\lambda}{p}|u|^{p-2}u+\frac{2\theta}{q}|u|^{q-2}u$$

$$P=\nabla u|_{\partial\Omega},\eta=\sum_j\partial_j\xi_j=\nabla\cdot\xi$$

且用 $\boldsymbol{n}=(n_1,n_2,\cdots,n_n)$ 表示 $\partial\Omega$ 的单位外法向量. 因为 $\partial\Omega$ 是光滑的，所以存在从 $\mathbf{R}^n$ 到 $\mathbf{R}^n$ 的不依赖于 t 的光滑函数 $\xi=(\xi_1,\xi_2,\cdots,\xi_n)$，使得 $\xi|_{\partial\Omega}=(n_1,n_2,\cdots,n_n)=\boldsymbol{n}$ 成立. 如果 $\partial\Omega$ 是无界的，我们不妨作如下假定：(i)ξ 的直到三阶的导数是有界的；(ii) 存在 $R>0$，当 $|x|>R$ 时有 $Q(x,t)=0$ 成立. 记 $\partial_j u=\frac{\partial u}{\partial x_j}(j=1,2,\cdots,n)$. 用 $\overline{u}$ 表示 u 的共轭复数.

引理 1　假定 u 是问题(1) 的光滑解. 则下面的 4 个等式成立

$$\partial_t\int_{\Omega}|u|^2\mathrm{d}x+2\mathrm{Im}\int_{\partial\Omega}(\boldsymbol{n}\cdot P)\overline{Q}\mathrm{d}S=0\tag{2}$$

$$\partial_t \int_\Omega (|\nabla u|^2 + F(u))\mathrm{d}x = 2\mathrm{Re}\int_{\partial\Omega} (\boldsymbol{n}\cdot P)\overline{Q}_t \mathrm{d}S \tag{3}$$

$$\begin{aligned}
&\partial_t \int_\Omega u(\xi\cdot\nabla\overline{u})\mathrm{d}x - \int_{\partial\Omega} Q\overline{Q}_t\mathrm{d}S + \int_\Omega \eta u\overline{u}_t\mathrm{d}x \\
= &2\mathrm{i}\int_{\partial\Omega} |\boldsymbol{n}\cdot P|^2\mathrm{d}S - 2\mathrm{i}\sum_{m,j}\int_\Omega \partial_m\xi_j\partial_m u\partial_j\overline{u}\mathrm{d}x - \\
&\mathrm{i}\int_{\partial\Omega} |P|^2\mathrm{d}S + \mathrm{i}\int_\Omega \eta|\nabla u|^2\mathrm{d}x - \\
&\mathrm{i}\int_{\partial\Omega} F(Q)\mathrm{d}S - \mathrm{i}\int_\Omega \eta F(u)\mathrm{d}x
\end{aligned} \tag{4}$$

$$\begin{aligned}
&\mathrm{i}\int_{\partial\Omega} (2|\boldsymbol{n}\cdot P|^2 - |P|^2 + (\boldsymbol{n}\cdot\overline{P})\eta Q)\mathrm{d}S \\
= &\int_{\partial\Omega} (\mathrm{i}F(Q) - Q\overline{Q}_t)\mathrm{d}S + \partial_t\int_\Omega u(\xi\cdot\nabla\overline{u})\mathrm{d}x + \\
&\mathrm{i}\int_\Omega ((\nabla\eta\cdot\nabla\overline{u})u - \eta F(u))\mathrm{d}x + \\
&\mathrm{i}\int_\Omega \Big(2\sum_{m,j}\partial_m\xi_j\partial_m u\partial_j\overline{u} + \eta f(u)\overline{u}\Big)\mathrm{d}x
\end{aligned} \tag{5}$$

证明　类似资料[3]中引理 1 的证明可证.

我们用截断非线性项撤离法来近似原来的方程. 用 q_0 表示 $|Q|$ 的上确界. 对任意的 $k > q_0$，我们定义

$$f_k(u) = \begin{cases} \lambda|u|^{p-2}u + \theta|u|^{q-2}u, & |u| < k, k > 0 \\ \lambda k^{p-2}u + \theta k^{q-2}u, & |u| \geqslant k > 0 \end{cases} \tag{6}$$

引理 2　对任意的 $k > q_0$ 和 $c_0 > 0$，存在 $T_0 > 0$，使得当 $\|\phi\|_{H^1} \leqslant c_0$ 时，存在唯一的 $u^{(k)} \in C([0, T_0]; H^1(\Omega))$，满足

$$\begin{cases} \mathrm{i}\partial_t u^{(k)} + \Delta u^{(k)} = f_k(u^{(k)}), t > 0, x \in \Omega \\ u^{(k)}(x, 0) = \phi(x), x \in \Omega \\ u^{(k)}(x, t) = Q(x, t), t \geqslant 0, x \in \partial\Omega \end{cases} \tag{7}$$

证明　注意到 f_k 对任意的 $k>0$ 是全局 Lipschitz 的. 根据紧支集的假设，存在 $R>0$，当 $|x|>R$ 时有 $Q=0$. 下面我们取 k 总是满足 $k>q_0$，于是总有 $f_k(Q)=f(Q)$. 为方便起见，我们去掉上标 k. 设 $v=u-\widetilde{Q}$，并且选择 $\widetilde{Q}(x,t)\in C^3(\overline{\Omega}\times[0,\infty))$ 关于 x 具有紧支集且满足

$$\begin{cases}\Delta\widetilde{Q}=f_k(Q)-\mathrm{i}Q_t, x\in\partial\Omega\\ \widetilde{Q}=Q, x\in\partial\Omega\end{cases}\tag{8}$$

（可参见资料[4]）. 则 v 满足等价于问题(1)的如下问题

$$\begin{cases}\mathrm{i}\partial_t v+\Delta v=h_k, t>0, x\in\Omega\\ v(0)=\phi(x)-\widetilde{Q}(x,0), t=0, x\in\Omega\\ v(x,t)=0, t\geqslant 0, x\in\partial\Omega\end{cases}\tag{9}$$

其中 $h_k=f_k(v+\widetilde{Q})-\Delta\widetilde{Q}-\mathrm{i}\partial_t\widetilde{Q}$. 根据问题(8)和(9)可得，当 $x\in\partial\Omega$ 时有 $h_k=0$ 成立. 问题(9)可写成积分方程

$$v(t)=\mathrm{e}^{\mathrm{i}\Delta t}v(0)-\mathrm{i}\int_0^t \mathrm{e}^{\mathrm{i}\Delta(t-\tau)}h_k(\tau)\mathrm{d}\tau=Nv(t)\tag{10}$$

其中 $v(t)\in H_0^1(\Omega)$，把方程(10)的右边定义成算子 N.

对任意的 $T>0$，N 在 $H_0^1(\Omega)$ 上取范数，则存在正数 $c_k,\tilde{c}_{k,T}$ 使得

$$\begin{aligned}&\|Nv(t)\|_{H_0^1(\Omega)}\\ \leqslant{}&1\cdot\|v(0)\|_{H_0^1(\Omega)}+\int_0^t 1\cdot\|(f_k(v+\widetilde{Q})-\Delta\widetilde{Q}-\\ &\mathrm{i}\partial_t\widetilde{Q})(\tau)\|_{H_0^1(\Omega)}\mathrm{d}\tau\\ \leqslant{}&\|v(0)\|_{H_0^1(\Omega)}+c_k\int_0^t\|v(s)\|_{H_0^1(\Omega)}\mathrm{d}\tau+\tilde{c}_{k,T}\end{aligned}\tag{11}$$

对任意的 $0 \leqslant t \leqslant T$ 都成立. 因为 f_k 是 Lipschitz 的,于是有

$$
\begin{aligned}
& \| Nv(t) - Nw(t) \|_{H_0^1(\Omega)} \\
\leqslant & \| v(0) - w(0) \|_{H_0^1(\Omega)} + \int_0^t \| f_k(v + \widetilde{Q}) - \\
& f_k(w + \widetilde{Q}) \|_{H_0^1(\Omega)} \mathrm{d}\tau \\
\leqslant & \| v(0) - w(0) \|_{H_0^1(\Omega)} + c_k \int_0^t \| v(t) - w(t) \|_{H_0^1(\Omega)} \mathrm{d}\tau \\
\leqslant & c_k \int_0^t \| v(t) - w(t) \|_{H_0^1(\Omega)} \mathrm{d}\tau
\end{aligned}
$$

因而,可推出

$$
\begin{aligned}
& \| v(t) - w(t) \|_{C([0,T_0];H_0^1(\Omega))} \\
= & \| Nv(t) - Nw(t) \|_{C([0,T_0];H_0^1(\Omega))} \\
\leqslant & c_k T_0 \| v(t) - w(t) \|_{C([0,T_0];H_0^1(\Omega))}
\end{aligned} \tag{12}
$$

用 $| \| \cdot \| |$ 表示 $C([0,T_0];H_0^1(\Omega))$ 的范数. $v(0)$ 在 $H_0^1(\Omega)$ 中取定,且满足 $\| v(0) \|_{H_0^1(\Omega)} \leqslant c_0$. 令

$$B = \{v \in C([0,T_0];H_0^1(\Omega)): | \| v \| | \leqslant c*, v(0) = \psi\}$$

其中 $c* = 2(c'_0 + \bar{c}_{k,T})$. 如果 $T_0 \leqslant \dfrac{1}{2c_k}$,则(11)和(12)两式暗示了算子 N 在 B 上是可缩的. 于是对任意的 $k > q_0$ 和 $c'_0 > 0$,就存在 $T_0 > 0$,使得当 $\| v(0) \|_{H_0^1(\Omega)} \leqslant c'_0$ 时,有唯一的解 $v^{(k)} \in B$ 满足方程(10). 这里的 T_0 依赖于 k 和 c'_0. 如要我们定义 $\psi = \phi - \widetilde{Q}(0)$,则 $u^{(k)} = v^{(k)} + \widetilde{Q}$ 就是问题(7)在$[0,T_0]$上的唯一解.

引理 3 设 $T > 0$ 和 $k > q_0$ 是固定的. 假定 $u^{(k)}$ 是问题(7)在空间 $C([0,T_0];H_0^1(\Omega))$ 上的解. 则存在常数 $C_T > 0$ 不依赖于 k,使得 $\| u^{(k)}(t) \|_{H_0^1(\Omega)} \leqslant C_T$ 对任意的 $0 \leqslant t \leqslant T$ 成立.

证明　定义 $F_k(u)=G_k(|u|)$，$G'_k=g_k$ 和 $f_k(u)=g_k(|u|)\cdot\frac{u}{|u|}$. 则

$$g_k(|u|)=f_k(u)\cdot\frac{|u|}{u}=\begin{cases}\lambda|u|^{p-1}+\theta|u|^{q-1}, & |u|<k\\ \lambda k^{p-1}|u|+\theta k^{q-1}|u|, & |u|\geqslant k\end{cases}$$

因而有 $g_k(0)=0$，$g_k\geqslant 0$ 和 $G_k\geqslant 0$. 且有 $\bar{u}f_k(u)=g_k(|u|)\cdot\frac{u}{|u|}\bar{u}=g_k(|u|)|u|\geqslant 0$. 注意到如果 f 被 f_k 代替，引理 1 中的等式(2)—(5)仍然是成立的，这是因为分部积分法对充分正则性的解仍然实用. 如果 ϕ，Q 和 f_k 都是充分光滑的函数，则引理 2 中的解 $u^{(k)}$ 也是光滑的，可用同样的方法得到与 $u^{(k)}$ 相应的等式，取极限可得

$$\partial_t\int_\Omega|u|^2\mathrm{d}x+2\mathrm{Im}\int_{\partial\Omega}(\boldsymbol{n}\cdot P)\bar{Q}\mathrm{d}S=0 \tag{13}$$

$$\partial_t\int_\Omega(|\nabla u|^2+F_k(u))\mathrm{d}x=2\mathrm{Re}\int_{\partial\Omega}(\boldsymbol{n}\cdot P)\bar{Q}_t\mathrm{d}S \tag{14}$$

$$\begin{aligned}&\partial_t\int_\Omega u(\xi\cdot\nabla\bar{u})\mathrm{d}x-\int_{\partial\Omega}Q\bar{Q}_t\mathrm{d}S+\int_\Omega\eta u\bar{u}_t\mathrm{d}x\\
=&2\mathrm{i}\int_{\partial\Omega}|\boldsymbol{n}\cdot P|^2\mathrm{d}S-2\mathrm{i}\sum_{m,j}\int_\Omega\partial_m\xi_j\partial_m u\partial_j\bar{u}\mathrm{d}x-\\
&\mathrm{i}\int_{\partial\Omega}|P|^2\mathrm{d}S+\mathrm{i}\int_\Omega\eta|\nabla u|^2\mathrm{d}x-\\
&\mathrm{i}\int_{\partial\Omega}F_k(Q)\mathrm{d}S-\mathrm{i}\int_\Omega\eta F_k(u)\mathrm{d}x\\
&\mathrm{i}\int_{\partial\Omega}(2|\boldsymbol{n}\cdot P|^2-|P|^2+(\boldsymbol{n}\cdot\bar{P})\eta Q)\mathrm{d}S\\
=&\int_{\partial\Omega}(\mathrm{i}F_k(Q)-Q\bar{Q}_l)\mathrm{d}S+\partial_t\int_\Omega u(\xi\cdot\nabla\bar{u})\mathrm{d}x+\end{aligned}$$

$$\mathrm{i}\int_{\Omega}((\nabla\eta\cdot\nabla\bar{u})u-\eta F_{k}(u))\mathrm{d}x+$$

$$\mathrm{i}\int_{\Omega}\left(2\sum_{m,j}\partial_{m}\xi_{j}\partial_{m}u\partial_{j}\bar{u}+\eta f_{k}(u)\bar{u}\right)\mathrm{d}x \tag{15}$$

下面我们将要证明 $|\boldsymbol{n}\cdot P|^2$ 的积分的界，这里 $P=\nabla u|_{\partial\Omega}$，$u=u^{(k)}$ 是近似问题的光滑解. 则有

$$|P|^2=|\boldsymbol{n}\cdot P|^2+|A\cdot P|^2=|\boldsymbol{n}\cdot P|^2+|A\cdot\nabla\widetilde{Q}|^2 \tag{16}$$

这里 $A\cdot P$ 表示 P 的切向分支. 把式(16) 带入式(15)，在 $[0,t]$ 上积分，利用 ξ 的直到三阶的导数的有界性，可得

$$\begin{aligned}&\int_0^t\int_{\partial\Omega}|\boldsymbol{n}\cdot P|^2\mathrm{d}S\mathrm{d}\tau\\ \leqslant&\left|\int_{\Omega}u(\xi\cdot\nabla\bar{u})\mathrm{d}x\right|+\left|\int_{\Omega}\phi(\xi\cdot\nabla\bar{\phi})\mathrm{d}x\right|+\\ &\int_0^t\int_{\partial\Omega}|A\cdot\nabla\widetilde{Q}|^2\mathrm{d}S\mathrm{d}\tau+c\int_0^t\int_{\partial\Omega}|(\boldsymbol{n}\cdot P)Q|\mathrm{d}S\mathrm{d}\tau+\\ &c\int_0^t\int_{\Omega}|\nabla u||u|\mathrm{d}x\mathrm{d}\tau+\int_0^t\int_{\partial\Omega}|Q\bar{Q}_t|\mathrm{d}S\mathrm{d}\tau+\\ &c\int_0^t\int_{\Omega}|\nabla u|^2\mathrm{d}x\mathrm{d}\tau+\int_0^t\int_{\partial\Omega}F_k(Q)\mathrm{d}S\mathrm{d}\tau+\\ &c\int_0^t\int_{\Omega}F_k(u)\mathrm{d}x\mathrm{d}\tau\end{aligned} \tag{17}$$

因为 $\phi\in H^1(\Omega)$，Q 是 C^3 的，且关于 x 有紧支集，所以式(17) 中含有 ϕ 和 Q 的项是有界的. 于是，式(17) 可估计成

$$\begin{aligned}&\int_0^t\int_{\partial\Omega}|\boldsymbol{n}\cdot P|^2\mathrm{d}S\mathrm{d}\tau\\ \leqslant&c'+c'\left(\int_0^t\int_{\partial\Omega}|\boldsymbol{n}\cdot P|^2\mathrm{d}S\mathrm{d}\tau\right)^{\frac{1}{2}}+\\ &c'\int_{\Omega}(|u|^2+|\nabla u|^2)\mathrm{d}x+c'\int_0^t\int_{\Omega}(|u|^2+|\nabla u|^2)\mathrm{d}x\mathrm{d}\tau+\end{aligned}$$

$$c'\int_0^t\int_\Omega F_k(u)\mathrm{d}x\mathrm{d}\tau \tag{18}$$

注意到这里表示成常数的 c 和 c' 只依赖于 n,p,Q,T,ϕ 和 $\partial\Omega$，不依赖于 k 或 u. 记 $J^2=\int_0^t\int_{\partial\Omega}|\boldsymbol{n}\cdot P|^2\mathrm{d}S\mathrm{d}\tau$，则式(18) 就等价于 $J^2\leqslant\alpha^2+2\beta J$，其中 $2\beta=c'$，且 α^2 是式(18) 右边剩余项的和. 配方可得 $(J-\beta)^2\leqslant\alpha^2+\beta^2$，两边开平方，可推出

$$J\leqslant\alpha+2\beta=c'+\alpha \tag{19}$$

令 $\gamma(t)=\int_\Omega(|u|^2+|\nabla u|^2+F_k(u))\mathrm{d}x$. 我们有

$$\alpha^2\leqslant c_1+c_2\gamma+c_3\int_0^t\gamma(\tau)\mathrm{d}\tau \tag{20}$$

下面用式(13) 和(14) 来估计 $\gamma(t)$. 由式(13)，推出

$$\|u\|_2^2\leqslant\tilde{c}+\tilde{c}\left(\int_0^t\int_{\partial\Omega}|\boldsymbol{n}\cdot P|^2\mathrm{d}S\mathrm{d}\tau\right)^{\frac{1}{2}} \tag{21}$$

根据式(14)，可得

$$\|\nabla u\|_2^2+\int_\Omega F_k(u)\mathrm{d}x\leqslant\tilde{c}+\tilde{c}\left(\int_0^t\int_{\partial\Omega}|\boldsymbol{n}\cdot P|^2\mathrm{d}S\mathrm{d}\tau\right)^{\frac{1}{2}} \tag{22}$$

把式(21) 和(22) 加起来，得 $\gamma(t)\leqslant m+m'J$. 而式(19) 和(20) 暗示了 $J\leqslant c'_1+c'_2\sqrt{\gamma}+c'_3\int_0^t\gamma(s)\mathrm{d}s$. 于是由式(21)(22) 和 Gronwall 引理得，对任意的 T，$\gamma(t)$ 在$[0,T]$上是有界的. 因为 $F_k>0$，可推出对任意的有界 T，$\|u\|_{H_0^1(\Omega)}$ 是有界的. 引理 3 得证.

定理 1　假定 $\phi\in H^1(\Omega)$，$Q\in C_0^3(\partial\Omega\times(-\infty,+\infty))$，当 $x\in\partial\Omega$ 时，$\phi(x)=Q(x,0)$，且 $p,q>2$，$\lambda,\theta>0$. 则问题(1) 存在唯一的解 u，满足

$$u\in L_{\mathrm{loc}}^\infty((-\infty,+\infty);H^1(\Omega)\cap L^p(\Omega)\cap L^q(\Omega))$$

$$u(\cdot,t)-Q(\cdot,t)\in H_0^1(\Omega)\quad \text{a. e. } t$$

证明 证明方法可参见资料[5]，也可参见资料[3]，这里我们只简要述之. 假定 $u^{(k)}$ 就是引理 2 的解. 由引理 3 知，存在唯一的扩张(仍记为 $u^{(k)}$)，此时 $0\leqslant t<\infty$，使得对任意 T，$u^{(k)}\in C([0,T_0];H_0^1(\Omega))$，且存在常数 C_T，使得 $\sup\limits_{0\leqslant t\leqslant T}\|u^{(k)}(t)\|_{H_0^1(\Omega)}\leqslant C_T$. 取 $T=1$，存在子列 $\{u_1^{(k)}:k=1,2,\cdots\}$ 弱 * 收敛. 类似地，取 $T=2$，存在 $\{u_1^{(k)}:k=1,2,\cdots\}$ 的子列，记为 $\{u_2^{(k)}:k=1,2,\cdots\}$ 弱 * 收敛. 对 $T=1,2,\cdots$ 重复上面相同的程序，得到的序列中选择对角线上的元素组成的序列即对角线序列 $\{u_k^{(k)}:k=1,2,\cdots\}$. 则存在 $u\in L_{\text{loc}}^{\infty}([0,\infty];H_0^1(\Omega))$ 使得 $\{u_k^{(k)}:k=1,2,\cdots\}$ 对任意的 $T>0$ 弱 * 收敛到 u 于 $L^{\infty}([0,\infty];H_0^1(\Omega))$ 中. 由于 $ti\int_{\Omega}F_k(u^{(k)})\mathrm{d}x$ 是有界的，所以 $f_k(u^{(k)})$ 在 $L^{\infty}([0,T];L^1+L^2)$ 中也是有界的. 由问题(7)知，$\mathrm{i}\partial_t u^{(k)}=\mathrm{i}\Delta u^{(k)}-\mathrm{i}f_k(u^{(k)})$ 在 $L^{\infty}([0,\infty];L^1+H_0^{-1}(\Omega))$ 中也是有界的. 根据 Aubin 紧性原理和 Cantor 对角线法知，存在 $\{u^{(k)}:k=1,2,\cdots\}$ 的子列在 $\Omega\times[0,\infty)$ 中几乎处处收敛到 u. 因而，$\{f_k(u^{(k)})\}$ 也几乎处处收敛于 $f(u)$. 因为 $F_k(u^{(k)})$ 的积分是有界的，由 Egoroff 引理知，在 $\Omega'\subset\Omega\times[0,\infty)$ 上，$f_k(u^{(k)})\to f(u)(f(u)\in L^1(\Omega'))$. 于是，易证 u 是问题(1)的解，且 $0\leqslant t<\infty$. 对于 $-\infty<t\leqslant 0$ 的情况可用同样的方法证明.

参考资料

[1] Tao T, Visan M, Zhang X Y. The Nonlinear Schrödinger Equation with

Combined Power-Type Nonlinearities[J]. Communications in Partial Differential Equations, 2007, 32(8): 1281-1343.

[2] Tsutsumi Y. Global Solutions of the Nonlinear Schrödinger Equations in Exterior Domains[J]. Comm Partial Differential Equations, 1983, 8(12): 1337-1374.

[3] Strauss W, Bu C. An Inhomogeneous boundary value problem for nonlinear schrödinger equations[J]. J Differential equations, 2001, 173(1): 79-91.

[4] Friedman A. Partial differential equation[M]. New York: Holt rinehart winston, 1969.

[5] Strauss W. Nonlinear wave equations[M]. Providence: CBMS(AMS)RI, 1989.

[6] 丁凌，唐春雷. 具有 Hardy-Sobolev 临界指数的 p-Laplacian 方程解的存在性和多重性[J]. 西南大学学报：自然科学版，2007，29(4)：5-10.

[7] 丁凌，姜海波，唐春雷. 具有 Hardy-Sobolev 临界指数的椭圆方程在混合边界条件下的无穷多解[J]. 西南大学学报：自然科学版，2009，31(12)：111-115.

一类非线性 Schrödinger 方程无穷多解的存在性

第七章

1 引言

山西大学数学科学学院的吴晓蕾教授 2012 年考虑了下列 Schrödinger 方程

$$\begin{cases} -\Delta u+V(x)u+\varphi u=f(x,u),x\in\mathbf{R}^3 \\ -\Delta\varphi=u^2,x\in\mathbf{R}^3 \end{cases} \tag{1}$$

高能量解的存在性. 对于此方程,国内外学者已经得到了许多新的结果. 比如在资料[1]中,当 $V=1,f(x,t)=|t|^{p-1}t,p\in(3,5)$ 时,作者得到了径向解的存在性. 当 V 为非常数时,资料[2,3]分别利用山路定理,变形喷泉定理得到了基态解的存在性和高能量解存在性结果等. 本章减弱资料[3]条件,利用一般喷泉定理证明了(1)的高能量解的存在性.

若 $f \in C(\mathbf{R}^3 \times \mathbf{R}, \mathbf{R})$，$V \in C(\mathbf{R}^3, \mathbf{R})$，为了得到结论，还需要满足以下条件：

(V_1) $V(x)$ 有下界，即存在正常数 $a_1 > 0$，使得 $\inf_{x \in \mathbf{R}^3} V(x) \geqslant a_1 > 0$；

(g_1) 存在 $a_2 > 0$，$p \in (4,6)$，使得 $f(x,t) \leqslant a_2(1 + |t|^{p-1})$，$(x,t) \in \mathbf{R}^3 \times \mathbf{R}$；

(g_2) $\lim\limits_{t \to 0} \dfrac{f(x,t)}{t} = 0$ 对几乎处处 $x \in \mathbf{R}^3$ 一致成立，且 $t \geqslant 0$ 时，$tf(x,t) \geqslant 0$；

(g_3) $\lim\limits_{|t| \to \infty} \dfrac{F(x,t)}{t^4} = \infty$ 对几乎处处 $x \in \mathbf{R}^3$ 一致成立，其中 $F(x,t) = \int_0^t f(x,s)\mathrm{d}s$；

(g_4) 存在 $\partial \in (0, a_1]$，使得 $f(x,t)t - 4F(x,t) \geqslant -\partial t^2$，$(x,t) \in \mathbf{R}^3 \times \mathbf{R}$；

(g_5) $f(x,-t) = -f(x,t)$，$(x,t) \in \mathbf{R}^3 \times \mathbf{R}$.

定理　若 (V_1) 成立，且满足 $(g_1) \sim (g_5)$，则(1)有无穷多个解 $\{(u_k, \varphi_k)\}$，使得 $I(u_k) \to \infty (k \to \infty)$.

2　相关概念及引理

首先给出一些记号. $L^s(\mathbf{R}^3)$ 是普通的 Lebesgue 空间，$H^1(\mathbf{R}^3)$ 是通常的 Sobolev 空间，范数分别为 $|u|_s = \left(\int_{\mathbf{R}^3} |u|^s\right)^{\frac{1}{s}}$，$s \in [1, \infty)$. $\|u\|_{H^1} = \left(\int_{\mathbf{R}^3} (|\nabla u|^2 + u^2)\right)^{\frac{1}{2}}$.

令 $D^{1,2}(\mathbf{R}^3) = \{u \in L^6(\mathbf{R}^3); \nabla u \in L^2(\mathbf{R}^3)\}$，其上的范数为 $\|u\|_{D^{1,2}} = \left(\int_{R^3} |\nabla u|^2\right)^{\frac{1}{2}}$.

记 $E=\{u\in H^1(\mathbf{R}^3);\int_{\mathbf{R}^3}(|\nabla u|^2+Vu^2)<\infty\}$，则 E 为 Hilbert 空间，其内积和范数分别为

$$(u,v)_E=\int_{\mathbf{R}^3}(\nabla u\cdot\nabla v+Vuv),\ \|u\|_E=(u,u)_E^{\frac{1}{2}}$$

任取 $u\in H^1(\mathbf{R}^3)$，由 Riesz 定理知，存在唯一 $\varphi=\varphi_u\in D^{1,2}(\mathbf{R}^3)$，使得 $-\Delta\varphi_u=u^2$ 且 $\varphi_u\geqslant 0$. $\|\varphi_u\|_{D^{1,2}}\leqslant C\|u\|_E^4$. 由资料[2]知，$(u,\varphi)\in E\times D^{1,2}(\mathbf{R}^3)$ 是(1)的一个解，当且仅当 u 是相应泛函的临界点，且 $\varphi=\varphi_u$. 定义 E 上泛函 $I\in C^1(E,\mathbf{R})$ 如下

$$I(u)=\frac{1}{2}\int_{\mathbf{R}^3}(|\nabla u|^2+Vu^2)+\frac{1}{4}\int_{\mathbf{R}^3}\varphi_u u^2-\int_{\mathbf{R}^3}f(x,u)$$

$$\langle I'(u),v\rangle=\frac{1}{2}\int_{\mathbf{R}^3}(\nabla u\,\nabla v+Vuv)+\varphi_u uv-f(x,u)v$$

$$(u,v\in E)$$

为了方便证明，我们还需要以下引理. X 为自反可分的 Banach 空间，$\{e_j\}$ 为其正交基. 令 $\{x_j\}=\{\mathrm{R}e_j\}$，$Y_k=\bigoplus_{j=0}^{k}X_j$，$Z_k=\overline{\bigoplus_{j=k}^{\infty}X_j}$，下面给出喷泉定理.

引理 1[4]　考虑泛函 $\Phi\in C^1(X,\mathbf{R})$，$\Phi(-u)=\Phi(u)$，$u\in X$ 且满足(PS) 条件，假如对每个 $k\in\mathbf{N}$，存在 $\rho_k>\gamma_k>0$，使得以下条件成立：

$(\mathrm{H}_1)\ c_k=\max\limits_{u\in Y_k\,\|u\|=\rho_k}\Phi(u)\leqslant 0$；

$(\mathrm{H}_2)\ d_k=\inf\limits_{u\in Z_k\,\|u\|=\gamma_k}\Phi(u)\to\infty,k\to\infty$.

则 Φ 有一列趋于 $+\infty$ 的临界值序列.

引理 2[4]　在(V_1) 条件下，E 可以连续嵌入到 $L^2_{(\mathbf{R}^3)}$，$s\in[2,6)$，且是紧嵌入.

引理 3　在定理 1 的假设下，I 满足(PS) 条件.

证明　首先证 $\{u_n\}\subset E$，满足 $\{I(u_n)\}$ 有界，

$I'(u_n)\to 0$ 序列有界. 事实上，利用(g_4)，有

$$4I(u_n)-\langle I'(u_n),u_n\rangle \geqslant \|u\|_E^2-\partial\int |u_n|^2 \geqslant (1-\partial a_1^{-1})\|u_n\|_E^2 \quad (n\to\infty)$$

从而$\{u_n\}$有界. 接下来找$\{u_n\}$收敛的子列(仍记为$\{u_n\}$). 由$\{u_n\}$有界性及引理 2 知，存在子列$\{u_n\}$和$u\in E$，使得在E中，u_n弱收敛到u；在$L^s_{(\mathbf{R}^3)}$中，$u_n\to u$，$s\in[2,6)$. 则

$$\langle I'(u_n)-I'(u),u_n-u\rangle\to 0$$

$$\|u_n-u\|_E^2=\langle I'(u_n)-I'(u),u_n-u\rangle+\int_{\mathbf{R}^3}(f(x,u_n)-f(x,u))(u_n-u)-\int_{\mathbf{R}^3}(\varphi_{u_n}u_n-\varphi_u u)(u_n-u)$$

由(g_1)，(g_2)知，存在$a_3>0$，使得$f(x,t)\leqslant|t|+a_3|t|^{p-1}$，由 Hölder 不等式及嵌入不等式得

$$\int_{\mathbf{R}^3}|\varphi_{u_n}u_n(u_n-u)| \leqslant|\varphi_{u_u}|_6|u_n|_3|u_n-u|_2 \leqslant C|u_n|_{\frac{12}{5}}|u_n|_3|u_n-u|_2\to 0 \quad (n\to\infty)$$

$$\int_{\mathbf{R}^3}(f(x,u_n)-f(x,u))(u_n-u) \leqslant\int_{\mathbf{R}^3}\lfloor|u_n|+|u|+a_3|u_n|^{p-1}+a_3|u|^{p-1}\rfloor|u_n-u| \leqslant(|u_n|_2+|u|_2)|u_n-u|_2+a_3(|u_n|_p^{p-1}+|u|_p^{p-1})|u_n-u|_p\to 0$$

同理可得$\int_{\mathbf{R}^3}|\varphi_u u(u_n-u)|\to 0,n\to\infty$. 从而$\|u_n-$

$u \|_E \to 0, n \to \infty$.

3 定理的证明

在定理假设下，I 满足引理 1 的条件.

证明 由$(g_1)\sim(g_3)$知，对任意 M 充分大，存在 $M_1>0$，使得 $F(x,t)\geqslant M|t|^4-M_1|t|^2$. 从而

$$I(u)\leqslant \frac{1}{2}\|u\|_E^2+\frac{C_1}{4}\|u\|_E^4-M|u|_4^4+M_1|u|_2^2$$

$$\leqslant \frac{1}{2}\|u\|_E^2+\frac{C_1}{4}\|u\|_E^4-MC_1\|u\|_4^4+$$

$$M_1C_3|u|_E^2, \forall u\in Y_k$$

因此，当 $\|u\|_E=\rho_k\to\infty$ 时，(H_1) 成立.

由 (g_1)，(g_2) 知，$\forall\varepsilon>0$，$\exists C_0(\varepsilon)>0$，有 $F(x,t)\leqslant\varepsilon|t|^2+C_0|t|^p$. 令 $\gamma_k=(C_\varepsilon p\partial_k^P)^{\frac{1}{2-p}}$，其中 $\partial_k=\sup\limits_{u\in z_k,\|u\|=1}|u|_p$，且 $\partial_k\to 0(k\to\infty)$，参考资料[4]. 则

$$I(u)\geqslant\frac{1}{2}\|u\|_E^2-\varepsilon|u|_2^2-C_0|u|_P^P$$

$$\geqslant\left(\frac{1}{2}-\frac{\varepsilon}{a_1}\right)\|u\|_E^2-C_0\partial_k^P\|u\|_E^P\quad(u\in Z_k)$$

$$d_k\geqslant\inf_{u\in Z_k\|U\|=\gamma_K}\left(\left(\frac{1}{2}-\frac{\varepsilon}{a_1}\right)\|u\|_E^2-C_0\partial_k^P\|u\|_E^P\right)$$

$$\geqslant\left(\frac{1}{2}-\frac{\varepsilon}{a_1}-\frac{1}{p}\right)(C_0p\partial_K^p)^{\frac{2}{2-P}}=e_K$$

因为当 $k\to\infty$ 时，$\partial_k\to 0$ 且 $p>4$，则 $d_k\geqslant e_k\to\infty$. 证毕.

参考资料

[1] Coclite G M. A multiplicity result for the nonlinear Schrodinger-Maxwell equations[J]. Commun. Apll. Anal,2003(7):417-423.

[2]Azzollini A,Pomponio A. Ground state solutions for the nonlinear Schrodinger-Maxwell equations[J]. J. Math. Anal. Appl.,2008,345:90-108.

[3]Bartsch T. Infinitely many solutions of a symmetric Dirichlet problem[J]. Nonlinear Anal.,1993,20:1205-1216.

[4]Li Q,Su H,Wei Z. Existence of infinitely many large solution for the nonlinear Schrodinger-Maxwell equations[J]. Nonlinear Anal,2010,72:4264-4270.

[5]Bartsch T,Willem M. On an elliptic equation with concave and convex nonlinearities[J]. Proc. Amer. Math. Soc.,1995,123:3555-3561.

一类 Schrödinger 方程解的高阶可积性

第八章

1 引言及主要结论

西北工业大学应用数学系的朱茂春教授 2013 年研究了椭圆型 Schrödinger 方程

$$Lu = Au + Vu = -\sum_{i,j=1}^{n} a_{ij}(x) u_{x_i x_j} + Vu = f \quad (1)$$

其中 $a_{ij}(x) \in L^{\infty}(\mathbf{R}^n)$，$a_{ij}(x) = a_{ji}(x)$，且存在一个常数 $\mu > 0$，使得 $\forall \xi \in \mathbf{R}^n$ 都有

$$\mu |\xi|^2 \leqslant a_{ij}(x)\xi_i\xi_j \leqslant \frac{1}{\mu} |\xi|^2 \quad (2)$$

和

$$a_{ij}(x) \in \mathrm{VMO}(\mathbf{R}^n) \quad (3)$$

成立. 条件(3)的意思是：$\forall i,j = 1, 2, \cdots, n$，若令

$$\eta_{ij}(r)=\sup_{x\in\mathbf{R}^n,0<\rho\leqslant r}\frac{1}{|B_\rho(x)|}\int_{B_\rho(x)}|a_{ij}(y)-a_{ij}^{B_\rho(x)}|^2\mathrm{d}y$$

（这个函数是有界的，因为 $a_{ij}(x)$ 是有界的）那么当 $r\to 0$ 时，$\eta_{ij}(r)$ 也趋于零，这里 $a_{ij}^B=\frac{1}{|B|}\int_B a_{ij}(x)\mathrm{d}x$. 函数 $\eta_{ij}(r)$ 被称为函数 a_{ij} 的 VMO 模函数.

关于方程(1) 位势项 V，假设其是非零的并且存在某个常数 $q\geqslant\frac{n}{2}$，使得 V 属于反向 Hölder 类 B_q，即 $V\in L_{\mathrm{loc}}^q$，$V\geqslant 0$，并且 $\forall B\in\mathbf{R}^n$，一定 $\exists c\in\mathbf{N}_+$，使得反向 Hölder 不等式

$$\left(\frac{1}{|B|}\int_B V(x)^q\mathrm{d}x\right)^{\frac{1}{q}}\leqslant c\,\frac{1}{|B|}\int_B V(x)\mathrm{d}x \tag{4}$$

成立，本章称式(4) 中的 c 为 V 的 B_q 常数.

注 1　关于反向 Hölder 类 B_q，资料[1] 得到了一个很重要的性质，该性质表明若 $V\in B_q$，那么一定 $\exists\varepsilon>0$，使得也有 $V\in B_q+\varepsilon$，且 V 的 $B_q+\varepsilon$ 常数可以被 V 的 B_q 常数控制住. 在本章中，该性质直接可以推出 $V\in L_{\mathrm{loc}}^q$，其中的 q 是某个严格大于 $\frac{n}{2}$ 的数.

1991 年，Chiarenza，Frasca 和 Longo 在资料[2] 和[3] 中考虑了具有 VMO 系数的非散度型算子 A，他们利用奇异积分以及交换子理论得到了下面的经典结论：

定理 1　假设式(2) 和(3) 成立，且有 $q,p\in(1,+\infty)$，$q<p$ 以及 $f\in L^p$. 若 $u\in W_0^{1,q}$，$\cap\ W^{2,q}$ 且 $Au=f$ 在 Ω 上几乎处处成立，那么 $u\in W_{\mathrm{loc}}^{2,q}$. 进一步，若给定一个紧致集 $\Omega'\subset\subset\Omega$，那么，一定存在正常数 c 和 r，使得 $\forall z_0\in\mathbf{R}^n$，$u\in W^{2,p}(\Omega)$ 都有

$$\|D^2u\|_{L^p(\Omega)}\leqslant c(\|Au\|_{L^p(\Omega)}+\|u\|_{L^p(\Omega)})$$

这里的常数 c 和 r 依赖于 n，p，椭圆常数 μ 以及系数的 WMO 模函数.

当 A 是 Laplace 算子 Δ 的时候，1995 年，Shen 在资料[4] 中研究了具有反向 Hölder 类 B_q 位势的 Schrödinger 算子 $\Delta+V$，并得到了其的先验 L^p 估计. 后来 Bramanti 等人在资料[5] 中利用奇异积分以及交换子技术将资料[4] 中的结果推广至具有 VMO 系数的 Schrödinger 算子，即给定一个开集 $\Omega' \subset\subset \Omega$，$\forall\, p \in (1,q]$，$u \in W^{2,p}(\Omega)$，都有

$$\| u \|_{W^{2,p}(\Omega')} + \| Vu \|_{W^{2,p}(\Omega')} \leqslant c(\| Lu \|_{L^p(\Omega)} + \| u \|_{L^p(\Omega)})$$

无论是资料[4] 还是资料[5]，都只是得到了 Schrödinger 算子的先验 L^p 估计，也就是推广了定理 1 的第二部分. 据知，类似于定理 1 中第一部分 L^p 高阶可积性的结果在 Schrödinger 算子情形还没有得到，本章主要是致力于这方面的研究. 本章受资料[6] 的启发，将采用处理非线性方程的靴套技术来研究 Schrödinger 方程(1).

2　定理及其证明

定理 2　假设(2) 和(3) 成立，且有 $V \in B_q(q \geqslant \frac{n}{2})$，$f \in L^p(1 < p \leqslant q)$ 以及 $u \in W^{2,1}(\Omega) \cap W_0^{1,1}(\Omega)$ 是方程(1) 的一个强解，那么 $u \in W^{2,p}(\Omega)$.

证明　首先，我们来证明一定存在一个常数 $p_1 > 1$ 使得 $Vu \in L^{p_1}$，由于 $V \in L^q_{\text{loc}}$，其中的 q 是某个严格大于 $\frac{n}{2}$ 的数，我们可以选取

$$p_1=\frac{qn}{n+q(n-2)}=\frac{qn}{qn+(n-2q)}>1 \qquad (5)$$

这里已经用到了注 1，式(5)可以变形为 $\frac{p_1 n}{n-p_1(n-2)}=q$. 由于 $V\in L^q$，利用 Hölder 不等式，有

$$\begin{aligned}\int|Vu|^{p_1}\mathrm{d}x&\leqslant\int V^{p_1}u^{p_1}\mathrm{d}x\\&\leqslant\left(\int(V^{p})^{\frac{n}{n-p_1(n-2)}}\mathrm{d}x\right)^{1-\frac{p_1(n-2)}{n}}\cdot\\&\quad\left(\int(u^{p_1})^{\frac{n}{p_1(n-2)}}\mathrm{d}x\right)^{\frac{p_1(n-2)}{n}}\\&\leqslant\left(\int V^q\mathrm{d}x\right)^{1-\frac{p_1(n-2)}{n}}\cdot\left(\int u^{\frac{n}{n-2}}\mathrm{d}x\right)^{\frac{p_1(n-2)}{n}}\end{aligned}$$

又由于 $u\in W^{2,1}(\Omega)$，利用 Sobolev 嵌入定理知 $u\in L^{\frac{n}{n-2}}$，于是 $Vu\in L^{p_1}$. 此时，如果 $p_1\geqslant p$，由经典的 L^p 正则性理论(定理 1)可知 $u\in W^{2,p}$，于是结论得证. 如果 $p_1<p$，由定理 1，有 $u\in W^{2,p_1}$.

现在证明 $Vu\in L^{p_2}$，其中 $p_2=\frac{qnp_1}{np_1+q(n-2p_1)}$. 事实上，知

$$\begin{aligned}p_2&=\frac{qnp_1}{np_1+q(n-2p_1)}\\&=\frac{qnp_1}{nq+p_1}\\&=\frac{(qn)^2}{(qn)^2+n^2q-2q^2n+n^2q-2q^2n}\\&=\frac{qn}{qn+2(n-2q)}\end{aligned}$$

而这就是 $np_1p_2=qnp_1-qp_2(n-2p_1)$，此式可改写为

$$\frac{np_1p_2}{np_1-p_2(n-2p_1)}=q$$

由于 $V \in L^q$，于是由 Hölder 不等式可得

$$
\begin{aligned}
&\int |Vu|^{p_2}\mathrm{d}x \\
\leqslant &\int V^{p_2}u^{p_2}\mathrm{d}x \\
\leqslant &\left(\int (V^{p_2})^{\frac{np_1}{np_1-p_2(n-2p_1)}}\mathrm{d}x\right)^{1-\frac{p_2(n-2p_1)}{np_1}}\cdot \\
&\left(\int (u^{p_2})^{\frac{np_1}{p_2(n-2p_1)}}\mathrm{d}x\right)^{\frac{p_2(n-2p_1)}{np_1}} \\
\leqslant &\left(\int V^{\frac{np_1p_2}{np_1-p_2(n-2p_1)}}\mathrm{d}x\right)^{1-\frac{p_2(n-2p_1)}{np_1}}\cdot \\
&\left(\int u^{\frac{np_1}{n-2p_1}}\mathrm{d}x\right)^{\frac{p_2(n-2p_1)}{np_1}} \\
\leqslant &\left(\int V^q\mathrm{d}x\right)^{1-\frac{p_2(n-2p_1)}{np_1}}\cdot \\
&\left(\int u^{\frac{np_1}{n-2p_1}}\mathrm{d}x\right)^{\frac{p_2(n-2p_1)}{np_1}}
\end{aligned}
$$

再一次利用 Sobolev 定理，得到 $u \in L^{\frac{np_1}{n-2p_1}}$. 如果 $p_2 \geqslant p$，由定理 1 可知 $u \in W^{2,p}$，结论得证. 如果 $p_2 < p$，由定理 1，就有 $u \in W^{2,p_2}$，继续前面的步骤 k 次，此时有 $Vu \in L^{p_k}$，这里

$$
p_k = \frac{qn}{qn + k(n-2q)}
$$

上面的步骤是不可能无限制的进行下去的，因为当 $k \geqslant \frac{qn(1-p)}{p(n-2q)}$ 时，就有 $p_k = \frac{qn}{qn+k(n-2q)} \geqslant p$. 此时利用定理 1 可得 $u \in W^{2,p}$，于是结论得证.

结合定理 2 和资料[1] 中的先验 L^p 估计，可以得到定理 1 在 Schrödinger 方程的推广形式.

定理 3　假设式(2)和(3)成立,且有 $V \in B_q\left(q \geqslant \frac{n}{2}\right)$,$f \in L^p(1 < p \leqslant q)$ 以及 $u \in W^{2,1}(\Omega) \cap W_0^{1,1}(\Omega)$ 是方程(1)的一个强解,那么 $u \in W_{\mathrm{loc}}^{2,p}$.进一步,若给定一个紧致集 $\Omega' \subset\subset \Omega$,那么,∃ 正常数 c 和 r 使得 $\forall z_0 \in \mathbf{R}^n$,$u \in W^{2,p}(\Omega)$ 都有

$$\| u \|_{W^{2,p}(\Omega')} + \| Vu \|_{W^{2,p}(\Omega')} \leqslant c(\| Lu \|_{L^p(\Omega)} + \| u \|_{L^p(\Omega)})$$

这里的常数 c 和 r 依赖于 n,p,q,椭圆常数 μ,V 的 B_q 常数以及系数的 VMO 模函数.

参考资料

[1] Gehringe F W. The L^p integrability of the partial derivatives of a quasiconformal mapping[J]. Acta Math,1973,130:265-277.

[2]Chiarenza F,Frasca M,Longo P. Interior $W^{2,p}$ estimates for nondivergence elliptic equations with discontinuous coefficients[J]. Ricerche di Mat, 1991,60:149-168.

[3]Chiarenza F,Frasca M,Longo P. $W^{2,p}$ solvability of the dirichlet problem for non divergence elliptic equations with VMO coefficients[J]. Trans Am Math Soc,1993,336(1):841-853.

[4]Shen Z. L^p extimates for Schrödinger's operators with certain potentials[J]. Annales de l'Institut Fourier,1995,45(2):513-546.

[5]Bramanti M,Brandolini L,Harboure E,et al. Global $W^{2,p}$ estimates for non divergence elliptic operators with potentials satisfying a reverse Hölder condition[J]. Annali di Matematica,2012,191:339-362.

[6]Palagachev D K. Global Hölder continuity of weak solutions to quasilinear divergence from elliptic equations[J]. J Math Anal Appl,2009,359:159-167.

变形 Morse 势条件下 Schrödinger 方程的近似解析解

第九章

在原子物理和分子物理中，求解各种形式势场条件下 Schrödinger 方程和 Dirac 方程中波函数及能谱具有重要意义. 除库仑势和谐振子势以外，简单幂函数的叠加势已经能够精确获得量子系统波函数的解析解. 人们已经找到了某些特定正幂与逆幂势函数的线性叠加的一个解析解，例如资料[1]得到了势函数 $V(r)=ar^2+br^{-4}+cr^{-6}$ 的一个解析解；资料[2]得到了非谐振子势 $V(x)=\frac{x^2}{2}+\frac{g}{2x^2}$ 的能级本征值的精确解；资料[3]得到了分子晶体势函数 $V(r)=A_1r^{-10}-A_2r^{-6}$ 的一个能级本征值的精确解；资料[4－7]研究了环形非谐振子势的精确解；资料[8]研究了势函数 $V(r)=a_1r^6+a_2r^2+a_3r^{-4}+a_4r^{-6}$ 的一系列定态波函数解析解以及相应的能级结构，一般通过数学物理方法中的分离变量法与 Nikiforov-Uvarov(NU) 方法进行求解[9].

以物理学家 Philip M. Morse 的名字命名的 Morse 势是一种对于双原子分子间势能的简易分析模型. $V(r)=D_e[1-e^{-a(r-r_e)}]^2$. r 是核间距, r_e 是平衡键长, D_e 是 Morse 势的阱深, a 是用于调节的势阱宽度, a 越小,势阱越宽. Morse 势与谐振子势相比,它更能真实反映分子振动能级间距的非均匀性. 一般将 $V(r)=D_e[1-e^{-a(r-r_e)}]^2$ 作 Taylor 级数展开至一阶,然后比照谐振子势求解 Schrödinger 方程[10]. 本章对 Morse 势作了一定改进. $V(r)=D_e[q-e^{-a(r-r_e)}]^2$, q 并非恒等于 1,使得双原子分子系统的势阱深度因各种条件的起伏而有所变化. 重庆邮电大学光电工程学院的胡文江教授 2014 年借助于 Laplace 变换和标度变换程[11],通过将标度变换后的 3 维变形 Morse 势作级数展开,忽略高阶微小量;合理选择相关参数,使得无严格解析解的情形转化为近似解析解存在,并且在 Laplace 变换中合理应用终值定理与卷积定理,求得了相应变形 Morse 势条件下的近似解析解.

1　Laplace 变换求解径向 Schrödinger 方程

采用 Rydberg(Ry) 能量单位及相关单位程[12,13],中心场条件下的径向 Schrödinger 方程[12] 为

$$\left(-\frac{1}{r^2}\frac{\partial}{\partial r}\left(r^2\frac{\partial}{\partial r}\right)+l(l+1)r^{-2}+\frac{1}{2}V(r)\right)R(r)=ER(r) \tag{1}$$

其中 $V(r)$ 为变形的 Morse 势

$$V(r)=D_e(q-\mathrm{e}^{-a(r-r_e)})^2 \tag{2}$$

设

$$R(r)=\frac{u(r)}{r} \tag{3}$$

有

$$-\frac{1}{r}\frac{\mathrm{d}^2u(r)}{\mathrm{d}r^2}+l(l+1)\frac{u(r)}{r^{-3}}+V(r)\frac{u(r)}{2r}=E\frac{u(r)}{r}$$

$$\frac{\mathrm{d}^2u(r)}{\mathrm{d}r^2}-l(l+1)\frac{u(r)}{r^{-2}}-V(r)\frac{u(r)}{2}+Eu(r)=0 \tag{4}$$

如果量子系统的轨道量子数 $l=0$,可以通过使用常用的数学物理方法求出定态波函数 $u(r)$ 的精确解析解.对于 $l\neq 0$ 的定态,径向坐标 $r=0$ 为方程的非正则奇点,胡文江老师发现如果直接采用级数解法求解式(4),方程(4) 对应的指标方程的指标数程[14] 将成为复数,直接导致径向坐标 r 成为复数,而且无穷多项的级数是发散的,不满足波函数的标准条件,即有界性、单值性、分段连续性.这也说明方程(4) 没有严格的解析解.需要通过变换求解方程(4) 的符合物理要求的近似解析解.

1.1 标度变换与级数展开

作变换 $x=\frac{r-r_e}{r_e}$,并且 $\alpha=ar_e$,由式(4) 可得

$$\frac{\mathrm{d}^2u(x)}{\mathrm{d}x^2}+(\varepsilon_1-V_{eef}(x))u(x)=0 \tag{5}$$

其中

$$V_{eef}(x)=\varepsilon_2(\mathrm{e}^{-2\alpha x}-2q\mathrm{e}^{-\alpha x})+\frac{l(l+1)}{(1+x)^2} \tag{6}$$

$$\varepsilon_1 = Er_e^2 - \frac{D_e r_e^2 q^2}{2} \tag{7}$$

$$\varepsilon_2 = \frac{D_e r_e^2}{2} \tag{8}$$

将方程(5) 中的离心势能项作级数展开

$$V_l(x) = \frac{\gamma}{(1+x)^2} = \gamma(1 - 2x + 3x^2 - O(x)) \tag{9}$$

这里 $\gamma = l(l+1)$. 借助指数函数展开

$$\begin{aligned}\widetilde{V}_l(x) &= \gamma(A_0 + A_1 e^{-\alpha x} + A_2 e^{-2\alpha x}) \\ &= \gamma\Big(A_0 + A_1(1 - \alpha x) + \frac{\alpha^2 x^2}{2!} - O(x^3) + \\ &\quad A_2(1 - 2\alpha x) + \frac{4\alpha^2 x^2}{2!} - O(x^3)\Big) \\ &= \gamma\Big(A_0 + A_1 + A_2 - (A_1 + 2A_2)\alpha x + \\ &\quad \left(\frac{A_1}{2} + 2A_2\right)\alpha^2 x^2 - O(x^3)\Big)\end{aligned} \tag{10}$$

比较式(9) 和(10) 可得

$$A_0 = 1 - \frac{3}{\alpha}\left(1 - \frac{1}{\alpha}\right), \quad A_1 = \frac{4}{\alpha} - \frac{6}{\alpha^2}, \quad A_2 = \frac{3}{\alpha^2} - \frac{1}{\alpha}$$

于是可用指数函数代替 $\dfrac{l(l+1)}{(1+x)^2}$,得到

$$\widetilde{V}_{eef}(x) = A_0\gamma + (\gamma A_1 - 2q\varepsilon_2)e^{-\alpha x} + (\gamma A_2 + \varepsilon_2)e^{-2\alpha x} \tag{11}$$

将式(11) 代入式(5) 有

$$\frac{d^2 u(x)}{dx^2} + (\varepsilon_1 - \gamma A_0 + (2q\varepsilon_2 - \gamma A_1)e^{-\alpha x} - (\varepsilon_2 + \gamma A_2)e^{-2\alpha x})u(x) = 0 \tag{12}$$

再作变量变换 $\rho = e^{-\alpha x}$,并且设定

$$\kappa^2=-\frac{\varepsilon_1-\gamma A_0}{\alpha^2},\beta_1^2=-\frac{2q\varepsilon_2-\gamma A_1}{\alpha^2},\quad \beta_2^2=\frac{\varepsilon_2+\gamma A_2}{\alpha^2} \tag{13}$$

于是径向 Schrödinger 方程具有如下形式

$$\frac{\mathrm{d}^2u(\rho)}{\mathrm{d}\rho^2}+\frac{1}{\rho}\frac{\mathrm{d}u(\rho)}{\mathrm{d}\rho}-\left(\frac{\kappa^2}{\rho^2}-\frac{\beta_1^2}{\rho}+\beta_2^2\right)u(\rho)=0 \tag{14}$$

1.2 Laplace 变换

考虑方程(14) 当 $\rho\to 0$ 和 $\rho\to\infty$ 时,径向波函数的渐近态中包含要素函数 $\rho^k\mathrm{e}^{-\beta_2\rho}$,可设

$$u(\rho)=\rho^k\mathrm{e}^{-\beta_2\rho}\xi(\rho) \tag{15}$$

为了借助 Laplace 变换求解式(14),再将 $u(\rho)$ 改写成

$$u(\rho)=\rho^\sigma f(\rho) \tag{16}$$

这里

$$f(\rho)=\rho^{k-\sigma}\mathrm{e}^{-\beta_2\rho}\xi(\rho) \tag{17}$$

在式(17) 中引入指数因子 σ 的目的在于 Laplace 变换的分析与求解. 使用新设定后,方程(14) 变为

$$\left(\frac{\mathrm{d}^2}{\mathrm{d}\rho^2}+\left(\frac{2\sigma+1}{\rho}\right)+\frac{\mathrm{d}}{\mathrm{d}\rho}+\frac{\sigma^2-\kappa^2}{\rho^2}+\frac{\beta_1^2}{\rho}-\beta_2^2\right)f(\rho)=0 \tag{18}$$

由于式(18) 中包含$\frac{\sigma^2-\kappa^2}{\rho^2}$ 项,对其实施 Laplace 变换不能将式(18) 变换为二阶常微分方程. 如果选择的参变数 $\sigma=\pm\kappa$,则$\frac{\sigma^2-\kappa^2}{\rho^2}$ 将从式(18) 中消失,就可以对式(18) 进行 Laplace 变换. 进一步分析显示:如果选择 $\sigma=+\kappa$,式(16) 中的 $u(\rho)$ 将随 $\rho\to\infty$ 而发散,因

此必须选择 $\sigma=-\kappa$，于是有

$$u(\rho)=\rho^{-\kappa}f(\rho) \tag{19}$$

式(18) 变为

$$\rho\frac{\mathrm{d}^2 f(\rho)}{\mathrm{d}\rho^2}+(1-2\kappa)\frac{\mathrm{d}f(\rho)}{\mathrm{d}\rho}+(\beta_1^2-\beta_2^2\rho)f(\rho)=0 \tag{20}$$

1.3　能量本征值

对式(20) 实施 Laplace 变换

$$L(f(\rho))=y(s)=\int_0^\infty \mathrm{e}^{-s\rho}f(\rho)\mathrm{d}\rho \tag{21}$$

根据 Laplace 变换相关定理，可以证明

$$L(\rho f(\rho))=-\frac{\mathrm{d}y(s)}{\mathrm{d}s},L\left(\frac{\mathrm{d}f(\rho)}{\mathrm{d}\rho}\right)=sy(s) \tag{22}$$

$$L\left(\rho\frac{\mathrm{d}^2 f(\rho)}{\mathrm{d}\rho^2}\right)=-2sy(s)-s^2\frac{\mathrm{d}y(s)}{\mathrm{d}s} \tag{23}$$

对式(20) 实施 Laplace 变换的结果，得到像函数 $y(s)$ 所满足的一阶常微分方程如下

$$(s^2-\beta_2^2)\frac{\mathrm{d}y(s)}{\mathrm{d}s}+((2\kappa+1)s-\beta_1^2)y(s)=0 \tag{24}$$

对式(24) 的解比较容易求得

$$y(s)=C(s-\beta_2)^{\frac{2\kappa+1}{2}-\frac{\beta_1^2}{2\beta_2}}(s+\beta_2)^{\frac{2\kappa+1}{2}+\frac{\beta_1^2}{2\beta_2}} \tag{25}$$

其中 C 是积分常数. 由式(16) 和 Laplace 变换的终值定理[15] 得到

$$\lim_{\rho\to\infty}f(\rho)=\lim_{s\to 0}sy(s) \tag{26}$$

当 $\rho\to\infty$ 时，由波函数标准条件(单值性、有界性、分段连续性) 函数 $u(\rho)$ 及 $y(s)$ 收敛. 终值定理表明，当$s=\beta_2$，像函数 $y(s)$ 存在的必要条件是$\frac{2\kappa+1}{2}-$

$\frac{\beta_1^2}{2\beta_2}$ 不能为负值，并且为了避免 $s \to \beta_2$ 时 $y(s)$ 多值分支的出现，必有

$$\frac{2\kappa+1}{2}-\frac{\beta_1^2}{2\beta_2}=n \quad (n=1,2,3,\cdots) \tag{27}$$

借助式(6)～(8)和(13)，可获得量子系统的显式能谱

$$\begin{aligned}E&=\frac{D_e q^2}{2}-\frac{\gamma A_0}{r_e^2}-\left(\frac{(D_e q r_e^2-\gamma A_1)}{r_e\sqrt{2D_e r_e^2+4\gamma A_2}}-a\left(n-\frac{1}{2}\right)\right)^2\\&=\frac{D_e q^2}{2}-\frac{l(l+1)A_0}{r_e^2}-\\&\quad\left(\frac{D_e q r_e^2-l(l+1)A_1}{r_e\sqrt{2D_e r_e^2+4l(l+1)A_2}}-a\left(n-\frac{1}{2}\right)\right)^2\end{aligned} \tag{28}$$

1.4 径向波函数

对像函数 $y(s)$ 进行逆 Laplace 变换[15] 产生 $f(\rho)$，即

$$f(\rho)=L^{-1}(y(s))$$

将式(27)代入式(25)

$$y(s)=C(s+\beta_2)^{-\Lambda}(s-\beta_2)^{-\Omega} \tag{29}$$

其中 $\Lambda=(2\kappa+1)+n, \Omega=-n$.

由式(16)，(17)及(25)，可对式(29)中的组成部分分别进行逆 Laplace 变换

$$L^{-1}((s+\beta_2)^{-\Lambda})=g(\rho)=\frac{\rho^{\Lambda-1}e^{-\beta_2\rho}}{\Gamma(\Lambda)} \tag{30}$$

$$L^{-1}((s-\beta_2)^{-\Omega})=h(\rho)=\frac{\rho^{\Omega-1}e^{-\beta_2\rho}}{\Gamma(\Omega)} \tag{31}$$

于是逆 Laplace 变换可被表示成卷积形式[16]

$$L^{-1}(y(s))=f(\rho)=C(g(\rho)*h(\rho))$$

$$=C\int_0^{\rho} g(\rho-\tau)h(\tau)\mathrm{d}\tau \tag{32}$$

$f(\rho)$ 变为

$$f(\rho)=\frac{C}{\Gamma(\Omega)\Gamma(\Lambda)}\mathrm{e}^{-\beta_2\rho}\int_0^{\rho}(\rho-\tau)^{\Lambda-1}\tau^{\Omega-1}\mathrm{e}^{2\beta_2\tau}\mathrm{d}\tau \tag{33}$$

式(33) 的积分将产生合流超几何函数[14]

$$\int_0^{\rho}(\rho-\tau)^{\Lambda-1}\tau^{\Omega-1}\mathrm{e}^{2\beta_2\rho}\mathrm{d}\tau=\rho_1^{\Lambda+\Omega-1}F_1(\Omega,\Lambda+\Omega;2\beta_2\rho) \tag{34}$$

从而得到

$$f(\rho)=\frac{C}{\Gamma(\Omega)\Gamma(\Lambda)}\mathrm{e}^{-\beta_2\rho}\rho_1^{\Lambda+\Omega-1}F_1(\Omega,\Lambda+\Omega;2\beta_2\rho)$$

$$f(\rho)=\frac{C}{\Gamma(\Omega)\Gamma(\Lambda)}\mathrm{e}^{-\beta_2\rho}\rho_1^{2\kappa}F_1(-n,2\kappa+1;2\beta_2\rho) \tag{35}$$

将式(35) 代入式(16)，可获得径向波函数

$$f(\rho)=C'\mathrm{e}^{-\beta_2\rho}\rho_1^{\kappa}F_1(-n,2\kappa+1;2\beta_2\rho) \tag{36}$$

其中 C' 为式(35) 中的常数.

利用合流超几何函数与广义 Laguerre 函数关系[14-16]

$$F_1(-n,p+1;z)=\frac{n!\ \Gamma(p+1+n)}{\Gamma(p+1)}L_n^{p}(z) \tag{37}$$

于是径向波函数

$$u_{nl}(\rho)=C''\mathrm{e}^{-\beta_2\rho}\rho^{\kappa}L_n^{2\kappa}(2\beta_2\rho) \tag{38}$$

利用广义 Laguerre 函数关系的正交关系和径向波函数的正交归一性[14]，可求得式(38) 中的归一常数

$$C''=\left(\frac{n!\ (2\beta_2)^{2\kappa+1}}{\Gamma(2\kappa+n+1)}\right)^{\frac{1}{2}} \tag{39}$$

最后求得归一化径向波函数

$$u_{nl}(\rho)=\left(\frac{n!\ (2\beta_2)^{2\kappa+1}}{\Gamma(2\kappa+n+1)}\right)^{\frac{1}{2}} e^{-\beta_2\rho}\rho^{\kappa}L_n^{2\kappa}(2\beta_2\rho) \quad (40)$$

2　结论与讨论

本章研究了 Schrödinger 方程中包含变形 Morse 势的求解问题. 通过标度变换并对离心势项作级数展开,忽略三阶及更高阶微小量,再合理设置径向波函数的幂指数因子,将原来的径向波函数方程不可能进行的 Laplace 变换成为可能;通过 Laplace 变换将原来的二阶微分方程转化为像函数满足的一阶常微分方程,再经过运用终值定理及合理分析,使得该量子系统的主量子数 n 必为正整数,从而进一步获得了该量子系统能谱的显示表示式;通过逆 Laplace 变换并运用波函数的标准条件,获得了相应系统的归一化波函数. 本章所讨论的仅仅局限于纯理论的分析与推导,从获得的能谱显示表示式来看,其能级间距为非均匀分布显然与普通 Morse 势的结果是相符的,本章所得的结果有待从实验上精心设置变形 Morse 势并且进行测试与分析,对上述结果进行验证.

参考资料

[1] Znojil M. Singular anharmonicities and the analytic continued fractions[J]. J Math Phys, 1990, 31(1): 108-112.

[2] 陈昌远, 刘友义. 非谐振子势的精确解和双波函数描述[J]. 物理学报, 1998, 47(4): 536-541.

[3] 蔡清.具有势函数 $V_{(r)}=ar^{-10}+6r^{-6}$ 的分子晶体的 Hamiltonian 本征方程的精确解[J].原子与分子物理学报,1996,13(2):234-239.

[4] 马涛,倪致祥.两类新的条件精确可解势及其非线性谱生成代数[J].物理学报,1999,48(6):987-991.

[5] 李文博.用赝角动量方法求解同调谐振子[J].物理学报,2001,50(12):2356-2359.

[6] 黄博文,王德云.含有非谐振势系统能谱的研究[J].物理学报,2002,51(6):1163-1165.

[7] 陆法林,陈昌远.非球谐振子势薛定谔方程的精确解[J].物理学报,2004,53(4):688-692.

[8] 胡先权,许杰,马勇,等.高次正幂与逆幂势函数的叠加的径向薛定谔方程的解析解[J].物理学报,2007,56(9):5060-5065.

[9] Nikiforov A F, Uvarov V B. Special functions of mathematical physics:a unified introduction with applications[M]. Bassel:Birkhuser,1988:133,7699,295-380.

[10] 杨国春,陈世洁.用莫尔斯势对双原子分子振动光谱的理论研究[J].东北师大学报:自然科学版,2004,36(1):50-54.

[11] 梁昆淼.数学物理方法[M].北京:高等教育出版社,1979.

[12] 徐克尊.高等原子分子物理学[M].北京:科学出版社,2000.

[13] 王帮美,胡先权.非球谐环形振子势的薛定谔方程的解析解[J].重庆师范大学学报,自然科学版,2008,25(2):62-66.

[14] 王竹溪,郭敦仁.特殊函数概论[M].北京:科学出版社,1979.

[15] Schiff J L. The laplace transform:theory and applications[M]. Germany:Verlag,Springer Link,1999.

[16] Gradshteyn I S,Ryzhik I M. Table of integreale series,and products[M]. United States:Academic Press,2007.

求解非线性 Schrödinger 方程的几种方法

第十章

近年来，用光孤子传输信息的光纤通信系统在长距离、大容量传输方面凸显了自身的优势，必将在新一代通信技术与商业上发挥巨大的作用．光孤子在光纤中的传输满足非线性 Schrödinger 方程．从寻求行波变换、求解过程和解的物理意义等方面，对于求解非线性 Schrödinger 方程常用的三种求解方法即 Jacobi 椭圆函数展开法、三角函数假设法和试探函数法进行了分析整理及优劣比较，内蒙古工业大学理学院的员保云，庞晶两位教授 2014 年引入了新近提出的 $\left(\frac{G'}{G}\right)$ 展开法．计算表明，$\left(\frac{G'}{G}\right)$ 展开法在行波变换和计算过程都相对其他三种方法简单，且得到的解也较为丰富，因此，该展开法在非线性 Schrödinger 方程及相关方程的求解中具有广阔的应用前景.

1 引 言

非线性 Schrödinger(NLS) 方程是在光纤无损耗的特殊条件下得到的一种应用广泛的非线性偏微分方程[1]. 近年来,光孤立子在通信中的应用研究[2] 引起了工业界和学术界的高度重视,而 NLS 方程具备了通信的高码率、长距离和大容量等优点,成为描述光纤中的光孤立子的主要方程之一[3]. 同时,非线性 Schrödinger 方程还可以用来讨论单色波的一维自调适、非线性光学的自陷现象、固体中的热脉冲传播、等离子体中的 Langnui 波、超导电子在电磁场中运动以及激光中原子的 Bose-Einstein 凝聚效应等,因此,对该方程的精确解的研究具有很重要的意义.

然而 NLS 方程是涉及复数范围的非线性方程[4,5],这给求解带来了诸多困难. 学者们已提出了一些求解方法,如直接积分法、反演散射方法、Jacobi 椭圆函数展开法[6]、修正的 Jacobi 椭圆函数展开式、三角函数假设法[8]、Riccati 投影方程映射法、试探函数法[9-11] 等. 本章以 Schrödinger 方程为例,首先介绍了三种常用的非线性发展方程的求解方法,然后使用新近提出的 $\left(\frac{G'}{G}\right)$ 展开法[12-15] 获得了 NLS 方程的行波解. 通过比较,认为 $\left(\frac{G'}{G}\right)$ 展开法将在 NLS 方程及相关方程的求解中有广阔的应用前景.

2 常用的三种行波变换求解方法

本章讨论的低阶 NLS 方程写作

$$\mathrm{i}\frac{\partial u}{\partial t}+\alpha\frac{\partial^2 u}{\partial x^2}+\beta\mid u\mid^2 u=0 \tag{1}$$

式中 α 和 β 分别为频散系数和 Landau 系数.

下面先介绍常用的行波变换求解方法，即 Jacobi 椭圆函数展开法、三角函数假设法和试探函数法.

2.1 Jacobi 椭圆函数展开法

该方法的基本思想是：通过行波变换

$$u=\varphi(\xi)\exp[\mathrm{i}(\kappa x-\omega t)],\xi=p(x-c_g t) \tag{2}$$

和约束条件 $2\alpha k=c_g$，即 $k=\frac{c_g}{2\alpha}=\frac{1}{2\alpha}\frac{\partial\omega}{\partial k}$（这就是色散关系[4]），式(1) 转化为常微分方程，将常微分方程的振幅解表示为 $\mathrm{sn}\,\xi$，$\mathrm{cn}\,\xi$，$\mathrm{dn}\,\xi$ 和 $\mathrm{cs}\,\xi$ 的多项式形式的解. 把形式解代入常微分方程，并利用 Jacobi 椭圆函数的性质[14]，求解可得对应的包络周期解. 其解如下[7]

$$u_1=\pm m\sqrt{\frac{2\gamma}{(1+m^2)\beta}}\,\mathrm{sn}\sqrt{-\frac{\gamma}{(1+m^2)\alpha}}(x-ct)\cdot\exp(\mathrm{i}(\kappa x-\omega t)) \tag{3}$$

$$u_2=\pm m\sqrt{\frac{2\gamma}{(2m^2-1)\beta}}\,\mathrm{cn}\sqrt{\frac{\gamma}{(2m^2-1)\alpha}}(x-ct)\cdot\exp(\mathrm{i}(\kappa x-\omega t)) \tag{4}$$

$$u_3=\pm\sqrt{\frac{2\gamma}{(2-m^2)\beta}}\,\mathrm{dn}\sqrt{\frac{\gamma}{(2-m^2)\alpha}}(x-ct)\cdot\exp(\mathrm{i}(\kappa x-\omega t)) \tag{5}$$

$$u_4 = \pm\sqrt{-\frac{2\gamma}{(2-m^2)\beta}}\mathrm{cs}\sqrt{\frac{\gamma}{(2-m^2)\alpha}}(x-ct)\cdot \exp(\mathrm{i}(\kappa x-\omega t)) \tag{6}$$

当模数 m 取 1 时,包络周期解退化为相应的包络冲击波解或包络孤立波解,其解如下

$$u_5 = \pm\sqrt{\frac{\gamma}{\beta}}\tan h\sqrt{-\frac{\gamma}{2\alpha}}(x-ct)\exp(\mathrm{i}(\kappa x-\omega t)) \tag{7}$$

$$u_6 = \pm\sqrt{\frac{2\gamma}{\beta}}\sec h\sqrt{\frac{\gamma}{\alpha}}(x-ct)\exp(\mathrm{i}(\kappa x-\omega t)) \tag{8}$$

$$u_7 = \pm\sqrt{\frac{2\gamma}{\beta}}\sec h\sqrt{\frac{\gamma}{\alpha}}(x-ct)\exp(\mathrm{i}(\kappa x-\omega t)) \tag{9}$$

$$u_8 = \pm\sqrt{-\frac{2\gamma}{\beta}}\csc h\sqrt{\frac{\gamma}{\alpha}}(x-ct)\exp(\mathrm{i}(\kappa x-\omega t)) \tag{10}$$

2.2　三角函数假设法

该方法的基本思想是:通过引入行波变换

$$u=\varphi(\xi)\exp\left(-\frac{\omega}{2}\mathrm{i}\left(\frac{x}{\alpha}-mt\right)\right), \xi = x+\omega t \tag{11}$$

直接将式(1) 转化为常微分方程. 假设常微分方程振幅解形式为[8]

$$\varphi(\xi) = g_0 + \sum_{i=1}^{n}(g_i \sin z(\xi) + f_i \cos z(\xi)) \tag{12}$$

且满足

$$\frac{\mathrm{d}z(\xi)}{\mathrm{d}\xi} = a\sin z(\xi) + b\cos z(\xi) + c \tag{13}$$

将式(12)(13)代入常微分方程,由于给出了辅助方程 $\sin z(\xi)$ 和 $\cos z(\xi)$ 取如下解时

$$\cos z(\xi)=\frac{(b-c)^2-\left(a+\sqrt{a^2+b^2-c^2}\coth\frac{\sqrt{a^2+b^2-c^2}}{2}\xi\right)^2}{(b-c)^2+\left(a+\sqrt{a^2+b^2-c^2}\coth\frac{\sqrt{a^2+b^2-c^2}}{2}\xi\right)^2} \tag{14}$$

$$\sin z(\xi)=\frac{2(b-c)\left(a+\sqrt{a^2+b^2-c^2}\coth\frac{\sqrt{a^2+b^2-c^2}}{2}\xi\right)}{(b-c)^2+\left(a+\sqrt{a^2+b^2-c^2}\coth\frac{\sqrt{a^2+b^2-c^2}}{2}\xi\right)^2} \tag{15}$$

可得式(1)的如下孤立波解

$$u_1=\frac{\sqrt{2\alpha}b}{\sqrt{\beta}}\operatorname{sech}(2b(x+\omega t))\cdot \exp\left(b^2\alpha\mathrm{i}t-\frac{\mathrm{i}\omega(2x+\omega t)}{4\alpha}\right)$$

$$u_2=-\frac{\sqrt{2\alpha}b\mathrm{i}(1+\sqrt{2}\tanh 2\sqrt{2}b(x+\omega t))}{\sqrt{\beta}(\sqrt{2}\pm\tanh 2\sqrt{2}b(x+\omega t))}\cdot \exp\left(-4b^2\alpha\mathrm{i}t-\frac{\mathrm{i}\omega(2x+\omega t)}{4\alpha}\right)$$

$$u_3=-\frac{\sqrt{2\alpha}b\mathrm{i}(1\mp\sqrt{2}\tanh 2\sqrt{2}b(x+\omega t))}{\sqrt{\beta}(\sqrt{2}\mp\tanh 2\sqrt{2}b(x+\omega t))}\cdot \exp\left(-4b^2\alpha\mathrm{i}t-\frac{\mathrm{i}\omega(2x+\omega t)}{4\alpha}\right)$$

$$u_4=\pm\frac{\sqrt{2\alpha}b\mathrm{i}\coth b(x+\omega t)}{\sqrt{\beta}(1\pm\coth b(x+\omega t))^2}\cdot \exp\left(-2b^2\alpha\mathrm{i}t-\frac{\mathrm{i}\omega(2x+\omega t)}{4\alpha}\right)$$

$$u_5 = \mp \frac{\sqrt{2\alpha} b \mathrm{i} \coth b(x+\omega t)}{\sqrt{\beta}(1 \pm \coth b(x+\omega t))^2} \cdot \exp\left(-2b^2 \alpha \mathrm{i} t - \frac{\mathrm{i}\omega(2x+\omega t)}{4\alpha}\right)$$

$$u_6 = \frac{\pm\sqrt{2\alpha} b(a^2+b^2)\operatorname{sech} 2\sqrt{a^2+b^2}(x+\omega t)\exp\left(\mathrm{i}(a^2+b^2)\alpha t - \frac{\mathrm{i}\omega(2x+\omega t)}{4\alpha}\right)}{\sqrt{\beta}((a^2+b^2)+a\sqrt{a^2+b^2}\tanh 2\sqrt{a^2+b^2}(x+\omega t))}$$

$$u_7 = \pm\exp\left(-2(a^2+b^2)\alpha \mathrm{i} t - \frac{\mathrm{i}\omega(2x+\omega t)}{4\alpha}\right) \cdot \frac{\sqrt{2\alpha}(a^2+b^2)\mathrm{i}(a+2\sqrt{a^2+b^2}\coth\sqrt{a^2+b^2}(x+\omega t)+a\coth^2\sqrt{a^2+b^2}(x+\omega t))}{\sqrt{\beta}(a^2+b^2+2a\sqrt{a^2+b^2}\coth\sqrt{a^2+b^2}(x+\omega t)+(a^2+b^2)\coth^2\sqrt{a^2+b^2}(x+\omega t))}$$

2.3 试探函数法

该方法的基本思想是:通过引入变换和选准试探函数[9]

$$\begin{cases} u = \exp(\mathrm{i}(px+qt))(u_0+v_y) \\ v = a\ln(b+y^2) \\ y = \exp(kx-wt) \end{cases} \tag{16}$$

将难于求解的非线性偏微分方程化为易于求解的代数方程,然后用待定系数法求出相对应的常数,从而求得 Schrödinger 方程的指数函数解

$$u = \pm\exp\left(\mathrm{i}\frac{w}{2k\alpha}x + \frac{4k^4\alpha^2 - w^2}{4k^2\alpha}t\right)\frac{2\sqrt{\frac{2k^2 b\alpha}{\beta}}\exp(kx-wt)}{b+\exp(2(kx-wt))} \tag{17}$$

当 b 取不同的值时,可得到无穷多个不同的特解.

取 $b=1$,可得方程的孤波解为

$$u = \pm\exp\left(\mathrm{i}\frac{w}{2k\alpha}x + \frac{4k^4\alpha^2 - w^2}{4k^2\alpha}t\right)\sqrt{\frac{2k^2\alpha}{\beta}}\operatorname{sech}(kx-wt) \tag{18}$$

取 $b=-1$，可得方程的奇异行波解为

$$u=\pm\exp\left(\mathrm{i}\frac{w}{2k\alpha}x+\frac{4k^4\alpha^2-w^2}{4k^2\alpha}t\right)\sqrt{-\frac{2k^2\alpha}{\beta}}\operatorname{csch}(kx-wt) \tag{19}$$

以上三种方法，在寻求行波变换的过程中，Jacobi 椭圆函数展开法比其他两种方法容易；在方程求解过程中，试探函数法[10,11] 求解思路简单，计算量明显小；从物理意义的角度看，由于 Jacobi 椭圆函数展开法必须限定在 $2\alpha k=c_g$ 的条件下解才有意义，所以物理意义比较局限，相比较而言，试探函数法和三角函数假设法的物理意义更具有普遍性. 综上所述，试探函数法的优势较大，只要解决如何给每一类方程寻求合适的试探函数问题，将会使方法更加完善.

3 $\left(\frac{G'}{G}\right)$展开法

给定非线性方程，为简单起见以两个自变量为例

$$P(u,u_1,u_x,u_{xt},u_{tt},u_{xx},\cdots)=0 \tag{20}$$

用$\left(\frac{G'}{G}\right)$展开法求式(20)的行波解，其基本步骤如下：

设式(20)的行波变换为

$$u(x,t)=u(\xi),\xi=x-ct \tag{21}$$

式中 c 为待定常数. 将式(21)代入式(20)，则式(20)化为 $u(\xi)$ 的常微分方程

$$Q(u,u',u'',\cdots)=0 \tag{22}$$

设 $u(\xi)$ 可以表示为$\left(\frac{G'}{G}\right)$的多项式

$$u(\xi)=\sum_{i=0}^{n}a_i\left(\frac{G'}{G}\right)^i \tag{23}$$

这里 $a_i(i=0,1,2,\cdots,n)$ 为待定常整数，n 通过齐次平衡原则（考虑非线性特点、色散和耗散的阶数因素，按照最高阶数可部分平衡的原则）确定．参照资料[16,17]，$G(\xi)$ 满足下面的二阶线性常微分方程

$$G''(\xi)+\lambda G(\xi)=0 \tag{24}$$

把式(23)代入式(22)中并利用式(24)，可得到关于 $\left(\frac{G'}{G}\right)$ 的多项式，令其系数为 0 后，得到关于 $a_i(i=0,1,2,\cdots,n)$，c 和 λ 的代数方程组．

求解上述代数方程组，把得到的 $a_i(i=0,1,2,\cdots,n)$，c 和 λ 的值代入式(23)，就可得到式(20)的精确行波解．

为求解式(1)，引入如下变换

$$u=\varphi(\xi)\exp\left(-\frac{\omega}{2}\mathrm{i}\left(\frac{x}{\alpha}-mt\right)\right),\xi=x+\omega t \tag{25}$$

将式(25)代入式(1)，将其转化为常微分方程

$$\alpha\varphi''-\left(\frac{\omega m}{2}+\frac{\omega^2}{4\alpha}\right)\varphi+\beta\varphi^3=0 \tag{26}$$

通过 $\left(\frac{G'}{G}\right)$ 展开法和齐次平衡原则，设式(26)的解为

$$\varphi(\xi)=a_0+a_1\frac{G'(\xi)}{G(\xi)}=a_0+a_1\varphi(\xi) \tag{27}$$

式中 $G(\xi)$ 满足式(24)，而式(24)又可以化为

$$\phi'(\xi)=-\lambda-\phi(\xi)^2 \tag{28}$$

将式(27)代入式(26)，并利用式(28)化简为关于 $\phi(\xi)$ 的各幂次多项式，得到如下一组代数方程组

$$\begin{cases}\varphi(\xi)^3: 2a_1\alpha + a_1^3\beta = 0 \\ \varphi(\xi)^2: 3a_0a_1^2\beta = 0 \\ \varphi(\xi)^1: 2a_1\lambda\alpha - a_1\gamma + 3a_0^2a_1\varphi = 0 \\ \varphi(\xi)^0: -a_0\gamma + a_0^3\beta = 0\end{cases} \tag{29}$$

从上式很容易求得

$$a_0 = 0, a_1 = \sqrt{-\frac{2\alpha}{\beta}}\,(\alpha\beta < 0), m = \frac{8\lambda\alpha^2 - \omega^2}{2\alpha\omega} \tag{30}$$

把式(30)(27) 代入式(25)，可得式(1) 的如下精确行波解：

当 $\lambda > 0$ 时

$$u_1(\xi) = \sqrt{-\frac{2\alpha}{\beta}}\,\frac{A_1\sqrt{\lambda}\sin(\sqrt{\lambda}\xi) - A_2\sqrt{\lambda}\cos(\sqrt{\lambda}\xi)}{A_1\cos(\sqrt{\lambda}\xi) + A_2\sin(\sqrt{\lambda}\xi)}\cdot \exp\left(-\frac{\omega}{2}\mathrm{i}\left(\frac{x}{\alpha} - mt\right)\right) \tag{31}$$

当 $\lambda < 0$ 时

$$u_2(\xi) = \sqrt{-\frac{2\alpha}{\beta}}\,\frac{A_1\sqrt{-\lambda}\sinh(\sqrt{-\lambda}\xi) + A_2\sqrt{-\lambda}\cosh(\sqrt{-\lambda}\xi)}{A_1\cosh(\sqrt{-\lambda}\xi) + A_2\sinh(\sqrt{-\lambda}\xi)}\cdot \exp\left(-\frac{\omega}{2}\mathrm{i}\left(\frac{x}{\alpha} - mt\right)\right) \tag{32}$$

至此，用$\left(\frac{G'}{G}\right)$展开法求解了式(1)，得到了新的分数型精确解，不同于 Jacobi 椭圆函数展开法的 Jacobi 椭圆函数解和试探函数法的指数函数解. 虽然三角函数假设法也得到了分数型精确解，但是由于 $\sin z(\xi)$ 和 $\cos z(\xi)$ 取值的复杂性，其计算量是相当大的. 本章假设了 $G(\xi)$ 满足式(24) 的二阶线性偏微分方程，由资料[13] 可知用 tanh 函数可求得与本章等价的 tanh 型的孤立波解，如果采用资料[18] 中 $G(\xi)$ 的辅助方程,将会得到不同类型的更加丰富的解.综上所述,$\left(\frac{G'}{G}\right)$展开法只是在选定某一特定辅助方程时,其解与 tanh 函数法是等价的.因此,采用$\left(\frac{G'}{G}\right)$展开法求解是必要的和有意义的.

4　结　论

Jacobi 椭圆函数展开法限制了一个约束条件,三角函数假设法采用了一个特殊的行波变换,试探函数法寻求了合适的试探函数,解决了方程中的虚数单位 i,从而成功求解了 NLS 方程,进一步揭示了基于行波解求解非线性发展方程的理论方法与技巧.用$\left(\frac{G'}{G}\right)$展开法求解了低阶非线性 Schrödinger 方程,从求解过程和结果看,此方法计算简单有效.$\left(\frac{G'}{G}\right)$展开法对高阶非线性 Schrödinger 方程和变系数非线性 Schrödinger 方程的求解是否简易可行,将需要进一步的研究和探索.

参考资料

[1] 李志斌.非线性数学物理方程的行波解[M].北京:科学出版社,2007,13-14.

[2] 柳青,覃亚丽,李伽,等.单孤子在深聚焦系统中焦平面上的强度分布[J].激光与光电子学进展,2013,50(6):61-101.

[3] 郭玉翠. 非线性偏微分方程引论[M]. 北京:清华大学出版社,2008,21-32.

[4] 马松华,方建平. 联立薛定谔方程的不传播光孤子和传播光孤子[J]. 光学学报,2007,27(6):1090-1095.

[5] Jiefang Zhang,Chaoqing Dai. Bright and dark optical solitons in the nonlinear Schrödinger equation with fourth-order dispersion and cubic-quintic nonlinearity[J]. Chin opt lett,2005,3(5):295-298.

[6] 刘式达,傅遵涛. 非线性波动方程的 Jacobi 椭圆函数包络周期解[J]. 物理学报,2002,51(4):718-722.

[7] 孙梅娟,史良马,韩修林. 非线性薛定谔方程的孤波解[J]. 大学物理,2011,30(12):8-11.

[8] 套格图桑,斯仁道尔吉. 非线性薛定谔方程和变形 Boussinesq 方程组的精确孤立波解[J]. 内蒙古师范大学学报,2005,34(4):390-397.

[9] 高秀云,段文山. 非线性薛定谔方程的新精确解[J]. 西北师范大学学报,2008,44(1):43-46.

[10] 郭鹏,陈宗广,孙小伟. 求解非线性薛定谔方程的简便方法[J]. 大学物理,2010,29(3):12-13.

[11] Yan Jiayu,Pan Liuxian,Lu Jing. A certain critical two-soliton solution of the nonlinear schrödinger equation[J]. Chinese physics,2004,13(4):441-444.

[12] Wang Mingliang,Li Xiangzheng,Zhang Jinliang. The $\left(\frac{G'}{G}\right)$-expansion method and traveling wave solutions of nonlinear evolution equations in mathematical physics[J]. Phys lett A,2008,372(4):417-423.

[13] 肖亚峰,薛海丽,张鸿庆. 关于$\left(\frac{G'}{G}\right)$展开法的注解[J]. 兰州理工大学学报,2011,37(3):164-166.

[14] 庞晶,靳玲花,应孝梅. 利用$\left(\frac{G'}{G}\right)$展开法求解广义变系数 Burgers 方程[J]. 量子电子学报,2011,28(6):674-681.

[15] Jiao Zhang,Xiaoli Wei,Yongjie Lu. A generalized $\left(\frac{G'}{G}\right)$-expansion method and its applications[J]. Phys lett a,2008,372(20):3653-3658.

[16] Xie Y X,Tang J S. New solitary wave solutions to the

KdV-Burgers equation[J]. International j theoretical physics, 2005,44(3):304-312.

[17] 李二强,王明亮. $\left(\frac{G'}{G}\right)$ 方法及组合 KdV-Burgers 方程的行波解[J]. 河南科技大学学报(自然科学学报),2005,41(4):107-111.

[18] 套格图桑,斯仁道尔吉. 新的辅助方程构造非线性发展方程的孤立波解[J]. 内蒙古大学学报(自然科学版),2004,35(3):246-251.

(2+1)维五次非线性Schrödinger方程的无穷序列新解

第十一章

1 引 言

许多文献研究不同设置下自聚焦和自散焦非线性时空效应[1−3]. 如锁模激光器[4],光纤和波导的脉冲传播[5],激光等离子体相互作用[6,7]. 物理学中许多现象是由非线性偏微分方程(NPDES) 描述的. 寻找非线性偏微分方程的解是解释其描述的自然现象的最有效方法之一.

(2 + 1) 维五次非线性 Schrödinger 方程[8](CQNLSE)

$$\mathrm{i}u_z + u_{xx} + u_{tt} + |u|^2 u - |u|^4 u = 0 \tag{1}$$

这里 x 和 z 是横向和传播坐标,t 是所谓的减少时间. (2 + 1) 维五次非线性 Schrödinger 方程是描述多种物理系统的数学模型. 资料[8,9] 给出了 CQNLSE 方程的一些固定解.

内蒙古师范大学数学科学学院的阿如娜，套格图桑两位教授 2014 年对 (2 + 1) 维五次非线性 Schrödinger 方程进行了行波变换后，利用第二种椭圆方程的已知解和 Bäcklund 变换，获得了(2+1) 维五次非线性 Schrödinger 方程的无穷序列解，这些解包括 Jacobi 椭圆函数、三角函数、Riemann theta 函数和指数函数解.

2　(2 + 1) 维五次非线性 Schrödinger 方程的解

对(2 + 1) 维五次非线性 Schrödinger 方程(1) 作变换

$$u(x,t,z)=\phi(\xi)e^{i\eta},\quad \xi=x-mt+nz$$

$$\eta=px+qt+cz \tag{2}$$

这里 m,n,p,q 和 c 是待定常数.

将式(2) 代入方程(1)，化简后得到如下常微分方程

$$n+2p-2mq=0 \tag{3}$$

$$\phi''(\xi)=\frac{c+p^2+q^2}{1+m^2}\phi(\xi)+\frac{1}{1+m^2}\phi^5(\xi)-\frac{1}{1+m^2}\phi^3(\xi) \tag{4}$$

用 $\phi'(\xi)$ 乘方程(4) 的两边，并对 ξ 积分一次后得到下列方程

$$\phi'(\xi)=\sqrt{\frac{c+p^2+q^2}{1+m^2}\phi^2(\xi)+\frac{1}{3(1+m^2)}\phi^6(\xi)-\frac{1}{2(1+m^2)}\phi^4(\xi)-k} \tag{5}$$

这里 k 是积分常数.

利用函数变换 $\varphi(\xi)=\phi^2(\xi)$，把方程(5)转化为下列常微分方程

$$\varphi'(\xi)=\sqrt{a\varphi^2(\xi)+b\varphi^4(\xi)-d\varphi^3(\xi)-e\varphi(\xi)} \quad (6)$$

这里 $a=\dfrac{4(c+p^2+q^2)}{1+m^2}$，$b=\dfrac{4}{3(1+m^2)}$，$d=\dfrac{2}{1+m^2}$，$e=4k$，$n,m,p,q$ 是满足方程(3)的任意常数.

在方程(6)中取

$$\varphi(\xi)=\frac{g_1+g_2z(\xi)}{g_3+g_4z(\xi)+g_5z^2(\xi)} \quad (7)$$

这里 g_1,g_2,g_3,g_4 和 g_5 是任意常数，其中 $z(\xi)$ 满足下列第二种椭圆方程

$$(z'(\xi))^2=\left(\frac{\mathrm{d}z(\xi)}{\mathrm{d}\xi}\right)^2=Az(\xi)+Bz^2(\xi)+Cz^3(\xi) \quad (8)$$

将式(7)和(8)一起代入式(6)，并令 $z^i(\xi)(i=0,1,2,\cdots,7)$ 的系数为0后得到下列非线性代数方程组

$$g_1(-bg_1^3+g_3(dg_1^2+g_3(-ag_1+eg_3)))=0$$

$$-4bg_1^3g_2+g_2g_3(3dg_1^2+g_3(-2ag_1+Ag_2+eg_3))+g_1(dg_1^2+g_3(-2ag_1-2Ag_2+3eg_3))g_4+Ag_1^2g_4^2=0$$

$$-6bg_1^2g_2^2-ag_2^2g_3^2+Bg_2^2g_3^2-4ag_1g_2g_3g_4-2Bg_1g_2g_3g_4+3eg_2g_3^2g_4-ag_1^2g_4^2+Bg_1^2g_4^2+3eg_1g_3g_4^2+3dg_1g_2(g_2g_3+g_1g_4)+dg_1^3g_5-g_1(g_3(2ag_1+4Ag_2-3eg_3)-4Ag_1g_4)g_5=0$$

$$-4g_1g_2^3+Cg_2^2g_3^2-2Cg_1g_2g_3g_4-2ag_2^2g_3g_4+Cg_1^2g_4^2-2ag_1g_2g_4^2+3eg_2g_3g_4^2+eg_1g_4^3+(-g_2g_3(4(a+B)g_1+2Ag_2-3eg_3)-2g_1((a-2B)g_1-Ag_2-3eg_3)g_4)g_5+4Ag_1^2g_5^2+dg_2(g_2^2g_3+3g_1g_2g_4+3g_1^2g_5)=0$$

$$
\begin{aligned}
&-bg_2^4+g_2g_4(dg_2^2+g_4(-ag_2+eg_4))+\\
&(3dg_1g_2^2-2g_2(2Cg_1+(a+B)g_2)g_3+\\
&2(2Cg_1^2+g_2((-2a+B)g_1+3eg_3))g_4+\\
&3eg_1g_4^2)g_5-g_1((a-4B)g_1-4Ag_2-3eg_3)g_5^2=0\\
&g_2(dg_2^2-2Cg_2g_3+2Cg_1g_4-2ag_2g_4+3eg_4^2)g_5+\\
&(4Cg_1^2-2ag_1g_2+g_2(4Bg_1+Ag_2+3eg_3)+\\
&3eg_1g_4)g_5^2=0\\
&g_2(4Cg_1+(-a+B)g_2+3eg_4)g_5^2+eg_1g_5^3=0\\
&g_2g_5^2(Cg_2+eg_5)=0 \qquad (9)
\end{aligned}
$$

用符号计算系统Mathematica求出该方程组的下列解

$$
g_4=0,g_1=0,a=B,g_2=-\frac{eg_3}{A},g_5=\frac{Cg_3}{A},
$$

$$
b=-\frac{4ABC}{e^2},d=-\frac{4AC}{e} \qquad (10)
$$

其中,A,B,C,e和g_3为不全为0的任意常数,A,B和C是方程(8)的系数.

将式(10)代入式(7)后,得到方程(6)的下列形式解

$$
\varphi(\xi)=-\frac{ez(\xi)}{A+Cz^2(\xi)} \qquad (11)
$$

其中,e为任意常数,A和C是方程(8)的系数,$z(\xi)$满足方程(8).

由形式解(11)和$\varphi(\xi)=\phi^2(\xi)$得到方程(4)的下列解

$$
\phi^2(\xi)=-\frac{ez(\xi)}{A+Cz^2(\xi)} \qquad (12)
$$

这里e为任意常数,A和C是方程(8)的系数,$z(\xi)$满足方程(8).

2.1 第二种椭圆方程的解

2.1.1 第二种椭圆方程(8)的 Jacobi 椭圆函数解

在资料[10]中获得了方程(8)的如下解：

当 $A=4, B=-4(1+k^2), C=4k^2$ 时，式(13)是第二种椭圆方程(8)的解

$$z(\xi)=\begin{cases}\mathrm{sn}^2(\xi,k), 2pK(k)\leqslant\xi\leqslant 2(1+p)K(k), p\in\mathbf{Z}\\ 0,\text{其他}\end{cases}\tag{13}$$

当 $A=4(1-k^2), B=4(2k^2-1), C=-4k^2$ 时，获得第二种椭圆方程(8)的如下解

$$z(\xi)=\begin{cases}\mathrm{cn}^2(\xi,k), 2(p-1)K(k)\leqslant\xi\leqslant 2(1+p)K(k), p\in\mathbf{Z}\\ 0,\text{其他}\end{cases}\tag{14}$$

其中

$$K(k)=\int_0^{\frac{\pi}{2}}\frac{1}{\sqrt{1-k^2\sin^2\theta}}\mathrm{d}\theta=\int_0^1\frac{1}{\sqrt{(1-x^2)(1-k^2x^2)}}\mathrm{d}x$$

$$(0\leqslant k\leqslant 1)$$

2.1.2 第二种椭圆方程(8)的 Riemann theta 函数新解

式(15)为 Riemann theta 函数的定义，在资料[10]中获得了第二种椭圆方程(8)的如下 Riemann theta 函数

$$\theta\begin{pmatrix}\varepsilon\\ \varepsilon^*\end{pmatrix}(z,\tau)=\sum_{n=-\infty}^{+\infty}\exp\left(\left(n+\frac{\varepsilon}{2}\right)\left(\pi\mathrm{i}\tau\left(n+\frac{\varepsilon}{2}\right)+2\left(z+\frac{\varepsilon^*}{2}\right)\right)\right)\tag{15}$$

这里 $\begin{pmatrix}\varepsilon\\ \varepsilon^*\end{pmatrix}$ 是二维向量，n 为整数.

当

$$-C=A=-4\theta_4^2(0)\theta_2^2(0),B=4(\theta_2^4(0)-\theta_4^4(0))$$

时，第二种椭圆方程(8)存在下列 Riemann theta 函数解

$$z(\xi)=\left(\frac{\theta_3(\xi)}{\theta_1(\xi)}\right)^2 \tag{16}$$

当 $C=A=4\theta_3^2(0)\theta_2^2(0),B=-4(\theta_2^4(0)+\theta_3^4(0))$ 时，第二种椭圆方程(8)存在下列 Riemann theta 函数解

$$z(\xi)=\left(\frac{\theta_4(\xi)}{\theta_1(\xi)}\right)^2 \tag{17}$$

当 $C=A=4\theta_4^2(0)\theta_3^2(0),B=4(\theta_3^4(0)+\theta_4^4(0))$ 时，第二种椭圆方程(8)存在下列 Riemann theta 函数解

$$z(\xi)=\left(\frac{\theta_2(\xi)}{\theta_1(\xi)}\right)^2 \tag{18}$$

这里 $\theta_1(z)=\theta\begin{pmatrix}1\\1\end{pmatrix}(z;\tau),\theta_2(z)=\theta\begin{pmatrix}1\\0\end{pmatrix}(z;\tau),\theta_3(z)=\theta\begin{pmatrix}0\\0\end{pmatrix}(z;\tau),\theta_4(z)=\theta\begin{pmatrix}0\\1\end{pmatrix}(z;\tau)$.

2.1.3　第二种椭圆方程(8)的三角函数型解

由资料[10]可得到第二种椭圆方程(8)的如下三角函数解.

当 $C=0$ 时，得到第二种椭圆方程(8)的下列解

$$z(\xi)=\begin{cases}-\dfrac{A}{2B}-\dfrac{A}{2B}\sin(\sqrt{-B}\xi),B<0\\ 2p\pi-\dfrac{\pi}{2}\leqslant\sqrt{-B}\xi\leqslant 2p\pi+\dfrac{3\pi}{2},p\in\mathbf{Z}\\ 0,\text{其他}\end{cases} \tag{19}$$

$$z(\xi)=\begin{cases}-\dfrac{A}{2B}-\dfrac{A}{2B}\sin(\sqrt{-B}\xi),B<0\\2p\pi+\dfrac{\pi}{2}\leqslant\sqrt{-B}\xi\leqslant 2p\pi+\dfrac{5\pi}{2},p\in\mathbf{Z}\\-\dfrac{A}{B},\text{其他}\end{cases}\tag{20}$$

$$z(\xi)=\begin{cases}-\dfrac{A}{2B}-\dfrac{A}{2B}\cos(\sqrt{-B}\xi),B<0\\2p\pi-\pi\leqslant\sqrt{-B}\xi\leqslant 2p\pi+\pi,p\in\mathbf{Z}\\0,\text{其他}\end{cases}\tag{21}$$

$$z(\xi)=\begin{cases}-\dfrac{A}{2B}-\dfrac{A}{2B}\cos(\sqrt{-B}\xi),B<0\\2p\pi\leqslant\sqrt{-B}\xi\leqslant 2p\pi+2\pi,p\in\mathbf{Z}\\-\dfrac{A}{B},\text{其他}\end{cases}\tag{22}$$

2.1.4　第二种椭圆方程(8)的指数函数型解

资料[11]给出了方程(8)的下列解.

当 $B^2-4AC=0$ 时,可得到第二种椭圆方程(8)的下列解

$$z(\xi)=\left[\frac{\sqrt{-B}\left(1+\exp\left(\frac{\sqrt{-2B}}{2}|\xi|\right)\right)}{\sqrt{2C}\left(1-\exp\left(\frac{\sqrt{-2B}}{2}|\xi|\right)\right)}\right]^2$$

$$(c>0,B<0)\tag{23}$$

$$z(\xi)=\frac{B}{2C}\tan^2\left(\left|\frac{\sqrt{2B}}{4}\xi\right|\right)\quad(C>0,B>0)\tag{24}$$

当 $A=C=0$ 时,经计算获得第二种椭圆方程(8)的如下解

$$z(\xi)=\exp(|\sqrt{B}\xi|)\quad(B>0)\tag{25}$$

$$z(\xi)=\exp(\mathrm{i}|\sqrt{B}\xi|)\quad(B>0)\tag{26}$$

当 $A=0$ 时,可得到第二种椭圆方程(8)的如下解

$$z(\xi)=-\frac{B}{C}+\frac{B(1+\exp(|\sqrt{B}\xi|))^2}{C(1-\exp(|\sqrt{B}\xi|))^2}\quad(B>0)\tag{27}$$

$$z(\xi)=-\frac{B}{C}-\frac{B\tan^2\left(\left|\frac{-B}{2}\xi\right|\right)}{C}\quad(B<0)\tag{28}$$

2.2　第二种椭圆方程的 Bäcklund 变换

由资料[11]可知,如果 $z_{r-1}(\xi)$ 是第二种椭圆方程(8)的解,则下列 $z_r(\xi)$ 也是第二种椭圆方程(8)的解

$$z_r(\xi)=\mp\frac{2A+(B\pm\sqrt{B^2-4AC})z_{r-1}(\xi)}{\pm B+\sqrt{B^2-4AC}\pm 2Cz_{r-1}(\xi)}\quad(r=1,2,\cdots)\tag{29}$$

$$z_r(\xi)=\frac{A(-B+\sqrt{B^2-4AC}-2Cz_{r-1}(\xi))}{C(2A+(B-\sqrt{B^2-4AC})z_{r-1}(\xi))}\quad(r=1,2,\cdots)\tag{30}$$

$$z_r(\xi)=\frac{-AB^2\pm A\sqrt{B^2(B^2-4AC)}-4ABCz_{r-1}(\xi)+(-B^2C\mp CT_1)z_{r-1}^2(\xi)}{2ABC+2B^2Cz_{r-1}(\xi)+2BC^2z_{r-1}^2(\xi)}\quad(r=1,2,\cdots)\tag{31}$$

$$z_r(\xi)=\frac{A(-\sqrt{3S_1}\pm 9z'_{r-1}(\xi))}{\sqrt{3S_1}(B+T_2)+2\sqrt{3S_1}Cz_{r-1}(\xi)\pm 3(-B+T_2)z'_{r-1}(\xi)}\quad(r=1,2,\cdots)\tag{32}$$

$$z_r(\xi)=\frac{-\sqrt{3S_1}(B+T_2)-2\sqrt{3S_1}Cz_{r-1}\pm 3(-B+T_2)z'_{r-1}(\xi)}{C(\sqrt{3S_1}\pm 9z'_{r-1}(\xi))}\quad(r=1,2,\cdots)\tag{33}$$

其中

$$T_1=\sqrt{B^2(B^2-4AC)}$$

$$T_2=\sqrt{B^2-3AC}$$

$$S_1=\sqrt{\frac{1}{C^2}(2B^3-9ABC-2(B^2-3AC)^{\frac{3}{2}})}$$

A,B 和 C 是第二种椭圆方程(8) 的系数.

情形 1 (2 + 1) 维五次非线性 Schrödinger 方程的 Jacobi 椭圆函数型无穷序列解.

将式(13)(或(14)),式(12) 和式(29) 代入式(2),可得到(2 + 1) 维五次非线性 Schrödinger 方程的 Jacobi 椭圆函数型无穷序列解

$$\begin{cases}u_r(x,t,z)=\phi_r(\xi)\mathrm{e}^{\mathrm{i}\eta}, \quad \xi=x-mt+nz, \quad \eta=px+qt+cz\\ \phi_r^2(\xi)=-\dfrac{\mathrm{e}z_r(\xi)}{A+Cz_r^2(\xi)}\\ z_r(\xi)=\mp\dfrac{2A+(B\pm\sqrt{B^2-4AC})z_{r-1}(\xi)}{\pm B+\sqrt{B^2-4AC}\pm 2Cz_{r-1}(\xi)}, r=1,2,\cdots\\ z_0(\xi)=\begin{cases}\mathrm{sn}^2(\xi,k), 2pK(k)\leqslant\xi\leqslant 2(1+p)K(k), p\in\mathbf{Z}\\ 0, \quad 其他\end{cases}\\ A=4, B=-4(1+k^2), C=4k^2\end{cases} \tag{34}$$

其中

$$K(k)=\int_0^{\frac{\pi}{2}}\frac{1}{\sqrt{1-k^2\sin^2\theta}}\mathrm{d}\theta=\int_0^1\frac{1}{\sqrt{(1-x^2)(1-k^2x^2)}}\mathrm{d}x$$

$$(0\leqslant k\leqslant 1)$$

情形 2 (2 + 1) 维五次非线性 Schrödinger 方程的三角函数型无序序列解.

通过下列叠加公式,可获得(2 + 1) 维五次非线性 Schrödinger 方程的三角函数型无穷序列解

$$\begin{cases}u_r(x,t,z)=\phi_r(\xi)e^{i\eta}, \quad \xi=x-mt+nz, \quad \eta=px+qt+cz \\ \phi_r^2(\xi)=-\dfrac{ez_r(\xi)}{A+Cz_r^2(\xi)} \\ z_r(\xi)=\dfrac{-AB^2\pm A\sqrt{B^2(B^2-4AC)}-4ABCz_{r-1}(\xi)+(-B^2C\mp CT_1)z_{r-1}^2(\xi)}{2ABC+2B^2Cz_{r-1}(\xi)+2BC^2z_{r-1}^2(\xi)}, r\in \mathbf{N}_+ \\ Z_0(\xi)=\begin{cases}-\dfrac{A}{2B}-\dfrac{A}{2B}\sin(\sqrt{-B}\xi) \ (B<0), 2p\pi+\dfrac{\pi}{2}\leqslant\sqrt{-B}\xi\leqslant 2p\pi+\dfrac{5\pi}{2}, p\in \mathbf{Z} \\ -\dfrac{A}{B}, \text{其他}\end{cases} \\ C=0\end{cases} \tag{35}$$

这里 $T_1=\sqrt{B^2(B^2-4AC)}$.

情形 3　(2+1) 维五次非线性 Schrödinger 方程的指数函数型无穷序列解.

由以下迭代公式,可构造(2+1) 维五次非线性 Schrödinger 方程的指数函数型无穷序列解

$$\begin{cases}u_r(x,t,z)=\phi_r(\xi)e^{i\eta}, \quad \xi=x-mt+nz, \quad \eta=px+qt+cz \\ \phi_r^2(\xi)=-\dfrac{ez_r(\xi)}{A+Cz_r^2(\xi)} \\ z_r(\xi)=\dfrac{-\sqrt{3S_1}(B+T_2)-2\sqrt{3S_1}Cz_{r-1}\pm 3(-B+T_2)z'_{r-1}(\xi)}{C(\sqrt{3S_1}\pm 9z'_{r-1}(\xi))}, r=1,2,\cdots \\ z_0(\xi)=\left[\dfrac{\sqrt{-B}\left(1+\exp\left(\dfrac{\sqrt{-2B}}{2}|\xi|\right)\right)}{\sqrt{2C}\left(1-\exp\left(\dfrac{\sqrt{-2B}}{2}|\xi|\right)\right)}\right]^2, C>0, B<0 \\ B^2-4AC=0\end{cases} \tag{36}$$

其中

$$T_2=\sqrt{B^2-3AC}$$

$$S_1 = \sqrt{\frac{1}{C^2}(2B^3 - 9ABC - 2(B^2 - 3AC)^{\frac{3}{2}})}$$

情形 4 (2＋1) 维五次非线性 Schrödinger 方程的 Riemann theta 函数型无穷序列解.

通过以下公式，可获得(2＋1) 维五次非线性 Schrödinger 方程的 Riemann theta 函数型无穷序列解

$$\begin{cases} u_r(x,t,z) = \phi_r(\xi)\mathrm{e}^{\mathrm{i}\eta}, \xi = x - mt + nz, \eta = px + qt + cz \\ \phi_r^2(\xi) = -\dfrac{\mathrm{e}z_r(\xi)}{A + Cz_r^2(\xi)} \\ z_r(\xi) = \mp \dfrac{2A + (B \pm \sqrt{B^2 - 4AC})z_{r-1}(\xi)}{\pm B + \sqrt{B^2 - 4AC} \pm 2Cz_{r-1}(\xi)} \\ \qquad (r = 1, 2, \cdots) \\ z_0(\xi) = \left(\dfrac{\theta_4(\xi)}{\theta_1(\xi)}\right)^2 \\ C = A = 4\theta_3^2(0)\theta_2^2(0), B = -4(\theta_2^4(0) + \theta_3^4(0)) \end{cases} \tag{37}$$

在以上的式(34)—(37) 中，n,m,p,q 是满足方程(3) 的任意常数，A,B 和 C 是方程(8) 的系数.

3 结 论

资料[12] 获得了(2＋1) 维五次非线性 Schrödinger 方程的双曲函数型和 Jacobi 椭圆函数型有限多个新解. 本章利用行波变换、第二种椭圆方程的解和 Bäcklund 变换，构造了(2＋1) 维五次非线性 Schrödinger 方程的由 Jacobi 椭圆函数、三角函数、

Riemann theta 函数和指数函数组成的无穷序列新解，所获得的解包括资料[12]所获得的解. 例如：资料[12]得到了方程(1)的下列形式解

$$u_1(x,t,z)$$

$$=\pm\sqrt{\frac{3}{8}\pm\frac{1}{4}\sqrt{\frac{303}{128\sqrt{6}-144}\tanh\left(z+wt-\frac{C_6}{C_5}\right)}}\times$$

$$\exp\left(\mathrm{i}\left(\frac{C_8}{C_5}x-\frac{C_5^2-2C_6C_8w}{2w^2(C_5^2+C_6^2)}\left(z+wt-\frac{C_6}{C_6}wx\right)\right)\right)$$

在迭代公式(34)中，当 $k\to 1$ 时，$\mathrm{sn}(\xi,k)\to\tanh(\xi)$，便可得到方程(1)形如 $u_1(x,t,z)$ 的解.

参考资料

[1] Towers I N, Malomed B A, Wise F W. Light bullets in quadratic media with normal dispersion at the second harmonic[J]. Phys. Rev. Lett., 2003, 90: 123902.

[2] Mihalache D, Mazilu D, Towers I, et al. Stable spinning optical solitons in three dimensions[J]. Phys. Rev. Lett., 2002, 88: 073902.

[3] Mihalache D, Mazilu D, Lederer F, et al. Stable vortex tori in the three-dimensional cubic-quintic Ginzburg-Landau equation[J]. Phys. Rev. Lett., 2006, 97: 073904.

[4] Moores J D. On the Ginzburg-Landau laser mode-locking model with fifth-order saturable absorber term[J]. Opt. Commun., 1993, 96: 65-70.

[5] Mihalache D, Mazilu D, Bertolotti M, et al. Exact solution for nonlinear thin-film guided waves in higher-order nonlinear media[J]. J. Opt. Soc. Am. B, 1988, 5: 565-570.

[6] Chen Y X, Lu X H. Spatiotemporal similaritons in (3+1)-dimensional inhomogeneous nonlinear medium with cubic-quintic nonlinearit[J]. Commun. Theor. Phys., 2011, 55: 871-877.

[7]Liu H, Beech R, Osman F, et al. Periodic and solitary waves of the cubic-quintic nonlinear Schrödinger equation[J]. J. Plasma Phys., 2004, 70: 415-429.

[8]Malomed B A, Crasovan L C, Mihalache D. Stability of vortex solitons in the cubic-quintic model[J]. Physica. D, 2002, 161: 187-201.

[9]Quiroga-Teixeiro M, Michinel H. Stable azimuthal stationary state in quintic nonlinear optical media[J]. J. Opt. Soc. Am. B, 1997, 14: 2004-2009.

[10] 套格图桑，白玉梅. 非线性发展方程的 Riemann theta 函数等几种新解[J]. 物理学报，2013，62(10)：100201.

[11] 套格图叠. 论非线性发展方程求解中辅助方程法的历史演进[M]. 北京：中央民族大学出版社，2012，6：251-255.

[12]Guo A L, Lin J. (2 + 1)-dimensional analytical solutions of the combining cubic-quintic nonlinear Schrödinger equation[J]. Commun. Theor. Phys., 2012, 57: 523-529.

第十二章　具有 Hartree 类非线性项的非齐次 Schrödinger 方程的初边值问题

1　研究现状及难点

湖北文理学院数学与计算机科学学院的丁凌，张金玲，庄常陵三位教授 2015 年考虑了如下非齐次 Hartree 类非线性项的 Schrödinger 方程

$$\begin{cases} \mathrm{i}u_t = \Delta u - \dfrac{\lambda}{|x|}|u|^2 u - \theta |u|^{p-1}u, x \in \Omega \\ u(x,0) = \phi(x), x \in \Omega \\ u(x,t) = Q(x,t), (x,t) \in \partial\Omega \times [0,+\infty) \end{cases} \tag{1}$$

其中 Ω 是 □^{n} 中具有光滑边界 $\partial\Omega$ 的有界开区域，常数 $\lambda,\theta > 0, 1 < p < \infty, \phi \in H^1(\Omega), Q \in C^3(\partial\Omega \times (-\infty, +\infty))$ 有紧支集且在迹意义下满足相容性条件 $Q(x,0) = \phi(x)$. 这里 Hartree 项 $\dfrac{1}{|x|}|u|^2 = \int_\Omega \dfrac{|u(y)|^2}{|x-y|}\mathrm{d}y$.

目前关于 □^{n} 上的非线性 Schrödinger 方程有大量资料在研究. 特别当方程(1) 中 $\lambda=0$ 的情形,资料[3]研究了整体解的存在性. 方程(1) 中 $\theta=0$ 的情形见资料[4],复合级数非线性项的结果见资料[5]. 本章主要研究具有 Hartree 类非线性项及一个级数非线性项的非齐次 Schrödinger 方程的初边值问题.

在本章中,问题(1) 的主要困难在于非齐次边界条件. 有人可能认为问题(1) 的解和齐次问题的解一样容易得到,然而并不是. 例如,关于解的 L^2 范数的导数简单等式,具体表述为

$$\partial_t\int_\Omega |u|^2\mathrm{d}x=2\mathrm{Im}\int_{\partial\Omega}\bar{u}\frac{\partial u}{\partial n}\mathrm{d}S$$

此式卷入了法向导数的边界积分,而边界积分不能由边界值 Q 具体表示. 如何利用它进行估计也不明显. 非齐次问题的通用解法是化为齐次问题,但在这里不适用,否则就破坏了非线性项的性质. 另外,由于 Hartree 类非线性项 $\frac{1}{|x|}|u|^2u$ 的介入致使估计变得更加复杂.

为方便起见,记 $P=\nabla u|_{\partial\Omega}$, $\eta=\sum_j\partial_j\xi_j=\nabla\cdot\xi$,且用 $\boldsymbol{n}=(n_1,n_2,\cdots,n_n)$ 表示 $\partial\Omega$ 的单位法外向量. 因为 $\partial\Omega$ 是光滑的,所以存在从 □^{n} 到 □^{n} 不依赖于 t 的光滑函数 $\xi=(\xi_1,\xi_2,\cdots,\xi_n)$ 使得 $\xi|_{\partial\Omega}=n$ 成立. 如果 $\partial\Omega$ 是无界的,不妨作如下假定:(1)ξ 的直到三阶的导数是有界的;(2) 存在 $R>0$,当 $|x|>R$ 时有 $Q(x,t)=0$ 成立. 记 $\partial_j u=\frac{\partial u}{\partial x_j}(j=1,2,\cdots,n)$. 用 $\bar{u}$ 表示 u 的共轭复数,用 $C,C_0,C_1,C_2,\cdots$ 表示不同的正常数.

2　预备引理

引理 1　如果 u 是方程(1) 的光滑解，下列等式成立

$$\partial_t\int_\Omega |u|^2\mathrm{d}x = 2\mathrm{Im}\int_{\partial\Omega}\overline{Q}(P\cdot \boldsymbol{n})\mathrm{d}S \tag{2}$$

$$\frac{\mathrm{d}}{\mathrm{d}t}\left(\frac{1}{2}\int_\Omega |\nabla u|^2\mathrm{d}x + \frac{\lambda}{4}\int_\Omega \frac{1}{|x|}*|u|^2|u|^2\mathrm{d}x + \frac{\theta}{p+1}\int_\Omega |u|^{p+1}\mathrm{d}x\right) = \mathrm{Re}\int_{\partial\Omega}(P\cdot\boldsymbol{n})\overline{Q}_t\mathrm{d}S \tag{3}$$

$$\begin{aligned}
&\frac{\mathrm{d}}{\mathrm{d}t}\left(\int_\Omega u(\xi\cdot\nabla u)\mathrm{d}x\right)\\
={}&2\mathrm{iRe}\sum_{j,k}\int_\Omega \partial_k\xi_j\partial_j\overline{u}\partial_k u\,\mathrm{d}x + \mathrm{i}\int_\Omega \nabla\eta\cdot\nabla\overline{u}u\,\mathrm{d}x +\\
&\lambda\mathrm{i}\sum_j \mathrm{Re}\int_\Omega \frac{x_j}{|x|^3}|u|^2\xi_j|u|^2\mathrm{d}x +\\
&\lambda\mathrm{i}\int_{\partial\Omega}\frac{x_j}{|x|^3}|u|^2|Q|^2\mathrm{d}x + \mathrm{i}\int_{\partial\Omega}|P|^2\mathrm{d}S -\\
&2\mathrm{i}\int_{\partial\Omega}|P\cdot\boldsymbol{n}|^2\mathrm{d}S + \int_{\partial\Omega}Q\overline{Q}_t\mathrm{d}S -\\
&\mathrm{i}\int_{\partial\Omega}\overline{P}\cdot\boldsymbol{n}\eta Q\mathrm{d}S + \frac{\theta\mathrm{i}}{p+1}\int_{\partial\Omega}|Q|^{p+1}\mathrm{d}S -\\
&\frac{\theta\mathrm{i}}{p+1}\int_\Omega \eta|u|^{p+1}\mathrm{d}x
\end{aligned} \tag{4}$$

证明　用资料[3] 中引理 1 同样的证明方法可证，在此省略.

记 $f(u):=\frac{1}{|x|}|u|^2=\int_\Omega \frac{|u(y)|^2}{|x-y|}\mathrm{d}y$. 对于 Hartree 类非线性项在资料[4] 中有如下估计：

引理 2 存在不依赖 $\| v \|_{H^1(\Omega)}$ 和 $\| w \|_{H^1(\Omega)}$ 的常数 $C > 0$,使得如下不等式成立

$$\| f(v)v - f(w)w \|_{H^1(\Omega)}$$
$$\leqslant C(\| v \|_{H^1(\Omega)}^2 + \| w \|_{H^1(\Omega)}^2) \| v - w \|_{H^1(\Omega)}$$

引理 3 对于任意的常数 $C_0 > 0$,存在 $T_0 > 0$,使得当 $\| \phi \|_{H^1(\Omega)} \leqslant C_0$ 时,方程(1) 存在唯一的一个解 $u \in C([0, T_0], H^1(\Omega))$.

证明 选择一个关于 x 有紧支集在 $\overline{\Omega} \times [0, +\infty)$ 上是 C^3 的函数 $\widetilde{Q}$ 且使得

$$\begin{cases} \Delta\widetilde{Q} = \lambda f(Q)Q + \theta \mid Q \mid^{p-1} Q - \mathrm{i}Q_t, x \in \Omega \\ \widetilde{Q} = Q, \partial\Omega \times [0, +\infty) \end{cases}$$

设 $v = u - \widetilde{Q}$,为了寻求方程(1) 的解 u,就转化成求解 v 满足如下的方程

$$\begin{cases} \mathrm{i}v_t = \Delta v + \Delta\widetilde{Q} - \mathrm{i}\widetilde{Q}_t - \lambda f(v + \widetilde{Q})(v + \widetilde{Q}) - \\ \qquad \theta \mid v + \widetilde{Q} \mid^{p-1} (v + \widetilde{Q}) \quad (x \in \Omega) \\ v(0) := \phi(x) - \widetilde{Q}(x, 0) := \Psi(x) \quad (x \in \Omega) \\ v = 0 \quad ((x, t) \in \partial\Omega \times [0, +\infty)) \end{cases} \tag{5}$$

给定 $\Psi \in H_0^1(\Omega)$,问题(5) 可以写成积分形式

$$v(t) = \mathrm{e}^{\mathrm{i}t\Delta} \Psi(x) - \mathrm{i}\int_0^t \mathrm{e}^{-\mathrm{i}(t-s)\Delta} (\Delta\widetilde{Q} - \mathrm{i}\widetilde{Q} - \lambda f(v + \widetilde{Q})(v + \widetilde{Q}) - \theta \mid v + \widetilde{Q} \mid^{p-1} (v + \widetilde{Q}))\mathrm{d}s := H(v)$$

这里 $\mathrm{e}^{-\mathrm{i}t\Delta}$ 是空间 $H_0^1(\Omega)$ 到自身上的单位算子群,$v \in H_0^1(\Omega)$. 考虑集合

$$E=\{v\in C([0,T_0],H_0^1(\Omega)):\|v\|_{C([0,T_0],H_0^1(\Omega))}=\max_{0\leqslant t\leqslant T_0}\|v\|_{H_0^1(\Omega)}\leqslant M\}$$

定义 $d(v,w)=\|v-w\|_{C([0,T_0],H_0^1(\Omega))}$，对任意的 $v,w\in E$，此时(E,d)是一个 Banach 空间.

对于$v\in E$，$\|\Psi\|_{H_0^1(\Omega)}\leqslant\overline{C}_0$ 及每个 $T_0>0$，存在正常数 C_{T_0} 和 $\widetilde{C}_{T_0}$ 使得

$$\begin{aligned}&\|H(v)\|_{H_0^1(\Omega)}\\ \leqslant&\|\Psi\|_{H_0^1(\Omega)}+\int_0^t\|\Delta\widetilde{Q}-\mathrm{i}\widetilde{Q}-\lambda f(v+\widetilde{Q})(v+\widetilde{Q})-\\&\theta|v+\widetilde{Q}|^{p-1}(v+\widetilde{Q})\|_{H_0^1(\Omega)}\mathrm{d}S\\ \leqslant&\|\Psi\|_{H_0^1(\Omega)}+C_1\int_0^t\|v+\widetilde{Q}\|_{H_0^1(\Omega)}\|v+\widetilde{Q}\|_{H_0^1(\Omega)}\mathrm{d}s+C_{T_0}\\ \leqslant&\overline{C}_0+C_1T_0M^3+\widetilde{C}_{T_0}\\ =&\left(\frac{\overline{C}_0+\widetilde{C}_{T_0}}{M}+C_1T_0M^2\right)M\end{aligned}\tag{6}$$

采用同样的方法，根据引理 2 可得

$$\begin{aligned}&\|H(v)-H(w)\|_{H_0^1(\Omega)}\\ \leqslant&\left\|\int_0^t\mathrm{e}^{-\mathrm{i}(t-s)\Delta}(\lambda(f(v+\widetilde{Q})(v+\widetilde{Q})-\right.\\&f(w+\widetilde{Q})(w+\widetilde{Q}))+\theta(|w+\widetilde{Q}|^{p-1}(w+\widetilde{Q})-\\&\left.|v+\widetilde{Q}|^{p-1}(v+\widetilde{Q})))\mathrm{d}S\right\|_{H_0^1(\Omega)}\\ \leqslant&\lambda\int_0^t\|(f(v+\widetilde{Q})(v+\widetilde{Q})-\\&f(w+\widetilde{Q})(w+\widetilde{Q}))\|_{H_0^1(\Omega)}\mathrm{d}s+\\&\theta\int_0^t\|(|w+\widetilde{Q}|^{p-1}(w+\widetilde{Q})-\\&|v+\widetilde{Q}|^{p-1}(v+\widetilde{Q}))\|_{H_0^1(\Omega)}\mathrm{d}S\\ \leqslant&C_2(\|v+\widetilde{Q}\|_{H^1(\Omega)}^2+\|w+\widetilde{Q}\|_{H^1(\Omega)}^2)\|v-w\|_{H^1(\Omega)}+\end{aligned}$$

$$C_3\int_0^t \| v-w \|_{H_0^1(\Omega)}\mathrm{d}s$$

$$\leqslant 2(C_2M+C_4)T_0 d(v,w) \tag{7}$$

取 $M=2(\overline{C}+\widetilde{C}_{T_0})$，选择适当的充分小的 $T_0>0$ 满足 $C_1T_0M^2<\frac{1}{2}$ 和 $2(C_2M+C_4)T_0<\frac{1}{2}$. 于是根据(6)和(7)两式可得 $H(v)\in E$，当 $v,w\in E$ 时有 $d(H(v), H(w))<\frac{1}{2}$ 成立. 故 H 是 Banach 空间 (E,d) 上一个严格的压缩映射. 根据 Banach 不动点定理知，对任意的 $\overline{C}_0$ 存在 $T_0>0$ 使得方程(5)有唯一的解 $v\in C([0,T_0],H^1(\Omega))$. 因此原方程(1)在 $C([0,T_0],H^1(\Omega))$ 上有唯一解 $u=v+\widetilde{Q}$. 证毕.

引理 4 固定 $T>0$，如果 u 为方程(1)在 $C([0,T_0],H^1(\Omega))$ 上的解，则存在常数 $C_T>0$ 使得对所有的 $t\in[0,T]$ 都有 $\|u\|_{H_0^1(\Omega)}\leqslant C_T$ 成立.

证明 引理 1 中式(4)是在方程(1)光滑初边值问题有光滑解条件下得到的. 对于一般初边值可以通过渐近和子列的极限建立问题(1)的唯一解 $u\in C([0,T_0],H^1(\Omega))$ 的存在性结论. 因此总是假定光滑初边值有光滑解.

对于 $\partial\Omega$ 上的任意一点，可以写成 $|P|^2=|P\cdot n|^2+|A\cdot\nabla Q|^2$，这里 $A\cdot\nabla Q$ 表示 P 的切向分支. 把此式代入式(4)可得

$$\mathrm{i}\int_{\partial\Omega}|P\cdot \boldsymbol{n}|^2\mathrm{d}S+\mathrm{i}\int_{\partial\Omega}\overline{P}\cdot\boldsymbol{n}\eta Q\mathrm{d}S$$

$$=-\frac{\mathrm{d}}{\mathrm{d}t}\left(\int_\Omega u(\xi\cdot\nabla u)\mathrm{d}x\right)+$$

$$2\mathrm{i}\mathrm{Re}\sum_{j,k}\int_\Omega \partial_k\xi_j\partial_j\overline{u}\partial_k u\,\mathrm{d}x+\mathrm{i}\int_\Omega\nabla\eta\cdot\nabla\overline{u}u\,\mathrm{d}x+$$

$$\lambda \mathrm{i}\sum_{j}\mathrm{Re}\int_{\Omega}\frac{x_j}{|x|^3}|u|^2\xi_j|u|^2\xi_j|u|^2\mathrm{d}x+$$

$$\lambda \mathrm{i}\int_{\partial\Omega}\frac{x_j}{|x|^3}|u|^2|Q|^2\mathrm{d}x+$$

$$\int_{\partial\Omega}Q\overline{Q}_t\mathrm{d}S+\frac{\mathrm{i}\theta}{p+1}\int_{\partial\Omega}|Q|^{p+1}\mathrm{d}S-$$

$$\frac{\mathrm{i}\theta}{p+1}\int_{\Omega}\eta|u|^{p+1}\mathrm{d}x+\mathrm{i}\int_{\partial\Omega}|A\cdot\nabla Q|^2\mathrm{d}S$$

因为ξ_j是Ω上的光滑函数且$Q\in C^3$关于x有紧支集，则由 Hölder 不等式及 Hardy 不等式可得

$$\begin{aligned}&\left|\lambda\sum_{j}\mathrm{Re}\int_{\Omega}\frac{x_j}{|x|^3}|u|^2\xi_j|u|^2\mathrm{d}x\right|\\ \leqslant{}&\lambda\int_{\Omega}\int_{\Omega}\frac{\left(\sum_j(x_i-x_j)^2\right)^{\frac{1}{2}}\left(\sum_j\xi_j\right)^{\frac{1}{2}}}{|x-y|^3}|u(y)|^2\\ &|u(x)|^2\mathrm{d}y\mathrm{d}x\\ \leqslant{}&C_5\int_{\Omega}\int_{\Omega}\frac{|u(y)|^2}{|x-y|^3}|u(x)|^2\mathrm{d}y\mathrm{d}x\\ \leqslant{}&C_5\left\|\int_{\Omega}\frac{|u(y)|^2}{|x-y|^3}\mathrm{d}y\right\|L^{\infty}(\Omega)\|u(x)\|_{L^2(\Omega)}\\ \leqslant{}&C_6\|u\|_{H^1(\Omega)}^4\end{aligned}\tag{9}$$

$$\begin{aligned}&\left|\lambda\int_{\partial\Omega}\frac{x_j}{|x|^3}|u|^2|Q|^2\mathrm{d}x\right|\\ \leqslant{}&\left|\lambda\int_{\partial\Omega}\int_{\Omega}\frac{|u(y)|^2}{|x-y|^3}\mathrm{d}y|Q(x)|^2\mathrm{d}S\right.\\ \leqslant{}&C_7\|u(x)\|_{L^2(\Omega)}\|u(x)\|_{H^1(\Omega)}\\ \leqslant{}&C_8\|u\|_{H^1(\Omega)}^2\end{aligned}\tag{10}$$

再由式(3)和式(8－10)及在区间$[0,t]$上的积分可得

$$\int_0^t\int_{\partial\Omega}|P\cdot n|^2\mathrm{d}S\mathrm{d}\tau$$

$$\leqslant\left|\int_{\Omega}u(\xi\cdot\nabla u)\mathrm{d}x\right|+\left|\int_{\Omega}u(\xi\cdot\nabla\overline{\phi})\mathrm{d}x\right|+$$

$$C_9\int_0^t\int_\Omega |\nabla u|^2\mathrm{d}x\mathrm{d}\tau+\int_0^t\int_{\partial\Omega}Q\overline{Q}_t\mathrm{d}S\mathrm{d}\tau+$$
$$\frac{1}{p+1}\int_0^t\int_{\partial\Omega}|Q|^{p+1}\mathrm{d}S\mathrm{d}\tau+\frac{1}{p+1}\int_0^t\int_{\partial\Omega}\eta|u|^{p+1}\mathrm{d}x\mathrm{d}\tau+$$
$$\int_0^t\int_{\partial\Omega}|A\cdot\nabla Q|^2\mathrm{d}S\mathrm{d}\tau+\int_0^t\int_{\partial\Omega}|\overline{P}\cdot \boldsymbol{n}Q|\,\mathrm{d}S\mathrm{d}\tau+$$
$$C_{10}\int_0^t\|u\|^2_{H^1(\Omega)}\mathrm{d}\tau+C_{11}\int_0^t\|u\|^4_{H^1(\Omega)}\mathrm{d}\tau \tag{11}$$

令 $J=\left(\int_0^t\int_{\partial\Omega}|P\cdot n|^2\mathrm{d}S\mathrm{d}\tau\right)^{\frac{1}{2}}$. 因为 Q 具有紧支集且是 C^3 的，$\phi\in H^1(\Omega)$，所以式(11) 中涉及 Q,ϕ 的项都是有界的，再由嵌入定理及 $u\in C([0,T_0],H^1(\Omega))$ 可得

$$J^2\leqslant C_{12}+C_{13}\left(\int_0^t\int_{\partial\Omega}|P\cdot\boldsymbol{n}|^2\mathrm{d}S\mathrm{d}\tau\right)^{\frac{1}{2}}+$$
$$C_{14}\int_\Omega(|u|^2+|\nabla u|^2)\mathrm{d}x+$$
$$C_{15}\int_0^t\int_\Omega(|u|^2+|\nabla u|^2)\mathrm{d}x\mathrm{d}\tau+$$
$$C_{16}\int_0^t\|u\|^4_{H^1(\Omega)}\mathrm{d}\tau \tag{12}$$

再由引理 1 中的式(2) 和(3) 可得

$$\begin{cases}\displaystyle\int_\Omega|u|^2\mathrm{d}x=\|u\|^2_{L^2(\Omega)}\\ \qquad\displaystyle\leqslant\|u(0)\|^2_{L^2(\Omega)}+2\mathrm{Im}\int_0^t\left|\int_{\partial\Omega}P\cdot\boldsymbol{n}\overline{Q}\mathrm{d}S\right|\mathrm{d}\tau\\ \qquad\leqslant C_{17}+C_{18}J\\ \displaystyle\int_\Omega|\nabla u|^2\mathrm{d}x=\|\nabla u\|^2_{L^2(\Omega)}\\ \qquad\displaystyle\leqslant\|\nabla\phi\|^2_{L^2(\Omega)}+2\int_0^t\left|\int_{\partial\Omega}P\cdot\boldsymbol{n}\overline{Q}\mathrm{d}S\right|\mathrm{d}\tau\\ \qquad\leqslant C_{19}+C_{20}J\end{cases} \tag{13}$$

根据式(12)和(13)可以推出 $J^2 \leqslant C_{21}(T)^2 + 2C_{22}(T)J$，于是有 $(J - C_{22}(T))^2 \leqslant C_{21}(T)^2 + C_{22}(T)^2$，两边开方得

$$J \leqslant C_{22}(T) + \sqrt{C_{21}(T)^2 + C_{22}(T)^2} \leqslant C_{21}(T) + C_{22}(T)$$

故 J 关于 $T > 0$ 是有界的. 再由式(12)和(13)知 $\| u \|_{H_0^1(\Omega)}$ 也是有界的，于是此引理得证.

3　主要定理及证明

定理　假定 Ω 是 $\square^n$ 中的有界区域，$\phi \in H^1(\Omega)$，$Q \in C^3(\partial\Omega \times (-\infty, +\infty))$ 有紧支集且在迹意义下满足相容性条件，即 $Q(x,0) = \phi(x)$，则方程(1)有唯一的解 $u \in C((-\infty, +\infty), H^1(\Omega))$.

证明　根据引理 3 和 4，对于有界区间 $[0,T]$，$T = 1,2,\cdots$，方程(1)有唯一解 $u \in C([0,T], H^1(\Omega))$，对于 $T \in (-\infty, 0)$ 可采用同样的方法证明. 于是方程(1)有唯一解 $u \in C((-\infty, +\infty), H^1(\Omega))$.

注　本定理把资料[3]($\lambda = 0$)和资料[4]($\theta = 0$)的结果分别推广至 $\lambda \neq 0$ 和 $\theta \neq 0$ 的情形.

参考资料

[1] Tao T, San M, Zhang X Y. The nonlinear Schrödinger equation with combined power-type nonlinearities[J]. Communications in Partial Differential Equations, 2007, 32(8): 1281-1343.

[2] Tsutsumi Y. Global solutions of the nonlinear Schrödinger equations in exterior domains[J]. Communications in Partial Differential Equations,

1983,8(12):1337-1374.

[3]Strauss W,Bu C. An inhomogeneous boundary value problem for nonlinear Schrödinger equations[J]. Journal of differential Equations,2001,173(1):79-91.

[4]Ma L,Cao P. Inhomogeneous boundary value problem for Hartree type equation[J]. Journal of Mathematicsal Physics,2010,51(2):023516(1-10).

[5]丁凌,肖氏武,姜海波.非齐次边界条件下的具有复合级数非线性项的 Schrödinger 方程[J].西南师范大学学报:自然科学版,2011,36(5):55-60.

求解自治非线性 Schrödinger 方程的分离变量法

第十三章

1　引　　言

在量子力学中，力场中微观粒子的状态用波函数来描述，决定微观粒子状态变化的方程是 Schrödinger 方程

$$\mathrm{i}\,\frac{\partial \varphi}{\partial t}=-\frac{\hbar}{2m}\nabla^2\varphi+U(r)\varphi \quad (1)$$

其中，$-\nabla^2+U(r)$ 为 Hamilton 算符，一般情况下势能 $U(r)$ 也可以是时间的函数. 如果 $U(r)$ 不含时间，我们可用定态微扰理论求 Schrödinger 方程的近似解，当 $U(r)$ 是时间的显函数时，我们用与时间有关的微扰理论求方程的近似解. 如果 $U(r)$ 与时间无关，我们也可以通过分离变量法求出方程的精确解. 与频率振幅公式[1-4]、变分迭代法[5-9]、同伦分析法[10-14,21-23]、指数展开法[15-17]等求解

非线性问题的方法相比，分离变量法是一种简单有效的方法.如果 Hamilton 量与时间无关，运用分离变量法可以快速地求出 Schrödinger 方程的精确解.

我们考虑系统的总能量除包含动能和势能之外，还包含相互作用能 $F(|\varphi|^2)$，即

$$E=\frac{p^2}{2m}+U(r)+F(|\varphi|^2)$$

等式两边乘以波函数 φ，并作算符变换 $E\to \mathrm{i}\hbar\frac{\partial}{\partial t}$，$p\to -\mathrm{i}\hbar\nabla$ 得

$$\mathrm{i}\frac{\partial\varphi}{\partial t}=-\frac{\hbar}{2m}\nabla^2\varphi+U(r)\varphi+F(|\varphi|^2)\varphi \tag{2}$$

当 Hamilton 量与时间无关时，同样可运用分离变量法对其进行求解.山西大学理论物理研究所的刘燕，张素英两位研究员 2015 年运用分离变量法分别对包含克尔型、饱和型以及五次型非线性 Schrödinger 方程进行求解，并将得到的结果同数值结果做比较.

2　分离变量法

如果 $U(r)+F(|\varphi|^2)$ 与时间无关，我们可考虑方程(2) 的特解

$$\varphi(r,t)=u(r)v(t) \tag{3}$$

将方程(3) 代入方程(2) 中，并用 $u(r)v(t)$ 去除方程两边，得到

$$\frac{\mathrm{i}}{v}\frac{\mathrm{d}v}{\mathrm{d}t}=\frac{1}{u}\left(-\frac{\hbar^2}{2m}\nabla^2 u+U(r)u+F(|u|^2)u\right) \tag{4}$$

因为等式(4) 的左边只是 t 的函数，右边只是 r 的

函数，而 t 和 r 是相互独立的变量，所以只有当两边都等于同一常量时，等式才能被满足. 以 E 表示这个常量，则有

$$\frac{\mathrm{i}}{v}\frac{\mathrm{d}v}{\mathrm{d}t}=E \tag{5}$$

$$\frac{1}{u}\left(-\frac{\hbar^2}{2m}\nabla^2 u+U(r)u+F(|u|^2)u\right)=E \tag{6}$$

显然方程(5) 的解为

$$v(t)=C\mathrm{e}^{-\mathrm{i}Et} \tag{7}$$

C 为任意常数. 从而

$$\varphi(r,t)=Cu(r)\mathrm{e}^{-\mathrm{i}Et} \tag{8}$$

其中，C 由 $\varphi(r,0)=u(r)$ 得到. 常量 E 可以通过将已知的初始波函数 $u(r)$ 代入方程(6) 求得. 根据 De Broglie 关系，E 就是系统处于波函数 $\varphi(r,t)$ 描述状态的能量，具有确定值，系统处于式(8) 所描述的状态时，称为定态，对应的波函数 $\varphi(r,t)$ 为定态波函数.

3 外势作用下非线性 Schrödinger 方程的定态解

3.1 克尔型非线性 Schrödinger 方程的定态解

我们首先考虑两维克尔型非线性 Schrödinger 方程[18,19]

$$\mathrm{i}\varphi_t+\frac{1}{2}(\varphi_{xx}+\varphi_{yy})+V_d(x,y)\varphi+|\varphi|^2\varphi=0 \tag{9}$$

初始条件

$$\varphi(x,y,0)=u(x,y)=\sqrt{\xi}\exp\left(\frac{k}{2}(x^2+y^2)\right) \tag{10}$$

其中

$$V_d(x,y)=-\frac{k^2}{2}(x^2+y^2)-\xi\exp(-k(x^2+y^2)) \tag{11}$$

其 Hamilton 量与时间无关，则方程(9) 存在定态解，且满足

$$|\varphi(x,y,t)|^2=|u(x,y)|^2 \tag{12}$$

考虑方程的特解

$$\varphi(x,y,t)=u(x,y)v(t) \tag{13}$$

将方程(13) 代入方程(9) 并重新整理得

$$\mathrm{i}\frac{v_t}{v}=-\frac{1}{u}\left(\frac{1}{2}(u_{xx}+u_{yy})+Vu+|u|^2u\right) \tag{14}$$

因为等式左边只是时间 t 的函数，右边只是 x,y 的函数，而 t 和 x,y 是相互独立的变量，所以只有当两边都等于同一个常量时，等式才能成立. 以 E 表示这个常量，则有

$$\mathrm{i}\frac{v_t}{v}=E \tag{15}$$

$$-\frac{1}{u}\left(\frac{1}{2}(u_{xx}+u_{yy})+Vu+|u|^2u\right)=E \tag{16}$$

根据方程(15) 得

$$v(t)=C\mathrm{e}^{-\mathrm{i}Et} \tag{17}$$

将方程(10) 代入方程(16) 得 $E=k$，角频率是个定值，系统处于定态. 所以，方程(9) 的定态解可表示为

$$\varphi(x,y,t)=u(x,y)v(t)C\sqrt{\xi}\exp\left(\frac{k}{2}(x^2+y^2)-\mathrm{i}kt\right) \tag{18}$$

由 $\varphi(x,y,0)=u(x,y)$ 得 $C=1$. 所以方程(9) 的定态解为

$$\varphi(x,y,t)=\sqrt{\xi}\exp\left(\frac{k}{2}(x^2+y^2)-\mathrm{i}kt\right) \quad (19)$$

3.2 饱和型非线性 Schrödinger 方程的定态解

偏振探测光束的传播可以用饱和型非线性 Schrödinger 方程来描述，模型如下[19]

$$\mathrm{i}\varphi_t+\varphi_{xx}+\varphi_{yy}-\frac{E_0\varphi}{1+V_d(x,y)+|\varphi|^2}=0 \quad (20)$$

初始条件为

$$\varphi(x,y,0)=u(x,y)=\sqrt{\xi}\exp\left(\frac{k}{2}(x^2+y^2)\right) \quad (21)$$

其中，φ 是缓慢变化的探测光束的振幅，E_0 是一个常数，V_d 是如下点阵密度函数

$$V_d(x,y)=\frac{E_0-k^2(x^2+y^2)}{k^2(x^2+y^2)}-\xi\exp(-k(x^2+y^2)) \quad (22)$$

同上一小节，其定态解满足 $|\varphi(x,y,t)|^2=|u(x,y)|^2$，取方程(20)的特解 $\varphi(x,y,t)=u(x,y)v(t)$，并将其代入方程(20)，重新整理得

$$\mathrm{i}\,\frac{v_t}{v}=-\frac{1}{u}\left(u_{xx}+u_{yy}-\frac{E_0u}{1+V_d(x,y)+|u|^2}\right) \quad (23)$$

取上述等式两边等于同一个常量 E 得

$$\mathrm{i}\,\frac{v_t}{v}=E \quad (24)$$

$$-\frac{1}{u}\left(u_{xx}+u_{yy}-\frac{E_0u}{1+V_d(x,y)+|u|^2}\right)=E \quad (25)$$

由方程(24)得 $v(t)=C\mathrm{e}^{-\mathrm{i}Et}$. 将方程(21)代入方程(25)得 $E=2k$. 所以方程(20)的定态解可表示为

$$\varphi(x,y,t)=C\sqrt{\xi}\exp\left(\frac{k}{2}(x^2+y^2)-2\mathrm{i}kt\right) \quad (26)$$

根据 $\varphi(x,y,0)=u(x,y)$，可得 $C=1$.

3.3 五次型非线性 Schrödinger 方程的定态解

五次型非线性 Schrödinger 方程的数学模型可表示为[19]

$$\mathrm{i}\varphi_t+\frac{1}{2}(\varphi_{xx}+\varphi_{yy})+V_d(x,y)\varphi+|\varphi|^4\varphi=0 \quad (27)$$

初始条件为

$$\varphi(x,y,0)=u(x,y)=\exp\left(\frac{k}{2}(x^2+y^2)\right) \quad (28)$$

其中

$$V_d(x,y)=-\frac{k^2}{2}(x^2+y^2)-\exp(-2k(x^2+y^2)) \quad (29)$$

其定态解满足 $|\varphi(x,y,t)|^4=|u(x,t)|^4$. 取其特解 $\varphi(x,y,t)=u(x,y)v(t)$，并将其代入方程(27)，整理得

$$\frac{\mathrm{i}}{v}v_t=-\frac{1}{u}\left(\frac{1}{2}(u_{xx}+u_{yy})+V_d(x,y)u+|u|^4u\right) \quad (30)$$

取等式两边等于同一个常量 E 得

$$\frac{\mathrm{i}}{v}v_t=E \quad (31)$$

$$-\frac{1}{u}\left(\frac{1}{2}(u_{xx}+u_{yy})+V_d(x,y)u+|u|^4u\right)=E \quad (32)$$

直接解方程(31)得 $v(t)=\mathrm{C}\mathrm{e}^{-\mathrm{i}Et}$，将式(28)代入方

程(32) 得 $E=k$,因此

$$\varphi(x,y,t)=C\exp\left(-\frac{k}{2}(x^2+y^2)-\mathrm{i}kt\right) \quad (33)$$

因为 $\varphi(x,y,0)=u(x,y)$,所以 $C=1$.

4 解析结果与数值结果比较

我们运用时间劈裂 Fourier 谱算法求解非线性 Schrödinger 方程的数值解[20]. 对于方程(2) 的二维无量纲形式,从 $t=t_n$ 到 $t=t_{n+1}$ 分两步求解,在第一个时间长度 $\tau=\frac{t_{n+1}-t_n}{2}$ 内求解方程 $\mathrm{i}\frac{\partial\varphi}{\partial t}=-\frac{1}{2}\nabla^2\varphi$,这里运用Fourier谱方法对方程进行空间离散,确保先后在 x 方向和 y 方向上进行 Fourier 变换时空间偏导数的系数为常数. 设空间长度均为 L,空间步长为 $\Delta x=\Delta y=\frac{L}{N}$,其中 $\overline{N}$ 为正整数. 选取 φ^n 作为初值,依次对 t 积分得到

$$\varphi'=\mathrm{i}fft\left(\exp\left(-\frac{1}{2}\mathrm{i}\Delta t\omega_x^2\right)\right)fft_x(\varphi^n)$$

$$\varphi''=\mathrm{i}fft\left(\exp\left(-\frac{1}{2}\mathrm{i}\Delta t\omega_y^2\right)\right)fft_y(\varphi')$$

其中 $\Delta t=\tau,\omega_x=\omega_y=\frac{2\pi p}{L},-\frac{\overline{N}}{2}\leqslant p\leqslant\frac{\overline{N}}{2}-1$.

接着在另一个相同的时间长度 τ 内求解方程 $\mathrm{i}\frac{\partial\varphi}{\partial t}=U(\boldsymbol{r})\varphi+F(|\varphi|^2)\varphi$. 将 φ'' 作为初值,对时间积分得 $\varphi^{n+1}=\exp(-\mathrm{i}\Delta tU(x,y)+F(|\varphi^n|^2))\varphi''$,即得到方程(2) 的数值解. 分别求解上述三种不同非线性介

质下的Schrödinger方程，并将上一节所得的解析解同数值解在 $t=10, y=0$ 处的截面进行比较，结果如图 1 所示，两者完全吻合.

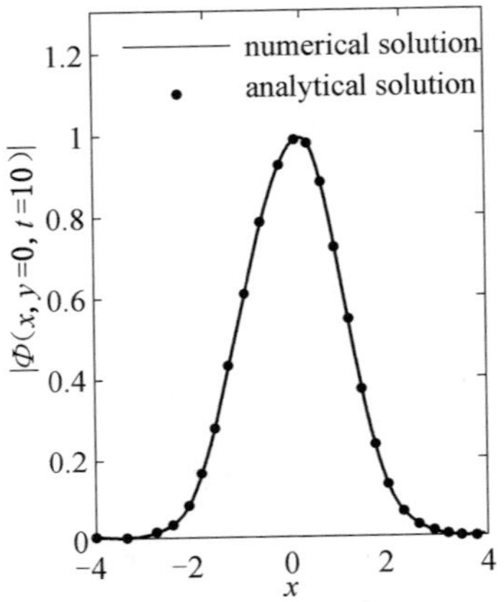

(a)克尔非线性

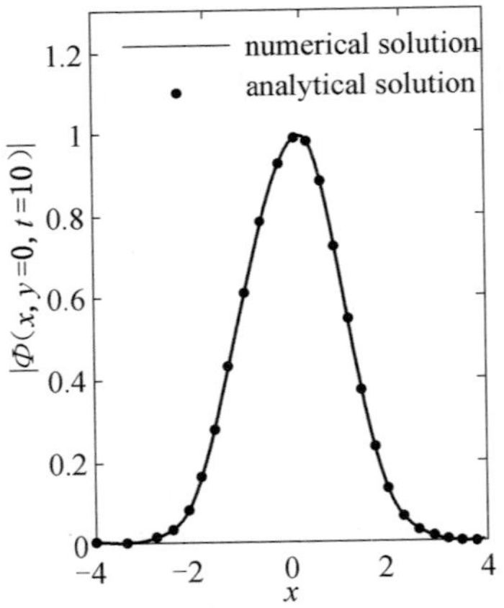

(b)饱和非线性

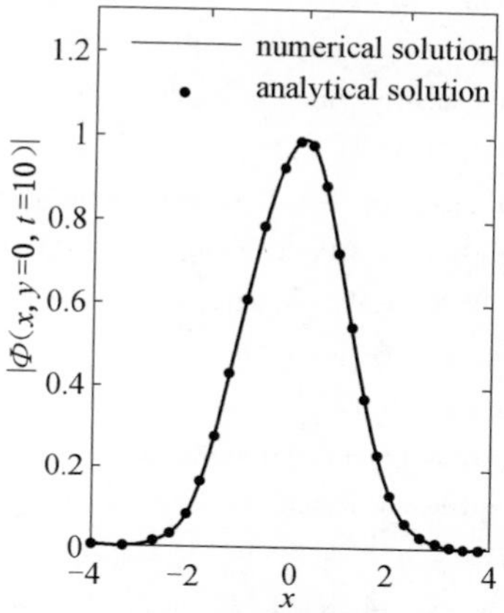

(c)五次非线性

图 1 非线性 Schrödinger 方程的解析解与数值解的比较

5 结 论

用分离变量法分别获得了包含克尔型、饱和型以及五次非线性效应的非线性 Schrödinger 方程的定态解，且这三个定态解析解同数值解吻合得很好. 对于 Hamilton 量与时间无关的 Schrödinger 方程，分离变量法是一种特别简单而有效的方法.

参考资料

[1] Zhang Y N, Xu F, Deng L L. Exact solution for nonlinear Schrödinger equation by he's frequency formulation. Com puters &

Mathematics with Applications, 2009, 58 (1142): 2449-2451.

[2]He J H. An improved amplitude-frequency formulation for nonlinear oscillators. International Journal of Nonlinear Sciences and Numerical Simulation, 2008, 9(2):211-212.

[3]He J H. Comment on he's frequency formulation for nonlinear oscillators. European Journal of Physics, 2008, 29(3):L1-L4.

[4]Cai X C, Wu W Y. He's frequency formulation for the relativistic harmonic oscillator. Computers & Mathematics with Applications, 2009, 58 (11-12) :2358-2359.

[5]Wazwaz A M. A stuly on linear and nonlinear Schrödinger equations by the variational iteration method. Chaos Solitons & Fractals, 2008, 37(4):1136-1142.

[6]Zomorrodian M E, Marjaneh A M. Higher order solutions for nonlinear Schrödinger equation by hamiltonian approach. Advanced Studies in Theoretical Physics,2012,6(4):177-186.

[7]He J H. Variational iteration method-a kind of nonlinear analytical technique:some examples. International Journal of Non-Linear Mechanics, 1999, 34 (4):699-708.

[8]He J H. Variational iteration method-some recent results and new interpretations. Journal of Computational and Applied Mathematics, 2007,207(1):3-17.

[9]Odibat Z M,Momani S. Application of variational iteration method to nonlinear differential equations of fractional order. International Journal of Nonlinear Sciences and Numerical Simulation,2006, 7(1):27-34.

[10] Abbasbandy S. The application of homotopy analysis method to nonlinear equations arising in heat transfer. Physics Letters A, 2006, 360(1):109-13.

[11]Liao S J. On the homotopy analysis method for nonlinear problems. Applied Mathematics and Computation, 2004,147(2):499-513.

[12]Liao S J. Numerically solving nonlinear problems by homotopy analysis method. Computational Mechanics,1997,20(6):530-40.

[13]He J H. Comparison of homotopy perturbation method and

homotopy analysis method. Applied. Applied Mathematics and Computation, 2004,156(2):527-539.

[14]Liang S,Jeffrey D J. Comparison of homotopy analysis method and homotopy perturbation method through an evaluation equation. Communications in Nonlinear Science & Numerical Simulation, 2009,14(12):4057-4064.

[15]Shou D H, He J H. Application of parameter-expanding method to strongly nonlinear oscillators. International Journal of Nonlinear Sciences and Numerical Simulation, 2007,8(1):113-116.

[16]Wang S Q,He J H. Nonlinear oscillator with discontinuity by parameter-expansion method. Chaos, Solitons & Fractals, 2008,35(4) :688-691.

[17]Xu L. Application of He's parameter-expansion method to an oscillation of a mass attached to a stretched elasticwire. Physics Letters A, 2007,368(3-4):259-262.

[18]Wang Y,Hao R Y. Exact spatial soliton solution for nonlinear Schrödinger equation with a type of transverse non periodic modulation. Optics Communications,2009,282(19):3995-3998.

[19]Antar N,Pamuk N. Exact solutions of two-dimensional nonlinear Schrödinger equations with external potentials. Applied and Computational Mathematics, 2013,2(6):152-158.

[20]Antoine X, Bao W Z, Besse C. Computational methods for the dynamics of the nonlinear Schrödinger/Gross-Pitae vskii equations. Computer Physics Communications,2013,184(12):2621-2633.

[21]He J H. Homotopy perturbation technique. Computer Methods in Applied Mechanics and Engineering, 1999,178(3-4):257-262.

[22]He J H. Homotopy perturbation method. a new nonlinear analytical technique. Applied Mathematics and Computation, 2003,135(1):73-79.

[23]Pamuk S, Pamuk N. He's homotopy perturbation method for continuous population models for single and interacting species. Computers & Mathematics with Applications,2010,59(2):612-621.

一类非局部 Schrödinger 方程的解的存在性

第十四章

浙江师范大学数理与信息工程学院的厉少军，杨敏波两位教授 2016 年研究了一类扰动的 Choquard 型方程非平凡解的存在性，通过采用 Lyapunov-Schmidt 约化方法及 Ambrosetti-Badiale 理论，证明了该方程的非平凡弱解的存在性定理.

1 引 言

近年来，许多学者研究了 Gross-Pitaevskii 方程

$$\begin{aligned} & \mathrm{i}\hbar\partial_t\Psi \\ & = -\frac{\hbar^2}{2m}\Delta\Psi + W(x)\Psi + \\ & \quad U\left(\int_{\mathbf{R}^N} K(x-y) \mid \Psi(y) \mid^p \mathrm{d}y\right) \cdot \\ & \quad \mid \Psi \mid^{p-2}\Psi \quad (x \in \mathbf{R}^N) \end{aligned} \tag{1}$$

稳态解的存在性.式(1)中:参数 m 是玻色子的质量;$\hbar$ 是普朗克常量;i 为虚数单位;$W(x)$ 是位势函数.资料[1]利用临界点定理研究了 Choquard-Pekar 方程

$$-\Delta\psi+\lambda\psi=\left(\int_{\mathbf{R}^3}K(x-y)\psi^2(y)\mathrm{d}y\right)\psi\quad(x\in\mathbf{R}^3)\tag{2}$$

在空间 $H^1(\mathbf{R}^3)$ 中非平凡解的存在性.式(2)中,$K(x)$ 是给定的引力位势.资料[2]在径向对称函数空间中利用变分方法证明了非线性 Choquard 型方程

$$-\Delta\psi-R(x)\psi-2\left(\int_{\mathbf{R}^3}K(x-y)\psi^2(y)\mathrm{d}y\right)\psi=\lambda\psi\quad(x\in\mathbf{R}^3)\tag{3}$$

非平凡解的存在性,且当 $R(x)$ 和 $K(x)$ 满足一定条件时,该解为古典解.资料[3]证明了当 $3\leqslant p<5$ 时 Schrödinger-Maxwell 系统(也就是 Schrödinger-Poisson 方程)

$$\begin{cases}-\Delta\psi+\psi+\mu\phi\psi=|\psi|^{p-1}\psi\quad(x\in\mathbf{R}^3)\\-\Delta\phi=4\pi\psi^2\quad(x\in\mathbf{R}^3)\end{cases}\tag{4}$$

的径向对称孤立波的存在性和山路型解的存在性.资料[4-6]也研究了 Schrödinger-Poisson 方程解的存在性;资料[7-8]对于有限维空间通过 Lyapunov-Schmidt 约化方法建立了研究这一类方程的一些理论.这种方法也被用于其他的一些变分问题[9-11].

本章采用扰动方法考虑一类 Choquard 型方程解的存在性,即考虑扰动方程

$$-\Delta\psi+\psi$$
$$=(1+\varepsilon a(x))\,|\psi|^{p-2}\psi+$$

$$\varepsilon b(x)\left(\int_{\mathbf{R}^N}\frac{b(y)\,|\,\psi\,|^q}{|\,x-y\,|^\tau}\mathrm{d}y\right)|\,\psi\,|^{q-2}\psi \quad (x\in\mathbf{R}^N) \quad (5)$$

解的存在性. 式(5)中, $0<\tau<\min\{4,N\}$.

2 一些命题及引理

命题 1[12] (Hardy-Littlewood-Sobolev 不等式)

若 $p>1, r>1, 0<\mu<N, \frac{1}{p}+\frac{\mu}{N}+\frac{1}{r}=2, f(x)\in L^p(\mathbf{R}^N)$ 且 $h(y)\in L^r(\mathbf{R}^N)$,则存在独立于 $f(x), h(y)$ 的常数 $C(p,\mu,N,r)$,使得

$$\left|\int_{\mathbf{R}^N}\frac{f(x)h(y)}{|\,x-y\,|^\mu}\mathrm{d}x\mathrm{d}y\right|\leqslant C(p,\mu,N,r)\,|\,f\,|_p\,|\,h\,|_r \tag{6}$$

命题 2[13] 若对于 $\forall A>0, 2<p<2*=\frac{2N}{N-2}$,则

$$\begin{cases}-\Delta u+u=A\,|\,u\,|^{p-2}, u\in H^1(\mathbf{R}^N)\\ u>0, u\in H^1(\mathbf{R}^N)\end{cases}$$

存在唯一的正的径向解 U,且满足以下衰减性质

$$\lim_{r\to\infty}U(r)r\mathrm{e}^r=C>0, \lim_{r\to\infty}\frac{U'(r)}{U(r)}=-1, r=|\,x\,|$$

其中:C 是一正常数:$H^1(\mathbf{R}^N)\to\mathbf{R}$ 为

$$I_0(u)=\frac{1}{2}\|\,u\,\|^2-\frac{A}{p}\int_{\mathbf{R}^N}|\,u\,|^p\mathrm{d}x$$

U 是C^2 泛函 I_0 的临界点. 记 I_0 的临界点集组成的一个 N 维流形为

$$Z=\{z_\theta=U(x+\theta), \theta\in\mathbf{R}^N\}$$

设

$$Q(u):=I''_0(U)[u,u]$$
$$=\int_{\mathbf{R}_N}(|\nabla u|^2+u^2-(p-1)AU^{p-2}u^2)\mathrm{d}x$$

并令 $X=\operatorname{span}\left\{\frac{\partial U}{\partial x_i},1\leqslant i\leqslant N\right\}$，则

$$Q(U)=(2-p)A\int_{\mathbf{R}^N}U^p\mathrm{d}x<0,\operatorname{Ker}Q=X,$$
$$Q(w)\geqslant C\|w\|^2Z,\forall w\in(RU\oplus X)^{\perp}$$

下面运用命题 1 和命题 2 研究扰动泛函临界点的存在性问题，设 E 是一个实的 Hilbert 空间，其上的一个扰动泛函表示为

$$I_\varepsilon(u)=I^0(u)+G(\varepsilon,u)\tag{7}$$

式(7)中：$I_0:E\to\mathbf{R}$；$G:\mathbf{R}\times E\to\mathbf{R}$. $I_0(u)$ 和 $G(\varepsilon,u)$ 需满足以下关系：

(1) $I_0\in C^2,G\in C^2$；

(2) G 是连续函数，且对于任意的 u，有 $G(0,u)=0$；

(3) $G'(\varepsilon,u)$ 和 $G''(\varepsilon,u)$ 分别是 $\mathbf{R}\times E\to E$ 和 $L(E,E)$ 上的连续映射，其中：$L(E,E)$ 是 $E\to E$ 的线性连续算子；

(4) Z 是一个 d 维的 C^2 流形且由 I_0 的临界点组成，这样的 Z 也称为 I_0 的临界流形；

(5) 设 $T_\theta Z$ 是 Z 定义在 z_θ 处的正切空间，流形 Z 是非退化的，$\operatorname{Ker}(I''_0(z))=T_\theta Z$，其中：对于任意的 $z_\theta\in Z$，$I''_0(z_\theta)$ 是一个指标为 0 的 Fredholm 算子；

(6) 存在 $\alpha>0$ 和一个连续的泛函 $\Gamma:Z\to\mathbf{R}$，使得 $\Gamma(z)=\lim\limits_{\varepsilon\to0}\frac{G(\varepsilon,z)}{\varepsilon^\alpha}$，且 $G'(\varepsilon,z)=o(\varepsilon^{\frac{\alpha}{2}})$.

对于扰动问题临界点的存在性研究，就是考虑

$I'_\varepsilon(u)=0$ 解的存在性. 现需要寻找形如 $u=z+w$ 的解，其中，$z\in Z, w\in W=(T_\theta Z)^\perp$. 运用Lyapunov-Schmidt约化，可以将原来的问题降低到有限维上，即等同于解决下面的问题

$$\begin{cases}PI'_\varepsilon(z+w)=0\\(I-P)I'_\varepsilon(z+w)=0\end{cases}$$

其中，P 是空间 E 到 W 的正交投影. 对 $u=z+w(\varepsilon,z)$，运用 Taylor 展开，可得

$$I_\varepsilon(u)=I_0(z)+\varepsilon^\alpha\Gamma(z)+o(\varepsilon^\alpha)$$

引理 1[7,8] 若 $I_0(u)$ 和 $G(\varepsilon,u)$ 满足条件(1) ~ (6)，且对 $\forall\varepsilon>0$，存在 $\delta>0$ 和 $z*\in Z$，使得

$$\min_{\|z-z*\|=\delta}\Gamma(z)>\Gamma(z*)\ \text{或}\ \max_{\|z-z*\|=\delta}\Gamma(z)<\Gamma(z*) \tag{8}$$

则 I_ε 存在一个临界点 u_ε.

3 定理 1 及其证明

定理 1 若 $2<p<2*=\dfrac{2N}{N-2}, 2\leqslant q\leqslant\dfrac{2N-\tau}{N-2}$，$a(x)\in L^{\frac{2*}{2*-p}}(\mathbf{R}^N), b(x)\in L^{\frac{2N}{2N-\tau-(N-2)q}}(\mathbf{R}^N)$，且

$$\frac{1}{2q}\int_{\mathbf{R}^N}\frac{b(x)\,|U(x)|^q b(y)\,|U(y)|^q}{|x-y|^\tau}\mathrm{d}x\mathrm{d}y+\frac{1}{p}\int_{\mathbf{R}^N}a(x)\,|U|^p\mathrm{d}x\neq 0 \tag{9}$$

则方程(5) 至少存在一个非平凡弱解. 式(9) 中，U 是命题 2 中的径向解.

下面应用命题 1、命题 2 及引理 1 来证明定理 1.

首先考虑方程(5),其相应的能量泛函 I_ε: $H^1(\mathbf{R}^N)\to\mathbf{R}$ 可以定义为

$$I_\varepsilon(u)=\frac{1}{2}\|u\|^2-\frac{\varepsilon}{2q}\int_{\mathbf{R}^N}\frac{b(x)|u(x)|^q b(y)|u(y)|^q}{|x-y|^\tau}\mathrm{d}x\mathrm{d}y-\frac{1}{p}\int_{\mathbf{R}^N}(1+\varepsilon a(x))|u|^p\mathrm{d}x$$

证明　若

$$I_0(u)=\frac{1}{2}\|u\|^2-\frac{1}{p}\int_{\mathbf{R}^N}|u|^p\mathrm{d}x$$

$$G(u)=-\frac{1}{p}\int_{\mathbf{R}^N}a(x)|u|^p\mathrm{d}x-\frac{1}{2q}\int_{\mathbf{R}^N}\frac{b(x)|u(x)|^q b(y)|u(y)|^q}{|x-y|^\tau}\mathrm{d}x\mathrm{d}y$$

则能量泛函 $I_\varepsilon(u)$ 可以被表示为

$$I_\varepsilon(u)=I_0(u)+\varepsilon G(u)$$

因为 $2\leqslant q\leqslant\frac{2N-\tau}{N-2}$,所以由命题 1 可知 $I_0(u)\in C^2$, $G(u)\in C^2$,再由命题 2 和引理 1 可知,只需要检验

$$\lim_{|\theta|\to\infty}\Gamma(\theta)=0$$

是否成立即可.其中

$$\Gamma(\theta):=G|_Z=-\frac{1}{p}\int_{\mathbf{R}^N}a(x)|z_\theta|^p\mathrm{d}x-\frac{1}{2q}\int_{\mathbf{R}^N}\frac{b(x)|z_\theta(x)|^q b(y)|z_\theta(y)|^q}{|x-y|^\tau}\mathrm{d}x\mathrm{d}y$$

因为 $a(x)\in L^{\frac{2^*}{2^*-p}}(\mathbf{R}^N)$, $b(x)\in L^{\frac{2N}{2N-\tau-(N-2)q}}(\mathbf{R}^N)$,所以对于 $\forall T>0$,有

$$\left|\int_{\mathbf{R}^N} a(x) \mid z_\theta \mid^p \mathrm{d}x\right|$$

$$\leqslant \left|\int_{|x|\leqslant T} a(x) \mid z_\theta \mid^p \mathrm{d}x\right| + \left|\int_{|x|\geqslant T} a(x) \mid z_\theta \mid^p \mathrm{d}x\right|$$

$$\leqslant \left(\int_{|x|\leqslant T} \mid a(x) \mid^{\frac{2^*}{2^*-p}} \mathrm{d}x\right)^{\frac{2^*-p}{2^*}} \left(\int_{|x|\leqslant T} \mid z_\theta \mid^{2^*} \mathrm{d}x\right)^{\frac{p}{2^*}} +$$

$$\left(\int_{|x|\geqslant T} \mid a(x) \mid^{\frac{2^*}{2^*-p}} \mathrm{d}x\right)^{\frac{2^*-p}{2^*}} \left(\int_{|x|\geqslant T} \mid z_\theta \mid^{2^*} \mathrm{d}x\right)^{\frac{p}{2^*}} \tag{10}$$

一方面，因为$a(x) \in L^{\frac{2^*}{2^*-p}}(\mathbf{R}^N)$，所以对于 $\forall \varepsilon > 0$，存在 T_ε，使得

$$\left(\int_{|x|\geqslant T_\varepsilon} \mid a(x) \mid^{\frac{2^*}{2^*-p}} \mathrm{d}x\right)^{\frac{2^*-p}{2^*}} < \frac{\varepsilon}{2} \tag{11}$$

另一方面，由于 U 在无穷远处按指数衰减，从而存在 M_ε，使得对于 $\theta > M_\varepsilon$，有

$$\left(\int_{|x|\leqslant T_\varepsilon} \mid z_\theta \mid^{2^*} \mathrm{d}x\right)^{\frac{p}{2^*}} < \frac{\varepsilon}{2} \tag{12}$$

由式(11) 和式(12) 可得

$$\lim_{|\theta|\to\infty}\int_{\mathbf{R}^N} a(x) \mid z_\theta \mid^p \mathrm{d}x = 0$$

同样地，由命题 1 可知

$$\left|\int_{\mathbf{R}^N} \frac{b(x) \mid z_\theta(x) \mid^q b(y) \mid z_\theta(y) \mid^q}{\mid x - y \mid^\tau} \mathrm{d}x\mathrm{d}y\right|$$

$$\leqslant \left(\int_{\mathbf{R}^N} \mid b(x) \mid z_\theta \mid^q \mid^{\frac{2N}{2N-\tau}} \mathrm{d}x\right)^{\frac{2N-\tau}{N}}$$

$$\leqslant \left(\int_{|x|\leqslant T} \mid b \mid^{\frac{2N}{2N-\tau-(N-2)q}} \mathrm{d}x\right)^{\frac{2N-\tau-(N-2)q}{N}} \cdot$$

$$\left(\int_{|x|\leqslant T} \mid z_\theta \mid^{2^*} \mathrm{d}x\right)^{\frac{(N-2)q}{N}} +$$

$$\left(\int_{|x|\geqslant T} \mid b \mid^{\frac{2N}{2N-\tau-(N-2)q}} \mathrm{d}x\right)^{\frac{2N-\tau-(N-2)q}{N}} \cdot$$

$$\left(\int_{|x|\geqslant T} |z_\theta|^{2^*}\mathrm{d}x\right)^{\frac{(N-2)q}{N}} \tag{13}$$

从而

$$\lim_{|\theta|\to\infty}\int_{\mathbf{R}^N}\frac{b(x)|z_\theta(x)|^q b(y)|z_\theta(y)|^q}{|x-y|^\tau}\mathrm{d}x\mathrm{d}y=0$$

即

$$\lim_{|\theta|\to\infty}\Gamma(\theta)=0$$

又由

$$\frac{1}{2q}\int_{\mathbf{R}^N}\frac{b(x)|U(x)|^q b(y)|U(y)|^q}{|x-y|^\tau}\mathrm{d}x\mathrm{d}y+\frac{1}{p}\int_{\mathbf{R}^N}a(x)|U|^p\mathrm{d}x\neq 0$$

可知 $\Gamma(0)\neq 0$,从而由引理 1 可知定理 1 成立.定理 1 证毕.

参考资料

[1] Lions P L. The Choquard equation and related questions[J]. Nonlinear Anal,1980,4(6):1063-1072.

[2]Menzala G. On regular solutions of a nonlinear equation of Choquard's type[J]. Proc Roy Soc Edinb,1980,86(3):291-301.

[3]D'aprile T,Mugnai D. Solitary waves for nonlinear Klein-Gordon-Maxwell and Schrödinger-Maxwell equations [J]. Proc Roy Soc Edinb,2004,134(5):1-14.

[4]Ambrosetti A. On Schrödinger-Poisson systems[J]. Milan J Math,2008,76(1):257-274.

[5]D'avenia P,Mederski J. Positive ground states for a system of Schrödinger equations with critically growing nonlinearities[J]. Calc Vat Paritial Differential Equations, 2015,53(3):879-900.

[6]Azzollini A,D'avenia P,Luisi V. Generalized Schrödinger-Poisson type

systems[J]. Commun Pure Appl Anal,2013,12(2):857-879.

[7]Ambrosetti A,Badiale M. Homoclinics:Poincaré-Melnikov type results via a variational approach[J]. Ann Inst H Poincare Anal Non Lineaire,1998,15(2):233-252.

[8]Ambrosetti A,Badiale M,Variational perturbative methods and bifurcation of bound states from the essential spectrum[J]. Proc Royal Soc Edinb,1998,128(6):1131-1161.

[9]Ambrosetti A. Semiclassical sates of nonlinear Schödinger equations[J]. Arch Rat Mech Anal,1997,140(3):285-300.

[10] Badiale M, Pomponio A. Bifurcation results for semilinear elliptic problems in $\mathbf{R}^N$[J]. Proc Ray Soc Edinb,2004,134(1):11-32.

[11]Ianni I,Vaira G. Non-radial sign-changing solutions for the Schrödinger-Poisson problem in the semiclassical limit[J]. NoDEA Nonlinear Differential Equtions Appl,2015,22(4):741-776.

[12]Lieb E, Loss M. Analysis[M]. 2nd. Providence:American Mathematical Society,2001:1-346.

[13]Ambrosetti A,Malchiodi A. Perturbation methods and semilinear elliptic problems on $\mathbf{R}^N$[M]. Basel:Birkhäuser Verlag,2006:1-183.

第一类导数非线性 Schrödinger 方程的数值模拟

第十五章

1 引　　言

导数非线性 Schrödinger 方程

$$iu_t + u_{xx} + i(|u|^2 u)_x = 0 \quad (x \in \mathbf{R})$$

主要用来描述 Alfvén 波，也被称为第一类导数非线性 Schrödinger 方程. 相应地，将方程 $iu_t + u_{xx} + i|u|^2 u_x = 0$ 称为第二类导数非线性 Schrödinger 方程或者称为 C－L－L 方程[1].

北京信息科技大学的李书存，曹俊杰，李文博三位教授 2016 年讨论了具有零边界条件 (vanishi-ng boundary condition, VBC) 的 Schrödinger 方程，很多资料对此方程进行过研究. 例如，资料[2] 使用 Darboux 变换的方法对该方程进行了讨论；资料[3－5] 用反散射方法对该方程进行了讨论；

资料[6]用广田直接(双线性)方法得到了该方程的孤子解;资料[7]求得了该方程的呼吸子解和高阶怪波解.此外,还有一些资料对耦合的 Schrödinger 方程进行了讨论[8,9].

上述资料主要讨论的是该方程在限定 VBC 下精确解的求解方法.实际上,很多方程很难找过程精确解,即使能够找到,很多精确解也是在限制了各种条件的情况下得到的,因此有必要研究一类方程的数值求解方法.到目前为止,笔者未发现求解该方程的数值方法.通过 Taylor 级数展开的方法可以得到该方程的 Crank-Nicolson(C－N)有限差分格式,该格式一般具有精度高、适用范围广以及无条件稳定的性质,很多方程都可以类似构造出相应的 C－N 格式,如第二类导数非线性 Schrödinger 方程、Dirac 方程等.该方法对一些很难求得精确解的方程具有参考价值.

2 数值方法

用数值方法求解如下方程

$$\mathrm{i}u_t + u_{xx} + \mathrm{i}(|u|^2 u)_x = 0 \quad (x \in \mathbf{R}) \tag{1}$$

其中 $\mathbf{R}=(-\infty,+\infty)$,$u$ 是关于变量 x,t 的复值函数.

为了求解该方程,需要对时间和空间进行如下限定:

时间方向:为方便起见,令 $t \geqslant 0$;空间方向:将求解区间 $\mathbf{R}$ 截断到足够大的有限区间 $\Omega=(L_1,L_2)$.

则求解该方程可以转变为求解下面的初边值问题

$$\mathrm{i}u_t + u_{xx} + \mathrm{i}(|u|^2 u)_x = 0 \quad (x \in \Omega, t > 0) \tag{2}$$

$$u(x,t=0)=u_0(x)\quad (x\in\overline{\Omega})\tag{3}$$

$$u(L_1,t)=u(L_2,t)=0\quad (t\geqslant 0)\tag{4}$$

式中 $\overline{\Omega}=[L_1,L_2]$,式(3) 和式(4) 分别为初值条件和边值条件.

用 C－N 有限差分格式求解初边值问题式(2)—(4),需要对时间和空间进行网络剖分.假设时间步长和空间步长分别为 τ 和 h,则网格节点 $x_j=L_1+jh$,$t_n=n\tau$,其中 $0\leqslant j\leqslant J$,$n\geqslant 0$,J 为空间剖分数,n 为时间层数.

为了表述方便,引入一些有限差分算子(记号)

$$\delta_t^+u_j^n=\frac{u_j^{n+1}-u_j^n}{\tau}\tag{5}$$

$$\delta_x u_j^n=\frac{u_{j+1}^n-u_{j-1}^n}{2h}\tag{6}$$

$$\delta_x^2u_j^n=\frac{u_{j+1}^n-2u_j^n+u_{j-1}^n}{h^2}\tag{7}$$

$$u_j^{n+\frac{1}{2}}=\frac{u_j^{n+1}+u_j^n}{2}\tag{8}$$

式中 u_j^n 为 $u(x_j,t_n)$ 的近似值.

利用 Taylor 级数展开的方法并采用记号式(5)—(7),可以将初边值问题式(2)—(4) 的 C－N 格式表示为

$$\mathrm{i}\delta_t^+u_j^n=-\delta_x^2u_j^{n+\frac{1}{2}}-\mathrm{i}\delta_x(|u|^2u)_j^{n+\frac{1}{2}}\tag{9}$$

在进行 Taylor 级数展开的过程中,很容易求得格式(9) 的截断误差为 $O(\tau^2+h^2)$,也就是说,C－N 格式关于时间和空间均保持 2 阶精度.

将式(8) 代入到式(9),得到

$$
\begin{aligned}
&\mathrm{i}\,\frac{u_j^{n+1}-u_j^n}{\tau} \\
&=-\frac{u_{j+1}^{n+1}-2u_j^{n+1}+u_{j-1}^{n+1}}{2h^2}-\frac{u_{j+1}^n-2u_j^n+u_{j-1}^n}{2h^2}- \\
&\quad\frac{\mathrm{i}}{8h}(|u_{j+1}^{n+1}|^2+|u_{j+1}^n|^2)(u_{j+1}^{n+1}+u_{j+1}^n)+ \\
&\quad\frac{\mathrm{i}}{8h}(|u_{j-1}^{n+1}|^2+|u_{j-1}^n|^2)(u_{j-1}^{n+1}+u_{j-1}^n)
\end{aligned}
\tag{10}
$$

显然式(10)是非线性的. 对于非线性问题，通常使用迭代法[10,11]进行求解，则式(10)可以改写为便于求解的 C－N 格式

$$
\begin{aligned}
&-Au_{j-1}^{n+1,l+1}+\left(1+\frac{\mathrm{i}\tau}{h^2}\right)u_j^{n+1,l+1}-Bu_{j+1}^{n+1,l+1} \\
&=Au_{j-1}^n+\left(1-\frac{\mathrm{i}\tau}{h^2}\right)u_j^n+Bu_{j+1}^n
\end{aligned}
\tag{11}
$$

其中

$$
A=\frac{\mathrm{i}\tau}{2h^2}+\frac{\tau}{8h}(|u_{j-1}^{n+1,l}|^2+|u_{j-1}^n|^2)
$$

$$
B=\frac{\mathrm{i}\tau}{2h^2}-\frac{\tau}{8h}(|u_{j+1}^{n+1,l}|^2+|u_{j+1}^n|^2)
$$

$$
u_j^{n+1,l=0}=u_j^n
$$

$$
\lim_{l\to+\infty}u_j^{n+1,l+1}=u_j^{n+1}\quad(1\leqslant j\leqslant J-1,n\geqslant 0)
$$

从 u_j^n 计算到 u_j^{n+1} 时，每步的迭代终止条件设置为 $|u_j^{n+1,l+1}-u_j^{n+1,l}|<\varepsilon$，其中 $l=0,1,2,\cdots$ 表示迭代次数，ε 为给定的误差限.

3 数值算例

第 2 节在利用 Taylor 级数展开的方法得到 C－N

格式式(11) 的同时提到该格式具有时空 2 阶精度，下面从数值的角度验证这一性质. 定义 $t=t_n$ 层精确解和数值解之间的最大绝对误差为

$$e_{\infty}(t_n)=\max_{0\leqslant j\leqslant J}|u(x_j,t_n)-u_j^n|\quad(n\geqslant 0)$$

例 1　取计算区间 $\Omega=(-10,10)$，误差限 $\varepsilon=10^{-10}$，式(3) 对应的初值条件取为资料[6] 中的 $t=0$ 时的 1－孤子解，即

$$u_0(x)=\frac{\mathrm{e}^{1+\left(-1+\frac{1}{5}\mathrm{i}\right)x}\left(1+\left(-\frac{1}{40}+\frac{1}{8}\mathrm{i}\right)\mathrm{e}^{2-2x}\right)}{\left(1+\left(-\frac{1}{40}-\frac{1}{8}\mathrm{i}\right)\mathrm{e}^{2-2x}\right)^2}$$

用 C－N 格式求解初边值问题式(2)—(4)，得到不同时空步长(τ,h) 下的误差 $e_{\infty}(t_n=1)$ 及对应的精度阶，如表 1 所示.

表 1　1－孤子解与数值解之间的误差及精度阶

时空步长	误差 e_{∞}	精度阶
$(h_0=0.1,\tau_0=0.1)$	2.897 6e－01	#
$\left(\frac{h_0}{2},\frac{\tau_0}{2}\right)$	6.929 1e－02	2.04
$\left(\frac{h_0}{4},\frac{\tau_0}{4}\right)$	1.708 1e－02	2.01
$\left(\frac{h_0}{8},\frac{\tau_0}{8}\right)$	4.278 1e－03	2.00
$\left(\frac{h_0}{16},\frac{\tau_0}{16}\right)$	1.090 7e－03	1.98

例 2　取计算区间 $\Omega=(-20,20)$，误差限 $\varepsilon=10^{-10}$，式(3) 对应的初值条件取为资料[6] 中的 $t=0$ 时的 2－孤子解，即

$$u_0(x)=MN$$

其中

$$M=\left(\mathrm{e}^{\left(1+\frac{3}{10}\mathrm{i}\right)x+1}+\mathrm{e}^{\left(1-\frac{3}{10}\mathrm{i}\right)x+1}+\frac{9}{50}\mathrm{i}\mathrm{e}^{2x+2}\cdot\right.$$

$$\left.\left(\left(\frac{25}{436}+\frac{15}{872}\mathrm{i}\right)\mathrm{e}^{\left(1+\frac{3}{10}\mathrm{i}\right)x+1}+\left(\frac{25}{436}-\frac{15}{872}\mathrm{i}\right)\mathrm{e}^{\left(1+\frac{3}{10}\mathrm{i}\right)x+1}\right)\right)\Big/$$

$$\left(1+\frac{\mathrm{i}}{4}\mathrm{e}^{2x+2}+\left(\frac{15}{436}+\frac{25}{218}\mathrm{i}\right)\mathrm{e}^{\left(2+\frac{3}{5}\mathrm{i}\right)x+2}+\right.$$

$$\left.\left(-\frac{15}{436}+\frac{25}{218}\mathrm{i}\right)\mathrm{e}^{\left(2-\frac{3}{5}\mathrm{i}\right)x+2}-\frac{81}{697\ 600}\mathrm{e}^{4x+4}\right)$$

$$N=\left(1-\frac{\mathrm{i}}{4}\mathrm{e}^{2x+2}+\left(\frac{15}{436}-\frac{25}{218}\mathrm{i}\right)\mathrm{e}^{\left(2-\frac{3}{5}\mathrm{i}\right)x+2}+\right.$$

$$\left.\left(-\frac{15}{436}-\frac{25}{218}\mathrm{i}\right)\mathrm{e}^{\left(2+\frac{3}{5}\mathrm{i}\right)x+2}-\frac{81}{697\ 600}\mathrm{e}^{4x+4}\right)\Big/$$

$$\left(1+\frac{\mathrm{i}}{4}\mathrm{e}^{2x+2}+\left(\frac{15}{436}+\frac{25}{218}\mathrm{i}\right)\mathrm{e}^{\left(2+\frac{3}{5}\mathrm{i}\right)x+2}+\right.$$

$$\left.\left(-\frac{15}{436}+\frac{25}{218}\mathrm{i}\right)\mathrm{e}^{\left(2-\frac{3}{5}\mathrm{i}\right)x+2}-\frac{81}{697\ 600}\mathrm{e}^{4x+4}\right)$$

用 C－N 格式求解初边值问题式(2)—(4)，得到不同时空步长(τ,h)下的误差e_∞($t_n=1$ 及对应的精度阶，如表 2 所示.

表 2　2－孤子解与数值解之间的误差及精度阶

时空步长	误差 e_∞	精度阶
$(h_0=0.1,\tau_0=0.1)$	6.241 0e－01	#
$\left(\frac{h_0}{2},\frac{\tau_0}{2}\right)$	1.559 7e－02	2.00
$\left(\frac{h_0}{4},\frac{\tau_0}{4}\right)$	3.873 1e－02	2.01
$\left(\frac{h_0}{8},\frac{\tau_0}{8}\right)$	9.664 4e－03	2.00
$\left(\frac{h_0}{16},\frac{\tau_0}{16}\right)$	2.415 2e－03	2.00

观察表1、表2的“精度阶”一列，可以看过程C—N格式在求解孤子解时保持了时空2阶精度，由“误差”列可以看出，用C－N格式求得的数值解很好地逼近精确解.

4　随机扰动

为了观察Schrödinger方程孤子解的稳定性，在初值（即 $t=0$ 时刻）上添加 $0\sim 6\%$ 的随机扰动[12]，随着时间的变化，观察某时刻 $t(t>0)$ 解的变化情况.

下面给出第3节中例1和例2所涉及孤子解的精确解图像、数值模拟图像以及在初值上添加随机扰动后解随时间的变化情况图像，例1参看图1，例2参看图2，具体计算时取 $\tau=0.1$，$h=0.1$，其他参数分别与例1和例2中相同.

从图1和图2可以看出，用C－N格式求得的数值解与精确解相差无几，随后在初值上添加 $0\sim 6\%$ 的随机扰动，随着时间的增加，孤子解并未出现大的波动现象，说明孤子解具有很好的稳定性.

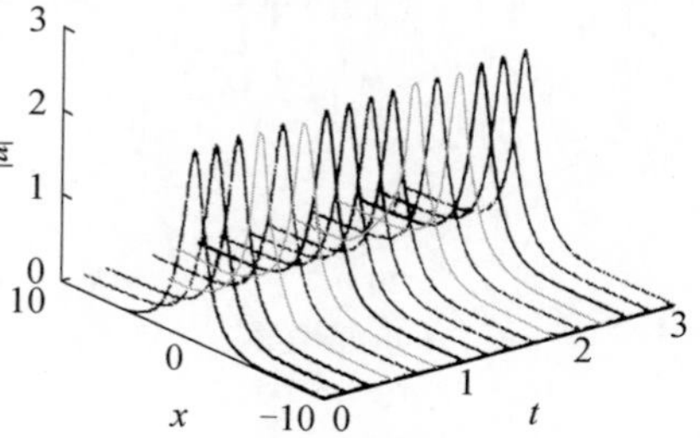

(a)精确解

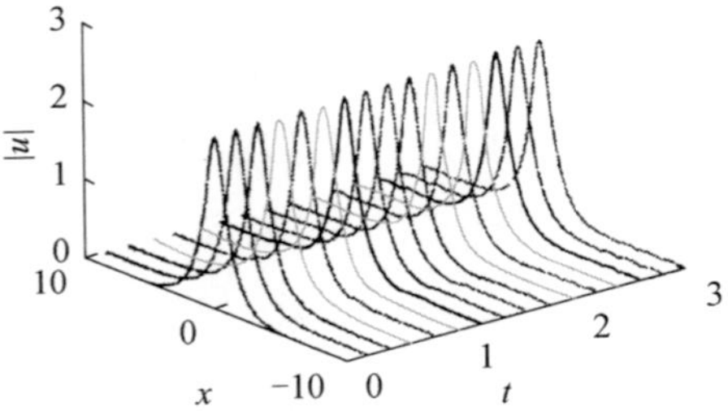

(b) 应用C–N格式得到的数值解

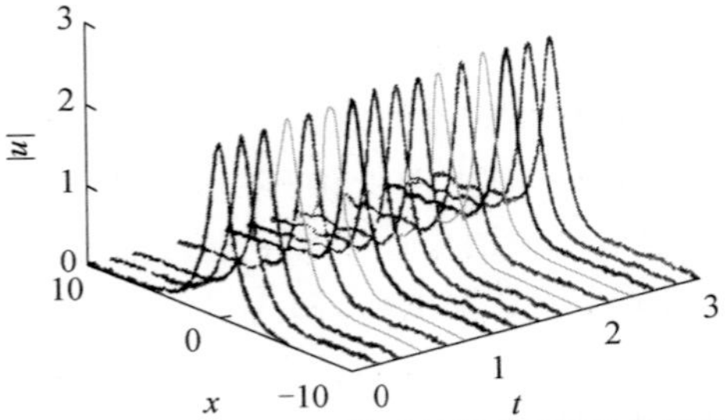

(c)在初值上添加0~6%的随机扰动得到的数值解

图 1　1－孤子解几种图像的比较

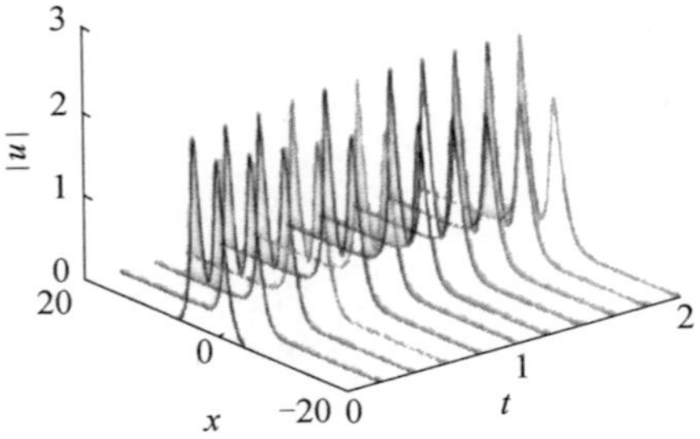

(a)精确解

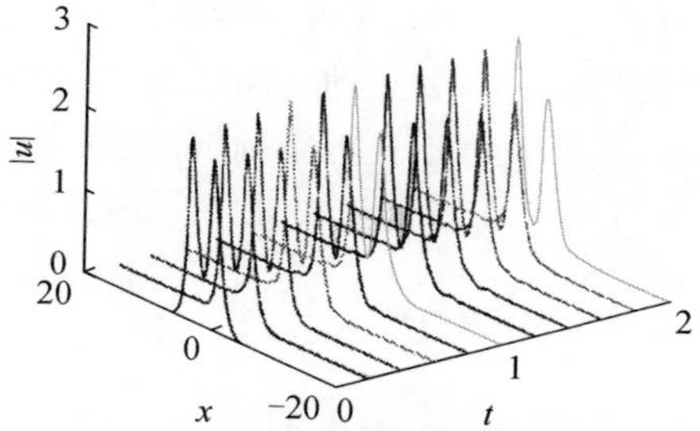

(b)应用C–N格式得到的数值解

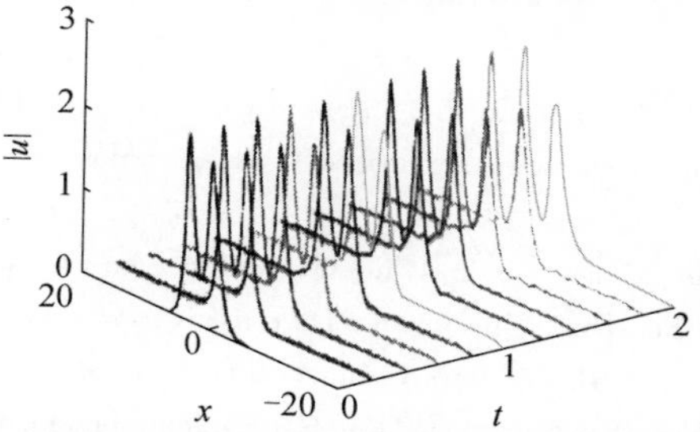

(c)在初值上添加0~6%的随机扰动得到的数值解

图 2　2－孤子解几种图像的比较

4　结　束　语

利用 Taylor 级数展开的方法给出了 Schrödinger 方程的 C－N 格式，该格式的截断误差是 $O(\tau^2+h^2)$，即该格式关于时间和空间保持 2 阶精度. 在用 C－N 格式求解的过程中用到了迭代的思想，将迭代终止条件设置为 $|u_j^{n+1,l+1}-u_j^{n+1,l}|<\varepsilon$. 使用 C－N 格式在不同的时空步长下，计算得到不同初值情况下的数值解，通过比较数值解与精确解之间的误差值，可以验证 C－

N 格式具有保持时空 2 阶精度的性质. 可以看到，该格式在求解时误差很小，并且随着网络剖分的细化，误差值随之减小，能够很好地逼近精确解. 观察在初值上添加随机扰动后孤子解的变化情况，结果表明孤子解具有很好的稳定性.

参考资料

[1] Chen H H, Lee Y C, Liu C S. Integrability of nonlinear Hamiltonian systems by inverse scattering method[J]. Physica Scripta, 1979, 20(3-4): 490-492.

[2]Guo Boling, Ling Liming, Liu Q P. High order solutions and generalized Darboux transformations of derivative nonlinear Schrödinger equations[J]. Studies in Applied Mathematics, 2013, 130(4): 317-344.

[3]Liu Ya Xian, Yang Bai Feng, Cai Hao. Soliton solutions of DNLS equation found by IST anew and its verification in Marchenko formalism[J]. International Journal of Theoretical Physics, 2006, 45(10): 1836-1845.

[4]Kaup David J, Newell Alan C. An exact solution for a derivative nonlinear Schrödinger equation[J]. Journal of Mathematical Physics, 1978, 19(4): 798-801.

[5]Zhou Guo-Quan, Huang Nian-Ning. An N-soliton solution to the DNLS equation based on revised inverse scattering transform[J]. Journal inverse scatteringtransform[J]. Journal of Physics: A Mathematical and Theoretical, 2007, 40(45): 13607-13623.

[6]Zhou Guoquan, Bi Xintao. Solitonsolutionof the DNLS equation based on Hirota's bilinear derivative transform[J]. Wuhan University Journal of Natural Sciences, 2009, 14(6): 505-510.

[7]Wang Lei, Li Min, Qi Feng-Hua, et al. Breather interactions, higher-order rogue waves and nonlinear tunneling for a dervative nonlinear Schrödinger equation in inhomogeneous nonlinear optics and plasmas[J].

The European Physical Journal. D,2015,69(4):108.

[8]Priya N Vishnu,Senthilvelan M. Generalized Darboux transformation and Nth order rogue wave solution of a general ocupled nonlinear Schrödinger equations[J]. Communications in Nonlinear Science and Numerical Simulation,2015,20(2):401-420.

[9]Meng Gao-Qing,Gao Yi-Tian,et al. Multi-soliton solutions for the coupled nonlinear Schrödinger-type equations[J]. Nonlinear Dynamics,2012,70:609-617.

[10] Hua Dng-Ying,Li Xiang-Gui. The finite element method for computing the ground states of the dipolar Bose-Einstein condensates[J]. Applied Mathematics and Computation,2014,234:214-222.

[11] 王廷春,郭柏灵. 一维非线性 Schrödinger 方程的两个无条件收敛的守恒紧致差分格式[J]. 中国科学:数学,2011,41(3):207-233.

[12]Wen Xiaoyong,Yang Yunqing,Yan Zhenya. Generalized perturbation(n,M)-fold Darboux transformations and multi-rogue-wave structures for the modified self-steepeningnonlinear Schrödinger equation[J]. Physical Review E,2015,92(1):012917.

非等谱的导数非线性Schrödinger方程的 N－孤子解

第十六章

1 引 言

众所周知,非线性科学是当代科学研究的领域之一,作为非线性科学的重要专题,孤立子理论已普遍应用于非线性光学、等离子体、凝聚态物理、生物学及量子场论等方面.随着孤立子理论的蓬勃发展,寻找可积学流中非线性偏微分的孤子解方法显得尤为重要,一些有效的主法有反散射方法[1,2]、达布变换[3,4]、代数几何方法[5]、Hirota 方法[6]、Wronskian 技巧[7]、代数几何方法[5]、Hirota 方法[6]、分离变量法等[8].非等谱孤子方程[9-11]常用来描述非均匀介质中孤立波的运动,这一类方程对应的谱参数 λ 与时间 t 有关,如果选择 $\lambda_t = \sum \alpha_j \lambda^j$,

其中系数 α_j 对应某种松弛效应[10]. 例如 Hirota-Satsuma 方程(带消失和非均匀项的 KdV 方程),它对应的谱参数 λ 的时间演化式为 $\lambda_t=-2\alpha\lambda$($\alpha$ 表示松弛效应和介质的非均匀). 除此之外,非等谱流还起到主对称的作用,并产生依赖于时间的对称[12,13].

东华理工大学的李辉贤,张江平,郭水香,刘玉华四位教授 2017 年考虑了一个广义非等谱的导数非线性 Schrödinger 方程如下

$$q_t=x(q_{xx}-\mathrm{i}(q^2r)_x)+\frac{3}{2}q_x-\mathrm{i}q^2r$$

$$r_t=x(-r_{xx}-\mathrm{i}(qr^2)_x)-\frac{3}{2}r_x-\mathrm{i}qr_2 \tag{1}$$

与其相联系的谱问题为

$$\begin{pmatrix}\phi_1\\ \phi_2\end{pmatrix}_x=\boldsymbol{M}\begin{pmatrix}\phi_1\\ \phi_2\end{pmatrix},\boldsymbol{M}=\begin{bmatrix}-\mathrm{i}\eta^2 & \eta q\\ \eta r & \mathrm{i}\eta^2\end{bmatrix} \tag{2}$$

时间演化式为

$$\begin{pmatrix}\phi_1\\ \phi_2\end{pmatrix}_t=\boldsymbol{N}\begin{pmatrix}\phi_1\\ \phi_2\end{pmatrix},\boldsymbol{N}=\begin{pmatrix}\boldsymbol{A} & \boldsymbol{B}\\ \boldsymbol{C} & -\boldsymbol{A}\end{pmatrix} \tag{3}$$

其中

$$\boldsymbol{A}=-xqr\eta^2-2x\eta^4$$

$$\boldsymbol{B}=-2\mathrm{i}xq\eta^3+x(q_x-\mathrm{i}q^2r)\eta+\frac{1}{2}q\eta$$

$$\boldsymbol{C}=-2\mathrm{i}xr\eta^3-x(r_x+\mathrm{i}qr^2)\eta-\frac{1}{2}r\eta \tag{4}$$

$q=q(x,t)$ 和 $r=r(x,t)$ 是势函数,η 是谱参数且满足 $\eta_t=-\mathrm{i}\eta^3$.

2 双线性方程和 $N-$孤子解

在本小节，将推导出方程(1) 的双线性形式，给出它的 $N-$孤子解. 通过变量变换

$$q=\frac{gs}{f^2}, r=\frac{hf}{s^2} \tag{5}$$

方程(1) 可转化为双线性方程

$$\begin{gathered}\left(D_t-xD_x^2-\frac{3}{2}D_x\right)gf=gf_x\\ \left(D_t+xD_x^2+\frac{3}{2}D_x\right)hs=-hs_x\\ (D_t-xD_x^2)fs=\frac{1}{2}(fs)_x\\ D_xfs=-\frac{i}{2}gh\end{gathered} \tag{6}$$

这里 D_t 与 D_x 是微分子算子，并满足

$$D_t^mD_x^nab=(\partial_t-\partial_{t'})^m\cdot(\partial_x-\partial_{x'})^n\cdot a_{(t,x)}\cdot b_{(t',x')}\mid t'=t \quad x'=x \tag{7}$$

设 $f(t,x), g(t,x), h(t,x), s(t,x)$ 展开成级数形式

$$\begin{gathered}f=1+\sum_{j=1}^{\infty}f^{(2j)}\varepsilon^{2j}, g=\sum_{j=1}^{\infty}g^{(2j-1)}\varepsilon^{2j-1}\\ h=\sum_{j=1}^{\infty}h^{(2j-1)}\varepsilon^{2j-1}, s=1+\sum_{j=1}^{\infty}s^{(2j)}\varepsilon^{2j}\end{gathered} \tag{8}$$

将此展开式代入式(8)，并比较 ε 的同次幂系数可得

$$g_t^{(1)}-xg_{xx}^{(1)}-\frac{3}{2}g_x^{(1)}=0$$

$$g_t^{(3)}-xg_{xx}^{(3)}-\frac{3}{2}g_x^{(3)}$$

$$=\left(-D_t+xD_x^2+\frac{3}{2}D_x\right)g^{(1)}f^{(2)}+g^{(1)}f_x^{(2)} \tag{9}$$

$$\vdots$$

$$h_t^{(1)}+xh_{xx}^{(1)}+\frac{3}{2}h_x^{(1)}=0$$

$$h_t^{(3)}+xh_{xx}^{(3)}+\frac{3}{2}h_x^{(3)}$$
$$=-\left(D_t+xD_x^2+\frac{3}{2}D_x\right)h^{(1)}s^{(2)}-h^{(1)}s_x^{(2)} \tag{10}$$

$$\vdots$$

$$f_t^{(2)}-s_t^{(2)}-x(f_{xx}^{(2)}+s_{xx}^{(2)})=\frac{1}{2}(f_x^{(2)}+s_x^{(2)})$$

$$f_t^{(4)}-s_t^{(4)}-x(f_{xx}^{(4)}+s_{xx}^{(4)})$$
$$=\left(-D_t+xD_x^2+\frac{1}{2}D_x\right)f^{(2)}s^{(2)}+\frac{1}{2}(f_x^{(4)}+s_x^{(4)}) \tag{11}$$

$$\vdots$$

$$f_x^{(2)}-s_x^{(2)}=-\frac{\mathrm{i}}{2}g^{(1)}h^{(1)}$$

$$f_x^{(4)}-s_x^{(4)}=-D_xf^{(2)}s^{(2)}-\frac{\mathrm{i}}{2}(g^{(1)}h^{(3)}+g^{(3)}h^{(1)}) \tag{12}$$

$$\vdots$$

为了得到 GNDNLSE 的 N 一孤子解，设

$$g^{(1)}=\sum_{j=1}^{N}\omega_j(t)\mathrm{e}^{\xi_j},\xi_j=k_j(t)x+\xi_j^{(0)}$$

$$h^{(1)}=\sum_{j=1}^{N}\sigma_j(t)\mathrm{e}^{\eta_j},\eta_j=l_j(t)x+\eta_j^{(0)} \tag{13}$$

其中 ξ_j^0,η_j^0 取任意实常数，且 $k_j(t),\omega_j(t),l_j(t),\sigma_j(t)$ 满足

$$k'_j=k_j^2(t),\omega'_j(t)=\frac{3}{2}\omega_j(t)k_j(t)$$

$$l'=-l_j^2(t),\sigma'_j(t)=-\frac{3}{2}\sigma_j(t)l_j(t) \qquad (14)$$

从而可得到

$$k_j(t)=\frac{1}{-t+a_i},\omega_j(t)=(-t+a_i)^{-\frac{3}{2}}$$

$$l_j(t)=\frac{1}{t+b_j},\sigma_j(t)=(t+b_j)^{-\frac{3}{2}} \qquad (15)$$

其中 a_i,b_j 为实常数且 $a_i\neq -b_j(i,j=1,2,\cdots,N)$.

当 $N=1$ 时

$$g^{(1)}=\omega_1(t)\mathrm{e}^{\xi_1},h^{(1)}=\sigma_1(t)\mathrm{e}^{\eta_1} \qquad (16)$$

将式(16) 代入到式(9)—(12) 中，可求出

$$f^{(2)}=\frac{-\frac{\mathrm{i}}{2}\omega_1(t)\sigma_1(t)k_1(t)}{(k_1(t)+l_1(t))^2}\mathrm{e}^{\xi_1+\eta_1}$$

$$s^{(2)}=\frac{\frac{\mathrm{i}}{2}\omega_1(t)\sigma_1(t)l_1(t)}{(k_1(t)+l_1(t))^2}\mathrm{e}^{\xi_1+\eta_1} \qquad (17)$$

且 $f^{(2j)}=g^{(2j-1)}=s^{(2j)}=h^{(2j-1)}=0(j=1,2,3,\cdots)$. 因此取 $\varepsilon=1$ 代入到式(8)(13)；式(17) 代入到式(5)，即可得到 GNDNLSE 式(1) 的单孤子解

$$q_1=\frac{\omega_1(t)\mathrm{e}^{\xi_1}\left(1+\frac{\frac{\mathrm{i}}{2}\omega_1(t)\sigma_1(t)l_1(t)\mathrm{e}^{\xi_1+\eta_1}}{(k_1(t)+l_1(t))^2}\right)}{\left(1-\frac{\frac{\mathrm{i}}{2}\omega_1(t)\sigma_1(t)k_1(t)\mathrm{e}^{\xi_1+\eta_1}}{(k_1(t)+l_1(t))^2}\right)^2}$$

$$r_1=\frac{\sigma_1(t)\mathrm{e}^{\eta_1}\left[1-\frac{\frac{\mathrm{i}}{2}\omega_1(t)\sigma_1(t)k_1(t)\mathrm{e}^{\xi_1+\eta_1}}{(k_1(t)+l_1(t))^2}\right]}{\left[1+\frac{\frac{\mathrm{i}}{2}\omega_1(t)\sigma_1(t)l_1(t)\mathrm{e}^{\xi_1+\eta_1}}{(k_1(t)+l_1(t))^2}\right]^2} \tag{18}$$

当 $N=2$ 时，从式(9)—(12) 可以推导出

$$g^{(1)}=\omega_1(t)\mathrm{e}^{\xi_1}+\omega_2(t)\mathrm{e}^{\xi_2}$$

$$h^{(1)}=\sigma_1(t)\mathrm{e}^{\eta_1}+\sigma_2(t)\mathrm{e}^{\eta_2}$$

$$\begin{aligned}f^{(2)}=&-\frac{\mathrm{i}}{2}\omega_1(t)\sigma_1(t)k_1(t)\mathrm{e}^{\xi_1+\eta_1+\theta_{13}}-\\&\frac{\mathrm{i}}{2}\omega_1(t)\sigma_2(t)k_1(t)\mathrm{e}^{\xi_1+\eta_2+\theta_{14}}-\\&\frac{\mathrm{i}}{2}\omega_2(t)\sigma_1(t)k_2(t)\mathrm{e}^{\xi_2+\eta_1+\theta_{23}}-\\&\frac{\mathrm{i}}{2}\omega_2(t)\sigma_2(t)k_2(t)\mathrm{e}^{\xi_2+\eta_2+\theta_{24}}\end{aligned}$$

$$\begin{aligned}s^{(2)}=&\frac{\mathrm{i}}{2}\omega_1(t)\sigma_1(t)l_1(t)\mathrm{e}^{\xi_1+\eta_1+\theta_{13}}+\\&\frac{\mathrm{i}}{2}\omega_1(t)\sigma_2(t)l_2(t)\mathrm{e}^{\xi_1+\eta_2+\theta_{14}}+\\&\frac{\mathrm{i}}{2}\omega_2(t)\sigma_1(t)l_1(t)\mathrm{e}^{\xi_2+\eta_1+\theta_{23}}+\\&\frac{\mathrm{i}}{2}\omega_2(t)\sigma_2(t)l_2(t)\mathrm{e}^{\xi_2+\eta_2+\theta_{24}}\end{aligned}$$

$$\begin{aligned}g^{(3)}=&\frac{\mathrm{i}}{2}\omega_1(t)\omega_2(t)\sigma_1(t)l_1(t)\mathrm{e}^{\xi_1+\xi_2+\eta_1+\theta_{12}+\theta_{13}+\theta_{23}}+\\&\frac{\mathrm{i}}{2}\omega_1(t)\omega_2(t)\sigma_2(t)l_2(t)\mathrm{e}^{\xi_1+\xi_2+\eta_2+\theta_{12}+\theta_{14}+\theta_{24}}\end{aligned}$$

$$\begin{aligned}h^{(3)}=&-\frac{\mathrm{i}}{2}\sigma_1(t)\sigma_2(t)\omega_1(t)k_1(t)\mathrm{e}^{\xi_1+\eta_1+\eta_2+\theta_{13}+\theta_{14}+\theta_{34}}-\\&\frac{\mathrm{i}}{2}\sigma_1(t)\sigma_2(t)\omega_2(t)k_2(t)\mathrm{e}^{\xi_2+\eta_1+\eta_2+\theta_{23}+\theta_{24}+\theta_{34}}\end{aligned}$$

$$f^{(4)}=-\frac{1}{4}\omega_1(t)\omega_2(t)\sigma_1(t)\sigma_2(t)k_1(t)k_2(t)\cdot$$
$$e^{\xi_1+\xi_2+\eta_1+\eta_2+\theta_{12}+\theta_{13}+\theta_{14}+\theta_{23}+\theta_{24}+\theta_{34}}$$
$$s^{(4)}=-\frac{1}{4}\omega_1(t)\omega_2(t)\sigma_1(t)\sigma_2(t)l_1(t)l_2(t)\cdot$$
$$e^{\xi_1+\xi_2+\eta_1+\eta_2+\theta_{12}+\theta_{13}+\theta_{14}+\theta_{23}+\theta_{24}+\theta_{34}}$$
$$f^{(2j)}=g^{(2j-1)}=s^{(2j)}=h^{(2j-1)}=1\quad(j=3,4\cdots)\tag{19}$$

其中 $\xi_j,\eta_j,k_j(t),l_j(t),\omega_j(t),\sigma_j(t)$ 满足式(13) 和式(15) 且

$$e^{\theta_{12}}=(k_1(t)-k_2(t))^2$$
$$e^{\theta_{34}}=(l_1(t)-l_2(t))^2$$
$$e^{\theta_{j,2+p}}=\frac{1}{(k_j(t)+l_p(t))^2}\quad(j,p=1,2)\tag{20}$$

取 $\varepsilon=1$,可得到 GNDNLSE 式(1) 的双孤子解

$$q_2=\frac{(g^{(1)}+g^{(3)})(1+s^{(2)}+s^{(4)})}{(1+f^{(2)}+f^{(4)})^2}r_2$$
$$=\frac{(h^{(1)}+h^{(3)})(1+f^{(2)}+f^{(4)})}{(1+s^{(2)}+s^{(4)})^2}\tag{21}$$

一般地,方程式(1) 的 $N-$孤子解可表示为

$$g_N(t,x)$$
$$=\sum_{\mu=0,1}A_2(\mu)\exp\Big(\sum_{j=1}^{2N}\mu_j(\xi'_j+\ln\omega_j(t))+\sum_{1\leqslant j<p}^{2N}\mu_j\mu_p\theta_{jp}\Big)$$
$$f_N(t,x)$$
$$=\sum_{\mu=0,1}A_1(\mu)\exp\Big(\sum_{j=1}^{2N}\mu_j(\xi''_j+\ln\omega_j(t))+\sum_{1\leqslant j<p}^{2N}\mu_j\mu_p\theta_{jp}\Big)$$
$$h_N(t,x)$$
$$=\sum_{\mu=0,1}A_3(\mu)\exp\Big(\sum_{j=1}^{2N}\mu_j(\eta'_j+\ln\omega_j(t))+\sum_{1\leqslant j<p}^{2N}\mu_j\mu_p\theta_{jp}\Big)$$

$$s_N(t,x)$$
$$=\sum_{\mu=0,1}A_1(\mu)\exp\Big(\sum_{j=1}^{2N}\mu_j(\eta''_j+\ln\omega_j(t))+\sum_{1\leqslant j<p}^{2N}\mu_j\mu_p\theta_{jp}\Big)$$
$$(22)$$

其中

$$\xi'_j=\xi_{j'}\xi'_{N+j}=\eta_j+\ln\Big(\frac{\mathrm{i}}{2}l_j(t)\Big)\quad(j=1,2,\cdots,N)$$
$$\xi''_j=\xi_j+\ln\Big(-\frac{\mathrm{i}}{2}k_j(t)\Big),\xi''_{N+j}=\eta_j\quad(j=1,2,\cdots,N)$$
$$\eta'_j=\xi_j+\ln\Big(-\frac{\mathrm{i}}{2}k_j(t)\Big),\eta'_{N+j}=\eta_j\quad(j=1,2,\cdots,N)$$
$$\eta''_j=\xi_j,\eta''_{N+j}=\eta_j+\ln\Big(\frac{\mathrm{i}}{2}l_j(t)\Big)\quad(j=1,2,\cdots,N)$$
$$\mathrm{e}^{\theta_j,N+P}=\frac{1}{(k_j(t)+l_p(t))^2}\quad(j,p=1,2,\cdots,N)$$
$$\mathrm{e}^{\theta_j,p}=(k_j(t)-k_p(t))^2$$
$$\mathrm{e}^{\theta_j,N+p}=(l_j(t)-l_p(t))^2\quad(j<p=1,2,\cdots,N)$$
$$(23)$$

$\xi_j,\eta_j,k_j(t),l_j(t),\omega_j(t),\sigma_j(t)$ 满足式(13)和式(15),$A_1(\mu),A_2(\mu),A_3(\mu)$ 表示取遍 $\mu_j=0,1$ 所有可能的组合,还必须满足

$$\sum_{j=1}^{N}\mu_j=\sum_{j=1}^{N}\mu_{N+j}$$
$$\sum_{j=1}^{N}\mu_j=\sum_{j=1}^{N}\mu_{N+j}+1$$
$$\sum_{j=1}^{N}\mu_j+1=\sum_{j=1}^{N}\mu_{N+j}\qquad(24)$$

参考资料

[1] Newell A C. The general structure of integrable evolution equations[J]. Proc Roy Soc Lond A,1978,365:283-311.

[2]Chan W L,Li K. Nonpropagating solitons of the variable coefficient and non-isospectral Korteweg-de Vires equation[J]. J Math Phys,1989,30:2521-2526.

[3]Wadati M,Sanuki H,Konno K. Relationships among inverse method,Bäcklund transformation and an infinite number of conservation laws[J]. Prog Theor Phys,1975,53(2):419-436.

[4]Matveev V B. Darboux transformation and the explicit solutions of differential-difference and difference-differenceevolution equations I[J]. Letters in Mathematical Physics,1979,3(3):217-222.

[5]Cao C W,Geng X G,Wang H Y. Algebro-geometric solution of the 2+1 imensional burgers equation with a discrete variable[J]. J Math Phys,2002,43:621-643.

[6]Hirota R. Exact solution of the KdV equation for multiple Collisions of solitons[J]. Phys Rev Lett A,1971,27:1192-1194.

[7]Zhang D J,Chen D Y. Negatons,positons,rational-like solutions and conservation laws of the Korteweg-de Vries equation with loss and non-uniformity terms[J]. Journal of Physics A General Physics,2004,37(3):851-865.

[8]Lou S Y,Chen L L. Formally variable separation approach nonintegrable modes[J]. J Math Phys,1999,40:6491-6500.

[9]Chen H H,Liu C S. Solitons in nonuniform media[J]. Physical Review Letters,1976,37:693-697.

[10] Hirota R,Satsuma J. N-Soliton solutions of model equations for shallow water waves[J]. Journal of the Physical Society of Japan,1976,41:2141-2142.

[11]Calogero F,Degasperis A. Solution by the spectral transform method of a nonlinear evolution equation including as a special

case the cylindrical KdV equation[J]. Lettere Al Nuovo Cimento, 1978, 23(4): 150-154.

[12] Ma W X, Fuchssteiner B. Algebraic structure of discrete zero curvature equations and master symmetries of discrete evolution equations[J]. J Math Phys, 1999, 40: 2400-2418.

[13] Fuchssteiner B. Mastersymmetries, Higher order time dependent symmetries and conserved densities of nonlinear evolution equations[J]. Prog Theo Phys, 1983, 70: 1508-1522. 0

一维二阶非线性 Schrödinger 方程的局部适定性

第十七章

华北电力大学数理学院的向雅捷教授 2017 年讨论了一维二阶非线性 Schrödinger 方程在模空间 $M_{2,p}$ 中的局部适定性问题，通过对频率进行一致分解，将解在全空间中的整体估计转化为单位区间中的局部估计；通过讨论不同频率间的相互关系，运用 Strichartz 估计和 Bilinear Strichart 估计得到方程的局部适定性.

1　预备知识

本章旨在研究如下一维二阶非线性 Schrödinger 方程的局部适定性

$$\begin{cases} \mathrm{i}u_t + u_{xx} - N(u) = 0, (t,x) \in \mathbf{R}_+ \times \mathbf{R} \\ u(0,x) = N(u), x \in \mathbf{R} \end{cases} \tag{1}$$

其中 $N(u)=c_1u^2+c_2\bar{u}^2+c_3u\bar{u}$. 该方程及其高维形式已经得到了各国学者深入且广泛地研究[1-3]. 特别地，T Cazenave 等人[1] 和 Y Tsutsumi[3] 证明了当 $u_0\in L^2(R)$ 时，方程(1) 在 Sobolev 空间 $H^s(\forall s>0)$ 中的局部适定性；对于负指标的情形，Carlos E. Kenig 等人[4] 证明了对于 $c_3=0$ 的情况，当 $s\in\left(-\frac{3}{4},0\right]$ 时，该方程在 H^s 中是局部适定的；对于 $c_1,c_2=0$ 的情况，当 $s\in\left(-\frac{1}{4},0\right]$ 时，该方程在 H^s 中是局部适定的.

为了讨论三阶非线性 Schrödinger 方程 $\{\mathrm{i}u_t+u_{xx}-|u|^2u=0,(t,x)\in\mathbf{R}_+\times\mathbf{R}$ 在临界空间中的局部适定性问题，郭少明[5] 运用频率一致分解的方法在模空间 $M_{2,p}(2\leqslant p\leqslant\infty)$ 得到了该方程在模空间 $M_{2,p}(2\leqslant p<\infty)$ 上是局部适定的.

模空间由 Feichtinger 引进，并被广泛用来研究非线性色散(dispersive) 方程，相关结果见资料[6,7].

定义 1　对于 $k\in\mathbf{Z}$，用 $1_{[k,k+1]}$ 表示区间$[k,k+1]$上的特征函数，设频率投射算子 $P_k=f^{-1}1_{[k,k+1]}(\xi)fu$，则模范数定义为 $\|u_0\|_{M_{2,p}}=\left(\sum_{k\in\mathbf{Z}}\|P_k(u_0)\|_{L^2}^{p_2}\right)^{\frac{1}{p}}$.

定理 1　方程(1) 在模空间 $M_{2,p}(2\leqslant p<\infty)$ 中是局部适定的.

注　(1)f,g 是两个非负函数，则 $f<g$ 表示存在一个常数 C 满足 $f(x)\leqslant Cg(x)$，$\forall x\in\mathbf{R}$. (2) 对于 $a,b\in\mathbf{R}$，$a\sim b$ 表示的是 $|a-b|$ 小于一个固定的常数，在本章中假设此常数为 4；从而，$a\ll b$ 表示的是 $b-a\ll 4$；$a\gg b$ 表示的是 $a-b\geqslant 4$. (3) 设 $a,b\in\mathbf{R}_+$，称 a,b 可比较是指，存在一个常数 $C>1$ 满足 $\frac{1}{C}<\frac{a}{b}<$

C. (4) 对函数关于时间与空间同时取范数将在本章中频繁出现，为了简便起见，在没有特别声明的情况下，用 L^pL^q 表示 $L_t^pL_x^q$，其中 $t\in\mathbf{R}_+$，$x\in\mathbf{R}$；用 $L_T^pL^q$ 表示 $L_t^pL_x^q$，其中 $t\in[0,T]$，$x\in\mathbf{R}$，T 为任意一大于 0 的常数. (5) 对于区间 $I\in\mathbf{R}$，用 P_I 表示在 I 上的频率投射算子，$P_I(u):=f^{-1}1_If(u)$. (6) 对 $n\in\mathbf{Z}$，在引入模空间范数时，已经定义了 P_n，因此为了简便起见，常用 u_n 代替 $P_n(u)$.

2　U^p 和 V^p 空间

关于 U^p，V^p 的定义，更多详细的结果见资料[8－10].

定义 2[10]　首先引入记号 Z，令 Z 表示形如 $-\infty=t_1<t_2<\cdots<t_{k-1}<t_k=+\infty$ 的所有有限分割组成的集合. 设 $1\leqslant p<\infty$，$\{t_k\}_{k=0}^K\in Z$，$\{\varphi_k\}_0^{K-1}\subset L^2$ 且满足 $\varphi_0=0$，$\left(\sum\limits_{k=0}^{K-1}\|\varphi_{k-1}\|_{L^2}^p\right)^{\frac{1}{p}}=1$，则称如下定义的函数 $a:R\rightarrow L^2(R)$，其中 $a=\sum\limits_{k=1}^{K}\varphi_{k-1}1_{[t_{k-1},t_k]}(t)$ 为一个 U^p－原子. 进而可定义原子空间 $U^p:=\{u=\sum\limits_{j=1}^{\infty}\lambda_ja_j\mid a_j$ 是 U^p－原子，$\lambda_j\in C$ 满足 $\sum\limits_{j=1}^{\infty}|\lambda_j|<\infty\}$，其中每个元素的范数为：$\|u\|_{U^p}=\inf\{\sum\limits_{j=1}^{\infty}|\lambda_j|\mid u=\sum\limits_{j=1}^{\infty}\lambda_ja_j,\lambda_j\in C\}$.

根据定义 2 可得推论 1.

推论 1[10]　若 $1 \leqslant p < q < \infty$，则(1)$U^p$ 是一个 Banach 空间；(2)U^p 空间满足连续嵌入关系 $U^p \subset U^q \subset L^\infty(R, L^2)$.

定义 3[10]　设 $1 \leqslant p < \infty$，则 V^p 定义为满足 $\lim\limits_{t \to \pm\infty} v(t)$ 存在且 $\| v \|_{V^p} = \sup\limits_{\{t_k\}_{k=0}^K \in Z} \left(\sum\limits_{k=1}^K \| v(t_k) - v(t_{k-1}) \|_{L^2}^p \right)^{\frac{1}{p}} < \infty$ 的函数 $v: R \to L^2(R)$ 的全体组成的集合.

推论 2[5]　若 $1 < p < q < \infty$，则 V^p 为 Banach 空间且满足嵌入关系 $U^p \subset V^p, V^p \subset V^q, V^p \subset U^q$.

定义 4[5]　令 $1 < p < \infty$，则有(1)$U_\Delta^p = \mathrm{e}^{-\mathrm{i}\Delta} U^p$，其范数定义为 $\| u \|_{U_\Delta^p} := \| \mathrm{e}^{-\mathrm{i}t\Delta} u \|_{U^p}$；(2)$V_\Delta^p = \mathrm{e}^{-\mathrm{i}\Delta} V^p$，其范数定义为 $\| u \|_{V_\Delta^p} := \| \mathrm{e}^{-\mathrm{i}t\Delta} u \|_{V^p}$.

定理 2[5]　对偶关系 $\left\| \int_0^t \mathrm{e}^{\mathrm{i}(t-s)\Delta} F(x,t) \mathrm{d}s \right\|_{U_\Delta^2} = \sup\limits_{v \in V^2, \| v \|_{V^2} \leqslant 1} \int_0^t \langle F(x,t)\mathrm{d}t, v(x,t) \rangle \mathrm{d}t$ 成立.

由于本章讨论的是方程在$[0,T]$范围内的局部适定性，因此为了方便处理，在下面的计算中用 U_Δ^2, V_Δ^2 表示 $U_{\Delta,[0,T]}^2, V_{\Delta,[0,T]}^2$.

引理 1[5]　设函数 f 的模大于或等于 μ，其中 $\mu \neq 0$，则成立估计 $\| u \|_{L^2 L^2} \lesssim \mu^{-\frac{1}{2}} \| u \|_{V_\Delta^2}$.

3　Strichartz 估计与 Bilinear Strichartz 估计

定理 3(Strichartz estimate[11])　设 p, q 满足 $\frac{2}{p} +$

$\frac{1}{q}=\frac{1}{2}$，其中 $4\leqslant p\leqslant\infty$，则齐次 Schrödinger 方程 $\mathrm{i}u_t-\Delta u=0$ 在初值 $u(0,x)=u_0(x)$ 意义下的解满足估计 $\|u\|_{L_t^pL_x^q}\lesssim\|u_0\|_{L^2}$.

推论 2[5] 设指标 p,q 满足定理 3 中的条件，则此估计式 $\|v\|_{L_t^pL_x^q}\lesssim\|v\|_{U_\Delta^p}$ 成立.

定理 4(Bilinear 估计[12,13]) 令 $\lambda>0$，若 u,v 都是线性方程 $\|u\|_{L_t^pL_x^q}\lesssim\|u_0\|_{L^2}$ 的解，且初值分别为 u_0,v_0，则成立如下估计 $\|P_{>\lambda}(u,v)\|_{L^2L^2}\lesssim\lambda^{-\frac{1}{2}}\|u_0\|_{L^2}\|v_0\|_{L^2}$.

推论 3[12,13] 根据上面的双线性估计，可以得到在 U_Δ^2 空间的相应估计 $\|P_{>\lambda}(u,v)\|_{L^2L^2}\lesssim\lambda^{-\frac{1}{2}}\|u\|_{U_\Delta^2}\|v\|_{U_\Delta^2}$ 成立.

推论 4[5] 设 $m,n\in Z$，且 $m\gg n$，其中：$u_m=P_mu,u_n=P_nu$，则在时间区间 $[0,1]$ 中成立估计 $\|u_mu_n\|_{L_1^2L^2}\lesssim\frac{\ln^2(m-n)\|u_m\|_{V_\Delta^2}\|u_n\|_{V_\Delta^2}}{(m-n)^{\frac{1}{2}}}$；当在时间区间为 $[0,T]$ 时，则上述估计式满足方程

$$\|u_mu_n\|_{L_T^2L^2}\lesssim\frac{T^{\frac{\theta}{4}}\ln^{2(1-\theta)}(m-n)\|u_m\|_{V_\Delta^2}\|u_n\|_{V_\Delta^2}}{(m-n)^{\frac{1-\theta}{2}}}$$

其中 $\theta\in(0,1)$ 为任意一个给定的实数.

定理 5[4] 设 $0<\delta_1\leqslant\delta_2,\delta_1+\delta_2>1$，则对于 $\forall\varepsilon>0,\sum\limits_{\lambda_1}\frac{1}{\langle\lambda_1\rangle^{\delta_1}\langle\alpha-\lambda_1\rangle^{\delta_2}}\lesssim\frac{1}{\langle a\rangle^{\alpha}}$ 成立，其中 $\alpha=\begin{cases}\delta_1+\delta_2-1,\delta_2<1\\\delta_1-\varepsilon,\delta_2=1\\\delta_1,\delta_2>1\end{cases}$.

4　定理 1 的证明

方程(1) 在模空间 $M_{2,p}(2\leqslant p<\infty)$ 中是局部适定的,(注:非线性项 $N(u)=c_1u^2+c_2u\bar{u}+c_3\bar{u}^2$,但本章仅考虑 $c_1=0,c_2\neq 0,c_3=0$ 的情况,因其他情况的证明与之相似且更为简单,所以在此省略.) 即若取 X_p 空间为 $\| \| P_n u \|_{U^2_\Delta} \|_{l^p_n}$,则下列估计式成立

$$\left\|\int_0^t \mathrm{e}^{\mathrm{i}(t-s)\Delta}u(s)\bar{u}(s)\mathrm{d}s\right\|_{X_p}\lesssim A(T)\|u\|^2_{X_p} \tag{2}$$

其中 $A(T)=T^{\frac{1}{4}}+T^{\frac{1}{2}}+T^{\frac{3}{4}}+T^{\frac{\theta}{4}},\theta\in(0,1)$.

根据定理 2,证明式(2),相当于证明 $\left|\int_{[0,T]\times\mathbf{R}}u\bar{u}v\,\mathrm{d}x\,\mathrm{d}t\right|\lesssim A(T)\|u\|^2_{X_p}\|v\|_{Y_{p'}}$. 根据频率一致分解,可将 $\left|\int_{[0,T]\times\mathbf{R}}u\bar{u}v\,\mathrm{d}x\,\mathrm{d}t\right|$ 改写成

$$\left|\sum_{\lambda_1,\lambda_2,\lambda_3}\int_{[0,T]\times\mathbf{R}}u_{\lambda_1}u_{\lambda_2}\bar{v}_{\lambda_3}\,\mathrm{d}x\,\mathrm{d}t\right|$$

为了让每一个积分单元 $\int_{[0,T]\times\mathbf{R}}u_{\lambda_1}u_{\lambda_2}\bar{v}_{\lambda_3}\,\mathrm{d}x\,\mathrm{d}t$ 不会因为频率相互作用而抵消,则需满足 $\lambda_2+\lambda_3\sim\lambda_1$,在满足 $\lambda_2+\lambda_3\sim\lambda_1$ 条件下会出现 4 种情况:(1)$\lambda_1\sim\lambda_2\sim\lambda_3$;(2)$\lambda_1\sim\lambda_3\gg\lambda_2$ 或 $\lambda_1\sim\lambda_2\gg\lambda_3$;(3)$\lambda_1\gg\lambda_2\gg\lambda_3$ 或 $\lambda_1\gg\lambda_3\gg\lambda_2$ 或 $\lambda_3\gg\lambda_1\gg\lambda_2$;(4)$\lambda_1\gg\lambda_2\sim\lambda_3$. 对这 4 种情况采用不同的方法进行估计.

(1)$\lambda_1\sim\lambda_2\sim\lambda_3$. 由 $\lambda_2+\lambda_3\sim\lambda_1$,可知 $\lambda_2\sim\lambda_1-\lambda_3\sim 0$,从而 $-4<\lambda_2,\lambda_3<4$,$-8<\lambda_1<8$,进而得出 $-8<\lambda_1,\lambda_2,\lambda_3<8$. 可以判断,3 者均为有限项,从

而可得

$$\sum_{\lambda_1\sim\lambda_2\sim\lambda_3}\left|\int_{[0,T]\times\mathbf{R}} u_{\lambda_1}\overline{u_{\lambda_2}}\,\overline{v_{\lambda_3}}\,\mathrm{d}x\,\mathrm{d}t\right|$$
$$\lesssim \sum_{\lambda_1\sim\lambda_2\sim\lambda_3}\|u_{\lambda_1}\|_{L_T^3L^3}\|u_{\lambda_2}\|_{L_T^3L^3}\|v_{\lambda_3}\|_{L_T^3L^3}$$
$$\lesssim \sum_{\lambda_1\sim\lambda_2\sim\lambda_3}\|u_{\lambda_1}\|_{U_\Delta^2}\|u_{\lambda_2}\|_{U_\Delta^2}\|v_{\lambda_3}\|_{V_\Delta^2}$$
$$\lesssim \|\|u_{\lambda_1}\|_{U_\Delta^2}\|_{l^{2p}}\|\|u_{\lambda_2}\|_{U_\Delta^2}\|_{l^{2p}}\|\|v_n\|_{V_\Delta^2}\|_{l^{p'}}$$
$$=\|u\|_{X_P}^2\|v\|_{Y_{P'}}$$

运算步骤：第 1 步，运用 Hölder 不等式；第 2 步，由于是对有限项的求和，直接可得；第 3 步，以指标 $\frac{1}{2p}$，$\frac{1}{2p}$ 作 Hölder 不等式.

(2)$\lambda_1\sim\lambda_3\gg\lambda_2$ 或 $\lambda_1\sim\lambda_2\gg\lambda_3$.

①$\lambda_1\sim\lambda_3\gg\lambda_2$. 由 $\lambda_2+\lambda_3\sim\lambda_1$，可得 $\lambda_2\sim\lambda_1-\lambda_3\sim 0$，从而推出 $-4<\lambda_2<4$，则 λ_2 为有限项

$$\sum_{\lambda_2\ll\lambda_3\sim\lambda_1}\left|\int_{[0,T]\times\mathbf{R}} u_{\lambda_1}\overline{u_{\lambda_2}}\,\overline{v_{\lambda_3}}\,\mathrm{d}x\,\mathrm{d}t\right|$$
$$\lesssim \sum_{\lambda_2\ll\lambda_3\sim\lambda_1}\|u_{\lambda_1}\|_{L_T^3L^3}\|u_{\lambda_2}\|_{L_T^3L^3}\|v_{\lambda_3}\|_{L_T^3L^3}$$
$$\lesssim T^{\frac{3}{4}}\|u_0\|_{L_T^{12}L^3}\sum_{\lambda_1\sim\lambda_3}\|u_{\lambda_1}\|_{L_T^{12}L^3}\|v_{\lambda_3}\|_{L_T^{12}L^3}$$
$$\lesssim T^{\frac{3}{4}}\|u_0\|_{U_\Delta^2}\sum_{\lambda_3}\|u_{\lambda_3}\|_{U_\Delta^2}\|v_{\lambda_3}\|_{V_\Delta^2}$$
$$\lesssim T^{\frac{3}{4}}\|u\|_{X^p}\|\|u_{\lambda_3}\|_{U_\Delta^2}\|_{l^p}\|\|v_{\lambda_3}\|_{U_\Delta^2}\|_{l^{p'}}$$

运算步骤：前 2 步运用 Hölder 不等式；第 3 步运用的是 Strichatz 估计；第 4 步则是对 λ_3 以指标为 $l_{\lambda_3}^p$，$l_{\lambda_3}^{p'}$ 作 Hölder 不等式.

②$\lambda_1\sim\lambda_2\gg\lambda_3$. 由 $\lambda_2+\lambda_3\sim\lambda_1$，可得 $\lambda_3\sim\lambda_1-$

$\lambda_2 \sim 0$,从而推出 $-4 < \lambda_3 < 4$,则 λ_3 为有限项

$$\sum_{\lambda_1 \sim \lambda_2 \gg \lambda_3} \left| \int_{[0,T]\times\mathbf{R}} u_{\lambda_1} \overline{u}_{\lambda_2} \overline{v}_{\lambda_3} \,\mathrm{d}x\mathrm{d}t \right|$$

$$\lesssim \sum_{\lambda_1 \sim \lambda_2} \| u_{\lambda_1} \|_{L_T^2 L^2} \| \overline{u}_{\lambda_2} \overline{v}_0 \|_{L_T^2 L^2}$$

$$\lesssim \sum_{\lambda_1 \sim \lambda_2} T^{\frac{1}{2}} \| u_{\lambda_1} \|_{L_T^\infty L^2} T^{\frac{\theta}{4}} \frac{\ln^{2(1-\theta)}}{\lambda_2^{\frac{1-\theta}{2}}} \| u_{\lambda_2} \|_{U_\Delta^2} \| v_0 \|_{V_\Delta^2}$$

$$\lesssim T^{\frac{1}{2}+\frac{\theta}{4}} \| v \|_{Y^{p'}} \sum_{\lambda_2} \frac{1}{\lambda_2^{\frac{1-\theta}{2}-\varepsilon}} \| u_{\lambda_2} \|_{U_\Delta^2}^2$$

$$\lesssim T^{\frac{1}{2}+\frac{\theta}{4}} \| v \|_{Y^{p'}} \| \| u_{\lambda_1} \|_{U_\Delta^2} \|_{l^p}^2$$

运算步骤:第 1 步运用 Hölder 不等式;第 2 步运用双线性估计;第 3 步是一个改写;第 4 步是以指标 $\frac{2}{p}$,$\frac{1}{p'}$ 运用 Hölder 不等式,且满足 $\frac{1-\theta}{2} > 1 - \frac{2}{p}$,即可保证求和收敛.

(3)$\lambda_1 \gg \lambda_2 \gg \lambda_3$ 或 $\lambda_1 \gg \lambda_3 \gg \lambda_2$ 或 $\lambda_3 \gg \lambda_1 \gg \lambda_2$. 此情况需用到高模来进行估计,若令 $\sigma_i = \tau_i - \zeta_i^2$,$\sigma_{\max} = \{ |\sigma_1|, |\sigma_2|, |\sigma_3| \}$,则有 $\sigma_{\max} \gtrsim |\sigma_1 - \sigma_2 - \sigma_3| = |(\tau_1 + \zeta_1^2) - (\tau_2 + \zeta_2^2) - (\tau_3 + \zeta_3^2)|$. 因 $\tau_1 - \tau_2 - \tau_3 = 0$,有 $\sigma_{\max} \gtrsim |\zeta_1^2 - \zeta_2^2 - \zeta_3^2|$,又因为 $\zeta_1 - \zeta_2 - \zeta_3 = 0$,所以推出 $\sigma_{\max} \gtrsim |\zeta_2 \zeta_3|$,即高模的下界为 $|\zeta_2 \zeta_3|$.

①$\lambda_1 \gg \lambda_2 \gg \lambda_3$.

a. 当高模落在 u_{λ_1} 上时

$$\sum_{\lambda_1 \gg \lambda_2 \gg \lambda_3} \left| \int_{[0,T]\times\mathbf{R}} u_{\lambda_1} \overline{u}_{\lambda_2} \overline{v}_{\lambda_3} \,\mathrm{d}x\mathrm{d}t \right|$$

$$\lesssim \sum_{\lambda_1 \gg \lambda_2 \gg \lambda_3} \| u_{\lambda_1} \|_{L_T^2 L^2} \| \overline{u}_{\lambda_2} \overline{v}_{\lambda_3} \|_{L_T^2 L^2}$$

$$\lesssim \sum_{\lambda_1 \gg \lambda_2 \gg \lambda_3} (\lambda_2\lambda_3)^{-\frac{1}{2}} \| u_{\lambda_1} \|_{U_\Delta^2} T^{\frac{\theta}{4}} \frac{\ln^{2(1-\theta)}(\lambda_2 - \lambda_3)}{(\lambda_2 - \lambda_3)^{\frac{1-\theta}{2}}} \| u_{\lambda_2} \|_{U_\Delta^2} \cdot$$

$$\| v_{\lambda_3} \|_{V_\Delta^2}$$

$$\lesssim T^{\frac{\theta}{4}} \| u \|_{X^\infty} \sum_{\lambda_2} \frac{\| u_{\lambda_2} \|_{U_\Delta^2}}{\lambda_2^{\frac{1}{2}}} \sum_{\lambda_3} \frac{\| v_{\lambda_3} \|_{V_\Delta^2}}{\lambda_3^{\frac{1}{2}} (\lambda_2 - \lambda_3)^{\frac{1-\theta}{2}-\varepsilon}}$$

$$\lesssim T^{\frac{\theta}{4}} \| u \|_{X^\infty} \sum_{\lambda^2} \frac{\| u_{\lambda_2} \|_{U_\Delta^2}}{\lambda_2^{\frac{1}{2}}} \cdot$$

$$\left(\sum_{\lambda_3} \frac{1}{\lambda_3 (\lambda_2 - \lambda_3)^{1-\theta-\varepsilon}} \right)^{\frac{1}{2}} \| v_{\lambda_3} \|_{Y_2}$$

$$\lesssim T^{\frac{\theta}{4}} \| u \|_{X^\infty} \sum_{\lambda_2} \frac{1}{\lambda_2^{1-\frac{\theta}{2}-\varepsilon}} \| u_{\lambda_2} \|_{U_\Delta^2} \| v_{\lambda_3} \|_{Y_2}$$

$$\lesssim T^{\frac{\theta}{4}} \| u \|_{X_p} \| u \|_{X_p} \| v \|_{Y_{p'}}$$

运算步骤：第 1 步运用 Hölder 不等式；第 2 步运用双线性估计；第 3 步去掉 λ_1；第 4 步是关于 λ_3 运用指标为 $\frac{1}{2}, \frac{1}{2}$ 的 Hölder 不等式；第 5 步是对定理 5 的运用；最后一步对 λ_2 作指标为 $\frac{1}{p}, \frac{1}{p'}$ 的 Hölder 不等式，只要 ε 充分小，$p < \infty$，满足 $\left(1 - \frac{\theta}{2}\right) p' > 1$，即可保证求和收敛.

b. 当高模落在 u_{λ_2} 上时

$$\sum_{\lambda_1 \gg \lambda_2 \gg \lambda_3} \left| \int_{[0,T] \times \mathbf{R}} u_{\lambda_1} \overline{u}_{\lambda_2} \overline{v}_{\lambda_3} \, \mathrm{d}x \, \mathrm{d}t \right|$$

$$\lesssim \sum_{\lambda_1 \gg \lambda_2 \gg \lambda_3} \| u_{\lambda_2} \|_{L_T^2 L^2} \| u_{\lambda_1} \overline{v}_{\lambda_3} \|_{L_T^2 L^2}$$

$$\lesssim \sum_{\lambda_1 \gg \lambda_2 \gg \lambda_3} (\lambda_2\lambda_3)^{-\frac{1}{2}} \| u_{\lambda_2} \|_{U_\Delta^2} T^{\frac{\theta}{4}} \frac{\ln^{2(1-\theta)}(\lambda_3 + \lambda_1)}{(\lambda_3 + \lambda_1)^{\frac{1-\theta}{2}}} \cdot$$

$$\| u_{\lambda_1} \|_{U_\Delta^2} \| v_{\lambda_3} \|_{V_\Delta^2}$$

$$\lesssim T^{\frac{\theta}{4}} \| u \|_{X^\infty} \sum_{\lambda_2} \frac{\| u_{\lambda_2} \|_{U_\Delta^2}}{\lambda_2^{\frac{1}{2}}} \sum_{\lambda_3} \frac{\| v_{\lambda_3} \|_{V_\Delta^2}}{\lambda_3^{\frac{1}{2}} (2\lambda_2 + \lambda_3)^{\frac{1-\theta}{2}-\varepsilon}}$$

$$\lesssim T^{\frac{\theta}{4}} \| u \|_{X^\infty} \sum_{\lambda^2} \frac{\| u_{\lambda_2} \|_{U_\Delta^2}}{\lambda_2^{\frac{1}{2}}} \cdot$$

$$\left(\sum_{\lambda_3} \frac{1}{\lambda_3 (2\lambda_2 + \lambda_3)^{1-\theta-\varepsilon}} \right)^{\frac{1}{2}} \| v_{\lambda_3} \|_{Y_2}$$

$$\lesssim T^{\frac{\theta}{4}} \| u \|_{X_\infty} \sum_{\lambda_2} \frac{1}{\lambda_2^{1-\frac{\theta}{2}-\varepsilon}} \| u_{\lambda_2} \|_{U_\Delta^2} \| v_{\lambda_3} \|_{Y_2}$$

$$\lesssim T^{\frac{\theta}{4}} \| u \|_{X_p} \| u \|_{X_p} \| v \|_{Y_{p'}}$$

运算步骤:第 1 步运用 Hölder 不等式;第 2 步运用双线性估计;第 3 步去掉 λ_1;第 4 步是关于 λ_3 运用指标为 $\frac{1}{2}$, $\frac{1}{2}$ 的 Hölder 不等式;第 5 步是对定理 5 的运用;最后一步的处理与情况 a. 一样.

c. 当高模落在 v_{λ_3} 上时

$$\sum_{\lambda_1 \gg \lambda_2 \gg \lambda_3} \left| \int_{[0,T]\times\mathbf{R}} u_{\lambda_1} \overline{u}_{\lambda_2} \overline{v}_{\lambda_3} \, \mathrm{d}x \mathrm{d}t \right|$$

$$\lesssim \sum_{\lambda_1 \gg \lambda_2 \gg \lambda_3} \| u_{\lambda_1} \overline{u}_{\lambda_2} \|_{L_T^2 L^2} \| v_{\lambda_3} \|_{L_T^2 L^2}$$

$$\lesssim \sum_{\lambda_1 \gg \lambda_2 \gg \lambda_3} T^{\frac{\theta}{4}} \frac{\ln^{2(1-\theta)} (\lambda_1 + \lambda_2)}{(\lambda_1 + \lambda_2)^{\frac{1-\theta}{2}}} \cdot$$

$$\| u_{\lambda_1} \|_{U_\Delta^2} \| u_{\lambda_2} \|_{U_\Delta^2} (\lambda_2 \lambda_3)^{-\frac{1}{2}} \| v_{\lambda_3} \|_{V_\Delta^2}$$

第 1 步运用 Hölder 不等式;第 2 步运用双线性估计;接下来的处理方法与情况 b. 一样.

②$\lambda_1 \gg \lambda_3 \gg \lambda_2$,③$\lambda_2 \gg \lambda_1 \gg \lambda_3$,2 种情况的计算与情况 ① 一样,在此省略.

(4)$\lambda_1 \gg \lambda_2 \sim \lambda_3$. 由 $\lambda_2 + \lambda_3 \sim \lambda_1$,得 $\lambda_2 \sim \lambda_3 \sim \frac{1}{2}\lambda_1$.

① 当高模落在 u_{λ_1} 上时

$$\sum_{\lambda_1 \gg \lambda_2 \sim \lambda_3} \left| \int_{[0,T]\times\mathbf{R}} u_{\lambda_1} \overline{u}_{\lambda_2} \overline{v}_{\lambda_3} \, \mathrm{d}x \, \mathrm{d}t \right|$$

$$\lesssim \sum_{\lambda_1 \gg \lambda_2 \sim \lambda_3} \| u_{\lambda_1} \|_{L_T^2 L^2} \| u_{\lambda_2} \|_{L_T^4 L^4} \| v_{\lambda_3} \|_{L_T^4 L^4}$$

$$\lesssim T^{\frac{1}{4}} \sum_{\frac{1}{2}\lambda_1 \sim \lambda_2 \sim \lambda_3} (\lambda_2 \lambda_3)^{-\frac{1}{2}} \| u_{\lambda_1} \|_{V_\Delta^2} \| u_{\lambda_2} \|_{L_T^8 L^4} \| v_{\lambda_3} \|_{L_T^8 L^4}$$

$$\lesssim T^{\frac{1}{4}} \sum_{\frac{1}{2}\lambda_1 \sim \lambda_2 \sim \lambda_3} \| u_{\lambda_1} \|_{U_\Delta^2} \| u_{\lambda_2} \|_{U_\Delta^2} \| v_{\lambda_3} \|_{V_\Delta^2}$$

$$\lesssim T^{\frac{1}{4}} \| u \|_{X_p} \| u \|_{X_p} \| v \|_{Y_{p'}}$$

运算步骤：第 1 步运用 Hölder 不等式；第 2 步对时间 t 运用 Hölder 不等式；第 3 步运用 Stricharz 估计；第 4 步以指标 $\frac{1}{2}p, \frac{1}{2}p, \frac{1}{p'}$ 运用 Hölder 不等式.

② 当高模落在 u_{λ_2} 上时

$$\sum_{\lambda_1 \gg \lambda_2 \sim \lambda_3} \left| \int_{[0,T]\times\mathbf{R}} u_{\lambda_1} \overline{u}_{\lambda_2} \overline{v}_{\lambda_3} \, \mathrm{d}x \, \mathrm{d}t \right|$$

$$\lesssim \sum_{\lambda_1 \gg \lambda_2 \sim \lambda_3} \| u_{\lambda_2} \|_{L_T^2 L^2} \| u_{\lambda_1} \overline{v}_{\lambda_3} \|_{L_T^2 L^2}$$

接下来的做法与情况(3)① 中的 b. 完全一样.

③ 当高模落在 v_{λ_3} 上时

$$\sum_{\lambda_1 \gg \lambda_2 \sim \lambda_3} \left| \int_{[0,T]\times\mathbf{R}} u_{\lambda_1} \overline{u}_{\lambda_2} \overline{v}_{\lambda_3} \, \mathrm{d}x \, \mathrm{d}t \right|$$

$$\lesssim \sum_{\lambda_1 \gg \lambda_2 \sim \lambda_3} \| u_{\lambda_1} \overline{u}_{\lambda_2} \|_{L_T^2 L^2} \| v_{\lambda_3} \|_{L_T^2 L^2}$$

接下来的做法与情况(3)① 中的 c. 完全一样.

参考资料

[1] Cazenave T, Weissler F. The Cauchy problem for the critical nonlinear Schrödinger equation in H s[J]. Nonlinear Anal TMA, 1990, 14: 807-836.

[2] Ginibre J, Velo G. On a class of nonlinear Schrödinger equations[J]. J Funct Anal, 1979, 32: 61-71.

[3] Tsutsumi Y. L 2-solutions for nonlinear Schrödinger equations and nonlinear groups[J]. Funk Ekva, 1987, 30: 115-125.

[4] Kenig Carlos E, Ponce G, Vega L. Quadratic forms for the 1-D semilinear Schrödinger equation[J]. Transactions of the American Mathematical Society, 1996, 348: 3323-3353.

[5] Guo S M. On the 1-D cubic nonlinear schrödinger equation in an almost critical space[J]. Journal of Fourier Analysis & Applications, 2016, 22: 1-34.

[6] Wang B, Huang C. Frequency uniform decomposition method forthe generalized BO, KdV and NLS equations[J]. J Differential Equations, 2007, 239: 213-250.

[7] Wang B, Hudzik H. The global Cauchy problem for the NLS and NLKG with small rough data[J]. J Differential Equations, 2007, 232: 36-73.

[8] Koch H, Tataru D. Dispersive estimates for principlally normal pseudo differential operators[J]. Comm Pure Appl Math, 2005, 58(2): 217-284.

[9] Koch H, Tataru D. A Priori bounds for the 1D cubic NLS in negative Sobolev spaces[J]. Int Math Res Not IMRN, 2007, 16: 36-53.

[10] Hadac M, Herr S, Koch H. Well-posedness and scattering for the KP-II equation in a critical space[J]. Ann Inst H Poincar's Anal Non Lin'eaire, 2009, 26(3): 917-941.

[11] Strichartz R. Restrictions of Fourier transforms to quadratic surfaces and decay of solutions of wave equations[J]. Duke Math J, 1977, 44(3): 705-714.

[12]Grünrock A. Bi-and trilinear Schrödin-ger estimates in one space dimension with application to cubic NLS and DNLS[J]. Int Math Res Not,2005,41:2525-2558.

[13]Koch H,Tataru D. Energy and local energy bounds for the1-D cubic NLS equation in $H-\frac{1}{4}$[J]. Ann Inst H Poincare Anal Non Linearire, 2012,29(6):955-988.

广义的带导数非线性 Schrödinger 方程的有理解

第十八章

1 引言

孤子方程是一类重要的非线性发展方程，具有深刻的数学和物理意义．寻找其多种形式的精确解是孤立子理论与可积系统领域的研究热点之一，所涉及的求解方法有反散射变换法，Hirota 双线性法，Wronskian 技巧，Bäcklund 变换，达布变换等[1-8]．带导数非线性 Schrödinger 方程（也称 Kaup-Newell 方程）[9]

$$iq_t + q_{xx} + i(|q|^2 q)_x = 0 \quad (1)$$

具有单孤子解和多孤子解（参见资料[9,10]）．资料[11]通过极限方法构造出 DNLS 方程的两种广义达布变换，并给出其高阶孤子解．资料[12]考虑不带导数项算子的达布变换找到 DNLS 方程拟行列式形式的解．抚州职业技术学院基础教学部的段求员，东华理工大学抚州师范学院的李琪两位教授 2017 年考察了一种广义的带导数非线性 Schrödinger 方程(GDNLS)[10]

$$q_t = q_{xx} - \mathrm{i}(q^2 r)_x, r_t = -r_{xx} - \mathrm{i}(qr^2)_x \tag{2}$$

其相应的 Lax 对为

$$\phi_x = \boldsymbol{M}\phi, \boldsymbol{M} = \begin{pmatrix} -\mathrm{i}\eta^2 & \eta q \\ \eta r & \mathrm{i}\eta^2 \end{pmatrix}$$

$$\phi_t = N\phi$$

$$\boldsymbol{N} = \begin{pmatrix} -2\eta^4 - \eta^2 qr & -2\mathrm{i}\eta^3 q + \eta(q_x - \mathrm{i}q^2 r) \\ -2\mathrm{i}\eta^3 r - \eta(r_x + \mathrm{i}qr^2) & 2\eta^4 + \eta^2 qr \end{pmatrix}$$

这里 q 和 r 是时间变量 t 和空间变量 x 的势函数. η 是谱参数和,与 t 和 x 无关. 下标表示对变量 x 的偏导 $\partial = \frac{\partial}{\partial x}$, 且 $\partial\partial^{-1} = \partial^{-1}\partial = 1$. 此 Lax 中的第一式称为 Kaup-Newell 谱问题[9],并称 GDNLS 方程是 Lax 意义下的可积系. 寻求这种意义下方程的精确解是可积系统的研究热点之一. 若取 $r = q*$,以 $-\mathrm{i}t$ 代替 t, $-x$ 代替 x, 则 GDNLS 方程(2) 即约化为带导数非线性 Schrödinger 方程(1). 本章通过 Wronski 技巧,寻找 GDNLS 方程(2) 的广义双 Wronsikian 形式的一般解,进而得到其孤子解和有理解.

2　广义双 Wronsikian 解

设 $a(t,x)$ 与 $b(t,x)$ 是关于变量 t 和 x 的可微函数,引入微分算子 D_t 与 D_x,使得对于任意的非负整数 m 和 n 有[2]

$$D_t^m D_x^n a \cdot b = (\partial_t - \partial_{t'})^m (\partial_x - \partial_{x'})^n a(t,x) b(t',x') |_{t'=t, x'=x}$$

通过变量替换

$$q = \frac{gs}{f^2}, r = \frac{hf}{s^2} \tag{3}$$

GDNLS 方程(2)可转化为双线性形式[10]

$$(D_t - D_x^2) f \cdot s = 0 \tag{4}$$

$$(D_t - D_x^2) g \cdot f = 0 \tag{5}$$

$$(D_t + D_x^2) h \cdot s = 0 \tag{6}$$

$$D_x f \cdot s = -\frac{\mathrm{i}}{2} gh \tag{7}$$

这里 g, h, f 与 s 是关于变量 t 和 x 的可微函数.

定义1　设函数 $\phi_j = \phi_j(t,x)(j=1,2,\cdots,N)$ 对一切 t,x 具有任意阶连续导数,记 $\phi_j^{(l)} = \frac{\partial^l \phi_j}{\partial x^l}$,则 N 维向量函数 $\boldsymbol{\phi} = (\boldsymbol{\phi}_1, \boldsymbol{\phi}_2, \cdots, \boldsymbol{\phi}_N)^{\mathrm{T}}$ 的 N 阶 Wronski 行列式定义为

$$W(\boldsymbol{\phi}) = |\boldsymbol{\phi}, \boldsymbol{\phi}^{(1)}, \cdots, \boldsymbol{\phi}^{(N-1)}| = \begin{vmatrix} \boldsymbol{\phi}_1 & \boldsymbol{\phi}_1^{(1)} & \cdots & \boldsymbol{\phi}_1^{(N-1)} \\ \vdots & \vdots & \vdots & \vdots \\ \boldsymbol{\phi}_N & \boldsymbol{\phi}_N^{(1)} & \cdots & \boldsymbol{\phi}_N^{(N-1)} \end{vmatrix}$$

此行列式常缩写成紧凑形式

$$W = |0, 1, 2, \cdots, N-1| = |\widehat{N-1}|$$

更一般地,我们用 $|\hat{l_1}1, l_2, \cdots, l_p|$ 表示 $|\boldsymbol{\phi}, \boldsymbol{\phi}^{(1)}, \cdots, \boldsymbol{\phi}^{(l_1)}, \boldsymbol{\phi}^{(l_2)}, \cdots, \boldsymbol{\phi}^{(l_p)}|$, 用 $|\widetilde{h_1}, h_2, \cdots, h_p|$ 表示 $|\boldsymbol{\phi}^{(1)}, \cdots, \boldsymbol{\phi}^{(h_1)}, \boldsymbol{\phi}^{(h_2)}, \cdots, \boldsymbol{\phi}^{(h_p)}|$.

定义2　设函数 $\phi_j = \phi_j(t,x), \psi_j = \psi_j(t,x)(j=1,2,\cdots,N+M)$ 对一切 t,x 具有任意阶连续导数,记 $\phi_j^{(l)} = \frac{\partial^l \phi_j}{\partial x^l}, \psi_j^{(l)} = \frac{\partial^l \psi_j}{\partial x^l}$,则 $N+M$ 维向量函数 $\boldsymbol{\phi} = (\boldsymbol{\phi}_1,$

$\boldsymbol{\phi}_2,\cdots,\boldsymbol{\phi}_{N+M})^{\mathrm{T}}$ 和 $\boldsymbol{\psi}=(\boldsymbol{\psi}_1,\boldsymbol{\psi}_2,\cdots,\boldsymbol{\psi}_{N+M})^{\mathrm{T}}$ 的 $N+M$ 阶双 Wronski 行列式定义为

$$
\begin{aligned}
&W^{N,M}(\boldsymbol{\phi};\boldsymbol{\psi})\\
&=|\ \boldsymbol{\phi},\boldsymbol{\phi}^{(1)},\cdots,\boldsymbol{\phi}^{(N-1)}\ \boldsymbol{\psi},\boldsymbol{\psi}^{(1)},\cdots,\boldsymbol{\psi}^{(M-1)}\ |\\
&=\begin{vmatrix}
\phi_1 & \phi_1^{(1)} & \cdots & \phi_1^{(N-1)} & \psi_1 & \psi_1^{(1)} & \cdots & \psi_1^{(M-1)}\\
\vdots & \vdots & & \vdots & \vdots & \vdots & & \vdots\\
\phi_{N+M} & \phi_{N+M}^{(1)} & \cdots & \phi_{N+M}^{(N-1)}; & \psi_{N+M} & \psi_{N+M}^{(1)} & \cdots & \psi_{N+M}^{(M-1)}
\end{vmatrix}
\end{aligned}
$$

此行列式常缩写成紧凑形式

$$
\begin{aligned}
W&=|\ 0,1,2,\cdots,N-1;0,1,2,\cdots,M-1\ |\\
&=|\ \widehat{N-1};\widehat{M-1}\ |
\end{aligned}
$$

性质 1[4]　若记 $\boldsymbol{Q}$ 为 $N\times(N-2)$ 阶矩阵，$\boldsymbol{a},\boldsymbol{b},\boldsymbol{c}$ 和 $\boldsymbol{d}$ 均为 N 维列向量，则成立

$$
\begin{aligned}
&|\ \boldsymbol{Q},\boldsymbol{a},\boldsymbol{b}\ ||\ \boldsymbol{Q},\boldsymbol{c},\boldsymbol{d}\ |-|\ \boldsymbol{Q},\boldsymbol{a},\boldsymbol{c}\ ||\ \boldsymbol{Q},\boldsymbol{b},\boldsymbol{d}\ |+\\
&|\ \boldsymbol{Q},\boldsymbol{a},\boldsymbol{d}\ ||\ \boldsymbol{Q},\boldsymbol{b},\boldsymbol{c}\ |=\boldsymbol{0}
\end{aligned}
$$

性质 2[4]　若 $\boldsymbol{A}=(a_{ij})_{N\times N}$ 为一个 N 阶矩阵，其列向量和行向量分别为 $\boldsymbol{\alpha}_j$ 和 $\boldsymbol{\beta}_j(j=1,2,\cdots,N)$，$\boldsymbol{P}=(\boldsymbol{P}_{ij})_{N\times N}$ 是一个 N 阶算子矩阵，则有

$$
\sum_{j=1}^{N}|\ \alpha_1,\cdots,\alpha_{j-1},C_j\alpha_j,\alpha_{j+1},\cdots,\alpha_N\ |=\sum_{j=1}^{N}\begin{vmatrix}\beta_1\\ \vdots\\ \beta_{s-1}\\ R_s\beta_s\\ \beta_{s+1}\\ \vdots\\ \beta_N\end{vmatrix}
$$

此处 $C_j\boldsymbol{\alpha}_j=(P_{1j}a_{1j},P_{2j}a_{2j},\cdots,P_{Nj}a_{Nj})^{\mathrm{T}}$，$R_s\boldsymbol{\beta}_s=(P_{s1}a_{s1},P_{s2}a_{s2},\cdots,P_{sN}a_{sN})$。

定理 1　若 $N+M$ 维向量函数 $\boldsymbol{\phi}=(\boldsymbol{\phi}_1,\boldsymbol{\phi}_2,\cdots,$

$\boldsymbol{\phi}_{N+M})^{\mathrm{T}}$ 和 $\boldsymbol{\psi}=(\boldsymbol{\psi}_1,\boldsymbol{\psi}_2,\cdots,\boldsymbol{\psi}_{N+M})^{\mathrm{T}}$ 可微,则双线性方程(4) — (7) 具有广义双朗斯基解

$$g=|\widehat{N-1};\widehat{M-1}|,g=|\hat{N};\widetilde{M-1}|,$$

$$s=|\widehat{N-1};\widetilde{M}|,h=-4\mathrm{i}|\widehat{N-2};\hat{M}|$$

这里的紧凑形式如定义 1 和定义 2 所描述,且 ϕ 与 ψ 满足矩阵方程

$$\boldsymbol{\phi}_x=A\boldsymbol{\phi},\boldsymbol{\psi}_x=-A\boldsymbol{\psi},\boldsymbol{\phi}_t=2\boldsymbol{\phi}_{xx},\boldsymbol{\psi}_t=-2\boldsymbol{\psi}_{xx} \tag{8}$$

其中矩阵 $\mathbf{A}=(a_{ij})_{(N+M)}$ 是任意一个与变量 t 和 x 无关的实矩阵. 因而 GDNLS 方程(2) 有解

$$q=\frac{|\hat{N};\widetilde{M-1}||\widehat{N-1};\widetilde{M}|}{|\widehat{N-1};\widehat{M-1}|^2}$$

$$r=-\frac{4\mathrm{i}|\widehat{N-2};\hat{M}||\widehat{N-1};\widehat{M-1}|}{|\widehat{N-1};\widetilde{M}|^2}$$

先证明一个引理.

引理 1　若矩阵 $\mathbf{A}$ 如定理 1 条件所描述,则有

$$|\mathbf{A}(\widehat{N-1};\widehat{M-1})|=(-1)^M|\widetilde{N};\widetilde{M}|$$

证明

$$\begin{aligned}
&|\mathbf{A}(\widehat{N-1};\widehat{M-1})|\\
=&|\mathbf{A}(\boldsymbol{\phi},\boldsymbol{\phi}^{(1)},\cdots,\boldsymbol{\phi}^{(N-1)};\boldsymbol{\psi},\boldsymbol{\psi}^{(1)},\cdots,\boldsymbol{\psi}^{(M-1)})|\\
=&|\mathbf{A}\boldsymbol{\phi},\mathbf{A}\boldsymbol{\phi}^{(1)},\cdots,\mathbf{A}\boldsymbol{\phi}^{(N-1)};\mathbf{A}\boldsymbol{\psi},\mathbf{A}\boldsymbol{\psi}^{(1)},\cdots,\mathbf{A}\boldsymbol{\psi}^{(M-1)}|\\
=&|\boldsymbol{\phi}^{(1)},\boldsymbol{\phi}^{(2)},\cdots,\boldsymbol{\phi}^{(N)};-\boldsymbol{\psi}^{(1)},-\boldsymbol{\psi}^{(2)},\cdots,-\boldsymbol{\psi}^{(M)}|\\
=&(-1)^M|\widetilde{N};\widetilde{M}|
\end{aligned}$$

证毕.

利用性质 1,性质 2 和引理 3 可证明定理 1.

定理 1 的证明　由矩阵方程(8) 算得函数 f,s 对变量 t,x 的导数

$$f_x = |\widehat{N-2}, N; \widehat{M-1}| + |\widehat{N-1}; \widehat{M-2}, M|$$

$$f_{xx} = |\widehat{N-3}, N-1, N; \widehat{M-1}| + |\widehat{N-2}, N+1; \widehat{M-1}| + 2|\widehat{N-2}, N; \widehat{M-2}, M| + |\widehat{N-1}; \widehat{M-3}, M-1, M| + |\widehat{N-1}; \widehat{M-2}, M+1|$$

$$f_t = 2(-|\widehat{N-3}, N-1, N; \widehat{M-1}| + |\widehat{N-2}, N+1; \widehat{M-1}| + |\widehat{N-1}; \widehat{M-3}, M-1, M| - |\widehat{N-1}; \widehat{M-2}, M+1|)$$

$$s_x = |\widehat{N-2}, N; \widetilde{M}| + |\widehat{N-1}; \widetilde{M-1}, M+1|$$

$$s_{xx} = |\widehat{N-3}, N-1, N; \widetilde{M}| + |\widehat{N-2}, N+1; \widetilde{M}| + 2|\widehat{N-2}, N; \widetilde{M-1}, M+1| + |\widehat{N-1}; \widetilde{M-2}, M, M+1| + |\widehat{N-1}; \widetilde{M-1}, M+2|$$

$$s_t = 2(-|\widehat{N-3}, N-1, N; \widetilde{M}| + |\widehat{N-2}, N+1; \widetilde{M}| + |\widehat{N-1}; \widetilde{M-2}, M, M+1| - |\widehat{N-1}; \widetilde{M-1}, M+2|)$$

将 f, s 及其导数代入式(4)得

$$\begin{aligned}
&(D_x^2 - D_t) f \cdot s \\
&= f_{x,x} s - 2 f_x s_x + f s_{xx} - f_t s + f s_t \\
&= |\widehat{N-1}; \widehat{M-1}|(-|\widehat{N-3}, N-1, N; \widetilde{M}| + \\
&\quad 3|\widehat{N-2}, N+1; \widetilde{M}| + 2|\widehat{N-2}, N; \widetilde{M-1}, M+1| + \\
&\quad 3|\widehat{N-1}; \widetilde{M-2}, M, M+1| - |\widehat{N-1}; \widetilde{M-1}, M+2|) + \\
&\quad |\widehat{N-1}; \widetilde{M}|(-|\widehat{N-3}, N-1, N; \widehat{M-1}| -
\end{aligned}$$

$$|\widehat{N-2},N+1;\widehat{M-1}|+2|\widehat{N-2},N;\widehat{M-2},M|-$$

$$|\widehat{N-1};\widehat{M-3},M-1,M|+3|\widehat{N-1};\widehat{M-2},M+1|-$$

$$2(|\widehat{N-2},N;\widehat{M-1}|+|\widehat{N-1};\widehat{M-2},M|)\cdot$$

$$(|\widehat{N-2},N;\widetilde{M}|+|\widehat{N-1};\widetilde{M-1},M+1|$$

以 $\mathrm{tr}\,\boldsymbol{A}$ 表示矩阵 $\boldsymbol{A}=(a_{ij})$ 的迹. 利用恒等式

$$|\widehat{N-1};\widehat{M-1}|(\mathrm{tr}\,\boldsymbol{A})^2|\hat{N};\widetilde{M-1}|$$

$$=(\mathrm{tr}\,\boldsymbol{A}|\widehat{N-1};\widehat{M-1}|)(\mathrm{tr}\,\boldsymbol{A}|\hat{N};\widetilde{M-1}|)\cdot$$

$$|\hat{N};\widetilde{M-1}|(\mathrm{tr}\,\boldsymbol{A})^2|\widehat{N-1};\widehat{M-1}|$$

$$=(\mathrm{tr}\,\boldsymbol{A}|\hat{N};\widetilde{M-1}|)(\mathrm{tr}\,\boldsymbol{A}|\widehat{N-1};\widehat{M-1}|)$$

以及性质 1,性质 2 和矩阵方程式(8) 可得

$$|\widehat{N-1};\widehat{M-1}|(|\widehat{N-3},N-1,N;\widetilde{M}|+$$

$$|\widehat{N-2},N+1;\widetilde{M}|-2|\widehat{N-2},N;\widetilde{M-1},M+1|+$$

$$|\widehat{N-1};\widetilde{M-2},M,M+1|+|\widehat{N-1};\widetilde{M-1},M+2|)$$

$$=(|\widehat{N-2},N;\widehat{M-1}|-|\widehat{N-1};\widehat{M-2},M|)\cdot$$

$$(|\widehat{N-2},N;\widetilde{M}|-|\widehat{N-1};\widetilde{M-1},M+1|),$$

$$|\widehat{N-1};\widetilde{M}|(|\widehat{N-3},N-1,N;\widehat{M-1}|+$$

$$|\widehat{N-2},N+1;\widehat{M-1}|-2|\widehat{N-2},N;\widehat{M-2},M|+$$

$$|\widehat{N-1};\widehat{M-3},M-1,M|+|\widehat{N-1};\widehat{M-2},M+1|)$$

$$=(|\widehat{N-2},N;\widehat{M-1}|-|\widehat{N-1};\widehat{M-2},M|)\cdot$$

$$(|\widehat{N-2},N;\widetilde{M}|-|\widehat{N-1};\widetilde{M-1},M+1|)$$

以上两式代入式(9) 化简得

$$(D_x^2-D_t)f\cdot s=f_{x,x}s-2f_xs_x+fs_{xx}-f_ts+fs_t$$

$$
\begin{aligned}
&=-4|\widehat{N-2},N;\widehat{M-1}||\widehat{N-2},N;\widetilde{M}|-4|\widehat{N-1};\\
&\quad \widehat{M-2},M||\widehat{N-1};\widetilde{M-1},M+1|+\\
&\quad 4|\widehat{N-1};\widehat{M-1}||\widehat{N-2},N+1;\widetilde{M}|+4|\widehat{N-1};\\
&\quad \widehat{M-1}||\widehat{N-1};\widetilde{M-2},M,M+1|+\\
&\quad 4|\widehat{N-1};\widetilde{M}||\widehat{N-3},N-1,N;\widehat{M-1}|+\\
&\quad 4|\widehat{N-1};\widetilde{M}||\widehat{N-1};\widehat{M-2},M+1|
\end{aligned}
$$

由引理 1 又可得以下等式

$$|\widehat{N-2},N;\widetilde{M}|=(-1)^M|\mathbf{A}||-1,\widehat{N-3},N-1;\widehat{M-1}|$$

$$|\widehat{N-1};\widetilde{M}|=(-1)^M|\mathbf{A}||-1,\widehat{N-2};\widehat{M-1}|$$

$$|\widehat{N-2},N+1;\widetilde{M}|=(-1)^M|\mathbf{A}||-1,\widehat{N-3},N;\widehat{M-1}|$$

进一步,利用性质 1 和上面三个等式可得

$$
\begin{aligned}
&-|\widehat{N-1};\widehat{M-2},M||\widehat{N-1};\widetilde{M-1},M+1|+\\
&|\widehat{N-1};\widetilde{M}||\widehat{N-1};\widehat{M-2},M+1|+\\
&|\widehat{N-1};\widehat{M-1}||\widehat{N-1};\widetilde{M-2},M,M+1|=0
\end{aligned}
$$

$$
\begin{aligned}
&-|\widehat{N-2},N;\widehat{M-1}||\widehat{N-2},N;\widetilde{M}|+|\widehat{N-1};\widetilde{M}|\cdot\\
&|\widehat{N-3},N-1,N;\widehat{M-1}|+\\
&|\widehat{N-1};\widehat{M-1}||\widehat{N-2},N+1;\widetilde{M}|\\
&=(-1)^M|\mathbf{A}|(|\widehat{N-2},N;\widehat{M-1}||-1,\widehat{N-3},N-1;\\
&\quad \widehat{M-1}|+|-1,\widehat{N-2};\widehat{M-1}|\cdot\\
&\quad |\widehat{N-3},N-1,N;\widehat{M-1}|+|\widehat{N-1};\widehat{M-1}||-1,\\
&\quad \widehat{N-3},N;\widehat{M-1}|)
\end{aligned}
$$

$$
\begin{aligned}
&=(-1)^M\ |\boldsymbol{A}|\ (|\widehat{N-3},N-2;N;\widehat{M-1}\ ||\ \widehat{N-3},\\
&-1,N-1;\widehat{M-1}\ |-\widehat{N-3},-1,N-2;\widehat{M-1}\ |\cdot\\
&\quad |\widehat{N-3},N-1,N;\widehat{M-1}\ |-|\ \widehat{N-3},N-2,N-1;\\
&\quad \widehat{M-1}\ ||\ \widehat{N-3},-1,N;\widehat{M-1}\ |)\\
&=0
\end{aligned}
$$

这两式代入式(10)右端即化为0,故有式(4)成立.类似可证(5)—(7)也成立.定理证毕.

3　孤子解和有理解

方程组(8)存在通解

$$\boldsymbol{\phi}=\mathrm{e}^{2A^2t+Ax}\boldsymbol{C},\boldsymbol{\psi}=\mathrm{e}^{-2A^2t-Ax}\boldsymbol{D}$$

其中 $\boldsymbol{C}=(c_1,c_2,\cdots,c_{N+M})^{\mathrm{T}}$,$\boldsymbol{D}=(d_1,d_2,\cdots,d_{N+M})^{\mathrm{T}}$ 是与 t,x 无关的常向量. $\boldsymbol{\phi}$ 与 $\boldsymbol{\psi}$ 可展开成级数得

$$\boldsymbol{\phi}=\mathrm{e}^{2A^2t+Ax}\boldsymbol{C}=\sum_{s=0}^{\infty}\Bigg(\sum_{l=0}^{\left[\frac{s}{2}\right]}\frac{2^l}{l!\ (s-2l)!}t^lx^{x-2l}\Bigg)\boldsymbol{A}^s\boldsymbol{C} \tag{11}$$

$$\boldsymbol{\psi}=\mathrm{e}^{-2A^2t-Ax}\boldsymbol{D}=\sum_{s=0}^{\infty}\Bigg(\sum_{l=0}^{\left[\frac{s}{2}\right]}\frac{(-1)^{s-l}2^l}{l!\ (s-2l)!}t^lx^{s-2l}\Bigg)\boldsymbol{A}^s\boldsymbol{D} \tag{12}$$

当 $\boldsymbol{A}$ 为某些特殊的矩阵时,可得 GDNLS 方程(2)的孤子解和有理解.若取 $\boldsymbol{A}$ 为对角形矩阵

$$\boldsymbol{A}=\begin{pmatrix} k_1 & & & 0 \\ & k_2 & & \\ & & \ddots & \\ 0 & & & k_{N+M} \end{pmatrix}, k_i \neq k_j (i = j)$$

代入式(11)－(12),则有

$\boldsymbol{\phi}_j = c_j \mathrm{e}^{2k_j^2 t + k_j x}$,$\boldsymbol{\psi}_j = d_j \mathrm{e}^{-2k_j^2 t - k_j x}$ $(j = 1, 2, \cdots, N + M)$

由其构成的双 Wronski 行列式 f, g, s 和 h 代入式(3),即为 GDNLS 方程(2) 的 N－孤子解(取 $M = N$).

若取 A 为

$$\boldsymbol{A}=\begin{pmatrix} 0 & & & 0 \\ 1 & 0 & & \\ & \ddots & \ddots & \\ 0 & & 1 & 0 \end{pmatrix}_{N+M}$$

显然 $\boldsymbol{A}^{N+M} = 0$,则无穷级数截断为有限项

$$\boldsymbol{\phi} = \sum_{s=0}^{N+M-1} \left(\sum_{l=0}^{\left[\frac{s}{2}\right]} \frac{2^l}{l!\ (s-2l)!} t^l x^{s-2l} \right) \boldsymbol{A}^s \boldsymbol{C}$$

$$\boldsymbol{\psi} = \sum_{s=0}^{N+M-1} \left(\sum_{l=0}^{\left[\frac{s}{2}\right]} \frac{(-1)^{s-l} 2^l}{l!\ (s-2l)!} t^l x^{s-2l} \right) \boldsymbol{A}^s \boldsymbol{D}$$

因而 $\boldsymbol{\phi}$ 和 $\boldsymbol{\psi}$ 相应的分量表达式为

$$\boldsymbol{\phi}_j = c_j + c_{j-1} x + c_{j-2} \left(2t + \frac{x^2}{2} \right) + \cdots +$$

$$c_1 \sum_{l=0}^{\frac{j-1}{2}} \frac{2^l}{l!\ (j-1-2l)!} t^l x^{j-1-2l}$$

$$\boldsymbol{\psi}_j = d_j - d_{j-1} x + d_{j-2} \left(-2t + \frac{x^2}{2} \right) + \cdots +$$

$$d_1 \sum_{l=0}^{\frac{j-1}{2}} \frac{(-1)^{j-1-l} 2^l}{l!\ (j-1-2l)!} t^l x^{j-1-2l}$$

$$(j=1,2,N+M)$$

由其构成的双 Wronski 行列式 f,g,s 和 h 代入式(3)，即得 GDNLS 方程(2) 的有理解.特别地，取 $c_1=d_1=1,c_k=d_k=0(k=2,\cdots,N+M)$，则有

$$\boldsymbol{\phi}_j=\sum_{l=0}^{\frac{j-1}{2}}\frac{2^l}{l!\ (j-1-2l)!}t^l x^{j-1-2l}$$

$$\boldsymbol{\psi}_j=\sum_{l=0}^{\frac{j-1}{2}}\frac{(-1)^{j-1-l}2^l}{l!\ (j-1-2l)!}t^l x^{j-1-2l}$$

当取 $j=1,2,3,4$ 时，可算得

$$\boldsymbol{\phi}_1=1,\boldsymbol{\phi}_2=x,\boldsymbol{\phi}_3=\frac{1}{2}x^2+2t,\boldsymbol{\phi}_4=\frac{1}{6}x^3+2tx$$

$$\boldsymbol{\psi}_1=1,\boldsymbol{\psi}_2=-x,\boldsymbol{\psi}_3=\frac{1}{2}x^2-2t,\boldsymbol{\psi}_4=-\frac{1}{6}x^3+2tx$$

因此，对应于 $N=M=1,N=2,M=1,N=1,M=2,N=M=2$，双线性方程(4)－(7) 有多项式解

$$f=-2x,g=1,s=-1,h=4\mathrm{i}$$

$$f=-4t+2x^2,g=1,s=2x,h=4\mathrm{i}(2x^2+4t)$$

$$f=-2x^2-4t,g=2x,s=-1,h=4\mathrm{i}$$

$$f=-16t^2-\frac{4}{3}x^4,g=4t-2x^2,$$

$$s=-2x^2-4t,h=-4\mathrm{i}\left(\frac{4}{3}x^3+8xt\right)$$

从而可以得到广义带导数非线性 Schrödinger 方程(2) 的有理解

$$q=-\frac{1}{4x^2},r=-8\mathrm{i}x$$

$$q=\frac{2x}{(-4t+2x^2)^2},r=\frac{4\mathrm{i}(x^4-4t^2)}{x^2}$$

$$q=-\frac{x}{2(2t+x^2)^2},r=-8\mathrm{i}(2t+x^2)$$

Schrödinger 方程

$$q=\frac{9(4t^2-x^4)}{4(12t^2+x^4)^2}, r=\frac{16i(12t^2+x^4)(6tx+x^3)}{9(2t+x^2)^2}$$

参考资料

[1] Ablowitz M J, Clarkson P A. Solitons, Nonlinear Evolution Equations and inverse scattering[M]. Cambridge University, 1991.

[2] Hirota R. Exact soliton of the KdV equation for multiple collisions of solitons[J]. Phys Rev Lett, 1971, 27: 1192-1194.

[3] Hu X B, Bullough R. A Bäcklund transformation and nonlinear superposition formulae of the Caudrey-Dodd-Gibbon-Kotera-Sawada hierarchy[J]. J Phys Soc Jap, 1998, 67: 662-777.

[4] Freeman N C, Nimmo J J C. Soliton solutions of the KdV and KP equations: the Wronskian technique[J]. Phys Lett A, 1983, 95: 1-3.

[5] Zhang D J. Singular solutions in Casoratian form for two differential-difference equations[J]. Chaos Solitons and Fractals, 2005, 23: 1333-1350.

[6] Ma W X. Complexiton solutions to the Korteweg-de Vries equation[J]. Phys Lett A, 2002, 301: 35-44.

[7] Fan E G. The positive and negative Camassa-Holm-γ hierarchies, zero curvature representations, bi- Hamiltonian structures, and algebro-geometric solution[J]. J Math Phys, 2009, 50: 013525.

[8] Fan E G. Explicit N-Fold Darboux Transformations and Soliton Solutions for Nonlinear Derivative Schrödinger Equations[J]. Communications in Theoretical Physics, 2001, 35: 651-656.

[9] Kaup D J, Newell A C. An exact solution for a derivative nonlinear Schrödinger equation[J]. J Math Phys, 1978, 19: 798-801.

[10] Li Q, Duan Q Y, Zhang J B. Exact Multisoliton Solutions of General Nonlinear Schrödinger Equation with Derivative[J]. The Scientific World Journal, 2014, 2014: 593983.

[11] Guo B L, Ling L M, Liu Q P. High-Order Solutions and Generalized Darboux Transformations of Derivative Nonlinear Schrödinger

Equations[J]. Studies in Applied Mathematics, 2013, 130: 317-344.
[12] Nimmo J J C, Yilmaz H. On Darboux transformations for the derivative nonlinear Schrödinger equation[J]. Journal of Nonlinear Mathematical Physics, 2014, 21: 278-293.

非线性 Schrödinger 方程的隐积分因子方法

第十九章

1 引言

一维非线性 Schrödinger(Nonlinear Schrödinger Equation,NLS) 方程在物理学的许多领域都有很重要的应用,如玻色－爱因斯坦凝聚、流体力学、非线性光学、生物物理学等.

目前,国内外已有许多人对一维NLS方程做了很多工作,提出多种方法来求解其精确解和数值解,如资料[1]提出了广义双曲函数法;资料[2]讨论了 Jacobi 椭圆函数展开法;资料[3]提出了试探函数法等. 但暂时还没有一种普遍高效求解其精确解的方法,都必须在一定的限制条件下才能正确求解,因此很多学者开始提出用数值方法进行模拟求解研究.

资料[4]提出了有限差分方法;资料[5]提出了时间分裂谱方法;资料[6]采用了在空间上基于 Galerkin 方法的全离散有限差格式;资料[7]提出了拟谱方法;资料[8]提出了解决 NLS 方程的一些其他数值解法等.

北京信息科技大学的张静静教授 2017 年考虑了具有零边界条件的一维 NLS 方程,提出一种在时间上具有高精度的数值方法,即隐积分因子(Implicit Integral Factor,IIF)方法[9],空间方向用中心差分进行离散.这种方法在空间上达到 2 阶精度,时间上可以达到 4 阶精度,甚至可以达到更高的精度,并且适用性比较广泛.

2　准备工作

考虑一维 NLS 方程

$$\mathrm{i}\frac{\partial\varphi}{\partial t}=-\frac{1}{2}\frac{\partial^2\varphi}{\partial x^2}+\beta\mid\varphi\mid^2\varphi\quad(x\in\mathbf{R},t\geqslant 0)\tag{1}$$

式中,$\varphi=\varphi(x,t)$ 为一个复值波函数;β 为非零无量纲常数.

为方便计算求解,本章把求解区域截断成足够大的区域 $[L_1,L_2]\times[0,T]$,然后将该区域剖成 $J\times N(J,N\in\mathbf{N}_+)$ 个网格,则空间步长和时间步长分别为 $h=\frac{L_2-L_1}{J},\tau=\frac{T}{N}$.

因此网格节点坐标 (x_j,t_n) 可写为

$$x_j=L_1+jh\quad(j=0,1,2,\cdots,J)$$

$$t_n=n\tau\quad(n=0,1,2,\cdots,N)$$

令 $\varphi(x_j, t_n)$ 代表方程式(1) 在网格节点(x_j, t_n)处的精确解;φ_j^n 代表在点(x_j, t_n) 处的数值解.

下面数值求解带有初边值条件的一维 NLS 方程

$$\mathrm{i}\frac{\partial\varphi}{\partial t} = -\frac{1}{2}\frac{\partial^2\varphi}{\partial x^2} + \beta|\varphi|^2\varphi$$

$$x \in [L_1, L_2], t \in [0, T] \tag{2}$$

$$\varphi(x, 0) = \varphi_0(x), x \in [L_1, L_2] \tag{3}$$

$$\varphi(L_1, t) = \varphi(L_2, t) = 0, t \in [0, T] \tag{4}$$

其中式(3) 和式(4) 分别为初值条件和边值条件.

3 数值方法

引入如下有限差分算子

$$\delta_x^2\varphi_j^n = \frac{\varphi_{j+1}^n - 2\varphi_j^n + \varphi_{j-1}^n}{h^2} \tag{5}$$

3.1 经典 Crank-Nicolson 格式

一维 NLS 方程的边值问题式(2)—(4) 的经典 Crank-Nicolson(C-N) 有限差分格式[8] 为

$$\mathrm{i}\delta_t^+\varphi_j^n = -\frac{1}{4}\delta_x^2(\varphi_j^{n+1} + \varphi_j^n) +$$

$$\frac{\beta}{4}(|\varphi_j^{n+1}|^2 + |\varphi_j^n|^2)(\varphi_j^{n+1} + \varphi_j^n) \tag{6}$$

$$1 \leqslant j \leqslant J-1 \quad (n \geqslant 0)$$

$$\varphi_j^0 = \varphi_0(x_j) \quad (0 \leqslant j \leqslant J)$$

$$\varphi_0^n = \varphi_J^n = 0 \quad (n \geqslant 0)$$

该格式的截断误差为 $O(h^2 + \tau^2)$,且无条件稳定,但也有一定的缺点,如精度比较低等. 下面本章用一种高精度的数值方法求解一维 NLS 方程问题.

3.2 隐积分因子方法

IIF 方法是 Nie Qing 等人在资料[9]中针对反应扩散系统提出的一种时间离散方法，是用积分方法求解空间离散后得到的非线性常微分方程组(Ordinary Differential Equation，ODEs)，并对线性扩散项和非线性反应项分别做显式处理和隐式处理[10,11]，从而得到的一系列全离散格式. 这种方法可以在时间上达到高阶精度. 下面用 IIF 方法数值求解式(2)空间离散后得到的 ODEs.

对式(2)在每个节点(x_j, t_n)处进行差分离散. 首先在空间上，用中心差分进行半离散

$$\varphi_{jt}=\frac{\mathrm{i}}{2}\delta_x^2\varphi_j-\mathrm{i}\beta\mid\varphi_j\mid^2\varphi_j\quad(j=1,2,\cdots,J-1)\tag{7}$$

当$j=0$或$j=J$时，$\varphi_0=\varphi_J=0$. 将式(5)代入式(7)，则式(7)可以写为如下的 ODEs 形式

$$\boldsymbol{\Psi}_t=\boldsymbol{L}\boldsymbol{\Psi}+\boldsymbol{N}(\boldsymbol{\Psi})\tag{8}$$

其中

$$\boldsymbol{\Psi}=(\varphi_1,\varphi_2,\cdots,\varphi_{J-1})^{\mathrm{T}}$$

$$\boldsymbol{L}=\frac{\mathrm{i}}{2h^2}\begin{pmatrix}-2 & 1 & & & \\ 1 & -2 & 1 & & \\ & 1 & -2 & \ddots & \\ & & \ddots & \ddots & 1 \\ & & & 1 & -2\end{pmatrix}_{(J-1)\times(J-1)}$$

$$N(\boldsymbol{\Psi}) = \begin{pmatrix} \mathrm{i} \mid \boldsymbol{\varphi}_1 \mid^2 \boldsymbol{\varphi}_1 \\ \mathrm{i} \mid \boldsymbol{\varphi}_2 \mid^2 \boldsymbol{\varphi}_2 \\ \mathrm{i} \mid \boldsymbol{\varphi}_3 \mid^2 \boldsymbol{\varphi}_3 \\ \vdots \\ \mathrm{i} \mid \boldsymbol{\varphi}_{J-1} \mid^2 \boldsymbol{\varphi}_{J-1} \end{pmatrix}$$

接着，对式(8) 用 IIF 方法进行时间方向上的离散. 在式(8) 两边同左乘以指数矩阵 e^{-Lt}，再在一个时间步 t_n 到 t_{n+1} 上积分，得

$$\boldsymbol{\Psi}(t_{n+1}) = \mathrm{e}^{L\tau}\boldsymbol{\Psi}(t_n) + \mathrm{e}^{L\tau}\int_0^{\tau} \mathrm{e}^{-Ls} N(\boldsymbol{\Psi}(t_n + s))\mathrm{d}s \quad (0 \leqslant s \leqslant \tau) \tag{9}$$

为构造具有 r 阶截断误差的隐格式，令 $g(s) = \mathrm{e}^{-Ls}\boldsymbol{N}(\boldsymbol{\Psi}(t_n + s))$，用 $r - 1$ 阶 Lagrange 插值多项式 $q(s)$ 进行逼近. 当插入 2 个点 t_{n+1} 和 t_n 时，有

$$q(s) = \frac{1}{\tau}[N(\boldsymbol{\Psi}^n)(\tau - s) + \mathrm{e}^{-L\tau}\boldsymbol{N}(\boldsymbol{\Psi}^{n+1})s]$$

用 Lagrange 多项式 $q(s)$ 代替式(9) 中的 $g(s)$，通过整理化简可以得到 2 阶 IIF(IIF2) 格式，即

$$\boldsymbol{\Psi}^{n+1} = \mathrm{e}^{L\tau}\left(\boldsymbol{\Psi}^n + \frac{\tau}{2}\boldsymbol{N}(\boldsymbol{\Psi}^n)\right) + \frac{\tau}{2}\boldsymbol{N}(\boldsymbol{\Psi}^{n+1}) \tag{10}$$

由于该格式是半隐格式，计算量比较大，本章通过 MATLAB 软件，利用迭代法[12,13] 求解上述非线性方程组，其中迭代形式为

$$\boldsymbol{\Psi}^{n+1,k+1} = \mathrm{e}^{L\tau}\left(\boldsymbol{\Psi}^n + \frac{\tau}{2}\boldsymbol{N}(\boldsymbol{\Psi}^n)\right) + \frac{\tau}{2}\boldsymbol{N}(\boldsymbol{\Psi}^{n+1,k})$$

根据上述理论推导，容易得到此差分格式也具有时空 2 阶精度，截断误差为 $O(h^2 + m^2)$.

同理，如果构造多项式 $q(s)$ 时，插入 4 个点 t_{n+1}，t_n，t_{n-1} 和 t_{n-2}，将会得到式(8) 的 4 阶 IIF(IIF4) 格式，

即

$$\boldsymbol{\Psi}^{n+1}=\mathrm{e}^{L\tau}\boldsymbol{\Psi}^{n}+\frac{19}{24}\tau\mathrm{e}^{L\tau}\boldsymbol{N}(\boldsymbol{\Psi}^{n})-\frac{5}{24}\mathrm{e}^{2L\tau}\tau\boldsymbol{N}(\boldsymbol{\Psi}^{n-1})+\frac{1}{24}\mathrm{e}^{3L\tau}\tau\boldsymbol{N}(\boldsymbol{\psi}^{n-2})+\frac{9}{24}\tau\boldsymbol{N}(\boldsymbol{\Psi}^{n+1}) \tag{11}$$

其迭代格式可以写为

$$\boldsymbol{\Psi}^{n+1,k+1}=\mathrm{e}^{L\tau}\boldsymbol{\Psi}^{n}+\frac{19}{24}\tau\mathrm{e}^{L\tau}\boldsymbol{N}(\boldsymbol{\Psi}^{n})-\frac{5}{24}\mathrm{e}^{2L\tau}\tau\boldsymbol{N}(\boldsymbol{\Psi}^{n-1})+\frac{1}{24}\mathrm{e}^{3L\tau}\tau\boldsymbol{N}(\boldsymbol{\Psi}^{n-2})+\frac{9}{24}\tau\boldsymbol{N}(\boldsymbol{\Psi}^{n+1,k})$$

此格式的截断误差为 $O(h^2+\tau^4)$，即在空间上可以达到 2 阶精度，时间上达到 4 阶精度.

本章在具体编程计算中，令

$$\boldsymbol{\Psi}_j^{n+1,k=0}=\boldsymbol{\Psi}_j^n,\ \lim_{k\to+\infty}\boldsymbol{\Psi}_j^{n+1,k+1}=\boldsymbol{\Psi}_j^{n+1}$$
$$(0\leqslant j\leqslant J,n\geqslant 0)$$

迭代算法的终止条件为

$$|\boldsymbol{\Psi}_j^{n+1,k+1}-\boldsymbol{\Psi}_j^{n+1,k}|<\varepsilon$$

式中，$k=0,1,2,\cdots$ 为迭代次数；ε 为给定的最大误差限制.

4　数值实验

本节主要用数值实验来验证和比较第 3 节提出的数值格式的精度阶，即 C-N 格式、IIF2 格式和 IIF4 格式. 定义

$$e_\infty(t_n):=\max_{0\leqslant j\leqslant J}|\varphi(x_j,t_n)-\varphi_j^n|$$

式中 $e_\infty(t_n)$ 为 $t=t_n$ 时式(2)的精确解和数值解之间的最大误差.

例 精度测试.

已知一维 NLS 方程式(2)的一类精确解[8]为

$$\varphi(x,t)=\frac{a}{\sqrt{-\beta}}\mathrm{sech}(a(x-vt-x_0))\times \mathrm{e}^{\mathrm{i}\left(vx-\frac{1}{2}(v^2-a^2)t+\theta_0\right)}$$

取参数 $\beta=-1,a=2,v=1,x_0=\theta_0=0$,则初值为

$$\varphi(x,t=0)=2\mathrm{sech}(2x)\mathrm{e}^{\mathrm{i}x} \tag{12}$$

首先用 IIF2 格式对初边值问题式(2)—(4)进行数值求解,验证此格式的空间和时间方向的精度阶. 在具体计算中,为节省时间,选取 $T=1,L_2=-L_1=10$, $\varepsilon=10^{-13}$,空间步长和时间步长分别取($h=0.1,\tau=0.05$),$\left(\frac{h}{2},\frac{\tau}{2}\right)$,$\left(\frac{h}{4},\frac{\tau}{4}\right)$,$\left(\frac{h}{8},\frac{\tau}{8}\right)$,用迭代算法分别算出最后时间层上精确解和数值解的最大误差、误差比及精度阶,如表 1 所示.

表 1 IIF2 格式的最大误差、误差比及时间($t=1$)

空间步长	误差 e_∞	误差比	精度阶
$h=0.1,\tau=0.05$	2.484 9e−02	#	#
$\frac{h}{2},\frac{\tau}{2}$	6.518 2e−03	3.815 4	1.95
$\frac{h}{4},\frac{\tau}{4}$	1.651 2e−03	3.936 5	1.98
$\frac{h}{8},\frac{\tau}{8}$	4.139 1e−04	4.107 2	2.03

同理,用 IIF4 格式对初边值问题式(2)—(4)进行数值求解,此时取不同的空间步长和时间步长($h=0.1,\tau=0.05$),$\left(\frac{h}{4},\frac{\tau}{2}\right)\left(\frac{h}{16},\frac{\tau}{4}\right)$,$\left(\frac{h}{64},\frac{\tau}{8}\right)$,分别算出最

后时间层精确解和数值解的最大误差、误差比及精度阶，如表 2 所示.

表 2　IIF4 格式的最大误差、误差比及时间($t=1$)

空间步长	误差 e_∞	误差比	精度阶
$h=0.5,\tau=0.1$	1.426 9	#	#
$\frac{h}{4},\frac{\tau}{2}$	8.579 2e−02	16.631 9	4.07
$\frac{h}{16},\frac{\tau}{4}$	4.982 1e−03	17.222 7	4.15
$\frac{h}{64},\frac{\tau}{8}$	2.719 9e−04	18.314 8	4.28

最后利用 C-N 格式数值求解式(2)—(4)，在 MATLAB 编程中利用迭代算法和追赶法[12,13]，得到的结果如表 3 所示.

表 3　Crank-Nicolson 格式的最大误差、误差比及时间($t=1$)

空间步长	误差 e_∞	误差比	精度阶
$h=0.1,\tau=0.05$	4.201 5e−02	#	#
$\frac{h}{2},\frac{\tau}{2}$	1.029 4e−02	4.079 8	2.02
$\frac{h}{4},\frac{\tau}{4}$	2.559 2e−03	3.961 5	1.99
$\frac{h}{8},\frac{\tau}{8}$	3.392 2e−04	4.067 5	2.02

表 1 和表 2 的结果显示 IIF2 格式具有时空 2 阶精度，IIF4 格式在空间上达到 2 阶精度，时间上达到 4 阶精度，与第 3 节的理论推导相吻合. 这种数值求解 NLS 方程的 IIF 方法，可以在时间上达到更高的精度，数值模拟效果较好.

通过隐积分因子方法数值求解 NLS 方程，可以在时间上达到 4 阶精度，甚至可能达到更高的精度，而 C-N 格式只能达到时空 2 阶精度.

参考资料

[1] Gao Y T, Tian B. Generalized hyperbolic-function method with computerized symbolic computation to construct the solitonic solutions to nonlinear equations of mathematical physics[J]. Computer Physics Communications, 2001, 133(2-3): 158-164.

[2] Liu S D, Fu Z T, Liu S K, et al. The envelope periodic solutions to nonlinear wave equations with Jacobi elliptic function[J]. Acta Physica Sinica, 2002, 51(4): 718-722.

[3] Gao X, Duan W. New exact solutions for nonlinear Schrödinger equation[J]. J Northwest Normal University, 2008, 44(1): 43-46.

[4] Sanzserna J M. Methods for the numerical solution of the nonlinear Schroedinger equation[J]. Mathematics of Computation, 1984, 43(43): 21-27.

[5] Bao W, Shi J, Markowich P A. On time-splitting spctral approximations for the Schrödinger equation in the semiclassical regime[J]. Journal of Computational Physics, 2002, 175(2): 487-524.

[6] Akrivis G D, Dougalis V A, Karakashian O A. On fully discrete Galerkin methods of second order temporal accuracy for the nonliear Schrödinger equation[J]. Numerische Mathematik, 1991, 59(1): 31-53.

[7] 梁宗旗，鲁百年. 具有波动算子的非线性 Schrödinger 方程的拟谱方法[J]. 高等学校计算数学学报，1999，21(003)：202-211.

[8] Bao W, Tang Q, Xu Z. Numerical methods and comparison for computing dark and bright solitons in the nonlinear Schrödinger equation[J]. Journal of Computational Physics, 2013, 235: 423-445.

[9] Nie Q, Zhang Y T, Zhao R. Efficient semi-implicit schemes for stiff systems[J]. Journal of Computational Physics, 2006, 214(2): 521-537.

[10] 张荣培. 求解反应扩散方程的紧致隐积分因子方法[J]. 中国海洋大学学报,2012(s1):208-212.

[11] 张荣培,蔚喜军,崔霞,等. 隐一显积分因子间断 Galerkin 方法求解二维辐射扩散方程[J]. 计算物理,2012,29(5):647-653.

[12] Li S C, Li X G, Cao J J, et al. High-order numerical method for the derivative nonlinear Schrödinger equation[J]. International Journal of Modeling, Simulation, and Scientific Computing, 2017, 8(1): 1750017.

[13] 张静静,李书存,曹俊杰. 伯格方程的紧致差分格式[J]. 北京信息科技大学学,2017,32(1):72-77.

非线性四阶 Schrödinger 方程的高阶保能量方法

第二十章

在已有资料中，许多学者构造了非线性四阶 Schrödinger 方程的不同数值算法. Kong 等人[1] 基于分步数值方法和 Dosinlongge-Kuta 方法的思想，设计了一种新的多辛积分因子，即分步多辛（SSMS）方法. 黄浪扬[2] 构造了非线性四阶 Schrödinger 方程的半显式多辛拟谱格式. 这些格式在长时间精确数值模拟非线性四阶 Schrödinger 方程的演化中具有重要的意义，但只能近似地保持方程的能量. 近年来，有学者提出在时间方向上具有二阶精度的平均向量场方法，能保持微分方程固有能量守恒特性. 二阶平均向量场方法已经广泛地应用于计算能量守恒的偏微分方程中[3-5]，并取得了很好的数值结果. 如 Quispel 等人[6] 提出了具有高阶精度的平均向量场方法. 海南大学信息科学技术学院的王一帆，孙建强，陈宵玮三位教授 2017 年利用四阶平均向量场方法和拟谱方法构造非线性四阶 Schrödinger 方程的高阶保能量格式，并利用高阶保能量格式数值模拟非线性四阶 Schrödinger 方程孤立波的演化行为.

1 非线性四阶 Schrödinger 方程

考虑强激光光束传输过程中四阶色散项在具有克尔非线性的松散介质中的影响，资料[7－9] 建立了四阶 Schrödinger 方程，即

$$\mathrm{i}u_t + u_{xxxx} + h'(|u|^2)u = 0 \quad (\mathrm{i} = \sqrt{-1}) \tag{1}$$

如果考虑外部受限的势能，则方程(1) 为受限制的非线性四阶 Schrödinger 方程. 文中研究的非线性四阶 Schrödinger 方程为

$$\mathrm{i}u_t + u_{xxxx} + \alpha(|u|^2)u - \beta g(x)u = 0$$
$$((x,t) \in (-\infty, +\infty) \times (0, T]) \tag{2}$$

$$u(x,0) = u_0(x) \quad (x \in (-\infty, +\infty)) \tag{3}$$

$$u(x,t) = u(x+L,t) \quad (t = (-\infty, +\infty)) \tag{4}$$

式(2)—(4) 中：$u_0(x)$ 为一个指定的复值函数；$g(x)$ 为绕原点的波函数. 方程在研究动态玻色－爱因斯坦凝集态、非线性光学之类的问题中具有重要的应用. 方程(2) 在有限区域内具有能量守恒特性[10]，即

$$E(t) = \int_0^L \left(\frac{1}{2}|u_{xx}|^2 + \frac{\alpha}{4}|u|^4 - \frac{\beta}{2}g(x)|u|^2\right)\mathrm{d}x$$
$$= E(0) \tag{5}$$

2 非线性四阶 Schrödinger 方程的高阶保能量格式

下面给出非线性四阶 Schrödinger 方程的离散格式. 在实际计算中，只能给出方程在有限区域内的数值解. 根据资料[1,10]，取方程空间求解区域为$[0,2\pi]$.

设 $u(x,t)=p(x,t)+q(x,t)\mathrm{i}$，方程(2) 可表示为

$$p_t+q_{xxxx}+\alpha(p^2+q^2)q-\beta g(x)q=0 \tag{6}$$

$$q_t-p_{xxxx}-\alpha(p^2+q^2)p+\beta g(x)p=0 \tag{7}$$

方程(6)(7) 可以转化为无穷维 Hamilton 系统，即

$$\frac{\mathrm{d}z}{\mathrm{d}t}=\boldsymbol{J}\frac{\delta H(z)}{\delta u},\quad \boldsymbol{J}=\begin{pmatrix}0 & 1\\ -1 & 0\end{pmatrix} \tag{8}$$

式(8) 中：$\boldsymbol{z}=(p,q)^{\mathrm{T}}$，Hamilton 函数为

$$H(\boldsymbol{z})=\int\Big(-\frac{1}{2}((p_{xx})^2+(q_{xx})^2)-\frac{\alpha}{4}(p^2+q^2)^2+\frac{\beta}{2}g(x)(p^2+q^2)\Big)\,\mathrm{d}x \tag{9}$$

利用拟谱方法在空间方向离散非线性四阶 Schrödinger 方程(8)，空间积分区间 $\Omega=[0,2\pi]$，$L=2\pi$，将 Ω 分为 N 等份，$h=\dfrac{L}{N}$ 为空间步长，N 为一个正偶数.

空间置配点 $x_j=a+hj$，$j=0,\cdots,N-1$. 令 p_j 为 $p(x,t)$ 在配置点 x_j 处的近似值. 定义

$$S_N=\left\{g_j(x);-\frac{N}{2}\leqslant j\leqslant\frac{N}{2}-1\right\}$$

为插值空间. 其中，$g_j(x)$ 是满足 $g_j(x_i)=\delta_j^i$ 的正交三

角多项式，且 $g_j(x)$ 可以表示为

$$g_j(x)=\frac{1}{N}\sum_{l=-\frac{N}{2}}^{\frac{N}{2}}\frac{1}{c_l}\mathrm{e}^{\mathrm{i}l\mu(x-x_j)}$$

其中：$c_l=1\left(|l|\neq\frac{N}{2}\right)$；$c_{-\frac{N}{2}}=c_{\frac{N}{2}}=2$；$\mu=\frac{2\pi}{L}$. 对任意 $p(x,t)\in C^0(\Omega)$，定义的插值算子 I_N[11] 为

$$I_Np(x,t)=\sum_{l=0}^{N-1}p_lg_l(x)$$

正交的三角插值算子 I_N 在置配点 x_j 满足

$$I_Np(x_j,t)=p(x_j,t)\quad(j=0,\cdots,N-1)$$

假设 $\boldsymbol{P}=(p_0,p_1,\cdots,p_{N-1})^{\mathrm{T}}$，定义

$$(\boldsymbol{D}_k)_{i,j}=\frac{\mathrm{d}^kg_j(x_i)}{\mathrm{d}x^k}$$

称 $\boldsymbol{D}_k$ 为 k 阶微分矩阵. 通过计算可以得到

$$\frac{\partial}{\partial x}I_Np(x,t)\mid_{x=x_j}=\sum_{l=0}^{N-1}p_l\frac{\mathrm{d}g_l(x_j)}{\mathrm{d}x}=(\boldsymbol{D}_1\boldsymbol{P})_j$$

$$\frac{\partial^2}{\partial x^2}I_Np(x,t)\mid_{x=x_j}=\sum_{l=0}^{N-1}p_l\frac{\mathrm{d}^2g_l(x_j)}{\mathrm{d}x^2}=(\boldsymbol{D}_2\boldsymbol{P})_j$$

$\boldsymbol{D}_1,\boldsymbol{D}_2$ 分别是一阶和二阶谱矩阵，即

$$(\boldsymbol{D}_1)_{i,j}=\begin{cases}\frac{1}{2}\mu(-1)^{i+j}\cot\left(\mu\frac{x_i-x_j}{2}\right),i\neq j\\0,i=j\end{cases}$$

$$(\boldsymbol{D}_2)_{i,j}=\begin{cases}\frac{1}{2}\mu^2(-1)^{i+j+1}\frac{1}{\sin^2\left(\mu\frac{x_i-x_j}{2}\right)},i\neq j\\-\mu^2\frac{N^2+2}{12},i=j\end{cases}$$

利用二阶微分矩阵 $\boldsymbol{D}_2$ 近似二阶偏导算子 ∂_{xx}，可以得到方程(6)，(7) 的半离散拟谱格式，即

$$\frac{\mathrm{d}p_i}{\mathrm{d}t}=-(\boldsymbol{AQ})_i+\sum_{j=0}^{N-1}(\beta g(x_j)q_j-\alpha((p_j)^2+(q_j)^2)q_j) \tag{10}$$

$$\frac{\mathrm{d}q_i}{\mathrm{d}t}=-(\boldsymbol{AP})_i-\sum_{j=0}^{N-1}(\beta g(x_j)p_j-\alpha((p_j)^2+(q_j)^2)p_j) \tag{11}$$

式(10)，(11) 中：$\boldsymbol{A}=(\boldsymbol{D}_2)^2$；$j=0,1,\cdots,N-1$. 式(10)(11) 可以表示为有限维 Hamilton 系统，即

$$\frac{\mathrm{d}\boldsymbol{Z}}{\mathrm{d}t}=f(\boldsymbol{Z})=\boldsymbol{J}\,\nabla H(\boldsymbol{Z}) \tag{12}$$

式(12) 中：$\boldsymbol{Z}=[\boldsymbol{P}^{\mathrm{T}},\boldsymbol{Q}^{\mathrm{T}}]^{\mathrm{T}}$，$\boldsymbol{J}=\begin{bmatrix}0 & \boldsymbol{I}_N\\ -\boldsymbol{I}_N & 0\end{bmatrix}$. 相应 Hamilton 函数为

$$\begin{aligned}&H(\boldsymbol{Z})\\&=\sum_{i=0}^{N-1}\left(\frac{\beta}{2}g(x)((p_i)^2+(q_i)^2)-\frac{\alpha}{4}((p_i)^2+(q_i)^2)^2\right)-\\&\quad\frac{1}{2}(\boldsymbol{Q}^{\mathrm{T}}(\boldsymbol{D}_2)^2\boldsymbol{Q}+\boldsymbol{P}^{\mathrm{T}}(\boldsymbol{D}_2)^2\boldsymbol{P})\end{aligned}$$

用四阶平均向量场方法离散 Hamilton 系统(12)，可得方程(2) 的高阶保能量格式为

$$\begin{aligned}\frac{\boldsymbol{Z}^{n+1}-\boldsymbol{Z}^n}{\tau}&=\int_0^1 f((1-\xi)\boldsymbol{Z}^n+\xi\boldsymbol{Z}^{n+1})\mathrm{d}\xi-\\&\quad\frac{1}{12}\tau^2\hat{\boldsymbol{J}}^2\int_0^1 f((1-\xi)\boldsymbol{Z}^n+\xi\boldsymbol{Z}^{n+1})\mathrm{d}\xi\end{aligned} \tag{13}$$

式(13) 中

$$\hat{\boldsymbol{J}}=\boldsymbol{J}\hat{\boldsymbol{H}}=\begin{pmatrix}-\boldsymbol{B} & \boldsymbol{C}-\boldsymbol{A}\\ \boldsymbol{E}+\boldsymbol{A} & \boldsymbol{B}\end{pmatrix}$$

$$\hat{\boldsymbol{J}}^2=\begin{pmatrix}\boldsymbol{B}^2+(\boldsymbol{C}-\boldsymbol{A})(\boldsymbol{E}-\boldsymbol{A}) & \boldsymbol{BA}-\boldsymbol{AB}\\ \boldsymbol{BA}-\boldsymbol{AB} & (\boldsymbol{E}+\boldsymbol{A})(\boldsymbol{C}-\boldsymbol{A})+\boldsymbol{B}^2\end{pmatrix}$$

令 $\hat{\boldsymbol{J}}^2=\begin{bmatrix}\hat{B} & \hat{C}\\ \hat{C} & \hat{D}\end{bmatrix}$，其中，$\hat{\boldsymbol{H}}_{i,j}=\frac{\partial^2\boldsymbol{H}}{\partial\boldsymbol{Z}_i\partial\boldsymbol{Z}_j}\left(\frac{\boldsymbol{Z}^{n+1}+\boldsymbol{Z}^n}{2}\right)$，$\boldsymbol{B}=\frac{\alpha}{2}\boldsymbol{DG}$；$\boldsymbol{C}=\beta g(x_i)-\frac{\alpha}{4}\boldsymbol{D}^2-\frac{3\alpha}{4}\boldsymbol{G}^2$；$\boldsymbol{E}=-\beta g(x_i)+\frac{\alpha}{4}\boldsymbol{G}^2+\frac{3\alpha}{4}\boldsymbol{D}^2$；$\boldsymbol{B},\boldsymbol{C}$ 为 $N\times N$ 对角矩阵；$\boldsymbol{D},\boldsymbol{G}$ 为对角矩阵，即

$$\mathrm{Diag}(\boldsymbol{D})=[p_1^{n+1}+p_1^n,\cdots,p_N^{n+1}+p_N^n]$$
$$\mathrm{Diag}(\boldsymbol{G})=[q_1^{n+1}+q_1^n,\cdots,q_N^{n+1}+q_N^n]$$

式(13) 可以被表示为矩阵向量形式，即

$$\begin{bmatrix}\dfrac{\boldsymbol{P}^{n+1}-\boldsymbol{P}^n}{\tau}\\ \dfrac{\boldsymbol{Q}^{n+1}-\boldsymbol{Q}^n}{\tau}\end{bmatrix}=\begin{pmatrix}\boldsymbol{F}^1\\ \boldsymbol{F}^2\end{pmatrix}-\frac{\tau}{12}\begin{bmatrix}\hat{\boldsymbol{B}} & \hat{\boldsymbol{C}}\\ \hat{\boldsymbol{C}} & \hat{\boldsymbol{D}}\end{bmatrix}\begin{pmatrix}\boldsymbol{F}^1\\ \boldsymbol{F}^2\end{pmatrix}\tag{14}$$

式(14) 中：$\boldsymbol{F}^1=(F_1^1,F_2^1,\cdots,F_N^1)^{\mathrm{T}}$；$\boldsymbol{F}^2=(F_1^2,F_2^2,\cdots,F_N^2)^{\mathrm{T}}$，经过展开计算可以得到

$$\begin{aligned}F_i^1=&-\int_0^1(\boldsymbol{A}((1-\xi)\boldsymbol{Q}^n+\xi\boldsymbol{Q}^{n+1}))_i\mathrm{d}\xi+\\&\beta g(x_i)\int_0^1((1-\xi)q_j^n+\xi q_j^{n+1})\mathrm{d}\xi-\\&\alpha\int_0^1(((1-\xi)p_j^n+\xi p_j^{n+1})^2+\\&((1-\xi)q_j^n+\xi q_j^{n+1})^2)((1-\xi)q_j^n+\xi q_j^{n+1})\mathrm{d}\xi\end{aligned}\tag{15}$$

$$\begin{aligned}F_i^2=&\int_0^1(\boldsymbol{A}((1-\xi)\boldsymbol{P}^n+\xi\boldsymbol{P}^{n+1}))_i\mathrm{d}\xi-\\&\beta g(x_i)\int_0^1((1-\xi)p_j^n+\xi p_j^{n+1})\mathrm{d}\xi+\\&\alpha\int_0^1(((1-\xi)p_j^n+\xi p_j^{n+1})^2+\end{aligned}$$

$$((1-\xi)q_j^n+\xi q_j^{n+1})^2)((1-\xi)p_j^n+\xi p_j^{n+1})\mathrm{d}\xi \tag{16}$$

式(15),(16) 等价于

$$F_i^1=-\left(\boldsymbol{A}\left(\frac{\boldsymbol{Q}^{n+1}+\boldsymbol{Q}^n}{2}\right)\right)_i+\beta g(x_i)\left(\frac{q_j^{n+1}+q_j^n}{2}\right)-$$

$$\alpha\left(\frac{1}{3}((p_j^{n+1})^2+p_j^{n+1}p_j^n+(p_j^n)^2)q_j^n+\right.$$

$$\left(\frac{1}{4}(p_j^{n+1})^2+\frac{1}{6}p_j^{n+1}p_j^n+\frac{1}{12}(p_j^n)^2\right)(q_j^{n+1}-q_j^n)+$$

$$\frac{1}{3}((q_j^{n+1})^2+q_j^nq_j^{n+1}+(q_j^n)^2)q_j^n+$$

$$\left(\frac{1}{4}(q_j^{n+1})^2+\frac{1}{6}q_j^{n+1}q_j^n+\frac{1}{12}(q_j^n)^2\right)(q_j^{n+1}-q_j^n)$$

$$F_i^2=-\left(\boldsymbol{A}\left(\frac{\boldsymbol{P}^{n+1}+\boldsymbol{P}^n}{2}\right)\right)_i-\beta g(x_i)\left(\frac{p_j^{n+1}+p_j^n}{2}\right)+$$

$$\alpha\left(\frac{1}{3}((p_j^{n+1})^2+p_j^{n+1}p_j^n+(p_j^n)^2)p_j^n+\right.$$

$$\left.\frac{1}{4}(p_j^{n+1})^2+\frac{1}{6}p_j^{n+1}p_j^n+\frac{1}{12}(p_j^n)^2\right)(p_j^{n+1}-p_j^n)+$$

$$\frac{1}{3}((q_j^{n+1})^2+q_j^nq_j^{n+1}+(q_j^n)^2)p_j^n+$$

$$\left(\frac{1}{4}(q_j^{n+1})^2+\frac{1}{6}q_j^{n+1}q_j^n+\frac{1}{12}(q_j^n)^2\right)(p_j^{n+1}-p_j^n)$$

式(14) 可以表示为

$$\boldsymbol{A}(\tau,h)\boldsymbol{U}^{n+1}=\boldsymbol{B}(\tau,h)\boldsymbol{U}^n+\tau\boldsymbol{F}(\boldsymbol{U}^{n+1},\boldsymbol{U}^n)\quad(n=1,2,\cdots)$$

上式中:$\boldsymbol{U}^n=[(\boldsymbol{P}^n)^{\mathrm{T}},(\boldsymbol{Q}^n)^{\mathrm{T}}]^{\mathrm{T}}$;$\boldsymbol{A}(\tau,h)$,$\boldsymbol{B}(\tau,h)$ 为可逆矩阵;$\boldsymbol{F}(\boldsymbol{U}^{n+1},\boldsymbol{U}^n)$ 为非线性系统中的非线性项.

利用不动点迭代的方法解决代数系统[10],即

$$\boldsymbol{A}(\tau,h)\boldsymbol{U}^{+1,k+1}=\boldsymbol{B}(\tau,h)\boldsymbol{U}^n+\tau\boldsymbol{F}(\boldsymbol{U}^{n+1,k},\boldsymbol{U}^n)$$

$$(n=1,2,\cdots,k=1,2,\cdots)$$

在迭代步骤中,有 $\boldsymbol{U}^{n+1,0}=\boldsymbol{U}^n$. 在迭代终止时,有

$$\max_j | u_j^{n+1,k+1} - u_j^{n+1,k} | < 10^{-13}$$

或者

$$\max_j | (\boldsymbol{A}(\tau,h)\boldsymbol{U}^{n+1,k+1} - \boldsymbol{B}(\tau,h)\boldsymbol{U}^n - \tau\boldsymbol{F}(\boldsymbol{U}^{n+1,k}, \boldsymbol{U}^n))_j | < 10^{-13}$$

3 数值模拟

为了验证高阶保能量格式(14)的保能量守恒特性,定义相对能量误差为

$$\mathrm{RE}(t_n) = \left| \frac{E(\boldsymbol{Z}^n) - E(\boldsymbol{Z}^0)}{E(\boldsymbol{Z}^0)} \right|$$

上式中:$E(\boldsymbol{Z}^0)$ 为 $t_0=0$ 时刻的初始能量;$E(\boldsymbol{Z}^n)$ 为能量函数(5)在 $t_n=n\tau$ 时刻的离散能量,$E(\boldsymbol{Z}^n) = h\sum_{i=0}^{N-1}\left(\frac{\beta}{2}g(x_i)((p_i^n)^2+(q_i^n)^2) - \frac{\alpha}{4}((p_i^n)^2+(q_i^n)^2)^2\right) - \frac{1}{2}((\boldsymbol{Q}^n)^{\mathrm{T}}(\boldsymbol{D}_2)^2(\boldsymbol{Q}^n) + (\boldsymbol{P}^n)^{\mathrm{T}}(\boldsymbol{D}_2)^2(\boldsymbol{P}^n))$

3.1 数值模拟 1

选择 $\alpha=6$,$\beta=150$,$g(x)=\sin^2 x$,取方程(2)的初值条件为

$$u(x,0) = \frac{5}{\sqrt{2}}(1+\mathrm{i})\sin x$$

周期 $L=2\pi$,取时间步长 $\tau=0.000\,1$,空间置配点 $N=20$. 非线性四阶 Schrödinger 方程在 $t=2$ 时刻的实部的数值解 $\mathrm{Re}(\mu)$ 和虚部的数值解 $\mathrm{Im}(\mu)$ 如图 1 所示. 方程在 $t\in[0,2]$ 内的相对能量误差 RE 如图 2 所

示.图 2 中,能量误差达到机器精度,可忽略.由图 1,2 可知:高阶保能量格式(14) 可以很好地模拟方程孤立波的演化行为,且精确地保持了方程的离散能量守恒特性.

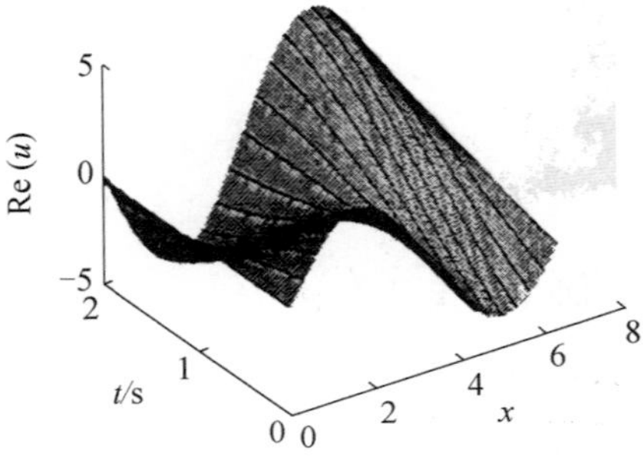

(a) 实部

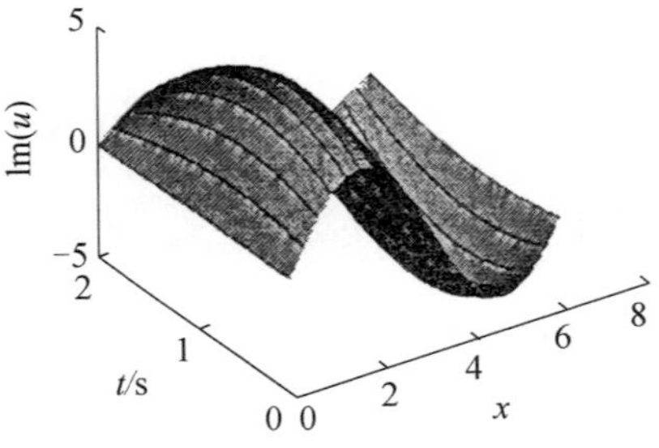

(b) 虚部

图 1　孤立波在 $t = 2$ 时的实部和虚部的数值解

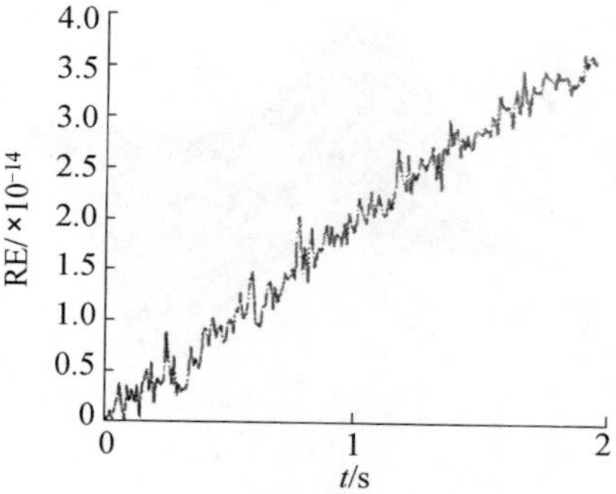

图 2　孤立波在 $t \in [0,2]$ 内的相对能量误差变化

3.2　数值模拟 2

取 $\alpha=1, \beta=1, g(x)=\cos^2 x$，取方程(2)的初值条件为

$$u(x,0)=\exp\left(\frac{\mathrm{i}\pi}{6}\right)\cos x$$

$L=2\pi$，取时间步长 $\tau=0.000\ 01$，空间置配点 $N=20$. 方程在 $t=1$ 时刻的实部和虚部的数值解如图 3 所示. 方程在 $t \in [0,1]$ 内的相对能量误差如图 4 所示.

图 4 中，能量误差小，同样可忽略. 因此，高阶保能量格式有好的计算精度，并且同样可以精确保持方程的离散能量守恒特性.

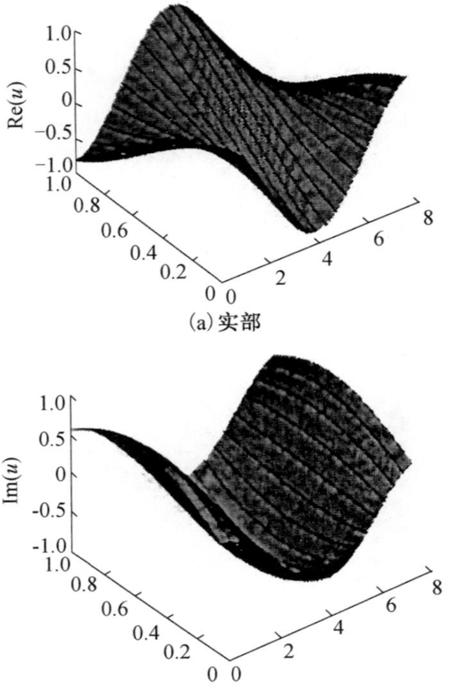

(a) 实部

(b)虚部

图 3　孤立波在 $t=1$ 时实部和虚部的数值解

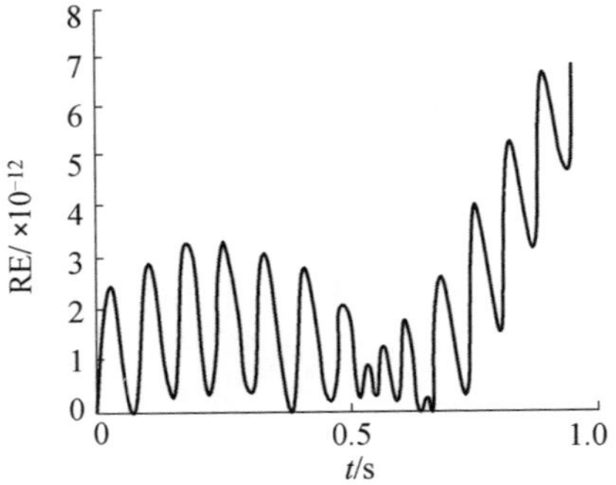

图 4　孤立波在 $t\in[0,1]$ 内的相对能量误差变化

参考资料

[1] Kong Linghua, Hong Jialin, Wang Lan. Symplectic integrator for nonlinear high order Schrödinger equation with a trapped term[J]. Journal of computation and applied mathematics, 2009, 231(2): 664-679.

[2] 黄浪扬. 非线性四阶薛定谔方程的半显式多辛拟谱格式[J]. 华侨大学学报(自然科学版), 2013, 34(6): 706-709.

[3] Gong Yuezheng, Cai Jiaxiang, Wang Yushun. Some new strure-preserving algorithms for general muti-symplectic formulations of hamiltonian PDEs[J]. Journal of computational physics, 2014, 279: 80-102.

[4] Celledoni E, Grimm V, Mclaren D I, et al. Preserving energy resp. dissipation in numerical PDEs using the "average vector filed" method[J]. Communications of computational physics, 2012, 231(20): 6770-6789.

[5] 蒋朝龙, 黄荣芳, 孙建强. 耦合非线性薛定谔方程的平均离散梯度法[J]. 工程数学学报, 2014, 31(5): 707-718.

[6] Quispel G R W, Mclaren D I. A new class of energy-preserving numerical integration methods[J]. Journal of physics a mathematical and theoretical, 2008, 41(4): 045206(1-7).

[7] Karpman V I. Stabilization of soliton instabilities by higher-order dispersion: Fourth order nonlinear Schrödinger-type equations[J]. Physical review E, 1996(53): 1336-1339.

[8] Karpman V I, Shagalov A G. Stability of soliton described by nonlinear equation Schrödinger-type with higher-order disperion[J]. Physical D: Nonlinear phenomena, 2000(144): 194-210.

[9] Pausader B. The cubic fourth-order Schrödinger equation[J]. Journal of functional analysis, 2009, 256(8): 2473-2517.

[10] Hong Jialin, Kong Linghua. Novel multi-symplectic integrators for nonlinear fourth-order Schrödinger equation with trapped term[J]. Communications in computational physics, 2010, 7(3): 613-630.

Schrödinger 方程

[11]Chen Jingbo, Qin Mengzhao. Multi-symplectic fourier pseudospectral method for the nonlinear Schrödinger equation[J]. Electronic trasactions on numerical analysis publisher, 2001, 12(11): 193-204.

定常非线性 Schrödinger 方程的有限元方法超收敛估计

第二十一章

超收敛分析是提高有限元方法数值精度和效率的一种强有力的工具，国内外许多学者做了大量的研究[1-4]. Schrödinger 方程是量子力学最基本的方程，在原子、分子、非线性光学、等离子物理、电磁波理论、核物理等领域中被广泛应用. 关于其数值求解方法有许多的研究[5-9]，而在其超收敛方面的研究不是很多[10-12]. 湖南工业大学理学院的王建云，湖南工程学院理学院的田智鲲二位教授 2018 年考虑了如下二维定常非线性 Schrödinger 方程

$$\begin{cases} -\Delta u(x)+V(x)u(x)+ \\ |u(x)|^2u(x)=f(x) \quad (x\in\Omega) \\ u(x)=0 \quad (\forall x\in\partial\Omega) \end{cases} \tag{1}$$

式中,$\Omega \subset \mathbf{R}^2$ 为矩形区域,未知函数 $u(x)$ 和右端项函数 $f(x)$ 都为复数值,势能函数 $V(x)$ 中 $L^\infty(\Omega)$ 为实数值且非负,即存在某实数 $V_0 > 0$ 使得 $V(x) \geqslant V_0$.

用 (u,v) 表示通常复数域的内积,相应的范数 $\| u \| = \sqrt{(u,u)}$. 记 $W^{k,p}$ 为标准的 Sobolev 空间,$W^{k,2}$ 简记为 H^k.

问题(1) 的弱解 $u(x)$ 可定义为:求函数 $u(x) \in H_0^1(\Omega)$ 满足

$$a(u,v) + (|u|^2 u, v) = (f,v) \quad (\forall v \in H_0^1(\Omega)) \tag{2}$$

式中 $a(u,v) = (\nabla u, \nabla v) + (Vu, v)$.

设 Γ_h 为区域Ω 上拟一致矩形网格剖分,其中 $h > 0$ 为网格步长,$S^h \subset H_0^1(\Omega)$ 为相应的有限元分片线性多项式空间,则问题(1) 的有限元解 $u_h(x)$ 可定义为:求函数 $u_h(x) \in S^h$ 满足

$$a(u_h, v_h) + (|u_h|^2 u_h, v_h) = (f, v_h) \quad (v_h \in S^h) \tag{3}$$

对函数 $w(x) \in H_0^1(\Omega)$,定义其椭圆投影 $P_h w(x) \in S^h$ 满足

$$a(P_h w, v_h) = a(w, v_h) \quad (\forall v_h \in S^h) \tag{4}$$

1 超收敛误差估计

引理 1[6] 若函数 $w(x) \in H^2(\Omega)$,则其投影 $P_h w(x)$ 有如下估计

$$\| w - P_h w \| \leqslant Ch^2 \| w \|_2 \tag{5}$$

引理 2[5]　对任意函数 $v(x)\in S^h$，有如下逆不等式成立

$$\| v \|_{0,\infty} \leqslant Ch^{-1} \| v \| \qquad (6)$$

引理 3　设 u_h 为(3)的解，则有如下误差估计

$$\| u_h \| \leqslant C,\ \| u_h \|_{0,\infty} \leqslant C \qquad (7)$$

证明　在(3)中取 $v_h=u_h$，有 $(\nabla u_h,\nabla u_h)+(Vu_h,u_h)+(|u_h|^2u_h,u_h)=(f,u_h)$. 由于 $(\nabla u_h,\nabla u_h)\geqslant 0$，$(|u_h|^2u_h,u_h)\geqslant 0$，有

$$V_0\| u_h \|^2 \leqslant (Vu_h,u_h) \leqslant |(f,u_h)| \leqslant C\| f \| \| u_h \|$$

因此 $\| u_h \| \leqslant C\| f \|$. 即式(7)的第一式得证. 另外，由式(6)和式(5)可得

$$\| u_h - P_hu_h \|_{0,\infty} \leqslant Ch^{-1}\| u_h - P_hu_h \| \leqslant Ch\| u_h \|_2$$

注意到 $\| u_h \|_{0,\infty} \leqslant \| P_hu_h \|_{0,\infty} + \| u_h - P_hu_h \|_{0,\infty}$，得到 $\| u_h \|_{0,\infty} \leqslant \| P_hu_h \|_{0,\infty} + Ch\| u_h \|_2 \leqslant C$. 因此，(7)的第二式得证.

定理 1　设 u 和 u_h 分别为式(2)和式(3)的解，且 $u\in H^2(\Omega)$，则有如下误差估计

$$\| u_h - P_hu \| \leqslant Ch^2,\ \| u_h - P_hu_1 \| \leqslant Ch^2 \qquad (8)$$

证明　由(2)和(3)可得

$$a(u-u_h,v_h)+(|u|^2u-|u_h|^2u_h,v_h)=0 \quad (\forall v_h\in S^h)$$

令 $u-u_h=\rho-\theta$，其中 $\rho=u-P_hu$，$\theta=u_h-P_hu$，则有

$$a(\rho-\theta,v_h)+(|u_h|^2(\rho-\theta),v_h)+((|u|^2-|u_h|^2)u,v_h)=0$$

由(4)有 $a(\rho,v_h)=0$，这样

$$a(\theta,v_h)+(|u_h|^2\theta,v_h)$$
$$=(|u_h|^2\rho,v_h)+|((|u|^2-|u_h|^2)u,\theta)|$$

取 $v_h = \theta$ 有 $(\nabla\theta, \nabla\theta) + (V\theta, \theta) + (|u_h|^2\rho, \theta) + ((|u|^2 - |u_h|^2)u, \theta)$. 由于 $(\nabla\theta, \nabla\theta) \geqslant 0, (|u_h|^2\theta, \theta) \geqslant 0$，则有

$$V_0 \| \theta \|^2 \leqslant (V\theta, \theta)$$

$$\leqslant |(|u_h|^2\rho, \theta)| + |((|u|^2 - |u_h|^2)u, \theta)|$$

因此 $V_0 \| \theta \| \leqslant \| |u_h|^2\rho \| + \| (|u|^2 - |u_h|^2)u \|$. 由 (5) 和 (7) 的第二式得 $\| |u_h|^2\rho \| \leqslant \| u_h \|_{0,\infty} \| \rho \| \leqslant Ch^2 \| u \|_2$，另外

$$\| (|u|^2 - |u_h|^2)u \|$$

$$\leqslant \| u \|_{0,\infty} (\| u \|_{0,\infty} + \| u_h \|_{0,\infty}) \| u - u_h \|$$

$$\leqslant \| u \|_{0,\infty} (\| u \|_{0,\infty} + \| u_h \|_{0,\infty})(Ch^2 \| u \|_2 + \| \theta \|)$$

若记 $\gamma_0 = \| u \|_{0,\infty} (\| u \|_{0,\infty} + \| u_h \|_{0,\infty})$，则得 $(V_0 - \gamma_0) \| \theta \| \leqslant Ch^2 \| u \|_2$. 假定 $\gamma_0 < V_0$，则有 $\| \theta \| \leqslant Ch^2 \| u \|_2$.

即式(8) 的第一式得证，类似可证明式(8) 的第二式.

定理 2 设 u 和 u_h 分别为式(2) 和式(3) 的解，$u_I \in S^h$ 为 u 的双线性插值函数，且 $u \in H^3(\Omega)$，则有如下误差估计

$$\| u_h - u_I \|_1 \leqslant Ch^2 \tag{9}$$

证明 资料[11] 中已经证得

$$|u_h - u_I|_1^2 \leqslant \| u_h - P_h u \|_1 \| u_h - u_I \|_1 + C \| u - P_h u \| \| u_h - u_I \| + Ch^2 \| u \|_3 \| u_h - u_I \|_1$$

结合(8)(5) 和(10) 可推得 $|u_h - u_I|_1^2 \leqslant C(h^2 + h^2 \| u \|_2 + h^2 \| u \|_3) \| u_h - u_I \|_1$，由 Poincaré 不等式有 $\| u_h - u_I \|_1 \leqslant C |u_h - u_I|_1$. 由此可得(9).

在定理 2 的基础上，利用资料[11] 中的插值后处

理算子 Π_{2h}^2，可以得到如下整体超收敛结果

$$\| u - \Pi_{2h}^2 u_h \|_1 \leqslant Ch^2$$

2　数值实验

算例　求解非线性 Schrödinger 方程式(1)，其中 $\Omega=[0,1]\times[0,1]$，势能函数 $V=1$，右端函数 $f(x)$ 选取其满足精确解为

$$u = x(1-x)y(1-y) + \mathrm{i}x(1-x)y^2(1-y)$$

将区域 Ω 剖分为规则矩形网格，其中网格步长为 h，记相应的线性有限元空间为 S^h，则有限元解 u_h 与双线性插值 u_I 之间的 H^1 误差 $\| u_I - u_h \|_1$ 具有超收敛阶 $O(h^2)$，且精确解 u 与插值后处理算子的 H^1 误差 $\| u-\Pi_{2h}^2 u_h \|_1$ 具有整体超收敛阶 $O(h^2)$，如表 1 所示，与理论分析结果一致.

表 1　数值结果

Mesh	$\| u-u_h \|_1$	Ratio	$\| u_I-u_h \|_1$	Ratio	$\| u-\Pi_{2h}^2 u_h \|_1$	Ratio
$h=\frac{1}{8}$	3.362 7E−02	/	3.495 8E−03	/	5.029 7E−03	/
$h=\frac{1}{16}$	1.679 4E−02	2.002 3	8.858 4E−04	3.946 4	1.247 5E−03	4.031 8
$h=\frac{1}{32}$	8.394 4E−03	2.000 6	2.222 1E−04	3.986 6	3.112 5E−04	4.008 1
$h=\frac{1}{64}$	4.196 9E−03	2.000 1	5.559 8E−05	3.996 6	7.777 3E−05	4.002 0
$h=\frac{1}{128}$	2.098 4E−03	2.000 0	1.390 2E−05	3.999 2	1.944 1E−05	4.000 5

参考资料

[1] 陈传淼,黄云清.有限元高精度理论[M].长沙:湖南科学技术出版社,1995.

[2] 林群,严宁宁.高效有限元构造与分析[M].保定:河北大学出版社,1996.

[3]Wahlbin L B. Superconvergence in Galerkin finite element methods[M]. Berlin:Springer,1995.

[4]Huang Y Q,Yang W,Yi N Y. A posteriori error estimate based on the explicit polynomial recovery[J]. Nat Sci J Xiangtan Univ,2011,33(3):1-12.

[5]Akrivis G D,Dougalis V A,KARAKASHIAN O A. On fully discrete galerkin methods of second-or-der temporal accuracy for the nonlinear Schrödinger equation[J]. Numer Math,1991,59:31-53.

[6]Jin J C,Wu X N. Convergence of a finite element scheme for the two-dimensional time-dependent Schrödinger equation in a long strip[J]. J Comput Appl Math,2010,234(3):777-793.

[7]Karakashian O,MAKRIDAKIS C. A space-time finite element method for the nonlinear Schrödinger equation:the continuous galerkin method[J]. SIAM J Numer Anal,1999,36(6):1779-1807.

[8]Lu W Y,Huang Y Q,Liu H L. Mass preserving discontinuous galerkin methods for Schrödinger equations[J]. J Comput Phys,2015,282:210-226.

[9]Wang J Y,Huang Y Q. Fully discrete galerkin finite element method for the cubic nonlinear Schrödinger equation[J]. Numer Math Theor Meth Appl,2017,10(3):670-687.

[10] Lin Q,Liu X Q. Global superconvergence estimates of finite element method for Schrödinger equation[J]. J Comput Math,1998,16(6):521-526.

[11]Tian Z K,Chen Y P,Wang J Y. Superconvergence analysis of bilinear finite element for the nonlinear Schrödinger equation on the

rectyangular mesh[J]. Adv Appl Math Mech,2018,10(2):468-484.

[12]Wang J Y,Huang Y Q,Tian Z K,et al. Superconvergence analysis of finite element method for the time -dependent Schrödinger equation[J]. Comput Math Appl,2016,71:1960-1972.

第四编

分数阶 Schrödinger 方程的解法

时间分数阶 Schrödinger 方程的数值方法

第一章

1　引　　言

时间分数阶 Schrödinger 方程是物理领域量子力学中的一个重要方程,它是描述物质波和波动的二阶偏微分方程,也可描述微观粒子的运动,每个微观系统都有一个相应的 Schrödinger 方程式,通过解方程可得到波函数的具体形式以及对应的能量,从而了解微观系统的性质.因此研究此类方程具有重要的意义.但目前对此类方程研究的相关资料还较少[1].青岛理工大学琴岛学院的张艳敏,北华大学数学与统计学院的张丽春二位教授 2014 年结合非标准有限差分格式的特点[2] 给出求解时间分数阶Schrödinger方程的一种数值解法，构造的差分格式是无条件稳定和收敛的，数值算例验证了该方法是有效的.

本章考虑如下初边值 Schrödinger 方程

$$\frac{\partial^\alpha u(x,t)}{\partial t^\alpha} = \mathrm{i}\Delta u(x,t) + f(x,t) \tag{1}$$

$$(0 < x < L, 0 < t \leqslant T)$$

$$u(x,0) = \varphi(x) \quad (0 \leqslant x \leqslant L)$$

$$u(0,t) = \varphi_0(t), u(L,t) = \varphi_1(t) \quad (0 < t \leqslant T)$$

这里 i 为虚数单位，$0 < \alpha < 1$，算子 Δ 为对变量 x 的二阶偏导数，$f(x,t)$，$\varphi(x)$，$\varphi_0(t)$，$\varphi_1(t)$ 为已知连续函数，L，T 为非负常数. 时间分数阶导数为 Caputo 分数阶导数[3]

$$\frac{\partial^\alpha u(x,t)}{\partial t^\alpha} = \frac{1}{\Gamma(1-\alpha)}\int_0^t \frac{\partial u(x,s)}{\partial s}\frac{1}{t-s}\mathrm{d}s$$

2 差分格式构造

首先对区域$[0,L]\times[0,T]$以 $h=\frac{L}{M}$ 为空间步长，$\tau=\frac{T}{N}$ 为时间步长进行分割，网络节点记为(x_m,t_n)，其中 $x_m = mh, m=0,1,\cdots,M, t_n = n\tau, n=0,1,\cdots,N$，这里 M，N 为正整数. 定义数值解 $u_m^n \approx u(x_m,t_n)$. 在节点(x_m,t_{n+1})处，方程(1) 离散后的差分格式为

$$\frac{\tau^{1-\alpha}}{\Gamma(2-\alpha)}\sum_{k=0}^{n}\frac{u_m^{n+1-k}-u_m^{n-k}}{D_1(\tau)}((k+1)^{1-\alpha}-k^{1-\alpha})$$

$$= \mathrm{i}\,\frac{u_{m+1}^{n+1}-2u_m^{n+1}+u_{m-1}^{n+1}}{D_2(h^2)} + f_m^{n+1} \tag{2}$$

其中函数满足：$D_1(\tau)=\tau+O(\tau^2)$，$D_2(h^2)=h^2+O(h^4)$. 例如，$D_1(\tau)=\tau$ 或 $D_1(\tau)=\frac{e^{i\tau}-1}{i}$；$D_2(h^2)=h^2$ 或 $D_2(h^2)=\sin h^2$ 等形式.

记 $\omega_k=(k+1)^{1-\alpha}-k^{1-\alpha}$，$\mu=\frac{\tau^{\alpha-1}D_1(\tau)\Gamma(2-\alpha)}{D_2(h^2)}$，$q_m^{n+1}=\tau^{\alpha-1}D_1(\tau)\Gamma(2-\alpha)f_m^{n+1}$. 对式(2)化简得

$$\sum_{k=0}^{n}(u_m^{n+1-k}-u_m^{n-k})\omega_k=i\mu(u_{m+1}^{n+1}-2u_m^{n+1}+u_{m-1}^{n+1})+q_m^{n+1}$$
$$(m=1,\cdots,M-1,n=0,1,\cdots,N-1)\qquad(3)$$

式(3)左端

$$\begin{aligned}&\sum_{k=0}^{n}(u_m^{n+1-k}-u_m^{n-k})\omega_k\\&=u_m^{n+1}+\sum_{k=1}^{n}\omega_k u_m^{n+1-k}-\sum_{k=0}^{n-1}\omega_k u_m^{n-k}-\omega_n u_m^0\\&=u_m^{n+1}+\sum_{k=0}^{n-1}(\omega_{k+1}-\omega_k)u_m^{n-k}-\omega_n u_m^0\end{aligned}\qquad(4)$$

对式(3)(4)进一步整理得

$$\begin{aligned}&(1+2i\mu)u_m^{n+1}-i\mu(u_{m-1}^{n+1}+u_{m+1}^{n+1})\\&=\sum_{k=0}^{n-1}(\omega_k-\omega_{k+1})u_m^{n-k}+\omega_n u_m^0+q_m^{n+1}\end{aligned}\qquad(5)$$

对式(5)分情况写成

$$(1+2i\mu)u_m^1-i\mu(u_{m-1}^1+u_{m+1}^1)=u_m^0\qquad(6)$$

$$\begin{aligned}&(1+2i\mu)u_m^{n+1}-i\mu(u_{m-1}^{n+1}+u_{m+1}^{n+1})\\&=\sum_{k=0}^{n-1}(\omega_k-\omega_{k+1})u_m^{n-k}+\omega_n u_m^0+q_m^{n+1}\end{aligned}\qquad(7)$$

3 差分格式稳定性与收敛性

记式(6)(7) 的近似解为 $\tilde{u}_m^n$，$\varepsilon_m^n = u_m^n - \tilde{u}_m^n$.

定理 1 差分格式(6)(7) 是无条件稳定的.

证明 首先易知 $1 = \omega_0 > \omega_1 > \cdots > \omega_k > \omega_{k+1} > \cdots > 0$，其次由差分格式(6)(7) 得到误差方程为

$$(1+2\mathrm{i}\mu)\varepsilon_m^1 - \mathrm{i}\mu(\varepsilon_{m-1}^1 + \varepsilon_{m+1}^1) = \varepsilon_m^0 \tag{8}$$

$$(1+2\mathrm{i}\mu)\varepsilon_m^{n+1} - \mathrm{i}\mu(\varepsilon_{m-1}^{n+1} + \varepsilon_{m+1}^{n+1}) = \sum_{k=0}^{n-1}(\omega_k - \omega_{k+1})\varepsilon_m^{n-k} + \omega_n \varepsilon_m^0 \tag{9}$$

令 $|\varepsilon_l^k| = \max\limits_{1\leqslant \mathrm{i}\leqslant M-1} |\varepsilon_\mathrm{i}^k|$，$k=0,1,2,\cdots,n$. 则当 $n=1$ 时，由式(8) 得

$$|\varepsilon_l^1| \leqslant |(1+2\mathrm{i}\mu)\varepsilon_l^1 - \mathrm{i}\mu(\varepsilon_{l-1}^1 + \varepsilon_{l+1}^1)| = |\varepsilon_l^0| \tag{10}$$

假设当 $n \leqslant k$ 时式(10) 成立，当 $n = k+1$ 时，由式(9) 得

$$\begin{aligned} |\varepsilon_l^{k+1}| &\leqslant |(1+2\mathrm{i}\mu)\varepsilon_l^{k+1} - \mathrm{i}\mu(\varepsilon_{l-1}^{k+1} + \varepsilon_{l+1}^{k+1})| \\ &\leqslant \sum_{k=0}^{n-1}(\omega_k - \omega_{k+1}) |\varepsilon_m^{n-k}| + \omega_n |\varepsilon_l^0| \\ &\leqslant \sum_{k=0}^{n-1}(\omega_k - \omega_{k+1}) |\varepsilon_l^0| + \omega_n |\varepsilon_l^0| \\ &= |\varepsilon_l^0| \end{aligned}$$

所以当 $n = k+1$ 时，式(10) 仍然成立，因此差分格式(6)(7) 是无条件稳定的. 证毕.

方程(1) 的精确解记为 $u(x_m, t_n)$，u_m^n 为差分格式

(6)(7) 的数值解,记 $e_m^n = u(x_m, t_n) - u_m^n$. 由初始条件和局部截断误差的定义以及式(6)(7) 得

$$(1+2\mathrm{i}\mu)e_m^1 - \mathrm{i}\mu(e_{m-1}^1 + e_{m+1}^1) = \tau^{\alpha-1}D_1(\tau)\Gamma(2-\alpha)R_m^1 \tag{11}$$

$$\begin{aligned}&(1+2\mathrm{i}\mu)e_m^{n+1} - \mathrm{i}\mu(e_{m-1}^{n+1} + e_{m+1}^{n+1})\\ =&\sum_{k=0}^{n-1}(\omega_k - \omega_{k+1})e_m^{n-k} + \tau^{\alpha-1}D_1(\tau)\Gamma(2-\alpha)R_m^{n+1}\end{aligned} \tag{12}$$

其中 R_m^{n+1} 为局部截断误差. 由 Taylor 公式和积分中值定理易得[4,5]:存在常数 $C>0$,使得

$$|R_m^n| \leqslant C(\tau + h^2) \quad (m=1,2,\cdots,M; n=1,2,\cdots,N)$$

定理 2　差分格式(6)(7) 是无条件收敛的.

证明　用数学归纳法. 令 $|e_l^k| = \max\limits_{1\leqslant i\leqslant M-1} |e_i^k|, k = 0,1,2,\cdots,n$. 当 $n=1$ 时,由式(11) 得

$$\begin{aligned}|e_l^1| &\leqslant |(1+2\mathrm{i}\mu)e_l^1 - \mathrm{i}\mu(e_{l-1}^1 + e_{l+1}^1)|\\ &= |\tau^{\alpha-1}D_1(\tau)\Gamma(2-\alpha)R_l^1|\\ &\leqslant C_1(\tau+h^2)\\ &= \frac{1}{\omega_0}C_1(\tau+h^2)\end{aligned}$$

假设当 $n \leqslant k$ 时成立 $|e_l^k| \leqslant \dfrac{1}{\omega_k}C_1(\tau+h^2)$,则当 $n = k+1$ 时,由式(12) 得

$$\begin{aligned}|e_l^{k+1}| &\leqslant |(1+2\mathrm{i}\mu)e_l^{k+1} - \mathrm{i}\mu(e_{l-1}^{k+1} + e_{l+1}^{k+1})\\ &= \sum_{k=0}^{n-1}(\omega_k - \omega_{k+1})|e_l^{n-k}| + \tau^{\alpha-1}D_1(\tau)\Gamma(2-\alpha)\cdot\\ &\quad |R_m^{n+1}|\\ &\leqslant \frac{1}{\omega_k}\left(\sum_{k=0}^{n-1}(\omega_k - \omega_{k+1}) + \omega_k\right)C_1(\tau+h^2)\end{aligned}$$

$$\leqslant \frac{1}{\omega_{k+1}} C_1(\tau + h^2)$$

综上,差分格式(6)(7)是无条件收敛的.证毕.

4 数值算例

考虑如下初边值问题

$$\frac{\partial^{0.5} u}{\partial t^{0.5}} = \mathrm{i}\frac{\partial^2 u}{\partial x^2} + \mathrm{e}^{\mathrm{i}x}\left(\mathrm{i}t - \frac{2\sqrt{t}}{\Gamma(0.5)}\right)$$

$$(0 < t < 1, 0 < x < 1)$$

$$u(0,t) = t, u(1,t) = t\mathrm{e}^{i} \quad (0 \leqslant t \leqslant 1)$$

$$u(x,0) = 0 \quad (0 \leqslant x \leqslant 1)$$

这个问题的精确解为 $u(x,t) = t\mathrm{e}^{\mathrm{i}x}$,取时间步长为 0.05,空间步长为 0.1.对 $D_1(\tau) = \frac{\mathrm{e}^{\mathrm{i}\tau} - 1}{\mathrm{i}}, D_2(h^2) = h^2$ 进行数值计算,结果见表1.

表1 数值解的相对误差

(x,t)	实部精确解	实部相对误差	虚部精确解	虚部相对误差
(0.2,1.0)	0.999 993 9	$5.602\,6\times10^{-5}$	0.003 49	$2.602\,6\times10^{-4}$
(0.4,1.0)	0.999 98	$9.120\,3\times10^{-6}$	0.006 98	$3.830\,0\times10^{-5}$
(0.6,1.0)	0.999 95	$8.032\,5\times10^{-5}$	0.010 47	$6.626\,2\times10^{-5}$
(0.8,1.0)	0.999 90	$7.995\,8\times10^{-5}$	0.013 96	$5.263\,1\times10^{-5}$

从表1可以看出,本章给出的数值解法解决此类问题是一个有效的方法.

参考资料

[1] 林爱华,蒋晓芸,苗风明.粒子入射双δ势垒时空间分数阶薛定谔方

程的解[J]. 山东大学学报:工学版,2010,40(1):139-143.

[2]Ronald E Mickens. Dynamic consistency:a fundamental principle for constructing nonstandard finite difference schemes for differential equations[J]. Journal of difference equations and applications,2005,11(7):645-653.

[3]Podlubny I. Fracational differential equations[M]. San diego:academic press,1999.

[4]马亮亮. 时间分数阶扩散方程的数值解法[J]. 数学的实践与认识,2013,43(10):248-253.

[5]金承日,潘有思. 时间分数阶色散方程的有限差分方法[J]. 黑龙江大学自然科学学报,2011,28(3):291-294.

利用 Adomain 分解法求时间分数阶 Schrödinger 方程的近似解

第二章

1 引言

分数阶微积分产生于流体力学、生物学、物理学等领域. 其广泛的应用引起了数学界、工程界及其他很多领域专家学者的关注. 特别地,分数阶微分方程可用来描述流体力学、生物学、物理学等领域的一些自然现象. 因此对分数阶微分方程求解的研究非常重要[1-5].

非线性 Schrödinger 方程是现代科学中非常普遍的非线性模型之一. 在玻色－爱因斯坦凝聚体、等离子物理、非线性光学、流体动力学等领域中有着重要应用. 关于非线性方程求解的方法有很多,例如:Adomain 分解法[6,7]、变分迭代法[8]、同伦分析法[9]、同伦摄动法[10] 等.

资料[1] 中,Khan 用同伦分析法求得了分数阶势阱和非势阱 Schrödinger 方程的近似解. 但此法要将 Schrödinger 方程中的解函数的实部和虚部分开,分别去求解,比较复杂. 受资料[11] 的启发,将利用 Adomain 分解法,研究资料[1] 中的(2+1) 维和(3+1) 维非零势阱时间分数阶 Schrödinger 方程的近似解. 北京邮电大学理学院的默会霞,余东艳,隋鑫三位教授 2014 年指出:不必将解函数的实部和虚部分开,直接利用 Adomain 分解法迭代计算就可得到其近似解,简化了运算,且其近似解与资料[1] 中的完全一致.

设 $D_{+,t}^{\alpha}$ 表示 $\mathbf{R}_{+}$ 上 α 阶的 Caputo 分数阶导数. 文中考虑的两个分数阶 Schrödinger 方程如下

$$\mathrm{i}D_{+,t}^{\alpha}+\frac{1}{2}\left(\frac{\partial^2 u}{\partial x^2}+\frac{\partial^2 u}{\partial y^2}\right)+V(x,y)u+|u|^2u=0 \tag{1}$$

其中

$$u(x,y,0)=u_0(x,y)\quad (t\geqslant 0)$$

$(x,y)\in[0,2\pi]\times[0,2\pi]$,$V(x,y)$ 是势阱函数

$$\mathrm{i}D_{+,t}^{\alpha}+\frac{1}{2}\left(\frac{\partial^2 u}{\partial x^2}+\frac{\partial^2 u}{\partial y^2}+\frac{\partial^2 u}{\partial z^2}\right)-V(x,y,z)u-|u|^2u=0 \tag{2}$$

其中 $u(x,y,z,0)=u_0(x,y,z)$,$t\geqslant 0$,$(x,y,z)\in[0,2\pi]\times[0,2\pi]\times[0,2\pi]$,$V(x,y,z)$ 是势阱函数.

2　基本定义及引理

定义 1[12]　设 $f \in L^1[0,+\infty]$，$\alpha > 0$，则 α 阶的 Riemann-Liouville 分数阶积分定义为

$$I_{+,t}^{\alpha} f(t) = \frac{1}{\Gamma(\alpha)} \int_0^t (t-\tau)^{\alpha-1} f(\tau) \mathrm{d}\tau \quad (t>0)$$

定义 2[12]　设 $f \in L^1[0,+\infty]$，$\alpha > 0$，则 $\mathbf{R}_+$ 上 α 阶的 Caputo 分数阶导数定义为

$$D_{+,t}^{\alpha} f(t) = \frac{1}{\Gamma(n-\alpha)} \int_0^t (t-\tau)^{n-\alpha-1} f^{(n)}(\tau) \mathrm{d}\tau$$

其中 $n \in \mathbf{N}$，且 $n-1 < \alpha \leqslant n$，$t > 0$. 如果 $\alpha = n$ 是正整数，则此导数就是经典的 n 阶导数.

引理 1[1,11]　Riemann-Liouville 分数阶积分算子和 Caputo 分数阶导数具有以下性质

$$I_{+,t}^{\alpha}\left(\frac{t^{\beta}}{\Gamma(\beta+1)}\right) = \frac{t^{\beta+\alpha}}{\Gamma(\beta+\alpha+1)}$$

$$I_{+}^{\alpha} D_{+}^{\alpha} f(t) = f(t) - \sum_{k=0}^{m-1} D^k(0+) \frac{t^k}{k!} \tag{3}$$

其中 $\alpha, \beta > 0$，$t \geqslant 0$，$x \in \mathbf{R}$，$m \in \mathbf{N}$ 满足 $m-1 < \alpha \leqslant m$.

3　Adomian 分解法的基本理论

设 n 维方程可以写成下列形式

$$Lu + Ru + Nu = g \tag{4}$$

其中 L 是一个可逆线性算子，R 是其余的线性部分，N

代表一个非线性算子，u 是一个变量为 $x_1,x_2,\cdots,x_n$ 的 n 元函数.

现将方程(4)改写成

$$Lu=g-Ru-Nu \tag{5}$$

因为 L 是可逆的，则

$$L^{-1}Lu=L^{-1}g-L^{-1}Ru-L^{-1}Nu \tag{6}$$

例如，如果 $L=\dfrac{\partial^2}{\partial x_1^2}$，那么

$$L^{-1}Lu=u-u(0,x_2,x_3,\cdots,x_n)-x_1u_{x_1}(0,x_2,x_3,\cdots,x_n)$$

一般的，可以令 $L^{-1}Lu=u-\phi$，其中 ϕ 满足条件 $L\phi=0$.

故方程(6)还可以写为

$$u=\phi+L^{-1}g-L^{-1}Ru-L^{-1}Nu \tag{7}$$

对方程(7)进行参数化，则

$$u=\phi+L^{-1}g-\lambda L^{-1}Ru-\lambda L^{-1}Nu \tag{8}$$

设

$$u=\sum_{n=0}^{\infty}\lambda^n u_n \tag{9}$$

其中 Nu 为

$$Nu=\sum_{n=0}^{\infty}\lambda^n A_n \tag{10}$$

A_n 即 Adomain 多项式. Adomain 多项式可由下式给出

$$A_n=\frac{1}{n!}\left(\frac{\mathrm{d}^n}{\mathrm{d}\lambda^n}N\left(\sum_{i=0}^{n}\lambda^i u_i\right)\right)_{\lambda=0} \tag{11}$$

将式(9)和(10)代入方程(8)，并比较 λ 同次幂的系数，可以得出

$$u_0=\phi+L^{-1}g,u_{n+1}=-L^{-1}Ru_n-L^{-1}A_n\quad(n\geqslant 0) \tag{12}$$

利用给定的初值 $u_0,u_1,u_2,\cdots$，都可以通过方程(12)

得出，从而得到特解 u.

4　时间分数阶 Schrödinger 方程的近似解

本节用 Adomian 分解法，具体地求(2＋1) 维和(3＋1) 维时间分数阶 Schrödinger 方程的近似解.

例 1　(2＋1) 维时间分数阶 Schrödinger 方程

$$\mathrm{i}D^{\alpha}_{+,t}u+\frac{1}{2}\left(\frac{\partial^2 u}{\partial x^2}+\frac{\partial^2 u}{\partial y^2}\right)+(1-\sin^2 x\sin^2 y)u+|u|^2u=0 \tag{13}$$

其中 $t\geqslant 0,0<\alpha\leqslant 1,u(x,y,0)=\sin x\sin y,(x,y)\in[0,2\pi]\times[0,2\pi]$ 且 $\mathrm{i}^2=-1$.

用积分算子 $I^{\alpha}_{+,t}$ 同时作用于方程(13) 的左右两边可得

$$\begin{aligned}u(x,y,t)&=u(x,y,0)+\frac{1}{2}\mathrm{i}I^{\alpha}_{+,t}\left(\left(\frac{\partial^2 u}{\partial x^2}+\frac{\partial^2 u}{\partial y^2}\right)-\right.\\&\qquad\left.2(1-\sin^2 x\sin^2 y)u-2|u|^2u\right)\\&=\sin x\sin y\\&\qquad\frac{1}{2}\mathrm{i}I^{\alpha}_{+,t}\left(\left(\frac{\partial^2 u}{\partial x^2}+\frac{\partial^2 u}{\partial y^2}\right)-\right.\\&\qquad\left.2(1-\sin^2 x\sin^2 y)u-2|u|^2u\right)\end{aligned}$$

假设

$$u(x,y,t)=\sum_{n=0}^{\infty}u_n(x,y,t)$$

则由式(12)，得到

$u_0=\sin x\sin y,u_{n+1}(x,t)$

$$= \frac{1}{2} \mathrm{i} I_{+,t}^{\alpha} \left(\left(\frac{\partial^2 u_n}{\partial x^2} + \frac{\partial^2 u_n}{\partial y^2} \right) - 2(1 - \sin^2 x \sin^2 y) u_n - 2A_n \right)$$

$$(n \geqslant 0) \tag{14}$$

取 $N = |u|^2 u$，则由式(11) 计算可得

$$\begin{aligned}
A_0 &= u_0 |u_0|^2 \\
A_1 &= u_0^2 \bar{u}_1 + 2u_1 |u_0|^2 \\
A_2 &= u_0^2 \bar{u}_2 + u_1^2 \bar{u}_0 + 2u_0 |u_1|^2 + 2u_2 |u_0|^2 \\
A_3 &= u_0^2 \bar{u}_3 + 2u_0 u_1 \bar{u}_2 + 2u_0 u_2 \bar{u}_1 + \\
&\quad 2u_1 u_2 \bar{u}_0 + 2u_3 |u_0|^2 + u_1 |u_1|^2 \\
A_4 &= u_0^2 \bar{u}_4 + 2u_0 u_1 \bar{u}_3 + 2u_0 u_3 \bar{u}_1 + 2u_1 u_3 \bar{u}_0 + u_1^2 \bar{u}_2 + \\
&\quad u_2^2 \bar{u}_0 + 2u_0 |u_2|^2 + 2u_2 |u_1|^2 + 2u_4 |u_0|^2 \\
&\vdots
\end{aligned} \tag{15}$$

通过对式(14) 和(15) 的计算，得到

$$u_1 = c_1 \sin x \sin y \frac{t^{\alpha}}{\Gamma(\alpha + 1)}$$

$$u_2 = c_2 \sin x \sin y \frac{t^{2\alpha}}{\Gamma(2\alpha + 1)}$$

$$u_3 = c_3 \sin x \sin y \frac{t^{3\alpha}}{\Gamma(3\alpha + 1)}$$

$$u_4 = c_4 \sin x \sin y \frac{t^{4\alpha}}{\Gamma(4\alpha + 1)}, \cdots$$

其中系数 c_n 取值如下

$$c_1 = -\mathrm{i}, c_2 = -\mathrm{i}(2c_1 - (c_1 + \bar{c}_1) \sin^2 x \sin^2 y)$$

$$c_3 = -\mathrm{i}\Big(2c_2 + (c_2 + \bar{c}_2) \sin^2 x \sin^2 y +$$

$$(c_1^2 + 2|c_1|^2) \sin^2 x \sin^2 y \frac{\Gamma(2\alpha + 1)}{\Gamma^2(\alpha + 1)}\Big)$$

$$c_4 = -\mathrm{i}\Big(2c_3 + 2(c_3 + \bar{c}_3) \sin^2 x \sin^2 y +$$

$$2(c_1c_2+c_1\bar{c}_2+c_2\bar{c}_1)\sin^2 x\sin^2 y\frac{\Gamma(1+3\alpha)}{\Gamma(1+\alpha)\Gamma(2\alpha+1)}+$$

$$|c_1|^2 c_1\sin^2 x\sin^2 y\frac{\Gamma(1+3\alpha)}{\Gamma(\alpha)\Gamma^3(\alpha+1)}\Big)$$

$$\vdots$$

因此，$u(x,t)$ 的 4 阶近似值是

$$u(x,t)=c_1\sin x\sin y\frac{t^\alpha}{\Gamma(\alpha+1)}+c_2\sin x\sin y\frac{t^{2\alpha}}{\Gamma(2\alpha+1)}+$$

$$c_3\sin x\sin y\frac{t^{3\alpha}}{\Gamma(3\alpha+1)}+c_4\sin x\sin y\frac{t^{4\alpha}}{\Gamma(4\alpha+1)}$$

注意到，当 $\alpha=1$ 时

$$c_1=-2\mathrm{i},c_2=-4,c_3=8\mathrm{i},c_4=16,\cdots$$

因此，当 $\alpha=1$ 时，可得方程(13) 的精确解为

$$u=\sin^2 x\sin^2 y\Big(1+\frac{-2\mathrm{i}t}{1!}+\frac{(-2\mathrm{i}t)^2}{2!}+$$

$$\frac{(-2\mathrm{i}t)^3}{3!}+\frac{(-2\mathrm{i}t)^4}{4!}+\cdots\Big)$$

$$=\sin^2 x\sin^2 y\mathrm{e}^{-2\mathrm{i}t}$$

此精确解与资料[5－8]的结果是一致的.

例 2 (3＋1) 维时间分数阶 Schrödinger 方程

$$\mathrm{i}D^\alpha_{+,t}u+\frac{1}{2}\Big(\frac{\partial^2 u}{\partial x^2}+\frac{\partial^2 u}{\partial y^2}+\frac{\partial^2 u}{\partial z^2}\Big)-$$

$$(1-\sin^2 x\sin^2 y\sin^2 z)u-|u|^2 u=0 \quad (16)$$

其中 $t\geqslant 0,0<\alpha\leqslant 1,u(x,y,z,0)=\sin x\sin y\sin z$，$(x,y,z)\in[0,2\pi]\times[0,2\pi]\times[0,2\pi]$.

仿照例 1 的求解过程，可知

$$u(x,y,t)$$

$$=u(x,0)+\frac{1}{2}\mathrm{i}I^\alpha_{+,t}\Big(\Big(\frac{\partial^2 u}{\partial x^2}+\frac{\partial^2 u}{\partial y^2}+\frac{\partial^2 u}{\partial z^2}\Big)-$$

$$2(1-\sin^2 x\sin^2 y\sin^2 z)u-2\mid u\mid^2 u\Big)$$

$$=\sin x\sin y\sin z+\frac{1}{2}\mathrm{i}I_{+,t}^{\alpha}\Big(\Big(\frac{\partial^2 u}{\partial x^2}+\frac{\partial^2 u}{\partial y^2}+\frac{\partial^2 u}{\partial z^2}\Big)-$$

$$2(1-\sin^2 x\sin^2 y\sin^2 z)u-2\mid u\mid^2 u\Big)$$

假设

$$u(x,y,t)=\sum_{n=0}^{\infty}u_n(x,y,t)$$

利用式(12)

$$\begin{cases}u_0=\sin x\sin y\sin z\\ u_{n+1}(x,t)=\dfrac{1}{2}\mathrm{i}I_{+,t}^{\alpha}\Big(\Big(\dfrac{\partial^2 u_n}{\partial x^2}+\dfrac{\partial^2 u_n}{\partial y^2}+\dfrac{\partial^2 u}{\partial z^2}\Big)-\\ \qquad 2(1-\sin^2 x\sin^2 y\sin^2 z)u_n-2A_n\Big)\\ \qquad (n\geqslant 0)\end{cases}\tag{17}$$

取 $N=\mid u\mid^2 u$，则由式(11)可得到 $A_0,A_1,A_2,A_3,A_4,\cdots$ 的值如式(15).

经过对式(15)和(17)的迭代计算，得到

$$u_1=c_1\sin x\sin y\sin z\frac{t^{\alpha}}{\Gamma(\alpha+1)}$$

$$u_2=c_2\sin x\sin y\sin z\frac{t^{2\alpha}}{\Gamma(2\alpha+1)}$$

$$u_3=c_3\sin x\sin y\sin z\frac{t^{3\alpha}}{\Gamma(3\alpha+1)}$$

$$u_4=c_4\sin x\sin y\sin z\frac{t^{4\alpha}}{\Gamma(4\alpha+1)}$$

$$\vdots$$

其中 c_n 是系数，其值为

$$c_1=-\frac{5}{2}\mathrm{i}$$

$$c_2=-\mathrm{i}\left(\frac{5}{2}c_1+(c_1+\bar{c}_1)\sin^2 x\sin^2 y\sin^2 z\right)$$

$$c_3=-\mathrm{i}\left(\frac{5}{2}c_2+(c_2+\bar{c}_2)\sin^2 x\sin^2 y\sin^2 z+\right.$$
$$\left.(c_1^2+|c_1|^2)\sin^2 x\sin^2 y\sin^2 z\frac{\Gamma(2\alpha+1)}{\Gamma^2(\alpha+1)}\right)$$

$$c_4=-\mathrm{i}\left(\frac{5}{2}c_3+(c_3+\bar{c}_3)\sin^2 x\sin^2 y\sin^2 z+\right.$$
$$|c_1|^2c_1\sin^2 x\sin^2 y\sin^2 z\frac{\Gamma(1+4\alpha)}{\Gamma^2(\alpha+1)}+$$
$$2(c_1c_2+c_1\bar{c}_2+c_2\bar{c}_1)\sin^2 x\sin^2 y\cdot$$
$$\left.\sin^2 z\frac{\Gamma(1+3\alpha)}{\Gamma(1+\alpha)\Gamma(2\alpha+1)}\right)$$
$$\vdots$$

由此得到此方程的 4 阶近似解为

$$u(x,t)=c_1\sin x\sin y\sin z\frac{t^{\alpha}}{\Gamma(\alpha+1)}+$$
$$c_2\sin x\sin y\frac{t^{2\alpha}}{\Gamma(2\alpha+1)}+$$
$$c_3\sin x\sin y\sin z\frac{t^{3\alpha}}{\Gamma(3\alpha+1)}+$$
$$c_4\sin x\sin y\sin z\frac{t^{4\alpha}}{\Gamma(4\alpha+1)}$$

注意到，当 $\alpha=1$ 时

$$c_1=-\frac{5}{2}\mathrm{i},c_2=-\frac{5^2}{2^2},c_3=\frac{5^3}{2^3}\mathrm{i},c_4=\frac{5^4}{2^4},\cdots$$

因此，当 $\alpha=1$ 时方程(16) 的精确解为

$$u=\sin^2 x\sin^2 y\sin^2 z\left(1+\frac{-\frac{5}{2}\mathrm{i}t}{1!}+\frac{\left(-\frac{5}{2}\mathrm{i}\right)^2}{2!}+\frac{\left(-\frac{5}{2}\mathrm{i}\right)^3}{3!}+\frac{\left(-\frac{5}{2}\mathrm{i}\right)^4}{4!}+\cdots\right)$$

$$=\sin^2 x\sin^2 y\sin^2 ze^{-\frac{5}{2}it}$$

此解与资料[5－8]给出的解完全一致.

参考资料

[1] Khan N A, Jamil M, Ara A. Approximate solutions to time-fractional Schrödinger equation via homotopy analysis method[J]. International scholarly research network ISRN mathematical physics, 2012, Article ID 197068, 11pages.

[2] Samko S G, Kilbas A A, Marichev O I. Fractional integrals and derivatives: theory and applications[M]. Yverdon: gordon and breach, 1993.

[3] Hilfer R. Applications of fractional calculus in physics[M]. Singapore: World scientific, 2000.

[4] Kilbas A A A, Srivastava H M, Trujillo J J. Theory and Applications of fractional differential equations[M]. Amsterdam: elsevier science limited, 2006.

[5] Sahadevan R, Bakkyaraj T. Invariant analysis of time fractional generalized burgers and korteweg-de vries equations[J]. Journal of mathematical analysis and applications, 2012, 393: 341-347.

[6] Khuri S. A new approach to the cubic Schrödinger equation: an application of the decomposition technique[J]. Applied mathematics and computation, 1998, 97: 251-254.

[7] Sadighi A, Ganji D D. Analytic treatment of linear and nonlinear Schrödinger equations: a study with homotopy-perturbation and adomian decomposition methods[J]. Physics letters A, 2008, 372(4): 465-469.

[8] Wazwaz A M. A Study on linear and nonlinear Schrödinger equations by the variational iteration method[J]. Chaos, Solitons & Fractals, 2008, 37(4): 1136-1142.

[9] Liao S J. On the homotopy analysis method for nonlinear

problems[J]. Mathematics and computation,2004,147(2):499-513.

[10] He J H. The homotopy perturbation method for nonlinear oscillators with discontinuities[J]. Applied mathematics and computation,2004,151(1):287-292.

[11] Herzallah M A E,Gepreel K A. Approximate solution to the time-space fractional cubic nonlinear Schrödinger equation[J]. Applied mathematical modelling,2012,36:5678-5685.

[12] Podlubny I. Fractional differential equation[M]. London:Academic press,1999.

第三章　渐近线性分数阶 Schrödinger 方程在全空间上的基态解与多解的存在性

太原理工大学现代科技学院基础部的胡淑珍，浙江师范大学数理与信息工程学院的罗虎啸两位教授 2018 年研究了如下分数阶 Schrödinger 方程

$$(-\Delta)^s u + V(x)u = f(x,u) \quad (x \in \mathbf{R}^N)$$

其中 $s \in (0,1)$，$N > 2s$，$f(x,t)$ 关于 t 在无穷远处是渐近线性的，$V(x)$ 和 $f(x,t)$ 关于 x 是 1－周期的. 首先，使用广义 Nehari 流形方法得到了该方程的一个基态解. 进一步，当 $f(x,t)$ 关于 t 为奇函数时，证明了该方程无穷多个几何不同解的存在性.

考虑如下的分数阶 Schrödinger 方程

$$(-\Delta)^s u + V(x)u = f(x,u) \quad (x \in \mathbf{R}^N) \tag{1}$$

其中 $s \in (0,1)$，$N > 2s$，$V(x)$ 和 $f(x,t)$：$\mathbf{R}^N \times \mathbf{R} \to \mathbf{R}$ 满足如下条件：

(V)$V(x) \in C^1(\mathbf{R}^N)$ 关于 $x_1, x_2, \cdots, x_N$ 是1—周期的，$V(x)$ 有一个正的下界；

(f_1)$f(x,t) \in C(\mathbf{R}^N \times \mathbf{R})$ 关于 $x_1, x_2, \cdots, x_N$ 是1—周期的；

(f_2)$f(x,t) = o(|t|)$ 当 $|t| \to 0$，关于 $x \in \mathbf{R}^N$ 一致成立；

(f_3) 对任意的 $x \in \mathbf{R}^N$，存在 $q(x) \in C^1(\mathbf{R}^N)$ 关于 $x_1, x_2, \cdots, x_N$ 是1—周期的，使得 $\lim\limits_{|t| \to \infty} \dfrac{f(x,t)}{t} = q(x)$，$V(x) < q(x)$ 且 $(x, \nabla(V(x) - q(x))) \leqslant 0$，这里 $(\cdot, \cdot)$ 是 $\mathbf{R}^N$ 中通常的内积；

(f_4)$t \mapsto \dfrac{f(x,t)}{|t|}$ 在 $(-\infty, 0) \cup (0, \infty)$ 上严格递增.

分数阶 Laplace 算子 $(-\Delta)^s$ 可以通过 $(-\Delta)^s u = |\xi|^{2s} u$ 来定义，这里 $\hat{u}$ 表示 u 的 Fourier 变换，参见资料[1—5].

近些年，分数 Schrödinger 方程被广泛研究，参见资料[4—9]及其参考文献. 当 $f(x,t)$ 关于 t 在零点处是渐近线性的，即存在 $\mu_1, \mu_2 \in (0, +\infty)$，使得 f 满足条件

$$-\infty < -\mu_1 := \liminf_{t \to 0^+} \frac{f(x,t)}{t} \leqslant \limsup_{t \to 0^+} \frac{f(x,t)}{t} =: -\mu_2$$

Chang[8] 证明了方程(1)基态解的存在性；当 $f(x,t)$ 关于 t 在无穷远处是渐近线性的，即存在一个 $a \in (0, +\infty]$ 使得 $\lim\limits_{t \to \infty} \dfrac{f(x,t)}{t} = a$ 在 $\mathbf{R}^N$ 中一致成立，

Ambrosio[6] 证明了方程(1) 存在正解. 据笔者所知,当 $f(x,t)$ 关于 t 在无穷远处是渐近线性时,方程(1) 的基态解和多解还没有结果.

在本章中,为简单起见,空间 $L^p(\mathbf{R}^N)$ 中的范数记为 $\|\cdot\|_p$,在全空间的积分简记为$\int$. 工作空间 E^s 定义如下

$$E^s = \{u \in L^2(\mathbf{R}^N): \int |\xi|^{2s}\hat{u}(\xi)|^2 \mathrm{d}\xi + \int V(x)|u|^2 \mathrm{d}x < +\infty\}$$

并且 E^s 中的积分和范数定义为

$$(u,v) = \int |\xi|^{2s}\hat{u}(\xi)\hat{v}(\xi)\mathrm{d}\xi + \int V(x)uv\mathrm{d}x$$

$$\|u\| = (\int |\xi|^{2s} |\hat{u}(\xi)|^2 \mathrm{d}\xi + \int V(x)|u|^2 \mathrm{d}x)^{\frac{1}{2}}$$

方程(1) 的弱解对应为泛函 Φ 的临界点,这里 Φ: $E^s \to \mathbf{R}$ 定义为

$$\Phi(u) = \frac{1}{2}\|u\|^2 - \int F(x,u(x))\mathrm{d}x$$

容易验证 Φ 是良好定义的,且是 C^1 光滑的

$$\langle \Phi'(u), v\rangle = (u,v) - \int f(x,u)v\mathrm{d}x$$

根据条件(V),容易验证 E^s 连续嵌入 $H^s(\mathbf{R}^N)$ 中.

为了得到方程(1) 的基态解,我们定义 Nehari 流形 M 如下

$$M := \{u \in E^s \setminus \{0\} : \langle \Phi'(u), u\rangle = 0\}$$

根据对 f 的假设,M 不是 C^1 光滑的,故 M 不是自然约束,所以不能直接使用 Pankov 的 Nehari 方法. 尽管如此,M 仍然是一个拓扑流形,与 Λ 中的单位球体同

胚，这里

$$\Lambda:\{u \in E^s: \int |\xi|^{2s} |\hat{u}(\xi)|^2 d\xi + \int V(x) |u|^2 dx < \int q(x) u^2 dx\}$$

与 Szulkin 和 Weth[10] 中的情况不同的是，本章中 f 在无穷远处是渐近线性的，所以 Φ 在 M 中不再具有强制性. 为了克服这个困难，我们使用 Lion 集中紧性引理[8,9] 和 Pohozaev 恒等式来得到 M 中的 Palais-Smale 序列 $\{u_n\}$ 的有界性.

1　主要结果

现在，我们给出本章的第一个结果.

定理 1　假设(V) 和(f_1) ~ (f_4) 成立，则方程(1) 有一个非平凡解 u_0，使得 $\Phi(u_0) = \inf\limits_M \Phi > 0$.

为了得到方程(1) 无穷多个几何不同解的存在性，首先定义平移作用 $*$ 为

$$(k * u)(x) := u(x - k) \quad (k \in \mathbf{Z}^N)$$

集合 $O(u_0) := \{k * u : k \in \mathbf{Z}^N\}$ 称为 u_0 在 $\mathbf{Z}^N$ 平移作用下的轨道. 如果 u_0 是 Φ 的临界点，且 Φ 是 $\mathbf{Z}^N$ 平移不变的，则 $O(u_0)$ 称为临界轨道. 如果方程(1) 的两个解 u_1, u_2 满足 $O(u_1) \neq O(u_2)$，则称解 u_1, u_2 是几何不同的.

接下来，给出本章的第二个结果：

定理 2　假设(V) 和(f_1) ~ (f_4) 成立，$f(x, t)$ 关于 t 是奇的，则方程(1) 有无穷多个几何不同解.

2 主要结果的证明

为了方便读者，我们首先给出分数 Sobolev 空间的主要嵌入结果以及分数Sobolev空间上的Lion集中紧性原理.

引理 1[1] 对任意 $q\in[2,2*_s]$，$H^s(\mathbf{R}^N)$ 连续嵌入 $L^q(\mathbf{R}^N)$ 中；对任意 $q\in[1,2*_s)$，$H^s(\mathbf{R}^N)$ 紧嵌入 $L^q_{loc}(\mathbf{R}^N)$ 中，这里临界指数 $2*_s=\dfrac{2N}{N-2s}$.

引理 2[4] 假设$\{u_k\}$ 在 $H^s(\mathbf{R}^N)$ 中是有界序列，且对某个 $R>0$ 满足

$$\lim_{k\to+\infty}\sup_{y\in\mathbf{R}^N}\int_{B_R(y)}|u_k(x)|^2\mathrm{d}x=0$$

则在 $L^q(\mathbf{R}^N)$ 中，对任意 $2<q<2*_s$，$u_k\to 0$.

下面，我们假设条件(V) 和$(f_1)\sim(f_4)$成立. 根据$(f_1)\sim(f_4)$，容易验证对于任意 $\varepsilon>0$，存在 $C_\varepsilon>0$，使得

$$|f(x,t)|\leqslant\varepsilon|t|+C_\varepsilon|t|^{p-1}\quad(\forall t\in\mathbf{R})\qquad(2)$$

且

$$\frac{1}{2}f(x,t)t>F(x,t)>0\quad(\forall t\neq 0)\qquad(3)$$

接下来，给出一些有用的引理.

引理 3[11] Φ 和 M 是 $\mathbf{Z}^N$ 平移不变的. 令

$$\Lambda:\{u\in E^s:\int|\xi|^{2s}|u(\xi)|^2\mathrm{d}\xi+\int V(x)|u|^2\mathrm{d}x<\int q(x)u^2\mathrm{d}x\}$$

则条件 $q(x)-V(x)>0(\forall x\in\mathbf{R}^N)$ 蕴含着 $\Lambda\neq$

$\varnothing$.

引理 4　对于 $t>0$，令

$$h(t):=\Phi(tu)=\frac{t^2}{2}\|u\|^2-\int F(x,tu)\mathrm{d}x$$

则以下结论成立：

(i) 对任意的 $u\in\Lambda$，存在一个唯一的 $t_u>0$，使得当 $0<t<t_u$ 时，$h'(t)>0$，当 $t>t_u$ 时，$h'(t)<0$；而且，当且仅当 $t=t_u$ 时，$t_u u\in M$；

(ii) 对任意的 $u\in M$，$t>0$，都有 $\Phi(u)\geqslant\Phi(tu)$；

(iii) 如要 $u\notin\Lambda$，则对于 $t>0$，有 $tu\notin M$.

证明　(i) 对于任意的 $u\in\Lambda$，由 Lebesgue 控制收敛定理、条件(f_2)与(f_3)，得

$$\begin{aligned}\lim_{t\to\infty}\frac{\Phi(tu)}{t^2}&=\frac{1}{2}\|u\|^2-\lim_{t\to\infty}\int_{u\neq0}\frac{F(x,tu)}{t^2u^2}u^2\mathrm{d}x\\&=\frac{1}{2}\|u\|^2-\frac{1}{2}\int q(x)u^2\mathrm{d}x<0\end{aligned}$$

且

$$\begin{aligned}\lim_{t\to0}\frac{\Phi(tu)}{t^2}&=\frac{1}{2}\|u\|^2-\lim_{t\to0}\int_{u\neq0}\frac{F(x,tu)}{t^2u^2}u^2\mathrm{d}x\\&=\frac{1}{2}\|u\|^2>0\end{aligned}$$

因此 h 具有最大正值. 条件 $h'(t)=0$ 等价于

$$\|u\|^2=\int_{u\neq0}\frac{f(x,tu)}{tu}u^2\mathrm{d}x$$

由(f_4)，第一个结论成立. 第二个结论由 $h'(t)=t^{-1}\langle\Phi'(tu),tu\rangle$ 可得.

(ii) 根据(i)，对任意的 $u\in M$，$t>0$，有 $\Phi(t_u u)\geqslant\Phi(tu)$. 下面证明 $t_u=1$.

事实上，根据 $u\in M$，$t_u\in M$，有

$$\|u\|^2=\int f(x,u)u\mathrm{d}x,t_u\|u\|^2=\int f(x,t_u u)u\mathrm{d}x$$

因此结合条件(f_4)可知 $t_u=1$.

(iii) 如果当 $t>0$ 时 $tu\in M$,那么$\langle\Phi'(tu),tu\rangle=0$,使用$(f_3)$和$(f_4)$有

$$\|u\|^2=\int_{u\neq 0}\frac{f(x,tu)}{tu}u^2\mathrm{d}x<\int q(x)u^2\mathrm{d}x$$

因此 $u\in\Lambda$. 证毕.

引理 5 (i) 存在 $\rho>0$,使得 $c:=\inf\limits_{M}\Phi\geqslant\inf\limits_{S_\rho}\Phi>0$,其中 $S_\rho:=\{u\in E^s:\|u\|=\rho\}$;

(ii) 若 $u\in M$,则 $\|u\|^2\geqslant 2c$.

证明 (i) 根据式(2)和引理1(Sobolev 嵌入定理),易见存在足够小的 ρ 使得$\inf\limits_{S_\rho}\Phi>0$. 对于任意的 $u\in M$,存在 $S>0$,使得 $su\in S_\rho$,且根据引理4(ii)可知 $\Phi(u)\geqslant\Phi(su)$,所以$\inf\limits_{M}\Phi\geqslant\inf\limits_{S_\rho}\Phi$.

(ii) 对于 $u\in M$,由式(3)得 $c\leqslant\frac{1}{2}\|u\|^2-\int F(x,u)\mathrm{d}x\leqslant\frac{1}{2}\|u\|^2$,证毕.

尽管 Φ 在 M 上是否是强制未知,但是可以证明如下引理.

引理 6 M 中所有的 Palais-Smale 序列$\{u_n\}$在 E^s 中有界.

证明 反证法. 假设存在一个序列$\{u_n\}\subset M$,使得 $\|u_n\|\to\infty$,且当 $d\in[c,\infty)$ 时,有 $\Phi(u_n)\leqslant d$. 令 $v_n:=\frac{u_n}{\|u_n\|}$,则 v_n 在 E^s 中弱收敛到 v,且 $v_n(x)\to v(x)$ 在 $\mathbf{R}^N$ 中几乎处处收敛. 选取 $y_n\in\mathbf{R}^N$,使得

$$\int_{B_1(y_n)} v_n^2 \mathrm{d}x = \max_{y \in \mathbf{R}^N} \int_{B_1(y)} v_n^2 \mathrm{d}x \tag{4}$$

由引理 2,Φ 和 M 在 $\mathbf{Z}^N$ 平移作用下是不变的,所以可以假设$\{y_n\}$ 在 $\mathbf{R}^N$ 中有界. 如果

$$\int_{B_1(y_n)} v_n^2 \mathrm{d}x \to 0, n \to \infty \tag{5}$$

则通过引理 2,当 $2 < r < 2*_s$ 时,有 $v_n \to 0$ 在 $L^r(\mathbf{R}^N)$ 中. 因此根据式(2), 对任意的 $R \in \mathbf{R}$, 有 $\int F(x, Rv_n)\mathrm{d}x \to 0$. 因此,$d \geqslant \Phi(u_n) \geqslant \Phi(Rv_n) = \frac{R^2}{2} - \int F(x, Rv_n)\mathrm{d}x \to \frac{R^2}{2}$. 取足够大的 R,得出矛盾. 因此式(5) 不成立,所以 v_n 是非消失的. 经过平移可以证明 $v \neq 0$. 因此,当 $v(x) \neq 0$ 时有 $|u_n(x)| \to \infty$. 令 $\varphi \in C^\infty(\mathbf{R}^N)$,则$\langle \Phi'(u_n), \varphi \rangle \to 0$,即$\int |\xi|^{2s} \hat{v}_n(\xi)\hat{\varphi}(\xi)\mathrm{d}\xi + \int V(x) v_n \varphi \mathrm{d}x - \int \frac{f(x, u_n)}{u_n} v_n \varphi \mathrm{d}x \to 0$.

由 Lebesgue 控制收敛定理,有

$$\int |\xi|^{2s} \hat{v}(\xi)\hat{\varphi}(\xi)\mathrm{d}\xi + \int V(x) v\varphi \mathrm{d}x = \int q(x) v\varphi \mathrm{d}x$$

即

$$(-\Delta)^s v + (V(x) - q(x))v = 0, v \neq 0 \tag{6}$$

但是,根据资料[9,10] 中证明的 Pohozaev 恒等式有

$$\frac{N-2s}{2}\int |\xi|^{2s} |\hat{v}(\xi)|^2 \mathrm{d}\xi + \frac{N}{2}\int (V(x) - q(x)) v^2 \mathrm{d}x + \frac{1}{2}\int v^2 (x, \nabla(V(x) - q(x)))\mathrm{d}x = 0 \tag{7}$$

结合式(6) 和(7),有

$$\int (2s(V(x) - q(x)) + (v, \nabla(V(x) - q(x))))v^2 \mathrm{d}x \equiv 0$$

与(f_3)矛盾.引理得证.

引理 7　如果 $\Omega \subset \Lambda$ 是一个紧子集,则对任意的 $u \in \Omega$,存在 $R > 0$ 使得在 $\frac{(R+\Omega)}{B_R(0)}$ 上有 $\Phi(u) \leqslant 0$.

证明　不失一般性,假设 $\Omega \subset U$,这里 $U := \Lambda \cap S$, $S := \{w \in E^s : \| w \| = 1\}$. 显然,$U$ 在 E^s 中是开集. 利用反证法,假设 $u_n \in \Omega$ 且 $w_n = t_n u_n$,其中 $u_n \to u$, $t_n \to \infty$ 且 $\Phi(w_n) \geqslant 0$. 由 $u_n \in \Lambda$,有

$$0 \leqslant \frac{\Phi(t_n u_n)}{t_n^2} = \frac{1}{2} \| u \|^2 - \int_{u_n \neq 0} \frac{F(x, t_n u_n)}{t_n^2 u_n^2} u_n^2 \mathrm{d}x$$

$$\to \frac{1}{2} \| u \|^2 - \frac{1}{2} \int q(x) u^2 \mathrm{d}x < 0$$

矛盾.引理得证.

引理 8　假设 $u_n \in U$, $u_n \to u_0 \in \partial U$ 且 $t_n u_n \in M$,则 $\Phi(t_n u_n) \to \infty$.

证明　由 $u_0 \in \partial U$ 与 $\| u_0 \|^2 = \int q(x) u_0^2 \mathrm{d}x$,对任意的 $t > 0$,有

$$\begin{aligned} \Phi(tu_0) &= \frac{t^2}{2} \| u_0 \|^2 - t^2 \int \frac{F(x, tu_0)}{t^2 u_0^2} u_0^2 \mathrm{d}x \\ &= \frac{t^2}{2} \int \left(q(x) - \frac{2F(x, tu_0)}{t^2 u_0^2} \right) u_0^2 \mathrm{d}x \\ &= \frac{t^2}{2} \int \left(q(x) - \frac{f(x, tu_0)}{tu_0} \right) u_0^2 \mathrm{d}x + \\ &\quad \int \left(\frac{1}{2} f(x, tu_0) tu_0 - F(x, tu_0) \right) \mathrm{d}x \end{aligned}$$

由条件(f_4),取足够大 s,存在 $\delta > 0$,使得

$$\frac{1}{2} f(x, s) s - F(x, s) \geqslant \delta$$

因此根据资料[12]以及 Fatou 引理,当 $t \to \infty$ 时,有

$\Phi(tu_0)\to\infty$. 即给定 $C>0$,存在足够大的 $t>0$ 使得 $\Phi(tu_0)\geqslant C$. 由引理 5(ii) 与 $u_n\to u_0$,有

$$\lim_{n\to\infty}\Phi(t_n u_n)\geqslant\lim_{n\to\infty}\Phi(tu_n)=\Phi(tu_0)\geqslant C$$

因此 $\Phi(t_n u_n)\to\infty$,证毕.

通过 $m(w):=t_w w$ 定义映射 $m:=U\to M$,其中 t_w 来自引理 7. 类似资料[10],有以下结论.

引理 9[10] 映射 m 是 U 和 M 之间的同胚,且 $m^{-1}(u)=\dfrac{u}{\|u\|}$,其中 m^{-1} 是 m 的逆映射.

引理 10 通过 $\Psi(w):=\Phi(m(w))$ 定义 $\Psi:U\to\mathbf{R}$. 则 $\Psi\in\mathbf{C}^1(U,\mathbf{R})$ 且当 $z\in T_w(U)$, $\langle\Psi'(w),z\rangle=\|m(w)\|\langle\Psi'(m(w)),z\rangle$; $\{w_n\}$ 是 Ψ 的 Palaia-Smale 序列当且仅当 $\{m(w_n)\}$ 是 Φ 的 Palais-Smale 序列; $\inf\limits_U\Psi=\inf\limits_M\Phi$ 且 $w\in U$ 是 Ψ 的临界点,当且仅当 $m(w)\in M$ 是 Φ 的非平凡临界点,并且相应的临界值一致.

下面,给出定理 1 的证明.

定理 1 的证明 由引理 8 和 Ekeland 的变分原理[13],可以证明 U 中 Palais-Smale 序列的存在性. 采用与资料[10] 中的定理 1 的证明类似的方法,可得方程(1) 的基态解.

接下来,证明定理 2. 下文假设条件(V) 与(f_1) ~ (f_4) 成立,并且 $f(x,t)$ 关于 t 是奇的. 令

$$K:=\{w\in S:\Psi'(w)=0\},K_d:=\{w\in K:\Psi(w)=d\}$$

由于 $f(x,t)$ 关于 t 是奇的,可以选择 K 的一个子集 F,使得 $F=-F$ 且每个轨道 $O(w)\subset K$ 在 F 中有唯一的元素. 需要证明集合 F 是无限集. 先给出如下引理.

引理 11[10] 令 $d \geqslant c$. 如果 $\{v_n^1\}\{v_n^2\}$ 是 Ψ 的两个 Palasi-Smale序列，则当 $n \to \infty$ 时，$\| v_n^1 - v_n^2 \| \to 0$，且 $\limsup\limits_{n \to \infty} \| v_n^1 - v_n^2 \| \geqslant \rho(d) > 0$，其中 $\rho(d)$ 取决于 d，且与 Palais-Smale 序列的选择无关.

众所周知，Ψ 存在梯度向量场 $H: \frac{S}{K} \to TS$. 由于 Ψ 是偶的，可以假设 H 是奇的. 相应的下降流 $\eta: G \to \frac{S}{K}$ 定义为

$$\begin{cases} \frac{\mathrm{d}}{\mathrm{d}t}\eta(t,w) = -H(\eta(t,w)) \\ \eta(0,w) = w \end{cases} \tag{8}$$

这里 $G:=\{(t,w): w \in \frac{S}{K}, T^-(w) < t < T^+(w)\}$（且 $T^-(w) < 0, T^+(w) > 0$ 是轨迹 $t \mapsto \eta(t,w)$ 在正负方向上的最大存在时间. 注意到，Ψ 沿着 η 的轨道严格递减. 此外，因为 H 是奇的，所以 η 关于 w 是奇的.

下面，对于 $\delta > 0$ 与子集 $P \subset S$，定义 $U_\delta(P):=\{w \in S: \mathrm{dist}(w,p) < \delta\}$.

引理 12 如果 $d \geqslant c$，那么对于每个 $\delta > 0$，存在 $\varepsilon = \varepsilon(\delta) > 0$ 使得：

(a) $\Psi_{d-\varepsilon}^{d+\varepsilon} \cap K = K_d$；

(b) $\lim\limits_{t \to T^+(w)} \Psi(\eta(t,w)) < d - \varepsilon, w \in \frac{\Psi^{d+\varepsilon}}{U_\delta(K_d)}$.

证明 (a) 是(7) 的直接推论；(b) 的证明参照资料[10] 中的引理 2.15 和 2.16. 证毕.

定理 2 的证明 对于方程(1) 解的多重性，证明类似于资料[10] 中定理 1.2 的证明. 但是，有些细节需要澄清. 设 η 是通过(8) 给出的，如果 $T^+(w) < \infty$，则

$\lim\limits_{t\to T^{+}(w)}\eta(t,w)$ 存在(参见资料[10],引理2.15),在资料[10]中,这个极限可能是一个点 $w\in\partial U$. 与资料[10]不同的是,我们的引理8排除了这种可能性. 最后,需要证明 U 包含一个亏格是无穷大的集合. 由于 $(-\Delta)^{s}$ 在 $H^{s}(\mathbf{R}^{N})$ 中没有特征值,$\Lambda U\{0\}$ 包含无限维子空间 E_{0}^{s}. 因此 $E_{0}^{s}\subset U$ 且 $\gamma(E_{0}^{s}\cap S)=\infty$,证毕.

参考资料

[1] Nezza E, Palatucci C, Valdinoci E. Hitchhiker's guide to the fractional Sobolev spaces[J]. Bull Sci Math, 2012, 136(1): 521-573.

[2]Laskin N. Fractional Schrodinger equation[J]. Phys Rev E, 2002, 66(3): 056108.

[3]Silvestre L. Regularity of the obstacle problem for. fractional power of the Laplace operator[D]. Austin: University of Texa at Austin, 2005.

[4]Secchi S. Ground state solutions for nonlinear fractional Schrodinger equztions in $\mathbf{R}^{N}$[J]. J Math Phys, 2013, 54(2): 031501.

[5]Dipierro S, Palatucci G, Valdinoci E. Existence and symmetry results for a Schrodinger type problem involving the fractional Laplacian[J]. Le Matematiche, 2013, 68(3): 201-216.

[6]Ambrosio V. Ground states for superlinear fractional Schrodinger equations in $\mathbf{R}^{N}$[J]. 2016, arXiv: 1601.06284.

[7]Ambrosio V. A Fractional Landesman-Lazer type problem set on $\mathbf{R}^{N}$[J]. Le Matematiche, 2017, 71(2): 99-116.

[8]Chang X J, Wang Z Q. Ground state of scalar field equations involving frctional Laplacian with general nonlinearity[J]. No-linearity, 2013, 26(2): 479-494.

[9]Teng K. Existence of ground state solutions for the nonlinear

fractional Schrodinger-Poisson system with critical Sobolev exponent[J]. J Differ Equ,2016,261(6):3061-3106.

[10]Szulkin A,Weth T. Ground state solutions for some indefinite variational problems [J]. J Funct Anal,2009,257(1)3802-3822.

[11]Bieganowski B. Solutions of the fractional Schrodinger equation with a sign-changing nonlinearity. J Math Anal Appl,2017,450(3):461-479.

[12]Jeanjean L. On the existence of bounded Palais-Smale sequences and application to a Landesman-Lazer-type problem set on $\mathbf{R}^N$[K]. Proc Edinb,1999,129(2):737-809.

[13]Ekeland I. Convexity methods in Hamiltonian mechanics[M]. New York:Springer,1990.

一类分数阶 Schrödinger 方程孤立解的对称性研究

第四章

南京航空航天大学理学院的谢柳柳,黄小涛两位教授 2018 年在有界环形区域上,研究了一类分数阶 Schrödinger 方程孤立解的对称性问题.首先将分数阶 Schrödinger 方程转化为包含 Bessel 位势和 Riesz 位势的积分方程组,然后利用移动平面法和 Hardy-Littlewood-Sobolev 不等式,证明了当方程边值为常数时,环形区域必为同心球,方程正解是径向对称的,且随着对称点的距离增大而单调递减.

在空间 $\mathbf{R}^n$ 中,若 $p\in[2,\infty)$,$\alpha\in(0,n)$,Ma 和 Zhao[1] 给出了分数阶 Schrödinger 方程的一般形式有

$$i\varphi_t+\Delta\varphi+p\varphi|\varphi|^{p-2}\left(\frac{1}{|x|^{n-\alpha}}*|\varphi|^p\right)=0\quad(x\in\mathbf{R}^n,t>0)\tag{1}$$

式中 $\varphi(t,x)$ 为波函数,其在激光物理、量子力学等不同领域均有着广泛的应用.为了得到方程(1)的解,可以令 $\varphi(x,t)=\mathrm{e}^{\mathrm{i}\omega t}u(x)$,则方程(1)可转化为 Choquard 方程

$$\Delta u-\omega u+pu\mid u\mid^{p-2}\left(\frac{1}{\mid x\mid^{n-\alpha}}*\mid u\mid^{p}\right)=0 \quad (u\in H^{1}(\mathbf{R}^{n})) \tag{2}$$

关于方程(2)的正解性质,Lions[2,3] 和 Lieb[4] 等学者进行了广泛的研究.令 $\omega=1, v=\frac{1}{\mid x\mid^{n-\alpha}}*\mid u\mid^{p}$,则式(2)可转化为

$$(I-\Delta)u=pu\mid u\mid^{p-2}v$$

也可转为积分形式

$$\begin{cases}u(x)=\int_{\mathbf{R}^{n}}G_{2}(x-y)\mid u(y)\mid^{p-2}u(y)v(y)\mathrm{d}y\\ v(x)=\int_{\mathbf{R}^{n}}\frac{u^{p}(y)}{\mid x-y\mid^{n-\alpha}}\mathrm{d}y\end{cases} \tag{3}$$

其中 G_2 是二阶的 Bessel 位势核,Ma 和 Zhao[1] 研究了方程(3)在 $\mathbf{R}^n$ 上正解的径向对称性与单调性.

偏微分方程的对称解问题的研究最早可追溯到 20 世纪 70 年代.Serrin[5] 在边界条件

$$\begin{cases}u(x)=0, x\in\partial\Omega\\ \frac{\partial u}{\partial n}=\text{Constant}, x\in\partial\Omega\end{cases}$$

下,利用移动平面法,研究了 Laplace 方程 $-\Delta u(x)=1, x\in\Omega$ 解的径向对称性.接下来的几十年里,资料[6,7]对此类问题进行了更深入的研究.在此基础上,资料[8]利用 Hardy-Littlewood-Sobolev 不等式研究了 $\mathbf{R}^n$ 中积分方程的对称解问题.进一步地,Li 和 Wang[9]

在有界区域上研究了积分方程解的对称性.

假设 $\Omega_1 \subset \Omega_2 \subset \mathbf{R}^n$ 是一有界开区域,其中 $\partial\Omega_1$, $\partial\Omega_2 \in C^1$, 并且 $\partial\Omega_1 \cap \partial\Omega_2$ 为空集. 分数阶 Schrödinger 方程(1)可转化为包括二阶 Bessel 位势和分数阶 Riesz 位势的积分方程组(3). 本章尝试在环形区域上研究以下包含分数阶 Bessel 位势和分数阶 Riesz 位势的积分方程组

$$\begin{cases} u(x) = \int_{\mathbf{R}^n} G_\alpha(x-y) \mid u(y) \mid^{p-2} u(y) v(y) \mathrm{d}y \\ \left(x \in \Omega := \frac{\Omega_2}{\overline{\Omega}_1}\right) \\ v(x) = \int_{\mathbf{R}^n} \frac{u^p(y)}{\mid x-y \mid^{n-\alpha}} \mathrm{d}y \\ \left(x \in \Omega := \frac{\Omega_2}{\overline{\Omega}_1}\right) \end{cases} \tag{4}$$

其中 $p \geqslant 2, 0 < \alpha < n$. 本章将证明如下定理.

定理 1 假设常数 t, e, s, q 满足

$$\frac{1}{t} \in \left[\frac{1}{s}, \frac{1}{s} + \frac{\alpha}{n}\right] \cap \left[\frac{\alpha}{n}, 1\right] \tag{5}$$

$$\frac{1}{e} \in \left[\frac{1}{q}, \frac{1}{q} + \frac{\alpha}{n}\right] \cap \left[\frac{\alpha}{n}, 1\right] \tag{6}$$

且

$$s, q > 1, \frac{1}{q} + \frac{p-1}{s} = \frac{1}{t}, \frac{p-1}{s} = \frac{1}{e} \tag{7}$$

若$(u, v) \in L^s(\Omega) \times L^q(\Omega)$ 是方程(4)的正解,且满足边界条件

$$\begin{cases} u(x) = C_1 > 0, v(x) = C_2 > 0, x \in \overline{\Omega}_1 \\ u(x) = v(x) = 0, x \in \frac{\mathbf{R}^n}{\Omega_2} \end{cases}$$

则 Ω_1 和 Ω_2 一定为同心球，(u,v) 是径向对称的，且随着对称点的距离增加而单调递减.

推论 1　当 Ω_1 为空集时，由定理 1 可得方程(4)在有界区域 Ω_2 上正解的径向对称性和单调性.

容易验证，满足条件式(5－7)的常数 t,e,s,q 是存在的. 比如在 $\mathbf{R}^3$ 中，方程(1)为非线性 Choquard 方程

$$\mathrm{i}\varphi_t+\Delta\varphi+2\varphi\left(\frac{1}{|x|}*|\varphi|^2\right)=0\quad(x\in\mathbf{R}^3,t>0)$$

令 $\varphi(x,t)=\mathrm{e}^{\mathrm{i}\omega t}u(x)$，上述方程可转化为

$$\begin{cases}\Delta u-u+2uv=0\\ \Delta v=u^2\end{cases}$$

即 $n=3,p=2,\alpha=2$. 此时可取 $q=3,s=\frac{3}{2},t=1,e=\frac{3}{2}$，满足条件(5－7).

1　主要引理

下面给出后续证明中需要用到的 Bessel 位势和 Riesz 位势的 Hardy-Littlewood-Sobolev 不等式. Cheng，Huang 和 Li 在资料[10]的式(1.2)中给出了关于 Riesz 位势的 H－L－S 不等式.

引理 1　(Riesz 位势的 H－L－S 不等式，令 $0<\alpha<n,1<p<q<+\infty$，对任意的 $f\in L^p(\mathbf{R}^n)$，有

$$\left\|\int_{\mathbf{R}^n}\frac{f(y)}{|x-y|^{n-\alpha}}\mathrm{d}y\right\|_{L^q(\mathbf{R}^n)}\leqslant C\|f\|_{L^p(\mathbf{R}^n)}$$

其中 $\frac{1}{p}-\frac{\alpha}{n}\leqslant\frac{1}{q}$，常数 $C=C(p,q,n)$.

Huang,Li 和 Wang 在资料[11] 的定理 2.3 中给出了关于 Bessel 位势的 H－L－S 不等式，也可参考资料[1] 的式(8).

引理 2 (Bessel 位势的 H－L－S 不等式) 令 $0<\alpha<n$，$1<p<r<+\infty$，对任意的 $f\in L^p(\mathbf{R}^n)$，有

$$\left\|\int_{\mathbf{R}^n} G_\alpha(x-y)f(y)\mathrm{d}y\right\|_{L^r(\mathbf{R}^n)}\leqslant C\|f\|_{L^p(\mathbf{R}^n)}$$

其中 $\frac{1}{p}-\frac{\alpha}{n}\leqslant\frac{1}{r}$，常数 $C=C(r,q,n)$，其中 G_α 定义为

$$G_\alpha(x)=\frac{1}{\gamma(\alpha)}\int_0^\infty \exp\left(-\frac{\pi|x|^2}{\delta}\right)\cdot \exp\left(-\frac{\delta}{4\pi}\right)\delta^{\frac{\alpha-n}{2}}\frac{\mathrm{d}\delta}{\delta}\gamma(\alpha)$$

$$=(4\pi)^{\frac{\alpha}{2}}\Gamma\left(\frac{\alpha}{2}\right)$$

且 $\alpha>0$.

2 主要结果

下面用移动平面法来证明本章的主要结果. 对任意的 $\lambda\in\mathbf{R}$，定义 $T_\lambda:\{(x_1,\cdots,x_n)\in\Omega,x_1=\lambda\}$ 作为移动平面. 下面给出一些符号说明

$$x^\lambda=(2\lambda-x_1,\cdots,x_n),u_\lambda(x)=u(x^\lambda)$$

$$v_\lambda(x)=v(x^\lambda)$$

$$A_\lambda=\{x:x_1>\lambda\}$$

$$\Sigma_\lambda=\left\{x:x_1>\lambda,x\in\frac{\Omega_2}{\Omega_1},x^\lambda\in\frac{\Omega_2}{\Omega_1}\right\}$$

$$\Sigma'_\lambda=\{x:x^\lambda\in\Sigma_\lambda\}$$

$$\Sigma_\lambda=\left\{x:x_1>\lambda,x\in\frac{\mathbf{R}^n}{\Omega_2},x^\lambda\in\frac{\mathbf{R}^n}{\Omega_2}\right\}$$

$$\Sigma'_\lambda=\{x:x^\lambda\in\Sigma_\lambda\}$$

$$\Omega_\lambda=\left\{x:x_1>\lambda,x\in\frac{\mathbf{R}^n}{\Omega_2},x^\lambda\in\Omega_2\right\}$$

$$\Omega'_\lambda=\{x:x^\lambda\in\Omega_\lambda\}$$

$$D_\lambda=\left\{x:x_1>\lambda,x\in\frac{\Omega_2}{\Omega_1},x^\lambda\in\Omega_1\right\}$$

$$D'_\lambda=\{x:x^\lambda\in D_\lambda\}$$

$$P_\lambda=\{x:x_1>\lambda,x\in\Omega_1,x^\lambda\in\Omega_1\}$$

$$P'_\lambda=\{x:x^\lambda\in P_\lambda\}$$

将平面 T_λ 从 $\lambda=+\infty$ 移向 $\lambda=-\infty$，在这个过程中，比较 $u(x)$ 和 $u(x^\lambda)$，$v(x)$ 和 $v(x^\lambda)$ 的大小. 记 λ_0 为 T_λ 第一次和 $\partial\Omega_2$ 相对时的 λ 的值. 由边界条件，很显然，对任意的 $\lambda\geqslant\lambda_0$，有 $u(x^\lambda)\geqslant u(x)$，$v(x^\lambda)\geqslant v(x)$，$\forall x\in A_\lambda$.

接下来把 T_λ 从 $\lambda=\lambda_0$ 向 $\lambda=-\infty$ 移动，当出现下列 4 种情况之一时，停止移动，并记此时的 λ 为 $\hat{\lambda}$：①$\partial(E'_\lambda\cup D'_\lambda)\cap\partial\Omega_2$ 与 $\partial\Omega_2$ 相切于点 $\hat{x}$，但 $\hat{x}$ 不属于 $T_{\hat{\lambda}}$；②T_λ 与 $\partial\Omega_2$ 正交点于 $\hat{x}$，$\hat{x}$ 属于 $T_{\hat{\lambda}}$；③$\partial P'_\lambda\cap\partial\Omega_1$ 与 $\partial\Omega_1$ 相切于点 $\hat{x}$，但 $\hat{x}$ 不属于 $T_{\hat{\lambda}}$；④T_λ 与 $\partial\Omega_1$ 正交于点 $\hat{x}$，$\hat{x}$ 属于 $T_{\hat{\lambda}}$.

由 λ 的定义，对任意的 $\lambda\in[\hat{\lambda},\lambda_0]$，有 $(\Sigma_\lambda\cup D_\lambda)\subset\Omega_2$，$A_\lambda=\Sigma_\lambda\cup D_\lambda\cup\Omega_\lambda\cup E_\lambda\cup P_\lambda$.

首先，给出一个在移动平面法中起着非常重要作用的引理.

引理 3　对任意的 $\hat{\lambda}\leqslant\lambda<\lambda_0$，有

$$u(x^{\lambda})-u(x)=\int_{A_{\lambda}}g_{\alpha}(x-y)(|u(y^{\lambda})|^{p-2}u(y^{\lambda})\cdot v(y^{\lambda})-|u(y)|^{p-2}u(y)v(y))\mathrm{d}y \tag{8}$$

$$v(x^{\lambda})-v(x)=\int_{A_{\lambda}}\left(\frac{1}{|x-y|^{n-\alpha}}-\frac{1}{|x^{\lambda}-y|^{n-\alpha}}\right)\cdot(u^{p}(y^{\lambda})-u^{p}(y))\mathrm{d}y \tag{9}$$

其中 $A_{\lambda}=\Sigma_{\lambda}\cup D_{\lambda}\cup\Omega_{\lambda}\cup E_{\lambda}\cup P_{\lambda}$，且 $g_{\alpha}(x-y)=G_{\alpha}(x-y)-G_{\alpha}(x^{\lambda}-y)$. 这是因为对任意的 $\lambda\in[\hat{\lambda},\lambda_0)$，有 $G_{\alpha}(x-x^{\lambda})=G_{\alpha}(x^{\lambda}-y)$，$G_{\alpha}(x^{\lambda}-y^{\lambda})=G_{\alpha}(x-y)$，$|x-y^{\lambda}|=|x^{\lambda}-y|$，$|x^{\lambda}-y^{\lambda}|=|x-y|$.

把定理 1 的证明分为以下几步. 首先，证明当 T_{λ} 移动一小段距离后，也就是存在常数 λ_1，当 $\lambda\in[\lambda_1,\lambda_0)$ 时，有

$$u(x^{\lambda})\geqslant u(x),v(x^{\lambda})\geqslant v(x)\quad(\forall x\in A_{\lambda}) \tag{10}$$

引理 4 存在常数 λ_1，使得对任意的 $\lambda\in[\lambda_1,\lambda_0]$，有 $u(x^{\lambda})\geqslant u(x)$，$v(x^{\lambda})\geqslant v(x)$，$\forall x\in A_{\lambda}$.

证明 对任意的 $\lambda\in[\lambda_1,\lambda_0)$，由边界条件 $u(x)=C_1,x\in\Omega_1$；$u(x)=0,x\in\dfrac{\mathbf{R}^n}{\Omega_2}$，$v(x)=C_2,x\in\Omega_1$；$v(x)=0,x\in\dfrac{\mathbf{R}^n}{\Omega_2}$ 有

$$\begin{cases}u(x^{\lambda})\equiv u(x)=C_1 & (\forall x\in P_{\lambda})\\ u(x^{\lambda})>u(x)\equiv 0 & (\forall x\in\Omega_{\lambda})\\ u(x^{\lambda})\equiv u(x)\equiv 0 & (\forall x\in E_{\lambda})\\ u(x^{\lambda})\equiv C_1>u(x) & (\forall x\in D_{\lambda})\end{cases}$$

类似地，$v(x)$ 也有相同的边界情况. 仅需考虑 $x\in\Sigma_{\lambda}$

这种情况. 定义 $\Sigma_\lambda^u=\{x\in\Sigma_\lambda:u(x)>u(x^\lambda)\}$,$\Sigma_\lambda^v=\{x\in\Sigma_\lambda:v(x)>v(x^\lambda)\}$,则对任意的 $x\in\Sigma_\lambda^u$,有

$$u(x)-u(x^\lambda)\leqslant\int_{\Sigma_\lambda}g_\alpha(x,y)(|u(y)|^{p-2}u(y)\cdot v(y)-|u(y^\lambda)|^{p-2}u(y^\lambda)v(y^\lambda))\mathrm{d}y$$

且

$$v(x)-v(x^\lambda)\leqslant\int_{\Sigma_\lambda}\frac{1}{|x-y|^{n-\alpha}}(u^p(y)-u^p(y^\lambda))\mathrm{d}y$$

由引理 2

$$\begin{aligned}u(x)-u(x^\lambda)&\leqslant\int_{\Sigma_\lambda}g_\alpha(x-y)(|u(y)|^{p-2}y(y)\cdot v(y)-|u(y^\lambda)|^{p-2}u(y^\lambda)v(y^\lambda))\mathrm{d}y\\&\leqslant\int_{\Sigma_\lambda}g_\alpha(x-y)(u^{p-1}(y)v(y)-u^{p-1}(y^\lambda)\cdot v(y^\lambda))\mathrm{d}y\\&\leqslant\int_{\Sigma_\lambda}G_\alpha(x-y)(u^{p-1}(y^\lambda)\cdot(v(y)-v(y^\lambda))^++v(y)(u^{p-1}(y)-u^{p-1}(y^\lambda))^+)\mathrm{d}y\end{aligned}$$

由 Hardy-Littlewood-Sobolev 不等式,得

$$\begin{aligned}&\|u-u_\lambda\|_{L^s(\Sigma_\lambda^u)}\\\leqslant&\|u-u_\lambda\|_{L^s(\Sigma_\lambda)}\\\leqslant&C\|u_\lambda^{p-1}(v-v_\lambda)^++v(u^{p-1}-u_\lambda^{p-1})^+\|_{L^t(\Sigma_\lambda)}\\\leqslant&C\|u_\lambda^{p-1}(v-v_\lambda)\|_{L^t(\Sigma_\lambda^v)}+C\|v(u^{p-1}-u_\lambda^{p-1})\|_{L^t(\Sigma_\lambda^u)}\end{aligned}$$

其中 $0\leqslant\frac{1}{t}-\frac{\alpha}{n}\leqslant\frac{1}{s}\leqslant\frac{1}{t}$,也就是 $\frac{1}{t}\in\left[\frac{1}{s},\frac{1}{s}+\frac{\alpha}{n}\right]\cap\left[\frac{\alpha}{n},1\right]$.

由 Hölder 不等式

$$\begin{aligned}&\| u-u_\lambda \|_{L^s(\Sigma_\lambda^u)}\\ \leqslant\ & C\| u_\lambda^{p-1}(v-v_\lambda)\|_{L^t(\Sigma_\lambda^v)}+C\| vu^{p-2}(u-u_\lambda)\|_{L^t(\Sigma_\lambda^v)}\\ \leqslant\ & C\| u\|_{L^s(\Sigma_\lambda^v)}^{p-1}\| u-u_\lambda\|_{L^s(\Sigma_\lambda^u)}+C\| v\|_{L^q(\sum_\lambda^Q)}\cdot\\ & \| u\|_{L^s(\sum_\lambda^v)}^{p-2}\| u-u_\lambda\|_{L^s(\sum_\lambda^v)}\end{aligned}$$

其中 $s,q>1,\dfrac{1}{q}+\dfrac{p-1}{s}=\dfrac{1}{t}$.

类似地,有

$$\begin{aligned}\| v-v_\lambda\|_{L^q(\Sigma_\lambda^v)} &\leqslant C\| u^p-u_\lambda^p\|_{L^e(\Sigma_\lambda^u)}\\ &\leqslant C\| u\|_{L^s(\Sigma_\lambda^u)}^{p-1}\| u-u_\lambda\|_{L^s(\Sigma_\lambda^u)}\end{aligned}$$

其中 $0\leqslant\dfrac{1}{e}-\dfrac{\alpha}{n}\leqslant\dfrac{1}{q}\leqslant\dfrac{1}{e}$, 也就是 $\dfrac{1}{e}\in\left[\dfrac{1}{q},\dfrac{1}{q}+\dfrac{\alpha}{n}\right]\cap\left[\dfrac{\alpha}{n},1\right]$,且 $\dfrac{p-1}{s}=\dfrac{1}{e}$.

将上述两个不等式结合起来,可以得到

$$\begin{aligned}\| u-u_\lambda\|_{L^s(\Sigma_\lambda^u)}\leqslant C(&\| u\|_{L^s(\Sigma'_\lambda)}^{p-1})\| u\|_{L^s(\Sigma_\lambda^u)}^{p-1}+\\ &\| v\|_{L^q(\Sigma_\lambda^v)}\| u\|_{L^s(\Sigma_\lambda^u)}^{p-2}\| u-u_\lambda\|_{L^s(\Sigma_\lambda^u)}\end{aligned}\tag{11}$$

$$\| v-v_\lambda\|_{L^q(\Sigma_\lambda^v)}\leqslant\frac{C\| u\|_{L^s(\Sigma'_\lambda)}^{p-1}\| u\|_{L^s(\Sigma_\lambda^u)}^{p-1}}{1-C\| u\|_{L^s(\Sigma_\lambda^u)}^{p-2}\| v\|_{L_q(\Sigma_\lambda^v)}}\cdot\| v-v_\lambda\|_{L^q(\Sigma_\lambda^v)}$$

由 $u\in L^s(\Omega)$ 和 $v\in L^q(\Omega)$ 可知,存在常数 λ_1,满足 $\lambda_0-\lambda_1>0$,对任意的 $\lambda\in[\lambda_1,\lambda_0)$,使得 $|\Sigma_\lambda|$, $|\Sigma_\lambda^u|$, $|\Sigma_\lambda^v|$ 充分小,且满足

$$C(\| u\|_{L^2(\Sigma'_\lambda)}^{p-1}\| u\|_{L^s(\Sigma_\lambda^v)}^{p-1}+\| v\|_{L^q(\Sigma_\lambda^v)}\| u\|_{L^s(\Sigma_\lambda^u)}^{p-2})\leqslant\frac{1}{2}$$

$$\frac{C\| u\|_{L^s(\Sigma'_\lambda)}^{p-1}\| u\|_{L^s(\Sigma_\lambda^u)}^{p-1}}{1-C\| u\|_{L^s(\Sigma_\lambda^u)}^{p-2}\| v\|_{L^q(\Sigma_\lambda^v)}}\leqslant\frac{1}{2}$$

这就意味着对任意的 $\lambda \in [\lambda_1, \lambda_0)$，$\| u - u_\lambda \|_{L^s(\Sigma_\lambda^u)} = 0$，$\| v - v_\lambda \|_{L^q(\Sigma_\lambda^v)} = 0$. 因此 Σ_λ^u 和 Σ_λ^v 一定是空集，这就完成了该引理的证明.

在保持式(10) 成立的同时，一直向左移动，将证明平面 T_λ 能被移动到 $\lambda = \hat{\lambda}$.

引理 5　定义 $\bar{\lambda} := \inf\{\lambda \in [\hat{\lambda}, \lambda_0), u(x^\lambda) \geqslant u(x, u(x^\lambda) \geqslant u(x), x \in \Sigma_\lambda\}$，则 $\bar{\lambda} = \hat{\lambda}$.

证明　同样仅需考虑 $x \in \Sigma_\lambda$ 的这种情况. 假设 T_λ 能一直移动，直到 $\bar{\lambda} > \hat{\lambda}$，且满足式(10)，接下来将证明 T_λ 能被继续移动，也就是存在 ε 使得

$$u(x^\lambda) \geqslant u(x), v(x^\lambda) \geqslant v(x)$$

$$x \in \Sigma_\lambda, \forall \lambda \geqslant \bar{\lambda} - \varepsilon > \hat{\lambda} \tag{12}$$

这就与 $\bar{\lambda}$ 的定义矛盾.

定义 $\Sigma_{\bar{\lambda}}^u = \{x \in \Sigma_{\bar{\lambda}} : u(x) > u(x^{\bar{\lambda}})\}$，$\Sigma_{\bar{\lambda}}^v = \{x \in \Sigma_{\bar{\lambda}} : v(x) > v(x^{\bar{\lambda}})\}$，由测度论理论，有

$$|\Sigma_{\bar{\lambda}}^u| = 0, \lim_{\lambda \to \bar{\lambda}^+} \Sigma_\lambda^u \subset \Sigma_\lambda^u, |\Sigma_{\bar{\lambda}}^v| = 0, \lim_{\lambda \to \bar{\lambda}^+} \Sigma_\lambda^v \subset \Sigma_\lambda^v \tag{13}$$

因此可以选择足够小的 $\varepsilon > 0$，满足 $\hat{\lambda} < \bar{\lambda} - \epsilon < \bar{\lambda}$，使得对任意的 $\lambda \in [\bar{\lambda} - \varepsilon, \bar{\lambda})$，$\Sigma_\lambda^u |, |\Sigma_\lambda^v|, \| u \|_{L^s(\Sigma_\lambda^v)}^{p-1} + \| v \|_{L^q(\Sigma_\lambda^v)} \| u \|_{L^s(\Sigma_\lambda^v)}^{p-2} \leqslant \frac{1}{2}, \frac{C \| u \|_{L^s(\Sigma_\lambda')}^{p-1} \| u \|_{L^s(\Sigma_\lambda^v)}^{p-1}}{1 - C \| u \|_{L^s(\Sigma_\lambda^v)}^{p-2} \| v \|_{L^q(\Sigma_\lambda^v)}} \leqslant \frac{1}{2}$，类似于引理 4，对任意的 $\lambda \in [\bar{\lambda} - \varepsilon, \bar{\lambda})$，$\| u - u_\lambda \|_{L^s(\Sigma_\lambda^u)} = \| v - v_\lambda \|_{L^q(\Sigma_\lambda^v)} = 0$.

即对任意的 $\lambda \in [\bar{\lambda} - \varepsilon, \bar{\lambda})$，$\Sigma_\lambda^u$ 和 Σ_λ^v 是空集. 完成

该引理的证明.

最后,证明环形区域(4)的解是关于 $T_{\hat{\lambda}}$ 对称的.又因为 x_1 的方向是任意的,可以推断 Ω_1 和 Ω_2 是同心球.并且,$u(x)$ 和 $v(x)$ 关于某些点中心对称,且随着中心点的距离增大而单调递减.

引理 6 $\Sigma_{\hat{\lambda}} \cup \Sigma'_{\hat{\lambda}} \cup D_{\hat{\lambda}} \cup D'_{\hat{\lambda}} = \frac{\Omega_2}{\Omega_1}$,$P_{\hat{\lambda}} \cup P'_{\hat{\lambda}} = \Omega_1$,并且有 $u(x) \equiv u_{\hat{\lambda}}(x)$,$v(x) \equiv v_{\hat{\lambda}}(x)$,$\forall x \in \frac{\Omega_2}{\Omega_1}$.

证明 首先证明 Ω_1 和 Ω_2 关于 $T_{\hat{\lambda}}$ 对称.反证,若不对称,即 $\Omega_{\hat{\lambda}} \cup D_{\hat{\lambda}}$ 不是空集.

在情况 ① 和 ③ 中,有

$$
\begin{aligned}
& u_{\hat{\lambda}}(\hat{x}) - u(\hat{x}) \\
\geqslant & \int_{D_{\hat{\lambda}}} g_\alpha(\hat{x}, y)(C_1^{p-1} C_2 - |u(y)|^{p-2} u(y) v(y))\mathrm{d}y + \\
& \int_{\Omega_{\hat{\lambda}}} g_\alpha(\hat{x}, y) |u_{\hat{\lambda}}(y)|^{p-2} u_{\hat{\lambda}}(y) v_{\hat{\lambda}}(y)\mathrm{d}y > 0
\end{aligned}
$$

$$
\begin{aligned}
v_{\hat{\lambda}}(\hat{x}) - v(\hat{x}) \geqslant & \int_{D_{\hat{\lambda}}} \left(\frac{1}{|\hat{x} - y|^{n-\alpha}} - \frac{1}{|\hat{x}^{\hat{\lambda}} - y|^{n-\alpha}} \right) \times \\
& (C_1^p - u^p(y))\mathrm{d}y + \\
& \int_{\Omega_{\hat{\lambda}}} \left(\frac{1}{|\hat{x} - y|^{n-\alpha}} - \frac{1}{|\hat{x}^{\hat{\lambda}} - y|^{n-\alpha}} \right) u_{\hat{\lambda}}^p(y) \\
> & 0
\end{aligned}
$$

但是由边界条件,$u(x) = C_1$,$x \in \overline{\Omega}_1$,$u(x) = 0$,$x \in \frac{\mathbf{R}^n}{\Omega_2}$,$v(x) = C_2$,$x \in \overline{\Omega}_1$,$v(x) = 0$,$x \in \frac{\mathbf{R}^n}{\Omega_2}$,得 $u_{\hat{\lambda}}(\hat{x}) = u(\hat{x})$,$v_{\hat{\lambda}}(\hat{x}) = v(\hat{x})$.从而矛盾,得证.

在情况 ② 和 ④ 中，假设 $T_{\hat{\lambda}}$ 与 $\partial\Omega_1$ 或 $\partial\Omega_2$ 正交于点 $\hat{x}\in T_{\hat{\lambda}}$，这意味着

$$\partial_\nu u(\hat{x})=0,\partial_\nu v(\hat{x})=0 \tag{14}$$

令 $\{x^m\}_{m=1}^{\infty}\subset\Sigma_{\hat{\lambda}}$，使得 x^m 在 x_1 方向上有 $x^m\to\hat{x}$. 不失一般性，假设存在一个球 $B\subset(\Omega_{\hat{\lambda}}\cup D_{\hat{\lambda}})$，假设球 B 在 $\{x^m\}_{m=1}^{\infty}$ 左侧，则存在 $\varepsilon>0$，使得 $(x^m)^{\hat{\lambda}}=((x^m)_1^{\hat{\lambda}},\cdots,(x^m)_n^{\hat{\lambda}})$，且 $y=(y_1,\cdots,y_n)\in B$，有

$$(x^m)_1^{\hat{\lambda}}-y_1\geqslant\varepsilon$$

对任意的 $y\in B$，若 $\bar{x}^m$ 介于 $(x^m)^{\hat{\lambda}}$ 和 x^m 之间，使得

$$\begin{aligned}
&G_\alpha((x^m)^{\hat{\lambda}}-y)-G_\alpha(x^m-y)\\
&=\frac{1}{\gamma(\alpha)}\int_0^\infty\left(\exp\left(-\frac{\pi\mid(x^m)^{\hat{\lambda}}-y\mid^2}{\delta}\right)-\right.\\
&\left.\exp\left(-\frac{\pi\mid x^m-y\mid^2}{\delta}\right)\right)\exp\left(-\frac{\delta}{4\pi}\right)\delta^{\frac{\alpha-n}{2}}\frac{\mathrm{d}\delta}{\delta}\\
&=\frac{1}{\gamma(\alpha)}\int_0^\infty\exp\left(-\frac{\pi\mid\bar{x}^m-y\mid^2}{\delta}\right)\cdot\\
&\quad\frac{-2\pi(\bar{x}^m-y)((x^m)^{\hat{\lambda}}-x^m)}{\delta}\exp\left(-\frac{\delta}{4\pi}\right)\delta^{\frac{\alpha-n}{2}}\frac{\mathrm{d}\delta}{\delta}
\end{aligned}$$

因为 $(x^m)_1^{\hat{\lambda}}\leqslant\bar{x}_1^m\leqslant x_1^m$，有

$$\begin{aligned}
&(\bar{x}^m-y)(x^m-(x^m)^{\hat{\lambda}})\\
&=(\bar{x}_1^m-y_1)(x_1^m-(x^m)_1^{\hat{\lambda}})
\end{aligned}$$

$$\geqslant \varepsilon[x_1^m-(x^m)_1^{\hat{\lambda}}]$$

$$=\varepsilon\mid x^m-(x^m)^{\hat{\lambda}}\mid$$

则

$$\begin{aligned}&u_{\hat{\lambda}}(x^m)-u(x^m)\\ \geqslant&\int_{D_{\hat{\lambda}}}g_\alpha(x^m,y)(C_1^{p-1}C_2-|u(y)|^{p-2}u(y)v(y))\mathrm{d}y+\\ &\int_{\Omega_{\hat{\lambda}}}g_\alpha(x^m,y)\mid u_{\hat{\lambda}}(y)\mid^{p-2}u_{\hat{\lambda}}(y)v_{\hat{\lambda}}(y)\mathrm{d}y\mathrm{d}y\\ \geqslant&\frac{2\pi\varepsilon}{\gamma(\alpha)}\int_{D_{\hat{\lambda}}}(C_1^{p-1}C_2-|u(y)|^{p-2}u(y)v(y))M\mathrm{d}y+\\ &\frac{2\pi\varepsilon}{\gamma(\alpha)}\int_{\Omega_{\hat{\lambda}}}\mid u_{\hat{\lambda}}(y)\mid^{p-2}u_{\hat{\lambda}}(y)v_{\hat{\lambda}}(y)M\mathrm{d}y\end{aligned}$$

其中

$$\begin{aligned}M=&\int_0^\infty\exp\left(\frac{-\pi\mid\overline{x}^m-y\mid^2}{\delta}\right)\mid x^m-(x^m)^{\hat{\lambda}}\mid\cdot\\ &\exp\left(\frac{-\delta}{4\pi}\right)\delta^{\frac{\alpha-n}{2}}\frac{\mathrm{d}\delta}{\delta}\end{aligned}$$

这意味着

$$\liminf_{m\to\infty}\frac{u_{\hat{\lambda}}(x^m)-u(x^m)}{\mid(x^m)^{\hat{\lambda}}-x^m\mid}>0$$

这与式(14)矛盾.

类似地,对任意的 $y\in B$,若 $\overline{x}^m$ 介于 $(x^m)^{\hat{\lambda}}$ 和 x^m 之间,有

$$\begin{aligned}&\frac{1}{\mid x^m-y\mid^{n-\alpha}}\frac{1}{\mid(x^m)^{\hat{\lambda}}-y\mid^{n-\alpha}}\\ =&\frac{-(n-\alpha)(\overline{x}^m-y)}{\mid\overline{x}^m-y\mid^{n-\alpha+2}}(x^m-(x^m)^{\hat{\lambda}})\end{aligned}$$

则

$$v_{\hat{\lambda}}(x^m)-v(x^m)$$
$$\geqslant\int_{D_{\hat{\lambda}}}\left(\frac{1}{|x^m-y|^{n-\alpha}}-\frac{1}{|(x^m)^{\hat{\lambda}}-y|^{n-\alpha}}\right)\cdot$$
$$\int_{\Omega_{\hat{\lambda}}}\left(\frac{1}{|x^m-y|^{n-\alpha}}-\frac{1}{|(x^m)^{\hat{\lambda}}-y|^{n-\alpha}}\right)u_{\lambda}^{p}(y)\mathrm{d}y$$
$$=\int_{D_{\hat{\lambda}}}\frac{(n-\alpha)(\bar{x}^m-y)}{|\bar{x}^m-y|^{n-\alpha+2}}((x^m)^{\hat{\lambda}}-x^m)\cdot$$
$$(C_1^p-u^p(y))\mathrm{d}y+$$
$$\int_{\Omega_{\hat{\lambda}}}\frac{(n-\alpha)(\bar{x}^m-y)}{|\bar{x}^m-y|^{n-\alpha+2}}((x^m)^{\hat{\lambda}}-x^m)u_{\lambda}^{p}(y)\mathrm{d}y$$

这意味着 $\liminf\limits_{m\to\infty}\dfrac{v_{\hat{\lambda}}(x^m)-v(x^m)}{|(x^m)^{\hat{\lambda}}-x^m|}>0$，这也与式(14)矛盾.

结合以上4种情况，得到 $\Omega_{\hat{\lambda}}\cup D_{\hat{\lambda}}$ 是空集，也就是说，$\Sigma_{\hat{\lambda}}\cup\Sigma'_{\hat{\lambda}}\cup D_{\hat{\lambda}}\cup D'_{\hat{\lambda}}=\dfrac{\Omega_2}{\Omega_1}$，$P_{\hat{\lambda}}\cup P'_{\hat{\lambda}}=\Omega_1$.

再向反方向移动 T_λ，引理4－6的结果同样成立. 所以，推断出 $u(x)$ 和 $v(x)$ 关于 $T_{\hat{\lambda}}$ 对称，且随着到 $T_{\hat{\lambda}}$ 的距离增大而单调递减.

最后，由于 x_1 的方向是任意的，则 Ω_1 和 Ω_2 是同心球，且 $u(x)$ 和 $v(x)$ 关于中心点对称，且随着距中心点的距离增大而单调递减.

3　结　束　语

资料[1]中证明了 Schrödinger 方程(3)的解的径

向对称性和单调性，本章则进一步研究并得到了边值为常数的分数阶 Schrödinger 方程在有界环形区域上解的径向对称性和单调性. 本章的难点在于当边值为常数时，环形区域也是对称的. 在得到解的对称性基础上，可以将方程转化为常微分方程，用常微分的理论进一步研究分数阶 Schrödinger 方程.

参考资料

[1] Ma Li, Zhao Lin. Classification of positive solitary solutions of the nonlinear choquard equation[J]. Arch Rational Mech Anal, 2010, 195(2): 455-467.

[2] Loins P L. The Choquard equation and related questions[J]. Nonlinear Analysis, 1980, 4(6): 1063-1072.

[3] Loins P L. Compactness and topological methods for some nonlinear variational problems of mathematical physics[J]. North-Holland Mathematics Studies, 1982, 61: 17-34.

[4] Lieb E H. Existence and uniqueness of the minimizing solution of Choquards nonlinear equation[J]. Stud Appl Math, 1977, 57(2): 93-105.

[5] Serrin J. A symmetry problem in potential theory [J]. Arch Rational Mech Anal, 1971, 43(4): 304-318.

[6] Gidas B, Ni W M, Nirenberg L. Symmetry and related properties via the maximum principle[J]. Comm Math Phy, 1979, 68(3): 209-243.

[7] Caffarell L, Gidas B, Spruck J. Asymptotic symmetry and local behavior of semilinear elliptic equations with critical Sobolev growth[J]. Comm Pure Appl Math, 1989, 42(3): 271-297.

[8] Chen Wengxiong, Li Congming, Ou B. Classification of solutions for an integral equation[J]. Comm Pure Appl Math, 2010, 59(3): 330-343.

[9] Li Dongsheng, Wang Lihe. Symmetry of integral equations on bounded domains[J]. Proc Amer Math Soc, 2009, 137(11): 3695-3702.

[10] Cheng Ze, Huang Gengheng, Li Congming. On the Hardy- Littlewood-Sobolev type systems[J]. Communications on Pure & Applied Analysis, 2015, 15(6): 2059-2074.
[11] Huang Xiaotao, Li Dongsheng, Wang Lihe. Symmetry of integral equation systems with Bessel kernel on bounded domains[J]. Nonlinear Analysis, 2011, 74(2): 494-500.

第五章 带有次临界或临界增长的分数阶 Schrödinger-Poisson 方程组非平凡解的存在性

1 引言

湖北工程学院数学与统计学院的樊自安，吴庆华两位教授 2019 年研究了一类带有次临界或临界增长的分数阶 Schrödinger-Poisson 方程组，应用 Nehari 流形方法得到了非平凡解的存在性.

考虑下列非线性分数阶 Schrödinger-Poisson 方程组

$$\begin{cases}(-\Delta)^s u+u+\phi(x)u= \\ a(x)\mid u\mid^{p-2}u+\mid u\mid^{q-2}u, x\in\Omega \\ (-\Delta)^s\phi=u^2, x\in\Omega \\ u=\phi=0, x\in\dfrac{\mathbf{R}^3}{\Omega}\end{cases} \tag{1}$$

其中 $\Omega \subset \mathbf{R}^3$ 是一个具有光滑边界的有界区域，$\frac{3}{4} \leqslant s < 1, 4 < p < 2_s^* = \frac{6}{3-2s}, 4 < q \leqslant 2_s^*$，$a(x)$ 是正的函数，满足

(A) $a(x) \in C(\overline{\Omega})$，当 $x \in \Omega$ 时，$a(x) \geqslant 0$，$a(x) \neq 0$.

(B) 存在 $\alpha, r > 0$ 使得以原点为中心、半径为 $2r$ 的球 $B_{2r}(0) \subset \Omega$，且 $x \in B_{2r}(0)$，$a(x) \geqslant \alpha$.

Schrödinger-Poisson 方程组在量子力学和半导体理论中有很强的物理背景[4]. 许多作者研究过 $s=1$ 的情形，如资料[1,2,10,19]. 在这些资料里，Ambrosetti，Azzollini 以及王征平等人研究了 Schrödinger-Poisson 方程组的一个或无穷个解的存在性. 利用 Ljusternik-Schnirelmann 畴数理论，Marco 以及贺小明等人在资料[9,15] 中考虑了问题(1) 当 $s=1$ 时正解的多重性.

利用变分方法和集中紧原理，滕凯民在资料[18] 中研究了下列问题解的存在性

$$(-\Delta)^s u + V(x)u + \phi(x)u = \mu \mid u \mid^{q-1} u + \mid u \mid^{2_s^*-2} u$$
$$(x \in \mathbf{R}^3, (-\Delta)^t \phi = u^2, x \in \mathbf{R}^3)$$

其中 $\mu \geqslant 0, 1 < q < 2_s^* - 1, s, t \in (0,1), 2t + 2s > 3$. 李科学在资料[11] 中研究了上述方程右边项是 $f(x,u)$ 的情形. 使用山路引理，李科学证明了当 $f(x,u)$ 满足 AR 条件时，上述问题存在一个非平凡解. 相关资料还可以见[12－14,20－23]. 利用 Ljusternik-Schnirelmann 畴数理论，Gaetano 在资料[7] 里得到了下列结论：当 $s=1, p \to 2^* = 6$ 时，问题(1) 存在 $\mathrm{cat}_{\overline{\Omega}}(\overline{\Omega}) + 1$ 个正解. 本章应用 Nehari 流形和变分方法证明了，当 $4 < p, q < 2_s^*$ 以及 $q = 2_s^*$ 时，问题(1) 至

少存在一个非平凡解.

不妨设 $0 \in \Omega, B_r$ 表示中心在原点以 r 为半径的球. 设空间 $H^s(\mathbf{R}^3)$ 以及 $E = H_0^S(\Omega)$ 表示分数阶 Sobolev 空间

$$H^s(\mathbf{R}^3) = \left\{ u \in L^2(\mathbf{R}^3) : \int_{\mathbf{R}^3} (|\xi|^{2s} |\hat{u}(\xi)|^2 + |\hat{u}(\varepsilon)|^2) d\xi < +\infty \right\}$$

$$H_0^s(\Omega) = \left\{ u \in H^s(\mathbf{R}^3) : u = 0 \text{ a. e. } x \in \frac{\mathbf{R}^3}{\Omega} \right\}$$

其中 $\hat{u}$ 为 u 的 Fourier 变换,设空间 $H_0^s(\Omega)$ 的内积和范数为

$$\langle u, v \rangle = \int_{\mathbf{R}^3} (|\xi|^{2s} \hat{u}(\xi) \overline{\hat{v}(\xi)} \hat{u}(\xi) \overline{\hat{v}(\xi)}) d\xi$$

$$\| u \| = \left(\int_{\mathbf{R}^3} (|\xi|^{2s} |\hat{u}(\xi)|^2 + |\hat{u}(\xi)|^2) d\xi \right)^{\frac{1}{2}}$$

由资料[16] 知

$$\begin{aligned} & \int_{\mathbf{R}^3} |\xi|^{2s} |\hat{u}(\xi)|^2 d\xi \\ = & \int_{\mathbf{R}^3} |(-\Delta)^{\frac{s}{2}} u|^2 dx \\ = & C(s) \int_{\mathbf{R}^3} \int_{\mathbf{R}^3} \frac{|u(x) - u(y)|^2}{|x - y|^{3+2s}} dx dy \end{aligned}$$

因此

$$\begin{aligned} \| u \|^2 &= \int_{\mathbf{R}^3} (|(-\Delta)^{\frac{s}{2}} u|^2 + |u|^2) dx \\ &= \int_{\mathbf{R}^3} |u|^2 dx + C(s) \int_{\mathbf{R}^3} \int_{\mathbf{R}^3} \frac{|u(x) - u(y)|^2}{|x - y|^{3+2s}} dx dy \end{aligned}$$

空间 $D^{s,2}(\mathbf{R}^3)$ 以及 $D_0^{s,2}(\Omega)$ 定义为

$$D^{s,2}(\mathbf{R}^3) = \{ u \in L_s^{2^*}(\mathbf{R}^3) : |\xi|^s \hat{u}(\xi) \in L^2(\mathbf{R}^3) \}$$

$$D_0^{s,2}(\mathbf{\Omega})=\left\{u\in D^s(\mathbf{R}^3):u=0 \text{ a. e. } x\in\frac{\mathbf{R}^3}{\Omega}\right\}$$

空间 $D_0^{s,2}(\Omega)$ 的范数以及空间 $L^j(\Omega)(2<j\leqslant 2*_s)$ 的范数定义为

$$\|u\|_D=\left(\int_{\mathbf{R}^3}|\xi|^{2s}|\hat{u}(\xi)|^2\mathrm{d}\xi\right)^{\frac{1}{2}}$$
$$=\left(\int_{\mathbf{R}^3}|(-\Delta)^{\frac{s}{2}}u|^2\mathrm{d}x\right)^{\frac{1}{2}}$$
$$\|u\|_j=\left(\int_\Omega|u|^j\mathrm{d}x\right)^{\frac{1}{j}}$$

由资料[16]知，当 $2<j\leqslant 2*_s$ 时，嵌入 $H_0^s(\Omega)\to L^j(\Omega)$ 是连续的，当 $2<j<2*_s$ 时，嵌入 $H_0^s(\Omega)\to L^j(\Omega)$ 是紧的，范数 $\|\cdot\|$ 与 $\|\cdot\|_D$ 等价.

当 $0\neq u\in D^{s,2}(\mathbf{R}^3)$ 时，设

$$S=\inf\frac{\int_{\mathbf{R}^3}|(-\Delta)^{\frac{s}{2}}u|^2\mathrm{d}x}{\left(\int_{\mathbf{R}^3}|u|^{2*_s}\mathrm{d}x\right)^{\frac{2}{2*_s}}}\tag{2}$$

对于 $v\in D_0^{s,2}(\Omega)$，存在常数 $C>0$ 使得

$$\left|\int_\Omega u^2v\mathrm{d}x\right|\leqslant\|u\|_{\frac{12}{3+2s}}^2\|v\|_{2*_s}\leqslant C\|u\|^2\|v\|_D$$

由 Lax-Milgram 定理，存在唯一的 $\phi_u^s\in D_0^{s,2}(\Omega)$ 使得

$$(-\Delta)^s\phi_u^s=u^2$$

其中

$$\phi_u^s(x)=C(s)\int_{\mathbf{R}^3}\frac{u^2(y)}{|x-y|^{3-2s}}\mathrm{d}y$$

与资料[8]类似可得 ϕ_u^s 具有以下性质：

(1) $\phi_u^s:H^s(\mathbf{R}^3)\to D^{s,2}(\mathbf{R}^3)$ 是连续的，把有界集映为有界集；

(2) 若在 $E=H_0^s(\Omega)$ 里 $u_n\rightharpoonup u$，则在 $D_0^{s,2}(\Omega)$ 里，

$\phi_{u_n}^s \to \phi_u^s$；

(3) $\int_\Omega \phi_u^s u^2 \mathrm{d}x \leqslant S^2 \| u \|^4$；

(4) 对于 $t \in \mathbf{R}, \theta > 0$，有 $\phi_{tu}^s(x) = t^2 \phi_u^s, \phi_{u\theta}^s = \theta^{-2s} \phi_u^s$，其中 $u_\theta(x) = u(\theta x)$.

下面给出本章的主要结果.

定理 1　当条件(A) 成立且 $\frac{3}{4} \leqslant s < 1, 4 < p < 2*_s, 4 < q < 2*_s$ 时，问题(1) 存在一个非平凡解.

定理 2　当条件(A)<(B) 成立且 $\frac{3}{4} \leqslant s < 1, 4 < p < 2*_s, q = 2*_s$ 时，问题(1) 存在一个非平凡解.

2　定理 1 的证明

定义能量泛函

$$J(u) = \frac{1}{2} \| u \|^2 + \frac{1}{4} \int_\Omega \phi_u^s u^2 \mathrm{d}x - \frac{1}{p} \int_\Omega a(x) \mid u \mid^p \mathrm{d}x - \frac{1}{q} \int_\Omega \mid u \mid^q \mathrm{d}x$$

$$= \frac{1}{2} \| u \|^2 + \frac{1}{4} K(u) - \frac{1}{p} A(u) - \frac{1}{q} B(u)$$

其中

$$K(u) = \int_\Omega \phi_u^s u^2 \mathrm{d}x, A(u) = \int_\Omega a(x) \mid u \mid^p \mathrm{d}x$$

$$B(u) = \int_\Omega \mid u \mid^q \mathrm{d}x$$

设 $E=H_0^s(\Omega)\to L^j(\Omega)(4<j<2*_s)$ 的最佳嵌入系数为 S_j，由条件(A)

$$\begin{aligned}A(u)&=\int_\Omega a(x)\mid u\mid^p\mathrm{d}x\\&\leqslant\|a\|_\infty\int_\Omega\mid u\mid^p\mathrm{d}x\\&\leqslant\|a\|_\infty S_p^{-\frac{p}{2}}\|u\|^p\end{aligned}\tag{3}$$

以及

$$B(u)=\int_\Omega\mid u\mid^q\mathrm{d}x\leqslant S_q^{-\frac{q}{2}}\|u\|^q\tag{4}$$

其中，$\|\cdot\|_\infty$ 表示 $L^\infty(\Omega)$ 范数.

考虑 Nehari 流形

$$N=\{u\in E\backslash\{0\}\mid\langle J'(u),u\rangle=0\}$$

因此 $u\in N$ 当且仅当

$$\langle J'(u),u\rangle=\|u\|^2+K(u)-A(u)-B(u)=0$$

对于 $u\in N$，由于 $4<p<2*_s$

$$\begin{aligned}J(u)&=\frac{1}{2}\|u\|^2+\frac{1}{4}K(u)-\frac{1}{p}A(u)-\frac{1}{q}B(u)\\&=\frac{1}{4}\|u\|^2+\left(\frac{1}{4}-\frac{1}{p}\right)A(u)+\\&\quad\left(\frac{1}{4}-\frac{1}{q}\right)B(u)>0\end{aligned}$$

于是 $J(u)$ 是有下界的.

定义

$$M(u)=\langle J'(u),u\rangle$$

对于 $u\in N$

$$\begin{aligned}\langle M'(u),u\rangle&=2\|u\|^2+4K(u)-pA(u)-qB(u)\\&=(4-p)A(u)+(4-q)B(u)-\\&\quad 2\|u\|^2\end{aligned}$$

把 N 分成三个部分

$$N^{+}=\{u\in N \mid \langle M'(u),u\rangle >0\}$$
$$N^{0}=\{u\in N \mid \langle M'(u),u\rangle =0\}$$
$$N^{-}=\{u\in N \mid \langle M'(u),u\rangle <0\}$$

由于 $4<p,q<2*_s$. 于是 $N^{+}=N^{0}=\varnothing, N=N^{-}$.

引理 1 假设 u_0 是 J 在 N 里的一个极小值点，且 $u_0\notin N^0$，则 $J'(u_0)=0$，即 u_0 是 $J(u)$ 的一个临界点.

证明 此证明类似于资料[6]，这里略去证明.

由于 $u\in N$ 时，$J(u)$ 有下界，我们可以定义

$$\xi^{-}=\inf_{u\in N^{-}} J(u)$$

引理 2 存在 $C_1=C_1(\|a\|_{\infty},p,q,S_p,S_q)>0$，使得 $\xi^{-}>C_1$.

证明 设 $u\in N$，于是

$$A(u)+B(u)=\|u\|^2+K(u)\geqslant \|u\|^2 \tag{5}$$

由(3)－(5)

$$1\leqslant \|a\|_{\infty}S_p^{-\frac{p}{2}}\|u\|^{p-2}+S_q^{-\frac{q}{2}}\|u\|^{q-2} \tag{6}$$

对于 $u\in N$，由于

$$J(u)=\frac{1}{4}\|u\|^2+\left(\frac{1}{4}-\frac{1}{p}\right)A(u)+\left(\frac{1}{4}-\frac{1}{q}\right)B(u)>\frac{1}{4}\|u\|^2$$

于是由式(6)，$\xi^{-}>C_1$.

对于每个 $u\in E$ 以及 $u\neq 0$，有下列引理.

引理 3 对于 $u\in E, u\neq 0$，则存在唯一的 t_0 使得 $t_0u\in N^{-}$，且

$$J(t_0u)=\sup_{t\geqslant 0} J(tu)$$

证明 设 $u\in E$，且 $u\neq 0$，则 $A(u)\geqslant 0, B(u)>0$，由 ϕ_u^s 的性质

$$h(t)=J(tu)=\frac{t^2}{2}\|u\|^2+\frac{t^4}{4}K(u)-\frac{t^p}{p}A(u)-\frac{t^q}{q}B(u)$$

$$h'(t)=t(\|u\|^2+t^2K(u)-t^{p-2}A(u)-t^{q-2}B(u))$$

令 $h'(t)=0$，得到 $t=t_0>0$，$h(0)=0$，$t\to+\infty$，$h(t)\to-\infty$. 当 $t\in[0,t_0)$ 时，$h'(t)>0$，当 $t\in[t_0,\infty)$ 时，$h'(t)<0$，因此 $h(t)$ 在 $t=t_0$ 达到最大值.

$$\begin{aligned}&\langle J'(t_0u),t_0u\rangle\\&=t_0^2\|u\|^2+t_0^4K(u)-t_0^pA(u)-t_0^qB(u)=0\\&\langle M'(t_0u),t_0u\rangle\\&=(4-p)t_0^pA(u)+(4-q)t_0^qB(u)-2t_0^2\|u\|^2\\&<0\end{aligned}$$

于是存在唯一的 t_0 使得 $t_0u\in N^-$，$J(t_0u)=\sup\limits_{t\geqslant0}J(tu)$.

□

引理 4　假设条件(A)成立，则当 $4<p,q<2^*_s$ 时，泛函 $J(u)$ 有一个极小值点 $u_0\in N^-$，且满足：

(1) $J(u_0)=\xi^-$；

(2) u_0 是问题(1)的一个非平凡解.

证明　设 $u_n\in N^-$ 是 $J(u)$ 的一个极小化序列

$$\lim_{n\to\infty}J(u_n)=\inf_{u\in N^-}J(u)$$

由于 $u_n\in N^-$，于是

$$\begin{aligned}J(u_n)&=\frac{1}{2}\|u_n\|^2+\frac{1}{4}K(u_n)-\frac{1}{p}A(u_n)-\frac{1}{q}B(u_n)\\&=\frac{1}{4}\|u_n\|^2+\left(\frac{1}{4}-\frac{1}{p}\right)A(u_n)+\\&\quad\left(\frac{1}{4}-\frac{1}{q}\right)B(u_n)\\&>\frac{1}{4}\|u_n\|^2\end{aligned}$$

因此 $\{u_n\}$ 是有界的，存在一个子列(不妨仍记作 $\{u_n\}$)

以及 $u_0 \in E$，且在 E 里，$u_n \rightharpoonup u_0$，在 $L^j(\Omega)(2 < j < 2*_s)$ 里，$u_s \to u_0$；在 $\mathbf{R}^3$ 里，$u_n \to u_0$ a. e.，由(3)(4)，$A(u_n) \to A(u_0)$，$B(u_n) \to B(u_0)$，下证 $K(u_n) \to K(u_0)$. 由 Hölder 不等式

$$\begin{aligned} K(u) &= \int_\Omega \phi_u^s u^2 \mathrm{d}x \leqslant \| \phi_u^s \|_{2*_s} \| u \|_{\frac{12}{3+2s}}^2 \\ &\leqslant S^{-\frac{1}{2}} \| \phi_u^s \|_D \| u \|_{\frac{12}{3+2s}}^2 \\ &\leqslant C \| \phi_u^s \|_D \| u \|^2 \end{aligned} \tag{7}$$

因此由 ϕ_u^s 的性质及(2) 和(7)，对于任意的 $\varepsilon > 0$

$$\begin{aligned} &\left| \int_\Omega (\phi_{u_n}^s u_n^2 - \phi_{u_0}^s u_0^2) \mathrm{d}x \right| \\ \leqslant &\left| \int_\Omega (\phi_{u_n}^s (u_n^2 - u_0^2) \mathrm{d}x \right| + \left| \int_\Omega (\phi_{u_n}^s - \phi_{u_0}^s) u_0^2 \mathrm{d}x \right| \\ \leqslant &C \| \phi_{u_0}^s \|_D \| u_n^2 - u_0^2 \|_{\frac{6}{3+2s}} + \varepsilon \\ \leqslant &C \| \phi_{u_0}^s \|_D \| u_n - u_0 \|_{\frac{12}{3+2s}} \| u_n + u_0 \|_{\frac{12}{3+2s}} + \varepsilon \end{aligned}$$

因此

$$K(u_n) \to K(u_0) \tag{8}$$

于是

$$\begin{aligned} &0 < C_1 < \xi^- \leqslant J(u_n) \\ \leqslant &\left(\frac{1}{2} - \frac{1}{p}\right) A(u_n) + \left(\frac{1}{2} - \frac{1}{q}\right) B(u_n) - \frac{1}{4} K(u_n) \\ \leqslant &\left(\frac{1}{2} - \frac{1}{p}\right) A(u_n) + \left(\frac{1}{2} - \frac{1}{q}\right) B(u_n) \\ \to &\left(\frac{1}{2} - \frac{1}{p}\right) A(u_0) + \left(\frac{1}{2} - \frac{1}{q}\right) B(u_0) \end{aligned}$$

因此 $u_0 \neq 0$. 现在我们证明：在 E 里 $u_n \to u_0$. 假如不是，由 Fatou 引理

$$\| u_0 \| < \liminf_{n \to \infty} \| u_n \| \tag{9}$$

由引理 3，存在唯一的 t_0^- 使得 $t_0^- u_0 \in N^-$，又 $u_n \in N^-$，

$J(tu_n)$ 在 $t=1$ 达到极大值，因此当 $t\geqslant 0$ 时，$J(tu_n)\leqslant J(u_n)$. 于是由(9)，有

$$\begin{aligned}J(t_0^- u_0)&=\frac{1}{4}(t_0^-)^2\|u_0\|^2+\left(\frac{1}{4}-\frac{1}{p}\right)(t_0^-)^pA(u_0)+\\&\quad\left(\frac{1}{4}-\frac{1}{q}\right)(t_0^-)^qB(u_0)\\&<\liminf_{n\to\infty}J(t_0^-u_n)\\&\leqslant\lim_{n\to\infty}J(u_n)=\xi^-\end{aligned}$$

矛盾，因此在 E 里 $u_n\to u_0$. 当 $n\to\infty$ 时，$J(u_n)\to J(u_0)=\xi^-$，又 $u_0\neq 0$，由引理 1，u_0 是问题(1) 的一个非平凡解. 这样完成了引理 4 及定理 1 的证明.

3　定理 2 的证明

现在考虑 $q=\frac{6}{3-2s}=2*_s$ 的情形.

设 $0\leqslant\xi(x)\leqslant 1,\xi(x)\in C_0^\infty(\Omega)$，定义：当 $|x|\leqslant r$ 时，$\xi(x)=1$；当 $|x|\geqslant 2r$ 时，$\xi(x)=0$，$|\nabla\xi(x)|\leqslant C$，$B_{2r}(0)\subset\Omega$，设

$$u_\varepsilon(x)=\xi(x)U_\varepsilon(x),U_\varepsilon(x)=\varepsilon^{\frac{2s-3}{2}}u*\left(\frac{x}{\varepsilon}\right)$$

$$u*(x)=\frac{u_1\left(\frac{x}{S^{\frac{1}{2S}}}\right)}{\|u_1\|_{2*_s}},u_1(x)=k(\mu^2+|x|^2)^{\frac{2s-3}{2}}$$

其中 S 由式(2) 定义，$s<\frac{3}{2}$，$k\in\frac{\mathbf{R}}{\{0\}}$，$\mu>0$，以及 $x_0\in\Omega$ 都是固定的常数，则由资料[17－18] 的证明类似可得，当 ε 足够小时，$u_\varepsilon(x)$ 具有下列性质

$$\int_{\mathbf{R}^3} |(-\Delta)^{\frac{s}{2}} u_\varepsilon|^2 \mathrm{d}x \leqslant S^{\frac{3}{2s}} + O(\varepsilon^{3-2s})$$

$$\int_\Omega |u_\varepsilon|^{2*_s} \mathrm{d}x = S^{\frac{3}{2s}} + O(\varepsilon^3) \tag{10}$$

以及

$$\int_\Omega |u_\varepsilon|^t \mathrm{d}x = \begin{cases} O(\varepsilon^{\frac{t(3-2s)}{2}}), t \in \left(1, \dfrac{3}{3-2s}\right) \\ O(\varepsilon^{3-\frac{t(3-2s)}{2}} |\log \varepsilon|), t = \dfrac{3}{3-2s} \\ O(\varepsilon^{3-\frac{t(3-2s)}{2}}), t \in \left(\dfrac{3}{3-2s}, 2*_s\right) \end{cases} \tag{11}$$

定义能量泛函

$$\begin{aligned} J(u) = & \frac{1}{2}\|u\|^2 + \frac{1}{4}\int_\Omega \phi_u^s u^2 \mathrm{d}x - \\ & \frac{1}{p}\int_\Omega a(x)|u|^p \mathrm{d}x - \frac{1}{2*_s}\int_\Omega |u|^{2*_s} \mathrm{d}x \\ = & \frac{1}{2}\|u\|^2 + \frac{1}{4}K(u) - \frac{1}{p}A(u) - \frac{1}{2*_s}B(u) \end{aligned}$$

定义 1 序列 $\{u_n\} \subset E$ 是泛函 I 的一个 $(\mathrm{PS})_c$ 列，例如存在 $c \in \mathbf{R}$ 使得

$$I(u_n) \to c, I'(u_n) \to 0, n \to \infty$$

引理 5 对于 $c \in \mathbf{R}$，若序列 $\{u_n\} \subset E$ 是泛函 J 的一个 $(\mathrm{PS})_c$ 列，则存在 $u_n \rightharpoonup u \in E$，$u$ 是问题(1)的一个解，且 $\langle J'(u), u\rangle = 0$.

证明 由 $(\mathrm{PS})_c$ 列的定义，存在 $c \in \mathbf{R}$，有

$$J(u_n) \to c, J'(u_n) \to 0, n \to \infty$$

$$\begin{aligned} J(u_n) = & \frac{1}{2}\|u_n\|^2 + \frac{1}{4}K(u_n) - \frac{1}{p}A(u_n) - \frac{1}{2*_s}B(u_n) \\ = & c + o_n(1) \end{aligned}$$

$$\langle J'(u_n), u_n\rangle = \|u_n\|^2 + K(u_n) - A(u_n) - B(u_n) = o_n(1)$$

则

$$
\begin{aligned}
c+o_n(1) &= J(u_n)-\frac{1}{p}\langle J'(u_n),u_n\rangle \\
&= \left(\frac{1}{2}-\frac{1}{p}\right)\|u_n\|^2+ \\
&\quad \left(\frac{1}{4}-\frac{1}{p}\right)K(u_n)+\left(\frac{1}{p}-\frac{1}{2*_s}\right)B(u_n) \\
&\geqslant \left(\frac{1}{2}-\frac{1}{p}\right)\|u_n\|^2
\end{aligned}
$$

因此$\{u_n\}$有界.

故存在一个子列(不妨仍记作$\{u_n\}$)以及$u_0\in E$，且在E里，$u_n\rightharpoonup u_0$，在$L^j(\Omega)(2<j<2*_s)$里，$u_n\to u_0$；在$\mathbf{R}^3$里，$u_n\to u_0$ a.e.，由(3)(4)和(8)，$A(u_n)\to A(u)$，$K(u_n)\to K(u)$，u是问题(1)的一个解，且$\langle J'(u),u\rangle=0$.

引理6　对于$c\in\mathbf{R}$，若序列$\{u_n\}\subset E$是泛函J的一个$(PS)_c$列，$u_n\rightharpoonup u$，则当$c<\frac{s}{3}S^{\frac{3}{2s}}$时，$u_n\to u$.

证明　由$(PS)_c$列的定义，存在$c\in\mathbf{R}$，有

$$J(u_n)\to c,J'(u_n)\to 0,n\to\infty$$

设$u_{n1}=u_n-u$，于是$u_{n1}\rightharpoonup 0$，由Brezis-Lieb引理(见[5])推出

$$\|u_n\|^2=\|u_{n1}\|^2+\|u\|^2+o_n(1)$$
$$B(u_n)=B(u_{n1})+B(u)+o_n(1)$$

由$A(u_n)\to A(u)$及(8)得到

$$A(u_n)=A(u)+o_n(1),K(u_n)=K(u)+o_n(1)$$

因此

$$\langle J'(u_n),u_n\rangle=\|u_{n1}\|^2-B(u_{n1})+o_n(1)$$

于是假设

$$\lim_{n\to\infty}\|u_{n1}\|^2=\lim_{n\to\infty}B(u_{n1})=l$$

由 S 的定义

$$\|u_{n1}\|^2\geqslant\|u_{n1}\|_D^2\geqslant S\|u_{n1}\|_{2^*_s}^2$$

于是 $l\geqslant Sl^{\frac{2}{2^*_s}}$，$l=0$ 或者 $l\geqslant S^{\frac{3}{2s}}$，若 $l\geqslant S^{\frac{3}{2s}}$

$$J(u_n)-\frac{1}{2}\langle J'(u_n),u_n\rangle=J(u)+\left(\frac{1}{2}-\frac{1}{2^*_s}\right)B(u_{n1})+o_n(1)$$

令 $n\to\infty$

$$J(u)=c-\left(\frac{1}{2}-\frac{1}{2^*_s}\right)l\leqslant c-\left(\frac{1}{2}-\frac{1}{2^*_s}\right)S^{\frac{3}{2s}}<0$$

得到 $J(u)<0$.

另一方面，由 u 是问题(1) 的一个解，$\langle J'(u),u\rangle=0$，因此

$$\begin{aligned}J(u)&=J(u)-\frac{1}{4}\langle J'(u),u\rangle\\&=\frac{1}{4}\|u\|^2+\left(\frac{1}{4}-\frac{1}{p}\right)A(u)+\left(\frac{1}{4}-\frac{1}{2^*_s}\right)B(u)\\&\geqslant 0\end{aligned}$$

矛盾. 故 $l=0$，$u_n\to u$.

引理 7 下面结论成立：

(1) 存在 $\delta,\rho>0$，使得 $\forall u\in E$，$\|u\|=\rho$，有 $J(u)\geqslant\delta>0$；

(2) 存在 $\varphi\in E$ 使得 $\lim\limits_{t\to\infty}J(t\varphi)=-\infty$.

证明 (1) 由式(2)，(3) 及 ϕ_u^s 的性质得到

$$\begin{aligned}J(u)&=\frac{1}{2}\|u\|^2+\frac{1}{4}K(u)-\frac{1}{p}A(u)-\frac{1}{2^*_s}B(u)\\&\geqslant\frac{1}{2}\|u\|^2-\frac{1}{p}A(u)-\frac{1}{2^*_s}B(u)\\&\geqslant\frac{1}{2}\|u\|^2-\frac{1}{p}\|a\|_\infty S_p^{-\frac{p}{2}}\|u\|^p-\end{aligned}$$

$$\frac{1}{2*_s}S^{-\frac{2*_s}{2}}\|u\|^{2*_s}$$

取 $\|u\|=\rho$ 足够小,存在 $\delta>0$,$J(u)\geqslant\delta>0$,引理 3 第一个结论成立.

(2) 取 $\varphi\in E$,$\varphi\geqslant 0$,$\varphi\neq 0$,由 ϕ_u^s 的性质,注意到 $K(\varphi)\geqslant 0$,因此当 $t\to\infty$ 时,有

$$J(t\varphi)=\frac{t^2}{2}\|\varphi\|^2+\frac{t^4}{4}K(\varphi)-\frac{t^p}{p}A(\varphi)-\frac{t^{2*_s}}{2*_s}B(\varphi)\to-\infty$$

引理 3 得证.

下面给出定理 2 的证明.

定理 2 的证明　由引理 3 的(1) 和(2) 及山路引理,在 E 里存在$(\mathrm{PS})_c$ 列 $\{u_n\}$ 使得

$$J(u_n)\to c_0, J'(u_n)\to 0, n\to\infty$$

其中 $c_0=\inf\limits_{\gamma\in\Gamma,t\in[0,1]}\max J(\gamma(t))$,$\Gamma=\{\gamma\in C([0,1],E)$,$\gamma(0)=0$,$J(\gamma(1))<0\}$. 由引理 1,$u_n\rightharpoonup u$,且 $J'(u)=0$.

设 $v_\varepsilon(x)=\dfrac{u_\varepsilon(x)}{\|u_\varepsilon\|_{2*_s}}$,则 $\|v_\varepsilon\|_{2*_s}^{2*_s}=1$,由(10)(11) 经过计算,当 ε 足够小时得到

$$\int_{\mathbf{R}^3}|(-\Delta)^{\frac{s}{2}}v_\varepsilon|^2\mathrm{d}x\leqslant S+O(\varepsilon^{3-2s})\tag{12}$$

以及

$$\int_\Omega|v_\varepsilon|^t\mathrm{d}x=\begin{cases}O(\varepsilon^{\frac{t(3-2s)}{2}}), t\in\left(1,\dfrac{3}{3-2s}\right)\\ O(\varepsilon^{3-\frac{t(3-2s)}{2}}|\log\varepsilon|), t=\dfrac{3}{3-2s}\\ O(\varepsilon^{3-\frac{t(3-2s)}{2}}), t\in\left(\dfrac{3}{3-2s},2*_s\right)\end{cases}\tag{13}$$

注意到 $\|v_\varepsilon\|_{2*_s}^{2*_s}=1$,考虑下列函数

$$g(t)=\frac{1}{2}t^2\|v_\varepsilon\|^2+\frac{t^4}{4}K(v_\varepsilon)-\frac{t^p}{p}\alpha\int_\Omega|v_\varepsilon|^p\mathrm{d}x-\frac{t^{2^*_s}}{2^*_s}$$

由 $\lim\limits_{t\to+\infty}g(t)=-\infty$，$\lim\limits_{t\to0^+}g(t)>0$，当 $t\geqslant0$ 时，$\sup g(t)$ 在某个 $t_\varepsilon>0$ 达到，由于

$$0=g'(t_\varepsilon)=t_\varepsilon\Big(\|v_\varepsilon\|^2+t_\varepsilon^2K(v_\varepsilon)-t_\varepsilon^{p-2}\alpha\int_\Omega|v_\varepsilon|^p\mathrm{d}x-t_\varepsilon^{2^*_s-2}\Big)$$

$$\|v_\varepsilon\|^2+t_\varepsilon^2K(v_\varepsilon)=t_\varepsilon^{p-2}\alpha\int_\Omega|v_\varepsilon|^p\mathrm{d}x+t_\varepsilon^{2^*_s-2}\geqslant t_\varepsilon^{2^*_s-2}$$

因此存在与 ε 无关的常数 t_0 使得 $t_\varepsilon\leqslant t_0$，于是

$$\|v_\varepsilon\|_D^2\leqslant t_0^{p-2}\alpha\int_\Omega|v_\varepsilon|^p\mathrm{d}x+t_0^{2^*_s-2}$$

由(12)(13)，存在与 ε 无关的常数 $M>0$ 使得 $t_0^{2^*_s-2}\geqslant M$. 设

$$h(t)=\frac{1}{2}t^2\|v_\varepsilon\|_D^2-\frac{t^{2^*_s}}{2^*_s}$$

则 $h(t)$ 在 $t_1=\|v_\varepsilon\|_D^{\frac{3-2s}{2s}}$ 达到最大值. 由 ϕ_u^s 的定义及(7)，有

$$\|\phi_u^s\|_D^2=\int_{\mathbf{R}^3}|(-\Delta)^{\frac{s}{2}}\phi_u^s|^2\mathrm{d}x=K(u)$$
$$=\int_\Omega\phi_u^su^2\mathrm{d}x\leqslant S^{-\frac{1}{2}}\|\phi_u^s\|_D\|u\|_{\frac{12}{3+2s}}^2$$

于是

$$\|\phi_u^s\|_D\leqslant C\|u\|_{\frac{12}{3+2s}}^2$$

因此

$$g(t)\leqslant h(t_1)+\frac{1}{2}t_\varepsilon^2\|v_\varepsilon\|_2^2+\frac{t_\varepsilon^4}{4}C\|v_\varepsilon\|_{\frac{12}{3+2s}}^4-\frac{t_\varepsilon^p}{p}\alpha\|v_\varepsilon\|_p^p\tag{14}$$

当 ε 足够小且 $\frac{3}{4}<s<\frac{9}{10}$，由于

$$3-\frac{p(3-2s)}{2}<3-2s, 3-\frac{p(3-2s)}{2}<6s-3$$

由(12)－(14) 得到

$$g(t)\leqslant\frac{s}{3}S^{\frac{3}{2s}}+C_1\varepsilon^{3-2s}+C_2\varepsilon^{6s-3}-C_3\varepsilon^{3-\frac{p(3-2s)}{2}}<\frac{s}{3}S^{\frac{3}{2s}}$$

当 $s=\frac{9}{10}$ 时，由于

$$3-\frac{p(3-2s)}{2}<3-2s, 3-\frac{p(3-2s)}{2}<\frac{3+2s}{2}$$

由(12)－(14) 得到

$$g(t)\leqslant\frac{s}{3}S^{\frac{3}{2s}}+C_1\varepsilon^{3-2s}+C_2\varepsilon^{\frac{3+2s}{2}}\mid\log\varepsilon\mid-C_3\varepsilon^{3-\frac{p(3-2s)}{2}}$$
$$<\frac{s}{3}S^{\frac{3}{2s}}$$

当 $\frac{9}{10}<s<1$ 时，由于

$$3-\frac{p(3-2s)}{2}<3-2s, 3-\frac{p(3-2s)}{2}<6-4s$$

因此由(12)－(14) 得到

$$g(t)\leqslant\frac{s}{3}S^{\frac{3}{2s}}+C_1\varepsilon^{3-2s}+C_2\varepsilon^{6-4s}-C_3\varepsilon^{3-\frac{p(3-2s)}{2}}<\frac{s}{3}S^{\frac{3}{2s}}$$

其中 $C_i(i=2,3,4)$ 是与 ε 无关的常数. 于是可得到

$$\sup J(tv_\varepsilon)\leqslant\frac{s}{3}S^{\frac{3}{2s}}$$

$$c_0=\inf_{\gamma\in\Gamma,t\in[0,1]}\max J(\gamma(t))<\frac{s}{3}S^{\frac{3}{2s}}$$

由引理 3，$u_n\to u$，$J(u)=c_0>0$. 由前面两步知，问题(1) 存在一个非平凡解，证毕. □

参考资料

[1] Ambrosetti A. On Schrödinger-Poisson systems, Milan J. Math., 2005, 76: 257-274.

[2] Azzollini A, Pomponio A. Ground state solutions for the nonlinear Schrödinger-Maxwell equations, J. Math. Anal. Appl., 2005, 345: 90-108.

[3] Barrios B, Colorado E, Pablo A D. On some critical problems for the fractional Laplacian operator, J. Differential Equations, 2011, 252(11): 6133-6162.

[4] Benci V, Fortunato D. An eigenvalue problem for the Schrödinger-maxwell equations, Topol. Methods Nonlinear Anal., 1998, 11: 283-293.

[5] Brezis H, Lieb E. A relation between pointwise convergence of functions and convergence of functionals, Proc. Amer. Math. Soc., 1983, 88(3): 486-486.

[6] Brown K J, Zhang Y P. The Nehari manifold for a semilinear elliptic equation with a sign-changing weight function, J. Differential Equations, 2003, 193(2): 481-499.

[7] Gaetano S. Multiple positive solutions for a Schrödinger-Poisson-Slater system, J. Math. Anal. Appl., 2010, 365: 288-299.

[8] Giovany M F, Gaetano S. Positive solutions for the fractional Laplacian in the almost critical case in a bounded domain, Nonlinear Anal. Real World Appl., 2017, 36: 89-100.

[9] He X M. Multiplicity and concentration of positive solutions for the Schrödinger-Poisson equations, Z. Angew. Math. Phys., 2011, 62: 869-889.

[10] Jiang Y S, Zhou H S, Schrödinger-Poisson system with steep potential well, J. Differential equations, 2011, 251: 582-608.

[11] Li K X. Existence of multi-bump solutions for the fractional Schrödinger-Poisson equations, Applied Mathematics Letters, 2017, 72: 1-9.

[12]Liu W M,Existence of multi-bump solutions for the fractional Schrödinger-Poisson system,J. Math. Phys.,2016,57(9):779-791.

[13]Liu Z S,Zhang J J. Multiplicity and concentration of positive solutions for the fractional Schrödinger Poisson systems with critical growth,ESAIM Control Optim. Calc. Var.,2017,23(4):1515-1542.

[14]Luo H X,Tang X H. Infinitely many radial solutions for the fractional Schrödinger-Poisson systems,J. Nonlinear Sci. Appl.,2016,9(6):3808-3821.

[15]Marco G,Anna M M. Low energy solutions for the limit of Schrödinger-Maxwell semiclassical systems,Progr. Nonlinear Differential Equations Appl.,2014,85:287-300.

[16]Nezza E D,Palatucci G,Valdinoci E. Hitchhiker's guide to the fractional Sobolev spaces,Bull. Sci. Math.,2012,136:521-573.

[17]Servadei R,Valdinoci E. The Brezis-Nirenberg result for the fractional Laplacian,Trans. Amer. Math. Soc.,2015,367:67-102.

[18]Teng K M. Existence of ground state solutions for the nonlinear fractional Schrödinger-Poisson system with critical Sobolev exponent,J. Differential Equations,2016,261:3061-3106.

[19]Wang Z P,Zhou H S. Positive solution for a nonlinear stationary Schrödinger-Poisson system in R^3, Discrete Contin. Dyn. Syst.,2007,18:809-816.

[20]Wei Z L. Existence of infinitely many solutions for the fractional Schrödinger-Maxwell equations,2015,arXiv:1508. 03008vl.

[21]Yu Y Y,Zhao F K,Zhao L G. The concentration behavior of ground state solutions for a fractional Schrödinger-Poisson system,Calc. Var. Partial Differential Equations,2017,56(4):116,25.

[22]Yu Y Y,Zhao F K,Zhao L G. The existence and multiplicity of solutions of a fractional Schrödinger-Poisson system with critical growth,Sci. China Math.,2018,61(6):1039-1062.

[23]Zhang J J,do Ó,J M,Squassina M. Fractional Schrödinger-Poisson systems with a general subcritical or critical nonlinearity,Adv. Nonlinear Stud.,2016,16(1):15-30.

第五编

Schrödinger 方程的其他研究

一类定态 Schrödinger 方程的势能解及求解方法

第一章

1 引　言

Schrödinger 方程

$$\psi_{xx}-(u-\lambda)\psi=0 \qquad (1)$$

是量子力学的基本方程之一，其中 u 是势函数，ψ 表示波函数，λ 可以看成特征值（能级）. 资料[1]用反散射方法给出（1）的单、双孤立子解以及很多的势能解. 资料[2]对不同体系的定态 Schrödinger 方程的书写与求解的思路做了对比和分析. 资料[3]用宏观模拟解法来求解一维定态 Schrödinger 方程. 资料[4]在谐振子势场的条件下用有限差分方法和 Matlab 程序设计求解定态 Schrödinger 方程. 资料[5]中研究了 Hamilton 不显含时间 t 的含 Schrödinger 方程有定态解，也有非定态解.

资料[6] 通过引入了初坐标算符和初动量算符为二维谐振子的力学量完全集来求解 Schrödinger 方程. 资料[7] 给出了幂函数叠加势的径向 Schrödinger 方程的解析解. 资料[8] 利用转移矩阵和 MATLAB 求解一维 Schrödinger 方程的一种简捷方法. 资料[9] 研究了幂函数叠加势的径向 Schrödinger 方程的解析解. 资料[10] 应用反散射理论导出 He-Ne 相互作用势. 资料[2－8] 都是在给定势能后讨论 Schrödinger 方程波解的特性,可见势能函数对于讨论 Schrödinger 方程波函数的特性是非常重要. 贵州师范大学数学与计算机科学学院的张杰,福建师范大学数学与计算机科学学院的龙群飞两位教授 2015 年受资料[1] 的启发,利用反散射的方法,构造与资料[1] 不同的辅助函数来讨论 Schrödinger 方程的势能解.

反散射方法(inverse scattering method) 起源于 20 世纪 30 年代,当时利用半经典方法,通过散射数据来构造势能曲线,以了解原子与分子结构. 这种方法在 20 世纪 50 年代有了较大的发展,其中,Gelfand 和 Levitan 做了较大的贡献,他们提出的积分方程法成为现今求解反散射问题的一种标准模式. 1967 年, Gardner 等人用反散射方法求解 KdV 方程获得成功. 此后人们又用这种方法求解了其他一些非线性偏微分方程,使其逐渐发展成为一种新的数学物理方法,通常称为反散射变换方法(inverse scattering transform method,简称 IST 方法),方法的实质是将非线性偏微分方程化成几个线性问题来处理,方法的基础是函数变换.

现将反演散射方法中的几个重要关系简述如下：

1967 年，Gardner，Greene，Kruskal 和 Miura（简称 GGKM）在试图将 KdV 方程线性化的时候，将如下变换（Cole-Hopf 变换的推广）：$u=\frac{\psi_{xx}}{\psi}+\lambda$ 改写成方程（1），其中 λ 是待定常数.

设 $\lambda=\kappa^2$，那么方程被重新写成

$$\psi_{xx}+(\kappa^2-u)\psi=0 \tag{2}$$

为了解得势能 μ，设方程（2）的驻波解为

$$\psi=\mathrm{e}^{ikx}F(k,x) \tag{3}$$

这里设 $F(k,x)$ 是关于 k 的多项式.

将对（3）关于 x 求两次导数得到的结果连同其本身一起带入（2），得

$$\frac{\partial^2 F}{\partial_{X^2}}+2\mathrm{i}k\frac{\partial F}{\partial_X}-uF=0 \tag{4}$$

接下来，我们设 $F(k,x)$ 是关于 k 的一次多项式. 通过这样的辅助函数我们可以找到势能 u 的显式表达式.

2　定态 Schrödinger 方程（1）的两个势能解及其解法

设 $F(k,x)$ 是关于 k 的一次多项式，设

$$F(k,x)=2f(x)+2\mathrm{i}k \tag{5}$$

将对（5）关于 x 分别求一次与二次导数得到的结果方程连同（5）同时带入（4），得

$$2\frac{\mathrm{d}^2 f}{\mathrm{d}x^2}+4\mathrm{i}k\frac{\mathrm{d}f}{\mathrm{d}x}-2uf(x)-2u\mathrm{i}k=0$$

以 k 的同次幂分类推得

$$\frac{\mathrm{d}^2 f}{\mathrm{d}x^2} - uf(x) = 0 \tag{6}$$

和

$$u = 2\frac{\mathrm{d}f}{\mathrm{d}x} \tag{7}$$

将(7) 带入(6),然后两边同时积分得

$$\frac{\mathrm{d}f}{\mathrm{d}x} = f^2 + c_1 \tag{8}$$

这里的 c_1 是积分常数.

由于 c_1 是积分常数,所以 c_1 可能等于零,所以

(1) 当 $c_1 = 0$ 时,我们可以求得

$$f = -\frac{1}{x + c_2}$$

将前式代入(7) 得

$$u = \frac{2}{(x + c_2)^2}$$

(2) 当 $c_1 \neq 0$,但是 $f^2 + c_1 = 0$ 时,推出 $f = \mathrm{i}\sqrt{c_1}$,从而得 $u = 0$.

(3) 当 $c_1 \neq 0$,且 $f^2 + c_1 \neq 0$,推出

$$\frac{\mathrm{d}f}{c_1\left(1 + \left(\frac{f}{\sqrt{c_1}}\right)^2\right)} = \mathrm{d}x$$

$$\Rightarrow \frac{\mathrm{d}\,\frac{f}{\sqrt{c_1}}}{\left(1 + \left(\frac{f}{\sqrt{c_1}}\right)^2\right)} = \sqrt{c_1}\,\mathrm{d}x\,(c_1 > 0)$$

于是,我们可以求得

$$\arctan\left(\frac{f}{\sqrt{c_1}}\right) = \sqrt{c_1}\,x + c_3$$

进一步,可以求得

$$f=\sqrt{c_1}\tan(\sqrt{c_1}x+c_3)$$

最后推出

$$u=2c_1\sec^2(\sqrt{c_1}x+c_3)$$

3　定态 Schrödinger 方程(1) 的两个势能解及其解法的推广

设

$$F(x,k)=af(x)+\mathrm{i}k\quad(a\neq 0)\tag{9}$$

将对(9) 关于 x 分别求一次与二次导数得的结果方程连同(9) 同时代入(4),得

$$a\frac{\mathrm{d}^2f}{\mathrm{d}x^2}+2a\mathrm{i}k\frac{\mathrm{d}f}{\mathrm{d}x}-auf(x)-\mathrm{i}k=0$$

以 k 的同次幂分类推得

$$\frac{\mathrm{d}^2f}{\mathrm{d}x^2}-uf(x)=0\tag{10}$$

和

$$u=2a\frac{\mathrm{d}f}{\mathrm{d}x}\tag{11}$$

将(11) 代入(10),然后两边同时积分得

$$\frac{\mathrm{d}f}{\mathrm{d}x}=af^2+c_1\tag{12}$$

由于 c_1 是积分常数,所以 c_1 可能等于零. 所以

(1) 当 $c_1=0$ 时,我们可以求得

$$f=-\frac{1}{ax+c_2}$$

将前式代入式(7) 得

$$u=\frac{2a^2}{(ax+c_2)^2}$$

（2）当 $c_1\neq 0$，但是 $af^2+c_1=0$ 时，推出 $f=\mathrm{i}\frac{\sqrt{ac_1}}{a}$，从而得 $u=0$.

（3）当 $c_1\neq 0$，且 $f^2+c_1\neq 0$ 时，推出

$$\frac{\mathrm{d}\left(\sqrt{\frac{a}{c_1}}f\right)^2}{\sqrt{ac_1}\left(1+\left(\sqrt{\frac{a}{c_1}}f\right)^2\right)}=\mathrm{d}x$$

$$\Rightarrow\frac{\mathrm{d}\left(\frac{a}{c_1}f\right)^2}{1+\left(\sqrt{\frac{a}{c_1}}f\right)^2}=\sqrt{ac_1}\,\mathrm{d}x$$

于是，我们可以求得

$$\arctan\left(\sqrt{\frac{a}{c_1}}f\right)=\sqrt{ac_1}\,x+c_3$$

进一步，可求得

$$f=\frac{\sqrt{ac_1}}{a}\tan(\sqrt{ac_1}\,x+c_3)$$

最后推出

$$u=2ac_1\sec^2(\sqrt{ac_1}\,x+c_3)$$

参考资料

[1] 郭玉翠. 非线性偏微分方程引论[M]. 北京：清华大学出版社，2008：46-47.

[2] 李新华，胡茂林，方国勇. 关于定态薛定谔方程的一些探讨[J]. 长江大学学报：自然科学版，2008，5(3)：144-146.

[3] 刘剑波,蔡喜平.一维定态薛定谔方程的宏观模拟解法[J].物理学报,2001,50(5):820-824.

[4] 林洽武.求解定态薛定谔方程的有限差分法[J].广东第二师范学院学报,2013,33(3):45-48.

[5] 王小林.薛定谔方程的定态解与非定态解[J].绵阳师范学院学报,2004,23(5):40-54.

[6] 田红,田旭.二维谐振子薛定谔方程的非定态解[J].中南民族学院学报:自然科学版:2001,20(增刊):11-13.

[7] 胡先权,罗光,马燕,等.幂函数叠加势的径向薛定谔方程的解析解[J].物理学报,2009,58(4):2168-2173.

[8] 王忆锋,唐利斌.利用转移矩阵和MATLAB求解一维薛定谔方程的一种简捷方法[J].红外技术,2010,31(3):42-46.

[9] 胡先权,许杰,罗光,等.幂函数叠加势的径向薛定谔方程的解析解[J].原子与分子物理学报,2007,20(5):967-972.

[10] 陈学俊,王岩.反散射理论导出He-Ne相互作用势[J].物理化学学报,1994,10(12):1099-1104.

Schrödinger 方程的散射和逆散射[1]

第二章

20 世纪初，随着量子力学的诞生，在物理学中产生了一维 Schrödinger 方程.

它要求波函数 ψ 是下述方程的非平凡解

$$\psi'' + (\lambda - u)\psi = 0 \qquad (1)$$

其中 $\psi'' = \dfrac{d^2\psi}{dx^2}, x \in \mathbf{R}$.

在这个方程中，实函数 u 称作位势，λ 是谱参数，表示状态 ψ 的能量.

但是谱参数 λ 的值并不是全都具有物理意义的，如果当 $|x| \to \infty$ 时，$u(x)$ 足够快地趋于零，那么只有使方程(1) 存在一个非平凡解的那些谱值 λ 才具有物理意义，这个解的特性如下：

① 摘自《逆散射变换和孤立子理论》，W. 艾克霍思，A. 范哈顿，著，黄迅成，译. 上海科学技术文献出版社，1984.

(1) 一个束缚态,即 $\psi \in L_2(\mathscr{R})$;

(2) 一个散射波,即当 $|x| \to \infty$ 时,$\psi(x)$ 是渐近周期性的.

在 Schrödinger 方程引入后不久,数学家们就意识到发展一种包含像(1) 那样的问题在内的谱理论是他们的任务之一. 这种数学理论的发展没有花费很多时间,Von Neumann 在 1929 年就发表了一篇重要论文,给出了 Hilbert 空间内的自伴无界算子的抽象谱分解理论,这种理论可以适用于方程(1).

20 世纪中叶前后,关于 Schrödinger 方程和更广泛地关于自伴常微分算子的数学理论已被充分理解,见科大埃拉(1950),科丁顿和莱文森(1955) 的相关著作. 在格拉兹曼(1963) 的著作中也可以找到许多资料,尤其是关于 Schrödinger 方程的谱理论方面的资料.

与此同时,数学家也提出了 Schrödinger 方程的逆问题:是否能从谱数据重新构造位势? 如果能,还需要知道哪些有关谱的情况? 并且将如何来构造? 这个逆问题在 1951 年由盖尔方特和莱维坦解决,后来又由玛钱科和法捷耶夫分别在 1955 年和 1959 年用一种比较容易处理的形式再次解决.

近来,由于发现 Schrödinger 方程与 KdV 方程之间存在一种出乎意料的关系,人们对 Schrödinger 方程以及逆散射理论的兴趣又变得异常活跃起来了. 这种新的兴趣导致了更新的发现和对这一理论的更好的理解,见戴夫特和特鲁博维茨(1979) 的相关著作.

在本章中,我们将阐述一种研究 Schrödinger 方程的散射、逆散射和谱理论的方法,这种方法在本质上是初等的.

我们先在第 1 节中给出关于 Schrödinger 方程的解和散射量的定义和记号，以及这些解和散射量的一些基本性质. 其次在第 2 节中给出关于 Schrödinger 方程的解的正则性、对散射量的依赖和渐近行为的许多结果. 在第 3 节中，我们将考察散射量与 $L_2(\mathscr{R})$ 空间上 Schrödinger 算子的谱结构的关系. 接着在第 4 节中，导出 Schrödinger 方程解的 Fourier 积分表示式. 这是第 5 节的必要准备. 然后我们在第 5 节中导出盖尔方特－莱维坦－玛钱科积分方程，并讨论它的唯一可解性. 这个积分方程是逆散射理论的核心. 我们推导过程将是粗线条的，与阿柏罗维茨(1978) 相同. 那里所用的方法相当清楚明了，并且具有立即可以推广到萨哈罗夫－沙巴特方程系统的优点. 最后，我们讨论一些推广来结束本章.

在进行分析之前，我们先指出位势 u 必须满足何种类型的条件. 假定位势 u 是足够正则并在 $|x|\to\infty$ 时满足增长条件的实函数. 关于 u 的正则性，我们假设

$$u\in C(\mathbf{R}) \tag{2}$$

当 $|x|\to\infty$ 时，u 的增长限制如下

$$\lim_{x\to-\infty}|u(x)|=0,\lim_{x\to\infty}|u(x)|=0 \tag{3}$$

并且

$$\int_{-\infty}^{\infty}|u(x)|(1+|x|)^m\mathrm{d}x<\infty \tag{4}$$

我们称条件(2)(3) 和(4) 为 m 阶增长条件. 在以下讨论中，m 的值不超过 2. 但是，对于相当多数的结果，式(4) 对 $m=0$ 或 $m=1$ 成立就足够了.

事实上，为了导出某种(逆) 散射结果，资料中关

于位势 u 所必须满足的最弱的增长条件的问题是有比较多的争论的. 例如法捷耶夫(1959) 仅提出一阶增长条件. 然而正如戴夫特和特鲁博维茨(1979) 所证明的,这个条件并不是对那里给出的所有结果都是充分的. 后两位作者的工作基于二阶增长条件.

一个十分有趣的问题是:二阶增长条件在什么地方是真正必要的? 我们用二阶增长条件只是为了证明透射系数在 $k=0,\lambda=k^2$ 处是连续的,这一事实在导出盖尔方特 — 莱维坦 — 玛钱科积分方程时起着重要作用.

1　Schrödinger 方程的解和散射量

让我们先介绍 Schrödinger 方程的解的几个族. 这些族以 k 为参数,k 表示谱参数 λ 的平方根,即 $k\in\mathscr{C}$ 使

$$\lambda=k^2 \tag{5}$$

(a) 对于 $k\in\mathscr{C}_+$ (即 $\mathrm{Im}\,k\geqslant 0$),我们定义方程(1) 的一个解 ψ_r 如下

$$\psi_r(x,k)=R(x,k)\mathrm{e}^{-\mathrm{i}kx} \tag{6}$$

因此为了满足(1),必须有

$$R''-2\mathrm{i}kR'=uR \tag{7}$$

另外,我们还要求

$$\lim_{x\to\infty}R(x,k)=1,\ \lim_{x\to-\infty}R'(x,k)=0 \tag{8}$$

在第 2 节中,将证明问题(7) 和(8) 对 R 有唯一经典解,如果位势 u 满足某个适当的增长条件的话. 因而 ψ_r 这样定义是妥善的.

利用问题(7) 和(8) 的解的唯一性,容易证明下述

关系

$$\overline{R(x,k)}=R(x,-\bar{k}),\overline{\psi_l(x,k)}=\psi_l(x,-\bar{k}) \quad (9)$$

这些关系意味着当 k 在虚轴上并且 $\operatorname{Im} k \geqslant 0$ 时，R 和 ψ_r 是实的.

还有当 k 是非零实数时，函数 ψ_r 和 $\bar{\psi}_r$ 是 Schrödinger 方程的两个线性无关解，注意到这一点也是重要的.

(b) 由于实轴向两边无限伸长，自然可给方程(1) 引入一个在 $|x|\to\infty$ 时具有规定行为的解 ψ_l.

对于 $k\in\mathscr{C}_+$ (即正和情况(a) 一样)，我们定义

$$\psi_l(x,k)=L(x,k)e^{ikx} \quad (10)$$

其中 L 满足

$$L''+2ikL'=uL \quad (11)$$

$$\lim_{x\to\infty} L(x,k)=1$$

$$\lim_{x\to\infty} L'(x,k)=0 \quad (12)$$

问题(11) 和(12) 的唯一可解性将在第 2 节中证明. 同时我们还可证明类似于(9) 的关系

$$\overline{L(x,k)}=L(x,-\bar{k}),\overline{\psi_l(x,k)}=\psi_l(x,-\bar{k}) \quad (13)$$

因为当 k 在虚轴上，并且 $\operatorname{Im} k \geqslant 0$ 时，L 和 ψ_l 是实的.

这样，当 k 是非零实数时，我们可找到 Schrödinger 方程的另一对线性无关解：ψ_l 和 $\bar{\psi}_l$.

注意，至此我们已经对 k 是非零实数的情况引进了方程(1) 的四个解：$\psi_r,\bar{\psi}_r,\psi_l,\bar{\psi}_l$.

现在我们利用一维 Schrödinger 方程是一个二阶常微分方程的事实，可知当给定两个线性无关解时，每一个另外解都可以表示成它们的线性组合

$$\psi_l = l_- \psi_r + l_+ \overline{\psi}_r \tag{14}$$

$$\psi_r = r_+ \psi_l + r_- \overline{\psi}_l \tag{15}$$

其中 l_-, l_+, r_-, r_+ 是 $k \in \mathscr{R} \backslash \{0\}$ 的函数.

我们现在可以来描绘 $\psi_l, \psi'_l, \psi_r, \psi'_r$ 在 $|x| \to \infty$ 而 $k \in \mathscr{R} \backslash \{0\}$ 固定时的渐近行为.

$$\begin{aligned}
\psi_l(x,k) &\approx e^{ikx} && \text{当 } x \to +\infty \text{ 时} \\
&\approx l_+(k)e^{ikx} + l_-(k)e^{-ikx} && \text{当 } x \to -\infty \text{ 时} \\
(ik)^{-1}\psi'_l(x,k) &\approx e^{ikx} && \text{当 } x \to +\infty \text{ 时} \\
&\approx l_+(k)e^{ikx} - l_-(k)e^{-ikx} && \text{当 } x \to -\infty \text{ 时} \\
\psi_r(x,k) &\approx e^{-ikx} && \text{当 } x \to -\infty \text{ 时} \\
&\approx r_+(k)e^{ikx} + r_-(k)e^{-ikx} && \text{当 } x \to +\infty \text{ 时} \\
(ik)^{-1}\psi'_r(x,k) &\approx -e^{-ikx} && \text{当 } x \to -\infty \text{ 时} \\
&\approx r_+(k)e^{ikx} - r_-(k)e^{-ikx} && \text{当 } x \to +\infty \text{ 时}
\end{aligned} \tag{16}$$

系数 l_+, l_-, r_+, r_- 满足下列关系：

引理 1　设 k 是非零实数，则

$$\overline{l}_+(k) = l_+(-k), \overline{l}_-(k) = l_-(-k)$$

$$\overline{r}_+(k) = r_+(-k), \overline{r}_-(k) = r_-(-k) \tag{17}$$

$$l_+(k) = r_-(k), l_-(k) = -\overline{r}_+(k) \tag{18}$$

$$|l_+(k)|^2 = |l_-(k)|^2 + 1$$

$$|r_-(k)|^2 = |r_+(k)|^2 + 1 \tag{19}$$

证明　式(17)的证明几乎是(9)(13)(14)和(15)的简单组合.

关系式(19)根据的是这样的事实：Schrödinger 方程的每一对解 ψ_1, ψ_2 满足 $\{\psi_1\psi'_2 - \psi'_1\psi_2\}' = 0$，即 $\psi_1\psi'_2 - \psi'_1\psi_2$ 的朗斯基行列式在 $x \in \mathscr{R}$ 时是常数.

因此，对任何这样的一对 ψ_1, ψ_2，下面的关系成立

$$\lim_{x\to\infty}(\psi_1\psi'_2-\psi'_1\psi_2)(x)=\lim_{x\to-\infty}(\psi_1\psi'_2-\psi'_1\psi_2)(x)$$

当我们将上述讨论在 $k\in\mathscr{R}\backslash\{0\}$ 的情况下用于成对函数 $\psi_l,\overline{\psi}_l$ 和 $\psi_r,\overline{\psi}_r$,并利用(16) 中所给出的渐近性时,可得(19) 的结果. 利用 ψ_l,ψ_r 我们得

$$\frac{1}{2ik}\{RL'-LR'+2ikRL\}=r_-(k)=l_+(k)\quad(20)$$

由此,(18) 中第一个关系得证. (18) 的第二个关系如下得出. 当我们将(16) 中所给出的 $\psi_l,\overline{\psi}_r,\psi_r$ 在 $x\to\infty$ 时的渐近性代入(14) 时,可得恒等式

$$l_-r_-+l_+\overline{r}_+=0\quad(k\in\mathscr{R}\backslash\{0\})$$

由于 $r_-=l_+$, $|r_-|=|l_+|\geqslant 1$,将上述恒等式除以 r_- 即得所需结果.

这里我们要做一些评论. 第一,人们可能会想,根据(16),当 $x\to-\infty$ 时,从(15) 会得到在 $k\in\mathscr{R}\backslash\{0\}$ 情况下 l_+,l_-,r_+,r_- 之间的更多的关系,但实际情况并非如此. 第二,我们注意到,(20) 中出现的表达式 $(2ik)^{-1}\{RL'-LR'+2ikRL\}$ 对一切 $k\in\mathscr{C}_+\backslash\{0\}$ 都完全确定,并且与 $x\in\mathscr{R}$ 无关,这开辟了一条将 r_-,l_+ 的定义域从 $\mathscr{R}\backslash\{0\}$ 扩大到 $\mathscr{C}_+\backslash\{0\}$ 的途径.

定义 1 对 $k\in\mathscr{C}_+\backslash\{0\}$,我们定义 r_- 和 l_+ 如下

$$r_-(k)=l_+(k)\equiv\frac{1}{2ik}\{RL'-LR'+2ikRL\}$$

在域 $\mathscr{R}\backslash\{0\}$ 内,这个定义与我们前面的定义是一致的.

r_- 和 l_+ 以 $\mathscr{C}_+\backslash\{0\}$ 作为它们的自然定义域这一事实,在以后将起到非常重要的作用.

我们现在简单地讨论 Schrödinger 方程的解 ψ_l 和 ψ_r 的物理解释. 与时间有关的量子力学引导我们考察函数 $e^{-i\lambda t}\psi_l$ 和 $e^{-i\lambda t}\psi_r$.

对于实数 $k>0$，我们能够用物理术语很好地解释这些与时间有关的函数．利用(16)，对于 $k\in\mathscr{R}_+$，显然 $e^{-i\lambda t}\psi_l$ 代表一个从左边来的波，它的一个振幅分量 $\frac{1}{l_+(k)}$ 趋向于 $+\infty$，另一个振幅分量 $\left|\frac{l_-(k)}{l_+(k)}\right|$ 向后散射．类似地，$e^{-i\lambda t}\psi_r$ 代表一个从右边来的波，它的一个振幅分量 $\left|\frac{1}{r_-(k)}\right|$ 趋向于 $-\infty$，另一个振幅分量 $\left|\frac{r_+(k)}{r_-(k)}\right|$ 向后散射．

因而对实数 $\lambda>0$，我们得到方程(1)的散射波解．

现在我们可以就 $k\in\mathscr{R}\backslash\{0\}$ 引入下面的量

$$a_l=l_+^{-1}\text{：左透射系数}$$

$$a_r=r_-^{-1}\text{：右透射系数}$$

$$b_l=l_-\,l_+^{-1}\text{：左反射系数}$$

$$b_r=r_+\,r_-^{-1}\text{：右反射系数}\tag{21}$$

利用这些透射和反射系数，我们可以改写公式(14)和(15)为

$$a_l\psi_l=b_l\psi_r+\overline{\psi}_r\quad(k\in\mathscr{R}\backslash\{0\})\tag{22}$$

$$a_r\psi_r=b_r\psi_l+\overline{\psi}_l\quad(k\in\mathscr{R}\backslash\{0\})\tag{23}$$

读者将会认为(23)不是一个真正深刻的结果．然而，这个简单的等式将是在第 6 节中导出盖尔方特－莱维坦－玛钱科积分方程的出发点．

用反射系数和透射系数来改写引理 1，得：

引理 2　设 k 是非零实数，则

$$\overline{a}_l(k)=a_l(-k),\overline{a}_r(k)=a_r(-k)$$

$$\overline{b}_l(k)=b_l(-k),\overline{b}_r(k)=b_r(-k)\tag{24}$$

$$a_l(k)=a_r(k),b_l(k)=-\frac{a_r(k)\bar{b}_r(k)}{\bar{a}_l(k)} \qquad (25)$$

这里

$$|a_l(k)|>0$$
$$|a_l(k)|^2+|b_l(k)|^2=1$$
$$|a_r(k)|^2+|b_r(k)|^2=1 \qquad (26)$$

当然,我们可以用物理术语把(26)中的关系解释成 $k\in\mathscr{R}_+$ 时能量守恒.

最后我们指出,a_l 和 a_r 的定义域可以很自然地推广到 $\mathscr{C}_+\setminus\{0\}$ 中的某些 k 的值.

定义 2 如果 $k\in\mathscr{C}_+\setminus\{0\}$,$r_-(k)=l_+(k)\neq 0$,则我们定义

$$a_l(k)=a_r(k)\equiv r_-(k)^{-1}=l_+(k)^{-1}$$

2 解的性质

读者将会记得我们介绍过 Schrödinger 方程的两族解

$$\psi_r(x,k)=R(x,k)\mathrm{e}^{-ikx},\psi_l(x,k)=L(x,k)\mathrm{e}^{ikx}$$

其中

$$k\in\mathscr{C}_+$$

在本节中,我们将证明,在位势 u 的适当增长条件下,问题(7)(8)和(11)(12)对于 R 和 L 都是唯一可解的.因为这些性质是本章其余部分的基础,所以我们将对它们进行详细的研究.

显然,关于 R 和关于 L 的问题十分相似,事实上,就数学上说,关于 L 的问题与关于 R 的问题完全类似.

因此我们只就关于 R 的问题做出证明，而将有关 L 的证明留给读者作为练习.

本节的安排如下：首先，在 2.1 节中，我们把关于 R 和 L 的问题改写成积分方程的形式. 在 2.2 节中，考察这些方程的解的存在性和唯一性问题. 然后，在 2.3 和 2.4 两个分节中，导出若干有关解的正则性和渐近行为的结果. 在分析中究竟允许 $k=0$ 或 $k\neq 0$，将呈现出很大的区别. 在 2.2，2.3 和 2.4 节中，我们假设 $k\in\mathscr{C}_+$，$k\neq 0$. 2.5 节的主题是 R 和 L 在 $k=0$ 附近的行为. 最后，在 2.6 节中，我们考察当位势 $u(x,t)$ 依赖于参数 t 时 R 和 L 的一些性质. 这对于在 KdV 方程中的应用显然是重要的.

2.1　作为积分方程的重新表述

我们已经证明，R 和 L 必须满足

$$
\begin{aligned}
&\text{(i)} && R''=2\mathrm{i}kR'+uR\\
& && \lim_{x\to-\infty}R(x,k)=1\\
& && \lim_{x\to-\infty}R'(x,k)=0\\
&\text{(ii)} && L''=-2\mathrm{i}kL'+uL\\
& && \lim_{x\to\infty}L(x,k)=1\\
& && \lim_{x\to\infty}L'(x,k)=0
\end{aligned}
\tag{27}
$$

其中 $k\in\mathscr{C}_+$.

现在考察(i)中 R 的经典解. 我们可以导出一个关于 R 的积分方程如下.

设 x_0 是 $\mathscr{R}$ 中的一点. 将 uR 看作“非齐次”项，通过初等计算，可得

$$R(x,k)=R(x_0,k)+\frac{R'(x_0,k)\cdot\{e^{2ik(x-x_0)}-1\}}{2ik}+$$
$$\int_{x_0}^{x}\left\{u(y)\int_{y}^{x}e^{2ik(z-y)}\mathrm{d}zR(y,k)\mathrm{d}y\quad(k\neq 0)\right.$$
$$R(x,0)=R(x_0,0)+R'(x_0,0)(x-x_0)+$$
$$\int_{x_0}^{x}u(y)(x-y)R(y,0)\mathrm{d}y$$

如果 $k\in\mathscr{C}_+\setminus\{0\}$，$\int_{-\infty}^{\infty}|u(y)|\mathrm{d}y<\infty$，那么通过取极限 $x_0\to-\infty$，我们得出

$$R(x,k)=1+\int_{-\infty}^{x}G(x,y,k)R(y,k)\mathrm{d}y \tag{28}$$

核 G 由下式给出

$$G(x,y,k)=u(y)\int_{y}^{x}e^{2ik(z-y)}\mathrm{d}z=\frac{u(y)}{2ik}\{e^{2ik(x-y)}-1\} \tag{29}$$

然而，当 $k=0$ 时，取极限的过程就复杂了. 这已经表明 $k=0$ 是一个例外的值，看来有必要在 $k=0$ 时对位势 u 施加更强的条件. 我们假设

$$\int_{-\infty}^{\infty}|u(y)|(1+|y|)\mathrm{d}y<\infty$$

于是可得：当 $x\leqslant 0$ 时

$$R'(x,k)=R'(x_0,k)+\int_{x_0}^{x}u(y)R(y,k)\mathrm{d}y$$
$$\overset{x_0\to-\infty}{=}\int_{-\infty}^{x}u(y)R(y,k)\mathrm{d}y$$

$$|xR'(x,k)|\leqslant\{\max_{y\leqslant x}|R(y,k)|\}\cdot\int_{-\infty}^{x}|u(y)||y|\mathrm{d}y$$

即 $\lim\limits_{x_0\to-\infty}x_0R'(x_0,k)=0$. 这意味着，在 u 的一阶增长条件下，我们有(28) 那种形式的积分方程，它的核是

$$G(x,y,0)=u(y)(x-y) \tag{30}$$

实际上是(29)中给出的$G(x,y,k)$在$k\to 0$时的极限.

类似地,我们发现,当

$$k\in \mathscr{C}_+\setminus\{0\},\int_{-\infty}^{\infty}|u(y)|\,\mathrm{d}y<\infty$$

或

$$k=0,\int_{-\infty}^{\infty}|u(y)|(1+|y|)\mathrm{d}y<\infty$$

时,(ii)的经典解L必须满足

$$L(x,k)=1+\int_x^{\infty}H(x,y,k)L(y,k)\mathrm{d}y \tag{31}$$

其中

$$H(x,y,k)=u(y)\int_x^y \mathrm{e}^{2ik(y-z)}\,\mathrm{d}z=\frac{u(y)}{2ik}\{\mathrm{e}^{2ik(y-x)}-1\}$$

$$H(x,y,0)=u(y)(y-x) \tag{32}$$

积分方程(28)和(31)甚至在下述意义下确实等价于有关R和L的原始问题.

引理 3　如果$k\in \mathscr{C}_+\setminus\{0\}$,$u$满足$m=0$时的增长条件(4),或$k=0$,$u$满足$m=1$时的增长条件(4),那么我们有:

(i)R是(27)(i)的经典解$\Leftrightarrow R$对x而言连续,当$x\to-\infty$时有界,并且满足(4).

(ii)L是(27)(ii)的经典解$\Leftrightarrow L$对x而言连续,当$x\to\infty$时有界,并且满足(31).

引理的"$\Leftarrow$"部分留给读者作为练习,以便试一试自己证明$\int_{-\infty}^{x}f(x,y)\mathrm{d}y$形式的积分对$x$而言的连续性和可微性的能力.

在引理 3 的条件下,由练习导出关于R'和L'的下列有用的表示式

$$R'(x,k)=\int_{-\infty}^{x}G'(x,y,k)R(y,k)\mathrm{d}y \tag{33}$$

$$L'(x,k)=\int_{x}^{\infty}H'(x,y,k)L(y,k)\mathrm{d}y \tag{34}$$

其中 G',H' 是 G,H 对 x 的导数，即

$$G'(x,y,k)=u(y)\mathrm{e}^{2ik(x-y)}$$
$$H'(x,y,k)=-u(y)\mathrm{e}^{2ik(y-x)} \tag{35}$$

2.2 Im $k\geqslant 0,k\neq 0$ 时的存在性和唯一性

就像通常在微分方程理论中一样，重新将 R 和 L 的问题表述成等价的积分方程，在讨论解的存在性和唯一性问题时有很大便利. 在证明主要结果之前，我们先介绍一些记号.

我们定义函数空间 W^{+} 和 W^{-} 如下：

$W^{\pm}$ 是 $\mathscr{R}\times\mathscr{C}_{+}\setminus\{0\}$ 上一切满足下列条件的函数 $w(x,t)$ 所组成的空间：对每一 $k\in\mathscr{C}_{+}\setminus\{0\}$，$w(x,t)$ 在 $x\in\mathscr{R}$ 时连续，在 $x\to\pm\infty$ 时有界. 空间 $W^{\pm}$ 被赋予明显的收敛性概念：

在空间 $W^{\pm}$ 中当 $n\to\infty$ 时的极限 $w_n\to w$

$$\forall k\in\mathscr{C}_{+}\setminus\{0\},\forall a\in\mathscr{R}$$
$$\lim_{n\to\infty}(\sup_{x\gtrless a}|w_n-w|(x,k))=0 \tag{36}$$

我们用 S^{+} 和 S^{-} 表示下面这些核：

$S^{\pm}$ 是 $\mathscr{R}\times\mathscr{R}\times\mathscr{C}_{+}\setminus\{0\}$ 上一切满足下列条件的函数 $s(x,y,k)$ 所组成的空间：这些函数对 (x,y,k) 而言处处连续，并满足估计

$$\left|\int_{\pm\infty}^{x}|s(x,y,k)|\mathrm{d}y\right|\leqslant\bar{s}(x,k),\bar{s}\in W^{\pm}$$

注意 $G,G'\in S^{-},H,H'\in S^{+}$.

可能有些出乎意外的是这里我们不需要用到 $S^{\pm}$

中的收敛概念.

现在,我们进一步引入在某种程度上有点类似卷积那样的运算 $\hat{*}$ 和 $\check{*}$:

$$(s\,\hat{*}\,w)(x,k)=\int_{-\infty}^{x}s(x,y,k)w(y,k)\mathrm{d}y$$
$$(s\in S^{-},w\in W^{-})$$
$$(s\,\check{*}\,w)(x,k)=\int_{z}^{\infty}s(x,y,k)w(y,k)\mathrm{d}y$$
$$(s\in S^{+},w\in W^{+})\tag{37}$$

注意在运算中 k 起着参数的作用.

不难证明,运算 $\hat{*}$ 和 $\check{*}$ 具有下列重要性质

$$\begin{cases}s\in S^{-}\text{ 和 }w\in W^{-}\Rightarrow s\,\hat{*}\,w\in W^{-}\\ s\,\hat{*}:W^{-}\rightarrow W^{-}\text{ 是连续的}\end{cases}$$
$$\begin{cases}s\in S^{+}\text{ 和 }w\in W^{+}\Rightarrow s\,\check{*}\,w\in W^{+}\\ s\,\check{*}:W^{+}\rightarrow W^{+}\text{ 是连续的}\end{cases}\tag{38}$$

这些记号使我们能将 R 和 L 的积分方程用简短而漂亮的方式写出

$$(\mathrm{i})R=1+G\,\hat{*}\,R;(\mathrm{ii})1+H\,\check{*}\,L\tag{39}$$

从引理 3 可知,寻找 R 和 L 的问题(27)(i) 和(ii) 在 $k\in\mathscr{C}_{+}\setminus\{0\}$ 和

$$\int_{-\infty}^{\infty}|\,v(x)\,|\,\mathrm{d}x<\infty$$

时的经典解,等价于在 W^{-} 和 W^{+} 中求解(39)(i) 和(ii).

现在我们表述本节的主要结果.

定理 1　假设位势 u 满足 $m=0$ 时的增长条件(4).

(a) 关于 R 的问题在 W^{-} 中有唯一解. 这个解在经典意义下满足(27)(i),并且可用纽曼级数的形式给出

$$R = \sum_{n=0}^{\infty} G_n \tag{40}$$

G_n 由下式迭代确定

$$G_0 = 1, G_{n+1} = G \dot{*} G_n \quad (n \geqslant 0) \tag{41}$$

同时满足估计

$$| G_n(x,k) | \leqslant (n!)^{-1} \left\{ \frac{U_0(x)}{|k|} \right\}^n \tag{42}$$

其中 $U_0(x) = \int_{-\infty}^{x} | u(y) | \mathrm{d}y$.

(b) 关于 L 的问题在 W^+ 中有唯一解，这个解在经典意义下满足(27)(ii)，由下式给出

$$L = \sum_{n=0}^{\infty} H_n \tag{43}$$

其中

$$H_0 = 1, H_{n+1} = H \dot{*} H_n \quad (n \geqslant 0)$$

$$| H_n(x,k) | \leqslant (n!)^{-1} \left\{ \frac{V_0(x)}{|k|} \right\}^n$$

$$V_0(x) = \int_{x}^{\infty} | u(y) | \mathrm{d}y$$

这定理的证明可按沃尔特拉积分方程解的存在性和唯一性的经典证明的思路进行. 唯一复杂之处是积分区间的无界性.

我们将给出这定理的(a) 部分的证明，但是我们先叙述下面这个可用初等方法证明的结果.

引理 4 设$\{g_n, n \geqslant 0\}$是 W^- 中一个序列，它使

$$\forall k \in \mathscr{C}_+ \{0\}, \forall x_0 \in \mathscr{R}: \sum_{n=0}^{\infty} \sup_{x \leqslant x_0} | g_n(x,k) | < \infty,$$

于是$\sum_{n=0}^{\infty} g_n$ 定义 W^- 中的一个元素，而且

$$G\hat{}_* \sum_{n=0}^{\infty} g_n = \sum_{n=0}^{\infty} G\hat{}_* g_n$$

$$G'\hat{}_* \sum_{n=0}^{\infty} g_n = \sum_{n=0}^{\infty} G'\hat{}_* g_n$$

这引理的证明十分容易，我们将它留给读者.

定理1的证明 我们利用对 n 而言的归纳法来证明(42) 中给出的估计. 当然(42) 在 $n=0$ 时是得到满足的，对 $n>0$，我们发现

$$\begin{aligned}|G_{n+1}(x,k)| &\leqslant \left|\int_{-\infty}^{x} G(x,y,k)G_n(y,k)\mathrm{d}y\right| \\ &\leqslant \int_{-\infty}^{x} \frac{u(y)}{|k|}\cdot\frac{1}{n!}\left\{\frac{U_0(y)}{|k|}\right\}^n \mathrm{d}y \\ &= \frac{1}{n!}|k|^{-n-1}\int_{-\infty}^{x}\frac{\mathrm{d}U_0}{\mathrm{d}y}(y)\cdot\{U_0(y)\}^n\mathrm{d}y \\ &= \frac{1}{(n+1)!}|k|^{-(n+1)}\{U_0(x)\}^{n+1}\end{aligned}$$

接着利用(38) 和引理 4，可知对一切 $n\geqslant 0, G_n\in W^-$，同时 $R=\sum\limits_{n=0}^{\infty}G_n\in W^-$，并且

$$G\hat{}_* R = \sum_{n=0}^{\infty} G\hat{}_* G_n = \sum_{n=1}^{\infty} G_n = R-1$$

因此，如同(40) 那样定义的 R 确实是(39)(i) 的一个在 W^- 中的解.

现在假设 $\widetilde{R}$ 是(39)(i) 在 W^- 中的另一个解，于是 $v=R-\widetilde{R}$ 满足

$$v=G'\hat{}_* v$$

定义

$$M(x_0,k)=\sup_{x\leqslant x_0}|v(x,k)|$$

当然，由于 $v\in W^-, M(x_0,k)<\infty$.

利用对 n 而言的归纳法，容易证明，当 $x \leqslant x_0$ 时

$$|v(x,k)| \leqslant M(x_0,k)\frac{\left\{\frac{U_0(x)}{|k|}\right\}^n}{(n!)}$$

这意味着在$(-\infty, x_0]$上 $v(x,k)=0$. 但是 $x_0 \in \mathscr{R}$ 是任意的，因此我们可得结论：在 $\mathscr{R}$ 上 $v \equiv 0$. 这就证明了(39)(i) 的解在 W^- 中的唯一性.

有关导数 R' 和 L' 的下列结果也是有意义的. 我们可以重新将(33) 和(34) 表示成

$$R' = G' \dot{*} R, L' = H' \dot{*} L \tag{44}$$

因此，这些导数可以用级数的形式给出

$$R' = \sum_{n=0}^{\infty} G' \dot{*} G_n, L' = \sum_{n=0}^{\infty} H' \dot{*} H_n \tag{45}$$

当 $k \in \mathscr{C}_+ \setminus \{0\}$ 时的这些表达对我们下面考察这些函数的渐近性是有用的. 容易证明

$$\begin{gathered}|(G' \dot{*} G_n)(x,k)| \leqslant ((n+1)!)^{-1} \cdot \\ |k|^{-n} \cdot \{U_0(x)\}^{n+1} \\ |(H' \dot{*} H_n)(x,k)| \leqslant ((n+1)!)^{-1} \cdot \\ |k|^{-n} \cdot \{V_0(x)\}^{n+1}\end{gathered} \tag{46}$$

读者将注意到(42) 和(43) 的估计包含了 $k=0$ 时的恶性奇点. 但是我们将在第 5 节中看到 R 和 L 在 $k=0$ 时的行为通常要比这些估计好得多.

2.3 $\operatorname{Im} k \geqslant 0, k \neq 0$ 时的正则性

至此，我们已经证明了关于 R 和 L 的问题是唯一可解的. 按微分和积分方程的数学理论方面的传统做法，人们接着就要提出问题：这些解的正则性如何？这里，对 k 而言的正则性特别令人感兴趣.

我们将证明下列结果：

定理 2 设位势 u 满足 0 阶增长条件. 于是函数 R,R',R'' 以及 L,L',L''

(i) 在 $\mathscr{R}\times\mathscr{C}_+\setminus\{0\}$ 上对 x 和 k 而言是连续的；

(ii) 对于每一个 $x\in\mathscr{R}$，在 $\mathscr{C}_+$ 上对 k 而言是解析的.

让我们首先使读者确信这定理的重要性.

R,R' 和 L,L' 对于每一个 $x\in\mathscr{R}$ 在 $\mathscr{C}_+$ 上对 k 而言的解析性，在我们导出盖尔方特－莱维坦－玛钱科积分方程的过程中起着不可缺少的作用，这是由于我们把复积分和 Cauchy 留数计算用于一些含有这些函数的公式的缘故(见第 5 节).

从定理 2(ii) 和式(19) 立即可得如下结果.

推论 1 考察 $r_-(k)=l_+(k)=\frac{1}{2ik}(RL'-LR'+2ikRL)$ 和 $a_l=a_r=r_-^{-1}=l_+^{-1}$. 在定理 2 的条件下，$r_-$ 是 $\mathscr{C}_+$ 上 k 的解析函数，a_r 是 $\mathscr{C}$ 上 k 的亚纯函数，它的极点就是 r_- 的零点. 此外，r_- 在 $\mathscr{C}_+\setminus\{0\}$ 上连续，a_r 在 $\mathscr{C}_+\setminus\{0,r_-$ 的零点$\}$ 上连续.

在证明定理 2 之前，我们先推导一个有用的引理.

定义：$W_{an}^-=\{w\in C(\mathscr{R}\times\mathscr{C}_+)\mid w$ 对于每一个 $x\in\mathscr{R}$，在 $\mathscr{C}_+$ 上对 k 而言是解析的，并满足

$$|w|_{a,k}\equiv\sup_{k\in K}\sup_{x\leqslant a}|w(x,k)|<\infty \tag{47}$$

对一切紧子集 $K\subset\mathscr{C}_+$ 和一切 $a\in\mathscr{R}$ 成立$\}$.

当然，我们赋予 W_{an}^- 的收敛性概念是由半范数系统 $|\cdot|_{a,k}$；$a\in\mathscr{R},K\subset\mathscr{C}_+$ 引出的，这里 K 是(47) 中给出的紧集.

引理 5 (a)W_{an}^- 对(47) 中给出的半范数系统而言

是完全的，这里所谓完全是指每个 Cauchy 序列收敛.
(b) 如果 $h \in W_{an}^{-}$，则下列函数也在 W_{an}^{-} 中

$$\left(\frac{\partial}{\partial k}\right)^m h \quad (m \geqslant 0) \tag{48}$$

$$G\dot{*}\, h, G'\dot{*}\, h, G_k \dot{*}\, h, G'_k \dot{*}\, h \tag{49}$$

进一步，我们还有下列微分规则

$$\frac{\partial}{\partial k}(G\dot{*}\, h) = G_k \dot{*}\, h + G\dot{*}\, \frac{\partial h}{\partial k}$$

$$\frac{\partial}{\partial k}(G'\dot{*}\, h) = G'_k \dot{*}\, h + G'\dot{*}\, \frac{\partial h}{\partial k} \tag{50}$$

证明　我们着重运用下列熟知的事实：

(i) 设 $\{g_n; n \in \mathscr{R}\}$ 是度量空间 V 中一列有界连续函数，并且对 V 的上确界范数而言具有 Cauchy 性质. 于是在 V 中存在唯一有界连续函数 g，使 $\lim\limits_{n\to\infty} g_n = g$ 在 V 的上确界范数意义下成立.

(ii) 设 $\{g_n; n \in \mathscr{R}\}$ 是空间 $\mathscr{C}_+$ 上一列趋向于函数 g 的解析函数. 于是 g 在 $\mathscr{C}_+$ 上解析，并且微分和极限过程可以互换.

自然，引理 5 中(a) 部分是(i) 和(ii) 的直接推论.

很清楚，对于每一个 $x \in \mathscr{R}$，$\left(\frac{\partial}{\partial k}\right)^m h$ 在 $\mathscr{C}_+$ 上对 k 而言是解析的. 其他要求容易从 Cauchy 公式得到

$$\frac{\partial^m h}{\partial k^m}(x, k_0) = m! \cdot (2\pi i)^{-1} \cdot \int_{\gamma(k_0, \varepsilon)} \frac{h(x, z)}{(z - k_0)^{m+1}} dz$$

其中 $\gamma(k_0, \varepsilon)$ 是围道 $\{z \mid z - k_0 \mid = \varepsilon, 0 < \varepsilon < \operatorname{Im} k_0\}$.

(7) 和(8) 的补充说明

我们注意 G, G' 和 G_k, G'_k 具有下列性质：它们在 $y \leqslant x$ 和 $k \in \mathfrak{G}_+$ 时，对 x, y, k 而言连续，在 x, y 固定时，对 k 而言解析. 同时，它们在 $y \leqslant x, k \in \mathfrak{G}_+$ 时用 x，

y,k 表示的绝对值可由 $C(k)\cdot|u(y)|$ 来估计，其中 $C(k)$ 在 $\mathfrak{G}_+$ 上连续并取正值.

不难证明，$C(k)$ 可分别取下列值：$|k|^{-1}$，1，$\frac{1}{2}(\operatorname{Im} k)^{-2}$，$(e\operatorname{Im} k)^{-1}$.

式(5) 的估计对于(7) 中提到的每一函数都成立，这一点已很清楚了.

考察 $G_*^- h$ 的情况. 我们有

$$\int_{-\infty}^{x} G(x,y,k)h(y,k)\mathrm{d}y=\lim_{A\downarrow-\infty}\int_{A}^{x} G(x,y,k)h(y,k)\mathrm{d}y$$

在紧集 $\subset \mathscr{R}\times\mathscr{C}_+$ 中对 x,k 而言一致地成立.

而且，有

$$\int_{A}^{x} G(x,y,k)h(y,k)\mathrm{d}y=\lim_{N\to\infty}\sum_{j=1}^{N} G(x,y_j^N,k)h(y_j^N,k)\Delta y_j$$

其中 Riemann 和式在紧集 $\subset \mathscr{R}\times\mathscr{C}_+$ 中对(x,k) 而言一致收敛.

重复应用(i) 和(ii)，可证明 $G_*^- h$ 属于 W_{an}^-. 交换微分和极限的顺序，又可知

$$\frac{\partial}{\partial}\int_{-\infty}^{x} G(x,y,k)h(y,k)\mathrm{d}y$$
$$=\int_{-\infty}^{x} \frac{\partial}{\partial k}\{G(x,y,k)h(y,k)\}\mathrm{d}y$$

即式(50) 中第一个关系成立.

其他情况都可以用类似的方法处理.

有了以上准备，定理 2 的证明就不难了.

定理 2(ii) 的证明 我们使用式(40) 中关于 R 的级数表示：$R=\sum_{n=0}^{\infty} G_n$，其中的 G_n 由(41) 迭代确定，并且满足(42) 的估计，并结合引理 5 的(a) 部分，容易知

道 $R \in W_{an}^{-}$. 因为从(45) 可知 $R' = G'_{\dot{*}} R$,所以从(49) 可知 $R' \in W_{an}^{-}$,最后,从 R 的微分方程(27)(i) 可以导出 $R'' \in W_{an}^{-}$.

定理 2(ii) 的证明 虽然(i) 和(ii) 的证明思路相似,但(i) 的证明比(ii) 的证明容易得多. 现在把它作为练习留给读者.

读者也许会注意到,我们在上面证明定理 2 时并没有用到引理 5 的全部内容. 从(48) 可知,R,R' 和 R'' 的所有对 k 的导数都是 W_{an}^{-} 中的元素.

与定理 2 中相类似的补充也可以对 L 给出.

2.4 渐近行为

到此为止,我们的注意力主要放在 R 和 L 的比较抽象的性质上面,而对于 R 和 L 的明确行为尚未详细地研究. 下面的定理补充了这方面的不足.

定理 3 假设 u 满足 0 阶增长条件. 于是有:

(a) $|k| \to \infty$ 时的渐近性.

(40)(43) 和(45) 中的级数 $R = \sum_{n=0}^{\infty} G_n$, $L = \sum_{n=0}^{\infty} H_n$, $R' = \sum_{n=0}^{\infty} G'_{\dot{*}} G_n$ 和 $L' = \sum_{n=0}^{\infty} H'_{\dot{*}} H_n$ 表示 $|k| \to \infty$ 时对 $x \in \mathscr{R}$ 而言一致收敛的渐近展开式,其中第 n 项的阶是 $|k|^{-n}$,而直到第 N 项的阶大约是 $|k|^{-N-1}$.

(b) $|x| \to \infty$ 时的渐近性.

式(27) 中规定的 R,R',L 和 L' 的极限,在紧集 $\subset \mathscr{C}_{+} \setminus \{0\}$ 上对 k 而言是一致的.

至于在非规定方向上的极限，我们发现当 $k \in \mathscr{C}_+$ 时有

$$\lim_{x\to\infty} R(x,k)=r_-(k),\lim_{x\to\infty} R'(x,k)=0$$
$$\lim_{x\to-\infty} L(x,k)=l_+(k),\lim_{x\to-\infty} L'(x,k)=0 \tag{51}$$

这些极限在紧集 $\subset \mathscr{C}_+$ 上对 k 而言是一致的.

证明 (a) 的内容是(42)(43)和(46)中给出的估计的直接结果. (b) 的第一部分也是如此.

为了证明(b)的第二部分，我们首先注意到在 $\mathscr{R}\times(\mathscr{C}_+\setminus\{0\})$ 上 $|R(x,k)|\leqslant \exp(A\setminus|k|)$，其中 $A=\int_{-\infty}^{\infty}|u(y)|\mathrm{d}y$. 这意味着对于 $\mathrm{Im}\,k>0$ 和 $x>0$，有

$$\begin{aligned}|R'(x,k)|&=|(G'_xR)(x,k)|\\&\leqslant \exp\left(\frac{A}{|k|}\right)\int_{-\infty}^{x}|u(y)|\mathrm{e}^{-2\mathrm{Im}\,k(x-y)}\mathrm{d}y\\&\leqslant \exp\left(\frac{A}{|k|}\right)\left(\int_{\frac{x}{2}}^{\infty}|u(y)|\mathrm{d}y+\right.\\&\quad\left.\mathrm{e}^{-\mathrm{Im}\,kx}\int_{-\infty}^{\frac{x}{2}}|u(y)|\mathrm{d}y\right)\end{aligned}$$

可见 $\lim_{x\to\infty} R'(x,k)=0$ 在紧集 $\subset \mathscr{C}_+$ 上一致地成立.

我们也有：当 $x\to\infty$ 时，RL'，LR' 和 $R(L-1)$ 在紧集 $\subset \mathscr{C}_+$ 上对 k 而言一致地趋于零.

结果得

$$\begin{aligned}r_-(k)&=\lim_{x\to\infty}\left(\frac{1}{2ik}(RL'-LR')(x,k)+\right.\\&\quad\left.R(L-1)(x,k)+R(x,k)\right)\\&=\lim_{x\to\infty}R(x,k)\end{aligned}$$

在紧集 $\subset \mathscr{C}_+$ 上对 k 而言一致地成立.

我们继续介绍一个重要的注释：公式

$$r_-(k)=\lim_{x\to\infty}R(x,k),\mathrm{Im}\,k>0$$

告诉我们 $r_-(k)$ 在 $\mathrm{Im}\,k>0$ 时的另一个很有用的特征，这一特征能用来推导下面的结果.

引理 6 设 u 满足 0 阶增长条件. 对 $k\in\mathscr{C}_+\setminus\{0\}$，我们有如下的关系

$$r_-(k)=1-\frac{1}{2ik}\int_{-\infty}^{\infty}u(y)R(y,k)\mathrm{d}y \qquad (52)$$

证明 对于 $k\in\mathscr{C}_+$，利用关于 R 的积分方程，我们有

$$\begin{aligned} r_-(k)&=\lim_{x\to\infty}R(x,k)\\ &=\lim_{x\to\infty}\left(1+\frac{1}{2ik}\int_{-\infty}^{x}u(y)(\mathrm{e}^{2ik(x-y)}-1)R(y,k)\mathrm{d}y\right)\end{aligned}$$

因为

$$\left|\int_{-\infty}^{x}u(y)\mathrm{e}^{2ik(x-y)}\mathrm{d}y\right|\leqslant\int_{-\infty}^{x}|u(y)|\mathrm{e}^{-2\mathrm{Im}\,k(x-y)}\mathrm{d}y$$

可得

$$\lim_{x\to\infty}\left|\int_{-\infty}^{x}u(y)\mathrm{e}^{2ik(x-y)}\mathrm{d}y\right|=0$$

（与前面给出的 $|R'(x,k)|$ 的估计式相比较）. 因此，(52) 对于 $k\in\mathscr{C}_+$ 成立. 然而，(52) 两边在 $\mathscr{C}_+\setminus\{0\}$ 上对 k 而言都连续（见定理 2 及其推论）. 我们由此可得结论：(52) 对一切 $k\in\mathscr{C}_+\setminus\{0\}$ 都成立.

除了(51) 外，我们把在 $k\in\mathscr{R},k\neq 0$ 的条件下 $R(x,k)$ 在 $x\to\infty$ 时和 $L(x,k)$ 在 $x\to-\infty$ 时的渐近行为说明如下.

推论 1

$$\begin{cases}R(x,k)=r_-(k)+r_+(k)\mathrm{e}^{2ikx}+o(1)，当\ x\to\infty\ 时\\ L(x,k)=l_+(k)+l_-(k)\mathrm{e}^{-2ikx}+o(1)，当\ x\to-\infty\ 时\end{cases} \qquad (53)$$

事实上,(53) 不过是(28) 中部分结果用 R 和 L 改写的结果. 阶的符号 o 在紧集 $\subset \mathscr{R}\backslash\{0\}$ 上对 k 而言是一致适用的.

可以证明,把(53) 中给出的渐近性与关于 R 和 L 的积分方程结合起来,将导出下面的引理,这是一个很好的也是比较简单的练习.

引理 7　如果 u 满足 0 阶增长条件,则对于 $k \in \mathscr{R}\backslash\{0\}$,$r_+(k)$ 和 $l_-(k)$ 由下式给定

$$r_+(k)=\frac{1}{2\mathrm{i}k}\int_{-\infty}^{\infty}\mathrm{e}^{-2\mathrm{i}ky}u(y)R(y,k)\mathrm{d}y$$
$$l_-(k)=\frac{1}{2\mathrm{i}k}\int_{-\infty}^{\infty}\mathrm{e}^{2\mathrm{i}ky}u(y)L(y,k)\mathrm{d}y \tag{54}$$

最后,我们以引理 6 和定理 3 的(a) 部分的一个明显推论来结束本节.

推论 2　如果 u 满足 0 阶增长条件,那么 $r_-(k)$ 在 $|k|\to\infty$,$\mathrm{Im}\,k>0$ 时的渐近性由下式给出

$$r_-(k)=1-\frac{1}{2\mathrm{i}k}\int_{-\infty}^{\infty}u(y)\mathrm{d}y+O\left(\frac{1}{|k|^2}\right) \tag{55}$$

2.5　$k=0$ 附近的行为

如果我们假设位势 u 满足较强的增长条件,那么考察 R 和 L 在 $k=0$ 处的行为就是有意义的. 在那里,这两个函数都十分正则. 这些结果可精确地表达如下:

定理 4　(a) 设 u 满足一阶增长条件. 于是当 $k=0$ 时,关于 R 和 L 的问题(28) 和(31) 在 x 的连续函数(这些函数在 $x\to-\infty$ 和 $x\to\infty$ 时是有界的) 空间中

唯一可解.

R, L 对于一切 $(x,k)\in\mathscr{R}\times\mathscr{C}_+$ 在经典意义下满足 (27)(i) 和(ii).

R, R', R'' 和 L, L', L'' 在 $\mathscr{R}\times\mathscr{C}_+$ 上对 (x,k) 而言是连续的.

(b) 如果 u 满足二阶增长条件，那么 R_k, R'_k, R''_k 和 L_k, L'_k, L''_k 也在 $\mathscr{R}\times\mathscr{C}_+$ 上对 (x,k) 而言是连续的.

在这定理的证明中，我们运用下列记号

$$x_+=\max(0,x), x_-=\max(0,-x)\quad (x\in\mathscr{R})$$

$$U_k(x)=\int_{-\infty}^{x}|u(y)||y|^k\mathrm{d}y\quad (k=0,1,2)$$

我们将以明显的方式把运算$\dot{*}$ 和$\dot{*}$ 的定义扩大到函数 $\in W_0^{\pm}$，和核 $\in S_0^{\pm}$，其中 $W_0^{\pm}$ 和 $S_0^{\pm}$ 是从 $W^{\pm}$ 和 $S^{\pm}$ 将参数空间 $\mathscr{C}_+\setminus\{0\}$ 用 $\mathscr{C}_+$ 代替后得到的.

利用 $y\leqslant x, k\in\mathscr{C}_+$ 时的下列估计式

$$\begin{aligned}|G(x,y,k)|&\leqslant|u(y)|(|y|+x_+)\\ |G'(x,y,k)|&\leqslant|u(y)|\\ |G_k(x,y,k)|&\leqslant|u(y)|(|y|+x_+)^2\\ |G'_k(x,y,k)|&\leqslant 2|u(y)|(|y|+x_+)\end{aligned}\quad(56)$$

我们可知：如果[0]，则 $G'\in S_0^-$；如果[1]，则 $G, G'_k\in S_0^-$；如果[2]，则 $G_k\in S_0^-$，这里[k]是一个缩写符号，表示 u 满足 k 阶增长条件.

当然，关于 H, H', H_k 和 H'_k，也有类似结果.

进而不难证明，当 $W^{\pm}, S^{\pm}$ 由 $W_0^{\pm}, S_0^{\pm}$ 取代之后，可以给出类似于(38) 和引理 4 的结果.

证明 (a) 现在可以与定理 1 的证明完全类似地来证明(a) 的第一部分. 关键性的一点是寻找一个在 $k=0$ 附近也适用的关于 G_n 的估计.

证明

$$|G_n(x,k)| \leqslant \frac{1}{n!}(U_1(x)+x_+ \cdot U_0(x))^n \quad (57)$$

是一个很好的练习.

关于(a) 的第二部分,可如下进行:

(i) 归纳地证明 $G_n \in C(\mathscr{R}\times\mathscr{C}_+)$;(ii) 其次,从(57) 可知 $R \in C(\mathscr{R}\times\mathscr{C}_+)$;(iii) 因此 $R' = G'\hat{*} R \in C(\mathscr{R}\times\mathscr{C}_+)$;(iv) 最后由于(27)(i) 而得 $R'' \in C(\mathscr{R}\times\mathscr{C}_+)$.

进一步的细节留给读者去研究.

(b) 现在考察 $R_k \in W_{an}^-$. 我们将证明 R_k 可以从 $\mathscr{R}\times\mathscr{C}_+$ 连续延拓到 $\mathscr{R}\times\mathscr{C}_+$. 在方程(39)(i):$R = 1 + G\hat{*} R$ 中,将两边对 k 微分. 利用(50),可知在 $\mathscr{R}\times\mathscr{C}_+$ 上有

$$R_k = G_k\hat{*} R + G\hat{*} R_k \quad (58)$$

关于 R_k 的这个方程在 $\mathscr{R}\times\mathscr{C}_+$ 中即在 W_0^- 中是唯一可解的.

我们求得

$$R_k = \sum_{n=0}^{\infty} R_{k,n}$$

$$R_{k,0} = G_k\hat{*} R, R_{k,n+1} = G\hat{*} R_{k,n}, n \geqslant 0 \quad (59)$$

$$|R_{k,n}(x,k)| \leqslant \frac{1}{n!}(U_1(x)+x_+ \cdot U_0(x))^n M(x) \quad (60)$$

其中

$$M(x) = \sup_{k\in\mathscr{C}_+}\sup_{y\leqslant x} |(G_k\hat{*} R)(y,k)|$$

其次可归纳地证明 $R_{k,n} \in C(\mathscr{R}\times\mathscr{C}_+)$.

因此从(60) 得 $R_k \in C(\mathscr{R}\times\mathscr{C}_+)$.

将(44) 中的关系 $R' = G'\hat{*} R$ 对 k 微分,利用(50)

可知在 $\mathscr{R}\times\mathscr{C}_+$ 上有如下关系

$$R'_k = G'_k \hat{*} R + G' \hat{*} R_k \tag{61}$$

这就证明了 $R'_k \in W^-_{an}$ 可以延拓为一个属于 $C(\mathscr{R}\times\mathscr{C}_+)$ 的元素.

再利用(27)(i),(b) 的证明就完全证明了.

定理 4 中的(b) 部分的结论是为了表明关于位势增长的较强条件是如何影响 $k=0$ 处解的正则性的. 定理 4(b) 的一个推论是定理 2 的推论的下述扩展,这个扩展将在第 5 节中起到重要作用.

推论 3 如果 u 满足二阶增长条件,那么透射系数 a_r 在 $k=0$ 处连续.

证明 利用定理4(b),我们知道关于 ψ_r 和 ψ_l 的 Wronsky 行列式

$$W(k)=\psi_r\psi'_l-\psi_l\psi'_r=RL'-LR'+2ikRL$$

是 $k\in\mathscr{C}_+$ 的连续可微函数.

在(20) 中,我们发现 $W(k)=2ikr_-(k)$. 因此,可以将 $k=0$ 附近的 $r_-(k)$ 按下述方式进行延拓

$$r_-(k)=\frac{W(0)}{2ik}+\frac{1}{2i}\frac{dW}{dk}(0)+\widetilde{w}(k)$$

其中 $\widetilde{w}\in C(\mathscr{C}_+)$,且 $\lim\limits_{\substack{k\to 0\\ \operatorname{Im} k\geqslant 0}}\widetilde{w}(k)=0$.

由于(9),我们在 $k\in\mathscr{R}$ 时有 $|r_-(k)|\geqslant 1$. 这意味着:(i) 或者 $W(0)\neq 0$,(ii) 或者 $\frac{dW}{dk}(0)\neq 0$,$W(0)=0$. 在这两种情形中 $a_r=\frac{1}{r}$ 在 $k=0$ 处都是连续的. 差别是在 $\mathscr{C}_+$ 中当 $k\to 0$ 时,关于情形(i) 有 $a_r(k)\to 0$;关于情形(ii) 我们有

$$a_r(k)\to 2i\left(\frac{dW}{dk}(0)\right)^{-1}$$

同样可以对 R, R', L, L' 的大小给出一个在整个空间 $\mathscr{R}\times\mathscr{C}_+$ 上都适用，因而特别地在 $k=0$ 附近也适用的比较满意的估计.

定理 5 如果 u 满足一阶增长条件，那么存在一个只与 u 有关的常数 $B>0$，使得在 $\mathscr{R}\times\mathscr{C}_+$ 上有

$$\begin{gathered}|R(x,k)|\leqslant B(1+x_+)\\|L(x,k)|\leqslant B(1+x_-)\\|R'(x,k)|\leqslant B\\|L'(x,k)|\leqslant B\end{gathered}\tag{62}$$

证明 我们首先估计 $|R(x,k)|$. 取 $x_0\in\mathscr{R}$，使

$$\int_{x_0}^{\infty}|u(y)|(1+(y-x_0))\mathrm{d}y\leqslant\frac{1}{2}$$

当 $x\geqslant x_0$ 时，我们有

$$R(x,k)\equiv g(x,k)+(TR)(x,k)\tag{63}$$

其中

$$g(x,k)=R'(x_0,k)\int_{x_0}^{x}\mathrm{e}^{2ik(y-x_0)}\mathrm{d}y+R(x_0,k)$$

$$(TR)(x,k)=\int_{x_0}^{x}(u(y)\int_{y}^{x}\mathrm{e}^{2ik(z-y)}\mathrm{d}z)R(y,k)\mathrm{d}y$$

定义

$$V_0=\{v\in C([x_0,\infty)\times\mathscr{C}_+)\mid\sup_{k\in\mathscr{C}_+}\sup_{y\geqslant x_0}\frac{v(y,k)}{1+(y-x_0)}$$

$$=\|v\|_0<\infty\}$$

则 V_0 对 $\|\quad\|_0$ 而言是一个 Banach 空间.

自然，g 是 V_0 的一个元素，它的范数

$$\|g\|_0\leqslant\sup_{k\subset\mathscr{C}_+}\{|R'(x_0,k)|+|R(x_0,k)|\}$$

T 是将 V_0 映入 V_0 内的线性算子. 下面的讨论证明 T 的范数(即 $\sup\limits_{\substack{v\in V_0\\v\neq0}}\frac{\|T\|_0}{\|v\|_0}$) 小于 $\frac{1}{2}$

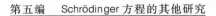

$$
\begin{aligned}
|(Tv)(x,k)| &\leqslant \int_{x_0}^{x} |u(y)|(x-y)|v(y,k)|\,\mathrm{d}y \\
&\leqslant \|v\|_0 (x-x_0)\cdot \\
&\quad \int_{x_0}^{x} |u(y)|(1+(y-x_0))\,\mathrm{d}y \\
&\leqslant \frac{1}{2}\|v\|_0 (x-x_0)
\end{aligned}
$$

因为 $R=(I-T)^{-1}g$，我们有

$$
\|R\|_0 \leqslant 2\|g\|_0 \tag{64}
$$

利用(57)，容易证明

$$
\sup_{k\in\mathscr{C}_+}\sup_{x\leqslant x_0}|R(x,k)| \leqslant \exp(U_1(x_0)+(x_0)+U_0(x_0))
$$

$R'=G'_* R$ 这一关系导致

$$
\sup_{k\in\mathscr{C}_+}\sup_{x\leqslant x_0}|R'(x,k)| \leqslant U_0(x_0)\exp(U_1(x_0)+ (x_0)+U_0(x_0))
$$

这些估计与(64)结合起来可得所需要的对 R 的估计．对 R' 的估计立即可从 $R'=G'_* R$ 这一关系得出．

在结束本节时，我们要指出，如果 u 满足一阶增长条件，那么(27)中规定的关于 R,R',L 和 L' 的极限在 $\mathscr{C}_+$ 上是一致的，这就改进了定理 3(b)的第一部分中所给出的有关结论．

2.6　与参数有关的位势

因为我们要把 KdV 方程(或另外某一个与时间有关的方程)的解当作 Schrödinger 方程的位势，这时自然要考察与参数 $t\in[T_0,T_1]$ 有关的位势 $u(x,t)$．当然，这时函数 R 和 L 也与这个参数 t 有关．

很容易得出下列结果：

定理 6 (a) 假定

$$u \in C(\mathscr{R}\times[T_0,T_1]),\ \max_{t\in[T_0,T_1]} |u(x,t)| \leqslant \overline{u}(x)$$

且 $\overline{u}(x)$ 满足 0 阶增长条件，那么函数 R,R',R'',L,L'，L'' 在 $\mathscr{R}\times\mathscr{C}_+\setminus\{0\}\times[T_0,T_1]$ 上对 (x,k,t) 而言是连续的. 而且当 x,t 固定时，这些函数在 $\mathscr{C}_+$ 上对 k 而言是解析的，它们对 k 的导数在 $\mathscr{R}\times\mathscr{C}_+\times[T_0,T_1]$ 上是连续的. 定理 4 中所给出的渐近性对于 $t\in[T_0,T_1]$ 是一致的.

(b) 假定除了 (a) 中的条件外，还有

$$u_t \in C(\mathscr{R}\times[T_0,T_1]),\ \max_{t\in[T_0,T_1]} |u_t(x,t)| \leqslant \overline{u}_1(x)$$

$\overline{u}_1(x)$ 满足 0 阶增长条件. 那么

$$R_t,R'_t,R''_t,L_t,L'_t,L''_t \in C(\mathscr{R}\times\mathscr{C}_+\setminus\{0\}\times[T_0,T_1])$$

而且当 x,t 固定时，这些函数在 $\mathscr{C}_+$ 上对 k 而言是解析的，它们对 k 的导数在 $\mathscr{R}\times\mathscr{C}_+\times[T_0,T_1]$ 上是连续的.

证明 (a) 可与定理 2 和 3 的证明完全类似地证明. 唯一的区别是这里所有的函数都与参数 t 有关. 然而，如果我们将每个 u 换成 $\overline{u}$ 的话，重要的估计式(例如(42))仍然适用.

(b) 的意思是用归纳法证明每个 G_n 对 t 可微，且

$$\frac{\partial G_n}{\partial t} \in C(\mathscr{R}\in\mathscr{C}_+\setminus\{0\}\times[T_0,T_1])$$

并证明我们有下述估计

$$\left|\frac{\partial G_n}{\partial t}(x,k,t)\right| \leqslant \frac{1}{n!}\left(\frac{|\overline{U}_{0,1}(x)|}{|k|}\right)^n \qquad (65)$$

其中

$$\overline{U}_{0,1}(x)=\int_{-\infty}^{x}(|\overline{u}(y)|+|\overline{u}_1(y)|)\mathrm{d}y$$

利用关系式

$$\frac{\partial G_{n+1}}{\partial t}=\frac{\partial G}{\partial t}\dot{*}\,G_n+G\dot{*}\,\frac{\partial G_n}{\partial t}\quad (n\geqslant 0)$$

可以得出(65)中的估计. 现在很清楚,$R=\sum_{n=0}^{\infty}G_n$ 对 t 可微,$R_t=\sum_{n=0}^{\infty}\frac{\partial G_n}{\partial t}\in C(\mathscr{R}\times\mathscr{C}_+\setminus\{0\}\times[T_0,T_1])$. 利用$R'=G'\dot{*}\,R$ 和(27)(i),容易证明 $R'_t, R''_t\in C(\mathscr{R}\times\mathscr{C}_+\setminus\{0\}\times[T_0,T_1])$ 也成立. 证法完全与(a)类似.

如果在定理 6(a)和(b)中,我们关于 $\bar{u}$ 和 $\bar{u}_1$ 要求二阶增长条件,那么这些结果还可以加强. 由此得知 R, L 和它们的导数

$$\frac{\partial^{1_1+1_2+1_3}}{\partial x^{1_1}\partial k^{1_2}\partial t^{1_3}}$$

其中

$$1_1=0,1,2;1_2=0,1;1_3=0,1$$

都是空间 $C(\mathscr{R}\times\mathscr{C}_+\setminus\{0\}\times[T_0,T_1])$ 的元素.

在第 3 节中,我们将证明,如果 u 满足(a)和(b)中的条件,则这些结果意味着对应于离散特征值和不等于零的非离散特征值的特征函数的连续可微性.

3　$L_2(\mathscr{R})$ 上 $-\frac{\mathrm{d}^2}{\mathrm{d}x^2}+u$ 的谱

我们考察定义域是 $H_0^2(\mathscr{R})=\{\psi\in L_2(\mathscr{R})\mid\psi''\in L_2(\mathscr{R})\}$,并满足方程 $L\psi=-\psi''+u\psi$ 的算子 L. 注意 $\psi\in H_0^2(\mathscr{R})\Rightarrow L\psi\in L_2(\mathscr{R})$,这是由于位势 u 的有界性,见式(2)和(3). 当然,L 是 Hilbert 空间 $L_2(\mathscr{R})$ 上的无界算子. 而且 L 具有一些良好的性质,这些性质对谱分

析来说是重要的.我们将证明 L 是封闭的和对称的.

设 $\langle\cdot,\cdot\rangle$ 和 $\|\cdot\|$ 是 $L_2(\mathscr{R})$ 空间上通常的内积和范数,关于封闭性我们证明如下.假定 $\psi_n \in H_0^2(\mathscr{R})$,$n \in \mathscr{R}$,当 $n \to \infty$ 时,$\psi_n \to \psi \in L_2(\mathscr{R})$,$L\psi_n \to \phi \in L_2(\mathscr{R})$.于是 ψ''_n 是 $L_2(\mathscr{R})$ 中的收敛序列,它的极限是 $u\psi - \phi$.但是在分布意义下,$n \to \infty$ 时 $\psi''_n \to \psi''$ 成立.利用分布极限的唯一性,我们知道 $\psi'' \in L_2(\mathscr{R})$ 和 $\psi'' = u\psi - \phi$.因此,$\psi \in H_0^2(\mathscr{R})$ 和 $L\psi = \phi$ 确实成立.

L 的对称性的意思是

$$\langle L\psi,\phi\rangle = \langle\psi,L\phi\rangle,\ \forall\,\phi,\psi \in H_0^2(\mathscr{R}) \tag{66}$$

这是容易用两次分部积分来证明的.

式(1)所给出的 Schrödinger 方程与谱方程

$$(L-\lambda)\psi = 0 \tag{67}$$

有明显的联系.通常对于闭算子,我们定义一个预解集 $\rho(L)$ 作为 $\mathscr{C}$ 的子集,对于组成这子集的那些 λ 而言,算子 $L-\lambda$ 是一一对应的和映上的,并具有有界逆算子.因此,$\lambda \in \rho(L)$ 意味着问题

$$(L-\lambda)\psi = f \tag{68}$$

对每一给定的 $f \in L_2(\mathscr{R})$ 而言具有唯一解 $\psi \in H_0^2(\mathscr{R})$,这个解满足估计式

$$\|\psi\| \leqslant C(\lambda)\|f\| \tag{69}$$

其中常数 $C(\lambda)$ 与 f 无关.

预解集的补称为 L 的谱,记作 $\sigma(L)$.

要使 $\lambda \in \sigma(L)$,一个充分条件是在 $H_0^2(\mathscr{R})$ 中存在一个序列 $\{\psi_n; n \in \mathscr{R}\}$,其中 $\|\psi_n\| \neq 0$,$\forall\, n \in \mathscr{R}$,并且

$$\lim_{n\to\infty}\frac{\|(L-\lambda)\psi_n\|}{\|\psi_n\|} = 0 \tag{70}$$

对自伴算子而言,这个条件也是必要的.

当 $\lambda \in \sigma(L)$ 是 L 的特征值，即方程(67) 关于这个 λ 有非平凡解 $\psi \in H_0^2(\mathscr{R})$ 时，产生上述条件的一个特例.

如果距离$(\lambda_0, \sigma(L)\backslash\{\lambda_0\}) > 0$，特征值 $\lambda_0 \in \sigma(L)$ 称为孤立的. 我们把 $\mathrm{IP}\sigma(L)$ 定义为 $\sigma(L)$ 的子集，它由一切孤立特征值组成. 由 L 的对称性，所有的特征值都是实数.

在下面的定理中，我们用散射系数 γ 一 来表示 $\rho(L)$，$\sigma(L)$ 和 $\mathrm{IP}\sigma(L)$.

定理 7　设位势 u 满足 0 阶增长条件. 于是：

(i)$\rho(L) = \{\lambda \in \mathscr{C} \mid \lambda = k^2$，其中 $k \in \mathscr{C}_+$，且 $r_-(k) \neq 0\}$；

(ii)$\mathrm{IP}\sigma(L) = \{\lambda \in \mathscr{C} \mid \lambda = k^2$，其中 $k \in \mathscr{C}_+$，且 $r_-(k) = 0\}$，此时，对某个 $l > 0$，有 $\mathrm{IP}\sigma(L) \subset (-l, 0) \subset \mathscr{R}$；

(iii)$\sigma(L) = \mathrm{IP}\sigma(L) \cup [0, \infty) \subset \mathscr{R}$，$(0, \infty)$ 中不包含特征值.

这定理的证明完全基于我们在前面介绍的 Schrödinger 方程的解 ψ_l 和 ψ_r 的一些性质.

我们将证明分为(a)(b) 和(c) 三步来完成.

(a)：$\lambda = k^2$，其中 $k \in \mathscr{C}_+$，且 $r_-(k) \neq 0$.

这时，$\psi_l(x, k)$ 和 $\psi_r(x, k)$ 是 Schrödinger 方程的两个线性无关解，因为随着 $x \to -\infty$ 和 $x \to +\infty$，$\psi_l(x, k)$ 分别指数式地增长和衰减，$\psi_r(x, k)$ 分别指数式地衰减和增长，见式(51). 因而方程$(L - \lambda)\psi = 0$ 在空间 $H_0^2(\mathscr{R})$ 中无解.

我们用下法为算子 $L - \lambda$ 定义一个 Green 核

$$\mathrm{Gr}(x,\xi,k)=\begin{cases}D(k)L(\xi,k)R(x,k)\mathrm{e}^{-\mathrm{i}k(x-\xi)},s\geqslant\xi\\ D(k)R(\xi,k)L(x,k)\mathrm{e}^{\mathrm{i}k(x-\xi)},x\geqslant\xi\end{cases}\tag{71}$$

其中

$$D(k)=[2\mathrm{i}kr_-(k)]^{-1}$$

利用(40)(42)和(43),可知 $\mathrm{Gr}(x,\xi,k)$ 满足估计

$$|\mathrm{Gr}(x,\xi,k)|\leqslant A(k)\exp(-\mathrm{Im}\ k\cdot|x-\xi|)\tag{72}$$

其中

$$A(k)=|D(k)|\exp\left(2\int_{-\infty}^{\infty}\frac{|u(y)|\mathrm{d}y}{|k|}\right)$$

容易证明方程 $(L-\lambda)\psi=f$(即(68))有解

$$\psi(x,k)=-\int_{-\infty}^{\infty}\mathrm{Gr}(x,\xi,k)f(\xi)\mathrm{d}\xi\tag{73}$$

这里 $f\in D_0=\{h\in C(\mathscr{R})\mid 支集(h)是紧的\}$.

这个解满足估计

$$\|\psi\|\leqslant C(k)\|f\|\tag{74}$$

其中常数 $C(k)>0$.

这个估计是非平凡的,它的求导过程如下.在计算中设 $B=A(k)^2,\alpha=\mathrm{Im}\ k$,有

$$|\psi(x,k)|^2$$
$$\leqslant B\int_{-\infty}^{\infty}\int_{-\infty}^{\infty}\mathrm{e}^{-\alpha(|x-\xi_1|+|x-\xi_2|)}|f(\xi_1)|f(\xi_2)|\mathrm{d}\xi_1\mathrm{d}\xi_2$$

利用

$$\int_{-\infty}^{\infty}\mathrm{e}^{-\alpha(|x-\xi_1|+|x-\xi_2|)}\mathrm{d}x=\sigma^{-\alpha|\xi_1-\xi_2|}\left(|\xi_1-\xi_2|+\frac{1}{\alpha}\right)$$

我们得

$$\|\psi\|^2\leqslant B\int_{-\infty}^{\infty}\int_{-\infty}^{\infty}\mathrm{e}^{-\alpha|\xi_1-\xi_2|}\left(|\xi_1-\xi_2|+\frac{1}{\alpha}\right)$$
$$|f(\xi_1)||f(\xi_2)|\mathrm{d}\xi_1\mathrm{d}\xi_2$$

$$=2B\int_{-\infty}^{\infty}\int_{-\infty}^{\infty}e^{-2\alpha|\eta|}\left(2|\eta|+\frac{1}{\alpha}\right)$$
$$|f(\zeta+\eta)f(\zeta-\eta)|\,d\eta d\zeta$$
$$=2B\int_{-\infty}^{\infty}e^{-2\alpha|\eta|}\left(2|\eta|+\frac{1}{\alpha}\right)\cdot$$
$$\left(\int_{-\infty}^{\infty}|f(\zeta+\eta)f(\zeta-\eta)|\,d\eta\right)d\zeta$$

由 Schwarz 不等式,我们有

$$\int_{-\infty}^{\infty}|f(\zeta+\eta)f(\zeta-\eta)|\,d\eta\leqslant\|f\|^2$$

因此,得

$$\|\psi\|^2\leqslant\|f\|^2\cdot 2B\int_{-\infty}^{\infty}e^{-2\alpha|\eta|}\left(2|\eta|+\frac{1}{\alpha}\right)d\eta$$

于是式(74)得证.

现在已很清楚,$\psi\in H_0^2(\mathscr{R})$,并且因为齐次方程在 $H_0^2(\mathscr{R})$ 中无解,所以 ψ 是方程 $(L-\lambda)\psi=f$ 在 $H_0^2(\mathscr{R})$ 空间中的唯一解.

利用 D_0 在 $L_2(\mathscr{R})$ 中稠这一事实,我们可以将这些结果扩展到一切 $f\in L_2(\mathscr{R})$. 由于(68)和(69)两式,有

引理 7 (a)$\rho(L)\supset\{\lambda\in C\mid\lambda=k^2$,其中 $k\in\mathscr{C}_+$ 且 $r_-(k)\neq 0\}$.

(b)$\lambda=k^2$,其中 $k\in\mathscr{C}_+$ 且 $r_-(k)=0$.

在这种情况下,ψ_r 与 ψ_l 成比例. 这可由下法导出. 设 $x_0\in\mathscr{R}$,使 $x\geqslant x_0$ 时 $|L(x,k)|\geqslant\frac{1}{2}$. 于是 $\psi_l(x,k)$ 和 $\hat{\psi}_l(x,k)=\psi_l(x,k)\int_{x_0}^{x}\psi_l(\xi,k)^{-2}d\xi$ 是 Schrödinger 方程在 $x\geqslant x_0$ 时的线性无关解. 因此当 $x\geqslant x_0$ 时,$\psi_r(x,k)=\alpha\psi_l(x,k)+\beta\hat{\psi}_l(x,k)$,其中 α,$\beta\in\mathscr{C}$.

如果 $\beta \neq 0$，则当 $x \to \infty$ 时，$|\psi_r(x,k)| \geq C\exp(\operatorname{Im} k \cdot x)$，其中常数 $C > 0$. 但是，$|\psi_r(x,k)| = |R(x,k)| \exp(\operatorname{Im} k \cdot x)$，而且由于(51)，$\lim\limits_{x\to\infty} |R(x,k)| = 0$，这就产生了一个矛盾. 因而当 $x \geq x_0$ 时，$\psi_r(x,k) = \alpha\psi_l(x,k)$，但是这样一来，这结论必然在整个 $\mathscr{R}$ 上成立.

我们断定 ψ_r 是 $(L-\lambda)\psi = 0$ 的一个在两个方向都指数式地减小的解，即 λ 是特征值，ψ_r 是特征函数 $\in H_0^2(\mathscr{R})$. 这意味着 λ 是实数，即 $k = \mathrm{i}\mu$，其中 $\mu \in \mathscr{R}, \mu > 0$. 所以有

$$\lambda = -\mu^2 < 0 \tag{75}$$

利用(40) 和(42)，我们得到

$$R(x,k) \geq 1 - \frac{\overline{U}_0}{|k|}\exp\left(\frac{\overline{U}_0}{|k|}\right)$$

其中

$$\overline{U}_0 = \int_{-\infty}^{\infty} u(y)\mathrm{d}y$$

将这个估计式和(51) 结合起来，可知 $\exists K > 0$，且

$$|r_-(k)| \geq \frac{1}{2}, \text{当 } |k| > K \text{ 时} \tag{76}$$

因此，若令 $Q = -K^2$，则

$$\lambda \geq -Q \tag{77}$$

最后，我们知道 r_- 在 $\mathscr{C}_+$ 上解析，即 r_- 的零点在 $\mathscr{C}_+$ 中是隔开的. 再由引理 4.3.1，我们可得：

引理 8　(a)$\mathrm{IP}\sigma(L) \supset \{\lambda \in \mathscr{C} \mid \lambda = k^2$，其中 $k \in \mathscr{C}_+$，且 $r_-(k) = 0\}$.

(b)$\{\lambda \in \mathscr{C} \mid \lambda = k^2$，其中 $k \in \mathscr{C}_+$，且 $r_-(k) = 0\} \subset (-\boldsymbol{Q}, 0) \subset \mathscr{R}$.

(c)$\lambda = k^2$，其中 $k \in \mathscr{R}, k \neq 0$，即 $\lambda \in (0, \infty) \subset \mathscr{R}$.

在这情形中，ψ_r 和 $\overline{\psi}_r$ 是方程$(L-\lambda)\psi=0$ 的两个线性无关解. 这两个解在 $|x|\to\infty$ 时发生振荡. 因此，λ 不可能是特征值. 但是，下面的推导表明依然有 $\lambda\in\sigma(L)$.

设χ 是一个截断函数 $\in C^{\infty}(\mathscr{R})$

$$\chi(x)=\begin{cases}1,当\ |x|\leqslant 1\ 时\\0,当\ |x|\geqslant 2\ 时\end{cases}$$

因此在 $\mathscr{R}$ 上 $|\chi(x)|\leqslant 1$.

定义χ_n 为$\chi_n=\chi\left(\dfrac{x}{n}\right)$.

考察序列 $\psi_n=\psi_r\chi_n, n\in\mathscr{R}$. 显然

$$\|\psi_n\|\uparrow\infty\quad(当\ n\uparrow\infty\ 时)\tag{78}$$

由简单计算可知

$$(L-\lambda)\psi_r\chi_n=-(\psi_r\chi''_n+2\psi'_r\chi'_n)$$

现在我们有

$$|\psi_r\chi''_n+2\psi'_r\chi'_n|=0,在[n,2n]\cup[-2n,-n]之外$$

$$|\psi_r\chi''_n+2\psi'_r\chi'_n|\leqslant\frac{C(k)}{n},在[n,2n]\cup[-2n,-n]之内$$

其中 $C(k)$ 是常数.

由此可得

$$\begin{aligned}\|(L-\lambda)\psi_r\chi_n\|^2&=\left(\int_{-2n}^{-n}+\int_{n}^{2n}\right)|\psi_r\chi''_n+2\psi'_r\chi'_n|^2\mathrm{d}x\\&\leqslant C(k)^2\left(\int_{-2n}^{-n}+\int_{n}^{2n}\right)\frac{1}{n^2}\mathrm{d}x\\&\leqslant\frac{4C(k)^2}{n}\end{aligned}$$

因此

$$\lim_{n\to\infty}\|(L-\lambda)\psi_n\|=0\tag{79}$$

由式(70),我们有 $\lambda \in \sigma(L)$! 因而有:

引理 9　$\sigma(L) \supset \mathscr{R}_+$. $\mathscr{R}_+$ 不包含特征值.

注意到既然 $\sigma(L)$ 是闭的,那么 $0 \in \sigma(L)$. 至此,定理 7 证毕. 当然,因为 0 是 $\sigma(L)$ 的非孤立点,所以 $0 \notin \mathrm{IP}\sigma(L)$.

定理 7 表明 $\sigma(L)$ 谱中的 λ 与本章中所指出的具有物理意义的谱参数值是相当一致的.

由定理 7 可知算子 L 是自伴的. 当然也可用其他方法来证明 L 的自伴性,例如用加藤书中第五章 §5.2 和 §4.4 定理 4.3 中所给的理论来证明.

由于 L 的自伴性,可知 $(0,\infty) \subset \sigma(L)$ 由所谓连续谱组成,参阅吉田,Ⅺ.8,定理 1.

到目前为止,还不清楚 $\lambda = 0 \in \sigma(L)$ 究竟是不是特征值. 如果 u 满足一阶增长条件,利用 2.5 节的结果容易证明 $0 \in \sigma(L)$ 不可能是特征值.

在这个条件下,$[0,\infty)$ 中的一切都由连续谱组成.

定理 7 的一个有用的补充是:

推论 4　每一个特征值 $\lambda = k^2 \in \mathrm{IP}\sigma(L)$ 都是简单的. 一维特征空间 $E(\lambda)$ 由实函数 $\psi_r(\cdot,k)$ 组成. 而且

$$\psi_r(\cdot,k) = \alpha(k)\psi_l(\cdot,k)$$

其中

$$\alpha(k) \in \mathscr{R}, \alpha(k) \neq 0$$

证明是初等的,我们将它留给读者.

下面是一个更深刻的结果.

定理 8　如果 u 满足一阶增长条件,那么离散特征值的个数是有限的(即 $\mathrm{IP}\sigma(L)$ 是有限集),并且个数 $N \geqslant 0$ 满足估计

$$N \leqslant 2+\int_{-\infty}^{\infty} |y| |u(y)| \mathrm{d}y \tag{80}$$

证明 这一结果的证明基于一个我们在下面(i)中给出的所谓比较定理. 在(ii)中,我们将这个比较定理应用到对应于离散特征值的特征函数. 最后,在(iii)中,我们证明(80)必须成立.

(i) 我们考察 Schrödinger 方程的两个实的经典非平凡解 ψ_0 和 ψ_2,相应的谱参数是 $\lambda_0 \in \mathscr{R}$ 和 $\lambda_2 \in \mathscr{R}$,同时 $\lambda_0 < \lambda_2 \leqslant 0$(即 $\psi''_0 + (\lambda_0 - u)\psi_0 = 0, \psi''_2 + (\lambda_2 - u)\psi_2 = 0$).

设 a 和 b 是 ψ_0 的两个相邻零点,$a<b$. 我们要想让 $a=-\infty, b=+\infty$. 当然,如果 $\lim\limits_{x\downarrow-\infty}\psi_0(x)=0$ 或 $\lim\limits_{x\uparrow\infty}\psi_0(x)=0$,我们也称 $-\infty$ 和 $+\infty$ 为 ψ_0 的零点.

下面的比较结果是成立的

$$\begin{gathered}\sup_{a,b} |\psi_2(x)| (1+|x|)^{-1} < \infty \Rightarrow \\ \exists c \in (a,b), 使\ \psi_2(c)=0\end{gathered} \tag{81}$$

如果 $a \in \mathscr{R}, b=+\infty$,推理过程如下:

首先我们导出 $x\to\infty$ 时关于 ψ_0, ψ'_0 和 ψ_2, ψ'_2 的估计. 因为 $\psi_0 = \mathrm{const}\cdot\psi_l(\cdot, \mathrm{i}\sqrt{|\lambda_1|})$,显然当 $x\to\infty$ 时,ψ_0 指数式地减小. 应用 Schrödinger 方程和插值论证,我们发现 ψ''_0 和 ψ'_0 也在 $x\to\infty$ 时指数式地减小. (8) 中的条件意味着 $x\to\infty$ 时 $|\psi_2(x)| \leqslant c(1+|x|)$. 因此,再次应用 Schrödinger 方程和插值论证,可以清楚地看到,ψ''_2 和 ψ'_2 的绝对值在 $x\to\infty$ 时也最多是线性地增长. 结果像 $\psi_2(x)\psi'_0(x)$ 和 $\psi_0(x)\psi'_2(x)$ 那样的乘积在 $x\to\infty$ 时都趋于零.

现在,我们假定在 (a,∞) 上 $|\psi_2(x)|>0$. 不妨在区间 (a,∞) 上取 $\psi_2(x)>0, \psi_0(x)>0$. 经简单计算

后得

$$0=\int_a^{\infty}((\psi''_0+(\lambda_0-u)\psi_0)\psi_2-$$
$$(\psi''_2+(\lambda_2-u)\psi_2)\psi_0)(x)\mathrm{d}x$$
$$=\int_a^{\infty}(\psi'_0\psi_2-\psi_0\psi'_2)'(x)\mathrm{d}x+$$
$$(\lambda_0-\lambda_2)\int_a^{\infty}(\psi_0\psi_2)(x)\mathrm{d}x$$
$$<-\psi'_0(a)\psi_2(a)$$

但是对于 $\psi_2(a)\geqslant 0$ 和 $\psi_0(a)\geqslant 0$ 来说，这是一个矛盾！因此得出这样的结论：$\psi_2(x)$ 在区间 (a,∞) 内某处有零值. 其他情况如 $a=-\infty, b<\infty$ 和 $a=-\infty$，$b=\infty$，留给读者作为练习.

(ii) 已知知道离散特征值可以表示成一个序列

$$-\infty<-\mu_1<-\mu_2<\cdots<-\mu_n<\cdots<0$$

让我们将对应于离散特征值 $-\mu_n$ 的实特征函数记为 ψ_n. 重复运用(i) 中所给的比较定理，证明 ψ_n 除了在 $-\infty$ 和 $+\infty$ 处的零点外，在 $\mathscr{R}$ 中至少还应有 $n-1$ 个零点.

(iii) 考察 Schrödinger 方程在 $\lambda=0$ 时的实解 $\psi=R(x,0)$. 我们将证明 ψ 在 $\mathscr{R}$ 中的零点个数可由下式估计

$$\times\times\{x\in\mathscr{R}\mid\psi(x)=0\}\leqslant 2+\int_{-\infty}^{\infty}|y||u(y)|\mathrm{d}y \tag{82}$$

假定 $\alpha,\beta\in\mathscr{R}$ 是 ψ 的两个相邻零点. 又设 ϕ 是问题 $\phi''=-|u|\phi, \phi(\alpha)=0, \phi'(\alpha)=\psi(\alpha)$ 的解. 如果在区间 (α,β) 内 $u\leqslant 0$，那么在 $[\alpha,\beta]$ 内 $\phi=\psi$，即 $\phi(\beta)=0$. 如果在区间 (α,β) 的某处 $u>0$，那么利用凸性论证，易

知在某一 $\tilde{\gamma} \in (\alpha, \beta)$ 处 $\phi(\bar{r}) = 0$. 因而存在第一个点 $\gamma \in (\alpha, \beta]$，使得 $\phi(\gamma) = 0$. 对于 $x \in [\alpha, \gamma]$，我们有等式

$$\phi(x) + \int_{\alpha}^{x} (x - s) \mid u(s) \mid \phi(s) \mathrm{d}s = \psi'(\alpha)(x - \alpha)$$

由此可知在$[\alpha, \gamma]$内有

$$\mid \phi(x) \mid \leqslant \mid \psi'(\alpha) \mid (x - \alpha)$$

并得

$$\begin{aligned} 0 = &\mid \phi(\gamma) \mid = \mid \psi'(\alpha) \mid (\gamma \alpha) - \\ &\int_{\alpha}^{\gamma} (\gamma - s) \cdot \mid u(s) \mid \cdot \mid \phi(s) \mid \mathrm{d}s \\ \geqslant &\mid \psi'(\alpha) \mid (\gamma - \alpha) - \int_{\alpha}^{\gamma} (\gamma - s) \mid u(s) \mid \cdot \mid \psi'(\alpha)(s - \alpha) \mid \mathrm{d}s \\ \geqslant &\mid \psi'(\alpha) \mid (\gamma - \alpha) \cdot \\ &\left(1 - \min\left(\int_{\alpha}^{\gamma} (\gamma - s) \mid u(s) \mathrm{d}s, \right.\right. \\ &\left.\left.\int_{\alpha}^{\gamma} (s - \alpha) \mid u(s) \mid \mathrm{d}s\right)\right) \end{aligned}$$

这样，我们得

$$1 \leqslant \int_{\alpha}^{\gamma} (\gamma - s) \mid u(s) \mid \mathrm{d}s$$

$$1 \leqslant \int_{\alpha}^{\gamma} (s - \alpha) \mid u(s) \mid \mathrm{d}s$$

这就导致下述不等式

$$1 \leqslant \int_{\alpha}^{\beta} \mid s \mid \mid u(s) \mid \mathrm{d}s \quad (\text{若 } \alpha \geqslant 0 \text{ 或 } \beta \leqslant 0)$$

于是立即可得

$$\times\times \{x \in [0, \infty) \mid \phi(x) = 0\} \leqslant 1 + \int_{0}^{\infty} \mid y \mid \mid u(y) \mid \mathrm{d}y$$

$$\times\times \{x \in (-\infty, 0] \mid \phi(x) = 0\} \leqslant 1 + \int_{-\infty}^{0} \mid y \mid \mid u(y) \mid \mathrm{d}y$$

这样就导出了(82).

假定离散特征值的个数超过 $N, N > 1 + \int_{-\infty}^{\infty} |y||u(y)| dy$. 于是我们不难导出一个矛盾来完成证明. 在(ii) 中,已经知道 ψ_{N+1} 在 $\mathscr{R}$ 中有 N 个零点. 由定理 5,我们可应用(i) 中所给的比较论证,并使 $\psi_1 = \psi_{N+1}$ 和 $\psi_2 = \psi$. 结论将是 ψ 在 $\mathscr{R}$ 中有 $N+1 > 2 + \int_{-\infty}^{\infty} |y||u(y)| dy$ 个零点,这与(82) 是矛盾的.

下面我们将导出 r_- 在 $r_-(k) = 0$ 的点 $k \in \mathscr{C}_+$ 处的导数的公式. 特别地,这个公式表明 r_- 的零点是一阶的.

引理 10 假定 $\lambda = k^2 \in \mathrm{IP}\sigma(L)$. 如同推论 4 那样,定义 $\alpha(k) \in \mathscr{R}, \alpha(k) \neq 0$. 于是

$$\frac{\mathrm{d}r_-}{\mathrm{d}k} = \frac{1}{\mathrm{i}\alpha(k)} \| \psi_r(\cdot, k) \|^2 \tag{83}$$

证明 在第 2.3 节和式(51) 中,我们已经发现 $R(x,k)$ 是一族以 x 为参数的关于 $k \in \mathscr{C}_+$ 的解析函数,它在紧集 $\subset \mathscr{C}_+$ 上随着 $x \to \infty$ 而一致地收敛于解析函数 $r_-(k)$. 应用一个著名的定理,得

$$\frac{\mathrm{d}r_-}{\mathrm{d}k}(k) = \lim_{x \to \infty} R_k(x,k)$$

类似地,我们得

$$\lim_{x \to -\infty} R_k(x,k) = \lim_{x \to -\infty} R'_k(x,k) = 0$$

$$\lim_{x \to \infty} R'_k(x,k) = 0$$

现在的窍门是考察下面的函数

$$\omega = (R'_k R - R_k R') \mathrm{e}^{-2\mathrm{i}kx} \tag{84}$$

利用 R 和 R_k 所必须满足的微分方程 $R'' = 2\mathrm{i}kR' + uR$ 和 $R''_k = 2\mathrm{i}kR'_k + uR_k + 2\mathrm{i}R'$(参阅(27)(i)) 以及 R, R',

R_k 和 R'_k 在 $x \to \infty$ 时的极限(参阅上面的(51)),我们得到关于 ω 的下述问题

$$\begin{cases}\omega' = 2\mathrm{i}R'R\mathrm{e}^{-2\mathrm{i}kx} = \mathrm{i}((\psi_r^2)' + 2\mathrm{i}k\psi_r^2) \\ \lim\limits_{x\to-\infty} \omega(x,k) = 0\end{cases}$$

这个问题的解是

$$\omega(x,k) = \mathrm{i}\psi_r^2(x,k) - 2k\int_{-\infty}^{x} \psi_r^2(y,k)\mathrm{d}y \quad (85)$$

其次我们利用 $k^2 \in \mathrm{IP}\sigma(L)$ 这一事实,从 $\psi_r = \alpha(k)\psi_l$ 的关系出发,对这样的 k 得出

$$\lim_{x\to\infty} R(x,k)\mathrm{e}^{-2\mathrm{i}kx} = \alpha(k)$$

$$\lim_{x\to\infty} R'(x,k)\mathrm{e}^{-2\mathrm{i}kx} = 2\mathrm{i}k\alpha(k)$$

在(84)和(85)两式中,就 $k^2 \in \mathrm{IP}\sigma(L)$ 计算 $\lim\limits_{x\to\infty} \omega(x,k)$,可得

$$-2\mathrm{i}k\alpha(k)\frac{\mathrm{d}r_-}{\mathrm{d}k}(k) = -2k\int_{-\infty}^{\infty} \psi_r^2(y,k)\mathrm{d}y$$

由于当 $k^2 \in \mathrm{IP}\sigma(L)$ 时 ψ_r 是实数,这就证明了(83).

此引理表明 $\mathscr{C}_+$ 上亚纯函数 $a_r = r_-^{-1}$ 的极点是一阶的. 公式(83)使我们可以计算 a_r 在极点处的留数. 我们将在第 5 节中用到这些结果.

现在我们考察位势 $u(x,t)$ 与参数 $t \in [T_0, T_1]$ 有关的情况.

记号 $L(t)$ 用来表示算子 L 与 t 有关.

容易想象离散特征值 $\lambda(t) \in \mathrm{IP}\sigma(L(t))$ 在 t 变动时可以形成有趣的轨线.

我们在一定条件下称 $\{\lambda(t); t \in I\}$ 为 C' 特征值轨线,其中存在区间 $I \subset [T_0, T_1]$,这些条件是:在 $I \to (-\infty, 0)$ 时连续可微;对一切 $t \in I, \lambda(t) \in \mathrm{IP}\sigma(L(t))$;函数 λ 不能扩展到更大区间$[T_0, T_1]$而使

上述性质保持不变.

区间 I 可以是开的，一端闭的，或闭的，即 I 具有 (t_0,t_1)，$[t_0,t_1)$，$(t_0,t_1]$ 或 $[t_0,t_1]$ 的形式.

通过以上准备，我们写出：

定理 9　假定位势满足定理 6(a) 和(b) 所给出的条件.

那么

(a)(i) 给定 $t_0\in[T_0,T_1]$ 和 $\lambda_0\in \mathrm{IP}\sigma(L(t_0))$ 时，存在唯一的 C' 特征值轨线 $\{\lambda(t);t\in I\}$，并且 $\lambda(t_0)=\lambda_0$；

(ii) 特征值轨线不能相交；

(iii) 如果一个轨线的存在区间在端点 T 处是开的，那么

$$\lim_{\substack{t\to T\\ t\in I}}\lambda(t)=0$$

(b) 对每一特征值轨线 $\{\lambda(t);t\in I\}$，对应的特征函数 $\psi_r(x,k(t),t)$（其中 $k(t)=\mathrm{i}\sqrt{|\lambda(t)|}$）具有导数

$$\frac{\partial^{n+j}\psi_r}{\partial x^n\partial t^j}\in C(\mathscr{R}\times I)\quad(n=0,1,2;j=0,1)$$

并且范数 $\|\psi_r(\cdot,k(t),t)\|$ 在 I 上对 t 而言连续可微.

(c) 给定 $\lambda=k^2\in(0,\infty)$，$k\in\mathbf{R}$ 固定（即 λ 是连续谱中一个固定非零点）时，广义特征函数 $\psi_r(x,k,t)$，$\psi_l(x,k,t)$ 具有导数

$$\frac{\partial^{n+j}\psi_r}{\partial x^n\partial t^j},\frac{\partial^{n+j}\psi_l}{\partial x^n\partial t^j}\in C(\mathscr{R}\times[T_0,T_1])$$
$$(n=0,1,2;j=0,1)$$

证明　这定理的(c) 部分已在定理 6 中得证.

关于(a) 和(b) 的证法如下. 作为定理 6 的推论，我们发现 $r_-(k,t)$ 是 $\mathscr{C}_+\times[T_0,T_1]$ 上关于(k,t) 的一

个 C' 函数. 通过下式将 r_- 扩展到 $C'(\mathscr{C}_+\times\mathscr{R})$ 中的元素

$$r_-(k,t)=\begin{cases}r_-(k,T_0)+(t-T_0)\dfrac{\mathrm{d}r_-}{\mathrm{d}t}(k,T_0),t<T_0\\ r_-(k,t),t\in[T_0,T_1]\\ r_-(k,T_1)+(t-T_1)\dfrac{\mathrm{d}r_-}{\mathrm{d}t}(k,T_1),t>T_1\end{cases}$$

现在设 $t_0\in[T_0,T_1]$, $\lambda_0\in \mathrm{IP}\sigma(L(t_0))$. 于是使 $k_0=\mathrm{i}\sqrt{|\lambda_0|}$, 我们有

$$r_-(k_0,t_0)=0$$

$$\frac{\partial r_-}{\partial k}(k_0,t_0)\neq 0$$

其中后一不等式从引理 10 和式(83) 得来. 因而我们完全可以应用隐函数定理. 由此可知存在 $\varepsilon>0$, 使 $|t_0-t|<\varepsilon$ 时方程 $r_-(k,t)=0$ 在 $C[-\varepsilon,\varepsilon]$ 上有唯一解 $k(t)$, 它在 $[-\varepsilon,\varepsilon]$ 上对 t 连续可微.

(a) 中的(i) 几乎立即可以自然地随之而得到.

根据定理 6, 函数 $\psi_r(x,k(t),t)$ 和 $\psi_l(x,k(t),t)$ 具有 x 的二阶导数和 t 的一阶导数, 这些导数都是 $C(\mathscr{R}\times I)$ 的元素. 这就证明了(b) 的第一部分.

利用(83), 可得

$$\|\psi_r(\cdot,k(t),t)\|^2=\mathrm{i}\frac{\psi_r(x,k(t),t)}{\psi_l(x,k(t),t)}\frac{\partial r_-}{\partial k}(k(t),t)$$

其中 $x\in\mathscr{R}$ 充分大, 以保证在 $[T_0,T_1]$ 上 $\psi_l(x,k(t),t)\neq 0$.

从上式容易导出(b) 的第二部分的内容.

现在假设两条以上特征值轨线在 $\lambda_0\in \mathrm{IP}\sigma(L(t_0))$ 内相交于 $t=t_0$. 加藤(1966) 的著作第五章 §4.3 中所给的理论表明 λ_0 是 $L(t_0)$ 的多重特征值. 这与推论 4 矛盾, 所以结论是(a) 的(ii) 成立.

关于(a)的(iii),我们注意 $\lambda(t) \in (-l,0)$,其中 l 与 $t \in [T_0, T_1]$ 无关,见(76)和(77).这意味着或者(1) $\lim\limits_{\substack{t\to T\\ t\in I}} \lambda(t)=0$,或者(2) $\lambda_0<0$,并存在一个序列 $\{t_n; n \in \mathscr{R}\}$,其中 $t_n \in I$, $\lim\limits_{n} t_n = T$,使 $\lim\limits_{n\to\infty} \lambda(t_n)=\lambda_0$.

假定上述(2)是正确的.设 $\{\tilde{\lambda}(t), t \in \tilde{I}\}$ 表示经过 $\lambda_0 \in \mathrm{IP}\sigma(L(T))$ 的特征值轨线.因为 $I \cup \tilde{I}$ 包含一个具有端点 T 的区间,同时轨线不能相交,所以我们必须有 $\lim\limits_{\substack{t\to T\\ t\in I}} \lambda(t)=\lambda_0$.又因经过 $\lambda_0 \in \mathrm{IP}\sigma(L(T))$ 的轨线的唯一性,我们知道在 I 上 $\lambda(t)=\tilde{\lambda}(t)$.于是最初的轨线可以延拓到 $I \cup \tilde{I}$,这与 I 的定义矛盾.

注意:特征值轨线或者存在于整个区间 $[T_0, T_1]$,或者以 $0 \in \mathscr{C}$ 为一个端点.

4 解的 Fourier 变换

Fourier 变换是线性微分方程求解的最有力的手段之一.在我们这里,函数 R, L, ψ_r 和 ψ_l 等与两个变量 x 和 k 有关,我们将对第二个变量 k 应用 Fourier 变换.

下面先概要地叙述一下通常的 Fourier 理论,而后再考察对第二个变量 k 的 Fourier 变换.这种变换的理论与通常的理论是十分类似的.事实上,在这种变换中,第一变量 x 仅仅起参数的作用.然而,我们为了说明一些对第一变量而言的连续性结果,还是比较明确地处理了有关第二变量的情况.在这以后,我们将导出对 L 和 ψ_l 的第二变量而言的 Fourier 变换的一些性质,并把这些性质用在下一节中.

有关Fourier变换的通常理论,我们首先在由迅速递减的C^∞ 函数组成的Schwarz空间上定义Fourier变换 F 和 Fourier 逆变换 F^{-1}. 在一维情况下,$\mathscr{S}=\mathscr{S}(\mathscr{R})$,定义如下

$$(F\phi)(s)=(2\pi)^{-\frac{1}{2}}\int_{-\infty}^{\infty}\phi(k)\mathrm{e}^{-\mathrm{i}ks}\,\mathrm{d}k,\ \forall\, s\in\mathscr{R}$$

$$(F^{-1}\phi)(k)=(2\pi)^{-\frac{1}{2}}\int_{-\infty}^{\infty}\phi(s)\mathrm{e}^{\mathrm{i}ks}\,\mathrm{d}s,\ \forall\, k\in\mathscr{R} \quad (86)$$

线性算子 F 和 F^{-1} 从空间 $\mathscr{S}$到 $\mathscr{S}$是 $1-1$ 映射,满足 $FF^{-1}=F^{-1}F=1$. 另外这些算子对 $\mathscr{S}$上通常的拓扑而言是连续的.

我们也可以用对偶化方法将 F 和 F^{-1} 延拓到调和分布空间 $\mathscr{S}'$. 设$\langle\chi,\psi\rangle$ 表示χ 对 ψ 的作用,其中元素 $\chi\in\mathscr{S}'$(即定义在空间 $\mathscr{S}$上的连续线性泛函),测试函数 $\psi\in\mathscr{S}$. 我们在空间 $\mathscr{S}'$ 上定义 F 和 F^{-1} 为

$$\langle F\chi,\phi\rangle=\langle\chi,F\phi\rangle,\ \forall\,\phi\in\mathscr{S}$$

$$\langle F^{-1}\chi,\phi\rangle=\langle\chi,F^{-1}\phi\rangle,\ \forall\,\phi\in\mathscr{S} \quad (87)$$

这样,F 和 F^{-1} 变成从 $\mathscr{S}'$ 到 $\mathscr{S}'$ 的 $1-1$ 的线性算子,它们在 $\mathscr{S}$上与原先定义的算子一致,并且它们互相为逆:$FF^{-1}=F^{-1}F=1$,算子 F 和 F^{-1} 对 $\mathscr{S}'$ 上的弱拓扑而言是连续的.

了解 F 和 F^{-1} 怎样作用在 L_1 和 $L_2\in\mathscr{S}'$ 上也是有用的,这里 $L_1=L_1(\mathscr{R})$,$L_2=L_2(\mathscr{R})$. F 和 F^{-1} 在 L_1 上的作用仍由式(86) 给出(右边的积分绝对收敛).

我们定义 $C_0\equiv\{u\in C(\mathscr{R})\mid \lim\limits_{|k|\to\infty}|u(k)|=0\}$,赋予 C_0 以最大值范数,L_1 以通常的范数. 于是从 L_1 映入 C_0 的 F 和 F^{-1} 是连续的. 在 L_2 上,Fourier 变换和逆变

换的结果更漂亮. F 和 F^{-1} 从 L_2 映到 L_2 时，不仅连续，而且保持 L_2 范数不变.

因为 $L_2 \cap L_1$ 在 L_2 中是稠的，我们可以求得 $F\phi$ 是 L_2 中的极限 $\lim\limits_{n\to\infty} F\phi_n$，这里 $\phi_n \in L_2 \cap L_1$，$\phi_n \to \phi \in L_2$，$F\phi_n$ 由式(86) 给出. F^{-1} 在 L_2 上的作用当然可以类似地描述.

现在，我们研究以第一变量 $x \in \mathscr{R}$ 为参数的某些函数和分布对第二变量而言的 Fourier 变换和 Fourier 逆变换.

我们用下列记号：V 表示线性拓扑空间，有如 $\mathscr{S}$，$\mathscr{S}'$，L_1，L_2 或 C_0；$F(\mathscr{R}\to V)$ 是定义在 $\mathscr{R}$ 上取值在 V 中的函数集；$\phi(x,\cdot)$ 表示 $\phi \in F(\mathscr{R}\to V)$ 对 $x \to \mathscr{R}$ 而言的值.

定义从 $F(\mathscr{R}\to \mathscr{S}')$ 到 $F(\mathscr{R}\to \mathscr{S}')$ 内的线性算子 F_2 和 F_2^{-1} 如下

$$
\begin{gathered}
(F_2\phi)(x,\cdot) = F\phi(x,\cdot) \\
\forall\, \phi \in F(\mathscr{R}\to \mathscr{S}'), Vx \in \mathscr{R} \\
(F_2^{-1}\phi)(x,\cdot) = F^{-1}\phi(x,\cdot) \\
\forall\, \phi \in F(\mathscr{R}\to \mathscr{S}'), Vx \in \mathscr{R}
\end{gathered} \tag{88}
$$

当然，F_2 是对第二个变量而言的 Fourier 变换算子，F_2^{-1} 是对第二个变量而言的 Fourier 逆变换算子. 由于 F 和 F^{-1} 的性质，显然 F_2 和 F_2^{-1} 从 $F(\mathscr{R}\to \mathscr{S}')$ 到 $F(\mathscr{R}\to \mathscr{S}')$ 是 $1-1$ 的，同时 $F_2F_2^{-1} = F_2^{-1}F_2 = 1$. 并且，$F_2$ 和 F_2^{-1} 在 $F(\mathscr{R}\to \mathscr{S}')$ 的子空间上的行为如下：它们将 $F(\mathscr{R}\to \mathscr{S})$ 映到 $F(\mathscr{R}\to \mathscr{S})$ 上，将 $F(\mathscr{R}\to L_2)$ 映到 $F(\mathscr{R}\to L_2)$ 上，而将 $F(\mathscr{R}\to L_1)$ 映入 $F(\mathscr{R}\to C_0)$ 内. 然而，更有趣的问题是 F_2 和 F_2^{-1} 这两个算子与对 x 而言连续的函数和分布具有怎样的关系.

我们定义：$C(\mathscr{R}\to V)\equiv\{\phi\in F(\mathscr{R}\to V)\mid\phi$ 连续$\}$，利用 F 和 F^{-1} 的连续性质，容易证明：
F_2 和 F_2^{-1} 将

$$\begin{aligned}&C(\mathscr{R}\to\mathscr{S}')\text{ 映到 }C(\mathscr{R}\to\mathscr{S}')\text{ 之上}\\&C(\mathscr{R}\to\mathscr{S})\text{ 映到 }C(\mathscr{R}\to\mathscr{S})\text{ 之上}\\&C(\mathscr{R}\to L_2)\text{ 映到 }C(\mathscr{R}\to L_2)\text{ 之上}\\&C(\mathscr{R}\to L_1)\text{ 映入 }C(\mathscr{R}\to C_0)\text{ 之内}\end{aligned}\tag{89}$$

事实上，还可以证明，如果(89)中提到的空间，配备着“对 x 而言局部一致”的拓扑，则作为这些空间之间的线性算子的 F_2 和 F_2^{-1} 是连续的. 但这里我们不需要用到这一点.

假定位势 u 满足一阶增长条件，于是对一切 $x\in\mathscr{R}$，L 对 $k\in\mathscr{R}$ 而言连续（见定理 4）并一致有界（见(62)）. 从而我们可以将 L 解释为 $F(\mathscr{R}\to\mathscr{S}')$ 的元素，并将对第二个变量而言的 Fourier 变换应用于它. 让我们定义

$$J\equiv(2\pi)^{-\frac{1}{2}}F_2(L-1)\tag{90}$$

即

$$L=1+\sqrt{2\pi}\cdot F_2^{-1}J$$

容易说明为什么我们宁愿用 $L-1$ 而不用 L 本身来进行研究.

运用定理 3 可知当 $|k|\to\infty$ 时，$|L(x,k)-1|=O(|k|^{-1})$ 对 $x\in\mathscr{R}$ 而言一致地成立. 因此，当 $x\in\mathscr{R}$ 固定时，函数 $L(x,\cdot)-1$ 在空间 L_2 中，即 $L-1\in F(\mathscr{R}\to L_2)$. 因为 L 在 $\mathscr{R}\times\mathscr{R}$ 上对 x 和 k 而言连续（见定理 4），所以甚至有 $L-1\in C(\mathscr{R}\to L_2)$. $L-1$ 的这一性质意味着式(90)中所定义的 J 是 $C(\mathscr{R}\to L_2)$ 的元素（见式(89)）. 关于 J 的性质，我们还可以导出许多结

果.

定理 10 假设位势 u 满足一阶增长条件,那么

$$J=(2\pi)^{-\frac{1}{2}}F_2(L-1)$$

是 $C(\mathscr{R}\to L_2)\cap C(\mathscr{R}\to L_1)$ 的元素,它可以用一个函数来表示

$$\begin{cases}J(x,s)=N(x,s),\text{当 } s\geqslant 0\text{ 时}\\0,\text{当 } s<0\text{ 时}\end{cases}\tag{91}$$

因此,下面的 Fourier 积分式成立

$$L(x,k)=1+\int_0^\infty N(x,s)\mathrm{e}^{iks}\,\mathrm{d}s\tag{92}$$

核 N 是空间

$$C_0(\overline{\mathscr{R}}_+^2)=\{w\in C(\mathscr{R}\times[0,\infty))\mid \forall x\in\mathscr{R}:\lim_{s\to\infty}w(x,s)=0\}$$

的元素,它对 x 和 s 都可微,且 $N_x,N_s\in C_0(\overline{\mathscr{R}}_+^2)$.

此外,核 N 是实的,并具有重要性质

$$N(x,0)=\frac{1}{2}\int_x^\infty u(y)\,\mathrm{d}y,\ \forall x\in\mathscr{R}\tag{93}$$

即

$$u(x)=-2N_x(x,0),\ \forall x\in\mathscr{R}$$

证明 证明如下进行.我们先得出一个关于 J 的合适的表示式,由此立即可得(91)和(93),以及 $N\in C_0(\overline{\mathscr{R}}_+^2)$ 这一事实.接着,我们研究导数 J_x 和 J_s,并证明 $N_x,N_s\in C_0(\overline{\mathscr{R}}_+^2)$.最后,我们导出一个关于 N 的一阶积分微分方程,并用它来证明 $N(x,\cdot)\in L_1(0,\infty)$,$\forall x\in\mathscr{R}$.这就蕴涵了(92),它右边的积分是绝对收敛的.

(i) 首先,我们将证明 J 可以表示为

$$J(x,s)=\frac{1}{2}H(s)U\left(x+\frac{1}{2}s\right)+\tilde{J}(x,s)\tag{94}$$

其中

$$H(s)=\begin{cases}1, & 当 s\geqslant 0 时\\ 0, & 当 s<0 时\end{cases}$$

$$U(z)=\int_z^{\infty}u(y)\mathrm{d}y$$

$$\tilde{J}\in C(\mathscr{R}\to C_0), J(x,s)=0, 当 s\leqslant 0 时$$

这是定理 1 中所给下述展开式的结果

$$L-1=H_1+\sum_{n=2}^{\infty}H_n$$

这里 H_1 由下式给出

$$\begin{aligned}H_1(x,k)&=\frac{1}{2ik}\int_x^{\infty}u(y)\{\mathrm{e}^{2ik(y-x)}-1\}\mathrm{d}y\\&=\int_x^{\infty}U(y)\mathrm{e}^{2ik(y-x)}\mathrm{d}y\\&=\frac{1}{2}\int_{-\infty}^{\infty}H(s)U\left(x+\frac{1}{2}s\right)\mathrm{e}^{iks}\mathrm{d}s\end{aligned}$$

易知 $|H_1(x,k)|\leqslant\int_{\chi}^{\infty}|u(y)|(y-x)\mathrm{d}y$，并且当 $k\to\infty$ 时，$|H_1(x,k)|=O(|k|^{-1})$ 对 x 而言一致地成立. 此外，H_1 在 $\mathscr{R}\times\mathscr{R}$ 上对 x 和 k 而言连续. 由此我们得 $H_1\in C(\mathscr{R}\to L_2)$，并且由式(89)可知 $F_2H_1\in C(\mathscr{R}\to L_2)$. F_2H_1 不难明确计算. 一个简便的方法是注意到

$$\forall x\in\mathscr{R}: H_1(x,\cdot)=\sqrt{\frac{\pi}{2}}F_2^{-1}\dot{U}(x,\cdot)$$

其中

$$\dot{U}(x,s)=H(s)U\left(x+\frac{1}{2}s\right)$$

从而立即可得

$$F_2 H_1(x, \cdot) = \sqrt{\frac{\pi}{2}} \check{U}(x, \cdot)$$

现在让我们先给出一个有用的引理.

引理 11　设 ϕ 是 $k \in \mathscr{C}_+$ 的一个在 $\mathscr{C}_+$ 上解析的连续函数. 假定限制在实轴上的 ϕ 是在 L_1 内，并且 $\sup\limits_{k \in \mathscr{C}_+} | k\phi(k) | < \infty$. 那么

$$\int_{\mathscr{R}} \phi(k) \mathrm{e}^{iks} \mathrm{d}k = 0$$

对一切 $s \in \mathscr{R}$ 成立，这里 $s < 0$.

证明　设 Δ_R 是由 $[-R, R] \subset \mathscr{R}$ 组成的围道，$\Delta_R = \{k \in \mathscr{C}_+ \mid | k | = R\}$. 当然，由于被积函数在围道内解析，在围道上连续，所以 $\int_{\Delta_R} \phi(k) \mathrm{e}^{iks} \mathrm{d}k = 0$. 取 $R \to \infty$ 时的极限，即得引理的结果. 如果 $s \in \mathscr{R}, s < 0$，则当 $R \to \infty$ 时，$\int_{\Delta R} \phi(k) \mathrm{e}^{iks} \mathrm{d}k \to 0$. 这个结果留给读者去证明.

关于 $\sum\limits_{n=2}^{\infty} H_n$，我们注意到这个函数等于 $L - 1 - H_1$，因而在 $\mathscr{R} \times \mathscr{R}$ 上对 x 和 k 而言连续（见定理4），并且对一个给定的 $x \in \mathscr{R}$ 和一切 $k \in \mathscr{R}$ 被 $1 + B(1 + x_-) + \int_x^{\infty} | u(y) | (y - x) \mathrm{d}y$ 界定（参阅(62) 和 H_1 的估计）. 此外，当 $| k | \to \infty$ 时

$$\left| \sum_{n=2}^{\infty} H_n(x, k) \right| \leqslant G | k |^{-2} \exp\left(| k |^{-1} \int_{-\infty}^{\infty} | u(y) | \mathrm{d}y \right)$$
$$= O(| k |^{-2})$$

（见定理 1）. 于是可得结论：$\sum\limits_{n=2}^{\infty} H_n \in C(\mathscr{R} \to L_1)$.

我们定义 $\tilde{J} \equiv (2\pi)^{-\frac{1}{2}} F_2(\sum_{n=2}^{\infty} H_n)$，因式(89)，可知 $\tilde{J} \in C(\mathscr{R} \to C_0)$.

利用定理 3 和 4，我们发现对一切 $x \in \mathscr{R}$，$\sum_{n=2}^{\infty} H_n$ 对 k 而言分别在 $\mathscr{C}_+ \setminus \{\mathrm{Im}\ k=0\}$ 和 $\mathscr{C}_+$ 上解析和连续. 由于引理 11 的其他条件也得到满足，我们有

$$\tilde{J}(x,s)=0, \forall s \in \mathscr{R}_-$$

于是 $\overline{J}$ 的连续性意味着 $\tilde{J}(x,0)=0$. 至此，(94) 的证明已完全.

现在已经证明了当 $N \in C_0(\overline{\mathscr{R}_+^2})$ 和 $N(x,s) = \frac{1}{2}U\left(x+\frac{1}{2}s\right) + \tilde{J}(x,s)$ 时 (91) 成立. 由于 $\tilde{J}(x,0)=0$，所以(93) 也成立.

作为一个练习，让读者证明，对一切 $k \in \mathscr{R}$

$$L(x,-k)=\overline{L(x,k)}$$

并且证明此式意味着 N 是实的.

(ii) 现在我们将证明 J 对 x 和 s 微分是有意义的，并且将说明 J_x 和 J_s 这两个导数的一些性质.

利用 Taylor 展开式

$$L(x+h,k)=L(x,k)+hL'(x,k)+\int_0^h L''(x+\xi,k)(h-\xi)\mathrm{d}\xi$$

和估计式

$$\max_{y\in I} |L''(y,k)| \leqslant B(2|k|+\max_{y\in I}|u(y)|(1+y_-))$$

$I \subset \mathscr{R}$ 是紧集(结合(27)(ii) 和(62))，我们知道对一切 $x \in \mathscr{R}$，下式在 $\mathscr{S}$ 中成立

$$\lim_{\substack{h\to 0\\ h\neq 0}} h^{-1}\{(L(x+h,\cdot)-1-(L(x,\cdot)-1)\} = L'(x,\cdot)$$

将$(2\pi)^{-\frac{1}{2}}F$作用于上式两边，可知$J(x,\cdot)$对一切$x\in\mathscr{R}$可微，并且$\mathscr{J}_x(x,\cdot)=(2\pi)^{-\frac{1}{2}}FL'(x,\cdot)$. 由于$L'$在$\mathscr{R}\times\mathscr{R}$上对$x$和$k$而言连续(见定理4)，并且被常数$B$一致界定(见式(62))，我们有$L'\in C(\mathscr{R}\to\mathscr{S}')$. 因此

$$J_x=(2\pi)^{-\frac{1}{2}}F_2L'\in C(\mathscr{R}\to\mathscr{S}')$$

接着我们运用公式(45)

$$L'=H'\dot{*}1+H'\dot{*}H_1+\sum_{n=2}^{\infty}H'\dot{*}H_n$$

其中

$$(H'\dot{*}1)(x,k)=-\int_x^{\infty}u(y)\mathrm{e}^{2ik(y-x)}\mathrm{d}y=H'_1(x,k)$$

$$(H'\dot{*}H_1)(x,k)=-\int_x^{\infty}u(y)\mathrm{e}^{2ik(y-x)}\int_y^{\infty}u(z)\mathrm{e}^{2ik(z-y)}\mathrm{d}z\mathrm{d}y$$

类似地可以证明

$$(F_2H'_1)=\frac{\partial}{\partial x}(F_2H_1)$$

即

$$(F_2(H'\dot{*}1))(x,s)=\sqrt{\frac{\pi}{2}}H(s)u\left(x+\frac{1}{2}s\right)$$

$$H'\dot{*}H_1\in C(\mathscr{R}\to L_2)$$

即

$$F_2(H'\dot{*}H_1)\in C(\mathscr{R}\to L_2)$$

$$(F_2(H'\dot{*}H_1))(x,s)=$$

$$-\sqrt{\frac{\pi}{2}}H(s)U\left(x+\frac{1}{2}s\right)\left(U(x)-U\left(x+\frac{1}{2}s\right)\right)$$

$$\sum_{n=2}^{\infty}H'\dot{*}H_n\in C(\mathscr{R}\to L_1\cap L_2)$$

即

$$F_2(\sum_{n=2}^{\infty} H'^{\cdot}_{*} H_1) \in C(\mathscr{R} \to C_0 \cap L_2)$$

$$(F_2(\sum_{n=2}^{\infty} H'^{\cdot}_{*} H_n))(x,s) = 0, \forall x \in \mathscr{R} \text{ 和 } \forall s \in \overline{R}_-$$

我们得到结论：$J_x \in C(\mathscr{R} \to L_2)$，且

$$J_x(x,s) = -\frac{1}{2}H(s)\left(u\left(x+\frac{1}{2}s\right)+ U\left(x+\frac{1}{2}s\right)\left(U(x) - U\left(x+\frac{1}{2}s\right)\right)\right) + \tilde{J}^{1,0}(x,s) \tag{95}$$

其中

$$\tilde{J}^{1,0} \in C(\mathscr{R} \to C_0) \cap C(\mathscr{R} \to L_2)$$

$$\tilde{J}^{1,0}(x,s) = 0, \text{当 } s \leqslant 0 \text{ 时}$$

因而 N 对 x 可微，并且 $N_x \in C_0(\overline{\mathscr{R}}^2_+)$.

现在我们来考察对第二个变量 s 的微分. 因为微分算子 D 是从 $\mathscr{S}'$ 到 $\mathscr{S}'$ 的连续线性算子，且 $\forall v \in \mathscr{S}'$，使 $DFv = F(-\mathrm{i}kv)$，所以容易证明，J_s 是完全定义的，且有

$$J_s = (2\pi)^{-\frac{1}{2}} F_2(-\mathrm{i}k(L-1)) \in C(\mathscr{R} \to \mathscr{S}') \tag{96}$$

为了知道关于 J_s 的更多情况，我们注意到

$$-\mathrm{i}k(L-1) = -\mathrm{i}kH_1 - \mathrm{i}kH_2 - \mathrm{i}k\sum_{n=3}^{\infty} H_n$$

通过简单计算可知

$$F_2(-\mathrm{i}kH_1) = \frac{\partial}{\partial s}(F_2 H_1)$$

即

$$F_2(-\mathrm{i}kH_1)(x,s) = \sqrt{\frac{\pi}{2}}\left(U(x)\delta(s) - U\left(x+\frac{1}{2}s\right)H(s)\right)$$

$\delta(s)$ 表示 Dirac 的 δ 泛函

$$-\mathrm{i}kH_2 \in C(\mathscr{R} \to L_2)$$

即

$$F_2(-\mathrm{i}kH_2) \in C(\mathscr{R} \to L_2)$$

$$\begin{aligned} & F_2(-\mathrm{i}kH_2) \\ = & \frac{1}{2}\sqrt{\frac{\pi}{2}}H(s)\Big(U\Big(x+\frac{1}{2}s\Big)\Big(U(x)-U\Big(x+\frac{1}{2}s\Big)\Big)+ \\ & \int_x^\infty u(y)U\Big(y+\frac{1}{2}s\Big)\,\mathrm{d}y\Big) \end{aligned}$$

$$-\mathrm{i}k\sum_{n=3}^{\infty}H_n \in C(\mathscr{R} \to L_1 \cap L_2)$$

即

$$F_2(-\mathrm{i}k\sum_{n=3}^{\infty}H_n) \in C(\mathscr{R} \to C_0 \cap L_2)$$

$$(f_2(\mathrm{i}k\sum_{n=j}^{\infty}H_n))(x,s)=0, \forall\, x \in \mathscr{R} \text{ 和 } \forall\, s \in \overline{\mathscr{R}}_-$$

我们的结论是：$J_s - \frac{1}{2}U(x)\delta(s) \in C(\mathscr{R} \to L_2)$，且

$$\begin{aligned} & \Big(J_s - \frac{1}{2}U(x)\delta(s)\Big)(x,s) \\ = & \tilde{J}^{0,1}(x,s)+\frac{1}{4}H(s)\Big(-u\Big(x+\frac{1}{2}s\Big)+ \\ & U\Big(x+\frac{1}{2}s\Big)\Big(U(x)-U\Big(x+\frac{1}{2}s\Big)\Big)+ \\ & \int_x^\infty u(y)U\Big(y+\frac{1}{2}s\Big)\,\mathrm{d}y\Big) \end{aligned} \tag{97}$$

其中

$$\tilde{J}^{0,1} \in C(\mathscr{R} \to C_0)$$

$$\tilde{J}^{0,1}(x,s)=0, \text{当 } s \leqslant 0 \text{ 时}$$

由此可知，N 对 S 可微，且 $N_s \in C_0(\overline{\mathscr{R}_+^2})$.

(iii) 我们现在推导关于 N 的积分微分方程. 为此将(27)(ii) 改写成如下形式

$$-(L-1)'(x,\cdot)=2\mathrm{i}k(L-1)(x,\cdot)+\int_x^{\infty}u(y)(L-1)(y,\cdot)\mathrm{d}y+U(x)$$

积分$\int_x^{\infty}u(y)(L-1)(y,\cdot)\mathrm{d}y$ 在 L_2 意义下收敛. 我们将$(2\pi)^{-\frac{1}{2}}F$ 作用于上述方程两边，得

$$-J_x(x,\cdot)=-2J_s(x,\cdot)+\int_x^{\infty}u(y)J(y,\cdot)\mathrm{d}y+U(x)\delta(s)$$

这导出关于 $N(x,s)$，$s\geqslant 0$ 的下述问题

$$\begin{cases}(N_x-2N_s)(x,\cdot)=-\displaystyle\int_x^{\infty}u(y)N(y,\cdot)\mathrm{d}y\\ N(x,0)=\dfrac{1}{2}U(x)\\ \lim\limits_{x\to\infty}\sup\limits_{s\geqslant 0}|N(x,s)|=0\end{cases}\tag{98}$$

事实上，(98) 构成了一个关于 N 的古尔赛特型双曲边界值问题.

$s=0$ 时的边界条件已因式(93) 而确定. $x\to\infty$ 时的条件也是比较明显的. 这从以下所述可知：利用 x 充分大于零时成立的不等式(参阅(43) 和(57))

$$\left|\sum_{n\geqslant 2}H_n(x,k)\right|\leqslant 2\min\left\{\left(\int_x^{\infty}|u(y)|y\mathrm{d}y\right)^2,\left(\frac{\mathrm{e}^{\frac{l}{|k|}}}{|k|}\int_x^{\infty}|u(y)|\mathrm{d}y\right)^2\right\}$$

我们知道当 $x\to\infty$ 时，在 L_1 中 $\sum\limits_{n\geqslant 2}H_n(x,\cdot)\to 0$. 因此当 $x\to\infty$ 时，在 C_0 中 $F\sum\limits_{n\geqslant 2}H_n(x,\cdot)\to 0$. 与(94) 结合起来，就得 $x\to\infty$ 时的条件.

为了研究 N 的性质,我们将(98) 改写成积分方程

$$N(x,s)=\frac{1}{2}U\left(x+\frac{1}{2}s\right)+\frac{1}{2}\int_0^s\int_{x+\frac{1}{2}s-\frac{1}{2}\eta}^{\infty}(uN)(y,\eta)\mathrm{d}y\mathrm{d}\eta \tag{99}$$

这个积分方程可以用迭代法求解

$$N=\sum_{n=0}^{\infty}N_n$$

$$N_0(x,s)=\frac{1}{2}U\left(x+\frac{1}{2}s\right)$$

$$N_n(x,s)=\frac{1}{2}\int_0^s\int_{x+\frac{1}{2}s-\frac{1}{2}\eta}^{\infty}(uN_{n-1})(y,\eta)\mathrm{d}y\mathrm{d}\eta,n\geqslant 1 \tag{100}$$

采用对 n 的归纳法,可证明

$$|N_n(x,s)|\leqslant\frac{1}{2}\cdot\frac{(V_1(x)+x_-V_0(x))^n}{n!}V_0\left(x+\frac{1}{2}s\right)\quad(n\geqslant 0) \tag{101}$$

其中

$$V_0(z)=\int_z^{\infty}|u(y)|\mathrm{d}y,V_1(z)=\int_z^{\infty}|u(y)||y|\mathrm{d}y$$

这些估计不是完全平凡的.让我们实施归纳法步骤.自然,(101) 在 $n=0$ 时是得到满足的.

如果 $x\in\mathscr{R},s\geqslant 0$,则采用记号 $M(y)=V_1(y)+x_-V_0(y)$,得

$$\begin{aligned}&|N_{n+1}(x,s)|\\&\leqslant(n!)^{-1}\cdot\frac{1}{4}\int_0^s\int_{x+\frac{1}{2}s-\frac{1}{2}\eta}^{\infty}|u(y)|M(y)^nV_0\left(y+\frac{1}{2}\eta\right)\mathrm{d}y\mathrm{d}\eta\\&\leqslant(n!)^{-1}\cdot\frac{1}{4}V_0\left(x+\frac{1}{2}s\right)\int_0^s\int_{x+\frac{1}{2}s-\frac{1}{2}\eta}^{\infty}|u(y)|M(y)^n\mathrm{d}y\mathrm{d}\eta\end{aligned}$$

$$=(n!)^{-1}\cdot\frac{1}{4}V_0\left(x+\frac{1}{2}s\right)\int_0^s \mathrm{d}\eta\cdot$$

$$\left(\int_{x+\frac{1}{2}s}^{\infty}+\int_x^{x+\frac{1}{2}s}\left(\int_{2\left(x+\frac{1}{2}s-y\right)}^{s}\mathrm{d}y\right)\right)|u(y)|M(y)^n\mathrm{d}y$$

$$=(n!)^{-1}\cdot\frac{1}{2}V_0\left(x+\frac{1}{2}s\right)\cdot$$

$$\left(\frac{1}{2}s\int_{x+\frac{1}{2}s}^{\infty}+\int_x^{x+\frac{1}{2}s}(y-x)\right)|u(y)|M(y)^n\mathrm{d}y$$

$$\leqslant(n!)^{-1}\cdot\frac{1}{2}V_0\left(x+\frac{1}{2}s\right)\int_x^{\infty}(y-x)|u(y)|M(y)^n\mathrm{d}y$$

$$\leqslant(n!)^{-1}\cdot\frac{1}{2}V_0\left(+\frac{1}{2}s\right)\int_x^{\infty}\left(\frac{\mathrm{d}}{\mathrm{d}y}M(y)\right)M(y)^n\mathrm{d}y$$

$$=\frac{1}{2}((n+1)!)^{-1}\cdot V_0\left(x+\frac{1}{2}s\right)\cdot M(x)^{n+1}$$

我们得到结论:对(99)用迭代法求出的这个解是 $C(\overline{\mathscr{R}_+^2})$ 的元素,它满足估计式

$$|N(x,s)|\leqslant\frac{1}{2}V_0\left(x+\frac{1}{2}s\right)\exp(V_1(x)+x_-V_0(x))\tag{102}$$

我们让读者去证明与(99)对应的齐次方程

$$v(x,s)=\frac{1}{2}\int_0^s\int_{x+\frac{1}{2}s-\frac{1}{2}\eta}^{\infty}(uv)(y,\eta)\mathrm{d}y\mathrm{d}\eta$$

在空间

$$W=\{v\in C(\overline{\mathscr{R}_+^2})\mid\forall a\in\mathscr{R},\sup_{x\geqslant a}\sup_{s\geqslant 0}|v(x,s)|<\infty\}$$

中只有平凡解. 由此可知,积分方程(99)在 W 中唯一可解,并且(100)中构造的 N 与我们先前定义的 N 符合.

因为(102)意味着 $\int_0^{\infty}|N(x,s)|\mathrm{d}s$ 是 $x\in\mathscr{R}$ 的连续函数,所以(91)中定义的 J 确实属于 $C(\mathscr{R}\to L_1)$,从

而定理 10 证明完毕.

借助于 ψ_l，可将定理 10 改写成如下形式.

推论 5　Schrödinger 方程的解 ψ_l 具有下面的 Fourier 表示形式

$$\psi_l(x,k)=e^{ikx}+\int_x^{\infty}K(x,s)e^{iks}ds \tag{103}$$

其中核 K 与(92) 中给出的 N 有下述关系

$$K(x,s)=N(x,s-x)$$

位势 u 可利用下式从 K 得出

$$u(x)=-2\frac{d}{dx}K(x,x) \tag{104}$$

当然，(103) 和(104) 是 $\psi_l(x,k)=L(x,k)e^{ikx}$ 和定理 10 的直接结果.

让我们用下面的结果来结束本节，这结果的用处将在以后证明.

引理 12　如果位势 u 满足一阶增长条件，那么(92) 和(103) 中所给的表达式对一切$(x,k)\in\mathscr{R}\times\mathscr{C}_+$ 成立.

证明　定义

$$v(x,k)=L(x,k)-1-\int_0^{\infty}N(x,s)e^{iks}ds$$

对每一 $x\in\mathscr{R}$，函数 $v(x,k)$ 对 k 而言分别在 $\mathscr{C}_+\setminus\{\mathrm{Im}\ k=0\}$ 和 $\mathscr{C}_+$ 上解析和连续. 同时式(92) 意味着

$$v(x,k)=0,\forall x\in\mathscr{R} \tag{105}$$

我们也将有

$$\lim_{r\to\infty}\int_0^{\pi}|v(x,re^{i\theta})|d\theta=0 \tag{106}$$

不难证明由此得

$$v(x,k)=0,\forall k\in\mathscr{C}_+ \tag{107}$$

就是说利用 Cauchy 公式，我们对 $k \in \mathscr{C}_+$ 得

$$|v(x,k)| = \left|\frac{1}{2\pi i} \cdot \int_{\substack{|z|=r \\ \operatorname{Im} z \geqslant 0}} \frac{v(x,z)}{z-k} \mathrm{d}z\right|$$

$$\leqslant \frac{r}{\min\limits_{\substack{|z|=r \\ \operatorname{Im} z \geqslant 0}} |z-k|} \cdot \frac{1}{2\pi} \int_0^{\pi} |v(x, r\mathrm{e}^{\mathrm{i}\theta})| \mathrm{d}\theta$$

取 $r \to \infty$ 时的极限，从这个估计式可得(107). 当然，(105) 和(107) 的含义是式(91) 对一切 $(x,k) \in \mathscr{R} \times \mathscr{C}_+$ 都成立.

证明(106) 的步骤如下：

利用定理 3 中给出的关于 L 的渐近性，显然

$$\lim_{r \to \infty} \int_0^{\pi} |L-1|(x, r\mathrm{e}^{\mathrm{i}\theta}) \mathrm{d}\theta = 0$$

至于 $\int_0^{\pi}\int_0^{\infty} N(x,s)\mathrm{e}^{\mathrm{i}rs\cos\theta - rs\sin\theta} \mathrm{d}s\mathrm{d}\theta$，我们可以用下式估计它的绝对值

$$\leqslant \left(\int_{s(r)}^{\pi-\varepsilon(r)} + \int_0^{\varepsilon(r)} + \int_{\pi-\varepsilon(r)}^{\pi}\right) \int_0^{\infty} |N(x,s)| \mathrm{e}^{-rs\sin\theta} \mathrm{d}s\mathrm{d}\theta$$

选择 $\varepsilon(r)$ 使得对一切 $\phi \in [\varepsilon(r), \pi - \varepsilon(r)]$ 有 $\sin\phi \geqslant \frac{1}{\sqrt{r}}$，并且 $\sin(\varepsilon(r)) = \frac{1}{\sqrt{r}}$. 注意到 $r \to \infty$ 时 $\varepsilon(r) \approx \frac{1}{\sqrt{r}}$.

由此可得估计式

$$\leqslant 2\varepsilon(r) \| N(x, \cdot) \|_{Ln(0,\infty)} + \pi \int_0^{\infty} |N(x,s)| \mathrm{e}^{-s\sqrt{r}} \mathrm{d}s$$

$$\leqslant 2\varepsilon(r) \| N(x, \cdot) \|_{L_1(0,\infty)} + \pi r^{-\frac{1}{4}} \| N(x, \cdot) \|_{Ln(0,\infty)}$$

因此 $\lim\limits_{r \to \infty} \int_0^{\pi} \left| \int_0^{\infty} N(x,s)\mathrm{e}^{\mathrm{i}rs\cos\theta - rs\sin\theta} \mathrm{d}s \right| = 0$. 根据 v 的定义，显然(106) 是成立的.

$k \in \mathscr{C}_+$ 时式(103) 的简单证明留给读者去完成.

5　逆　散　射

在这一节中，我们将证明由(92)和(103)给出的核 $N(x,s)$(或 $K(x,s)$)必须满足一个唯一可解的积分方程，这方程的系数完全由散射量确定. 由于核 N(或 K)与(93)(或(104))所给位势 u 之间的关系，这一关于 N(或 K)的积分方程为我们提供了从散射量确定Schrödinger方程的位势的程序. 这个程序在文献中称为逆散射变换(或称散射反演变换)，而上述积分方程称为盖尔方特－莱维坦－玛钱科方程. 盖尔方特和莱维坦在1951年就产生了逆散射的基本思想. 然而这两位作者只是考察了半直线上的Schrödinger方程，列出的积分方程的积分域只包含了半直线上的有限端点. 后来，玛钱科(1955)和法捷耶夫(1959)考察了整个 $\mathscr{R}$ 上的逆散射. 我们这里提供的积分方程的形式就是他们给出的.

在本节中，我们假定位势 u 满足二阶增长条件. 由定理8已知，这时离散特征值的个数是有限的，即 $d<\infty$. 我们用 $-\mu_1<-\mu_2<\cdots<-\mu_d<0$ 来表示这些特征值，并且引入记号 $k_n=\sqrt{\mu_n}$，$1\leqslant n\leqslant d$. 再引入

$$B_{\text{discr}}(z)=\sum_{n=1}^{d}C_n^2\mathrm{e}^{-k_n z}$$

$$B_{\text{cont}}=(2\pi)^{-\frac{1}{2}}F^{-1}b_r$$

$$B=B_{\text{discr}}+B_{\text{cont}} \tag{108}$$

系数 C_n 定义如下：设 ψ_n，$1\leqslant n\leqslant d$ 是对应于离散特征值 $-\mu_n$，$1\leqslant n\leqslant d$ 的实特征函数，在 L_2 意义下正规化

到 1，且在 $x \to -\infty$ 时是正的. 于是

$$C_n = \lim_{x \to \infty}(\psi(x) e^{k} n^{x}) \tag{109}$$

容易证明，C_n 等同于 $\alpha(\mathrm{i}\sqrt{\mu_n}) \backslash \| \psi_r(\cdot, \mathrm{i}\sqrt{\mu_n}) \|$，其中 $\alpha(k)$ 像推论 4 中一样，即常数 C_n 也可以由关系式

$$\psi_r(\cdot, \mathrm{i}\sqrt{\mu_n}) = C_n \psi_l(\cdot, \mathrm{i}\sqrt{\mu_n}) \cdot \| \psi_r(\cdot, \mathrm{i}\sqrt{\mu_n}) \|$$

定义.

如果离散谱是空集，即 $d=0$，则我们自然地定义 $B_{\text{discr}} \equiv 0$.

在 B_{cont} 的定义中，我们用 b_r 表示(22)所介绍的反射系数. 我们可证 b_r 是 L_2 的元素. 由恒等式 $|a_r|^2 + |b_r|^2 = 1$，立即可得在 $\mathscr{R}$ 上 $|b_r| \leqslant 1$(参阅(26)). 利用当 $|k| \to \infty$ 时

$$a_r(k) = r_-(k)^{-1} = 1 + (2\mathrm{i}k)^{-1}\int_{-\infty}^{\infty} u(y)\mathrm{d}y + O(|k|^{-2})$$

的渐近性(参阅(55))，我们可知 $k \to \infty$ 时

$$|b_r(k)| = 1 - |a_r(k)|^2 = O(|k|^{-1})$$

结论是确实有 $b_r \in L_2$，从而有 $B_{\text{cont}} \in L_2$ 和 $B \in L_2$.

我们可将 B 表示为

$$B(z) = \sum_{n=1}^{d} C_n^2 e^{-k_n z} + \frac{1}{2\pi}\int_{-\infty}^{\infty} b_r(k) e^{\mathrm{i}kz}\mathrm{d}k \quad (z \geqslant 0) \tag{110}$$

这里$\frac{1}{2\pi}\int_{-\infty}^{\infty} b_r(k) e^{\mathrm{i}kz}\mathrm{d}k$ 必须解释为$(2\pi)^{-\frac{1}{2}}(F^{-1}b_r)(z)$.

注意 $B(z)$ 仅与散射量 $b_r, k_n, c_n, 1 \leqslant n \leqslant d$ 有关，并且 B 是实的(参阅(25)).

现在，我们给出主要结果：

定理 11 如果位势 u 满足二阶增长条件，则：

(i)(91) 中引进的核 $N \in C_0(\overline{\mathscr{R}_+^2}) \cap C(\mathscr{R} \to L_2(0,\infty))$ 在 $x \in \mathscr{R}, s \geqslant 0$ 时满足下面的实积分方程

$$0 = B(2x+s) + N(x,s) + \int_0^\infty N(x,t)B(2x+s+t)\mathrm{d}t \tag{111}$$

(ii) 方程(111) 的解在 $F(\mathscr{R} \to L_2(0,\infty))$ 上是唯一的.

这样,逆散射方法已完全建立！给定散射量 b_r, $c_n, k_n, 1 \leqslant n \leqslant d$,可以构造(110) 中定义的函数. 接着解积分方程(111),可唯一地确定 N. 从而得到位势 u: $u(x) = -2N_x(x,0)$,见(93).

证明　(i) 的证明基于简单恒等式(23)

$$a_r\psi_r = b_r\psi_l + \overline{\psi_l}$$

将公式 $\psi_r = R\mathrm{e}^{-\mathrm{i}kx}$, $\psi_l = L\mathrm{e}^{\mathrm{i}kx}$(参阅(6) 和(10)) 代入上式,可得

$$a_r R = b_r I\mathrm{e}^{\mathrm{i}kx} + \overline{T}$$

再利用式(90) 中的 Fourier 表达式

$$L = 1 + \sqrt{2\pi} F_2^{-1} J$$

其中 J 是由(91) 给出的函数

$$J(x,s) = \begin{cases} 0, 当\ s < 0\ 时 \\ N(x,s), 当\ s \geqslant 0\ 时 \end{cases}$$

由此可得

$$a_r R - 1 = b_r \mathrm{e}^{2\mathrm{i}kx} + \sqrt{2\pi} b_r \mathrm{e}^{2\mathrm{i}kx} F_2^{-1} J + \sqrt{2\pi}\ \overline{F_2^{-1} J}$$

由于 J 是实的,我们有 $\overline{F_2^{-1} J} = F_2 J$. 因而

$$\frac{1}{\sqrt{2\pi}}(a_r R - 1) = \frac{1}{\sqrt{2\pi}} b_r \mathrm{e}^{2\mathrm{i}kx} + b_r \mathrm{e}^{2\mathrm{i}kx} F_2^{-1} J + F_2 J$$

易证等式中的每一项都是 $C(\mathscr{R} \to L_2)$ 的元素. 从而我们可以将算子 F_2^{-1} 作用在等式两边而得到

$$\frac{1}{\sqrt{2\pi}}F_2^{-1}(a_r R-1)=\frac{1}{\sqrt{2\pi}}F_2^{-1}(b_r \mathrm{e}^{2\mathrm{i}kx})+ F_2^{-1}(b_r \mathrm{e}^{2\mathrm{i}kx}F_2^{-1}J)+J \tag{112}$$

(112) 中的每一项仍然是 $C(\mathscr{R}\to L_2)$ 的元素(参阅(89)).

现在我们来证明,当 $s\geqslant 0$ 时

(a) $\{(2\pi)^{-\frac{1}{2}}F_2^{-1}(b_r \mathrm{e}^{2\mathrm{i}kx})\}(x,s)=B_{\mathrm{cont}}(2x+s)$

(b) $\{F_2^{-1}(b_r \mathrm{e}^{2\mathrm{i}kx}F_2^{-1}J)\}(x,s)$

$$=\int_0^\infty N(x,t)B_{\mathrm{cont}}(2x+s+t)\mathrm{d}t \tag{113}$$

(c) $\{(2\pi)^{-\frac{1}{2}}F_2^{-1}(a_r R-1)\}(x,s)$

$$=-B_{\mathrm{discr}}(2x+s)-\int_0^\infty N(x,t)B_{\mathrm{discr}}(2x+s+t)\mathrm{d}t$$

当然,积分方程(111) 是(112) 和(113) 的直接结果. B 是实的 $\overline{(b_r(k))}=b_r(-k)$,见(24),这留给读者作为练习去证明.

事实上,(113)(a) 和(b) 的推导较为容易,(c) 的推导稍微困难了一点.

证明 (a) 我们引进 $b_r^\varepsilon(k)=b_r(k)\exp(-\varepsilon k^2)$, $B_{\mathrm{cont}}^\varepsilon(z)=(2\pi)^{-1}\cdot\int_{-\infty}^\infty b_r^\varepsilon(k)\mathrm{e}^{\mathrm{i}kz}\mathrm{d}k, k\in\mathscr{R}, z\in\mathscr{R}, \varepsilon>0$. 于是 $b_r^\varepsilon\in L_1\cap L_2, b_r=\lim_{\varepsilon\downarrow 0}b_r^\varepsilon\in L_2, B_{\mathrm{cont}}^\varepsilon=(2\pi)^{-\frac{1}{2}}F^{-1}b_r^\varepsilon\in L_2, B_{\mathrm{cont}}=\lim_{\varepsilon\downarrow 0}B_{\mathrm{cont}}^\varepsilon$. 我们再用 $T_a, a\in\mathscr{R}$ 表示由 $(T_a f)(x)=f(x-a)$ 定义的平移算子. 通过简单计算可知

$$\{(2\pi)^{-\frac{1}{2}}F_2^{-1}(b_r^\varepsilon \mathrm{e}^{2\mathrm{i}kx})\}(x,s)$$
$$=(2\pi)^{-1}\int_{-\infty}^\infty b_r^\varepsilon(k)\mathrm{e}^{\mathrm{i}k(\varepsilon+2x)}\mathrm{d}k$$

$$=(T_{-2x}B^{\varepsilon}_{\text{cont}})(s)$$

因为在 L_2 意义下有

$$T_{-2x}B_{\text{cont}}=\lim_{\varepsilon\downarrow 0}(T_{-2x}B^{\varepsilon}_{\text{cont}})$$

和

$$\{(2\pi)^{-\frac{1}{2}}F_2^{-1}(b_r\mathrm{e}^{2ikx})\}(x,\cdot)$$
$$=\lim_{\varepsilon\downarrow 0}\{(2\pi)^{-\frac{1}{2}}F_2^{-1}(b_r^{\varepsilon}\mathrm{e}^{2ikx})\}(x,2)$$

我们取极限 $\varepsilon\downarrow 0$，可得

$$\{(2\pi)^{-\frac{1}{2}}F_2^{-1}(b_r\mathrm{e}^{2ikx})\}(x,\cdot)=T_{-2z}B_{\text{cont}}$$

至此，(a) 证毕.

(b)　通过简单计算可知

$$\{F_2^{-1}(b_r^{\varepsilon}\mathrm{e}^{2ikx}F_2^{-1}J)\}(x,s)$$
$$=(2\pi)^{-1}\int_{-\infty}^{\infty}b_r^{\varepsilon}(k)\mathrm{e}^{2ikx}\int_0^{\infty}N(x,t)\mathrm{e}^{ikt}\,\mathrm{d}t\mathrm{e}^{iks}\,\mathrm{d}k$$
$$=(2\pi)^{-1}\int_0^{\infty}N(x,t)\int_{-\infty}^{\infty}b_r^{\varepsilon}(k)\mathrm{e}^{ik(s+t+2x)}\,\mathrm{d}k\mathrm{d}t$$
$$=\int_0^{\infty}N(x,t)B^{\varepsilon}_{\text{cont}}(s+t+2x)\,\mathrm{d}t$$

这里我们在交换积分次序时用到了所有积分绝对收敛这一事实. 取极限 $\varepsilon\downarrow 0$，并利用上式两边对于固定的 $x\in\mathscr{R}$ 在 L_2 意义下对变量 s 而言收敛的事实，我们得 (b).

(c)　定义 $I(x,s)=\left(\dfrac{1}{\sqrt{2\pi}}F_2^{-1}(a_rR-1)\right)(x,s)$

和

$$I_s(x,s)=\frac{1}{2\pi}\int_{-\infty}^{\infty}(a_rR-1)(x,k)(1-i\varepsilon k)^{-1}\mathrm{e}^{iks}\,\mathrm{d}k\quad(s>0)$$

于是，如果限于取 s 的正值，在 $L_2(0,\infty)$ 意义下可得

$$I(x,\cdot)=\lim_{\varepsilon\downarrow 0}I_{\varepsilon}(x,\cdot)$$

注意,定义 I_ε 的积分是绝对收敛的. 我们还要注意,被积函数 $(a_r R-1)(x,k)(1-\mathrm{i}\varepsilon k)^{-1}\cdot \mathrm{e}^{\mathrm{i}ks}$ 有不少良好的性质. 它是空间 $\mathscr{C}_+$ 中关于 k 的亚纯函数,在点 $\mathrm{i}\sqrt{\mu_1}$, $\mathrm{i}\sqrt{\mu_2}$, …, $\mathrm{i}\sqrt{\mu_n}$ 上具有有限个一阶极点(见定理2 和 7($a_r=r_-^{-1}$)). 而且由于二阶增长条件和定理56 及其推论,被积函数在 $\mathscr{C}_+$ 上对 k 而言是连续的. 当 $s\geqslant 0$ 时,它随着 $|k|\to\infty$, $k\in\mathscr{C}_+$ 而如同 $O(|k|^{-2})$ 一样衰减. 从而有

$$I_\varepsilon(x,s)=\lim_{M\to\infty}\frac{1}{2\pi}\int_{\triangleleft_M}(a_r R-1)(x,k)(1-\mathrm{i}\varepsilon k)^{-1}\mathrm{e}^{\mathrm{i}ks}\,\mathrm{d}k \quad (s\geqslant 0)$$

其中 $\triangleleft_M$ 是由区间 $[-M,M]\subset\mathscr{R}$ 和以原点为中心、M 为半径的半圆组成的围道. 运用 Cauchy 留数定理,可知

$$I_s(x,s)=2\pi\mathrm{i}\cdot\frac{1}{2\pi}\sum_{n=1}^{d}\frac{R(x,\mathrm{i}\sqrt{\mu_n})}{\frac{\mathrm{d}r_-}{\mathrm{d}k}(\mathrm{i}\sqrt{\mu_n})}\cdot(1+\varepsilon\sqrt{\mu_n})^{-1}\cdot\mathrm{e}^{-\sqrt{\mu_n}s}$$

取极限 $\varepsilon\downarrow 0$,得

$$I(x,s)=\mathrm{i}\sum_{n=1}^{d}\frac{R(x,\mathrm{i}\sqrt{\mu_n})}{\frac{\mathrm{d}r_-}{\mathrm{d}k}(\mathrm{i}\sqrt{\mu_n})}\mathrm{e}^{-k_n s} \tag{14}$$

利用(83) 和关系式

$$C_n=\frac{\alpha(\mathrm{i}\sqrt{\mu_n})}{\|\psi_r(\cdot,\mathrm{i}\sqrt{\mu_n})\|}$$

(参阅(110) 下面的练习),我们可以导出

$$\frac{\mathrm{d}r_-}{\mathrm{d}k}(\mathrm{i}\sqrt{\mu_n})=(\mathrm{i}C_n)^{-1}\|\psi_r(\cdot,\mathrm{i}\sqrt{\mu_n})\|$$

其次我们用$L(x,\mathrm{i}\sqrt{\mu_n})$来表示$R(x,\mathrm{i}\sqrt{\mu_n})$. 这时可应用关系式$C_n\psi_l(x,\mathrm{i}\sqrt{\mu_n})=\dfrac{\psi_r(x,\mathrm{i}\sqrt{\mu_n})}{\|\psi_r(\cdot,\mathrm{i}\sqrt{\mu_n})\|}$(再参阅(110)下面的练习). 我们有

$$R(x,\mathrm{i}\sqrt{\mu_n})=C_n\|\psi_r(\cdot,\mathrm{i}\sqrt{\mu_n})\|L(x,\mathrm{i}\sqrt{\mu_n})\mathrm{e}^{-2k_nx}$$

因而

$$I(x,s)=-\sum_{n=1}^{d}C_n^2L(x,\mathrm{i}\sqrt{\mu_n})\mathrm{e}^{-k_n(s+2x)} \quad (115)$$

最后,将恒等式

$$L(x,\mathrm{i}\sqrt{\mu_n})=1+\int_0^{\infty}N(x,t)\mathrm{e}^{-k_nt}\mathrm{d}t$$

(见式(92)和引理12)代入式(115),得

$$I(x,s)=-\sum_{n=1}^{d}C_n^2\mathrm{e}^{-k_n(s+2x)}-\int_0^{\infty}N(x,t)\Big(\sum_{n=1}^{d}C_n^2\mathrm{e}^{-k_n(s+t+2x)}\Big)\mathrm{d}t$$

结论是(c)确实成立.

(ii) 我们根据积分方程(111)以变量x为参数这一事实来开始(ii)的证明. 定义$L_2(0,\infty)$空间上的算子$B^{(x)}$为

$$(B^{(x)}f)(s)\equiv\int_0^{\infty}f(t)B(s+t+2x)\mathrm{d}t \quad (116)$$

假定方程(111)在$F(\mathscr{R}\to L_2(0,\infty))$中有两个不相同的解. 于是对某个$x\in\mathscr{R}$,方程

$$B^{(x)}f+f=0 \quad (117)$$

在$L_2(0,\infty)$中有一个非平凡实数解. 然而,我们将证明这是不可能的.

为此,我们先引进一些记号. $L_2(0,\infty)$表示$(0,\infty)$上实平方可积函数的空间. 当$f\in L_2(0,\infty)$时,我

们用 $\tilde{f}$ 表示 f 扩展到 $(-\infty,\infty)$

$$\tilde{f}(y)=\begin{cases}f(y), \text{当 } y\in(0,\infty) \text{ 时}\\ 0, \text{当 } y\in(-\infty,0) \text{ 时}\end{cases}$$

记号 $\langle,\rangle$ 和 $\|\ \|$ 分别表示 $L_2(0,\infty)$ 空间的内积和对应的范数. 根据定义，$e_n^x\in L_2(0,\infty)$ 是使 $e_n^x(y)=C_n\exp(-k_n(x+y))$ 的元素.

下面的等式在证明方程(117)的唯一可解性时起着重要作用

$$\begin{aligned}&\langle g,B^{(x)}f\rangle\\&=\sum_{n=1}^{n}\langle g,e_n^x\rangle\langle f,e_n^x\rangle+\\&\int_{-\infty}^{\infty}(F^{-1}\tilde{g})(k)\cdot(F^{-1}\tilde{f})(k)\cdot\\&b_r(k)e^{2ikx}\,dk\end{aligned}\tag{118}$$

如果 g 和 f 是 $L_2(0,\infty)\cap L_1(0,\infty)$ 的元素，上式的证明就很容易

$$\begin{aligned}&\langle g,B^{(x)}f\rangle\\&=\int_0^{\infty}g(z)\Big(\int_0^{\infty}f(t)\Big(\sum_{n=1}^{d}C_n^2e^{-kn(s+t+2x)}+\\&\frac{1}{2\pi}\int_{-\infty}^{\infty}b_r(k)e^{ik(s+t+2x)}\,dk\Big)\,dt\Big)\,ds\\&=\sum_{n=1}^{d}C_n^2\cdot\int_0^{\infty}g(s)e^{-k_n(s+k)}\,ds\cdot\int_0^{\infty}f(t)e^{-k_n(t+x)}\,dt+\\&\int_{-\infty}^{\infty}(2\pi)^{-\frac{1}{2}}\cdot\int_{-\infty}^{\infty}\tilde{g}(s)e^{iks}\,ds\cdot\\&(2\pi)^{-\frac{1}{2}}\int_{-\infty}^{\infty}\tilde{f}(t)e^{ikt}\,dt\cdot b_r(k)e^{2ikx}\,dk\\&=\text{式(118) 的右边}\end{aligned}$$

由于 $|b_r(k)|\leqslant 1,\forall k\in\mathscr{R}$(参阅 26))，上述计算中所有的积分都绝对收敛.

利用 $L_2(0,\infty)\cap L_1(0,\infty)$ 在 $L_2(0,\infty)$ 中稠这一事实，易知式(118)对一切 $g\in L_2(0,\infty)$ 成立，并且 $f\in L_2(0,\infty)\cap L_1(0,\infty)$. 因而对 $f\in L_2(0,\infty)\cap L_1(0,\infty)$，我们已经证明 $B^{(x)}f$ 是 $L_2(0,\infty)$ 空间中的连续线性泛函，它的范数小于或等于 $\|f\|\cdot\left(\sum_{n=1}^{d}\|\mathrm{e}_n^x\|^2+1\right)$. 这意味着 $B^{(x)}f$ 可看作 $L_2(0,\infty)$ 的元素，它满足估计式

$$\|B^{(x)}f\|\leqslant\left(1+\sum_{n=1}^{d}\|\mathrm{e}_n^x\|^2\right)\cdot\|f\|$$

于是可知 $B^{(x)}$ 是从 $L_2(0,\infty)$ 映入到自身之内的连续算子，并且(118)对一切 $f,g\in L_2(0,\infty)$ 都成立.

现在假定 f 是方程(117)的非平凡解. 利用(118)，得

$$\begin{aligned}0&=\langle f,B^{(x)}f+f\rangle\\&=\langle f,f\rangle+\sum_{n=1}^{d}\langle f,\mathrm{e}_n^x\rangle^2+\\&\quad\int_{-\infty}^{\infty}((F^{-1}\tilde{f})(k))^2b_r(k)\mathrm{e}^{2ikx}\,\mathrm{d}k\end{aligned}\tag{119}$$

因为

$$\langle f,f\rangle=\int_{-\infty}^{\infty}|\tilde{f}(x)|^2\,\mathrm{d}x=\int_{-\infty}^{\infty}|(F^{-1}\tilde{f})(k)|^2\,\mathrm{d}k$$

我们得估计式

$$\begin{aligned}0\geqslant&\sum_{n=1}^{d}|\langle f,\mathrm{e}_n^x\rangle|^2+\\&\int_{-\infty}^{\infty}|(F^{-1}\tilde{f})(k)|^2(1-|b_r(k)|)\,\mathrm{d}k\end{aligned}\tag{120}$$

根据 $r_-(k)$ 在 $\mathscr{R}\backslash\{0\}$ 上不可能有零点这一事实，并由

于 (26) 已经给出，我们有：在 $\mathscr{R}\backslash\{0\}$ 上 $1-|b_r(k)|>0$.

结果得

$$F^{-1}\tilde{f}=0\in L_2$$

这立即表明 $\tilde{f}=0\in L_2$ 以及 $f=0\in L_2(0,\infty)$. 因此 (117) 在 $L_2(0,\infty)$ 上不可能有非平凡实解.

让我们用核 K 来改写定理 11，以此结束本节.

定理 12 如果位势 u 满足二阶增长条件，那么 (103) 中所引进的与 N 具有 $K(x,s)=N(x,s-x)$ 的关系的核 K 是积分方程

$$0=B(x,s)+K(x,s)+\int_x^{\infty}K(x,t)B(t+s)\,\mathrm{d}t \tag{121}$$

的具有 $K(x,\cdot)\in L_2(x,\infty)$, $\forall x\in\mathscr{R}$ 的性质的唯一解.

具边界控制和同位观测的变系数 Schrödinger 传递方程的适定正则性

第三章

对外经济贸易大学统计学院应用数学系的邵志超，张小燕两位教授 2006 年考虑了具有 Dirichlet 边界控制和同位观测的高维变系数 Schrödinger 传递方程系统，证明了该系统在 Salamon 的意义下是适定的，在 Weiss 意义下为正则的，且直接传输算子为零. Riemann 几何方法被用来处理变系数所带来的困难.

1　问题及主要结果

本章的目的是研究具有 Dirichlet 边界控制和同位观测的高维变系数 Schrödinger 传递方程控制系统的适定性和正则性. 适定正则线性无穷维系统是 20 世纪 80 年代由 Salamon 和

Weiss 首先引入的，见资料[1－5]. 这一无穷维线性系统理论是有限维线性系统理论的推广，并且允许系统的控制算子和观测算子是无界的. 许多由偏微分方程所确定的控制系统，其中控制和观测施加在有界空间区域的某些点，区域的部分或整个边界，都可以纳入这一理论框架. 资料[6] 对早期的适定正则线性无穷维系统理论的发展做了很好的概括.

区别于偏微分方程的适定性和正则性的概念，在适定正则线性无穷维系统理论中，粗略地说，一个线性系统称为是适定的，如果任何有限时刻的状态和输出都连续依赖于系统的初始状态和系统的输入；一个适定的系统称为正则的，如果零是系统输出的 Lebesgue 点，即系统的输出有某种程度的正则性.

虽然适定正则线性无穷维系统的理论成果已经非常丰富，但对于一个具体给定的具有实际背景的由偏微分方程所决定的控制系统，判断其是否是适定正则的，并不是一件容易的事. 目前，国际上已有很多文献对偏微分方程边界控制系统的适定性和正则性进行了研究，参见资料[7－20]. 最近，国内已有专著[21] 出版，它对无穷维线性适定正则系统理论及偏微分方程控制系统的适定正则性研究的最新进展做了很好的总结.

本章首先利用 Riemann 几何方法来证明具有 Dirichlet 边界控制和观测的高维变系数 Schrödinger 方程传递系统的适定性，再由资料[21] 中的定理 5.8 可知，该系统是正则的，且直接传输算子为零. Riemann 几何方法最先出现在资料[22] 中，用来研究具有变系数的高维波方程的边界精确能控制性，随后被应用到变系数偏微分方程的各类控制问题的研究中,见资料[13,15,16,18,19,23－25],成为研究高维变系数偏微分方程系统控制问题的有力工具.

设 $\Omega\subset\mathscr{R}^n(n\geqslant 2)$ 为具有 C^2 光滑边界 Γ 的有界开区域,Ω_1 为包含于区域 Ω 中的开区域:$\overline{\Omega}_1\subset\Omega$,且其具有 C^2 光滑边界 $\Gamma_1=\partial\Omega_1$,$\Omega_2=\Omega\backslash\overline{\Omega}_1$,$Q=\Omega\times(0,T)$,$Q_1=\Omega_1\times(0,T)$,$Q_2=\Omega_2\times(0,T)$,$\sum=\Gamma\times(0,T)$,$\sum_1=\Gamma_1\times(0,T)$,$T>0$ 为某一时刻.具体的,本章考虑如下的系统

$$\begin{cases}w_t(x,t)-\mathrm{i}b(x)Pw(x,t)=0,(x,t)\in Q\\ w(x,0)=w_0(x),x\in\Omega\\ w_2(x,t)=u(x,t),(x,t)\in\sum\\ w_1(x,t)=w_2(x,t),(x,t)\in\sum_1\\ b_1\dfrac{\partial w_1}{\partial v_A}(x,t)=b_2\dfrac{\partial w_2}{\partial v_A}(x,t),(x,t)\in\sum_1\\ y(x,t)=-\mathrm{i}b_2\dfrac{\partial A^{-1}w_2(x,t)}{\partial v_A},(x,t)\in\sum\end{cases}\tag{1}$$

其中,i 为虚数单位

$$w(x,t)=\begin{cases}w_1(x,t),(x,t)\in Q_1\\ w_2(x,t),(x,t)\in Q_2\end{cases}$$

$$b(x)=\begin{cases}b_1,x\in\Omega_1\\ b_2,x\in\Omega_2\end{cases},b_1,b_2\text{ 均为实数}$$

P 为二阶椭圆型偏微分算子

$$P=-\sum_{i,j=1}^{n}\frac{\partial}{\partial x_i}\left(a_{ij}(x)\frac{\partial}{\partial x_j}\right)$$

且对于常数 $\lambda,\Lambda>0$

$$\lambda\sum_{i=1}^{n}|\xi_i|^2\leqslant\sum_{i,j=1}^{n}a_{ij}(x)\xi_i\overline{\xi_j}\leqslant\Lambda\sum_{i=1}^{n}|\xi_i|^2$$

$$(\forall x \in \overline{\Omega}, \xi = (\xi_1, \xi_2, \cdots, \xi_n) \in \mathbf{C}^n)$$

$$a_{ij} = a_{ji} \in C^\infty(\mathbf{R}^n) \quad (\forall i, j = 1, 2, \cdots, n) \tag{2}$$

算子 A 定义为

$$Af := Pf \quad (\forall f \in D(A) = H^2_{\Gamma_1}(\Omega)) \tag{3}$$

这里

$$g = \begin{cases} f_1, 在\ \Omega_1\ 上 \\ f_2, 在\ \Omega_2\ 上 \end{cases}$$

Hilbert 空间 $H^2_{\Gamma_1}(\Omega)$ 定义为

$$H^2_{\Gamma_1}(\Omega) = \left\{ f \in H^1_0(\Omega) \mid f_i \in H^2(\Omega_i), i = 1, 2, \right.$$

$$\left. 且在边界\ \Gamma_1\ 上, b_1 \frac{\partial f_1}{\partial v_A} = b_2 \frac{\partial f_2}{\partial v_A} \right\}$$

具有范数

$$\| f \|_{H^2_{\Gamma_1}(\Omega)} = (\| f_1 \|^2_{H^2(\Omega_1)} + \| f_2 \|^2_{H^2(\Omega)})^{\frac{1}{2}}$$

$\frac{\partial}{\partial \boldsymbol{v}_A}$ 是所谓的余法向量，即

$$\frac{\partial}{\partial \boldsymbol{v}_A} \equiv \boldsymbol{v}_A = \sum_{i,j=1}^n a_{ij} \boldsymbol{v}_j \frac{\partial}{\partial x_i} \tag{4}$$

其中 $\boldsymbol{v} = (\boldsymbol{v}_1, \boldsymbol{v}_2, \cdots, \boldsymbol{v}_n)$ 为定义在边界 Γ 或 Γ_1 上的指向区域 Ω_2 外部的单位法向量. u 为输入函数(控制), y 为输出函数(观测).

当 $b_1 = b_2$ 时，资料[13]证明了当输入和输出空间 $U = L^2(\Gamma)$，状态空间 $H = H^{-1}(\Omega)$ 时，系统(1)是具有零直接传输算子的适定正则线性系统. 本章将考察当 $b_1 \neq b_2$ 时系统(1)的适定正则性. 具体地，我们将证明下面定理.

定理 1 对于控制空间 U 和状态空间 H，当 $b_1 > b_2$ 时，系统(1)是适定线性系统. 具体地，任给 $T > 0, w_0 \in H, u \in L^2(0, T; U)$，方程(1)存在唯一

的满足初始条件 $w(\cdot,0)=w_0$ 的解 $w\in C(0,T;H)$. 另外,存在不依赖于(w_0,u) 的常数 $C_T>0$,使得

$$\|w(\cdot,T)\|_H^2+\|y\|_{L^2(0,T;U)}^2 \leqslant C_T(\|w_0\|_H^2+\|u\|_{L^2(0,T;U)}^2)$$

由定理 1 和资料[26] 中的定理 2.2(或资料[27] 中的定理 3),我们立即得到下面的推论.

推论 1　对于控制空间 U 和状态空间 H,系统(1) 的精确能控性等价于系统(1) 在比例输出反馈 $u=-ky(k>0)$ 下形成的闭环系统的指数稳定性.

由于系统(1) 是适定线性系统,且可化为满足资料[21] 中第 97 页的假设条件(H1) -(H3) 的一阶抽象系统(4.72),由资料[21] 中第 112 页的定理 5.8,我们有如下的推论.

推论 2　当 $b_1>b_2$ 时,系统(1) 是正则的,且直接传输算子为零 .

2　系统的抽象形式

为将系统(1) 化为抽象系统,我们首先引入 Riemann 几何中的一些符号.

由椭圆型条件(2),我们分别定义正定矩阵 $\boldsymbol{G}(x)$ 及其行列式 $\rho(x)$ 如下

$$\boldsymbol{G}(x):=(g_{ij}(x))_{n\times n}=[a_{ij}(x)]_{n\times n}^{-1}$$

$$\rho(x):=\det(g_{ij}(x))_{n\times n},\ \forall\, x\in\mathscr{R}^n \tag{5}$$

设 $\boldsymbol{x}=(\boldsymbol{x}_1,\boldsymbol{x}_2,\cdots,\boldsymbol{x}_n)\in\mathbf{R}^n$,在切空间 $\mathbf{R}_x^n$ 上分别定义内积和范数

$$\langle X,Y\rangle_g := \sum_{i,j=1}^{n} g_{ij}\alpha_i\beta_j,\ |X|_g := \langle X,X\rangle_g^{\frac{1}{2}}$$

$$\forall X = \sum_{i=1}^{n}\alpha_i \frac{\partial}{\partial x_i}, Y = \sum_{i=1}^{n}\beta_i \frac{\partial}{\partial x_i} \in \mathbf{R}_x^n \qquad (6)$$

则($\mathbf{R}^n, g$) 成为具有 Riemann 度量 g 的 Riemann 流形[22]. 令 D 表示度量 g 下的 Levi-Civita 联络. 设 N 为一光滑向量场,则对于任一 $x \in \mathbf{R}^n$, N 的协变微分 DN 定义了切空间 $\mathbf{R}_x^n$ 上的双线性形式

$$DN(X,Y) = \langle D_X N, Y\rangle_g, \forall X,Y \in \mathbf{R}_x^n \qquad (7)$$

这里 $D_X N$ 表示向量场 X 关于 N 的协变导数.

对于任意的 $\varphi \in C^2(\mathscr{R}^n)$ 和 $N = \sum_{i=1}^{n} h^i(x)\frac{\partial}{\partial x_i}$,记

$$\operatorname{div}_0(N) := \sum_{i=1}^{n}\frac{\partial h^i}{\partial x_i}$$

$$D\varphi := \nabla_g\varphi = \sum_{i,j=1}^{n} a_{ij}\frac{\partial\varphi}{\partial x_j}\frac{\partial}{\partial x_i}$$

$$\operatorname{div}_g(N) := \sum_{i=1}^{n}\rho^{-\frac{1}{2}}\frac{\partial}{\partial x_i}(\rho^{\frac{1}{2}}h^i)$$

$$\begin{aligned}\Delta_g\varphi &:= \sum_{i,j=1}^{n}\rho^{-\frac{1}{2}}\frac{\partial}{\partial x_i}\left(\rho^{\frac{1}{2}}a_{ij}\frac{\partial\varphi}{\partial x_j}\right)\\ &= -P\varphi + (Dq)\varphi, q(x)\\ &= \frac{1}{2}\log(\rho(x))\end{aligned}$$

其中 div_0 是欧氏空间 $\mathbf{R}^n$ 上的散度算子. ∇_g, div_g 和 Δ_g 分别表示 Riemann 流形($\mathbf{R}^n, g$) 上的梯度算子,散度算子和 Beltrami-Laplace 算子.

记 $\boldsymbol{\mu} = \frac{\boldsymbol{v}_A}{|\boldsymbol{v}_A|_g}$ 为定义在边界 Γ 或 Γ_1 上的指向区域 Ω_2 外部关于 Riemann 度量 g 的单位法向量. 下面的引

理是关于散度定理和 Green 公式的，见资料[28]中第 128 和 138 页.

引理 1　设 $\varphi,\psi\in C^1(\overline{\Omega})$，且 N 为 $(\mathbf{R}^n,g)$ 上的光滑向量场. 则有

（1）散度定理

$$\mathrm{div}_0(\varphi N)=\varphi\mathrm{div}_0(N)+N(\varphi)$$

$$\mathrm{div}_g(\varphi N)=\varphi\mathrm{div}_g(N)+N(\varphi)$$

$$\int_\Omega \mathrm{div}_0(N)\mathrm{d}x=\int_\Gamma N\cdot v\mathrm{d}\Gamma$$

$$\int_\Omega \mathrm{div}_g(N)\mathrm{d}\Omega=\int_\Gamma\langle N,\mu\rangle_g\mathrm{d}S$$

（2）Green 第一公式

$$\int_\Omega \psi A\varphi\,\mathrm{d}x=-\int_\Gamma\psi\frac{\partial\varphi}{\partial v_A}\mathrm{d}\Gamma+\int_\Omega\langle\nabla_g\varphi,\nabla_g\psi\rangle_g\mathrm{d}x$$

$$\int_\Omega\psi\Delta_g\varphi\,\mathrm{d}\Omega=\int_\Gamma\psi\frac{\partial\varphi}{\partial\mu}\mathrm{d}S-\int_\Omega\langle\nabla_g\varphi,\nabla_g\psi\rangle_g\mathrm{d}\Omega$$

（3）Green 第二公式

$$\int_\Omega\psi A\varphi\,\mathrm{d}x-\int_\Omega A\psi\varphi\,\mathrm{d}x=-\int_\Gamma\psi\frac{\partial\varphi}{\partial v_A}\mathrm{d}\Gamma+\int_\Gamma\frac{\partial\psi}{\partial v_A}\varphi\,\mathrm{d}\Gamma$$

$$\int_\Omega\psi\Delta_g\varphi\,\mathrm{d}\Omega-\int_\Omega\Delta_g\psi\varphi\,\mathrm{d}\Omega=\int_\Gamma\psi\frac{\partial\varphi}{\partial\mu}\mathrm{d}S-\int_\Gamma\frac{\partial\psi}{\partial\mu}\varphi\,\mathrm{d}S$$

其中 $\mathrm{d}\Omega$ 和 $\mathrm{d}S$ 分别是 Riemann 流形 $(\overline{\Omega},g)$ 的体积元素和边界 Γ 的面积元素. 而 $\mathrm{d}x$ 和 $\mathrm{d}\Gamma$ 分别为 $\overline{\Omega}$ 和边界 Γ 在欧式度量下的体积元素和面积元素.

注 1　在 Riemann 流形 $(\overline{\Omega},g)$ 上，其中 Ω 由(1)给定，此时体积元素 $\mathrm{d}\Omega=\sqrt{\rho}\,\mathrm{d}x_1\wedge\mathrm{d}x_2\wedge\cdots\wedge\mathrm{d}x_n$，故有 $\mathrm{d}\Omega=\sqrt{\rho}\,\mathrm{d}x$. 由(2)和(5)，易知

$$\frac{1}{\Lambda}\sum_{i=1}^n(\xi_i)^2\leqslant\sum_{k,l=1}^n g_{kl}(x)\xi_k\xi_l\leqslant\frac{1}{\lambda}\sum_{i=1}^n(\xi_i)^2$$

$$(\forall x \in \overline{\Omega}, \xi=(\xi_1, \xi_2, \cdots, \xi_n) \in \mathbf{R}^n)$$

由此可知

$$\frac{1}{\Lambda^{\frac{n}{2}}}\int_{\Omega}\varphi \mathrm{d}x \leqslant \int_{\Omega}\varphi \mathrm{d}\Omega \leqslant \frac{1}{\lambda^{\frac{n}{2}}}\int_{\Omega}\varphi \mathrm{d}x$$

$$(\forall \varphi \in L^1(\Omega) \text{ 且 } \varphi \geqslant 0) \tag{8}$$

当 $\overline{\Omega}$ 被赋予欧氏度量时，边界 Γ 具有诱导度量 $\tilde{g}^0$. 记 $H^n=\{(y_1, y_2, \cdots, y_n) \in \mathbf{R}^n; y_1 \leqslant 0\}$. H^n 中的开集定义为 $\mathbf{R}^n$ 中的开集与 H^n 的交集. 设微分同胚 $x_i = f_i(y_1, y_2, \cdots, y_n)$：开集 $U \subset H^n \to \overline{\Omega}$，使得 $x_i = f_i(0, y_2, \cdots, y_n)$ 为从 $\{y \in U; y_1 = 0\}$ 到开集 $V \subset \Gamma$ 的映射. 显然，$(y_2, y_3, \cdots, y_n)$ 为 V 的局部坐标. 在此局部坐标下，Γ 上的诱导度量可表示为 $\tilde{g}^0_{ij} = \sum\limits_{k=1}^{n} \frac{\partial x_k}{\partial y_i}\frac{\partial x_k}{\partial y_j}$. 其上的面积元素为

$$\begin{aligned}
\mathrm{d}\Gamma &= \sqrt{\det(\tilde{g}^0_{ij})}\,\mathrm{d}y_2 \wedge \mathrm{d}y_3 \wedge \cdots \wedge \mathrm{d}y_n \\
&= \sqrt{\prod_{i=2}^{n}\left(\sum_{k=1}^{n}\left(\frac{\partial x_k}{\partial y_i}\right)^2\right)}\,\mathrm{d}y_2 \wedge \mathrm{d}y_3 \wedge \cdots \wedge \mathrm{d}y_n
\end{aligned}$$

当 $\overline{\Omega}$ 被赋予 Riemann 度量 g 时，边界 Γ 则具有诱导的度量 $\tilde{g}$. 此度量在局部坐标 $(y_2, y_3, \cdots, y_n)$ 下，可表示为 $\tilde{g}_{ij} = \sum\limits_{k,l=1}^{n} g_{kl}\frac{\partial x_k}{\partial y_i}\frac{\partial x_l}{\partial y_j}$. 此时，$\Gamma$ 上的面积元素为

$$\begin{aligned}
\mathrm{d}S &= \sqrt{\mathrm{del}(\tilde{g}_{ij})}\,\mathrm{d}y_2 \wedge \mathrm{d}y_3 \wedge \cdots \wedge \mathrm{d}y_n \\
&= \sqrt{\prod_{i=2}^{n}\left(\sum_{k,l=1}^{n} g_{kl}\frac{\partial x_k}{\partial y_i}\frac{\partial x_l}{\partial y_i}\right)}\,\mathrm{d}y_2 \wedge \mathrm{d}y_3 \wedge \cdots \wedge \mathrm{d}y_n
\end{aligned}$$

又易知

$$\frac{1}{\wedge^{\frac{n-1}{2}}}\sqrt{\prod_{i=2}^{n}\left(\sum_{k=1}^{n}\left(\frac{\partial x_k}{\partial y_i}\right)^2\right)}$$

$$\leqslant \sqrt{\prod_{i=2}^{n}\Big(\sum_{k,l=1}^{n} g_{kl}\frac{\partial x_k}{\partial y_i}\frac{\partial x_l}{\partial y_i}\Big)}$$

$$\leqslant \frac{1}{\lambda^{\frac{n-1}{2}}}\sqrt{\prod_{i=2}^{n}\Big(\sum_{k=1}^{n}\Big(\frac{\partial x_k}{\partial y_i}\Big)^2\Big)}$$

由此估计，再注意到面积元素与局部坐标的选取无关，我们有

$$\frac{1}{\Lambda^{\frac{n-1}{2}}}\int_{\Gamma}\varphi\,\mathrm{d}\Gamma \leqslant \int_{\Gamma}\varphi\,\mathrm{d}S \leqslant \frac{1}{\lambda^{\frac{n-1}{2}}}\int_{\Gamma}\varphi\,\mathrm{d}\Gamma$$

$$(\forall\,\varphi \in L^1(\Gamma)\text{ 且 }\varphi \geqslant 0) \tag{9}$$

或者，等价地

$$\lambda^{\frac{n-1}{2}}\int_{\Gamma}\varphi\,\mathrm{d}S \leqslant \int_{\Gamma}\varphi\,\mathrm{d}\Gamma \leqslant \Lambda^{\frac{n-1}{2}}\int_{\Gamma}\varphi\,\mathrm{d}S$$

$$(\forall\,\varphi \in L^1(\Gamma)\text{ 且 }\varphi \geqslant 0) \tag{10}$$

类似于资料[22]中引理 2.1 的(4)，我们有下面的恒等式.

引理 2　设 N 是$(\mathbf{R}^n, g)$上的光滑向量场. 对任意的 $z \in C^1(\overline{\Omega})$，下式成立

$$\begin{aligned}&\langle \nabla_g z, \nabla_g(N(z))\rangle_g\\ &= DN(\nabla_g z, \nabla_g z) + \frac{1}{2}\mathrm{div}_g(|\nabla_g z|_g^2 N) -\\ &\quad \frac{1}{2}|\nabla_g z|_g^2\mathrm{div}_g(N)\end{aligned} \tag{11}$$

下面的引理 3 是明显的.

引理 3　设 φ 为定义在 $\overline{\Omega}$ 上具有适当正则性的函数. 则存在仅依赖于 g，N 和 Ω 的正常数 C，使得：

(1)

$$\sup_{x\in\Omega}|N|_g \leqslant C, \sup_{x\in\Omega}|DN|_g \leqslant C$$

$$\sup_{x\in\Omega}|\mathrm{div}_g(N)| \leqslant C, \sup_{x\in\Omega}|Dq|_g \leqslant C$$

$$\sup_{x\in\Omega} |\nabla_g(\mathrm{div}_g N)|_g \leqslant C$$

(2)

$$|N(\varphi)| \leqslant C|\nabla_g\varphi|_g, \ |D_q(\varphi)| \leqslant C|\nabla_g\varphi|_g$$
$$|DN(\nabla_g\varphi, \nabla_g\overline{\varphi})| \leqslant C|\nabla_g\varphi|_g^2$$
$$|\langle\nabla_g\varphi, \nabla_g(\mathrm{div}_g N)\rangle_g| \leqslant C|\nabla_g\varphi|_g$$

其中 $q(x)=\dfrac{1}{2}\log(\rho(x))$，而 ρ 由(5) 定义.

(3)

$$\int_\Omega |\varphi|^2 \mathrm{d}\Omega \leqslant C\|\varphi\|_{H^1(\Omega)}^2$$
$$\int_\Omega |\nabla_g\varphi|_g^2 \mathrm{d}\Omega \leqslant C\|\varphi\|_{H^1(\Omega)}^2$$
$$\int_\Omega |\nabla_g(P\varphi)|_g^2 \mathrm{d}\Omega \leqslant C\|\varphi\|_{H^3(\Omega)}^2$$

由资料[29] 的第 71 页关于椭圆传递边值问题正则性估计，及资料[30] 第二章的转置和插值方法，我们可以得到下面的引理.

引理 4 设 ϕ 是如下椭圆边值问题的解：

$$\begin{cases} b(x)P\phi(x)=0, & x\in\Omega \\ \varphi_2(x)=u(x), & x\in\Gamma \\ \phi_1(x)=\phi_2(x), b_1\dfrac{\partial\phi_1}{\partial\nu_A}(x)=b_2\dfrac{\partial\phi_2}{\partial\nu_A}(x), & x\in\Gamma_1 \end{cases} \tag{12}$$

则存在与(ϕ,u) 无关的常数 $C>0$ 使得下面的正则性估计成立

$$\|\phi_1\|_{H^s(\Omega_1)} + \|\phi_2\|_{H^s(\Omega_2)} \leqslant C\|u\|_{H^{s-\frac{1}{2}}(\Gamma)} \quad (\forall s\in\mathbf{R}) \tag{13}$$

下面我们将(1) 化为状态 Hilbert 空间 $H=H^{-1}(\Omega)$ 上的一阶抽象系统.

定义 H 上一个正定自伴算子 A 为

$$\langle A\phi,\psi\rangle_{H^{-1}(\Omega)\times H_0^1(\Omega)}=\int_\Omega b(x)\langle\nabla_g\phi,\overline{\nabla_g\psi}\rangle_g\mathrm{d}x$$

$$(\forall\phi,\psi\in H_0^1(\Omega))$$

由 Lax-Milgram 定理可知，A 为从 $D(A)=H_0^1(\Omega)$ 到 H 的等距同构.

类似于资料[31]中的引理 1.1—1.3，可以证明：下面两个范数等价

$$\|w\|_{H^2_{\Gamma_1}(\Omega)}\sim(\|Pw_1\|^2_{L^2(\Omega_1)}+\|Pw_2\|^2_{L^2(\Omega_2)})^{\frac{1}{2}}$$

并且空间 $H^2_{\Gamma_1}(\Omega)$ 在 $H_0^1(\Omega)$ 中稠密. 由于当 $f\in H^2_{\Gamma_1}(\Omega)$ 时，$Af=b(x)Af$，且对于 $g\in L^2(\Omega)$，$A^{-1}g=(b(x)A)^{-1}g$，所以算子 A 是算子 $b(x)A$ 由定义域 $H^2_{\Gamma_1}(\Omega)$ 到 $H_0^1(\Omega)$ 的延拓.

同资料[11]中的方法相同，我们可以证明 $D(A^{\frac{1}{2}})=L^2(\Omega)$，且 $A^{\frac{1}{2}}$ 为从 $L^2(\Omega)$ 到 H 的等距同构. 由引理 4，定义 Dirichlet 映射 $\gamma\in\mathscr{L}(L^2(\Gamma),L^2(\Omega))$

$$\gamma u=\phi\Leftrightarrow\begin{cases}b(x)P\phi(x)=0,x\in\Omega\\ \phi_2(x)=u(x),x\in\Gamma\\ \phi_1(x)=\phi_2(x)\\ b_1\dfrac{\partial\phi_1}{\partial v_A}(x)=b_2\dfrac{\partial\phi_2}{\partial v_A}(x),x\in\Gamma_1\end{cases}$$

系统(1)可化为

$$w_t-\mathrm{i}A(w-\gamma u)=0\tag{14}$$

将空间 H 与其对偶空间 H' 等同，则有

$$[D(A)]\subset[D(A^{\frac{1}{2}})]\hookrightarrow H$$

$$=H'\hookrightarrow[D(A^{\frac{1}{2}})]'\subset[D(A)]'$$

将算子 A 延拓为 $\widetilde{A}\in\mathscr{L}(H,[D(A^{\frac{1}{2}})]')$

$$\langle \widetilde{A} f, g \rangle_{[D(A^{\frac{1}{2}})]' \times [D(A^{\frac{1}{2}})]} = \langle A^{\frac{1}{2}} f, A^{\frac{1}{2}} g \rangle_{H \times H}$$

$$(\forall f, g \in D(A^{\frac{1}{2}})) \quad (15)$$

则 $\mathrm{i}\widetilde{A}$ 仍然生成 $[D(A^{\frac{1}{2}})]'$ 上的 C_0 一群. 从而，系统 (14) 可进一步化为 $[D(A)]'$ 上的抽象系统

$$w_t = \mathrm{i}\widetilde{A} w + Bu \quad (16)$$

其中 $B \in \mathscr{L}(U, [D(A^{\frac{1}{2}})]')$ 定义为

$$Bu = -\mathrm{i}\widetilde{A}\gamma u, \forall u \in U \quad (17)$$

定义算子 B 的对偶 $B* \in \mathscr{L}([D(A^{\frac{1}{2}})], U)$ 为

$$\langle Bu, f \rangle_{[D(A^{\frac{1}{2}})]' \times [D(A^{\frac{1}{2}})]} = \langle u, B* f \rangle_{U \times U}$$

$$(\forall f \in D(A^{\frac{1}{2}}), u \in U)$$

对于任意的 $f \in D(A)$ 及 $u \in C_0^\infty(\Gamma)$，则有

$$\begin{aligned}
&\langle Bu, f \rangle_{[D(A^{\frac{1}{2}})]' \times [D(A^{\frac{1}{2}})]} \\
&= \langle -\mathrm{i}\widetilde{A}\gamma u, f \rangle_{[D(A^{\frac{1}{2}})]' \times [D(A^{\frac{1}{2}})]} \\
&= -\mathrm{i}\langle A^{\frac{1}{2}} \gamma u, A^{\frac{1}{2}} f \rangle_{H \times H} \\
&= -\mathrm{i}\langle \gamma u, f \rangle_{L^2(\Omega) \times L^2(\Omega)} \\
&= -\mathrm{i}\langle \gamma u, AA^{-1} f \rangle_{L^2(\Omega) \times L^2(\Omega)} \\
&= \int_\Omega \gamma u b(x) A(\overline{\mathrm{i}A^{-1} f}) \mathrm{d}x \\
&= \int_\Omega b(x) A(\gamma u)\, \overline{\mathrm{i}A^{-1} f} \mathrm{d}x - \int_\Gamma \gamma u b_2 \frac{\partial(\overline{\mathrm{i}A^{-1} f})}{\partial v_A} \mathrm{d}\Gamma + \\
&\int_\Gamma \frac{\partial(\gamma u)}{\partial v_A} b_2 (\overline{\mathrm{i}A^{-1} f}) \mathrm{d}\Gamma \\
&= \left(u, -\mathrm{i}b_2 \frac{\partial A^{-1} f}{\partial v_A} \right)_U
\end{aligned}$$

其中，最后两步我们用了 Green 第二公式和算子 A 及 γ 的定义. 由于 $C_0^\infty(\Gamma)$ 在 $L^2(\Gamma)$ 中稠密，我们有

$$B* f = -\mathrm{i}b_2 \frac{\partial A^{-1} f}{\partial v_A} \quad (\forall f \in L^2(\Omega)) \quad (18)$$

系统(1) 可表示为 Hilbert 状态空间 H 中的一阶抽象系统

$$\begin{cases} w_t = \mathrm{i}\widetilde{A}w + Bu \\ y = B * w \end{cases} \tag{19}$$

这里的算子 $\widetilde{A}$,B 和 $B *$ 分别由式(15),(17) 和(18) 定义.

3 定理 1 的证明

证明 首先证明控制算子 B 关于由 $\mathrm{i}A$ 在 H 上生成的 C_0 半群 $\mathrm{e}^{\mathrm{i}At}$ 是允许的. 由于系统(1) 是同位系统，故 B 关于 $\mathrm{e}^{\mathrm{i}At}$ 的允许性等价于 $B *$ 关于 $\mathrm{e}^{-\mathrm{i}A * t} = \mathrm{e}^{\mathrm{i}At}$ 的允许性(见资料[3]). 因此，我们需要证明如下估计

$$\int_0^T \| B * (\mathrm{e}^{\mathrm{i}At} w_0) \|_{L^2(\Gamma)}^2 \mathrm{d}t \leqslant C_T \| w_0 \|_{H^{-1}(\Omega)}^2$$

$$(\forall w_0 \in D(A) = H_0^1(\Omega)) \tag{20}$$

令 $z = A^{-1} w$，替代系统(19)，我们考虑在更正则的空间 $H_0^1(\Omega)$ 中 z 所满足的方程

$$\begin{cases} z_t(x,t) = \mathrm{i}b(x)Pz(x,t) - \mathrm{i}(\gamma u(\cdot,t))(x), (x,t) \in Q \\ z(x,0) = z_0(x), x \in \Omega \\ z_2(x,t) = 0, (x,t) \in \Sigma \\ z_1(x,t) = z_2(x,t), (x,t) \in \Sigma_1 \\ b_1 \dfrac{\partial z_1}{\partial v_A}(x,t) = b_2 \dfrac{\partial z_2}{\partial v_A}, (x,t) \in \Sigma_1 \\ y(x,t) = -\mathrm{i}b_2 \dfrac{\partial z_2(x,t)}{\partial v_A}, (x,t) \in \Sigma \end{cases} \tag{21}$$

令 $f(x,t)=-\mathrm{i}(\gamma u(\cdot,t))(x)$. 由 Dirichlet 映射 γ 可知

$$\int_0^T \| f(\cdot,t)\|_{L^2(\Omega)}^2 \mathrm{d}t \leqslant C_T \int_0^T \| u(\cdot,t)\|_{L^2(\Gamma)}^2 \mathrm{d}t \tag{22}$$

由资料[15]的引理 4.1 可知，在 $\overline{\Omega}$ 上存在 C^2 光滑向量场 N 使得

$$N(x)=\boldsymbol{\mu}(x),x\in\Gamma\cup\Gamma_1$$
$$|N(x)|_g\leqslant 1 \quad (x\in\Omega) \tag{23}$$

其中，$\boldsymbol{\mu}(x)$ 为指向区域 Ω_2 外部关于 Riemann 度量 g 的单位法向量.

用 $N(\bar{z})$ 乘方程(21)，并在 (Ω,g) 上积分，由 Green 第一公式，则有

$$\begin{aligned}0=&\int_\Omega z_t N(\bar{z})\mathrm{d}\Omega-\mathrm{i}\int_\Omega b(x)PzN(\bar{z})\mathrm{d}\Omega-\int_\Omega fN(\bar{z})\mathrm{d}\Omega\\=&\int_\Omega z_t N(\bar{z})\mathrm{d}\Omega+\mathrm{i}b_1\int_{\Omega_1}(\Delta_g z_1-(Dq)z_1)N(\bar{z})\mathrm{d}\Omega+\\&\mathrm{i}b_2\int_{\Omega_2}(\Delta_g z_2-(Dq)z_2)N(\bar{z})\mathrm{d}\Omega-\int_\Omega fN(\bar{z})\mathrm{d}\Omega\\=&\int_\Omega z_t N(\bar{z})\mathrm{d}\Omega-\mathrm{i}b_1\int_{\Gamma_1}\left|\frac{\partial z_1}{\partial\mu}\right|^2\mathrm{d}S-\\&\mathrm{i}b_1\int_{\Omega_1}\langle\nabla_g z_1,\nabla_g(N(\bar{z}))\rangle_g\mathrm{d}\Omega-\\&\mathrm{i}b_1\int_{\Omega_1}(Dq)_{z_1}N(\bar{z})\mathrm{d}\Omega+\mathrm{i}b_2\int_{\Gamma_1}\left|\frac{\partial z_2}{\partial\mu}\right|^2\mathrm{d}S-\\&\mathrm{i}b_2\int_{\Omega_2}\langle\nabla_g z_2,\nabla_g(N(\bar{z}))\rangle_g\mathrm{d}\Omega-\\&\mathrm{i}b_2\int_{\Omega_2}(Dq)_{z_2}N(\bar{z})\mathrm{d}\Omega-\int_\Omega fN(\bar{z})\mathrm{d}\Omega\end{aligned}$$

由于在边界 Γ_1 上成立连接条件 $b_1\dfrac{\partial z_1}{\partial v_A}=b_2\dfrac{\partial z_2}{\partial v_A}$，又 $\boldsymbol{\mu}=\dfrac{v_A}{|v_A|_g}$，从而易知，在 Γ_1 上有

$$b_1 \left| \frac{\partial z_1}{\partial \boldsymbol{\mu}} \right|^2 = \frac{b_2}{b_1} b_2 \left| \frac{\partial z_2}{\partial \boldsymbol{\mu}} \right|^2 \tag{24}$$

由此及上式可得

$$\begin{aligned} & b_2 \int_{\Gamma} \left| \frac{\partial z_2}{\partial \boldsymbol{\mu}} \right|^2 \mathrm{d}S \\ = & \operatorname{Re} \int_{\Omega} b(x) \langle \nabla_g z, \nabla_g (N(\bar{z})) \rangle_g \mathrm{d}\Omega - \\ & (b_1 - b_2) \frac{b_2}{b_1} \int_{\Gamma_1} \left| \frac{\partial z_2}{\partial \boldsymbol{\mu}} \right|^2 \mathrm{d}S - \operatorname{Im} \int_{\Omega} z_t N(\bar{z}) \mathrm{d}\Omega + \\ & \operatorname{Re} \int_{\Omega} b(x)(Dq) z N(\bar{z}) \mathrm{d}\Omega + \operatorname{Im} \int_{\Omega} f N(\bar{z}) \mathrm{d}\Omega \end{aligned} \tag{25}$$

由引理 2 可知

$$\begin{aligned} & \operatorname{Re} \langle \nabla_g z, \nabla_g (N(\bar{z})) \rangle_g \\ = & \operatorname{Re} DN(\nabla_g z, \nabla_g \bar{z}) + \\ & \frac{1}{2} \operatorname{div}_g (|\nabla_g z|_g^2 N) - \frac{1}{2} |\nabla_g z|_g^2 \operatorname{div}_g N \end{aligned} \tag{26}$$

把(26)代入(25),应用散度定理,可得

$$\begin{aligned} & b_2 \int_{\Gamma} \left| \frac{\partial z_2}{\partial \boldsymbol{\mu}} \right|^2 \mathrm{d}S \\ = & \operatorname{Re} \int_{\Omega} b(x) DN(\nabla_g z, \nabla_g \bar{z}) \mathrm{d}\Omega + \\ & \frac{1}{2} \int_{\Gamma_1} (b_2 |\nabla_g z_2|_g^2 - b_1 |\nabla_g z_1|_g^2) \mathrm{d}S + \\ & \frac{1}{2} b_2 \int_{\Gamma} |\nabla_g z_2|_g^2 \mathrm{d}S - \\ & \frac{1}{2} \int_{\Omega} b(x) |\nabla_g z|_g^2 \operatorname{div}_g N \mathrm{d}\Omega - (b_1 - b_2) \frac{b_2}{b_1} \int_{\Gamma_1} \left| \frac{\partial z_2}{\partial \boldsymbol{\mu}} \right|^2 \mathrm{d}S - \\ & \operatorname{Im} \int_{\Omega} z_t N(\bar{z}) \mathrm{d}\Omega + \operatorname{Re} \int_{\Omega} b(x)(Dq) z N(\bar{z}) \mathrm{d}\Omega + \\ & \operatorname{Im} \int_{\Omega} f N(\bar{z}) \mathrm{d}\Omega \end{aligned} \tag{27}$$

注意到对任意的 $x \in \Gamma$ 或 $x \in \Gamma_1$，成立

$$\nabla_g z(x) = \langle \nabla_g z, \mu \rangle_g \mu(x) + \sum_{k=1}^{n-1} \langle \nabla_g z, \tau_k \rangle_g \tau_k(x) = \frac{\partial z}{\partial \mu}\mu(x) + \sum_{k=1}^{n-1} \frac{\partial z}{\partial \tau_k}\tau_k(x) \tag{28}$$

其中，$\tau_1(x), \tau_2(x), \cdots, \tau_{n-1}(x), \mu(x)$ 构成切空间 $\mathbf{R}_x$ 上在 Riemann 度量 g 下的标准正交基.

由于 $z_2|_\Gamma = 0$，则 $\left.\frac{\partial z_2}{\partial \tau_k}\right|_\Gamma = 0, k = 1, 2, \cdots, n-1$，由 (28) 知 $\nabla_g z_2(x) = \frac{\partial z_2(x)}{\partial \mu}\mu(x)$，从而在 Γ 上有

$$|\nabla_g z_2|_g^2 = \left|\frac{\partial z_2}{\partial \mu}\right|^2 \tag{29}$$

而在 Γ_1 上，由边界条件 $z_1 = z_2$ 和 $b_1 \frac{\partial z_1}{\partial v_A} = b_2 \frac{\partial z_2}{\partial v_A}$，可知 $\frac{\partial z_1}{\partial \tau_k} = \frac{\partial z_2}{\partial \tau_k}, k = 1, 2, \cdots, n-1$，以及(24) 成立，再注意到 (28)，记 $\sum_{k=1}^{n-1}\left|\frac{\partial z}{\partial \tau_k}\right|^2 \equiv \left|\frac{\partial z}{\partial \tau}\right|^2$，我们有

$$\begin{aligned}
& b_2 |\nabla_g z_2|_g^2 - b_1 |\nabla_g z_1|_g^2 \\
= & b_2\left|\frac{\partial z_2}{\partial \mu}\right|^2 + b_2\left|\frac{\partial z_2}{\partial \tau}\right|^2 - b_1\left|\frac{\partial z_1}{\partial \mu}\right|^2 - b_1\left|\frac{\partial z_1}{\partial \tau}\right|^2 \\
= & b_2\left|\frac{\partial z_2}{\partial \mu}\right|^2 + b_2\left|\frac{\partial z_2}{\partial \tau}\right|^2 - \frac{b_2}{b_1}\left|\frac{\partial z_2}{\partial \mu}\right|^2 - b_1\left|\frac{\partial z_2}{\partial \tau}\right|^2 \\
= & \frac{b_2}{b_1}(b_1 - b_2)\left|\frac{\partial z_2}{\partial \mu}\right|^2 - (b_1 - b_2)\left|\frac{\partial z_2}{\partial \tau}\right|^2
\end{aligned} \tag{30}$$

将(30) 和(29) 代入(27)，整理可得

$$\begin{aligned}
& \int_\Gamma \left|\frac{\partial z_2}{\partial \mu}\right|^2 \mathrm{d}S \\
= & \frac{2}{b_2}\mathrm{Re}\int_\Omega b(x) DN(\nabla_g z, \nabla_g \bar{z})\mathrm{d}\Omega -
\end{aligned}$$

$$\frac{1}{b_2}(b_1-b_2)\int_{\Gamma_1}\left|\frac{\partial z_2}{\partial\tau}\right|^2\mathrm{d}S-$$

$$\frac{1}{b_2}\int_\Omega b(x)\mid\nabla_g z\mid_g^2\mathrm{div}_g N\mathrm{d}\Omega-$$

$$\frac{1}{b_1}(b_1-b_2)\int_{\Gamma_1}\left|\frac{\partial z_2}{\partial\mu}\right|^2\mathrm{d}S-\frac{2}{b_2}\mathrm{Im}\int_\Omega z_t N(\bar{z})\mathrm{d}\Omega+$$

$$\frac{2}{b_2}\mathrm{Re}\int_\Omega b(x)(Dq)zN(\bar{z})\mathrm{d}\Omega+\frac{2}{b_2}\mathrm{Im}\int_\Omega fN(\bar{z})\mathrm{d}\Omega \tag{31}$$

由于在边界 Γ 上，成立等式

$$\mid v_A\mid_g^2\left|\frac{\partial z_2}{\partial\mu}\right|^2=\left|\frac{\partial z_2}{\partial v_A}\right|^2 \tag{32}$$

且由(1.2)，(1.4) 和(2.2)，可知

$$\max_{x\in\Gamma}\mid v_A(x)\mid_g^2\leqslant\Lambda \tag{33}$$

结合(31)，(32) 和(33)，再利用Cauchy- Schwartz 不等式和引理 3，注意到(25) 以及 $b_1>b_2$，可推得

$$b_2^2\int_\Gamma\left|\frac{\partial z_2}{\partial v_A}\right|^2\mathrm{d}\Gamma$$

$$\leqslant b_2^2\Lambda^{\frac{n+1}{2}}\int_\Gamma\left|\frac{\partial z_2}{\partial\mu}\right|^2\mathrm{d}S$$

$$=2b_2\Lambda^{\frac{n+1}{2}}\mathrm{Re}\int_\Omega b(x)DN(\nabla_g z,\nabla_g\bar{z})\mathrm{d}\Omega-$$

$$b_2\Lambda^{\frac{n+1}{2}}(b_1-b_2)\int_{\Gamma_1}\left|\frac{\partial z_2}{\partial\tau}\right|^2\mathrm{d}S-$$

$$b_2\Lambda^{\frac{n+1}{2}}\int_\Omega b(x)\mid\nabla_g z\mid_g^2\mathrm{div}_g N\mathrm{d}\Omega-$$

$$\frac{b_2^2}{b_1}\Lambda^{\frac{n+1}{2}}(b_1-b_2)\int_{\Gamma_1}\left|\frac{\partial z_2}{\partial\mu}\right|^2\mathrm{d}S-$$

$$2b_2\Lambda^{\frac{n+1}{2}}\mathrm{Im}\int_\Omega z_t N(\bar{z})\mathrm{d}\Omega+$$

$$2b_2\Lambda^{\frac{n+1}{2}}\mathrm{Re}\int_\Omega b(x)(Dq)zN(\bar{z})\mathrm{d}\Omega+$$

$$2b_2\Lambda^{\frac{n+1}{2}}\operatorname{Im}\int_\Omega fN(\bar{z})\,d\Omega$$

$$\leqslant C\left(\int_\Omega |\nabla_g z|_g^2\,d\Omega+\int_\Omega |f|^2\,d\Omega\right)-$$

$$2b_2\Lambda^{\frac{n+1}{2}}\operatorname{Im}\int_\Omega z_t N(\bar{z})\,d\Omega \tag{34}$$

这里常数 C 为仅依赖于 g,Ω,N 和 b_1,b_2 的某一正实数.

下面我们处理(34) 右端的最后一项. 利用散度定理,注意到(21),计算可得

$$\operatorname{div}_g(z_t\bar{z}N)$$

$$=z_t\bar{z}\operatorname{div}_g N+N(z_t)\bar{z}+N(\bar{z})z_t$$

$$=(\mathrm{i}b(x)Pz+f)\bar{z}\operatorname{div}_g N+\frac{d}{dt}(\bar{z}N(z))-\bar{z}_t N(z)+$$

$$N(\bar{z})z_t$$

$$=(\mathrm{i}b(x)Pz+f)\bar{z}\operatorname{div}_g N+\frac{d}{dt}(\bar{z}N(z))+2\mathrm{i}\operatorname{Im} z_t N(\bar{z})$$

将上式在(Ω,g) 上积分,利用 Green 第一公式和系统(21) 在边界 Γ_1 上的连续条件,可得

$$2\mathrm{i}\operatorname{Im}\int_\Omega z_t N(\bar{z})\,d\Omega$$

$$=\int_\Omega (\mathrm{i}b(x)(\Delta_g-Dq)z-f)\bar{z}\operatorname{div}_g N\,d\Omega-$$

$$\frac{d}{dt}\int_\Omega \bar{z}N(z)\,d\Omega$$

$$=-\mathrm{i}\int_\Omega b(x)\langle\nabla_g z,\nabla_g(\bar{z}\operatorname{div}_g N)\rangle_g\,d\Omega-$$

$$\mathrm{i}\int_\Omega Dq(z)\bar{z}\operatorname{div}_g N\,d\Omega-$$

$$\int_\Omega f\bar{z}\operatorname{div}_g N\,d\Omega-\frac{d}{dt}\int_\Omega \bar{z}N(z)\,d\Omega$$

由此易得

$$
\begin{aligned}
&-2b_2\Lambda^{\frac{n+1}{2}}\mathrm{Im}\int_Q z_t N(\bar{z})\mathrm{d}\Omega\mathrm{d}t\\
&=b_2\Lambda^{\frac{n+1}{2}}\int_Q b(x)\langle\nabla_g z,\nabla_g(\bar{z}\mathrm{div}_g(N))\rangle_g\mathrm{d}\Omega\mathrm{d}t+\\
&\quad b_2\Lambda^{\frac{n+1}{2}}\int_Q Dq(z)\bar{z}\mathrm{div}_g(N)\mathrm{d}\Omega\mathrm{d}t+\\
&\quad \mathrm{i}b_2\Lambda^{\frac{n+1}{2}}\int_Q f\bar{z}\mathrm{div}_g(N)\mathrm{d}\Omega\mathrm{d}t+\\
&\quad \mathrm{i}b_2\Lambda^{\frac{n+1}{2}}\int_\Omega \bar{z}N(z)\mathrm{d}\Omega\Big|_0^T
\end{aligned}\tag{3.16}
$$

对(34)关于 t 在 $[0,T]$ 上积分，利用(35)，并注意到(8)，可推得

$$
\begin{aligned}
&b_2^2\int_\Sigma\left|\frac{\partial z_2}{\partial v_A}\right|^2\mathrm{d}\Gamma\mathrm{d}t\\
&\leqslant C_T(\|z\|^2_{L^2(0,T;H^1(\Omega))}+\|f\|^2_{L^2(\Omega\times(0,T))}+\\
&\quad\|z\|^2_{L^\infty(0,T;H^1(\Omega))})
\end{aligned}\tag{36}
$$

此处及后面正常数 C_T 仅依赖于 T,g,Ω,N,b_1,b_2，在不同的公式中可能取不同值.

在(21)中，令 $f=-\mathrm{i}\gamma u=0$. 对任意的 $z_0\in D(A)=H_0^1(\Omega)$，有

$$
\mathrm{e}^{\mathrm{i}At}z_0\in C([0,T];D(A))\cap C^1((0,T];H)
$$

从而由(36)可知

$$
b_2^2\int_\Sigma\left|\frac{\partial(\mathrm{e}^{\mathrm{i}At}z_0)}{\partial v_A}\right|^2\mathrm{d}\Gamma\mathrm{d}t\leqslant C_T\|z_0\|^2_{D(A)}\quad(\forall z_0\in D(A))\tag{37}
$$

由此易知

$$
b_2^2\int_\Sigma\left|\frac{\partial(\mathrm{e}^{\mathrm{i}At}A^{-1}v_0)}{\partial v_A}\right|^2\mathrm{d}\Gamma\mathrm{d}t\leqslant C_T\|v_0\|^2_{H^{-1}(\Omega)}\quad(\forall v_0\in D(A))\tag{38}
$$

由算子 $B*$ 的定义可知,(38) 就是(20). 所以我们证明了算子 B 的允许性.

下面我们证明系统(21) 的输入输出映射的有界性,即对于某个(从而对所有的)$T>0$,系统(21) 的满足 $z_0=0$ 的解满足估计

$$b_2^2\int_\Sigma\left|\frac{\partial z_2(x,t)}{\partial v_A}\right|^2\mathrm{d}\Gamma\mathrm{d}t\leqslant C_T\int_\Sigma|u(x,t)|^2\mathrm{d}\Gamma\mathrm{d}t$$

$$(\forall u\in L^2(0,T;L^2(\Gamma)))\qquad(39)$$

注意到系统(21) 的满足 $z_0=0$ 的解可由下式给出

$$z(x,t)=\int_0^t(\mathrm{e}^{\mathrm{i}\widetilde{A}(t-s)}f(\cdot,s))(x)\mathrm{d}s$$

$$=-\mathrm{i}\int_0^t(\mathrm{e}^{\mathrm{i}\widetilde{A}(t-s)}\gamma u(\cdot,s))(x)\mathrm{d}s$$

又由算子 B 的允许性,我们有(见资料[4])

$$\widetilde{A}z(x,t)=-\mathrm{i}\int_0^t(\mathrm{e}^{\mathrm{i}\widetilde{A}(t-2)}\widetilde{A}\gamma u(\cdot,s))(x)\mathrm{d}s$$

$$=\int_0^t(\mathrm{e}^{\mathrm{i}\widetilde{A}(t-s)}Bu(\cdot,s))(x)\mathrm{d}s\in C([0,T];H)$$

从而可知

$$z\in C([0,T];H_0^1(\Omega))\qquad(40)$$

上式结合(22) 和(36),即可知(39) 成立. 证毕.

参考资料

[1] Salamon D. Infinite dimensional systems with unbounded control and observation: A functional analytic approach. Trans. Amer. Math. Soc., 1987, 300: 383-481.

[2] Salamon D. Realization theory in Hilbert space. Math. Systems Theory, 1989, 21: 147-164.

[3]Weiss G. Admissible observation operators for linear semigroups. Israel J. Math. ,1989,65(1):17-43.

[4]Weiss G. Admissibility of unbounded control operators. SIAM J. Control Optim. ,1989,27:527-545.

[5]Weiss G. Transfer functions of regular linear systems I: Characterizations of regularity. Trans. Amer. Math. Soc. ,1994,342: 827-854.

[6]Curtain R F. The Salamon-Weiss class of well-posed infinite dimensional linear systems:A survey. IMA J. of Math. Control and Inform. ,1997,14:207-223.

[7]Avalos G,Lasiecka I,Rebarber R. Lack of time-delay robustness for stabilization of a structural acoustics model. SIAM J. Control and Optim. ,1999,37(5):1394-1418.

[8]Ammari K. Dirichlet boundary stabilization of the wave equation. Asymptotic Analysis,2002,30(2):117-130.

[9]Byrnes C I,Gilliam D S,Shubov V I,et al. Regular linear systems governed by a boundary controlled heat equation. Journal of Dynamical and Control Systems,2002,8:341-370.

[10] Guo B Z,Shao Z C. Regularity of a Schrödinger equation with Dirichlet control and collocated observation. Systems and Control Letters,2005,54:1135-1142.

[11]Guo B Z,Shao Z C. Regularity of an Euler-Bernoulli plate equation with Neumann control and collocated observation. Journal of Dynamical and Control Systems,2006,12:405-418.

[12]Guo B Z,Shao Z C. On well-posedness,regularity and exact controllability for problems of transmission of plate equation with variable coefficients. Quarterly of Applied Mathematics, 2007,65:705-736.

[13]Guo B Z,Shao Z C. Well-posedness and regularity for non-uniform Schrödinger and Euler-Bernoulli equations with boundary control and observation. Quarterly of Applied Mathematics,2012,70: 111-132.

[14]Guo B Z,Zhang X. The regularity of the wave equation with partial

Dirichlet control and colocated observation. SIAM J. Control Optim., 2005,44:1598-1613.

[15]Guo B Z,Zhang Z X. On the well-posedness and regularity of the wave equation with variable coefficients. ESAIM Control Optim. Calc. Var.,2007,13:776-792.

[16]Guo B Z,Zhang Z X. Well-posedness and regularity for an Euler-Bernoulli plate with variable coefficients and boundary control and observation. Math. Control,Signals,and Systems,2007, 19:337-360.

[17]Guo B Z,Zhang Z X. Well-posedness of the system of linear elasticity with Dirichlet boundary control and observation. SIAM J. Control Optim.,2009,48:2139-2167.

[18]Chai S G,Guo B Z. Well-posedness and regularity of Naghdi's shell equation with boundary control of observation. Journal of Differential Equations,2010,249:3174-3214.

[19]Chai S G,Guo B Z. Feedthrough operator for linear elasticity system with boundary control and observation. SIAM J. Control Optim.,2010,48:3708-3734.

[20]Wen R L,Chai S G,Guo B Z. Well-posedness and exact controllability of fourth order Schrodinger equation with boundary control and collocated observation. SIAM J. Control Optim.,2004,52:365-396.

[21] 郭宝珠,柴树根. 无穷维线性系统控制理论. 北京:科学出版社, 2012.

[22]Yao P F. On the observability inequality for exact controllability of wave equations with variable coefficients. SIAM J. Control Optim.,1999,37:1568-1599.

[23]Yao P F. Observability inequalities for shallow shells. SIAM J. Control Optim.,2000,38:1729-1759.

[24]Yao P F. Observability inequalities for the Euler-Bernoulli plate with variable coefficients. Contemporary Mathematics,Amer. Math. Soc., Providence,RI,2000,268:383-406.

[25]Chai S G,Guo Y X,Yao P F. Boundary feedback stabilization of shallow shells. SIAM J. Control Optim.,2003,42:239-259.

[26]Ammari K, Tucsnak M. Stabilization of second-order evolution equations by a class of unbounded feedbacks. ESAIM Control Optim. Calc. Var., 2001, 6: 361-386.

[27]Guo B Z, Luo Y H. Controllability and stability of a second order hyperbolic system with collocated sensor/actuator. Systems Control Lett., 2002, 46: 45-65.

[28]Taylor M E. Partial Differential Equations I: Basic Theory. New York: Springer-Verlag, 1996.

[29]Shargorodsky E M, Agranovich M S, Egorov I, et al. Partial Differential Equations IX: Elliptic Boundary Value Problems. Springer, 1997.

[30]Lions J L, Magenes E. Non-Homogeneous Boundary Value Problems and Applications, Vol. I. Berlin: Springer-Verlag, 1972.

[31]Liu W, Williams G H. Exact controllability for problems of transmission of the plate equation with lower order terms. Quart. Appl. Math., 2000, 58: 37-68.

Schrödinger 方程的整体几何光学

第四章

整体几何光学方法是一种新的求解高频线性波动方程初值问题的渐进近似理论. 该理论最初是针对 WKB 初值数据问题提出来的. 清华大学数学科学系的郑春雄教授 2018 年采用不同的方法,对这一方法予以重新推导,使得该理论同样适用于初值为扩展 WKB 函数的情形. 特别地,我们将建立的理论用于 Schrödinger 方程传播子的半经典近似上来. 结果表明,整体几何光学方法提供的波场近似恰好是Kay提出的半相空间公式的一个实例. 作为副产品,我们指出 Van Vleck 近似中起到关键作用的 Maslov 指标可以通过一个简单的代数关系式来确定.

1 引　　言

Schrödinger 方程的数值求解是量子力学领域的一个基本问题. 它在许多

其他领域,比如非线性光学、水下声学[1]和地质成像[3]中也有广泛的应用.当波长较小时,即便对于低维的问题,直接数值求解计算量巨大,其原因在于为了保证近似波场的逼近精度,我们需要大量的时空格点.计算上的困难促使人们采用渐近分析,发展新的适用于求解高频波动问题的渐近近似方法.

最简单的渐近近似方法是几何光学方法[4],也称为WKB方法.几何光学方法试图需求如下渐近形式的解

$$u(x,t)=[A_0(x,t)+(-\mathrm{i}\epsilon)A_1(x,t)+\cdots]\exp\frac{\mathrm{i}S(x,t)}{\epsilon} \tag{1}$$

其中 ϵ 是渐近波长参数,实值函数 S 称为相位,A_j 为各阶振幅函数.将表达式(1)代入到如下(广义)Schrödinger 方程

$$(H(x,-\mathrm{i}\epsilon\nabla,t)-\mathrm{i}\epsilon\partial_t)u(x,t)=0\quad(x\in\mathbf{R}^n) \tag{2}$$

平衡 ϵ 的各阶幂次项,我们得到下面关于相位函数 S 的 Hamilton-Jacobi 方程

$$\partial_t S(x,t)+H(x,\nabla S(x,t),t)=0 \tag{3}$$

和一系列振幅函数 A_j 满足的简单输运方程.原则上来讲,Hamilton-Jacobi 方程(3)可以通过特征线方法予以求解.然而,在大多数情况下,相位函数只能在一个小的有限时间区间上确定.当演化时间比较长时,会产生焦散点,也就是光线塌缩的点.焦散点产生之后,几何光学方法不能提供一个具有整体渐近精度的近似波场.

实际上,焦散点产生的根源在于我们刻板地选择位置表象作为波场的表象方式.当投影到实空间时,

Hamilton 流诱导的 Lagrange 子流形在焦散点附近是多值的. 等价的说,在焦散点附近,实空间坐标不再是 Lagrange 子流形的一个整体坐标. Maslov[4] 证明对给定的 Lagrange 子流形上的任一点,都能至少确定一个坐标 Lagrange 平面,使得该平面是这一点的一个确定领域的表示平面. 基于这个事实,Maslov 发展了规范化算子方法. 该方法理论上完全克服了焦散点存在的困难,并能够提供时空上具有最优的整体一致精度的渐近近似波场. 但规范化算子方法需要对 Lagrange 子流形做恰当的单位分解(partition of unity),这就需要了解子流形在相空间中的具体几何结构. 对多个自由度的系统,数值实现起来并不是一件容易的事情. 从计算的角度来说,发展不依赖或弱依赖 Lagrange 子流形几何信息的渐近近似理论是一种更好的选择.

在量子物理和量子化学领域经常要数值求解半经典极限下的 Schrödinger 方程. 一个常用的策略是首先得到传播子(Green 函数)的半经典近似,然后通过与具体 Cauchy 初值的卷积运算得到方程的整体渐近近似解. 经典的半经典传播子的近似方法是由 Van Vleck[5] 以及 Gutzwiller[6] 提出来的,称为 VVG 传播子. VVG 近似传播子可以通过对准确传播子的路径积分表示采用驻相法近似来得到. 直接应用 VVG 传播子方法需要解决路径搜索问题,数值上的难度很大. 此外,在焦散点附近,VVG 传播子方法不能提供一致精度的半经典近似.

很多现代的量子系统半经典近似方法都是基于传播子的初值表示(IVR) 近似. 与经典的 VVG 传播子近似不同,这些方法利用初始位置坐标和动量坐标的值来确定相空间路径，因而避免了路径搜索问题导致的数值困难. 早期的一个 IVR 近似方法是由 Heller[8] 提出的 thawed Gauss 近似方法. 其后，基于 Heller[9] 固定波包宽度的思想，Herman 以及 Kluk[10] 提出了著名的 frozen Gauss 近似方法. Herman 和 Kluk(HK) 近似传播子表示为以相空间变量为参数的一族 Gauss 函数的积分，提供的波场近似具有整体一致的精度. Kay[11] 拓广了 HK 传播子的概念. 很多早期的半经典近似可以通过调整 Kay 提出的近似波场中的参数来得到[8-10,12]. 特别地，采用驻相法，Kay 得到了只包含半数相空间变量的积分表达式[11,13].

近年来，作者对短波极限下的标量波动方程的 WKB 初值问题提出了整体几何光学方法(GGOM)这一新的渐近近似理论. 和所有 IVR 近似理论一样，GGOM 方法提供的波场近似也表示为一族子流形为参数空间的振荡 Gauss 函数的叠合. GGOM 的参数流形具有最小的流形维度，只等于波动方程包含的自由度个数. 与 HK 传播子方法相比，后者涉及的参数化流形的维度为前者的三倍. 与 Kay 的半相空间公式相比，后者涉及的参数化流形的维度为前者的两倍.

本章的目标是采用不同的方法重新导出 GGOM 近似方法，使得它也适用于初值是扩展 WKB 函数的情况. 当初值是 Dirac delta 函数时，我们给出 Schrödinger 传播子的 GGOM 近似. 我们发现在 Van Vleck 传播子近似中起重要作用的 Maslov 指标可以经过一个简单的代数运算从 GGOM 中推导出来.

2　符号预备知识

下面引入本章中采用的一些基本符号.

我们用 I_N 表示 N－维单位矩阵. 标准辛阵定义为

$$J_{2N}=\begin{bmatrix}0 & I_N\\ -I_N & 0\end{bmatrix}$$

在不引起混淆的情况下,我们将略去维度参数.

每个相空间中的平面可以由一个列满秩的矩阵的列向量来张成. 本章中,我们不区别平面和它的特定矩阵表示,尽管平面的表示矩阵不唯一.

辛内积定义如下

$$[z,z']=(z,Jz')$$

一个 $2N$ 维相空间中的 N 维平面称为是 Lagrange 的,当且仅当任意两个列向量是辛正交的.

每个 Lagrange 平面都有一个酉短阵表示. 假定 $\boldsymbol{C}\in\mathbf{R}^{2N\times N}$ 是 Lagrange 平面的一个矩阵表示. 设 $\boldsymbol{C}=\boldsymbol{QP}$ 是 $\boldsymbol{C}$ 的极分解,记

$$\boldsymbol{Q}=[\boldsymbol{Q}_1^{\dagger}\quad \boldsymbol{Q}_2^{\dagger}]^{\dagger}\quad (\boldsymbol{Q}_1,\boldsymbol{Q}_2\in\mathbf{R}^{N\times N})$$

那么 $\boldsymbol{U}=\boldsymbol{Q}_1+\mathrm{i}\boldsymbol{Q}_2$ 是个酉矩阵. 本章中,我们用符号 † 表示实转置.

2.1　Heisenberg 群及其酉表示

Heisenberg 李群,记作 $\boldsymbol{H}_N$,是指集合 $\mathbf{R}^{2N+1}$ 配以如下的群律

$$(z,s)(z',s')=\left(z+z',s+s'+\frac{[z,z']}{2}\right)$$

$$(\forall z, z' \in \mathbf{R}^{2N}, \forall s, s' \in \mathbf{R})$$

在其函数空间 $L^2(\mathbf{R}^N)$ 上的酉表示定义为

$$\rho_\epsilon(z,s) = \exp\left\{ \mathrm{i}\frac{[z,W]-s}{\epsilon} \right\}, W = (x, -\mathrm{i}_\epsilon \nabla)$$

我们约定 $\rho_\epsilon(z) = \rho_\epsilon(z,0)$. 对任意的函数 $f \in L^2(\mathbf{R}^N)$, 我们有(见资料[15]中的第 21 页)

$$(\rho_\epsilon(z)f)(x) = \exp\left[-\frac{\mathrm{i}p\left(x+\frac{q}{2}\right)}{\epsilon} \right] f(x+q) \quad (4)$$

2.2 Weyl 量子化

对适当的相空间上定义的分布 $H = H(\omega) = H(x,\xi) \in S'(\mathbf{R}_x^N \times \mathbf{R}_\xi^N)$, 其中 $w = (x,\xi)$, H 的 Weyl 量子化记作 $H(W)$, 定义为

$$H(W) = H(x, -\mathrm{i}_\epsilon \nabla) = (2\pi\epsilon)^{-2N} \int \hat{H}_\epsilon(z) \rho_\epsilon(z) \mathrm{d}z$$

上式中, $\hat{H}_\epsilon$ 表示辛 Fourier 变换, 定义为

$$\hat{H}_\epsilon(z) = \int H(w) \exp \frac{\mathrm{i}(w,z)}{\epsilon} \mathrm{d}w$$

2.3 酉矩阵群的酉表示

Bargmann 变换定义为

$$(B_\epsilon f)(\zeta) = \int \exp\left(-\frac{2x^2 - 4\zeta x + \zeta^2}{4\epsilon} \right) f(x) \mathrm{d}x$$

变换 B_ϵ 是从 $L^2(\mathbf{R}^N)$ 到如下的 Fock 空间的一个等距同构

$$\mathscr{F}_N = \{ F \text{ entire} \mid \| F \|_{\mathscr{F}}^2 = 2^{\frac{N}{2}} (2\pi\epsilon)^{-\frac{3N}{2}} \int | F(\zeta) |^2 \exp\left(-\frac{|\zeta|^2}{2\epsilon} \right) \mathrm{d}\zeta < \infty \}$$

从 $\mathscr{F}_N$ 到 $L^2(\mathbf{R}^N)$ 的逆 Bargmann 变换是

$$(B_\epsilon^{-1}F)(x)=2^{\frac{N}{2}}(2\pi\epsilon)^{-\frac{3N}{2}}\int\exp\left(-\frac{2x^2-4\bar{\zeta}x+\bar{\zeta}^2}{4\epsilon}\right)\cdot$$

$$\exp\left(-\frac{|\zeta|^2}{2\epsilon}\right)F(\zeta)\mathrm{d}\zeta$$

假定 $\boldsymbol{U}_N$ 是作用于 $\mathbf{C}^N$ 的酉矩阵群. 对任意 $\boldsymbol{U}\in\boldsymbol{U}_N$，我们定义

$$(\mathcal{T}_U F)(\zeta)=F(\boldsymbol{U}^\dagger)\zeta\quad(\forall F\in\mathcal{F}_N)$$

和

$$\mu_\epsilon(\boldsymbol{U})=B_\epsilon^{-1}\mathcal{T}_U B_\epsilon$$

由于 $\mathcal{T}$ 是一个 $\boldsymbol{U}_N$ 在 Fock 空间 $\mathcal{F}_N$ 的酉表示，因此 μ_ϵ 确定了一个从 $\boldsymbol{U}_N$ 到函数空间 $L^2(\mathbf{R}^N)$ 上的酉表示.

引理 1 定义基本相干态函数为

$$\phi(x)=(2\pi\epsilon)^{-\frac{N}{2}}\exp\left(-\frac{x^2}{2\epsilon}\right)$$

对任意酉矩阵 $\boldsymbol{U}\in\boldsymbol{U}_N$，我们有 $\mu_\epsilon(\boldsymbol{U})\phi=\phi$.

引理 2 对任意 $\boldsymbol{U}\in\boldsymbol{U}_N$ 和相空间中的点 $z\in\mathbf{R}^{2N}$，以及 $H\in S'(\mathbf{R}_x^N\times\mathbf{R}_\xi^N)$，我们有

$$\rho_\epsilon(z)H(\boldsymbol{W})\rho_\epsilon(-z)=H(\boldsymbol{W}+z)\tag{5}$$

$$\mu_\epsilon(\boldsymbol{U}*)H(\boldsymbol{W})\mu_\epsilon(\boldsymbol{U})=H(\boldsymbol{R}_U\boldsymbol{W})\tag{6}$$

其中 $\boldsymbol{R}_U$ 定义为

$$\boldsymbol{R}_U=\begin{bmatrix}\boldsymbol{Q}_1 & -\boldsymbol{Q}_2\\ \boldsymbol{Q}_2 & \boldsymbol{Q}_1\end{bmatrix},\boldsymbol{U}=\boldsymbol{Q}_1+\mathrm{i}\boldsymbol{Q}_2$$

引理 1 和引理 2 的证明详见资料[14].

引理 3 假定 $z=z(t)$ 是相空间 $\mathbf{R}^{2N}$ 中的一条光滑曲线，$\boldsymbol{U}=\boldsymbol{U}(t)$ 是酉矩阵群 $\boldsymbol{U}_N$ 中的一条光滑曲线. 则如下各式成立

$$-\mathrm{i}\epsilon\,\partial_t\rho_\epsilon(z)=\left((\dot{z},\boldsymbol{W})-\frac{(z,\dot{z})}{2}\right)\rho_\epsilon(z)\tag{7}$$

$$-\mathrm{i}\epsilon\,\partial_t\mu_\epsilon(\boldsymbol{U}*)=[\boldsymbol{W\Phi W}-\epsilon\mathrm{tr}\boldsymbol{T}_I)\mu_\epsilon\frac{\boldsymbol{U}*}{2}\tag{8}$$

$$\mu_\epsilon(\boldsymbol{U}*)\rho_\epsilon(z)(-\mathrm{i}\epsilon\partial_t)(\rho_\epsilon(-z)\mu_\epsilon(\boldsymbol{U}))$$
$$=-[\bar{z},\boldsymbol{R}_U W]-\frac{\boldsymbol{W\Phi W}}{2}+\frac{z,\bar{z}}{2}+\frac{\epsilon\mathrm{tr}\boldsymbol{T}_I}{2} \tag{9}$$

在上式中，$\boldsymbol{T}_I$ 和 $\boldsymbol{\Phi}$ 定义为

$$\boldsymbol{T}_R+\mathrm{i}\boldsymbol{T}_i=\dot{\boldsymbol{U}}*\boldsymbol{U},\boldsymbol{\Phi}=\begin{bmatrix}\boldsymbol{T}_I & \boldsymbol{T}_R\\ -\boldsymbol{T}_R & \boldsymbol{T}_I\end{bmatrix}$$

证明 公式(7) 和(8) 详见资料[14]. 注意到

$$\mu_\epsilon(\boldsymbol{U}*)\rho_\epsilon(z)(-\mathrm{i}\epsilon\partial_t)(\rho_\epsilon(-z)\mu_\epsilon(\boldsymbol{U}))$$
$$=\mu_\epsilon(\boldsymbol{U}*)\rho_\epsilon(z)(-\mathrm{i}\epsilon\partial_t\rho_\epsilon(-z))\mu_\epsilon(\boldsymbol{U})+$$
$$\mu_\epsilon(\boldsymbol{U}*)(-\mathrm{i}\epsilon\partial_t)\mu_\epsilon(\boldsymbol{U})$$

由(7)，我们有

$$\rho_\epsilon(z)[-\mathrm{i}\epsilon\partial_t\rho_\epsilon(-z)]=\mathrm{i}\epsilon\partial_t\rho_\epsilon(z)\rho_\epsilon(-z)=\frac{z,\bar{z}}{2}-(\bar{z},\boldsymbol{W})$$

应用式(6) 得到

$$\mu_\epsilon(\boldsymbol{U}*)\rho_\epsilon(z)(-\mathrm{i}\epsilon\partial_t\rho_\epsilon(-z))\mu_\epsilon(\boldsymbol{U})=\frac{(z,\bar{z})}{2}-(\bar{z},\boldsymbol{R}_U\boldsymbol{W}) \tag{10}$$

此外，回顾(8)，我们有

$$\mu_\epsilon(\boldsymbol{U}*)(-\mathrm{i}\epsilon\partial_t)\mu_\epsilon(\boldsymbol{U})=\mathrm{i}\epsilon\partial_t\mu_\epsilon(\boldsymbol{U}*)\mu_\epsilon(\boldsymbol{U})$$
$$=-\frac{\boldsymbol{W\Phi W}}{2}+\frac{\epsilon\mathrm{tr}\boldsymbol{T}_I}{2} \tag{11}$$

把式(10) 和式(11) 加起来，我们得到(9).

2.4 WKB 函数及其扩展

定义 1 WKB 函数是指如下的渐近级数展开式

$$u(x)=(A(x)+(-\mathrm{i}\epsilon)A_1(x)+\cdots)\exp\left(\frac{\mathrm{i}S(x)}{\epsilon}\right)$$
$$(x\in\mathbf{R}^N)$$

WKB 函数对应的 Lagrange 子流形定义为

$$dS\mid_{\mathrm{supp}\,A}=\{(q,p)\mid p=\nabla S(q),q\in \mathrm{supp}\,A\}$$

我们称一个 WKB 函数具有导数消失性质(VDP),如果

$$\nabla S(0)=0,\nabla^2 S(0)=0$$

下面的公式在经典 WKB 分析中具有至关重要的地位

$$H(W)\left(A(x)\exp\frac{\mathrm{i}S(x)}{\epsilon}\right)=\exp\left(\frac{\mathrm{i}S(x)}{\epsilon}\right)\sum_{j=0}^{\infty}(-\mathrm{i}\epsilon)^j R_j(A) \tag{12}$$

这里,$H(W)$ 是符号 $H=H(w)=H(x,\xi)$ 对应的 Weyl 量子化算子. 算子 R_j 是 j 一阶的线性微分算子. 其前两个如下

$$R_0[A]=HA \tag{13}$$

$$R_1(A)=\nabla_2 H\cdot\nabla A+\frac{(\nabla_2^2 H:\nabla^2 S+\mathrm{tr}(\nabla_1\nabla_2 H))A}{2} \tag{14}$$

在上式中,H 及其各阶导数在相空间中的点$(x,\nabla S(x))$上取值.

定义 2 扩展 WKB 函数是指如下的渐近级数展开式

$$u(x)=\int_{z\in\Lambda}(A(z)+(\mathrm{i}\epsilon)A_1(z)+\cdots)\cdot \exp\frac{\mathrm{i}S(z)}{\epsilon}(\rho_\epsilon(-z)\phi)(x)d\mathrm{vol}\quad(x\in\mathbf{R}^N)$$

其中,Λ 是相空间 $\mathbf{R}^{2N}$ 中的一个 Lagrange 子流形,S 是其上微分 1 - 形式 $pdq-d(pq)/2$ 的生成函数.

在本章中,我们仅考虑场的一阶渐近近似. 大多数情况下,只需要保留振幅渐近级数的首项. 为符号简单计,我们用 $O(\epsilon)$ 表示级数的高阶项.

定义 3 相空间的一个子流形称为是简单的，如果该子流形在其上任一点的切平面中具有单值投影.一个 WKB 函数或者扩展 WKB 函数称为是简单的，如果相应的 Lagrange 子流形是简单的.

下面的定理来自于资料[14]中的定理 3.2 和引理 3.3.

定理 1 假定 Λ 是相空间 $\mathbf{R}^{2N}$ 中的一个简单 Lagrange 子流形.给定一个扩展 WKB 函数

$$u(x)=\int_{z\in\Lambda}(A(z)+O(\epsilon))\exp\frac{\mathrm{i}S(z)}{\epsilon}(\rho_\epsilon(-z)\phi)(x)d\mathrm{vol}$$

对任意的 $z=(q,p)\in\operatorname{supp}A$，记 U 为其切空间的一个酉表示.那么 $\mu_\epsilon(U*)\rho_\epsilon(z)u$ 是一个具有导数消失的 WKB 函数，并且

$$(\mu_\epsilon(U*)\rho_\epsilon(z)u)(0)=(A(z)+O(\epsilon))\exp\frac{\mathrm{i}S(z)}{\epsilon}$$

此外，如果 Λ 满足位置坐标平面上的单值投影性质，则

$$u(q)=\left(A(z)\det\left(I-\frac{\mathrm{i}\partial p}{\partial q}\right)^{\frac{1}{2}}+O(\epsilon)\right)\exp\left[\frac{\mathrm{i}\left(S(z)+\frac{pq}{2}\right)}{\epsilon}\right]\tag{15}$$

给定一个 WKB 函数(未必简单)

$$u(x)=(A(x)+O(\epsilon))\exp\left(\frac{\mathrm{i}S(x)}{\epsilon}\right)$$

我们考虑如下的扩展 WKB 函数

$$\tilde{u}(x)=\int_{z\in dS|\operatorname{supp}A}A(z)\exp\left(\frac{\mathrm{i}S(z)}{\epsilon}\right)(\rho_\epsilon(-z)\phi)(x)d\mathrm{vol}$$

其中

$$S(z)=S(q)-\frac{pq}{2}$$

$$A(z)=A(q)\det(\boldsymbol{I}-\mathrm{i}\,\nabla^2S(q))^{-\frac{1}{2}}$$

由于S是微分1－形式pdq在$dS\mid_{\text{supp}\,A}$上的生成函数，我们有

$$\frac{\partial p}{\partial q}=\nabla^2 S(q),\ \forall z=(q,p)\in dS\mid_{\text{supp}\,A}$$

采用标准的单位分解论证，由定理1，我们知道

$$\begin{aligned}\tilde{u}(x)&=(A(x)+O(\epsilon))\exp\left(\mathrm{i}\,\frac{S(x)}{\epsilon}\right)\\&=u(x)+O(\epsilon)\end{aligned}$$

这说明扩展WKB函数确实是经典WKB函数的扩展．与经典WKB函数不同，扩展WKB函数的Lagrange子流形在相空间具有更多的选择自由度，因此扩展WKB函数是包含WKB函数更大的一个函数模板．

3　整体几何光学近似

设Λ_0是相空间$\boldsymbol{R}_x^N\times\boldsymbol{R}_\xi^N$中的一个Lagrange子流形．如下的Hamilton系统

$$\dot{z}=J\,\nabla H(z,t)$$

配以Lagrange初值条件

$$z\mid_{t=0}=z_0\in\Lambda_0$$

确定扩展相空间$\mathbf{R}_x^N\times\mathbf{R}_\xi^N\times\mathbf{R}_t$中与$\Lambda_0\times R$微分同胚的一个子流形，记作$\Lambda$．定义$\Lambda_t$为$\Lambda$在时刻$t$的截子流形．$\Lambda_t$在相空间中的投影构成一个Lagrange子流形．我们用相同的符号Λ_t表示截子流形以及其相空间上的投影．

假定y是Λ_0的一个坐标．那么Λ_t上点$z=z(t,y)$的切平面

$$C=\frac{\partial z}{\partial y},\forall z=z(t,y)$$

满足如下方程

$$\dot{C}=J\nabla^2 H(z,t)C,C|_{t=0}=\frac{\partial z_0}{\partial y}\tag{16}$$

记 $C=QP$ 为极分解. 将 Q 分成两块

$$\boldsymbol{Q}=[\boldsymbol{Q}_1^{\dagger}\quad \boldsymbol{Q}_2^{\dagger}]^{\dagger}\quad (\boldsymbol{Q}_1,\boldsymbol{Q}_2\in \mathbf{R}^{N\times N})$$

并记 $\boldsymbol{U}=\boldsymbol{Q}_1+\mathrm{i}\boldsymbol{Q}_2$. 则 $\boldsymbol{U}$ 为一个酉矩阵. 假定 $S(z,t)$ 是 Λ 上满足如下条件的一个实值函数

$$\dot{S}+H(z,t)+\frac{[z,z]}{2}=0\tag{17}$$

并且 $S(z,0)$ 是 Λ_0 上微分 1－形式 $pdq-\frac{d(pq)}{2}$ 的生成函数,那么 $S(z,t)$ 也是 Λ_t 上微分 1－形式 $pdq-\frac{d(pq)}{2}$ 的生成函数. 在上式中,$\dot{S}$ 表示函数 $S(z,t)$ 关于变量 t 的随体导数.

我们定义算子 $\mathscr{K}$ 如下

$$[\mathscr{K}\mathscr{A}](x,t)=\int_{\zeta\in\Lambda_t}\mathscr{A}(\zeta,t)\exp\left(\frac{\mathrm{i}S(\zeta,t)}{\epsilon}\right)(\rho_\epsilon(-\zeta)\phi)(x)d\mathrm{vol}\tag{18}$$

其中 $\mathscr{A}$ 是定义子流形 Λ 上的光滑函数. 在任意时刻,$\mathscr{K}\mathscr{A}$ 是个扩展 WKB 函数. 给定一个活动标架 $(z,U)=(z(t),U(t))$,由引理 2 和引理 3,我们有

$$\begin{aligned}&\mu_\epsilon(\boldsymbol{U}*)\rho_\epsilon(z)(\boldsymbol{H}(\boldsymbol{W},t)-\mathrm{i}\epsilon\,\partial_t)\mathscr{K}\mathscr{A}\\&=\mu_\epsilon(\boldsymbol{U}*)\rho_\epsilon(z)(\boldsymbol{H}(\boldsymbol{W},t)-\mathrm{i}\epsilon\,\partial_t)\rho(-z)\mu_\epsilon(\boldsymbol{U})\mu_\epsilon(\boldsymbol{U}*)\rho_\epsilon(z)\mathscr{K}\mathscr{A}\\&=\left(\widetilde{H}(\boldsymbol{W},t)+\frac{\epsilon\,\mathrm{tr}\boldsymbol{T}_I}{2}-\mathrm{i}\epsilon\,\partial_t\right)\mu_\epsilon(\boldsymbol{U}*)\rho_\epsilon(z)\mathscr{K}\mathscr{A}\end{aligned}\tag{19}$$

其中

$$\widetilde{H}(w,t)=\boldsymbol{H}(\boldsymbol{R}_U w+z,t)-\nabla\boldsymbol{H}(z,t)\cdot\boldsymbol{R}_U w-\frac{w\boldsymbol{\Phi}w}{2}+\frac{z,\bar{z}}{2}$$

直接计算可以得到

$$\widetilde{H}(0,t)=\boldsymbol{H}(z,t)+\frac{(z,\bar{z})}{2} \tag{20}$$

$$\nabla\widetilde{\boldsymbol{H}}(0,t)=0 \tag{21}$$

$$\nabla^2\widetilde{\boldsymbol{H}}(0,t)=\begin{bmatrix}Q*\nabla^2\boldsymbol{H}(z,t)Q & -Q*\nabla^2\boldsymbol{H}(z,t)JQ\\ Q*J\nabla^2\boldsymbol{H}(z,t)Q & -Q*\boldsymbol{J}\nabla^2\boldsymbol{H}(z,t)JQ\end{bmatrix}-\Phi \tag{22}$$

给定确定的演化时间 T，假定 Λ_t 在任意时刻 $t\in[0,T]$ 都是简单的. 由定理 1 可知，$\mu_\epsilon(\boldsymbol{U}*)\rho_\epsilon(z)\mathscr{K}\mathscr{A}$ 是个具有导数消失性质的 WKB 函数. 假定

$$\begin{aligned}&\mu_\epsilon(\boldsymbol{U}*)\rho_\epsilon(z)\mathscr{K}\mathscr{A}(x,t)\\&=(A_0(x,t)+(\mathrm{i}\epsilon)A_1(x,t)+O(\epsilon^2))\exp\frac{\mathrm{i}S(x,t)}{\epsilon}\end{aligned} \tag{23}$$

那么我们有

$$A_0(0,t)=\mathscr{A}(z,t) \tag{24}$$

并且

$$S(0,t)=S(z,t),\nabla S(0,t)=0,\nabla^2 S(0,t)=0 \tag{25}$$

对任意光滑函数 $\varphi=\varphi(x,t)$，应用 WKB 分析的基本公式(12)，我们得到

$$\begin{aligned}&\left(\widetilde{\boldsymbol{H}}(\boldsymbol{W},t)+\frac{\epsilon\mathrm{tr}\boldsymbol{T}_I}{2}-\mathrm{i}\epsilon\partial_t\right)\left(\varphi\exp\frac{\mathrm{i}S}{\epsilon}\right)\\&=\exp\left(\frac{\mathrm{i}S}{\epsilon}\right)\sum_{j=0}^{\infty}(i\epsilon)^j\Gamma_j(\varphi)\end{aligned}$$

其中

$$\Gamma_0(\varphi) = (\dot{S} + \widetilde{H})\varphi$$

$$\Gamma_1(\varphi) = \dot{\varphi} + \frac{\nabla_2 \widetilde{H} \cdot \nabla + \nabla_2^2 \widetilde{H} : \nabla^2 S + \operatorname{tr}(\nabla_1 \nabla_2 \widetilde{H} + \mathrm{i}\operatorname{tr}\boldsymbol{T}_I \varphi)}{2}$$

在上面的公式中,函数 $\widetilde{H}$ 及其各阶导数在扩展相空间中的点$(x, \nabla S(x,t), t)$取值. 当 $x=0$,由(25) 和(20),我们有

$$T_0(\varphi)\mid_{x=0} = \left(\dot{S} + H(z,t) + \left(z, \frac{z}{2}\right)\right)\varphi(0,t) = 0 \tag{26}$$

而且, 根据(25), (21), (22), 并且考虑到 $T_I = \boldsymbol{Q} * \nabla^2 H(z,t)\boldsymbol{Q}$,我们得到

$$T_1(\varphi)\mid_{x=0} = \dot{\varphi}(0,t) + \operatorname{tr}(\boldsymbol{Q} * (\mathrm{i}\boldsymbol{I} + \boldsymbol{J})\,\nabla^2 \boldsymbol{H}(z,t)\boldsymbol{Q})\,\frac{\varphi(0,t)}{2}$$

$$\xlongequal{\text{def}} \mathscr{L}(\varphi(0,t)) \tag{27}$$

因此,由(19),(23) 和(24),我们有

$$(\mu_\epsilon(\boldsymbol{U} *)\rho_\epsilon(z)(\boldsymbol{H}(\boldsymbol{W},t) - \mathrm{i}\epsilon\,\partial_t)\mathscr{K}\mathscr{A})\mid_{x=0}$$

$$= ((-\mathrm{i}\epsilon)\mathscr{L}(\mathscr{A}) + \mathscr{O}(\epsilon^2))\exp\frac{\mathrm{i}\mathscr{S}}{\epsilon}$$

应用定理 1,我们最后得到

$$(H(\boldsymbol{W},t) - \mathrm{i}\epsilon\,\partial_t)\mathscr{K}\mathscr{A} = (-\mathrm{i}\epsilon)\mathscr{K}(\mathscr{L}(\mathscr{A}) + \mathscr{O}(\epsilon)) \tag{28}$$

当 Lagrange 流形 Λ_t 不满足简单性要求时,我们可以确定一个单位分解$\{\Omega_\alpha, \chi_\alpha\}$,也就是说

$$\bigcup_\alpha \Omega_\alpha = \Lambda, \operatorname{supp}\chi_\alpha \subset \Omega_\alpha, \sum_\alpha \chi_\alpha = 1, \forall z \in \Lambda$$

使得对每个 Ω_α,截子流形 $\Omega_\alpha \cap \Lambda_t$,对任意 $t \in [0,T]$ 是简单的. 考虑到 $\mathscr{A}\chi_\alpha$ 支于 Ω_α,由(28),我们有

$$(\boldsymbol{H}(\boldsymbol{W},t) - \mathrm{i}\epsilon\,\partial_t)\mathscr{K}(\mathscr{A}\chi_\alpha) = (-\mathrm{i}\epsilon)\mathscr{K}(\mathscr{L}(\mathscr{A}\chi_\alpha) + \mathscr{O}(\epsilon))$$

对指标 α 求和,我们知道公式(28)在一般情况下依然是成立的.

如果指定 $\mathscr{A}$ 使得 $\mathscr{L}(\mathscr{A})=0$,也就是说

$$\dot{A}+\operatorname{tr}(\boldsymbol{Q}*(\mathrm{i}\boldsymbol{I}+\boldsymbol{J})\nabla^2\boldsymbol{H}(z,t)\boldsymbol{Q})\frac{\mathscr{A}}{2}=0$$

那么有

$$(H(W,t)-\mathrm{i}\epsilon\partial_t)\mathscr{K}\mathscr{A}=\mathscr{O}(\epsilon^2)$$

这意味着 $\mathscr{K}\mathscr{A}$ 是 Schrödinger 方程的一阶渐近近似解.

现在考虑Schrödinger方程的初值问题.假定初值为如下的扩展 WKB 函数

$$u_0(x)=\int_{\zeta\in\Lambda_0}A_0(\zeta)\exp\left(\frac{\mathrm{i}\mathscr{S}_0(\zeta)}{\epsilon}\right)(\rho_\epsilon(-\zeta)\phi)(x)d\mathrm{vol}$$

由如下的 ODE 系统确定子流形和振幅函数后

$$\dot{z}=J\,\nabla H(z,t),z\,|_{t=0}=z_0\in\Lambda_0\tag{29}$$

$$\dot{C}=J\,\nabla^2H(z,t)C,C\,|_{t=0}=\frac{\partial z_0}{\partial y},C=QP\tag{30}$$

$$\dot{\mathscr{S}}+H(z,t)+\frac{z,\dot{z}}{2}=0,S\,|_{t=0}=S_0(z_0)\tag{31}$$

$$\dot{\mathscr{A}}+\operatorname{tr}(\boldsymbol{Q}*(\mathrm{i}\boldsymbol{I}+\boldsymbol{J})\nabla^2H(z,t)\boldsymbol{Q})\frac{\mathscr{A}}{2}=0$$

$$\mathscr{A}\,|_{t=0}=\mathscr{A}_0(z_0)\tag{32}$$

我们得到 Schrödinger 初值问题解的半经典近似

$$u(x,t)=\int_{z\in\Lambda_t}\mathscr{A}(z,t)\exp\left(\frac{\mathrm{i}\mathscr{S}(z,t)}{\epsilon}\right)(\rho_\epsilon(-z)\phi)(x)d\mathrm{vol}$$

这个近似具有时空整体一致的一阶渐近近似精度.由于以上近似的导出是基于 WKB 分析的,我们将上面的近似称为整体光学近似,相应的方法称为整体几何光学方法.

振幅函数满足的 ODE(32)可以写成更简明的形式.记 $\boldsymbol{U}=\boldsymbol{Q}_1+\mathrm{i}\boldsymbol{Q}_2$.则 $\boldsymbol{U}$ 是酉矩阵.直接演算得到

$$\boldsymbol{Q}*(\boldsymbol{I}-\mathrm{i}\boldsymbol{J})\dot{\boldsymbol{Q}}=\overline{\boldsymbol{U}*\dot{\boldsymbol{U}}}=\overline{\boldsymbol{U}^{-1}\dot{\boldsymbol{U}}}$$

根据 ODE，我们有

$$\dot{\boldsymbol{Q}}\boldsymbol{P}+\boldsymbol{Q}\dot{\boldsymbol{P}}=\boldsymbol{J}\ \nabla^2 H(z)\boldsymbol{Q}\boldsymbol{P}$$

于是

$$\begin{aligned}\nabla^2 H(z)\boldsymbol{Q}&=\boldsymbol{J}^{-1}(\dot{\boldsymbol{Q}}\boldsymbol{P}+\boldsymbol{Q}\dot{\boldsymbol{P}})\boldsymbol{P}^{-1}\\&=\boldsymbol{J}^{-1}(\dot{\boldsymbol{Q}}+\boldsymbol{Q}\dot{\boldsymbol{P}}\boldsymbol{P}^{-1})\end{aligned}$$

因此，我们有

$$\begin{aligned}&\mathrm{tr}(\boldsymbol{Q}*\ \nabla^2 H(z)(\mathrm{i}\boldsymbol{I}-\boldsymbol{J})\boldsymbol{Q})\\&=\mathrm{tr}(\boldsymbol{Q}*(\mathrm{i}\boldsymbol{I}+\boldsymbol{J})\ \nabla^2 H(z)\boldsymbol{Q})\\&=\mathrm{tr}(\boldsymbol{Q}*(\boldsymbol{I}-\mathrm{i}\boldsymbol{J})(\dot{\boldsymbol{Q}}+\boldsymbol{Q}\dot{\boldsymbol{P}}\boldsymbol{P}^{-1}))\\&=\mathrm{tr}(\boldsymbol{Q}*(\boldsymbol{I}-\mathrm{i}\boldsymbol{J})\dot{\boldsymbol{Q}}+\dot{\boldsymbol{P}}\boldsymbol{P}^{-1})\\&=\mathrm{tr}(\overline{\boldsymbol{U}^{-1}\dot{\boldsymbol{U}}}+\dot{\boldsymbol{P}}\boldsymbol{P}^{-1})\\&=\frac{1}{\det(\overline{\boldsymbol{U}}\boldsymbol{P})}\frac{\mathrm{d}}{\mathrm{d}t}\det(\overline{\boldsymbol{U}}\boldsymbol{P})\end{aligned}\tag{33}$$

在上面的最后一个等式中，我们用到了 Liouville 公式，即对任意光滑非奇异矩阵族 $\boldsymbol{\Phi}=\boldsymbol{\Phi}(t)$，如下等式成立

$$\frac{\mathrm{d}}{\mathrm{d}t}\det\boldsymbol{\Phi}=\mathrm{tr}\left(\Phi^{-1}\frac{\mathrm{d}\boldsymbol{\Phi}}{\mathrm{d}t}\right)\det\boldsymbol{\Phi}$$

把式(33)带到振幅 ODE(32)中得到

$$\frac{\mathrm{d}}{\mathrm{d}t}(\mathscr{A}\det(\overline{\boldsymbol{U}}\boldsymbol{P}))=0\tag{34}$$

这意味 $\mathscr{A}\det(\overline{\boldsymbol{U}}\boldsymbol{P})$ 随着每个双特征是个守恒量．因此振幅 $\mathscr{A}$ 除了能由 ODE(32)确定外，也能由式(34)通过连续性论证来得到．

4　Schrödinger 传播子的 GGOM 近似

假定初始 Cauchy 数据为

$$u_0(x)=\delta(x-x_s)$$

这个初值实际上是一个扩展 WKB 函数，其 Lagrange 子流形为

$$\Lambda_0=\{z=(q,p)\in\mathbf{R}^{2N}\mid q=x_s\}$$

这是因为

$$\delta(x-x_s)$$
$$=(2\pi\epsilon)^{-\frac{N}{2}}\int_{z=(x_s,p)\in\Lambda_0}\exp\left(-\frac{\mathrm{i}px_s}{2\epsilon}\right)(\rho_\epsilon(-z)\phi)(x)\mathrm{dvol}$$

Schrödinger 方程的解，即传播子的 GGOM 近似由如下表达式给出

$$G(x,t;x_s)$$
$$=(2\pi\epsilon)^{-\frac{N}{2}}\int_{z\in\Lambda_t}\mathscr{A}(z,t)\exp\left(\frac{\mathrm{i}\mathscr{S}(z,t)}{\epsilon}\right)(\rho_\epsilon(-z)\phi)(x)d\mathrm{vol}\tag{35}$$

其中相关的量由下面的 ODE 系统来确定

$$\dot{z}=\boldsymbol{J}\,\nabla H(z,t),z\,|_{t=0}=(x_s,y)\tag{36}$$

$$\dot{\boldsymbol{C}}=\boldsymbol{J}\,\nabla^2H(z,t)\boldsymbol{C},\boldsymbol{C}\,|_{t=0}=[0\quad \boldsymbol{I}]^\dagger,\quad \boldsymbol{C}=\boldsymbol{QP}\tag{37}$$

$$\dot{\mathscr{S}}+H(z,t)+\frac{z,\dot{z}}{2}=0,S\,|_{t=0}=-\frac{yx_s}{2}\tag{38}$$

$$\dot{\mathscr{A}}+\mathrm{tr}(\boldsymbol{Q}*(\mathrm{i}\boldsymbol{I}+\boldsymbol{J})\,\nabla^2H(z,t)\boldsymbol{Q})\,\frac{\mathscr{A}}{2}=0,\mathscr{A}\,|_{t=0}=1\tag{39}$$

如果引入

$$\tilde{\rho}_\epsilon(z)=\exp-\frac{\mathrm{i}pq}{2\epsilon}\rho_\epsilon(z),\tilde{\mathscr{H}}(z,t)=\mathscr{H}(z,t)+\frac{pq}{2}$$

那么式(35)可以改写为如下的形式

$$\begin{aligned}&G(x,t;x_s)\\&=(2\pi\epsilon)^{-\frac{N}{2}}\int_{z\in\Lambda_t}\mathscr{A}(z,t)\exp\left(\frac{\mathrm{i}\tilde{\mathscr{H}}(z,t)}{\epsilon}\right)(\tilde{\rho}_\epsilon(-z)\phi)(x)d\mathrm{vol}\end{aligned}$$

直接验证我们发现

$$\dot{\tilde{\mathrm{S}}}=p\dot{q}-H(z,t),\tilde{\mathrm{S}}\mid_{t=0}=0$$

这表明相位 $\tilde{\mathrm{S}}$ 正好是经典的作用函数.

考虑到 y 是 Λ_t 的一个坐标,并且

$$d\mathrm{vol}=\det P(z,t)\mathrm{d}y$$

我们有

$$\begin{aligned}&G(x,t;x_s)\\&=(2\pi\epsilon)^{-\frac{N}{2}}\int_{y\in\mathbf{R}^N}\mathscr{B}(y,t)\exp\left(\frac{\mathrm{i}\tilde{\mathscr{H}}(z,t)}{\epsilon}\right)(\tilde{\rho}_\epsilon(-z)\phi)(x)\mathrm{d}y\end{aligned}$$

其中

$$\mathscr{B}(y,t)=\mathscr{A}(z,t)\det(z,t)$$

显然 $\mathscr{B}(y,0)=1$. 以上的讨论表明 Schrödinger 传播子的 GGOM 近似恰好是 Kay[11,13] 提出的半相空间公式的一个实例. 回忆(34),我们得到

$$\mathscr{A}^2\det(\overline{\boldsymbol{U}}\boldsymbol{P})=\det(-\mathrm{i}\boldsymbol{I})\tag{40}$$

直接计算表明

$$\begin{aligned}\mathscr{B}^2&=\mathscr{A}^2(\det P)^2\\&=\frac{\det(-\mathrm{i}\boldsymbol{I})(\det\boldsymbol{P})^2}{\det(\overline{\boldsymbol{U}}\boldsymbol{P})}\\&=\det(-\mathrm{i}\boldsymbol{U}\boldsymbol{P})\\&=\det\left(\frac{\partial p}{\partial y}-\mathrm{i}\frac{\partial q}{\partial y}\right)\end{aligned}$$

因此,我们有

$$\mathscr{B}=\left(\det\frac{\partial p}{\partial y}-\mathrm{i}\,\frac{\partial q}{\partial y}\right)^{\frac{1}{2}}$$

这里平方根函数的分支选择由时间方向的连续性条件和 $\mathscr{B}(y,0)=1$ 来确定.

在时刻 t 给定实空间关于相空间投影映射的一个正则值 x,由连续性知存在一个小的连通邻域 O_x,使得 O_x 的每一点都是正则值,并且集合

$$\Lambda_{t,O_x}=\Lambda_t\cap\{z=(q,p)\in\mathbf{R}^{2N}\mid q\in O_x\}$$

可以表示成 Λ_t 的若干连通流形片的并集. 流形片上的每个点都对应着某个源点 x_s 到其时空间投影点 x 的演化路径. 回顾(35)并应用定理1,在一阶渐近精度下,我们得到

$$G(x,t;x_s)$$
$$=(2\pi\epsilon)^{-\frac{N}{2}}\sum_{\text{traj}}\mathscr{A}(z,t)\det\left(\boldsymbol{I}-\frac{\mathrm{i}\partial p}{\partial q}\right)^{\frac{1}{2}}\exp\frac{\mathrm{i}\widetilde{S}(z,t)}{\epsilon}\tag{41}$$

其中的求和针对所有在 $t=0$ 时刻从点 x_s 出发经过时间 t 到达点 x 的路径. 如前所述,由于$\dfrac{\partial p}{\partial q}$是对称的,平方根函数并没有分支选择的问题. 与经典的 Van Vleck 近似

$$G^{\mathrm{VV}}(x,t;x_s)$$
$$=(2\pi\mathrm{i}\epsilon)^{-\frac{N}{2}}\sum_{\text{traj}}\exp\left(-\frac{\mathrm{i}\pi\nu}{2}\right)\left|\det\left(\frac{\partial q}{\partial y}\right)\right|^{-\frac{1}{2}}\exp\left(\frac{\mathrm{i}\widetilde{\mathscr{S}}(z,t)}{\epsilon}\right)\tag{42}$$

相比对,我们可以给出上式包含的 Maslov 指标 ν[7] 的一个纯代数的确定方式. 实际上,由于

$$\mathrm{i}^{-\frac{N}{2}}\exp\left(-\frac{\mathrm{i}\pi\nu}{2}\right)\left|\det\left(\frac{\partial q}{\partial y}\right)\right|^{-\frac{1}{2}}$$
$$=\mathscr{A}(z,t)\det\left(\boldsymbol{I}-\frac{\mathrm{i}\partial p}{\partial q}\right)^{\frac{1}{2}}$$

我们有

$$\exp\left(-\frac{\mathrm{i}\pi\nu}{2}\right)=\mathrm{i}^{\frac{N}{2}}\mathscr{A}(z,t)\left|\det\left(\frac{\partial q}{\partial y}\right)\right|^{\frac{1}{2}}\det\left(\boldsymbol{I}-\frac{\mathrm{i}\partial p}{\partial q}\right)^{\frac{1}{2}}\xlongequal{\text{def}}\Theta \tag{43}$$

因为

$$\frac{\partial q}{\partial y}=\boldsymbol{Q}_1\boldsymbol{P},\frac{\partial p}{\partial q}=\boldsymbol{Q}_2\boldsymbol{Q}_1^{-1}$$

由(40),我们得到

$$\Theta^2=\mathrm{i}^N\mathscr{A}^2(z,t)\mid\det(\boldsymbol{Q}_1\boldsymbol{P})\mid\det(\boldsymbol{I}-\mathrm{i}\boldsymbol{Q}_2\boldsymbol{Q}_1^{-1})$$
$$=\frac{\mid\det(\boldsymbol{Q}_1\boldsymbol{P})\mid\det(\boldsymbol{I}-\mathrm{i}\boldsymbol{Q}_2\boldsymbol{Q}_1^{-1})}{\det(\overline{\boldsymbol{U}}\boldsymbol{P})}$$
$$=\frac{\mid\det\boldsymbol{Q}_1\mid}{\det\boldsymbol{Q}_1}$$

因此,Maslov 指标 ν 唯一地从式(43)在 4 阶循环群 $\mathbf{Z}_4$ 中得到.

5 结 论

基于相空间中的活动标架技巧和经典的 WKB 分析,我们已经导出适用于初值是扩展 WKB 函数情形下的 Schrödinger 方程半经典解的整体几何光学近似. 对 N 个自由度的系统,整体几何光学近似表示为参数流行维度为 N 的一族振荡 Gauss 函数的叠合. 我们将这一方法运用到 Schrödinger 传播子的近似上,得到的公式恰好是 Kay 提出的半相空间公式的一个实例. 从这个公式中,我们可以直接用代数的方法来确定 Van Vleck 传播子近似中涉及的 Maslov 指标.

参考资料

[1] Tappert F D. Diffractive ray tracing of laser beams[J]. J. Opt. Soc. Am., 1976,66(12):1368-1373.

[2] Tappert F D. Wave propagation and underwater acoustics, Lecture Notes in Physics 70, Springer, Berlin, 1977.

[3] Sato H, Fehler M C. Seismic wave propagation and scattering in the heterogeneous earth, Springer, New York, 1998.

[4] Maslov V P, Fedoryuk M V. Semi-classical approximation in quantum mechanics, Dordrecht Reidel Pub. Co., 1981.

[5] Van Vleck J H. The correspondence principle in the statistical interpretation of quantum mechanics[J]. Proc. Ntal Acad. Sci., 1928,14:178-188.

[6] Gutzwiller M C. Chaos in Classical and Quantum Mechanics, Springer, New York, 1990.

[7] Littlejohn R G. The Van Vleck formula, Maslov theory, and phase space geometry[J]. J. Stat. Phys., 1992,68:7-50.

[8] Heller E J. Time-dependent approach to semiclassical dynamics[J]. J. Chem. Phys., 1975,62(4):1544-1555.

[9] Heller J. Frozen Gaussians: a very simple semiclassical approximation[J]. Chem. Phys., 1981,75:2923-2931.

[10] Herman M F, Kluk E. A semiclassical justification for the use of non-spreading wavepackets in dynamics calculations[J]. Chem. Phys., 1984,91:27-34.

[11] Kay K G. Integral expressions for the semiclassical time-dependent propagator[J]. J. Chem. Phys., 1994,100(6):4377-4392.

[12] Heller E J. Cellular dynamics: a new semiclassical approach to time-

dependent quantum mechanics[J]. J. Chem. Phys., 1991, 94: 2723-2729.

[13]Kay K G. Semiclassical initial value treatments of atoms and molecules[J]. Annu. Rev. Phys. Chem., 2005, 56: 255-280.

[14]Zheng C. Global geometrical optics method[J]. Commun. Math. Sci., 2013, 11(1): 105-140.

[15]Folland G B. Harmonic analysis in phase space, Princeton University Press, 1989.